W0255516

ALLE·ZEIT·WACH
1842

J. Eichmeier

Moderne Vakuumelektronik

Grundlagen, Bauelemente, Technologie

Mit 430 Abbildungen

Springer-Verlag
Berlin Heidelberg New York 1981

Dr.-Ing. Joseph Eichmeier
Professor an der Technischen Universität München

CIP-Kurztitelaufnahme der Deutschen Bibliothek
Eichmeier, Joseph:
Moderne Vakuumelektronik/ Grundlagen, Bauelemente, Technologie/J. Eichmeier. –
Berlin, Heidelberg, New York : Springer, 1981.

ISBN-13:978-3-642-81507-2 e-ISBN-13:978-3-642-81506-5
DOI: 10.1007/978-3-642-81506-5

Softcover reprint of the hardcover 1st edition 1981

Gesamtherstellung: K. Triltsch, Würzburg
2362/3020-543210

Vorwort

Das vorliegende Buch ist aus einer Vorlesung entstanden, die der Verfasser seit dem Wintersemester 1969/70 an der Technischen Universität München hält. Es ist – mit Beschränkung auf die Vakuumelektronik – das Nachfolgewerk für die beiden Bände über „Technische Elektronik“, die von M. Knoll (†) und dem Verfasser in den Jahren 1964/65 beim gleichen Verlag veröffentlicht wurden.

Es bestand die Absicht, den für die Studenten der Fachrichtungen Elektrotechnik und Physik als wesentlich betrachteten Lehrstoff in einem Band unterzubringen. Deshalb wurde häufig auf eine ausführliche Darstellung technologischer Einzelheiten verzichtet. Dafür wurden die theoretischen Grundlagen eingehender behandelt.

Das Buch ist in zehn Kapitel unterteilt. Die zu seiner Lektüre erforderlichen Mathematikkenntnisse entsprechen dem Wissen eines Studenten nach dem Vordiplom. Alle darin verwendeten Einheiten beziehen sich auf das Internationale Einheitensystem. Im Literaturverzeichnis sind ausschließlich Lehrbücher und einige Zeitschriften genannt, deren Studium zur Ergänzung und Vertiefung der Kenntnisse empfohlen wird.

Der Verfasser dankt dem Verlag für die sorgfältige Drucklegung des Buches.

München, im Januar 1981 J. Eichmeier

Inhaltsverzeichnis

Einleitung

Die Vakuumelektronik befaßt sich mit den Grundlagen und der Technologie von elektronischen Bauelementen und Geräten, deren Wirkungsweise auf der Bewegung von Elektronen und Ionen im Hochvakuum oder in verdünnten Gasen unter der Einwirkung elektrischer, magnetischer oder elektromagnetischer Felder beruht. Zu dieser Bauelementegruppe gehören u. a. die Elektronenstrahl-Wandler-, Mikrowellen-, Sende- und Gasentladungsröhren, ferner Großgeräte wie Elektronenmikroskope, Massenspektrometer, Teilchenbeschleuniger und Vakuumanlagen.

Der zunehmende Einsatz von Halbleiter-Bauelementen hat in einigen Anwendungsbereichen die früher dominierenden Vakuumröhren fast vollständig verdrängt. Ein Beispiel dafür ist der Bereich der klassischen Verstärker- und Empfängerröhren, deren Produktionswert in den vergangenen Jahren stetig abnahm und im Jahr 1976 nur noch 0,3% der gesamten elektronischen Bauelemente-Produktion betrug. Im Vergleich dazu ist bei den wirtschaftlich bedeutendsten Vakuumröhren, den Fernsehbild- und Röntgenröhren, ein stetiger Anstieg des Produktionswertes festzustellen (vgl. Abb. 0.1). Interessant ist auch, daß der Produktionswert der Fernsehbildröhren im Jahr

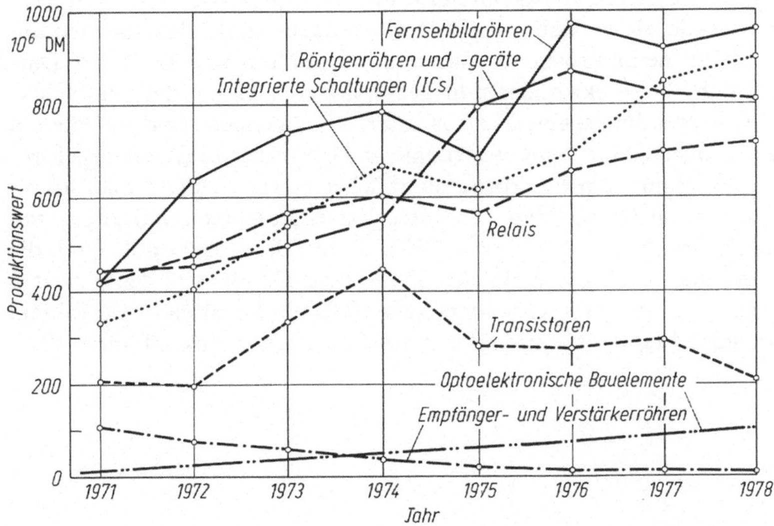

Abb. 0.1. Produktionswert verschiedener Bauelemente in der Bundesrepublik Deutschland für die Jahre 1971–1978

1976 um 40 % höher war als derjenige der Integrierten Schaltkreise (ICs) und auf das Dreieinhalbfache des Werts für Transistoren stieg.

Ähnlich wie die Verstärker- und Empfängerröhren niedriger Leistung sind auch die Mikrowellenröhren im untersten Leistungsbereich weitgehend durch Halbleiter-Mikrowellenbauelemente ersetzt worden. Abbildung 0.2 veranschaulicht, wie von 1964 bis 1977 die Halbleiter-Bauelemente auf Kosten der Röhren immer weiter in das Gebiet höherer Frequenzen und Leistungen vordrangen.

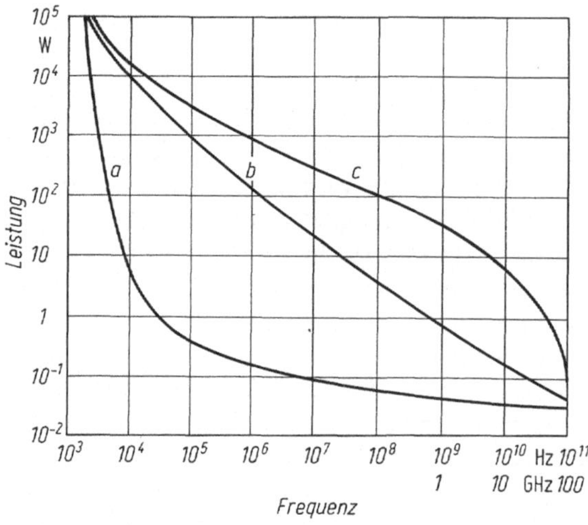

Abb. 0.2. Ungefährer Verlauf der Grenzen der Anwendungsbereiche von Vakuumröhren und Halbleiter-Bauelementen im Leistungs-Frequenz-Diagramm. Die Kurven gelten für die Jahre 1965 (a), 1970 (b) und 1975 (c). Zu jeder Kurve gehört ein Grenzbereich, in dem Röhren und Halbleiter-Bauelemente nebeneinander eingesetzt wurden

Trotz dieses massiven „Ansturms" der Halbleiter-Technologie wird es auch in Zukunft Domänen der Vakuumröhrentechnik geben. Dazu gehören – um nur einige Beispiele zu nennen – die Mikrowellenröhren für die Erzeugung höchster Leistungen und Frequenzen, Senderöhren hoher Leistung, Röntgen- und Elektronenstrahl-Wandlerröhren, Elektronenmikroskope, Gasentladungsröhren und Gaslaser. Darüber hinaus hat sich die Elektronenstrahl-Technologie auch in der Halbleiter-Produktion neue Anwendungsgebiete erschlossen. Zu nennen sind in diesem Zusammenhang die Rasterelektronenmikroskopie und die Auger-Elektronenspektroskopie für die Untersuchung von Festkörperoberflächen sowie die Elektronenstrahl-Photolithographie für die Herstellung von Integrierten Halbleiterschaltungen mit feinster Oberflächenstruktur. Ein weiteres Beispiel aus der Ionenoptik sind die Ionenimplantationsanlagen für die Halbleiter-Dotierung. Damit wird deutlich, daß die Vakuumröhren- und -geräte-Technologie keinesfalls ein Schattendasein führen, sondern als notwendige Ergänzung zur Halbleitertechnik auch in Zukunft ihren Platz behaupten wird.

1 Feldgleichungen und Bewegungsgleichungen für Elektronen in Vakuumsystemen

Vakuum-Elektronensysteme enthalten immer eine Elektronenquelle (Kathode) und weitere Bauteile (Elektroden, Magnetsysteme, Verzögerungsleitungen), durch die im System eine bestimmte Verteilung des elektrischen, magnetischen oder elektromagnetischen Feldes erzeugt wird. Um die Funktion und Eigenschaften von Vakuumsystemen zu verstehen, muß die Feldverteilung innerhalb des Systems bekannt sein. Dann läßt sich durch Lösung der Feld- und Bewegungsgleichungen für die gegebenen Randbedingungen die Bewegung der Elektronen im Vakuum und damit die Funktion des Systems vollständig beschreiben.

1.1 Feldgleichungen

Zur Ermittlung der Feldverteilung dienen die Maxwellschen Gleichungen, die zusammen mit dem Newtonschen Kraftgesetz die Hauptaxiome der Elektrodynamik bilden:

$$\boxed{\begin{aligned} &(a)\ \operatorname{rot} H = J + \frac{\partial D}{\partial t} \qquad &&(c)\ \operatorname{div} D = \varrho \\ &(b)\ \operatorname{rot} E = -\frac{\partial B}{\partial t} \qquad &&(d)\ \operatorname{div} B = 0 \end{aligned}} \tag{1.1}$$

Der Begriff „Axiome“ besagt, daß diese Naturgesetze nicht von übergeordneten Beziehungen ableitbar sind. Ihre allgemeine Gültigkeit kommt darin zum Ausdruck, daß alle aus ihnen gewonnenen Rechenergebnisse mit der Erfahrung übereinstimmen.

In den Gln. (1.1) bedeuten H die magnetische Feldstärke (gemessen in A/m), E die elektrische Feldstärke (in V/m), D die Verschiebungsdichte (in As/m^2), B die magnetische Induktion oder magnetische Kraftflußdichte (in Vs/m^2), J die Konvektionsstromdichte (in A/m^2), $\partial D/\partial t$ die Verschiebungsstromdichte (in A/m^2) und ϱ die Raumladungsdichte oder Raumladung je Volumeneinheit (in As/m^3). Die Größen H, E, D, B, J, rot H (gemessen in A/m^2) und rot E (in V/m^2) sind Vektoren; die übrigen Größen, also div D (in As/m^3), div B (in Vs/m^3) und ϱ sind Skalare.

Die Maxwellschen Gleichungen (1.1) beschreiben den allgemeinsten elektrischen Zustand eines beliebigen infinitesimal kleinen, raumladungs- und felderfüllten Volumenelements. Dieser elektrische Zustand ist durch folgende Kriterien gekennzeichnet: In dem betrachteten Volumenelement existiert eine bestimmte Raumladungsdichte ϱ, die von beweglichen Ladungsträgern (Elektronen) herrührt. Diese Ladungsträger bewegen sich in eine bestimmte Richtung und erzeugen so die Konvektionsstromdichte J. In dem Volumenelement bestehen außerdem eine zeitlich schwankende magnetische Induktion $\partial B/\partial t$ und eine zeitlich schwankende elektrische Feldstärke, die eine Verschiebungsstromdichte $\partial D/\partial t$ hervorruft.

Für diesen Zustand des Volumenelements sagen die Gln. (1.1) folgendes aus (vgl. Abb. 1.1):

a) Die Gesamtstromdichte $(J + \partial D/\partial t)$ erzeugt im Volumenelement ein magnetisches Feld mit geschlossenen Feldlinien (magnetisches Wirbelfeld), dessen Stärke durch den Vektor rot H beschrieben wird.
b) Die zeitliche Änderung der magnetischen Induktion $(-\partial B/\partial t)$ erzeugt im Volumenelement ein elektrisches Feld mit geschlossenen Feldlinien (elektrisches Wirbelfeld), dessen Stärke durch den Vektor rot E beschrieben wird.
c) Wie jede elektrische Ladung erzeugt die Raumladungsdichte ϱ in ihrer Umgebung ein elektrisches Feld und damit eine Verschiebungsdichte D. Die elektrischen Feldlinien und damit die Linien der Verschiebungsdichte gehen von positiven Ladungen aus und enden auf negativen Ladungen. Positive Ladungen sind daher Quellen der Verschiebungsdichte $(\mathrm{div}\, D > 0)$ und negative Ladungen Senken der Verschiebungsdichte $(\mathrm{div}\, D < 0)$.
d) Da es nur magnetische Dipole und keine Einzelmagnetpole gibt, existieren auch keine Quellen und Senken der magnetischen Induktion $(\mathrm{div}\, B = 0)$.

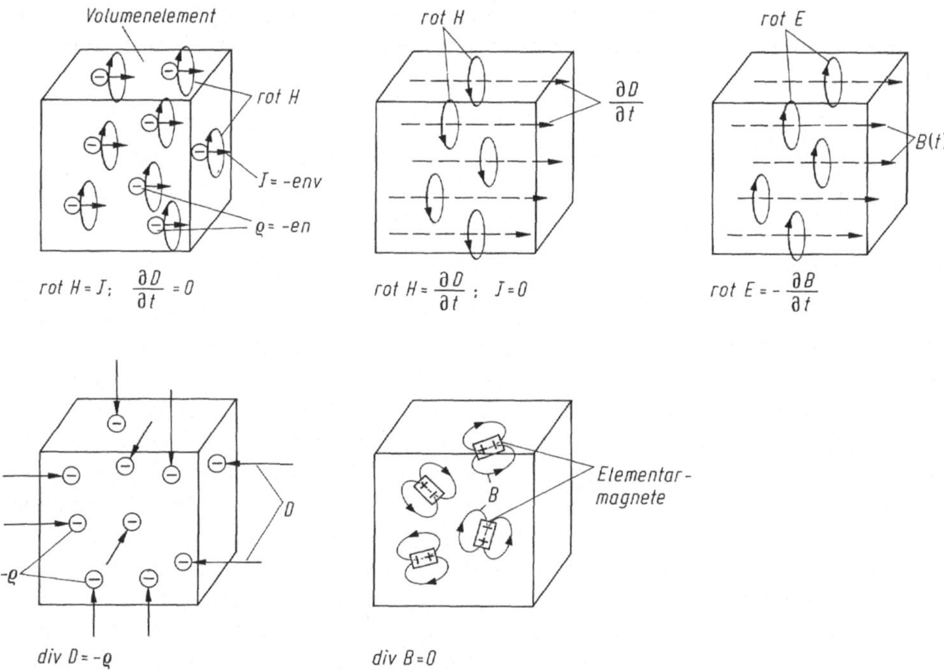

Abb. 1.1. Veranschaulichung der Maxwellschen Gleichungen, die den allgemeinsten elektrischen Zustand eines Volumenelements beschreiben

Ein Feld, in welchem die Maxwellschen Gleichungen uneingeschränkt gelten, bezeichnet man als *raumladungsbehaftetes elektromagnetisches Wirbelfeld.*

Die in den Maxwellschen Gln. (1.1) auftretenden physikalischen Größen sind zusätzlich durch Materialkonstanten miteinander verknüpft:

$$J = \sigma E \tag{1.2a}$$

$$D = \varepsilon E = \varepsilon_0 \varepsilon_r E \tag{1.2b}$$

$$B = \mu H = \mu_0 \mu_r H \tag{1.2c}$$

(σ = spezifische elektrische Leitfähigkeit, ε = absolute Dielektrizitätskonstante, μ = absolute Permeabilität des Mediums, in dem die Vektoren J, D, E, B und H existieren).

$$\begin{aligned} &\text{(a) } \operatorname{rot} H = \left(\sigma + \varepsilon \frac{\partial}{\partial t}\right) E \qquad &&\text{(c) } \operatorname{div} E = \frac{\varrho}{\varepsilon} \\ &\text{(b) } \operatorname{rot} E = -\mu \frac{\partial H}{\partial t} &&\text{(d) } \operatorname{div} H = 0. \end{aligned} \tag{1.3}$$

In den Gln. (1.1) bzw. (1.3) sind das Durchflutungsgesetz, das Induktionsgesetz und die Kontinuitätsgleichung enthalten. Dies ergibt sich, wenn man die Maxwellschen Gleichungen umformt. Eine Umformung erhält man mit dem Satz von Stokes, der in mathematischer Schreibweise lautet:

$$\int_A \operatorname{rot} \underset{(E)}{H} \, dA = \oint_L \underset{(E)}{H} \, ds. \tag{1.4}$$

Gleichung (1.4) besagt: Das Flächenintegral von rot H oder rot E über eine Fläche A ist gleich dem Umlaufintegral von H oder E über den Rand der Fläche A. Dies folgt daraus, daß im Inneren der Fläche A sich die Linienintegrale der einzelnen Wirbel des Wirbelfeldes gegeneinander aufheben und nur am Rand L der Fläche A einen Beitrag liefern (vgl. Abb. 1.2).

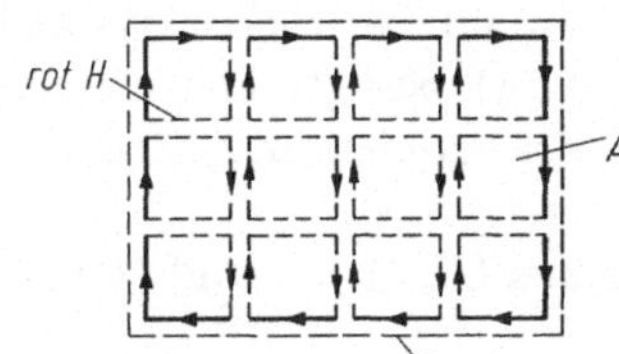

Abb. 1.2. Veranschaulichung des Satzes von Stokes: Bei Integration von rot H über die Fläche A tragen nur die dick gezeichneten Ränder der Einzelwirbel zum Integral bei. Die übrigen (gestrichelt gezeichneten) Wirbelfeldanteile heben sich gegenseitig auf

Mit Gl. (1.4) wird aus (1.1a):

$$\int_A \operatorname{rot} H \, dA = \underbrace{\int_A J \, dA}_{I} + \underbrace{\int_A \left(\frac{\partial D}{\partial t}\right) dA}_{I_v} = I + I_v = \oint H \, ds. \tag{1.5}$$

Darin sind I der gesamte Konvektionsstrom durch die Fläche A und I_v der gesamte Verschiebungsstrom durch die Fläche A. Die Gleichung

$$\boxed{\oint H\, ds = I + I_v = V_{m0}} \tag{1.5a}$$

ist das *Durchflutungsgesetz in integraler Schreibweise*, während Gl. (1.1a) das gleiche Gesetz in differentieller Schreibweise darstellt. Gl. (1.5a) besagt: Die Summe aus Konvektions- und Verschiebungsstrom ist gleich der magnetischen Umlaufspannung V_{m0} (vgl. Abb. 1.3a).

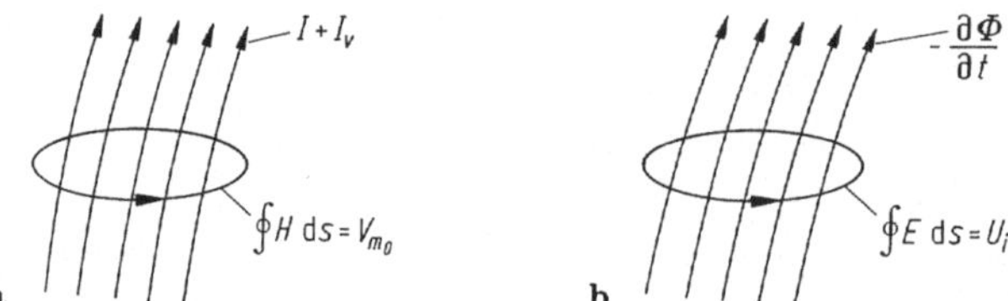

Abb. 1.3a, b. Veranschaulichung des Durchflutungsgesetzes (**a**) und des Induktionsgesetzes (**b**)

Mit Gl. (1.4) erhält man ferner aus Gl. (1.1b):

$$\int_A \operatorname{rot} E\, dA = -\int_A \left(\frac{\partial B}{\partial t}\right) dA = -\frac{\partial \Phi}{\partial t} = \oint E\, ds. \tag{1.6}$$

Darin ist $\Phi = B \cdot A$ der gesamte magnetische Kraftfluß durch die Fläche A. Die Gleichung

$$\boxed{\oint E\, ds = -\frac{\partial \Phi}{\partial t} = U_i} \tag{1.6a}$$

ist das *Induktionsgesetz in integraler Schreibweise*, während Gl. (1.1b) das gleiche Gesetz in differentieller Schreibweise bedeutet. Gl. (1.6a) besagt: Die elektrische Umlaufspannung U_i ist gleich dem zeitlichen Schwund des magnetischen Kraftflusses (vgl. Abb. 1.3b).

Durch Anwendung des Operators (div) erhält man aus Gl. (1.1a) und (1.1c):

$$\operatorname{div} \operatorname{rot} H = \operatorname{div} J + \frac{\partial}{\partial t} \operatorname{div} D = \operatorname{div} J + \frac{\partial \varrho}{\partial t} = 0\,. \tag{1.7}$$

Die Beziehung

$$\boxed{\operatorname{div} J = -\frac{\partial \varrho}{\partial t}} \tag{1.7a}$$

ist die *Kontinuitätsgleichung in differentieller Schreibweise*. Sie besagt, daß über die Oberfläche eines Volumenelements nur dann eine Stromdichte J ein- oder austreten kann, wenn im Volumenelement die Raumladungsdichte ϱ zeitlich zu- oder abnimmt (vgl. Abb. 1.4a). Diese Aussage ist mit dem Satz von der Erhaltung der elektrischen Ladung identisch.

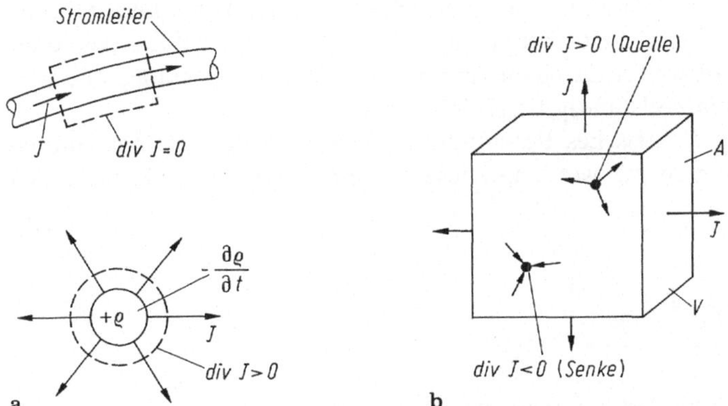

Abb. 1.4a, b. Größe von div J bei einem Teil eines Stromleiters und einer Wolke positiver Raumladung (**a**) sowie bei Stromquellen und Stromsenken in einem Volumen V(**b**)

Die Gl. (1.7a) läßt sich in integraler Form schreiben, wenn man den *Satz von Gauss* anwendet. Dieser Satz lautet:

$$\boxed{\int_V \operatorname{div} J \, dV = \oint_A J \, dA = I.} \tag{1.8}$$

Gl. (1.8) besagt: Summiert man für alle Raumpunkte eines Volumens V die Werte von div J, so erhält man den gesamten Nettostrom I, der über die Oberfläche A des Volumens V ein- oder austritt. Punkte mit Stromquellen (div J > 0) und Stromsenken (div J < 0) können sich dabei gegenseitig zum Teil kompensieren (vgl. Abb. 1.4b).

Mit Gl. (1.8) erhält man aus (1.7a):

$$\boxed{\oint_A J \, dA = -\int_V \frac{\partial\varrho}{\partial t} = -\frac{\partial Q}{\partial t} = I\,.} \tag{1.9}$$

Dies ist die *Kontinuitätsgleichung in integraler Schreibweise*.

In Vakuum-Elektronensystemen kann man *vier Arten von Feldern* unterscheiden:

a) Statische Felder

(Elektrostatik, Magnetostatik)

In statischen Feldern existieren keine zeitlichen Änderungen der Feldvektoren ($\dot{E} = \dot{D} = \dot{B} = \dot{H} = 0$; $\dot{} = \partial/\partial t$). Außerdem ist an allen Punkten des felderfüllten Raums die Stromdichte $J = 0$. Damit wird aus Gl. (1.1):

$$\begin{aligned} &(a)\ \mathrm{rot}\,H = 0 \qquad &(c)\ \mathrm{div}\,D = \varrho \\ &(b)\ \mathrm{rot}\,E = 0 \qquad &(d)\ \mathrm{div}\,B = 0\,. \end{aligned} \tag{1.10}$$

Ein Feld mit diesen Eigenschaften bezeichnet man als *wirbelfreies Quellenfeld*, das ein statisches elektrisches, magnetisches oder gemischtes Feld sein kann. Das statische elektrische oder magnetische Feld bezeichnet man auch als elektrisches oder magnetisches *Potentialfeld*, weil es durch die Angabe der Potentialverteilung $V(x, y, z)$ bzw. $V_m(x, y, z)$ im Raum vollständig beschrieben wird.

Die Gl. (1.10c) für ein elektrisches Potentialfeld kann mit Hilfe des sogenannten *Nabla-Operators* (∇) umgeformt werden. Dieser Operator lautet in kartesischen Koordinaten:

$$\boxed{\nabla = i\,\frac{\partial}{\partial x} + j\,\frac{\partial}{\partial y} + k\,\frac{\partial}{\partial z}\,.} \tag{1.11}$$

Bei zweimaliger Anwendung dieses Operators erhält man:

$$\nabla \cdot \nabla = \nabla^2 = \Delta = \frac{\partial^2}{\partial x^2} + \frac{\partial^2}{\partial y^2} + \frac{\partial^2}{\partial z^2}\,. \tag{1.12}$$

Der Nabla-Operator ist deswegen zweckmäßig (und wird in der amerikanischen Literatur viel verwendet), weil sich durch ihn die drei Operatoren (grad), (div) und (rot) einheitlich darstellen lassen. Es ist:

$$\nabla V = \mathrm{grad}\,V \tag{1.13a}$$

$$\nabla \cdot E = \mathrm{div}\,E \tag{1.13b}$$

$$[\nabla \times E] = \mathrm{rot}\,E. \tag{1.13c}$$

Wendet man auf Gl. (1.13a) den Operator (div) an, so wird:

$$\mathrm{div}\,\mathrm{grad}\,V = \nabla^2 V = \Delta V = \frac{\partial^2 V}{\partial x^2} + \frac{\partial^2 V}{\partial y^2} + \frac{\partial^2 V}{\partial z^2}, \tag{1.14}$$

wobei für $\nabla^2 = \Delta$ (Delta) eingesetzt ist. Mit

$$E = -\,\mathrm{grad}\,V = -\,\nabla V \tag{1.15}$$

und den Gln. (1.10c) und (1.2b) wird:

$$\mathrm{div}\,\mathrm{grad}\,V = \Delta V = -\,\frac{\varrho}{\varepsilon}\,. \tag{1.16}$$

Dies ist die *Poisson-Gleichung* für *positive* Ladungsträger. Für Elektronen ist die Raumladungsdichte ϱ negativ. Daher wird:

$$\boxed{\Delta V = +\frac{\varrho}{\varepsilon}.} \tag{1.17}$$

(*Poisson-Gleichung für Elektronen*).

Im *raumladungsfreien* elektrischen Feld ($\varrho = 0$) gilt die *Laplace-Gleichung:*

$$\boxed{\Delta V = 0\,.} \tag{1.18}$$

Die Gln. (1.16) und (1.17) erlauben die Berechnung der Potentialverteilung $V(x, y, z)$ aus einer gegebenen Raumladungsverteilung $\varrho(x, y, z)$. Beide Verteilungen hängen von Form und Potential der Elektroden sowie von der Bewegung der Ladungsträger ab. Gleichung (1.18) ermöglicht die Berechnung der Potentialverteilung $V(x, y, z)$ im raumladungsfreien Feld.

Die Gl. (1.10d) für ein *magnetisches Potentialfeld* können wir ebenfalls umformen. Das magnetische Potential V_m wird durch die Gleichung definiert:

$$H = -\operatorname{grad} V_m\,. \tag{1.19}$$

Mit Gl. (1.10d) und (1.2c) wird:

$$\operatorname{div} H = -\operatorname{div}\operatorname{grad} V_m = -\Delta V_m = 0\,. \tag{1.20}$$

Die Beziehung

$$\Delta V_m = 0 \tag{1.21}$$

ist die *Laplace-Gleichung für die Magnetostatik.*

b) Stationäre Felder

(Gleichstromfeld, Gleichstrom-Magnetfeld)

In Gleichstromfeldern sind: $\dot{E} = \dot{D} = \dot{B} = \dot{H} = 0; J > 0;\ \dot{J} = 0$. Für diesen Fall gelten die Beziehungen:

$$\begin{array}{llll} \text{(a)}\ \operatorname{rot} H & = J & \text{(c)}\ \operatorname{div} J & = 0 \\ \text{(b)}\ \operatorname{rot} E & = 0 & \text{(d)}\quad J & = \sigma \cdot E\,. \end{array} \tag{1.22}$$

Ein Feld mit diesen Eigenschaften bezeichnen wir als *quellenfreies Strömungsfeld*, das aus einem *Gleichstromfeld* (mit einer bestimmten räumlichen Stromdichteverteilung $J(x, y, z)$ und dem durch die Gleichstromdichte J hervorgerufenen *magnetischen Wirbelfeld* besteht.

Ein *Gleichstromfeld* $J(x, y, z)$ verursacht eine räumliche Potentialverteilung $V(x, y, z)$, für welche die Laplace-Gleichung gilt. Denn mit Gl. (1.22c, d) und (1.15) wird:

$$-\sigma \operatorname{div}\operatorname{grad} V = 0 \tag{1.23}$$

oder

$$\Delta V = 0\,. \tag{1.23a}$$

Die Gln. (1.22) für das elektrische Strömungsfeld sind die differentiellen Schreibweisen des Durchflutungsgesetzes, der beiden Kirchhoffschen Gesetze und des Ohmschen Gesetzes. Mit Hilfe der Sätze von Stokes und Gauss können wir die Gln. (1.22a – c) in die Integralform überführen. Aus Gl. (1.22a) erhält man mit dem Satz von Stokes das *Durchflutungsgesetz:*

$$\int_A \operatorname{rot} H\, dA = \oint_L H\, ds = I\,. \tag{1.24}$$

Aus (1.22b) entsteht (ebenfalls mit dem Satz von Stokes) das *2. Kirchhoffsche Gesetz:*

$$\int_A \operatorname{rot} E\, dA = \oint_L E\, ds = \sum_i U_i = 0\,. \tag{1.25}$$

(Dabei ist für einen diskreten Schaltkreis anstelle des Integrals die Summe der Spannungen und Spannungsabfälle $\sum_i U_i$ eingesetzt).

Aus (1.22c) ergibt sich mit dem Satz von Gauss das *1. Kirchhoffsche Gesetz:*

$$\int_V \operatorname{div} J\, dV = \oint_A J\, dA = I_{ges} = I_1 + I_2 + \ldots I_n\,. \tag{1.26}$$

(Dabei ist für einen diskreten Stromverzweigungspunkt anstelle des Integrals die Summe der Teilströme in den einzelnen Stromzweigen eingesetzt).

Aus (1.22d) bekommt man für einen Stromleiter mit dem Querschnitt A und der Länge l das *Ohmsche Gesetz:*

$$I = J \cdot A = \frac{\sigma A}{l}(E \cdot l) = \frac{U}{R}\,. \tag{1.27}$$

c) *Quasistationäre (langsam veränderliche) Felder*

Bei solchen Feldern ändern sich die Feldgrößen zeitlich so langsam, daß ihre Schwingungsdauer $T(= 1/f)$ groß gegenüber der Zeit $t_0(= a/c)$ ist, die eine elektromagnetische Welle zum Durchlaufen des betreffenden Feldes (oder Elektrodensystems) der Ausdehnung a benötigt:

$$T \gg t_0 \tag{1.28}$$

oder:

$$f \ll \frac{c}{a}; \quad a \ll \lambda\,. \tag{1.28a}$$

($c = a/t_0$ = Lichtgeschwindigkeit, $\lambda = c/f$ = Wellenlänge der elektromagnetischen Welle, f = Frequenz). Für solche Felder gelten die Gln. (1.1) uneingeschränkt.

d) Wellenfelder

In solchen Feldern ist die Schwingungsdauer T der Feldgrößen von der Größenordnung der Laufzeit t_0 einer elektromagnetischen Welle im Feld:

$$T \approx t_0 \tag{1.29}$$

oder:

$$f \approx \frac{a}{c}; \quad a \approx \lambda . \tag{1.29a}$$

Hier gelten ebenfalls die Gln. (1.1) ohne Einschränkung.

1.2 Bewegungsgleichungen

Die Bewegung von Elektronen in Vakuumsystemen wird durch vier Kräfte bestimmt: (1) die elektrische Feldkraft F_e, (2) die magnetische Feldkraft (Lorentz-Kraft) F_m, (3) die Trägheitskraft F_0 und (4) die (vernachlässigbar kleine) Schwerkraft F_g. Für die drei Kräfte F_e, F_m und F_0 gelten die Beziehungen:

$$F_e = -eE \tag{1.30}$$

$$F_m = -e[v \times B] \tag{1.31}$$

$$F_0 = m\frac{dv}{dt}. \tag{1.32}$$

Die Feldkraft F_e hat für positive Ladungsträger die Richtung des Feldstärkevektors E und für Elektronen die entgegengesetzte Richtung (daher das Minuszeichen in Gl. (1.30)). Die Richtung von F_m erhalten wir aus folgender Regel: Dreht man den Vektor v auf kürzestem Weg im Sinne einer Rechtsschraube in den Vektor der magnetischen Induktion B, so gibt die Fortbewegung der Rechtsschraube die Richtung von F_m für positive Ladungsträger; für Elektronen weist der Kraftvektor in die Gegenrichtung. Der Ausdruck für F_0 gilt nur für konstante Masse m, d.h. für den Bereich nicht relativistischer Teilchengeschwindigkeiten v.

Bewegt sich ein Elektron im Vakuum, so müssen sich an jedem Punkt seiner Bahnkurve die genannten Kräfte im Gleichgewicht befinden:

$$F_e + F_m = F_0. \tag{1.33}$$

Daraus folgt mit den Gln. (1.30) bis (1.32):

$$-eE - e[v \times B] = m\frac{dv}{dt} \tag{1.33a}$$

oder

$$\boxed{\frac{dv}{dt} = -\eta(E + [v \times B])} \tag{1.34}$$

mit

$$\eta = \frac{e}{m} = 1{,}76 \cdot 10^{11} \frac{m^2}{V\,s^2}. \tag{1.35}$$

Die Gl. (1.34) ist die *allgemeine Bewegungsgleichung für Elektronen* in einem überlagerten elektrischen und magnetischen Feld. Sie lautet in *kartesischen Koordinaten* (mit $dv_x/dt = \ddot{x}$, $dv_y/dt = \ddot{y}$ und $dv_z/dt = \ddot{z}$):

$$\ddot{x} = -\eta\,(E_x + \dot{y}\,B_z - \dot{z}\,B_y) \tag{1.36}$$

$$\ddot{y} = -\eta\,(E_y + \dot{z}\,B_x - \dot{x}\,B_z) \tag{1.37}$$

$$\ddot{z} = -\eta\,(E_z + \dot{x}\,B_y - \dot{y}\,B_x)\,. \tag{1.38}$$

Die von der magnetischen Induktion B herrührenden Komponenten der Teilchenbeschleunigung in den Gln. (1.36) bis (1.38) erhält man aus der Matrix (vgl. Abb. 1.5a):

$$a_m = (-\eta) \cdot \begin{vmatrix} i & j & k \\ \dot{x} & \dot{y} & \dot{z} \\ B_x & B_y & B_z \end{vmatrix}. \tag{1.39}$$

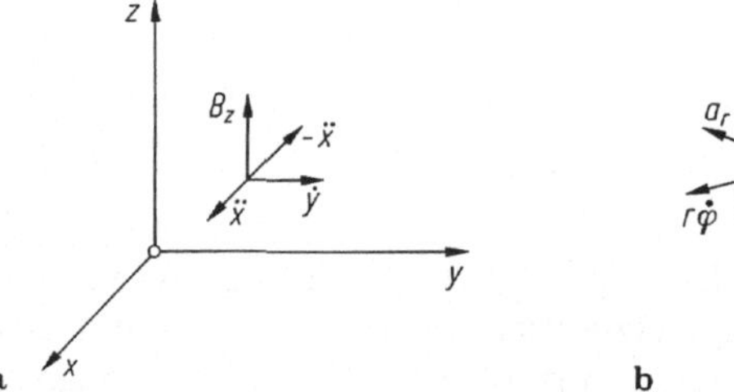

Abb. 1.5. a Die Beschleunigungskomponenten $\ddot{x}$ (für positive Ladungsträger) und $-\ddot{x}$ (für Elektronen), ermittelt aus den Vektoren $\dot{y}$ und B_z nach Gl. (1.36), **b** die Beschleunigungskomponenten a_r und $-a_r$ (für Elektronen), ermittelt aus den Vektoren $(r\dot{\varphi})$ und B_z, sowie die Komponenten a_t und $-a_t$, die sich aus den Vektoren $\dot{z}$ und B_r ergeben (s. Gl. (1.40) und (1.41))

Die Bewegungsgleichung (1.34) lautet in *Zylinderkoordinaten:*

$$\ddot{r} - r\,\dot{\varphi}^2 = -\eta\,(E_r - B_\varphi \dot{z} + B_z\, r\,\dot{\varphi}) \tag{1.40}$$

$$r\,\ddot{\varphi} + 2\,\dot{r}\,\dot{\varphi} = -\eta\,(E_\varphi - B_z\,\dot{r} + B_r\,\dot{z}) \tag{1.41}$$

$$\ddot{z} = -\eta\,(E_z - B_r\, r\,\dot{\varphi} + B_\varphi\,\dot{r})\,. \tag{1.42}$$

Die von der magnetischen Induktion B herrührenden Komponenten der Teilchenbeschleunigung in den Gln. (1.40) bis (1.42) erhält man aus der Matrix (vgl. Abb. 1.5b):

$$a_m = (-\eta) \cdot \begin{vmatrix} \text{rad.} & \text{tan.} & \text{ax.} \\ \dot{r} & r\dot{\varphi} & \dot{z} \\ B_r & B_\varphi & B_z \end{vmatrix}. \tag{1.43}$$

Der Ausdruck auf der linken Seite von Gl. (1.40) ergibt sich durch folgende Überlegung: Die Radialbeschleunigung a_r eines Teilchens ist gleich $\ddot{r}$ abzüglich einer eventuell vorhandenen Zentrifugalbeschleunigung auf Grund der Teilchenbahnkrümmung. Die Zentrifugalbeschleunigung ist v^2/r, wobei v die Bahngeschwindigkeit und r den Krümmungsradius der Bahn bedeuten. Mit $v = \omega r$ ($\omega = \dot{\varphi}$ = Winkelgeschwindigkeit) wird:

$$a_r = \ddot{r} - \frac{v^2}{r} = \ddot{r} - \frac{1}{r}\omega^2 r^2 = \ddot{r} - r\dot{\varphi}^2. \tag{1.44}$$

Den Ausdruck auf der linken Seite von Gl. (1.41) erhalten wir folgendermaßen: Der Gl. (1.32) für eine Translationsbewegung entspricht die Beziehung

$$D = \frac{d}{dt}(\theta\,\omega) \tag{1.45}$$

für eine Drehbewegung. Dabei ist das *Drehmoment:*

$$D = F_t r \tag{1.46}$$

und das *Trägheitsmoment:*

$$\theta = m r^2. \tag{1.47}$$

Das Produkt $(\theta\,\omega)$ in Gl. (1.45) heißt *Drehimpuls.* Mit $\omega = \dot{\varphi}$ und Gl. (1.47) wird aus (1.46) (vgl. Abb. 1.6):

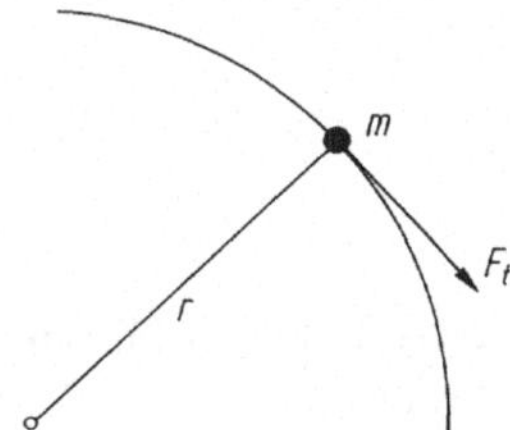

Abb. 1.6. Drehbewegung eines Massenpunktes m auf einer Bahn mit dem Krümmungsradius r

$$D = F_t r = \frac{d}{dt}(m r^2 \dot{\varphi}) \tag{1.48}$$

oder

$$F_t = \frac{1}{r}\frac{d}{dt}(m r^2 \dot{\varphi}). \tag{1.48a}$$

Aus der *Tangentialkraft* F_t folgt für die *Tangentialbeschleunigung*

$$a_t = \frac{F_t}{m} = \frac{1}{r}\frac{d}{dt}(r^2\dot{\varphi}) = \frac{1}{r}(2 r \dot{r} \dot{\varphi} + r^2 \ddot{\varphi}) \tag{1.49}$$

oder

$$a_t = r\ddot{\varphi} + 2\dot{r}\dot{\varphi}. \tag{1.50}$$

Dies ist der Ausdruck auf der linken Seite von Gl. (1.41).

2 Ermittlung von Feldern und Elektronenbahnen
(bei vernachlässigbarer Raumladung)

2.1 Feldbestimmung

2.1.1 Berechnung von raumladungsfreien elektrischen Feldern

2.1.1.1 Die Laplace-Gleichung für kartesische und Zylinderkoordinaten

Für raumladungsfreie Potentialfelder gilt wegen $\varrho = 0$ die Laplace-Gleichung (1.18). Sie lautet in kartesischen Koordinaten:

$$\boxed{\Delta V = \frac{\partial^2 V}{\partial x^2} + \frac{\partial^2 V}{\partial y^2} + \frac{\partial^2 V}{\partial z^2} = 0} \tag{2.1}$$

und in Zylinderkoordinaten:

$$\boxed{\Delta V = \frac{1}{r}\frac{\partial}{\partial r}\left(r\frac{\partial V}{\partial r}\right) + \frac{1}{r^2}\frac{\partial^2 V}{\partial \varphi^2} + \frac{\partial^2 V}{\partial z^2} = 0\,.} \tag{2.2}$$

Zylindrische Vakuumsysteme sind gewöhnlich rotationssymmetrisch. Daher fällt in Gl. (2.2) wegen $V(\varphi) = \text{const}$ der mittlere Term $(1/r^2)\,\partial^2 V/\partial\varphi^2$ weg.

Die Gleichung (2.2) erhalten wir aus folgender Überlegung: Durch drei Seiten eines zylindrischen Volumenelements dV trete eine Flußdichte D mit den Komponenten D_r, D_φ und D_z (vgl. Abb. 2.1). Beim Durchgang durch das Volumenelement ändert der Gesamtfluß (D dA) seinen Wert. Diese Flußänderung beträgt in den drei Koordinatenrichtungen:

$$(D\,dA)_r = \left[D_r r + \frac{\partial}{\partial r}(D_r r)\,dr\right] d\varphi\,dz - D_r r\,d\varphi\,dz = \frac{\partial}{\partial r}(D_r r)\,dr\,d\varphi\,dz\,; \tag{2.3}$$

$$(D\,dA)_\varphi = \left[D_\varphi + \frac{\partial D_\varphi}{\partial \varphi}\,d\varphi\right] dr\,dz - D_\varphi\,dr\,dz = \frac{\partial D_\varphi}{\partial \varphi}\,d\varphi\,dr\,dz\,; \tag{2.4}$$

$$(D\,dA)_z = \left[D_z + \frac{\partial D_z}{\partial z}\,dz\right] r\,d\varphi\,dr - D_z r\,d\varphi\,dr = \frac{\partial D_z}{\partial z}\,dz\,r\,d\varphi\,dr\,. \tag{2.5}$$

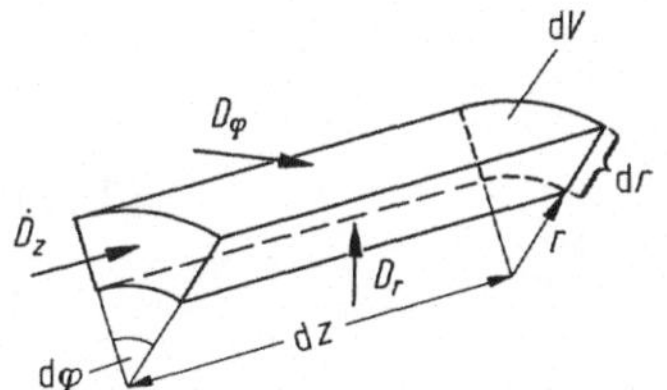

Abb. 2.1. Zylindrisches Volumenelement dV mit den Flußdichtekomponenten D_r, D_φ und D_z

Die Divergenz der Flußdichte D ist definiert durch:

$$\operatorname{div} D = \frac{D\,dA}{dV}, \tag{2.6}$$

wobei für (D dA) die Summe der Ausdrücke in den Gln. (2.3) bis (2.5) einzusetzen ist. Mit

$$dV = dr\, r\, d\varphi\, dz \tag{2.7}$$

erhält man aus Gl. (2.6):

$$\operatorname{div} D = \frac{1}{r}\frac{\partial}{\partial r}(r\, D_r) + \frac{1}{r}\frac{\partial D_\varphi}{\partial \varphi} + \frac{\partial D_z}{\partial z}. \tag{2.8}$$

Für die Flußdichte D kann man wegen Gl. (1.2 b) und (1.15)

$$D = \varepsilon E = -\varepsilon \operatorname{grad} V \tag{2.9}$$

schreiben. Die Komponenten von (grad V) lauten:

$$\begin{aligned} (\operatorname{grad} V)_r &= \frac{\partial V}{\partial r} \\ (\operatorname{grad} V)_\varphi &= \frac{1}{r}\frac{\partial V}{\partial \varphi} \\ (\operatorname{grad} V)_z &= \frac{\partial V}{\partial z}. \end{aligned} \tag{2.10}$$

Die Gln. (2.9) und (2.10) in (2.8) eingesetzt, ergibt mit Berücksichtigung von Gl. (1.18):

$$\operatorname{div} D = -\varepsilon \operatorname{div} \operatorname{grad} V = -\varepsilon \cdot \Delta V = -\varepsilon\left[\frac{1}{r}\frac{\partial}{\partial r}\left(r\frac{\partial V}{\partial r}\right) + \frac{1}{r^2}\frac{\partial^2 V}{\partial \varphi^2} + \frac{\partial^2 V}{\partial z^2}\right] = 0 \tag{2.11}$$

Dieser Ausdruck ist mit Gl. (2.2) identisch.

2.1.1.2 Beispiele der Feldberechnung

(a) Elektrisches Feld eines Plattenkondensators

Für diesen Fall nimmt die Laplace-Gleichung (2.1) die einfache Form an:

$$\frac{d^2 V}{dx^2} = 0. \tag{2.12}$$

Daraus folgt:

$$\frac{dV}{dx} = c \tag{2.13}$$

und

$$V = cx + d. \tag{2.14}$$

Das Potential V steigt also zwischen den Kondensatorplatten (wie bekannt) linear an (vgl. Abb. 2.2a).

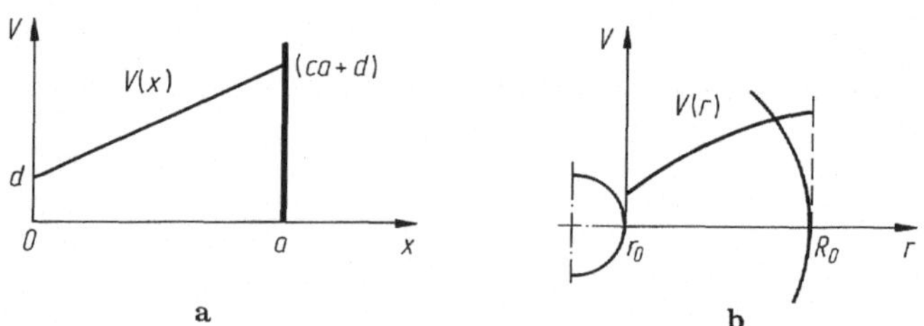

Abb. 2.2a, b. Aus der Laplace-Gleichung berechneter Potentialverlauf zwischen den Elektroden eines Platten- (**a**) und Zylinderkondensators (**b**)

(b) Elektrisches Feld eines Zylinderkondensators

Die Laplace-Gleichung (2.2) lautet hier:

$$\frac{1}{r}\frac{\partial}{\partial r}\left(r\frac{\partial V}{\partial r}\right) = 0. \tag{2.15}$$

Daraus erhalten wir:

$$r\frac{\partial V}{\partial r} = c, \tag{2.16}$$

$$dV = c\frac{\partial r}{r} \tag{2.16a}$$

und

$$V = c \cdot \ln r + d. \tag{2.17}$$

Das Potential V(r) steigt also zwischen den beiden Zylindern (wie bekannt) logarithmisch an (vgl. Abb. 2.2b).

c) Rotationssymmetrisches Feld mit bekanntem Verlauf des Achsenpotentials $V_0(z)$

In der Elektronenoptik tritt das Problem auf, aus dem Potentialverlauf $V_0(z)$ längs einer Achse (der „optischen Achse") den rotationssymmetrischen Potentialverlauf V(r, z) in der nahen Umgebung dieser Achse zu bestimmen (vgl. Abb. 2.3). Dazu setzen wir für den Potentialverlauf V(r, z) folgende Reihenentwicklung an:

$$V(r,z) = a_0(z) + a_1(z)r + a_2(z)r^2 + \ldots, \tag{2.18}$$

wobei $a_0(z) = V_0(z)$ = Potential längs der Rotationsachse (z-Achse). Wegen der Rotationssymmetrie, d.h. wegen $V(\varphi) = \text{const}$, existieren nur Glieder mit geraden Exponenten. Folglich ist:

$$a_1 = a_3 = a_5 = .. = 0 . \tag{2.19}$$

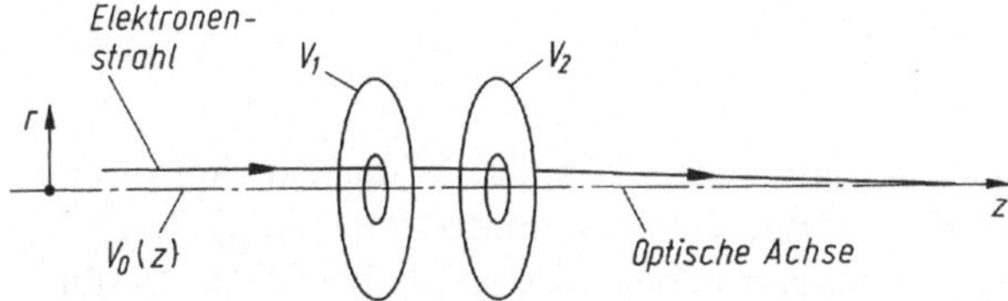

Abb. 2.3. Beispiel einer Anordnung (zwei Lochscheiben einer elektrischen Elektronenlinse), die ein rotationssymmetrisches Potentialfeld mit dem Achsenpotential $V_0(z)$ erzeugt. V_1, V_2 = Potentiale der Lochscheiben

Dies ergibt sich unmittelbar aus der Laplace-Gleichung (2.2), wenn man sie in folgender Form schreibt und berücksichtigt, daß $\partial^2 V/\partial\varphi^2 = 0$ ist:

$$\frac{4}{2r}\frac{\partial}{\partial r}\left(\frac{r^2}{2r}\frac{\partial V}{\partial r}\right) + \frac{\partial^2 V}{\partial z^2} = 0 . \tag{2.20}$$

Mit $r^2 = w$ wird $2r\,dr = dw$ und $dr = dw/2r$; dies in Gl. (2.20) eingesetzt, ergibt:

$$4\frac{\partial}{\partial w}\left(w\frac{\partial V}{\partial w} + \frac{\partial^2 V}{\partial w^2}\right) = 0 . \tag{2.21}$$

Nach Gl. (2.21) ist V nur von $w = r^2$ und von z abhängig. Deshalb fallen in Gl. (2.18) die Glieder mit ungeraden Exponenten weg, wie es Gl. (2.19) zum Ausdruck bringt.

Zum Einsetzen in die Laplace-Gleichung (2.2) wird die Gl. (2.18) differenziert. Dadurch erhalten wir mit Gl. (2.19):

$$\frac{\partial V}{\partial r} = 2r\,a_2(z) + 4a_4(z)\,r^3 + \ldots \tag{2.22}$$

und

$$\frac{1}{r}\frac{\partial}{\partial r}\left(r\frac{\partial V}{\partial r}\right) = 4a_2(z) + 16a_4(z)\,r^2 + \ldots \tag{2.23}$$

Ferner ist:

$$\frac{\partial^2 V}{\partial z^2} = a_0''(z) + a_2''(z)\,r^2 + \ldots, \tag{2.24}$$

wobei $a_0''(z) = \partial^2 a_0(z)/\partial z^2$ bedeutet. Setzt man die Gln. (2.22) bis (2.24) in (2.2) ein und berücksichtigt, daß $\partial^2 V/\partial\varphi^2 = 0$ ist, so erhält man:

$$4a_2(z) + 16a_4(z)\,r^2 + \ldots = -a_0''(z) - a_2''(z)\,r^2 + \ldots \tag{2.25}$$

Aus dem Koeffizientenvergleich zwischen den beiden Seiten von Gl. (2.25) folgt:

$$a_2(z) = -\frac{1}{4} a_0''(z) . \tag{2.26}$$

Damit wird:

$$V(r, z) = V_0(z) - \frac{1}{4} V_0''(z) r^2 + \dots \tag{2.27}$$

Diese Gleichung beschreibt den Potentialverlauf in der Nähe der Achse eines rotationssymmetrischen Potentialfelds, wenn der Potentialverlauf $V_0(z)$ längs der Rotationsachse (z-Achse) bekannt ist. Dieses Ergebnis wird später bei der Behandlung der elektrischen Elektronenlinsen Verwendung finden.

2.1.2 Numerische Feldbestimmung mit dem Digitalrechner

2.1.2.1 Liebmann-Verfahren

In allen Fällen, bei denen die Laplace-Gleichung nicht oder nur schwer lösbar ist, benutzt man ein numerisches Näherungsverfahren nach Liebmann für die Bestimmung der Potentialverteilung.

Bei *ebenen Problemen* wird die Gl. (2.1) in eine *Differenzengleichung* übergeführt, wobei $\partial^2 V/\partial z^2 = 0$ ist. Die Differenzengleichung erhalten wir, wenn wir die ganze Ebene, in der die Potentialverteilung bestimmt werden soll, mit einem feinen Netz von quadratischen Maschen mit der konstanten Seitenlänge h überdecken (vgl. Abb. 2.4a). Für die Potentiale der Maschenpunkte P_1 bis P_4 und P_0 ergeben sich die Beziehungen:

$$\frac{\partial^2 V}{\partial x^2} \approx \frac{1}{h} \cdot \left[\frac{V_2 - V_0}{h} - \frac{V_0 - V_4}{h}\right] = \frac{V_2 + V_4 - 2V_0}{h^2}, \tag{2.28}$$

$$\frac{\partial^2 V}{\partial y^2} \approx \frac{1}{h} \left[\frac{V_1 - V_0}{h} - \frac{V_0 - V_3}{h}\right] = \frac{V_1 + V_3 - 2V_0}{h^2}. \tag{2.29}$$

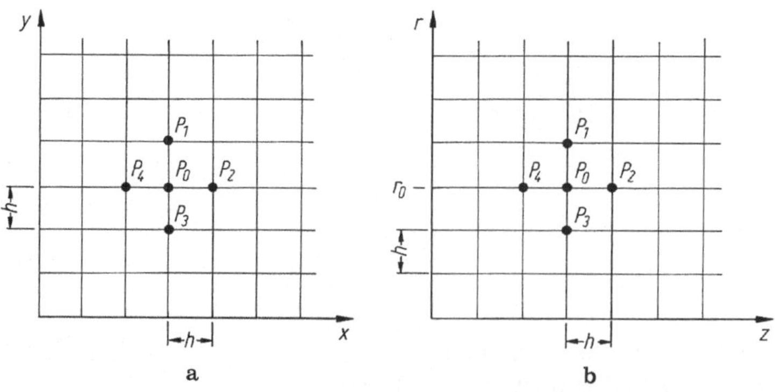

Abb. 2.4a, b. Maschennetz zur Berechnung der Potentialverteilung bei einem ebenen (**a**) und rotationssymmetrischen Feld (**b**)

Anstelle von Gl. (2.1) erhalten wir also:

$$V_1 + V_2 + V_3 + V_4 - 4V_0 = 0 \tag{2.30}$$

oder

$$V_0 = \frac{1}{4}\sum_1^4 V_n . \tag{2.31}$$

Um diese Gleichung anwenden zu können, denkt man sich das Maschennetz so über das zu ermittelnde Potentialfeld gelegt, daß die Maschenpunkte am Rand des Netzes auf den Elektrodenoberflächen liegen, die das Potentialfeld erzeugen. Die Potentiale dieser Randpunkte sind mit den jeweiligen Elektrodenpotentialen identisch und daher bekannt. Den übrigen Maschenpunkten werden nun Potentiale nach bester Schätzung zugeordnet (nullte Näherung). Die erste Näherung wird dadurch erhalten, daß auf das Potential V_0 eines jeden einzelnen Maschenpunktes die Gl. (2.31) angewandt wird, wobei für die Potentiale V_1 bis V_4 der Nachbarpunkte die Potentialwerte der nullten Näherung herangezogen werden. So erhält man für alle Maschenpunkte die neuen Potentialwerte V_0 der ersten Näherung. Aus diesen werden wieder mit Hilfe von Gl. (2.31) die Potentialwerte der zweiten Näherung berechnet usw. (*Iterationsverfahren*). Bei genügender Feinheit des Maschennetzes (wegen der begrenzten Speicherkapazität des Computers wählt man z. B. h = 0,2 mm; an Ecken und Kanten wird das Netz zur Erhöhung der Genauigkeit feiner gemacht) konvergieren die Potentialwerte der Maschenpunkte nach den Werten, die der exakten Lösung von Gl. (2.1) entsprechen. Gewöhnlich sind dazu fünf bis zehn Iterationsschritte erforderlich. Das Endergebnis ist dann gefunden, wenn die folgende Näherungslösung sich kaum mehr von der vorhergehenden unterscheidet.

Bei *rotationssymmetrischen Problemen* ist die Gl. (2.2) in eine Differenzengleichung überzuführen, wobei das Maschennetz nach Abb. 2.4b verwendet wird. Dann gilt:

$$\frac{\partial^2 V}{\partial z^2} \approx \frac{1}{h}\left[\frac{V_2 - V_0}{h} - \frac{V_0 - V_4}{h}\right] = \frac{V_2 + V_4 - 2V_0}{h^2}, \tag{2.32}$$

$$\frac{\partial^2 V}{\partial r^2} \approx \frac{1}{h}\left[\frac{V_1 - V_0}{h} - \frac{V_0 - V_3}{h}\right] = \frac{V_1 + V_3 - 2V_0}{h^2} \tag{2.33}$$

und

$$\frac{1}{r}\frac{\partial V}{\partial r} \approx \frac{1}{r_0}\,\frac{V_1 - V_3}{2h}. \tag{2.34}$$

Mit

$$\frac{1}{r}\frac{\partial}{\partial r}\left(r\frac{\partial V}{\partial r}\right) = \frac{1}{r}\left(\frac{\partial V}{\partial r} + r\frac{\partial^2 V}{\partial r^2}\right) = \frac{1}{r}\frac{\partial V}{\partial r} + \frac{\partial^2 V}{\partial r^2} \tag{2.35}$$

erhalten wir anstelle von Gl. (2.2) wegen $\partial^2 V/\partial\varphi^2 = 0$ die Differenzengleichung:

$$\frac{1}{h^2}[V_1 + V_2 + V_3 + V_4 - 4V_0] + \frac{1}{2hr_0}(V_1 - V_3) = 0 \tag{2.36}$$

oder

$$V_1 + V_2 + V_3 + V_4 - 4\,V_0 + \frac{h}{2\,r_0}(V_1 - V_3) = 0\,. \tag{2.37}$$

Daraus folgt:

$$V_0 = \frac{1}{4}\sum_1^4 V_n + \frac{h}{8\,r_0}(V_1 - V_3)\,. \tag{2.38}$$

Mit dieser Gleichung können die Potentiale V_0 der Maschenpunkte wie oben beschrieben durch den Computer im Iterationsverfahren genügend genau berechnet werden.

Das Liebmann-Verfahren eignet sich auch zur Ermittlung der Potentialverteilung in Halbleitern. Es hat aber den Nachteil, daß es relativ schlecht konvergiert und deshalb eine größere Anzahl von Iterationsschritten mit einem entsprechenden Aufwand an Rechenzeit erfordert. Eine wesentlich raschere Konvergenz erreicht man durch das Relaxationsverfahren.

2.1.2.2 Das Relaxationsverfahren

Beim Relaxationsverfahren wir (im *ebenen* Fall) eine Rechengröße (Residuum)

$$R_0 = \sum_1^4 V_n - 4\,V_0 \tag{2.39}$$

verwendet. Sie beschreibt die Abweichung des Potentials V_0 von dem durch die Laplace-Gleichung gegebenen richtigen Wert. Erfüllt das aus den Werten V_1 bis V_4 berechnete Potential V_0 die Laplace-Gleichung, so ist $R_0 = 0$. Weicht das Potential V_0 um einen Betrag ΔV_0 vom richtigen Wert ab, so gilt:

$$\Delta V_0 = \frac{1}{4} R_0\,. \tag{2.40}$$

Um diesen Wert wird das Potential V_0 eines jeden Maschenpunktes so oft korrigiert und ein neues R_0 berechnet, bis die R_0-Werte genügend klein geworden sind.

Eine weitere Beschleunigung des Rechenverfahrens erreicht man, wenn man bei der numerischen Berechnung von R_0 die Residuen R_1 bis R_4 der Nachbarpunkte gleich mitberücksichtigt. Die Werte R_1 bis R_4 ergeben eine Korrektur von R_0 um den Betrag:

$$\Delta R_0 = \frac{1}{4}\sum_1^4 R_n \tag{2.41}$$

und eine entsprechende Potentialänderung

$$\Delta V_0 = \frac{1}{4}(R_0 + \Delta R_0) = \frac{1}{4} R_0 + \frac{1}{16}\sum_1^4 R_n\,. \tag{2.42}$$

Diese V_0-Korrektur wird für jeden Maschenpunkt so oft durchgeführt, bis die R_0-Werte genügend klein geworden sind.

Bei rotationssymmetrischen Problemen erhält man für das Residuum entsprechend Gl. (2.37) die Beziehung:

$$R_0 = \sum_1^4 V_n - 4 V_0 + \frac{h}{2 r_0} (V_1 - V_3) . \quad (2.43)$$

2.1.3 Numerische Feldbestimmung mittels Analogverfahren

Die Laplace-Gleichung beschreibt: (1) das elektrische Potential im raumladungsfreien Feld nach Gl. (1.18) (vgl. Abb. 2.5a); (2) das magnetische Potential im stromfreien Magnetfeld nach Gl. (1.21) (vgl. Abb. 2.5b); (3) das elektrische Potential in einem homogen leitenden stromführenden Medium (Strömungsfeld) nach Gl. (1.23a) (vgl. Abb. 2.5c) und (4) den Verlauf einer über Elektroden ausgespannten elastischen Membran, wenn die Elektrodenhöhe dem jeweiligen Elektrodenpotential entspricht (vgl. Abb. 2.5d). Auf dieser Tatsache beruht die Feldnachbildung in Analogmodellen.

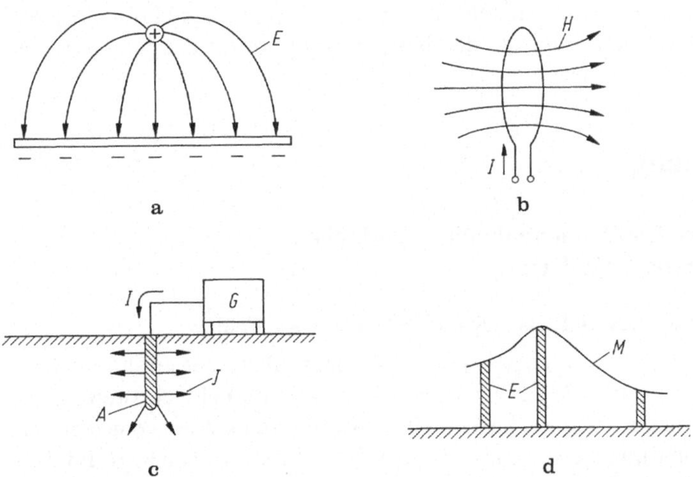

Abb. 2.5a–d. Potentialfelder, die durch die Laplace-Gleichung beschrieben werden: **a** elektrisches Potentialfeld (Beispiel: positiver Leiter über einer Ebene); **b** magnetisches Potentialfeld (Beispiel: Magnetfeld eines Stromrings); **c** elektrisches Strömungsfeld (Beispiel: Elektrode A zum Erden eines elektrischen Gerätes G); I = Erdstrom, J = Stromdichte; **d** über Elektroden E gespannte elastische Membran M. Der Verlauf der Membran wird durch die mechanische Membranspannung bestimmt

Im quellenfreien Strömungsfeld, wo die Laplace-Gleichung (1.23a) gilt, entsprechen die Stromfäden des Strömungsfeldes den elektrischen Feldlinien eines durch die gleichen Elektroden hervorgerufenen elektrischen Potentialfeldes. Das Potential im Strömungsfeld entspricht dem Potential im elektrischen Feld. Zur Feldnachbildung eignet sich ein leitendes Medium in Form einer *Widerstandsschicht* oder eines schwach leitenden Elektrolyten (*elektrolytischer Trog*). Wegen der Ersetzbarkeit der Laplace-Gleichung durch eine lineare Differenzengleichung kann ein Potentialfeld auch mit Hilfe eines *Widerstandsnetzwerks* nachgebildet werden.

Bei diesen Analogmodellen werden die Feldelektroden durch dünne Metallstreifen (Widerstandsschicht), durch vergrößerte, in den Elektrolyten eingetauchte Modellelektroden (Elektrolytischer Trog) bzw. durch Kurzschließen von Widerständen (Widerstandsnetzwerk) nachgebildet. Das von den Elektrodenspannungen erzeugte Potentialfeld wird mit Sonden abgetastet. Diese Hardware-Darstellung von Potentialfeldern ist in den letzten Jahren durch die Software-Potentialfeldberechnung mit Hilfe von Computer-Programmen (entsprechend Abschnitt 2.1.2) verdrängt worden.

2.1.4 Bestimmung von Magnetfeldern

Da für Magnetfelder die Laplace-Gleichung (1.21) gilt, können für die Ermittlung der magnetischen Potentialverteilung grundsätzlich die gleichen digitalen Rechenverfahren verwendet werden, wie sie in Abschnitt 2.1.2 für elektrische Potentialfelder beschrieben worden sind.

Daneben benutzt man Halbleitersonden (Hall-Sonden) zur Ausmessung magnetischer Felder. Die Hall-Sonde besteht aus einem Halbleiterplättchen, das in Längsrichtung von einem konstanten Strom durchflossen wird. Bringt man die Sonde in das zu messende Magnetfeld, so entsteht in der Querrichtung des Halbleiterplättchens eine meßbare Hall-Spannung, die der Normalkomponente der magnetischen Feldstärke direkt proportional ist.

2.2 Bahnbestimmung

2.2.1 Berechnung von Elektronenbahnen in einfachen (raumladungsfreien) Feldern

2.2.1.1 Gekreuztes homogenes elektrisches und magnetisches Feld

Wir betrachten als erstes den allgemeinsten Fall eines überlagerten homogenen elektrischen und magnetischen Feldes. Die räumlich konstanten Feldvektoren seien E und B. Wir denken uns in das Feld ein kartesisches Koordinatensystem so gelegt, daß der Vektor B in die z-Richtung weist und der Vektor E in der y-z-Ebene liegt. E und B bilden miteinander den Winkel ε (vgl. Abb. 2.6). Wir nehmen an, daß nur der Raum im Bereich $z > 0$ vom Feld erfüllt sei; der Halbraum $z < 0$ sei feldfrei. Für die Feldkomponenten gelten dann folgende Beziehungen:

im Bereich *z > 0:*

$$\text{(a) } E_x = 0, \quad B_x = 0, \qquad \text{(c) } E_z = E\cos\varepsilon, \quad B_z = B;$$
$$\text{(b) } E_y = E\sin\varepsilon, \quad B_y = 0, \tag{2.44}$$

im Bereich *z < 0:*

$$E_x = E_y = E_z = B_x = B_y = B_z = 0. \tag{2.45}$$

Im Koordinatenursprung $(x = y = z = 0)$ trete ein Elektronenstrahl mit der Geschwindigkeit v_0 in den felderfüllten Raum ein. Der Vektor v_0 bildet mit der x-y-

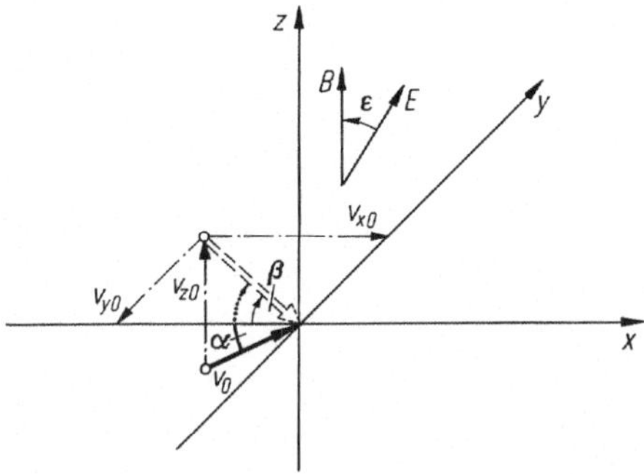

Abb. 2.6. Koordinatensystem zur Berechnung der Elektronenbahn in einem gekreuzten homogenen elektrischen und magnetischen Feld. v_0 = Eintrittsgeschwindigkeit der Elektronen im Koordinatenursprung

Ebene den Winkel α. Die Projektion von v_0 auf die x-y-Ebene schließt mit der x-Achse den Winkel β ein. Die Geschwindigkeitskomponenten an der Eintrittsstelle lauten demnach:

$$\begin{aligned} v_{x0} &= v_0 \cos\alpha \cos\beta, \\ v_{y0} &= v_0 \cos\alpha \sin\beta, \\ v_{z0} &= v_0 \sin\alpha. \end{aligned} \tag{2.46}$$

Zur Berechnung der Elektronenbahn verwenden wir die Bewegungsgleichungen (1.36–1.38). Mit den Gln. (2.44) erhalten wir daraus:

$$\begin{aligned} &\text{(a)}\ \ddot{x} = -\eta B \dot{y}, \\ &\text{(b)}\ \ddot{y} = -\eta (E_y - \dot{x} B) = \eta B \dot{x} - \eta E \sin\varepsilon, \\ &\text{(c)}\ \ddot{z} = -\eta E_z = -\eta E \cos\varepsilon. \end{aligned} \tag{2.47}$$

Die Gl. (2.47c) kann man unmittelbar zweimal integrieren. Dies ergibt:

$$\dot{z} = -\eta E \cos\varepsilon \cdot t + v_{z0} \tag{2.48}$$

und

$$z = v_{z0} t - \frac{1}{2}\eta E \cos\varepsilon \cdot t^2. \tag{2.49}$$

Zur Lösung der beiden Differentialgleichungen (2.47a, b) führen wir folgende Koordinatentransformation durch: Wir denken uns ein Koordinatensystem (x′, y, z), für dessen x′-Koordinate die Beziehung:

$$x = x' + \frac{E}{B} \sin\varepsilon \cdot t \tag{2.50}$$

gelten soll. Dies bedeutet, daß sich das ursprünglich gegebene Koordinatensystem (x, y, z) mit einer Relativgeschwindigkeit (E/B) sin ε parallel zur x-Achse gegenüber dem gedachten Koordinatensystem (x′, y, z) fortbewegt. Aus Gl. (2.50) erhalten wir:

$$\dot{x} = \dot{x}' + \frac{E}{B} \sin\varepsilon \tag{2.51}$$

und

$$\ddot{x} = \ddot{x}'. \tag{2.52}$$

Gl. (2.51) in (2.47 b) eingesetzt, ergibt:

$$\ddot{y} = \eta B \left[\dot{x}' + \frac{E}{B} \sin \varepsilon - \frac{E}{B} \sin \varepsilon \right]$$

oder

$$\ddot{y} = \eta B \dot{x}'. \tag{2.53}$$

Mit Gl. (2.52) erhalten wir aus (2.47a):

$$\ddot{x}' = -\eta B \dot{y}. \tag{2.54}$$

Wir haben nun anstelle der Gln. (2.47a u. b) die Differentialgleichungen (2.53) und (2.54) zu lösen. Dazu führen wir die Größe

$$\omega = \eta B = \frac{e}{m} B \tag{2.55}$$

ein. Diese Größe heißt *Zyklotronfrequenz*. Mit dem Lösungsansatz:

$$\begin{aligned} &(a)\ x' = A_0 \sin \omega t + B_0 \cos \omega t + C_0 \\ &(b)\ \ y = D_0 \sin \omega t + E_0 \cos \omega t + F_0 \end{aligned} \tag{2.56}$$

erhalten wir:

$$\begin{aligned} &(a)\ \dot{x}' = A_0 \omega \cos \omega t - B_0 \omega \sin \omega t, \\ &(b)\ \ddot{x}' = -A_0 \omega^2 \sin \omega t - B_0 \omega^2 \cos \omega t \end{aligned} \tag{2.57}$$

und

$$\begin{aligned} &(a)\ \dot{y} = D_0 \omega \cos \omega t - E_0 \omega \sin \omega t, \\ &(b)\ \ddot{y} = -D_0 \omega^2 \sin \omega t - E_0 \omega^2 \cos \omega t. \end{aligned} \tag{2.58}$$

Durch Einsetzen von Gl. (2.57b) und (2.58a) in (2.54) wird:

$$-A_0 \omega^2 \sin \omega t - B_0 \omega^2 \cos \omega t = -\eta B (D_0 \omega \cos \omega t - E_0 \omega \sin \omega t)$$

und daraus für $t = 0$:

$$-B_0 \omega^2 = -\eta B D_0 \omega.$$

Mit Gl. (2.55) folgt:

$$B_0 = D_0. \tag{2.59}$$

Durch Einsetzen von Gl. (2.57a) und (2.58b) in (2.53) bekommt man:

$$- D_0\,\omega^2 \sin\omega t - E_0\,\omega^2 \cos\omega t = \eta\, B\,(A_0\,\omega \cos\omega t - B_0\,\omega \sin\omega t)$$

und daraus für $t = 0$:

$$- E_0\,\omega^2 = \eta\, B\, A_0\,\omega\,.$$

Mit Gl. (2.55) folgt:

$$A_0 = - E_0\,. \tag{2.60}$$

Da zum Zeitpunkt $t = 0$ auch $x' = 0$ und $y = 0$ sind, ergibt sich aus Gl. (2.56):

$$B_0 + C_0 = 0$$

oder

$$C_0 = - B_0 = - D_0 \tag{2.61}$$

und

$$E_0 + F_0 = 0$$

oder

$$F_0 = - E_0 = A_0\,. \tag{2.62}$$

Setzen wir diese Konstanten in die Gl. (2.56) ein und führen gleichzeitig die Rücktransformation vom Koordinatensystem (x', y, z) in das System (x, y, z) nach Gl. (2.50) durch, so erhalten wir:

$$\begin{aligned} &\text{(a)}\; x = A_0 \sin\omega t - D_0(1 - \cos\omega t) + \frac{E}{B}\sin\varepsilon \cdot t\,,\\ &\text{(b)}\; y = D_0 \sin\omega t + A_0(1 - \cos\omega t)\,. \end{aligned} \tag{2.63}$$

Um die noch unbekannten Konstanten A_0 und D_0 zu bestimmen, berücksichtigen wir, daß zur Zeit $t = 0$ die x- und y-Komponenten der Eintrittsgeschwindigkeit der Elektronen in das Feld gleich $\dot{x} = v_{x0}$ und $\dot{y} = v_{y0}$ sind. Durch Differenzieren von Gl. (2.63) nach der Zeit t wird:

$$\begin{aligned} &\text{(a)}\; \dot{x} = A_0\,\omega \cos\omega t - D_0\,\omega \sin\omega t + \frac{E}{B}\sin\varepsilon\,,\\ &\text{(b)}\; \dot{y} = D_0\,\omega \cos\omega t + A_0\,\omega \sin\omega t\,. \end{aligned} \tag{2.64}$$

Für $t = 0$ folgt daraus:

$$\dot{x} = v_{x0} = A_0\,\omega + \frac{E}{B}\sin\varepsilon$$

oder

$$A_0 = \frac{v_{x0}}{\omega} - \frac{E}{\omega B}\sin\varepsilon\,; \tag{2.65}$$

ferner

$$\dot{y} = v_{y0} = D_0\,\omega$$

oder

$$D_0 = \frac{v_{y0}}{\omega}. \tag{2.66}$$

Die Gln. (2.49), (2.63), (2.65) und (2.66) ergeben zusammen die *vollständige Bahngleichung* der Elektronen in Parameterdarstellung:

$$\begin{aligned}
&\text{(a)}\ x = \left(\frac{v_{x0}}{\omega} - \frac{E}{\omega B}\sin\varepsilon\right)\sin\omega t - \frac{v_{y0}}{\omega}(1-\cos\omega t) + \left(\frac{E}{B}\sin\varepsilon\right)\cdot t\\
&\text{(b)}\ y = \frac{v_{y0}}{\omega}\sin\omega t + \left(\frac{v_{x0}}{\omega} - \frac{E}{\omega B}\sin\varepsilon\right)(1-\cos\omega t)\\
&\text{(c)}\ z = v_{z0}\,t - \left(\frac{1}{2}\eta\,E\cos\varepsilon\right)t^2.
\end{aligned} \tag{2.67}$$

Der Verlauf der Elektronenbahn, der durch die Gln. (2.67) beschrieben wird, läßt sich am einfachsten ermitteln, wenn man zunächst nur die Glieder betrachtet, welche t und t^2 enthalten. Diese Glieder, die nur in der x- und z-Komponente der Bewegungsgleichung vorkommen, beschreiben die translatorische Bewegung der Elektronen im Feld. Diese *Translationsbewegung* hat den Verlauf einer Parabel in der x-z-Ebene. Die übrigen Glieder, welche die Funktionen $\sin\omega t$ und $\cos\omega t$ enthalten, beschreiben die *Rotationsbewegung* der Elektronen im Feld. Die Projektion der Elektronenbahn auf die x-y-Ebene ergibt eine Zykloide. Ihre Gleichung ist die Gl. (2.67a u. b).

Die Überlagerung der translatorischen und rotatorischen Bewegungskomponenten ergibt eine *Schraubenbahn um einen Kreiszylinder mit parabolisch gekrümmter Achse*. Die Achse verläuft in einer Ebene parallel zur x-z-Ebene. Der Verlauf der Elektronenbahn ist in Abb. 2.7 dargestellt.

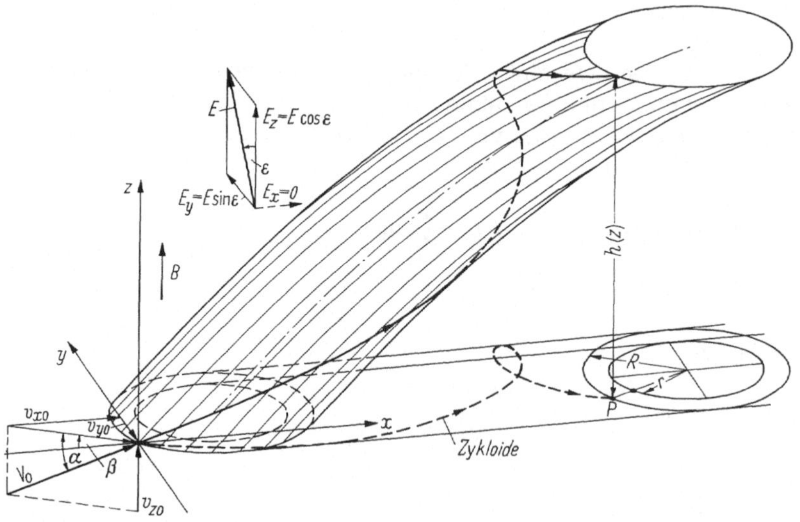

Abb. 2.7. Räumlicher Bahnverlauf eines Elektrons im überlagerten elektrischen und magnetischen homogenen Feld

Der Kreis, in dem der Bahnzylinder die x-y-Ebene schneidet, läßt sich aus den Bahngleichungen (2.67a u. b) ermitteln. Ohne den translatorischen Term und mit

$$\left(\frac{v_{x0}}{\omega} - \frac{E}{\omega B}\sin\varepsilon\right) = a_0, \qquad \frac{v_{y0}}{\omega} = b_0 \tag{2.68}$$

wird

$$x = a_0 \sin\omega t - b_0(1 - \cos\omega t), \qquad y = b_0 \sin\omega t + a_0(1 - \cos\omega t). \tag{2.69}$$

Mit $\omega t = \alpha$ lauten die Gln. (2.69):

$$(x + b_0) = a_0 \sin\alpha + b_0 \cos\alpha, \qquad (y - a_0) = b_0 \sin\alpha - a_0 \cos\alpha. \tag{2.70}$$

Die Gln. (2.70) ergeben sich auch aus einer Koordinatentransformation, bei der man ein Koordinatensystem (x′, y′) einführt, das gegenüber dem System (x, y) um einen Winkel α entgegen dem Uhrzeigersinn gedreht erscheint. Nach Abb. 2.8 ist:

$$x = r\cos\varphi, \qquad y = r\sin\varphi,$$

$$x' = r\cos(\varphi - \alpha) = r(\cos\varphi\cos\alpha + \sin\varphi\sin\alpha) = x\cos\alpha + y\sin\alpha$$

$$y' = r\sin(\varphi - \alpha) = r(\sin\varphi\cos\alpha - \cos\varphi\sin\alpha) = y\cos\alpha - x\sin\alpha.$$

Mit $x = b_0$ und $y = a_0$ wird:

$$x' = a_0 \sin\alpha + b_0 \cos\alpha, \qquad -y' = b_0 \sin\alpha - a_0 \cos\alpha. \tag{2.71}$$

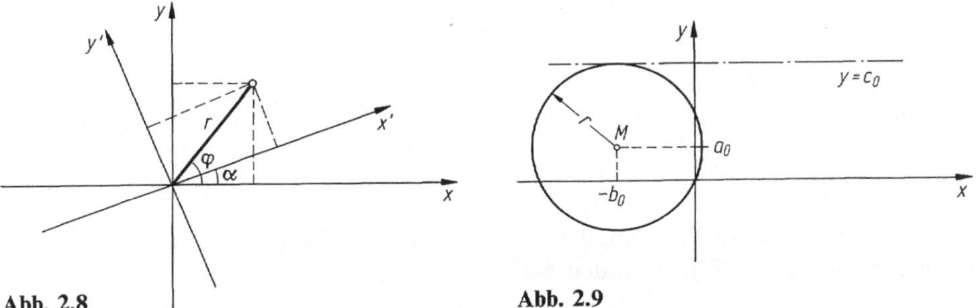

Abb. 2.8. Koordinatentransformation zur Bestimmung der Bahnprojektion (von Abb. 2.7) auf die x-y-Ebene

Abb. 2.9. Lage des Kreises, in welchem der Bahnzylinder von Abb. 2.7 die x-y-Ebene trifft. Rollt man den gezeichneten Kreis entgegen dem Uhrzeigersinn längs der Geraden $y = c_0$ ab, so beschreibt ein am Kreisumfang fixierter Punkt die Bahnprojektion auf die x-y-Ebene

Die rechten Seiten der Gln. (2.71) sind mit den rechten Seiten der Gln. (2.70) identisch. Durch Quadrieren und Addieren der beiden Gleichungen (2.70) erhalten wir mit (2.71):

$$(x + b_0)^2 + (y - a_0)^2 = x'^2 + y'^2 = r^2. \tag{2.72}$$

Dies ist die Gleichung eines Kreises mit dem Radius r und dem Mittelpunkt bei $x = -b_0$ und $y = a_0$ (vgl. Abb. 2.9). Die Elektronenbahnkurve von Abb. 2.7 kann man sich auch so entstanden denken, daß der Kreis von Abb. 2.9 längs einer zur x-Achse parallelen Geraden $y = c_0$ entgegen dem Uhrzeigersinn abrollt. Dann beschreibt ein mit dem Kreisumfang fest verbundener Punkt im Abstand $R > r$ vom Kreismittelpunkt genau die in Abb. 2.7 sichtbare Bahnprojektion auf die x-y-Ebene, die – wie bereits erwähnt – eine Zykloide darstellt. Gleichzeitig tritt der Punkt (in unserem Fall jedes Einzelelektron) aus der x-y-Ebene heraus und bewegt sich auf einer parabolischen Bahn in Richtung der z-Achse. Dies ergibt die Schraubenbahn der Abb. 2.7.

Die *Bahngeschwindigkeit* eines Elektrons an jedem Punkt der Schraubenbahn erhält man durch vektorielle Addition der Geschwindigkeitskomponenten $\dot{x}$, $\dot{y}$ und $\dot{z}$, die man durch Differenzieren der Gln. (2.67) findet. Der Betrag der Bahngeschwindigkeit ist

$$\boxed{v = \sqrt{\dot{x}^2 + \dot{y}^2 + \dot{z}^2}\,.} \tag{2.73}$$

Die *Ganghöhe* $h(z)$ der Schraubenbahn läßt sich aus der Differenz der z-Koordinaten berechnen, die zum Zeitpunkt t_1 bzw. zum Zeitpunkt $(t_1 + 2\pi/\omega)$ (also nach einem vollen Umlauf um den Bahnzylinder) von einem Elektron erreicht werden:

$$h(z) = z\left(t_1 + \frac{2\pi}{\omega}\right) - z(t_1). \tag{2.74}$$

Aus Gl. (2.67c) erhalten wir mit $\frac{1}{2}\eta E \cos\varepsilon = a$ durch Auflösen nach $t = t_1$:

$$t = t_1 = \frac{1}{2a} \cdot \left(v_{z0} \pm \sqrt{v_{z0}^2 - 4az}\right) \tag{2.75}$$

und für z:

$$z = v_{z0}\, t - a t^2. \tag{2.76}$$

Setzen wir in Gl. (2.76) einmal $t = t_1 + 2\pi/\omega$ und dann $t = t_1$ und bilden die Differenz nach Gl. (2.74), so finden wir:

$$h(z) = v_{z0} \cdot \left(t_1 + \frac{2\pi}{\omega}\right) - a\left(t_1 + \frac{2\pi}{\omega}\right)^2 - v_{z0}\, t_1 + a t_1^2 =$$

$$= v_{z0}\frac{2\pi}{\omega} - 2a\frac{2\pi}{\omega}t_1 - a\left(\frac{2\pi}{\omega}\right)^2.$$

Daraus folgt mit Gl. (2.75):

$$h(z) = \frac{2\pi}{\omega} \cdot \sqrt{v_{z0}^2 - 4az} - \frac{4\pi^2}{\omega^2}a =$$

$$= \frac{2\pi}{\omega} \cdot \sqrt{v_{z0}^2 - (2\eta E \cos\varepsilon)z} - \frac{2\pi^2}{\omega^2}\eta E \cos\varepsilon. \tag{2.77}$$

Die Ganghöhe nimmt also mit wachsendem z ab, weil das elektrische Feld auf die Elektronen bremsend wirkt.

Aus dem berechneten allgemeinsten Fall der Elektronenbewegung im zusammengesetzten homogenen elektrischen und magnetischen Feld ergibt sich nun eine Reihe von Sonderfällen. Die Elektronenbahnen und die zugehörigen Bahngleichungen erhält man unmittelbar aus den allgemeinen Bahngleichungen (2.67), wenn man dort die entsprechenden Randbedingungen berücksichtigt.

2.2.1.2 Homogenes elektrisches Feld

Wenn nur ein homogenes elektrisches Feld der Stärke E in z-Richtung existiert, dann gelten für Abb. 2.6 und Gl. (2.67) die Beziehungen:

$$B = 0 \text{ und damit } \omega = 0, \qquad E = E_z \text{ und damit } \varepsilon = 0. \tag{2.78}$$

Dadurch werden die Gln. (2.67a und b) unbestimmt und verlieren ihre Gültigkeit.

Bezüglich der Richtung der Eintrittsgeschwindigkeit v_0 der Elektronen beim Eintritt in das Feld betrachten wir nacheinander zwei Fälle: (a) $\beta = 0, \alpha = 90°$ (d. h. v_0 hat die Richtung der z-Achse) und (b) $\beta = 0$, $\alpha < 90°$ (d. h. v_0 liegt in der x-z-Ebene und schließt mit der x-Achse den Winkel α ein).

(a) v_0 in Richtung der z-Achse ($\beta = 0, \alpha = 90°$):

Für diesen Fall erhalten wir aus Abb. 2.6 die Abb. 2.10. Das elektrische Feld $E = E_z$ denken wir uns durch zwei Platten (Abstand d) mit den Potentialen V_1 und V_2 erzeugt. Die untere Platte enthält eine Öffnung, durch die der Elektronenstrahl in das Feld eintritt. Da in x- und y-Richtung keine Kräfte wirken, bleibt $x = y = 0$. Mit den Gln. (2.46) und den Bedingungen $\varepsilon = 0$, $\beta = 0$ und $\alpha = 90°$ erhalten wir aus Gl. (2.67c):

$$\boxed{z = v_0 t - \frac{1}{2} \eta E t^2.} \tag{2.79}$$

Die Elektronen bewegen sich also gleichförmig verzögert längs der z-Achse und kehren an einer bestimmten Stelle um. Diese *Umkehrstelle* liegt dort, wo

$$\dot{z} = 0 \tag{2.80}$$

ist. Sie wird entsprechend Gl. (2.79) und (2.80) nach der Zeit

$$t_0 = \frac{v_0}{\eta E} \tag{2.81}$$

erreicht. Nach einer *Laufzeit*

$$\tau = 2 t_0 = \frac{2 v_0}{\eta E} \tag{2.82}$$

verlassen die Elektronen das Feld wieder an der Eintrittsstelle (bei $z = 0$).

Bei Umkehr der Feldrichtung ($E < 0$) bewegen sich die Elektronen gleichförmig beschleunigt längs der z-Achse zur oberen Elektrode (bei $z = d$). Ihre Laufzeit $t = \tau_1$ erhält man durch Auflösen von Gl. (2.79) mit $E < 0$ und $z = d$:

$$\tau_1 = \frac{1}{\eta E}\left(-v_0 (\pm) \sqrt{v_0^2 + 2\eta E d}\right). \tag{2.83}$$

Für den speziellen Fall $v_0 = 0$ und $E < 0$ (Hochvakuumdiode mit ebenen Elektroden und vernachlässigbarer Raumladung; vgl. Abb. 2.11) folgt aus Gl. (2.79) die Bahngleichung

$$z = \frac{1}{2}\eta E t^2 \tag{2.84}$$

und aus Gl. (2.83) die Laufzeit

$$\tau_2 = \sqrt{\frac{2d}{\eta E}} = d\sqrt{\frac{2}{\eta U_a}}, \tag{2.85}$$

wobei $E = U_a/d$ ist. Die *Anodenspannung* U_a liegt zwischen der (elektronenemittierenden) *Kathode* K und der *Anode* A der Diode.

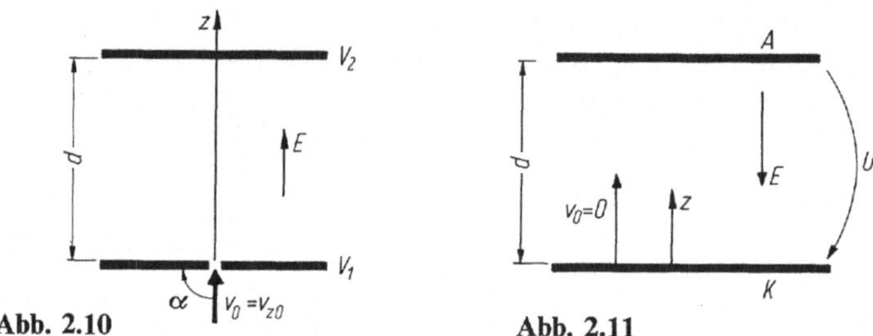

Abb. 2.10. Eintritt eines Elektronenstrahls mit der Geschwindigkeit v_0 in ein homogenes elektrisches Feld parallel zum elektrischen Feldvektor

Abb. 2.11. Hochvakuumdiode mit ebenen Elektroden (K = Kathode, A = Anode). Austrittsgeschwindigkeit der Elektronen an der Kathode: $v_0 = 0$

Die Geschwindigkeit v_z der Elektronen ist nach Gl. (2.84):

$$v_z = \dot{z} = \eta E t. \tag{2.86}$$

Aus Gl. (2.86) und (2.85) bekommt man mit $t = \tau_2$ für die *Geschwindigkeit der Elektronen an der Anode:*

$$v_z = v_a = \eta E \sqrt{\frac{2d}{\eta E}} = \sqrt{2 d \eta E} = \sqrt{2\eta U_a}. \tag{2.87}$$

Die Gl. (2.87) folgt auch unmittelbar aus dem *Energiesatz:*

$$\frac{1}{2} m v_a^2 = e U_a \tag{2.88}$$

oder

$$\boxed{v_a = \sqrt{\frac{2e}{m} U_a} = \sqrt{2\eta U_a}.}$$

Im Folgenden betrachten wir nun die verschiedenen Formeln für: *die Geschwindigkeit von Ladungsträgern (Elektronen und Ionen) nach Durchlaufen einer Spannung U.*

Mit Gl. (1.35) wird $\sqrt{2\eta} \approx 6 \cdot 10^5\,\mathrm{m/(sV^{1/2})}$. Allgemein gilt daher für die *Geschwindigkeit von Elektronen* nach Durchlaufen einer Spannung U:

$$\boxed{\frac{v}{\mathrm{m/s}} \approx 6 \cdot 10^5 \sqrt{\frac{U}{V}}.} \tag{2.89}$$

Die *Geschwindigkeit von Ionen* (Ladung q_i, Masse m_i) nach Durchlaufen einer Spannung U ist:

$$\boxed{\frac{v}{\mathrm{m/s}} \approx 6 \cdot 10^5 \sqrt{\frac{U}{V}} \sqrt{\frac{q_i}{e} \frac{m}{m_i}}.} \tag{2.90}$$

Bei dieser Gleichung ist berücksichtigt, daß im Faktor $6 \cdot 10^5$ der Zahlenwert von $\sqrt{\eta} = \sqrt{e/m}$ enthalten ist.

Anstelle der Geschwindigkeit wird für Ladungsträger häufig die *kinetische Energie* in *Elektronenvolt (eV)* angegeben. Ein Ladungsträger hat nach Gl. (2.88) die kinetische Energie 1 eV, wenn er eine Elementarladung ($e = 1{,}6 \cdot 10^{-19}\,\mathrm{As}$) trägt und eine Spannung von 1 V durchlaufen hat. Aus Gl. (2.88) folgt:

$$1\,\mathrm{eV} = 1{,}6 \cdot 10^{-19}\,\mathrm{Ws}. \tag{2.91}$$

Die Geschwindigkeit von Ladungsträgern im relativistischen Geschwindigkeitsbereich: Solange die Geschwindigkeit eines Ladungsträgers $v \ll c$ ist (c = Lichtgeschwindigkeit), bleibt die Ladungsträgermasse $m = \mathrm{const}$. Das Newtonsche Kraftgesetz lautet dann:

$$F = m \frac{dv}{dt}.$$

Wird dagegen $v \approx c$, so ist $m \neq \mathrm{const}$ und es gilt die Beziehung:

$$F = \frac{dm}{dt} v + m \frac{dv}{dt} = \frac{\partial m}{\partial v} \frac{dv}{dt} v + m \frac{dv}{dt}. \tag{2.92}$$

Die relativistische Teilchenmasse beträgt:

$$m = \frac{m_0}{(1 - \beta^2)^{1/2}}, \tag{2.93}$$

wobei $\beta = v/c$ und m_0 die *Ruhemasse* des Elektrons ist. Mit Gl. (2.93) lautet (2.92):

$$F = \frac{v^2 m_0}{c^2(1 - \beta^2)^{3/2}} \frac{dv}{dt} + \frac{m_0}{(1 - \beta^2)^{1/2}} \frac{dv}{dt} = \frac{m_0}{(1 - \beta^2)^{3/2}} \frac{dv}{dt}. \tag{2.94}$$

Setzt man $v = ds/dt$ oder $1/dt = v/ds$, so lautet Gl. (2.94):

$$F\, ds = dW = \frac{m_0 v\, dv}{(1 - \beta^2)^{3/2}}. \tag{2.95}$$

Die Integration dieser Gleichung ergibt die Teilchenenergie W:

$$W = \int dW = \int F\, ds = \int_0^v \frac{m_0 v\, dv}{(1 - \beta^2)^{3/2}}. \tag{2.96}$$

Zur Lösung dieses Integrals führt man die Substitution $v^2/c^2 = u$ ein. Dann wird $du = (2v/c^2)\, dv$ und damit

$$W = \int_0^u \frac{m_0 c^2\, du}{2(1 - u)^{3/2}} = \frac{m_0 c^2}{(1 - u)^{1/2}} - m_0 c^2. \tag{2.97}$$

Setzen wir für die Elektronenenergie nach Gl. (2.88):

$$W = e \cdot U$$

(U = durchlaufene Spannung), so erhalten wir aus Gl. (2.97):

$$W = eU = m_0 c^2 \left\{ \frac{1}{\left[1 - \left(\frac{v}{c}\right)^2\right]^{1/2}} - 1 \right\}. \tag{2.98}$$

Durch Auflösen von Gl. (2.98) nach v wird:

$$v = \sqrt{\frac{2e}{m_0} U} \frac{\sqrt{1 + eU/(2 m_0 c^2)}}{1 + eU/(m_0 c^2)} \tag{2.99}$$

oder mit Gl. (2.89):

$$\boxed{\frac{v}{m/s} \approx 6 \cdot 10^5 \sqrt{\frac{U}{V}} \frac{\sqrt{1 + 10^{-6}\, U/V}}{1 + 2 \cdot 10^{-6}\, U/V}.} \tag{2.100}$$

Die Gl. (2.100) gibt die *Geschwindigkeit von Elektronen im relativistischen Bereich* an. Sie ist in Abb. 2.12 dargestellt. Eine merkliche relativistische Korrektur der Geschwindigkeit tritt demnach erst bei Spannungen $U > 30\,\mathrm{kV}$ auf. Bei sehr hohen Spannungen (d.h. für $10^{-6}\,U \gg 1$) folgt aus Gl. (2.100):

$$v \approx 6 \cdot 10^5 \sqrt{\frac{U}{V}}\,\frac{\sqrt{10^{-6}\,U/V}}{2 \cdot 10^{-6}\,U/V} = 3 \cdot 10^8\,\mathrm{m/s} = c. \tag{2.101}$$

Die Gl. (2.99) gilt auch für Ionen, wenn anstelle von e/m_0 das Verhältnis q_i/m_i eingesetzt wird.

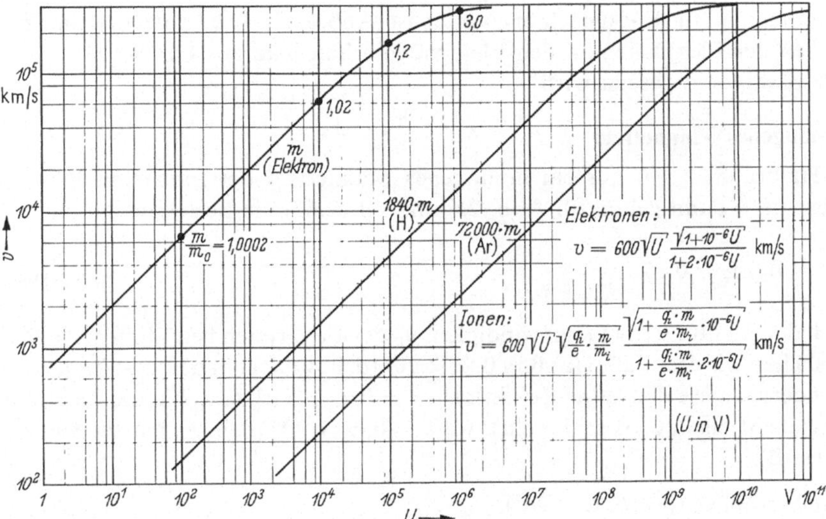

Abb. 2.12. Geschwindigkeit v von Elektronen und Ionen in Abhängigkeit von der Beschleunigungsspannung U

(b) v_0 in der x-z-Ebene ($\beta = 0$, $\alpha < 90°$):

Für diesen Fall erhalten wir aus Abb. 2.6 die Abb. 2.13. Der Elektronenstrahl tritt unter einem Winkel α gegen die x-Achse in der x-z-Ebene an der Stelle $x = z = 0$ in das homogene elektrische Feld ein. Aus den Gln. (2.46) folgt mit $\beta = 0$:

$$v_{x0} = v_0 \cos\alpha, \quad v_{y0} = 0, \quad v_{z0} = v_0 \sin\alpha. \tag{2.102}$$

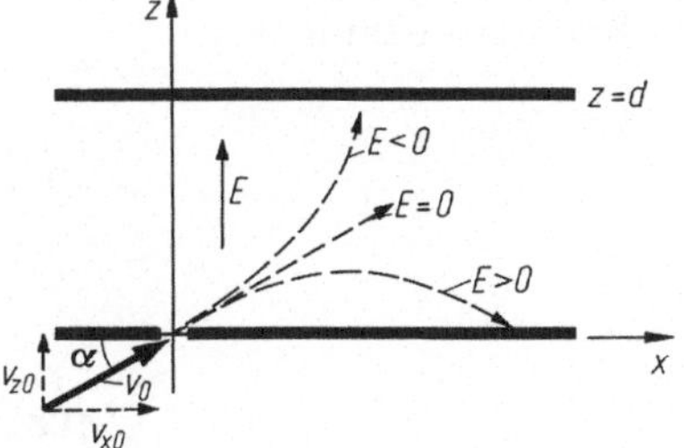

Abb. 2.13. Elektronenbahnen im homogenen elektrischen Feld bei schrägem Eintritt eines Elektronenstrahls

Die Bewegung der Elektronen *in z-Richtung* wird durch die Gl. (2.67c) beschrieben. Sie lautet wegen $\varepsilon = 0$:

$$z = v_{z0}\,t - \frac{1}{2}\eta\,E\,t^2. \qquad (2.103)$$

Die Bewegung *in x-Richtung* ist gleichförmig, da in dieser Richtung keine Feldkraft wirkt. Daher ist

$$x = v_{x0}\,t. \qquad (2.104)$$

Die beiden Gln. (2.103) und (2.104) ergeben eine Parabel in der x-z-Ebene, die für $E > 0$ nach unten und für $E < 0$ nach oben offen ist (Abb. 2.13). Die Laufzeiten und die Auftreffstellen der Elektronen an den Elektroden erhält man aus Gl. (2.103), wenn darin $z = 0$ bzw. $z = d$ gesetzt wird.

2.2.1.3 Homogenes Magnetfeld

Wenn im Halbraum $z > 0$ nur ein homogenes Magnetfeld der Induktion B in z-Richtung existiert, dann gelten für Abb. 2.6 und Gl. (2.67) die Beziehungen:

$$B = B_z, \; E = 0. \qquad (2.105)$$

Bezüglich der Richtung der Geschwindigkeit v_0 der Elektronen beim Eintritt in das Feld untersuchen wir drei Fälle: (a) $\beta = 0, \alpha < 90°$ (d. h. v_0 liegt in der x-z-Ebene und schließt mit der x-Achse den Winkel α ein); (b) $\beta = 0, \alpha = 0$ (d. h. v_0 hat die Richtung der x-Achse, steht also auf B senkrecht); (c) $\beta = 0, \alpha = 90°$ (d. h. v_0 hat die gleiche Richtung wie B).

(a) v_0 in der x-z-Ebene ($\beta = 0$, $\alpha < 90°$):

Für diesen Fall erhalten wir aus Abb. 2.6 die Abb. 2.14. Mit den Gln. (2.102) und (2.105) sowie der Bedingung $\beta = 0$ nehmen die Gln. (2.67) die Form an:

$$\begin{aligned} &\text{(a)}\; x = \frac{v_0}{\omega}\cos\alpha\,\sin\omega\,t = R\sin\omega\,t, \\ &\text{(b)}\; y = \frac{v_0}{\omega}\cos\alpha\,(1 - \cos\omega\,t) = R(1 - \cos\omega\,t), \\ &\text{(c)}\; z = v_0\,t\sin\alpha. \end{aligned} \qquad (2.106)$$

Die Bahnprojektion auf die x-y-Ebene ist somit ein Kreis mit dem Radius

$$R = \frac{v_0}{\omega}\cos\alpha \qquad (2.107)$$

und der Gleichung

$$x^2 + (y - R)^2 = R^2. \qquad (2.108)$$

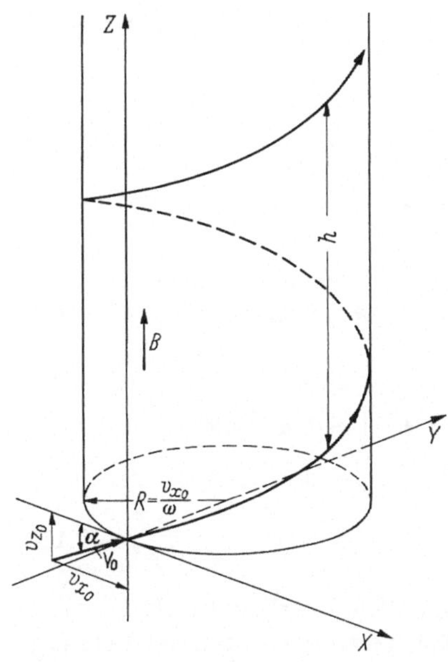

Abb. 2.14. Schraubenbahn eines Elektronenstrahls im homogenen Magnetfeld (konstante Ganghöhe h)

In z-Richtung ist die Bewegung gleichförmig und geradlinig. Die Überlagerung der beiden Bewegungen ergibt eine *Schraubenbahn mit konstanter Ganghöhe* h um einen Kreiszylinder mit dem Radius R. Die *Ganghöhe* h läßt sich aus Gl. (2.106c) berechnen, wenn $t = 2\pi/\omega$ (Zeitdauer für einen vollen Umlauf um den Bahnzylinder) gesetzt und v_0 mit Hilfe von Gl. (2.107) eliminiert wird:

$$h = v_0 \frac{2\pi}{\omega} \cos\alpha = 2\pi R \tan\alpha . \tag{2.109}$$

(*b*) *v_0 in Richtung der x-Achse* ($\beta = 0$, $\alpha = 0$):

Dies bedeutet, daß der Geschwindigkeitsvektor v_0 senkrecht zu den magnetischen Feldlinien verläuft (Abb. 2.15a). Die Gln. (2.106) gehen dann über in:

$$\boxed{\begin{aligned} &\text{(a)}\ x = \frac{v_0}{\omega} \sin \omega t, \\ &\text{(b)}\ y = \frac{v_0}{\omega} (1 - \cos \omega t), \\ &\text{(c)}\ z = 0. \end{aligned}} \tag{2.110}$$

Die Elektronenbahn ist in diesem Fall ein *Kreis* mit dem Radius

$$\boxed{R = \frac{v_0}{\omega} = \frac{m v_0}{e B}} \tag{2.111}$$

in der x-y-Ebene. Die Kreisebene steht auf den Feldlinien senkrecht.

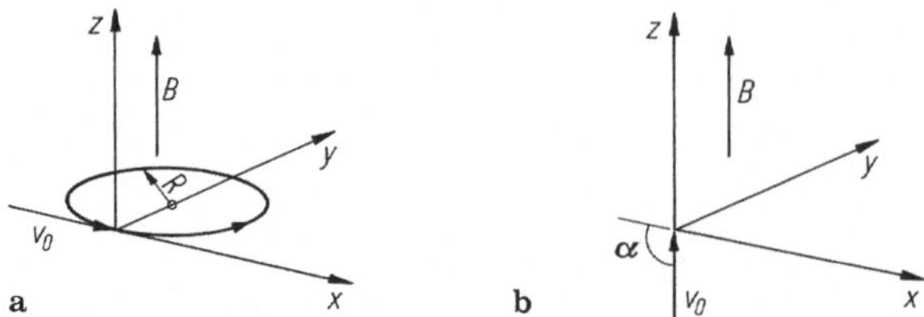

Abb. 2.15. a Kreisförmiger Bahnverlauf eines Elektrons im homogenen Magnetfeld bei v_0 senkrecht zu B; **b** geradlinige Fortbewegung eines Elektrons im homogenen Magnetfeld bei v_0 parallel zu B

c) v_0 in Richtung der z-Achse (gleiche Richtung wie B; $\beta = 0$, $\alpha = 90°$):

Aus den Gln. (2.106) bekommt man jetzt:

$$x = y = 0, \qquad z = v_0\, t. \tag{2.112}$$

Die Elektronen werden in diesem Fall vom Magnetfeld überhaupt *nicht beeinflußt* und bewegen sich mit ihrer Eintrittsgeschwindigkeit geradlinig durch das Feld (vgl. Abb. 2.15b).

2.2.1.4 Paralleles elektrisches und magnetisches Feld (E || B)

Wir nehmen wieder an, daß das überlagerte Feld nur im Halbraum $z > 0$ existiert, wobei die Randbedingungen lauten:

$$E = E_z,\ B = B_z,\ \varepsilon = 0. \tag{2.113}$$

Wir nehmen ferner an, daß die Elektronen innerhalb der x-z-Ebene in das Feld eintreten (d. h. $\beta = 0$, $a < 90°$; Abb. 2.16). Die Gln. (2.67) nehmen dann die Form an:

$$\boxed{\begin{aligned} &\text{(a)}\ x = R \sin \omega t, \qquad \text{(c)}\ z = v_0\, t \sin\alpha - \frac{1}{2}\eta\, E\, t^2. \\ &\text{(b)}\ y = R\,(1 - \cos \omega t), \end{aligned}} \tag{2.114}$$

Dies ist die Gleichung einer *Schraubenbahn mit zeitlich veränderlicher Ganghöhe* um einen Kreiszylinder mit dem Radius R nach Gl. (2.107). Bei $E > 0$ nimmt die Ganghöhe zeitlich zu, bei $E < 0$ ab.

2.2.1.5 Zueinander senkrechtes elektrisches und magnetisches Feld (E ⊥ B)

Für ein solches Feld im Halbraum $z > 0$ lauten die Randbedingungen:

$$E = E_y,\ B = B_z,\ \varepsilon = 90°. \tag{2.115}$$

Bezüglich der Eintrittsgeschwindigkeit v_0 der Elektronen betrachten wir die beiden Fälle: (a) $\beta = 0$, $\alpha = 90°$ (v_0 liegt parallel zu B, also auch auf der z-Achse); (b) $\beta = 0$, $\alpha = 0$ (v_0 steht auf B senkrecht, liegt also in der x-Achse).

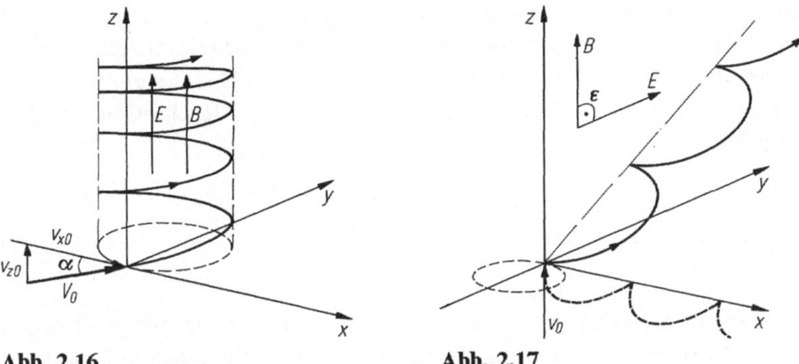

Abb. 2.16 **Abb. 2.17**

Abb. 2.16. Schraubenbahn eines Elektronenstrahls im überlagerten elektrischen und magnetischen Feld (veränderliche Ganghöhe)

Abb. 2.17. Schraubenbahn eines Elektronenstrahls in einem überlagerten elektrischen und magnetischen Feld bei v_0 parallel zu B und B senkrecht zu E. Die Bahn verläuft am Mantel eines Zylinders mit schiefer Achse

(*a*) *v_0 parallel zu B* ($\beta = 0$, $\alpha = 90°$):

An die Stelle von Abb. 2.6 tritt jetzt die Abb. 2.17. Die Geschwindigkeitskomponenten sind in diesem Fall nach Gl. (2.46):

$$v_{z0} = v_0, \; v_{x0} = v_{z0} = 0. \tag{2.116}$$

Mit Gl. (2.115) und (2.116) sowie den Bedingungen $\beta = 0$ und $\alpha = 90°$ entstehen aus den Gl. (2.67) die Ausdrücke:

$$\boxed{\begin{aligned} &(a)\; x = -\frac{E}{\omega B}\sin\omega t + \frac{E}{B}t, \\ &(b)\; y = -\frac{E}{\omega B}(1-\cos\omega t), \\ &(c)\; z = v_0 t. \end{aligned}} \tag{2.117}$$

Die translatorischen Bewegungskomponenten $(E/B)\,t$ und $v_0\,t$ ergeben eine schräg verlaufende Gerade in der x-z-Ebene durch den Koordinatenursprung. Die rotatorischen Bewegungskomponenten stellen in der x-y-Ebene einen Kreis mit dem Radius

$$R_0 = \frac{E}{\omega B} = \frac{E}{\eta B^2} \tag{2.118}$$

und der Gleichung:

$$x^2 + (y + R_0)^2 = R_0^2 \tag{2.119}$$

dar. Die Überlagerung der Bewegungskomponenten ergibt eine *Schraubenbahn* mit konstanter Ganghöhe um einen Kreiszylinder mit gerader, aber geneigter Achse (Abb. 2.17). Die Bahnachse liegt in einer Ebene parallel zur x-z-Ebene. Die *Ganghöhe* h folgt aus Gl. (2.117c), wenn man dort $t = 2\pi/\omega$ (Zeitdauer für einen vollen Umlauf um den Bahnzylinder) setzt:

$$h = v_0 \frac{2\pi}{\omega}. \tag{2.120}$$

Die Bahnprojektion auf die x-y-Ebene ist eine Zykloide. Sie entsteht durch Abrollen des Kreises der Gl. (2.119) an der x-Achse und wird dabei durch einen festen Punkt des Kreisumfangs geschrieben.

Die Bewegung nach Gl. (2.117) kann man zur *Parallelverschiebung eines Wendelstrahls* verwenden. Bei einem solchen Strahl führen die Elektronen eine schraubenförmige Bewegung um die Strahlachse aus. Ihre Geschwindigkeit v_0 parallel zur Strahlachse ist kleiner als ihre Bahngeschwindigkeit. Tritt der Strahl in ein überlagertes elektrisches und magnetisches Feld ein, wobei $v_0 \parallel B$ und $E \perp B$ ist, so wird er parallel zu sich selbst verschoben (vgl. Abb. 2.18).

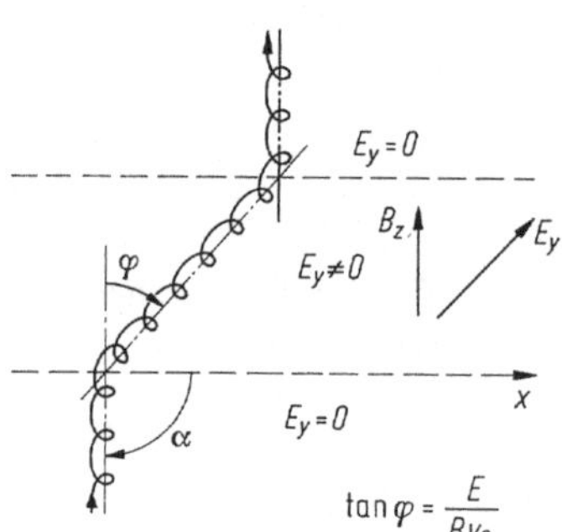

Abb. 2.18. Parallelverschiebung eines Wendelstrahls im überlagerten elektrischen und magnetischen Feld

(b) v_0 senkrecht zu B ($\beta = 0$, $\alpha = 0$):

Mit Gl. (2.115) ($\varepsilon = 90°$) und $\alpha = 0$ folgt in diesem Fall aus Gl. (2.67c) wegen $v_{z0} = v_0 \sin\alpha = 0$ und $\cos\varepsilon = 0$, daß auch z dauernd null bleibt. Die Elektronenbahn verläuft deshalb unabhängig vom Eintrittswinkel β in der x-y-Ebene. Für alle möglichen Eintrittswinkel β ergeben sich als Bahnen immer Zykloiden. Als Beispiel betrachten wir deshalb nur den Fall $\beta = 0$. Die Gln. (2.67) lauten dann:

$$\begin{aligned} &\text{(a)}\ x = \left(\frac{v_0}{\omega} - \frac{E}{\omega B}\right) \sin \omega t + \frac{E}{B} t, \\ &\text{(b)}\ y = \left(\frac{v_0}{\omega} - \frac{E}{\omega B}\right)(1 - \cos \omega t), \\ &\text{(c)}\ z = 0. \end{aligned} \tag{2.121}$$

Die resultierenden Zykloidenbahnen sind für fünf verschiedene Eintrittsgeschwindigkeiten v_0 in Abb. 2.19 dargestellt. Sie ergeben sich, wenn man einen Kreis entgegen dem Uhrzeigersinn längs verschiedenen, zur x-Achse parallelen Geraden abrollt und dabei die Bahn eines mit dem Kreisumfang fest verbundenen Punktes verfolgt (Abb. 2.20). Da in Gl. (2.121) nur das Verhältnis E/B auftritt, bleiben die Bahnen erhalten, wenn man die Vorzeichen *beider* Feldvektoren umkehrt.

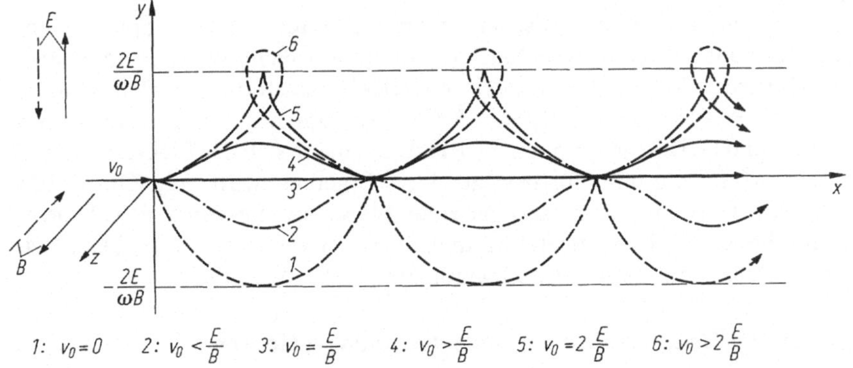

Abb. 2.19. Zykloidenbahnen von Elektronen im überlagerten elektrischen und magnetischen Feld bei E senkrecht zu B und v_0 senkrecht zu E und B. 1, 5 = einfache Zykloide, 2, 4 = verkürzte Zykloide, 6 = verschlungene Zykloide

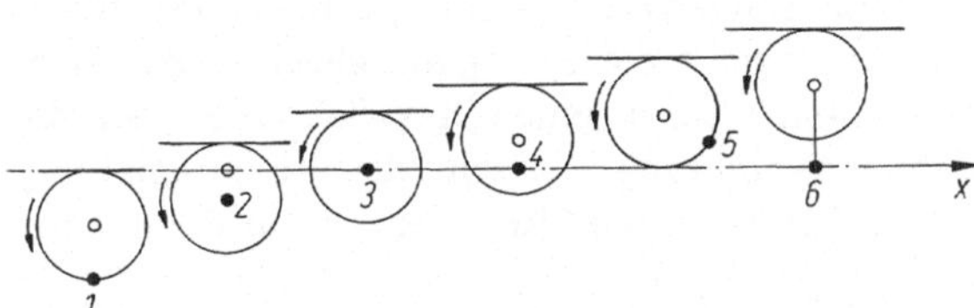

Abb. 2.20. Entstehung der Zykloidenbahnen von Abb. 2.19 durch Abrollen eines Kreises längs Geraden parallel zur x-Achse. Die mit der Kreisscheibe starr verbundenen Punkte 1–6 beschreiben die Bahnen 1–6 von Abb. 2.19

2.2.2 Numerische Bahnbestimmung mit dem Digitalrechner

In der Praxis sind die Elektronenbahnen häufig nicht explizit bestimmbar. In solchen Fällen muß man zunächst mit den in Abschnitt 2.1.2 und 2.1.3 beschriebenen numerischen Verfahren das Potentialfeld ermitteln. Aus den im Computer gespeicherten Potentialwerten lassen sich dann die Elektronenbahnen durch schrittweise numerische Integration der Bahngleichungen errechnen.

Für ein zweidimensionales elektrisches Feld lauten die zu integrierenden Gleichungen im ebenen Fall:

$$\ddot{x} = -\eta E_x, \ \ddot{y} = -\eta E_y \tag{2.122}$$

und im rotationssymmetrischen Fall:

$$\ddot{r} = -\eta E_r, \ \ddot{z} = -\eta E_z. \tag{2.123}$$

Das Ergebnis eines jeden Integrationsschrittes wird mit dem Energiesatz überprüft:

$$\frac{1}{2}m(\dot{x}^2 + \dot{y}^2) = e(V - V_0) \tag{2.124}$$

bzw.

$$\frac{1}{2}m(\dot{r}^2 + \dot{z}^2) = e(V - V_0). \tag{2.125}$$

$(V - V_0)$ = Potentialdifferenz zwischen einem Feldpunkt (Maschenpunkt) und einer Bezugselektrode mit dem Potential V_0. Zur Bahnberechnung (z.B. im ebenen Fall) müssen für jeden Maschenpunkt, der vom Elektronenstrahl getroffen wird, die Werte $V(x, y)$, $E_x = -\partial V/\partial x$ und $E_y = -\partial V/\partial y$ bestimmt werden. Die Integration der Gln. (2.122) und (2.123) liefert dann die Richtung, in die sich der Elektronenstrahl zum nächsten Maschenpunkt fortbewegt. Das Ergebnis wird mit Gl. (2.124) kontrolliert. Man kann erreichen, daß bei einer Maschenweite von z.B. 0,2 mm in Bereichen mit hoher Elektronengeschwindigkeit die Abweichung von Gl. (2.124) < 1 eV und in Gebieten niedriger Geschwindigkeit $< 0{,}3$ eV bleibt.

2.2.3 Numerische Bahnbestimmung mittels Analogverfahren

Bei Kenntnis des Potentialfeldes kann man zur Bahnbestimmung auch einen Analogrechner verwenden. Die Potential- und zugehörigen Feldstärkewerte werden vorher näherungsweise berechnet oder an einem Analogmodell (z.B. dem Widerstandsnetzwerk) ermittelt und dann dem Eingang des Analogrechners zugeführt. Dieser enthält elektronische Integratoren, welche die Bewegungsgleichungen lösen. Die Ausgangsspannungen der Integratoren steuern einen X-Y-Schreiber, der die Elektronenbahn automatisch aufzeichnet. Abbildung 2.21 zeigt die Prinzipschaltung eines Analogrechners (a) für die Gln. (2.122) sowie eines Rechners (b) für die Lösung der Gleichungen:

$$\begin{aligned} \ddot{x} &= -\eta(E_x + \dot{y}B_z), \\ \ddot{y} &= -\eta(E_y - \dot{x}B_z). \end{aligned} \tag{2.126}$$

In Abb. 2.21 bedeuten die Bezeichnungen $(+1)$, $(-\eta)$ und (ηB_z) an den Eingängen der Integratoren jeweils Faktoren, mit denen die Eingangsspannungen automatisch multipliziert werden. Das Rechenergebnis wird nach jedem Rechenschritt mit dem Energiesatz (2.124) überprüft.

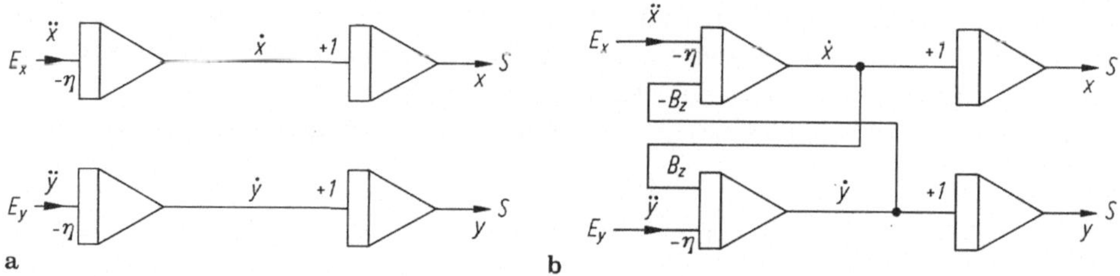

Abb. 2.21 a, b. Prinzipschaltung eines Analogrechners (mit zweistufigen Integratoren) für ein zweidimensionales elektrisches Feld (**a**) und für ein überlagertes elektrisches und magnetisches Feld (**b**). S = Anschluß für einen XY-Schreiber

Weitere Möglichkeiten der Bahnbestimmung sind das Abrollen und Photografieren von Kugeln auf einem Gummimembranmodell und die Sichtbarmachung der Elektronenbahn durch die Anregung von Gasatomen in einer verdünnten Gasatmosphäre ($p \approx 10^{-2}$ mbar).

2.3 Die allgemeine Energiegleichung für ein Elektron

Wie für jeden bewegten Körper, so muß auch für Elektronen im Vakuum immer der Energiesatz erfüllt sein. Wir wollen diesen Satz, der bereits in Gl. (2.88) formuliert wurde, etwas allgemeiner darstellen. Wir gehen dazu von der Bewegungsgleichung (1.34) aus, die man auch in folgender Form schreiben kann:

$$\frac{d}{dt}(m\,v) = -e(E + [v \times B]).$$

Durch Multiplikation dieser Gleichung mit v wird:

$$v\frac{d}{dt}(m\,v) = -e(v\,E + \underbrace{v\,[v \times B]}_{\equiv 0})$$

oder

$$\frac{d}{dt}\left(\frac{1}{2}m\,v^2\right) = -e\,v\,E. \tag{2.127}$$

Nach dieser Gleichung kann nur das elektrische Feld die kinetische Energie eines Elektrons ändern. Die magnetische Feldkraft steht immer senkrecht zum Vektor v und kann daher keine Arbeit verrichten.

Bezeichnen wir die Richtung, in die sich ein Elektron gerade bewegt, mit x, so ist $E = -\partial V/\partial x$ und $v = dx/dt$. Folglich ist:

$$\frac{d}{dt}\left(\frac{1}{2}m\,v^2\right) = +e\frac{\partial V}{\partial x}\frac{dx}{dt} = e\frac{dV}{dt}. \tag{2.128}$$

Die Integration dieser Gleichung ergibt:

$$\frac{1}{2}m(v^2 - v_0^2) = e(V - V_0) = e\,U, \tag{2.129}$$

wobei für die Potentialdifferenz $(V - V_0)$ die durchlaufene Spannung U eingesetzt wird (Abb. 2.22).

Wir betrachten nun die folgenden drei Fälle:

(a) $V_0 = const$, $v_0 = const$: Damit wird

$$\frac{1}{2}m\,v^2 - e\,U = \text{const} \tag{2.130}$$

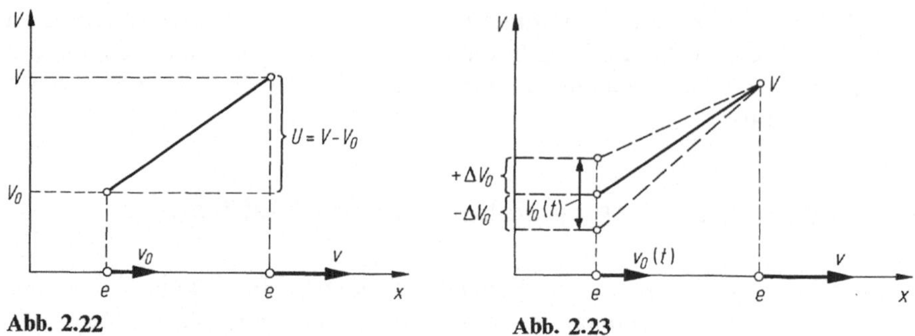

Abb. 2.22. Änderung der Geschwindigkeit v eines Elektrons (e) in x-Richtung auf Grund einer konstanten Potentialdifferenz ($V-V_0$)

Abb. 2.23. Änderung der Geschwindigkeit v eines Elektrons (e) in x-Richtung auf Grund einer zeitlich veränderlichen Potentialdifferenz [$V-V_0(t)$]

oder

$$W_k + W_p = \text{const.} \tag{2.131}$$

Die Summe aus kinetischer Energie W_k und potentieller Energie $W_p\,(= -\,e\,U)$ ist also konstant.

(b) $V_0 = 0, v_0 = 0$: In diesem Fall ist

$$\frac{1}{2}\,m\,v^2 - e\,U = 0 \tag{2.132}$$

oder

$$W_k + W_p = 0\,. \tag{2.133}$$

Die Gl. (2.132) ist mit Gl. (2.88) identisch.

(c) $V_0 = f(t)$, $v_0 = f(t)$: Wenn sich V_0 zeitlich ändert, während sich das Elektron bewegt, so erscheint in Gl. (2.128) auf der rechten Seite der Ausdruck

$$\frac{dV}{dt} = \frac{\partial V}{\partial x}\frac{dx}{dt} - \frac{\partial V}{\partial t}\,. \tag{2.134}$$

Der Term $(\partial V/\partial x)\,(dx/dt)$ stellt die Potentialänderung dar, die sich auf Grund der Bewegung des Elektrons ergibt. Der zweite Term $(-\,\partial V/\partial t)$ gibt die (von außen erzwungene) zeitliche Potentialänderung (für das ruhende Elektron) an. Das Minuszeichen besagt, daß eine zeitliche Potentialerhöhung $(+\,\Delta V_0)$ am Ort des Elektrons gleichzeitig zu einer verringerten Potentialänderung auf Grund der Fortbewegung des Elektrons führt (Abb. 2.23).

Mit Gl. (2.134) lautet Gl. (2.128):

$$\underbrace{\frac{d}{dt}\left(\frac{1}{2}\,m\,v^2\right)}_{W_k} = \underbrace{e\left(\frac{\partial V}{\partial x}\frac{dx}{dt} - \frac{\partial V}{\partial t}\right)}_{-\,dW_p/dt} \tag{2.135}$$

oder

$$\frac{d}{dt}(W_k + W_p) = -e\frac{\partial V}{\partial t}. \tag{2.136}$$

Die Summe $(W_k + W_p)$ ist also jetzt nicht mehr konstant, sondern ändert sich mit der Zeit t. Dies ist insbesondere bei den Mikrowellenröhren der Fall, in denen Wechselfelder sehr hoher Frequenz (d.h. im GHz-Bereich) auftreten, so daß die Laufzeit der Elektronen von der gleichen Größenordnung wie die Periodendauer der Wechselfelder wird.

3 Elektronenemissions- und -absorptionsvorgänge im Vakuum

3.1 Elektronenemissionsvorgänge

Bei allen Röhren und Geräten der Vakuumelektronik werden die Elektronen durch die *Emission aus Festkörperoberflächen* in das Vakuum gebracht. Bei Gasentladungsröhren entstehen freie Elektronen außerdem durch Stoßionisierung von Gasmolekülen. Für die Elektronenemission aus Festkörpern kommen fünf Möglichkeiten in Betracht. Sie sind in Tabelle 1 in der Reihenfolge ihrer praktischen Bedeutung angegeben.

Tabelle 1. Arten der Elektronenemission aus Festkörpern

Emissionsart	Elektronenquelle	Energiequelle	Vorgang
Thermische Emission	Glühkathode (GK)	Wärme (W)	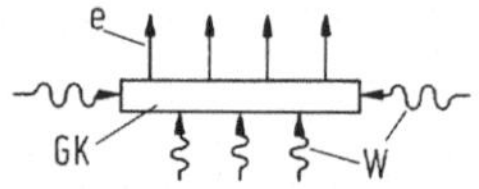 e, GK, W
Photoemission	Photokathode (PK)	Licht (L)	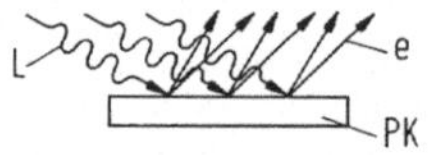 L, e, PK
Sekundäremission	Dynode (D)	schnelle (s) Elektronen	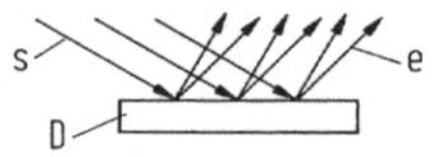 s, e, D
Feldemission	Drahtspitze (S)	Hochspannung	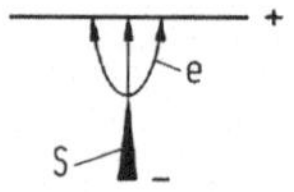 +, e, S, −
Radioaktive β-Emission	β-Strahler	Atomkerne	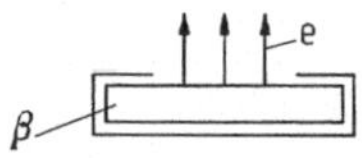 e, β

3.1.1 Thermische Elektronenemission

Eine zum Glühen gebrachte Elektrode aus Metall oder Metalloxid (*Glühkathode*) emittiert Elektronen ins Vakuum. Der thermische Emissionsstrom hängt von der Temperatur und den Materialeigenschaften der Glühkathode ab. Diese Abhängigkeit läßt sich aus der Energieverteilung der Elektronen im Festkörper bestimmen.

3.1.1.1 Energieverteilung der Elektronen in einem Metall und im Vakuum

Wir gehen bei unserer Betrachtung vom wellenmechanischen Atommodell aus. Bei diesem Modell wird jedes Atom als eine Art winziger „Behälter“ aufgefaßt, in den ein oder mehrere Elektronen eingeschlossen sind. Als Behälter denken wir uns einen Würfel der Kantenlänge L (Abb. 3.1). Um das Verhalten der Elektronen im Behälter richtig zu beschreiben, muß man ihre Wellennatur berücksichtigen. Nach L. de Broglie kann man jedes materielle Teilchen, *das sich bewegt*, als sogenannte *Materiewelle* mit der Wellenlänge

$$\lambda = \frac{h}{m v} \tag{3.1}$$

auffassen (m = Teilchenmasse, v = Teilchengeschwindigkeit). Diese Formel ergibt sich aus dem Masse-Energie-Äquivalent nach Einstein

$$E = m c^2, \tag{3.2}$$

wenn man diese Energie gleich der Energie eines Strahlungsquants

$$E = h f \tag{3.3}$$

setzt und berücksichtigt, daß

$$f \cdot \lambda = c \tag{3.4}$$

ist. Durch Zusammenfassen der Gln. (3.2) bis (3.4) wird:

$$\lambda = \frac{h}{m c}. \tag{3.5}$$

Für ein Teilchen mit der Geschwindigkeit v (nicht c) geht Gl. (3.5) in (3.1) über.

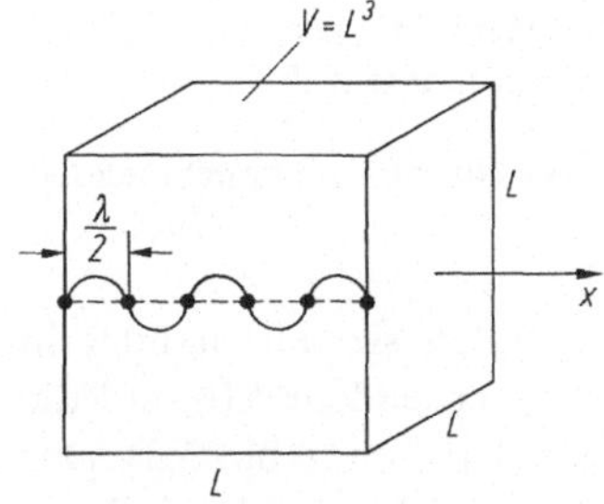

Abb. 3.1. Ausbildung einer stehenden Elektronenwelle mit der Materiewellenlänge λ zwischen den Wänden eines Würfels der Kantenlänge L

Die Materiewellen der Elektronen überlagern sich durch Reflexion an den Würfelwänden zu stehenden Wellen. Da an den Wänden stets Schwingungsknoten auftreten müssen, gilt für die Wellenlänge einer stehenden Materiewelle mit n Knoten (die in x-Richtung verläuft): $n\lambda/2 = L$ oder

$$\lambda = \frac{2L}{n} = \frac{h}{m v_x}. \tag{3.6}$$

(L = Abstand zweier gegenüberliegender Würfelwände; $n = 1, 2, 3 \ldots$ = *Hauptquantenzahl* eines Atoms).

Die kinetische Energie eines Elektrons, das sich mit der Geschwindigkeit v_x in x-Richtung bewegt, beträgt wegen Gl. (3.6):

$$E_x = \frac{1}{2} m v_x^2 = (m v_x)^2/(2m) = \frac{h^2}{2m\lambda^2} = \frac{n^2 h^2}{8 m L^2}. \tag{3.7}$$

Nach Gl. (3.7) kann ein Elektron im Würfel (d. h. in einem Atom) nur bestimmte, durch die Hauptquantenzahl n gegebene Energieniveaus (Elektronenschalen) einnehmen. Die Quantisierung der Elektronenenergie in einem Atom ergibt sich also zwangsläufig aus der Wellennatur des Elektrons. Die Darstellung der einzelnen Energieniveaus eines Atoms nennt man *Energieniveauschema* oder *Termschema* (vgl. Abb. 3.2). Den Nullpunkt seiner Energieskala bezieht man auf das Energieniveau der Valenzschale (Energie E_1, Hauptquantenzahl $n = 1$). Das höchste Niveau (E_∞, $n \to \infty$) ist das Ionisierungsniveau. Ein Elektron, das dieses Niveau erreicht oder überschreitet, ist vom Atom losgelöst und frei beweglich.

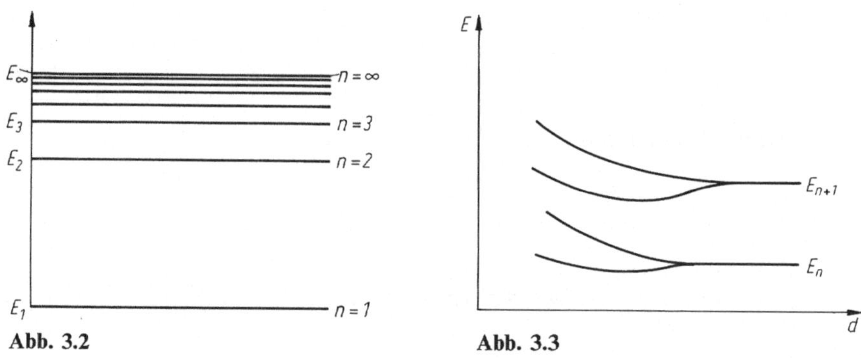

Abb. 3.2 **Abb. 3.3**

Abb. 3.2. Termschema eines Atoms. E_1 = Grundniveau = Energieniveau der Valenzschale; E_∞ = Ionisierungsniveau; $E_\infty - E_1$ = Ionisierungsarbeit; n = Hauptquantenzahl

Abb. 3.3. Aufspaltung von zwei Energieniveaus E_n und E_{n+1} in vier Niveaus mit abnehmendem Abstand d zweier benachbarter Atome

Befinden sich zwei Einzelatome dicht beieinander, so treten sie miteinander in Wechselwirkung. Das hat zur Folge, daß sich mit kleiner werdendem Abstand die Energieniveaus der beiden Atome in je zwei neue Niveaus aufspalten (Abb. 3.3). Das Aufspalten beginnt zuerst bei den höheren Niveaus, weil diese den äußeren Elektronenbahnen entsprechen, die als erste von der Wechselwirkung erfaßt werden. Man hat es hier mit einer Erscheinung zu tun, die allgemein bei der engen Verkopplung von zwei Systemen auftritt. Ein Beispiel dafür ist die Aufspaltung der Resonanzfrequenzen in gekoppelten Resonatoren.

Wir betrachten nun anstelle eines Einzelatoms (oder zweier benachbarter Atome) einen aus N gleichen Atomen bestehenden Metallkristall. In einem solchen Kristall werden das Energieniveau der Valenzschale und jedes andere Niveau eines Atoms wegen der starken Wechselwirkung mit den Nachbaratomen in S = N diskrete Energieniveaus aufgespalten. Dadurch entstehen *Energiebänder*, von denen jedes S dicht beieinander liegende Energieniveaus enthält. In Abb. 3.4 ist die zunehmende Verbreiterung des Energieniveaus der Valenzschale und weiterer Niveaus zu Energiebändern mit abnehmendem interatomarem Abstand d dargestellt.

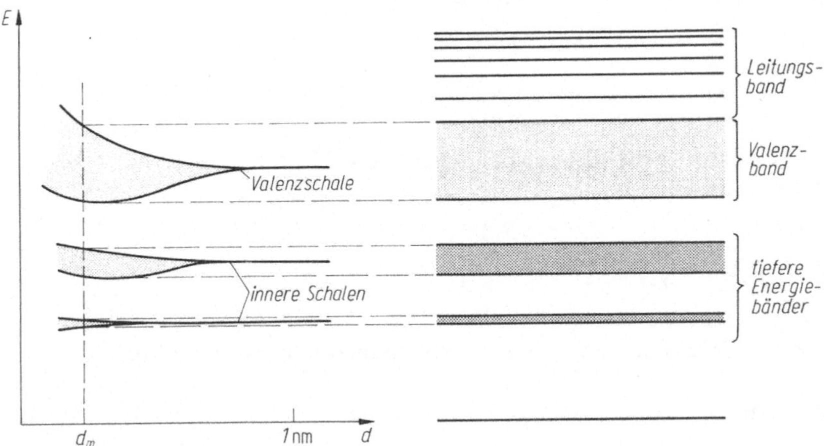

Abb. 3.4. Verlauf der Energiebänder in einem Metall (schematisch) als Funktion des interatomaren Abstandes d. d_m = mittlerer interatomarer Abstand eines bestimmten Metalls. Die tieferen Energiebänder sind wesentlich schmaler als das Valenzband, an das sich unmittelbar das Leitungsband anschließt

Im Metallkristall stellt sich auf Grund des Gleichgewichts zwischen Anziehungs- und Abstoßungskräften ein bestimmter mittlerer Abstand d_m zwischen den Atomen ein. Man sieht aus Abb. 3.4, daß für diesen Abstand in einem Metall zwei aneinandergrenzende Energiebänder existieren, die man als *Valenzband* und als *Leitungsband* bezeichnet. Das untere Band (Valenzband) enthält die gebundenen Elektronen, das obere (Leitungsband) die frei beweglichen Elektronen. Diese verursachen die elektrische Leitfähigkeit der Metalle.

In einem Metall gibt jedes Atom im Durchschnitt *ein* Elektron an das Metallgitter ab. Ein Metallkörper mit N Atomen enthält daher auch N Elektronen im Leitungsband. Diese N Elektronen verteilen sich auf die S Energieniveaus (man sagt auch: *Energiezustände*) des Leitungsbandes. Jeder der S Energiezustände kann nach dem *Pauli-Prinzip* nur mit zwei Elektronen entgegengesetzten Spins besetzt sein. Die resultierende Verteilung der N Elektronen auf die S Energiezustände ergibt sich durch folgende Überlegung:

Wir führen zunächst in Gl. (3.7) den *Impuls eines Elektrons* in x-Richtung

$$p_x = m\,v_x \tag{3.8}$$

ein und erhalten:

$$p_x^2 = \frac{n^2 h^2}{4 L^2} \tag{3.9}$$

oder

$$p_x = \frac{n h}{2 L}. \tag{3.10}$$

Der Impuls p_x hat für $n = 1$ seinen kleinstmöglichen Wert. Dieser Wert entspricht demnach der Unsicherheit Δp_x des Impulses in x-Richtung:

$$\Delta p_x = \pm \frac{h}{2 L}. \tag{3.11}$$

Da der Impulsvektor in die positive oder negative x-Richtung weisen kann, beträgt die gesamte Impulsunschärfe

$$\Delta p_x' = 2 \Delta p_x = \frac{h}{L}. \tag{3.12}$$

Dieses Ergebnis folgt auch aus der Heisenbergschen Unschärferelation

$$\Delta x \cdot \Delta(m v)_x \geqslant h, \tag{3.13}$$

die besagt, daß man gleichzeitig Ort *und* Impuls eines Teilchens nicht exakt, sondern nur bis auf einen Unschärfewert (entsprechend dem Planckschen Wirkungsquantum h) angeben kann. Für $x = L$ und $\Delta(m v)_x = \Delta p_x'$ ist Gl. (3.13) mit (3.12) identisch.

Die Impulse aller Elektronen des Leitungsbandes kann man mit ihren drei Komponenten p_x, p_y und p_z im sogenannten *Impulsraum* als räumliche Vektoren darstellen. Der Impulsraum ist durch ein rechtwinkliges Koordinatensystem festgelegt, an dessen Achsen anstelle von Orts- die Impulskoordinaten aufgetragen sind. Abbildung 3.5 zeigt den Impulsvektor für ein einzelnes Elektron im Impulsraum. Dieser Impulsvektor ist mit einer Unschärfe behaftet, die im Impulsraum nach Gl. (3.12) einem Würfel der Kantenlänge

$$d p_x = d p_y = d p_z = \frac{h}{L} \tag{3.14}$$

und mit dem Volumen

$$d p_x \cdot d p_y \cdot d p_z = \frac{h^3}{L^3} \tag{3.15}$$

entspricht (Abb. 3.5). Das Volumen dieses Impulswürfels stellt genau *ein* von Elektronen besetzbares diskretes Energieniveau des Leitungsbandes dar. Nach dem Pauli-Prinzip kann ein solcher Würfel daher mit maximal zwei Elektronen besetzt sein.

Die Anzahl dS der besetzbaren Energieniveaus je Impulsraumeinheit beträgt also:

$$\frac{dS}{dp_x\,dp_y\,dp_z} = \frac{2}{(h^3/L^3)} = \frac{2\,L^3}{h^3}. \tag{3.16}$$

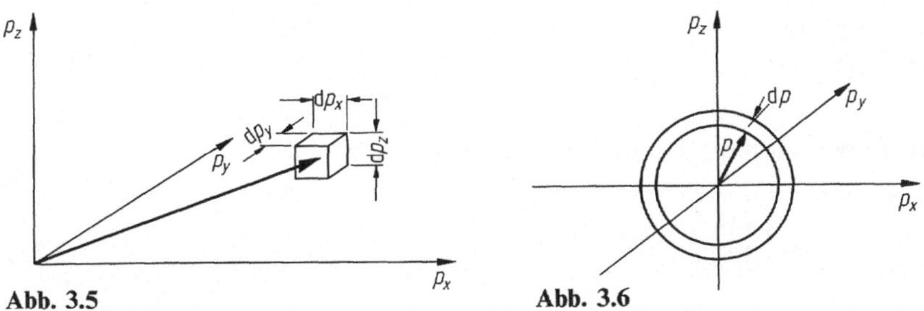

Abb. 3.5 **Abb. 3.6**

Abb. 3.5. Darstellung des Energieniveaus (Energiezustandes) eines Leitungselektrons als Würfel im Impulsraum

Abb. 3.6. Aufteilung des Impulsraumes in konzentrische Kugelschalen zur Bestimmung der Gesamtzahl S der besetzbaren Energieniveaus (Energiezustände) im Leitungsband

Die Gesamtheit S aller besetzbaren Energieniveaus ergibt sich aus Gl. (3.16) durch Integration über den ganzen Impulsraum. Für diese Integration denken wir uns den ganzen Impulsraum in konzentrische Kugelschalen der Dicke dp und mit dem Koordinatenursprung als Mittelpunkt unterteilt (vgl. Abb. 3.6). Dann kann man in Gl. (3.16) das Produkt $(dp_x\,dp_y\,dp_z)$ durch das Teilvolumen $(4\pi p^2\,dp)$ ersetzen.

Mit $L^3 = V$ wird:

$$dS = \frac{2\,V}{h^3}\,4\pi p^2\,dp \tag{3.17}$$

und daher

$$S = \frac{2\,V}{h^3}\,\frac{4}{3}\pi p^3. \tag{3.18}$$

Nach Gl. (3.7) ist allgemein die kinetische Elektronenenergie:

$$E = \frac{p^2}{2\,m} \tag{3.19}$$

oder

$$p = \sqrt{2\,m\,E}. \tag{3.20}$$

Mit Gl. (3.20) wird aus (3.18):

$$S = \frac{16\sqrt{2}\,\pi}{3}\,\frac{V\,m^{3/2}}{h^3}\cdot E^{3/2}. \tag{3.21}$$

Die Gesamtzahl S der besetzbaren Energieniveaus im Leitungsband steigt also mit der Energie E der Leitungselektronen an. An der unteren Grenze des Leitungsbandes (d.h. an der Grenze zum Valenzband) ist $E = 0$ und daher auch $S = 0$.

Die *Energieverteilung der Elektronen* im Leitungsband ist definiert als die Anzahl dN der Elektronen pro Energieintervall dE:

$$\frac{dN}{dE} = \frac{\partial N}{\partial S}\,\frac{dS}{dE}. \tag{3.22}$$

Für dS/dE findet man aus Gl. (3.21) durch Differenzieren:

$$\frac{dS}{dE} = 8\sqrt{2}\pi\,\frac{V\,m^{3/2}}{h^3}\cdot E^{1/2}. \tag{3.23}$$

Der zweite Term von Gl. (3.22) $\partial N/\partial S = P$ gibt an, wie sich die N Elektronen auf die S vorhandenen Energieniveaus verteilen. Die Größe P ist also ein Wahrscheinlichkeitsmaß für die Besetzung eines Energieniveaus durch ein Elektron.

Zur Berechnung des Wahrscheinlichkeitsfaktors P denken wir uns die Energie E der Leitungselektronen in k einzelne Energieintervalle aufgeteilt, von denen jedes S_i Energieniveaus und N_i Elektronen mit der mittleren Energie E_i enthält (Abb. 3.7). Wir nehmen an, daß die Temperatur des betrachteten Metalls konstant sei. Dann sind auch die Gesamtzahl (N) und die gesamte kinetische Energie aller Leitungselektronen konstant:

$$\sum N_i = N = \text{const} \tag{3.24}$$

oder

$$\sum dN_i = 0; \tag{3.24a}$$

ferner ist:

$$\sum E_i N_i = \text{const} \tag{3.25}$$

oder

$$\sum E_i\,dN_i = 0. \tag{3.25a}$$

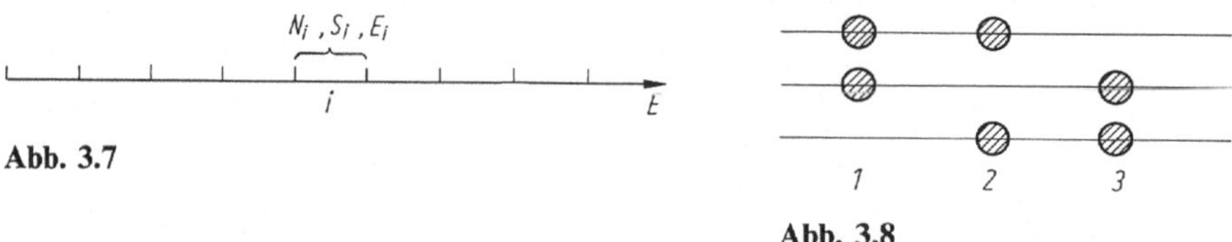

Abb. 3.7

Abb. 3.8

Abb. 3.7. Aufteilung der Energie E der Leitungselektronen in k einzelne Energieintervalle. Jedes Intervall i enthält S_i Energieniveaus und N_i Elektronen mit der mittleren Energie E_i

Abb. 3.8. Mögliche Verteilungen von $N_i = 2$ Elektronen auf $S_i = 3$ Energieniveaus. Es gibt $W_i = 3$ Möglichkeiten

Aus der Wahrscheinlichkeitstheorie ist bekannt, daß N_i (nicht unterscheidbare) Elektronen im i-ten Energieintervall auf S_i Energieniveaus W_i verschiedene Verteilungen annehmen können:

$$W_i = \frac{S_i!}{N_i!(S_i - N_i)!}. \tag{3.26}$$

Zum Beispiel können $N_i = 2$ Elektronen auf $S_i = 3$ Energieniveaus genau $W_i = 3$ verschiedene Verteilungen haben (vgl. Abb. 3.8).

Für insgesamt k Energieintervalle ist die Gesamtwahrscheinlichkeit für die Besetzung eines Niveaus gleich dem Produkt der Teilwahrscheinlichkeiten:

$$W = W_1 \cdot W_2 \cdot W_3 \ldots \cdot W_k. \tag{3.27}$$

Durch Logarithmieren von Gl. (3.27) und Einsetzen von Gl. (3.26) wird:

$$\begin{aligned} \ln W &= \ln W_1 + \ln W_2 + \ldots = \\ &= \sum_i [\ln(S_i!) - \ln(N_i!) - \ln(S_i - N_i)!]. \end{aligned} \tag{3.28}$$

Die Gl. (3.28) läßt sich mit Hilfe der Näherungsformel von Stirling:

$$\ln(N!) \approx N \cdot \ln N - N \tag{3.29}$$

(für große N) umformen in:

$$\begin{aligned} \ln W = \sum_i [&S_i \ln S_i - S_i - N_i \ln N_i + N_i \\ &- (S_i - N_i)\ln(S_i - N_i) + S_i - N_i]. \end{aligned} \tag{3.30}$$

Um die *wahrscheinlichste Verteilungsfunktion* zu ermitteln, wird Gl. (3.30) nach N_i differenziert und null gesetzt:

$$\begin{aligned} d(\ln W) &= \sum_i [-\ln N_i - 1 + \ln(S_i - N_i) + 1]\, dN = \\ &= \sum_i \ln\left(\frac{S_i - N_i}{N_i}\right) dN_i = 0. \end{aligned} \tag{3.31}$$

Die Gln. (3.31), (3.24a) und (3.25a) kann man nach dem Satz von Lagrange zu einer Gleichung zusammenfassen, wobei die Gln. (3.24a) und (3.25a) noch mit Faktoren α und β multipliziert werden können, ohne daß sich am Ergebnis etwas ändert (Methode der Lagrangeschen Multiplikatoren):

$$d(\ln W) - \alpha \sum_i dN_i - \beta \sum_i E_i\, dN_i = 0. \tag{3.32}$$

Die Zusammenfassung von Gl. (3.31) und (3.32) lautet:

$$\sum_i \left[\ln \left(\frac{S_i - N_i}{N_i} \right) - \alpha - \beta E_i \right] dN_i = 0. \tag{3.33}$$

Diese Summe kann nur null sein, wenn jeder Summand für sich null ist:

$$\ln \left(\frac{S_i - N_i}{N_i} \right) - \alpha - \beta E_i = 0. \tag{3.34}$$

In dieser Gleichung bedeutet das Verhältnis $N_i/S_i = \partial N/\partial S = P$ (für genügend kleine Energieintervalle i). Gl. (3.34) ergibt nach N_i/S_i aufgelöst:

$$\frac{N_i}{S_i} = \frac{\partial N}{\partial S} = P = \frac{1}{1 + e^{(\alpha + \beta E_i)}}. \tag{3.35}$$

Mit Hilfe der kinetischen Gastheorie läßt sich zeigen, daß

$$\beta \equiv \frac{1}{kT}, \tag{3.36}$$

wobei T die absolute Temperatur und k die Boltzmann-Konstante bedeuten:

$$k = 1{,}38 \cdot 10^{-23}\,\mathrm{Ws/K}. \tag{3.37}$$

Setzt man in Gl. (3.35) $P = P_F$, $E_i = E$ und $(-\alpha/\beta) = E_F$, so wird:

$$P_F = \frac{\partial N}{\partial S} = \frac{1}{1 + e^{(E - E_F)/kT}}. \tag{3.38}$$

Dieser Ausdruck heißt *Fermi-Dirac-Verteilungsfunktion.* Sie besagt, daß in einem Metall die Besetzung von Energieniveaus mit wachsender Elektronenenergie E nach einer e-Funktion abnimmt. Die Größe E_F bezeichnet man als *Fermi-Energie.* Für $E = E_F$ ist die Besetzungswahrscheinlichkeit $P_F = 0{,}5$.

Für $T \to 0$ wird der Verlauf der Fermi-Dirac-Verteilungsfunktion $P_F(E)$ durch folgende Grenzwerte bestimmt:

$$\lim_{T \to 0} P_F = 1 \text{ (für } E < E_F) \tag{3.39}$$

und

$$\lim_{T \to 0} P_F = 0 \text{ (für } E > E_F). \tag{3.40}$$

Der Verlauf der Verteilungsfunktion $P_F(E)$ nach Gl. (3.38) ist für $T = 0$ und für $T > 0$ in Abb. 3.9 dargestellt. Bei $T = 0$ ist die höchste Energie der Leitungselektronen im Metall gleich E_F.

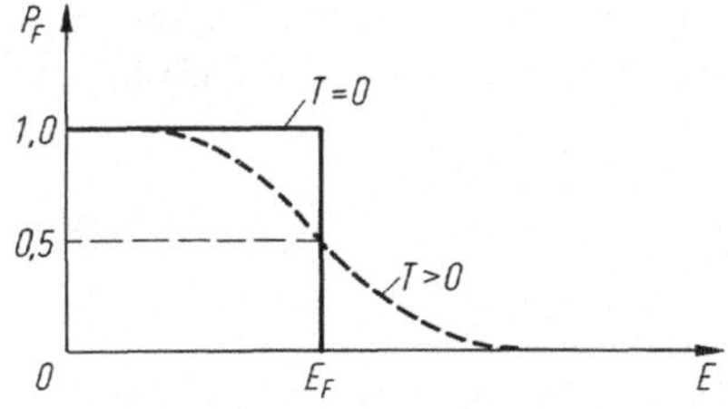

Abb. 3.9. Verlauf des Fermi-Dirac-Wahrscheinlichkeitsfaktors P_F als Funktion der Energie E der Leitungselektronen für T = 0 und T > 0

Für $(E - E_F) > 4\,kT$ geht die Gl. (3.38) über in:

$$P_M \approx e^{-(E-E_F)/kT} = C \cdot e^{-E/kT}. \tag{3.41}$$

Diese Beziehung heißt *Maxwell-Boltzmann-Verteilungsfunktion.*

Die Gln. (3.22), (3.23) und (3.38) ergeben zusammengefaßt die gesuchte *Energieverteilung der Leitungselektronen in einem Metall:*

$$\boxed{\frac{dN}{dE} = \frac{\partial N}{\partial S}\,\frac{dS}{dE} = \frac{8\sqrt{2}\,\pi\,V\,m^{3/2}\,E^{1/2}}{h^3}\,\frac{1}{1 + e^{(E-E_F)/kT}}.} \tag{3.42}$$

In Abb. 3.10 ist der Verlauf der drei Funktionen dS/dE, ∂N/∂S und dN/dE in Abhängigkeit von der Elektronenenergie E dargestellt. Mit steigender Temperatur verändert sich im wesentlichen nur der abfallende Ast der Energieverteilungskurve.

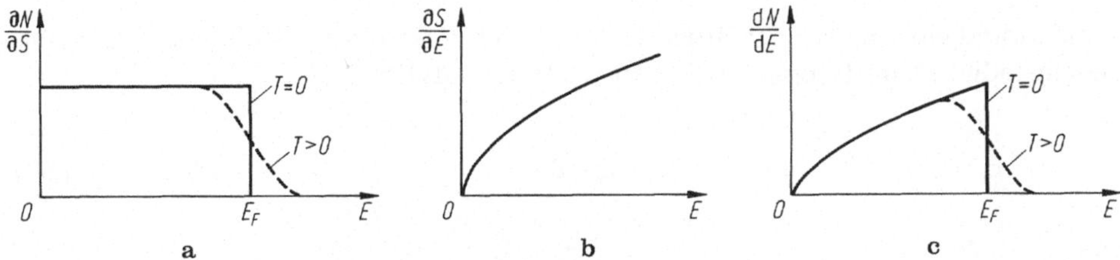

Abb. 3.10a–c. Verlauf der Funktionen ∂N/∂S und dS/dE sowie der resultierenden Energieverteilungsfunktion dN/dE in Abhängigkeit von der Energie E der Leitungselektronen in einem Metall für die Temperatur T = 0 und T > 0

Bei der Temperatur T = 0 wird nach Gl. (3.42):

$$\frac{dN}{dE} = 0 \text{ (für } E > E_F) \tag{3.43}$$

und

$$\frac{dN}{dE} = \frac{8\pi\sqrt{2}\,V\,m^{3/2}}{h^3}\,E^{1/2} \text{ (für } E < E_F). \tag{3.44}$$

Aus Gl. (3.44) läßt sich durch Integration die Gesamtzahl der Leitungselektronen in einem Metall berechnen:

$$N = \int_0^\infty \frac{dN}{dE} = \frac{16\pi\sqrt{2}\,V\,m^{3/2}}{3\,h^3} \cdot E_F^{3/2}. \tag{3.45}$$

Dabei wurde als obere Integrationsgrenze anstelle von ∞ die Fermi-Energie E_F eingesetzt, weil sie bei $T = 0$ die obere Energiegrenze darstellt. Aus Gl. (3.45) folgt:

$$\boxed{E_F = e\,U_F = \frac{h^2}{8\,m}\left(\frac{3\,n}{\pi}\right)^{2/3}.} \tag{3.46}$$

Darin bedeutet U_F das Voltäquivalent der Fermi-Energie und heißt *Fermi-Spannung*. Die Konzentration n der Leitungselektronen im Metall beträgt:

$$n = \frac{N}{V} = \frac{N_A}{A}\,\varrho\,z. \tag{3.47}$$

$$N_A = 6{,}023 \cdot 10^{23}\,\text{mol}^{-1}. \tag{3.48}$$

(N_A = Loschmidtsche Zahl, A = Massenzahl, N_A/A = Anzahl der Metallatome je 1 g, ϱ = Dichte, $N_A\,\varrho/A$ = Anzahl der Metallatome je 1 cm^3, z = Anzahl der Leitungselektronen je Atom). Die Fermi-Energie E_F eines Metalls ist nach Gl. (3.46) nur von der Konzentration n der Leitungselektronen abhängig.

Die Energieverteilungsfunktion nach Gl. (3.42) läßt sich in eine Geschwindigkeitsverteilungsfunktion f(v) umrechnen. Diese ist durch die Gleichung

$$dn = n\,f(v)\,dv \tag{3.49}$$

definiert und gibt an, welcher Bruchteil (dn/n) der Elektronen je Volumeneinheit eine Geschwindigkeit im Intervall zwischen v und (v + dv) hat. Mit

$$E = \frac{1}{2}\,m\,v^2, \qquad dE = m\,v\,dv \tag{3.50}$$

und Gl. (3.49) wird:

$$\frac{dn}{dE} = \frac{1}{V}\frac{dN}{dE} = \frac{n\,f(v)\,dv}{m\,v\,dv}. \tag{3.51}$$

Daraus folgt mit Gl. (3.42) und (3.38):

$$f(v) = \frac{m\,v}{n}\frac{1}{V}\frac{dN}{dE} = \frac{m\,v}{n}\,\frac{8\sqrt{2}\,\pi\,m^{3/2}}{h^3}\,\frac{m^{1/2}\,v}{\sqrt{2}}\,P_F. \tag{3.52}$$

Nach Gl. (3.46) ist:

$$n = \frac{\pi}{3}\left(\frac{8\,m}{h^2}\,E_F\right)^{3/2} = \frac{\pi}{3}\,\frac{16\sqrt{2}}{h^3}\,m^{3/2}\,E_F^{3/2}. \tag{3.53}$$

Gl. (3.53) in (3.52) eingesetzt, ergibt:

$$f(v) = \frac{3\,m^{3/2}\,v^2}{2\sqrt{2}\,E_F^{3/2}}\,P_F. \tag{3.54}$$

Eliminiert man aus Gl. (3.54) die Elektronenmasse m mit Hilfe der Beziehung

$$\frac{m}{2} v_w^2 = kT, \tag{3.55}$$

so wird:

$$f(v) = 3\left(\frac{kT}{E_F}\right)^{3/2} \frac{v^2/v_w^3}{1 + e^{[(v/v_w)^2 - E_F/kT]}}. \tag{3.56}$$

Den Verlauf dieser *Geschwindigkeitsverteilungsfunktion für Leitungselektronen in einem Metall* zeigt Abb. 3.11. Ein numerisches Beispiel ist in Abb. 3.12 zu sehen.

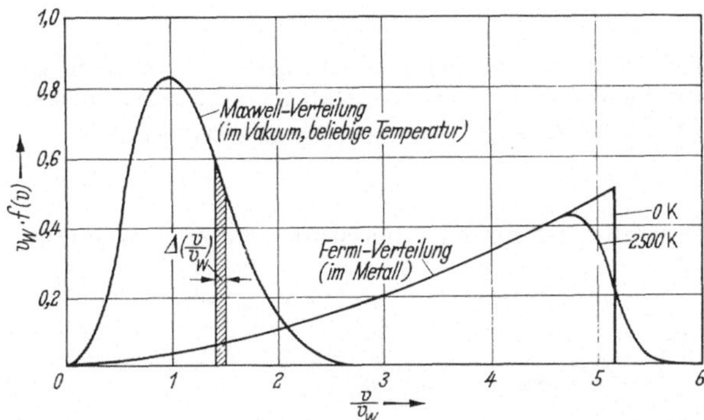

Abb. 3.11. Geschwindigkeitsverteilung der Elektronen außerhalb (nach Maxwell) und innerhalb (nach Fermi) eines Metalls. Die Funktion f(v) ist ein Maß für die Wahrscheinlichkeit des Auftretens der Geschwindigkeit v im Intervall zwischen v und (v + dv). v_w = wahrscheinlichste Geschwindigkeit der Elektronen

Für $(v/v_w)^2 \gg E_F/kT$ kann man im Nenner von Gl. (3.56) die eins vernachlässigen. Dann nimmt der Bruch in Gl. (3.56) die Form der *Maxwellschen Geschwindigkeitsverteilung* an, die sich aus der kinetischen Gastheorie herleiten läßt. Diese Verteilungsfunktion lautet:

$$f(v) = \frac{4}{\sqrt{\pi}} \frac{v^2}{v_w^3} e^{-(v/v_w)^2}. \tag{3.57}$$

Die Gl. (3.57) beschreibt die Geschwindigkeitsverteilung für Elektronen im Vakuum und für die Moleküle eines idealen Gases im thermischen Gleichgewicht (vgl. Abb. 3.13). Diese Verteilung ist ebenfalls in Abb. 3.11 zu sehen. Die Verteilungsfunktion hat ihr Maximum bei $v/v_w = 1$. Deshalb ist die Geschwindigkeit v_w in Gl. (3.55) die *wahrscheinlichste Geschwindigkeit* der Elektronen:

$$v_w = \sqrt{\frac{2\,kT}{m}}. \tag{3.58}$$

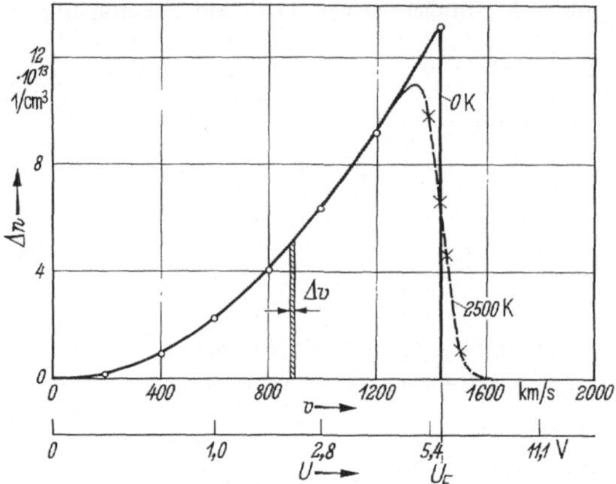

Abb. 3.12. Numerische Geschwindigkeitsverteilung der Leitungselektronen in 1 cm³ Wolfram, berechnet aus der Fermi-Verteilung für 0 und 2500 K. Δn = Konzentration der Elektronen mit einer Geschwindigkeit zwischen v und $v + \Delta v$. $\Delta v = 10^{-6}$ km/s; $v/(\mathrm{km/s}) \approx 600\sqrt{U/V}$

Wegen der Unsymmetrie der Maxwell-Verteilung ist die *mittlere Geschwindigkeit* v_m der Elektronen um 12,8% größer:

$$v_m = \int_0^\infty v\,f(v)\,dv = \sqrt{\frac{8\,k\,T}{\pi\,m}} = \frac{2}{\sqrt{\pi}}\,v_w = 1{,}13\,v_w. \tag{3.59}$$

Ein Maß für die mittlere kinetische Energie der Elektronen ist die *effektive Geschwindigkeit* v_e:

$$v_e = \left[\int_0^\infty v^2\,f(v)\,dv\right]^{1/2} = \sqrt{\frac{3\,k\,T}{m}} = \sqrt{\frac{3}{2}}\,v_w = 1{,}22\,v_w. \tag{3.60}$$

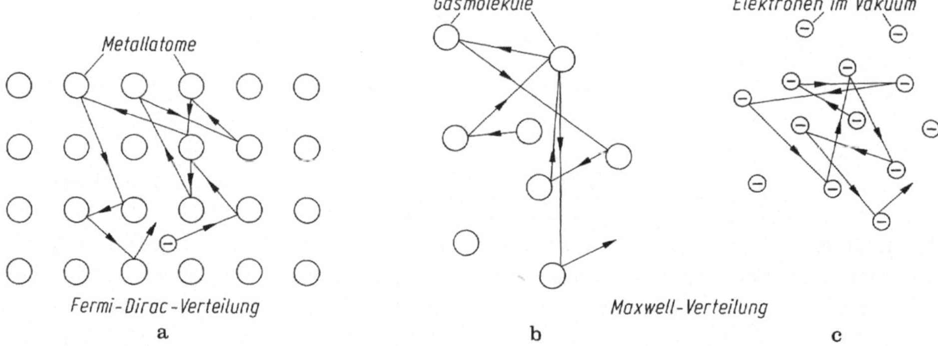

Abb. 3.13a–c. Bewegung von Elektronen in einem Metall (**a**), Gasmolekülen im Vakuum (**b**) sowie von Elektronen im Vakuum (**c**). Dargestellt ist jeweils nur die Bewegung eines Teilchens während eines kurzen Augenblicks

3.1.1.2 Energiebändermodell und Austrittsarbeit eines Metalls

Die gefundene Energieverteilung der Elektronen in einem Metall nach Abb. 3.10c kann man in das Energiebändermodell (vgl. Abb. 3.4) eintragen. Diese Darstellung ist in Abb. 3.14 gezeigt. Man erkennt, daß bei $T = 0$ alle und bei $T > 0$ die überwiegende Anzahl der Leitungselektronen eine Energie haben, die zwischen dem *Grundniveau* ($E = 0$) und dem *Fermi-Niveau* ($E = E_F$) liegt.

In Abb. 3.14 ist auf der rechten Seite auch der örtliche Verlauf der potentiellen Elektronenenergie an der Grenze Metall-Vakuum eingezeichnet. Die potentielle Energie steigt vom Metallinneren zur Metalloberfläche an. Ihr Wert an der Oberfläche ist das *Oberflächenniveau* (ON). Entfernt sich ein Elektron von der Metalloberfläche ins Vakuum, so steigt seine potentielle Energie weiter bis zum *Vakuumniveau* (VN) an. Bei Erreichen oder Überschreiten dieses Niveaus ist das Elektron im Vakuum frei beweglich. Es bestehen dann keine Bindungskräfte mehr zum Metall.

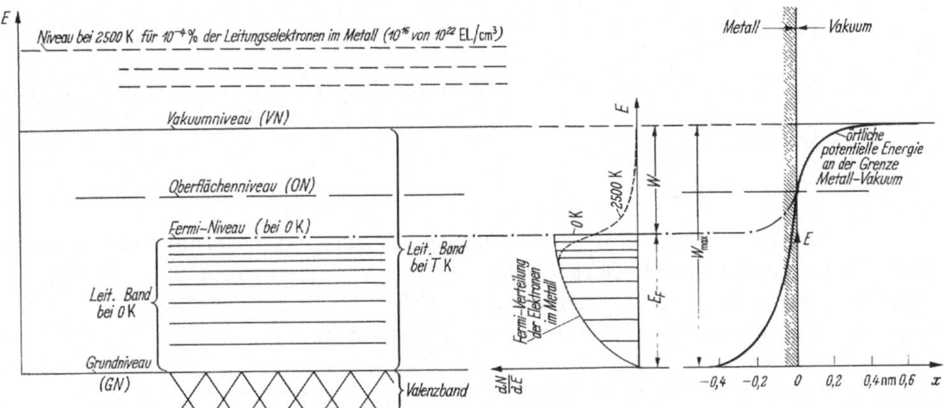

Abb. 3.14. Energiebändermodell eines Metalls mit Darstellung der Energieverteilung dN/dE der Leitungselektronen und des örtlichen Verlaufs der potentiellen Energie an der Metalloberfläche

Der Verlauf der potentiellen Energie eines Elektrons an der Metalloberfläche nach Abb. 3.14 ergibt sich durch folgende Überlegung: Auf ein Elektron im Metallinneren wirken von allen Seiten Kräfte; es herrscht Kräftegleichgewicht (Abb. 3.15a). An der Metalloberfläche wirken auf ein Elektron Kräfte nur ins Metallinnere; dort ist daher die potentielle Energie höher (Abb. 3.15b). Vor der Metalloberfläche wirkt auf ein Elektron die Anziehungskraft der positiven Metallionen, wodurch sich die potentielle

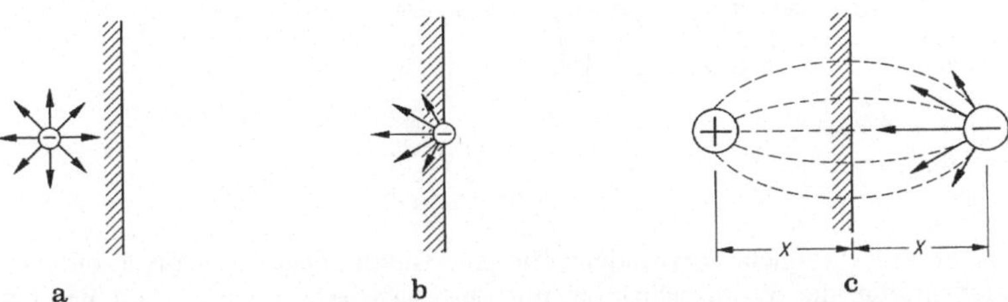

Abb. 3.15a–c. Elektrostatische Anziehungskräfte auf ein Elektron (**a**) im Metallinneren, (**b**) an der Metalloberfläche und (**c**) vor der Metalloberfläche (Abstand x)

Energie weiter erhöht. Die Anziehungskraft läßt sich durch eine gedachte positive Bildladung beschreiben, die spiegelbildlich zur Metalloberfläche liegt (Abb. 3.15c).

Für ein Elektron im Abstand x von der Metalloberfläche beträgt die *Bildkraft:*

$$F_b = \frac{e^2}{4\pi\varepsilon_0 (2x)^2} = \frac{e^2}{16\pi\varepsilon_0 x^2}. \tag{3.61}$$

Beim Austritt aus der Metalloberfläche muß ein Elektron gegen diese Anziehungskraft Arbeit verrichten. Als *Austrittsarbeit* W eines Festkörpers wird die Energiedifferenz zwischen Vakuumniveau (VN) und Fermi-Niveau (FN) definiert (vgl. Abb. 3.14). Die Austrittsarbeit der Metalle liegt zwischen 1 und 6 eV. Sie nimmt mit wachsendem interatomarem Abstand ab (vgl. Abb. 3.16).

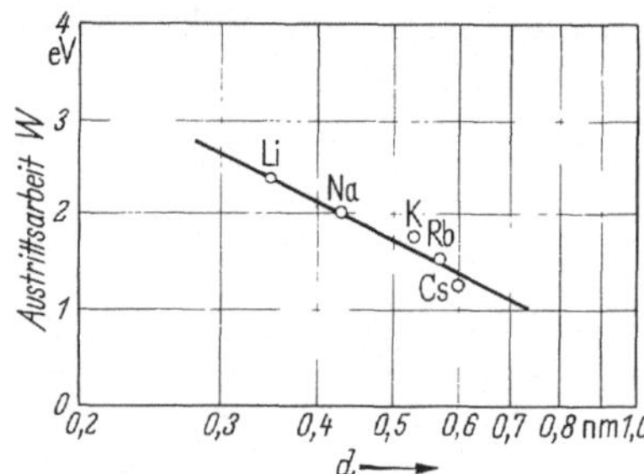

Abb. 3.16. Abnahme der Austrittsarbeit W mit wachsendem interatomarem Abstand d für Alkalimetalle

Das in Abb. 3.14 dargestellte Energiemodell gibt die Energieverhältnisse in einem Metall nicht genau wieder. Berücksichtigt man die Gitterstruktur der Metalle, so erhält man das verfeinerte Energiemodell der Abb. 3.17. Es zeigt auch den Verlauf der Potentialschwellen zwischen den einzelnen Metallionen.

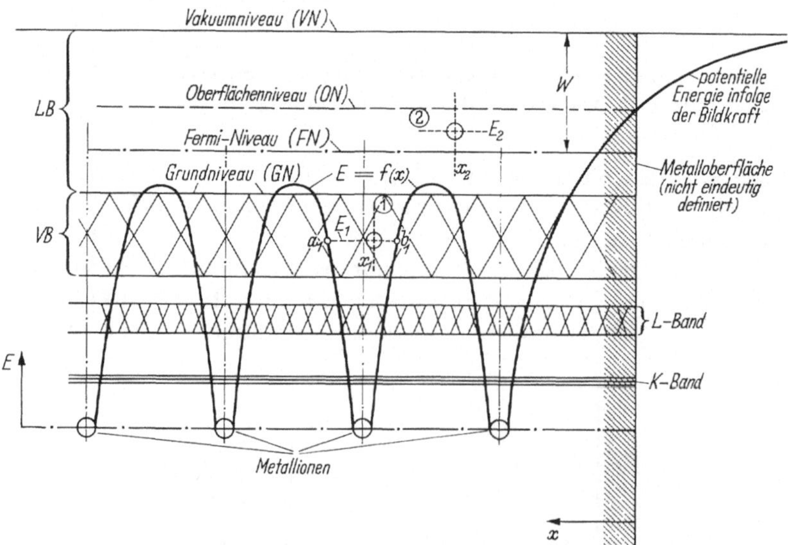

Abb. 3.17. Feinstruktur des Energiebändermodells für ein Metall. Das Elektron 1 mit der Energie E_1 kann sich infolge der Wechselwirkung mit den Nachbaratomen nur im Bereich $a_1 < x_1 < b_1$ frei bewegen. Das Elektron 2 mit der Energie E_2 kann sich beliebig bewegen („quasifreies" Elektron). x = Entfernung von der Metalloberfläche

3.1.1.3 Elektronenemissionsstrom und Anlaufstrom

Beim Erhitzen nimmt in einem Metall die Anzahl der Leitungselektronen zu, deren Energie größer als die Fermi-Energie E_F ist (Abb. 3.10c u. 3.14). Ein geringer Teil dieser Elektronen erreicht oder überschreitet die Energie

$$E_{min} = E_F + W, \tag{3.62}$$

die mindestens erforderlich ist, damit die Elektronen – wenn sie vom Grundniveau (GN) aus emittiert werden – eine Metallkathode gerade noch verlassen können. Dazu müssen sie eine Geschwindigkeitskomponente v_{xmin} senkrecht zur Kathodenoberfläche haben, wobei

$$\frac{1}{2} m v_{xmin}^2 = E_F + W \tag{3.63}$$

ist.

Befindet sich gegenüber der Kathode eine *negativ* vorgespannte Anode mit der Anodenspannung U_a (vgl. Abb. 3.18), so müssen die Elektronen zusätzlich eine Energie eU_a aufwenden, um nach Verlassen der Kathode die Anode erreichen zu können. Dazu müssen sie – wenn sie vom Grundniveau (GN) aus emittiert werden – eine Mindestanfangsgeschwindigkeit v_{xmin} senkrecht zur Kathodenoberfläche entsprechend der Gleichung

$$\frac{1}{2} m v_{xmin}^2 = E_F + W + eU_a \tag{3.64}$$

haben.

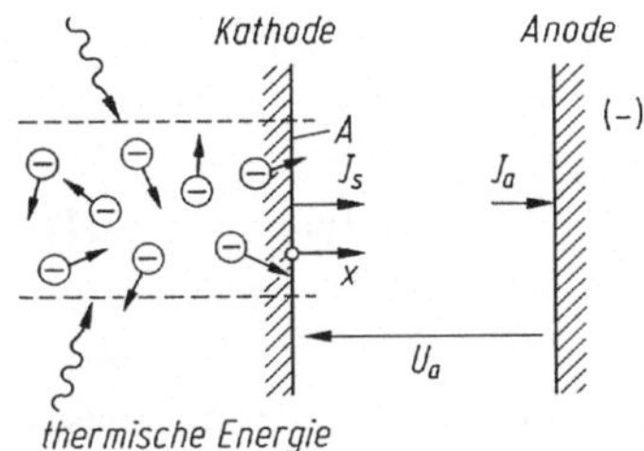

Abb. 3.18. Anordnung zur Untersuchung der thermischen Elektronenemission aus einer Kathode

Das Volumen V der Elektronenwolke, die beim Emissionsvorgang während einer Zeit t_0 mit einer Geschwindigkeit v_x senkrecht durch die Oberfläche A der Kathode tritt, ist:

$$V = A v_x t_0 . \tag{3.65}$$

In diesem Volumen sind nach Gl. (3.38)

$$dN = P_F dS \tag{3.66}$$

Leitungselektronen enthalten. Nach Gl. (3.16) ist

$$dS = \frac{2L^3}{h^3}\, dp_x\, dp_y\, dp_z = \frac{2Vm^3}{h^3}\, dv_x\, dv_y\, dv_z. \tag{3.67}$$

Mit den Gln. (3.67), (3.65) und (3.38) wird aus (3.66):

$$dN = \frac{2v_x A t_0 m^3}{h^3} \frac{1}{1 + e^{(E - E_F)/kT}}\, dv_x\, dv_y\, dv_z, \tag{3.68}$$

wobei

$$E = \frac{m}{2}(v_x^2 + v_y^2 + v_z^2). \tag{3.69}$$

In Gl. (3.68) bedeutet dN die Anzahl der Elektronen, die während der Zeit t_0 von der Oberfläche A der Kathode emittiert werden und dabei Geschwindigkeiten zwischen $v_{x,y,z}$ und $(v_{x,y,z} + dv_{x,y,z})$ haben. Die zugehörige Emissionsstromdichte beträgt:

$$dJ_s = \frac{e\,dN}{t_0 A} \tag{3.70}$$

(e = Elementarladung, e · dN = emittierte Ladung). Aus Gl. (3.70) erhält man durch Integration die gesamte Emissionsstromdichte J_s. Da für Elektronen, die emittiert werden, $E \gg E_F$ ist, kann man in Gl. (3.68) die eins im Nenner vernachlässigen. Die Gln. (3.68), (3.69) und (3.70) ergeben dann zusammengefaßt:

$$J_s = \int dJ_s = \int \frac{e\,dN}{t_0 A} =$$

$$= \frac{2em^3}{h^3} e^{E_F/kT} \int_{v_{x\min}}^{+\infty} \int_{-\infty}^{+\infty} \int_{-\infty}^{+\infty} v_x\, e^{-\frac{m}{2kT}(v_x^2 + v_y^2 + v_z^2)}\, dv_x\, dv_y\, dv_z. \tag{3.71}$$

Die untere Integrationsgrenze für v_x ist gleich $v_{x\min}$, weil nur Elektronen mit dieser oder einer höheren Anfangsgeschwindigkeit emittiert werden können. Die Teillösungen des Dreifach-Integrals lauten:

$$\int_{-\infty}^{+\infty} e^{-\frac{m}{2kT}v_{y,z}^2}\, dv_{y,z} = \sqrt{\frac{2\pi kT}{m}} \tag{3.72}$$

und

$$\int_{v_{x\min}}^{\infty} v_x\, e^{-\frac{m}{2kT}v_x^2}\, dv_x = \frac{2kT}{m}\, e^{-\frac{m}{2kT}v_{x\min}^2}. \tag{3.73}$$

Mit Gl. (3.72) und (3.73) wird aus (3.71):

$$J_s = \frac{4\pi e m k^2 T^2}{h^3} \cdot e^{E_F/kT} e^{-mv_{x\min}^2/2kT}. \tag{3.74}$$

Der Faktor

$$A_0 = \frac{4\pi e m k^2}{h^3} = 120\,\mathrm{Acm^{-2}K^{-2}} \tag{3.75}$$

wird als *Richardson-Konstante* oder *Mengenkonstante* bezeichnet.

Aus Gl. (3.74) folgt, wenn man Gl. (3.63) berücksichtigt, das *Richardson-Dushman-Gesetz für die thermische Emissionsstromdichte* (*Sättigungsstromdichte*):

$$\boxed{J_s = A_0 T^2 e^{-W/kT}.} \tag{3.76}$$

Die Emissionsstromdichte hängt also von der Temperatur T und der Austrittsarbeit W der Kathode ab. Der Anstieg von J_s mit der Temperatur wird vorwiegend durch die e-Funktion bestimmt.

Befindet sich vor der Kathode eine negativ vorgespannte Anode mit der Anodenspannung $U_a < 0$, (Abb. 3.18), so ist in Gl. (3.74) für $v_{x\min}$ der Ausdruck von Gl. (3.64) einzusetzen. Für diesen Fall erhält man aus Gl. (3.74) den Stromdichteanteil J_a (der gesamten Emissionsstromdichte J_s), der die (negative) Anode erreichen kann:

$$J_a = A_0 T^2 e^{-W/kT} e^{-eU_a/kT}$$

oder

$$\boxed{J_a = J_s e^{-U_a/U_T}.} \tag{3.77}$$

Dies ist das *Anlaufstromgesetz* für Dioden. Es besagt in Übereinstimmung mit dem Experiment, daß ein in einem Bremsfeld fließender Elektronenstrom exponentiell mit wachsender Gegenspannung abnimmt. (U_a ist in Gl. (3.77) *positiv* einzusetzen).

$$U_T = \frac{kT}{e} = \frac{T/K}{11600} V \tag{3.78}$$

ist die *Temperaturspannung* der Kathode.

Die Gl. (3.77) beschreibt auch die Energieverteilung der thermisch emittierten Elektronen. Die Anzahl der in der Zeit t_0 emittierten Elektronen ist nach dieser Gleichung:

$$N = \frac{J_a t_0 A}{e} = \frac{J_s t_0 A}{e} e^{-eU_a/kT} = N_0 e^{-E/kT}. \tag{3.79}$$

Daraus folgt für die *Energieverteilung* (vgl. Abb. 3.19):

$$\left|\frac{dN}{dE}\right| = \frac{N_0}{kT}\, e^{-E/kT}. \tag{3.80}$$

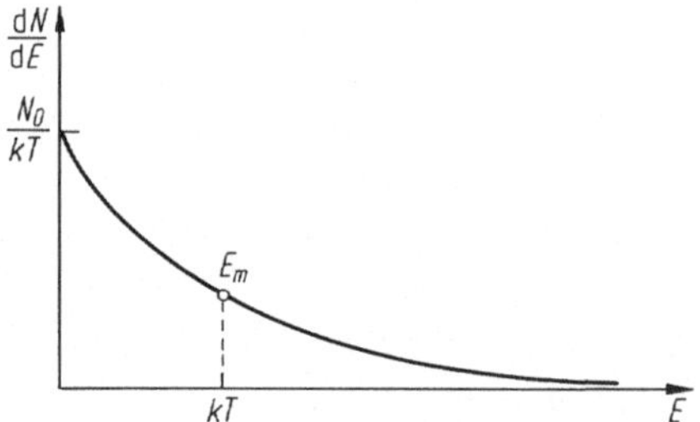

Abb. 3.19. Energieverteilung von thermisch emittierten Elektronen

Die *mittlere Energie* der emittierten Elektronen ist folglich:

$$E_m = \left(\frac{1}{2} m v_x^2\right)_m = \frac{1}{N_0} \cdot \int_0^\infty E \frac{dN}{dE} dE = \frac{1}{kT} \int_0^\infty E\, e^{-E/kT} dE =$$

$$= \frac{1}{kT}(kT)^2 = kT = e\, U_T. \tag{3.81}$$

Die Temperaturspannung U_T ist also ein Maß für E_m.

Die beiden Gln. (3.76) und (3.77) beschreiben zusammen die Strom-Spannungs-Kennlinie (I_a-U_a-Kennlinie) einer Hochvakuumdiode für den Fall, daß der vom Elektronenstrom herrührende *Raumladungseinfluß vernachlässigbar* ist (Emissionsstromdichte $J_s \ll 10^{-3}\,\mathrm{A/cm^2}$). Im Bereich $U_a < 0$ fließt dann der Anlaufstrom $I_a = J_a A$ nach Gl. (3.77) und im Bereich $U_a \geqslant 0$ der konstante Sättigungsstrom $I_s = J_s A$ nach Gl. (3.76) (vgl. Abb. 3.20a). Bei größerer Emissionsstromdichte ($J_s > 10^{-3}\,\mathrm{A/cm^2}$) vermindert der Einfluß der Elektronenraumladung den Anodenstrom, so daß der Sättigungsstromwert erst bei hohen Anodenspannungen erreicht werden kann. Die Diodenkennlinie besteht in diesem Fall aus drei Ästen, da der zum „Raumladungsgebiet" gehörige Kennlinienteil noch dazukommt (vgl. Abb. 3.20b).

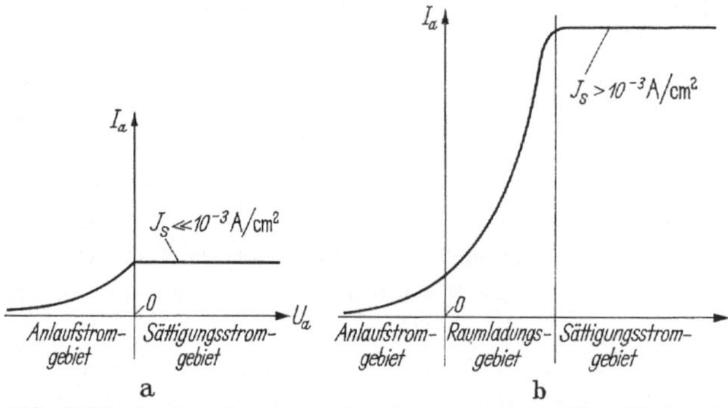

Abb. 3.20a, b. Anodenstrom-Anodenspannungs-Kennlinien einer Hochvakuumdiode für kleine (**a**) und große (**b**) Sättigungsstromdichte J_s

Die Gl. (3.76) kann auch in folgender Weise geschrieben werden:

$$J_s = A_0 T^2 e^{-B_0/T}, \tag{3.82}$$

wobei B_0 die *zweite Richardson-Konstante* (oder das thermische Äquivalent der Austrittsarbeit W) bedeutet:

$$B_0 = \frac{W}{k} = \frac{e U_K}{k}$$

oder

$$\frac{B_0}{K} = 11600 \frac{U_K}{V}. \tag{3.83}$$

(U_K = „Austrittsspannung" = Voltäquivalent der Austrittsarbeit W der Kathode). Durch Logarithmieren von Gl. (3.82) erhält man:

$$\ln\left(\frac{J_s}{T^2}\right) = \ln A_0 - \frac{B_0}{T}. \tag{3.84}$$

Diese Gleichung stellt im Diagramm der Abb. 3.21 eine Gerade dar, aus deren Lage die beiden Richardson-Konstanten A_0 und B_0 ermittelt werden können.

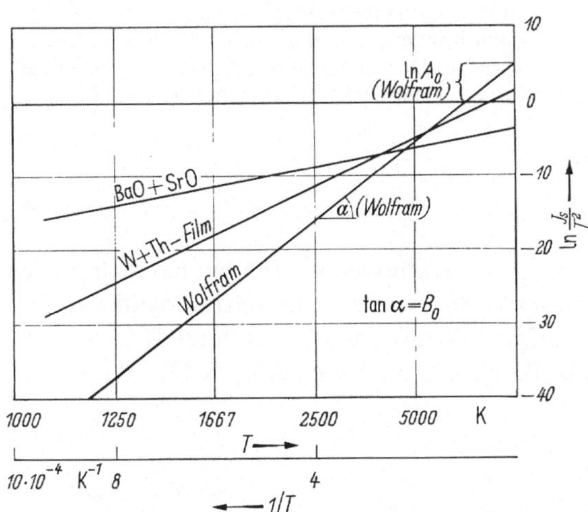

Abb. 3.21. Richardson-Geraden zur Ermittlung der Emissionskonstanten (Richardson-Konstanten) A_0 und B_0 für Glühkathoden

Die Gl. (3.77) gilt nur für Elektrodensysteme, bei denen Kathode und Anode aus *gleichem* Material bestehen. Ist dies nicht der Fall, so ist – wenn die Anodenspannung nur wenige Volt beträgt – die zwischen den Elektroden auftretende *Kontaktspannung* U_k zu berücksichtigen, die gleich der Differenz der Austrittsspannungen von Kathode und Anode ist:

$$U_k = U_K - U_A \tag{3.85}$$

($U_K = W/e$ und $U_A = W_A/e$; W_A = Austrittsarbeit der Anode). Liegt an einem Elektrodensystem die Anodengegenspannung U_a, so ist bei Berücksichtigung von U_k die im System wirksame Gegenspannung U_w nach Abb. 3.22:

$$U_w = U_a - U_k = U_a - U_K + U_A. \quad (3.86)$$

Diese Spannung U_w wäre anstelle von U_a in Gl. (3.77) einzusetzen, wenn Anode und Kathode aus *verschiedenem* Material bestehen. Da U_k positiv oder negativ sein kann, ist U_w entweder größer oder kleiner als U_a. U_k ist von der Größenordnung 1 V, so daß für $U_a \gg 10\,V$ die wirksame Spannung $U_w \approx U_a$ gesetzt werden kann. Für $U_A = U_K$ wird $U_k = 0$ und $U_w = U_a$.

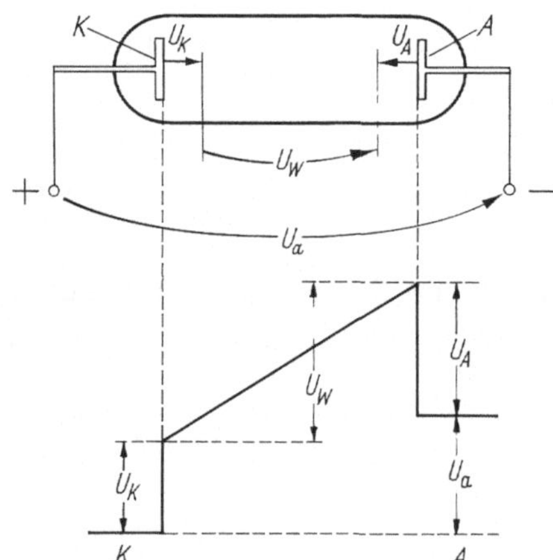

Abb. 3.22. Entstehung der wirksamen Spannung U_w in einer Diode auf Grund der Austrittsspannungen U_K und U_A von Kathode und Anode. Das Diagramm zeigt den Potentialverlauf für ein Elektron zwischen K und A

3.1.1.4 Kathodenarten

In Elektronenröhren werden drei Gruppen von Kathoden verwendet, nämlich (in der Reihenfolge ihrer Bedeutung): *Oxidkathoden* (vorwiegend als Bariumoxidkathode), *Atomfilmkathoden* (hauptsächlich als thorierte Wolframkathoden) und *Massivkathoden* aus hochschmelzenden Metallen (z.B. W, Ta, Mo) (vgl. Abb. 3.23).

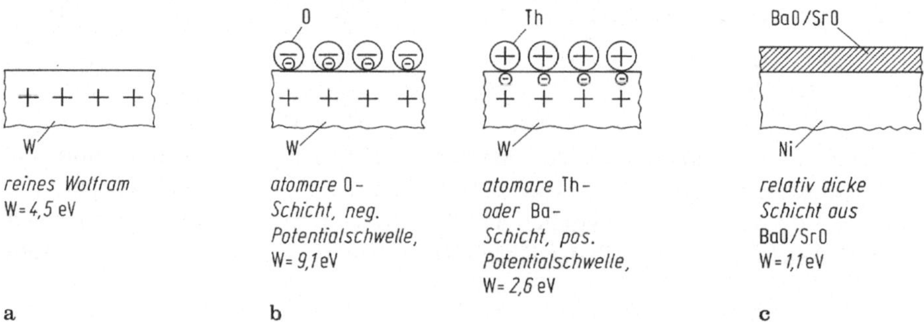

Abb. 3.23a–c. Oberflächenstruktur von **a** Massiv-, **b** Atomfilm- und **c** Oxidkathoden

a) *Massivkathoden* sind Reinmetallkathoden mit hohem Schmelzpunkt. Sie werden durch Glühimpulse (bei einer Temperatur bis 3300 K) von Verunreinigungen befreit und mit einer Temperatur von 2000 bis 2600 K betrieben.

b) *Atomfilmkathoden* bestehen aus einem Trägermetall (z. B. Wolfram), auf das eine mehrere Atomlagen dicke Schicht („Atomfilm") aus elektropositiven oder elektronegativen Atomen aufgedampft ist. Bei einer (für die Elektronenemission unerwünschten) Sauerstoffschicht nimmt jedes (elektronegative) O-Atom in seine unvollständige Valenzschale aus der Metallunterlage ein Elektron auf. Dadurch entsteht an der Metalloberfläche eine Schicht negativ geladener Sauerstoffionen, die wie ein negatives Gitter den Elektronenaustritt hemmt. Die Folge ist eine (unerwünschte) Erhöhung der Austrittsarbeit von 4,5 auf 9,1 eV („Vergiftung" der Kathode). Bei einer atomaren Thorium- oder Bariumschicht gibt jedes dieser (elektropositiven) Atome ein Valenzelektron an das Trägermetall ab. Die so entstehende Schicht positiver Ionen wirkt wie ein positives Gitter emissionsfördernd. Dadurch erniedrigt sich die Austrittsarbeit von 4,5 auf 2,6 eV (vgl. Abb. 3.23 b).

Die technisch wichtigste Atomfilmkathode ist die *thorierte Wolframkathode*. Sie wird aus einer Mischung von pulverförmigem Wolfram und 1,5% Thoriumoxid hergestellt. (Mehr Thorium würde die Kathode zu hart machen und weniger eine zu geringe Emission ergeben). Diese Mischung wird zu Stäben gepreßt, gesintert und dann mechanisch zu Drähten verformt. Der anschließende *Formierprozeß* besteht aus folgenden Stufen:

Erhitzen des Wolframdrahtes auf etwa 2800 K während 1 bis 2 Minuten. Dabei wird der größte Teil des Thoriumoxids zu Thorium reduziert. Dieses wandert durch Poren und entlang der Korngrenzen des Wolframs an die Oberfläche, wo es verdampft. Die Elektronenemission ist bei dieser Temperatur ungefähr gleich der des reinen Wolframs.

Aktivierung: Durch Senken der Temperatur auf etwa 2100 K während 15 bis 30 Minuten wird nun die Thoriumverdampfung so weit reduziert, daß sich das Thorium an der Wolframoberfläche anreichert (vgl. Abb. 3.24) und dort einen Film

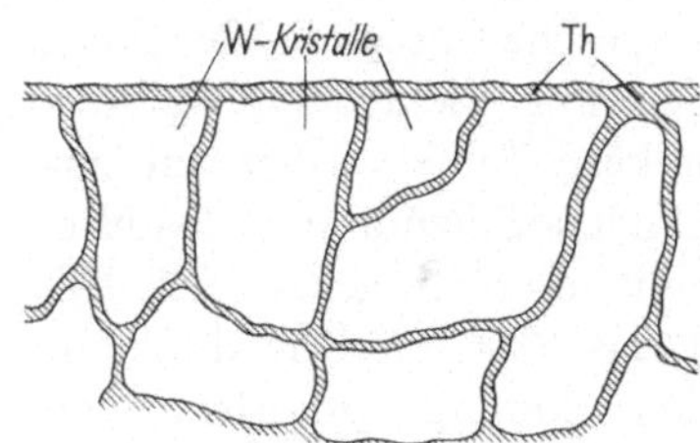

Abb. 3.24. Schnitt durch eine polykristalline thorierte Wolframkathode. Das Thorium wandert entlang der Korngrenzen an die Kathodenoberfläche und reichert sich dort an

positiver Ionen bildet. Die Elektronenemission wird dadurch etwa um den Faktor 50 erhöht. Zwischen 2100 und 2300 K schwankt die Bedeckung der Wolframoberfläche mit Thorium zwischen 20 und 80% (vgl. Abb. 3.25).

Karburierung: Dazu wird der Heizfaden vor dem Einbau in einer Kohlenwasserstoff-Atmosphäre auf 1600 K erhitzt. Dadurch wird ein Teil des Wolframs in Wolframkarbid (W_2C) übergeführt. Dies vermindert die Thoriumverdampfung (z. B. bei 2200 K auf etwa ein Sechstel). Die Kathode ist damit betriebsbereit.

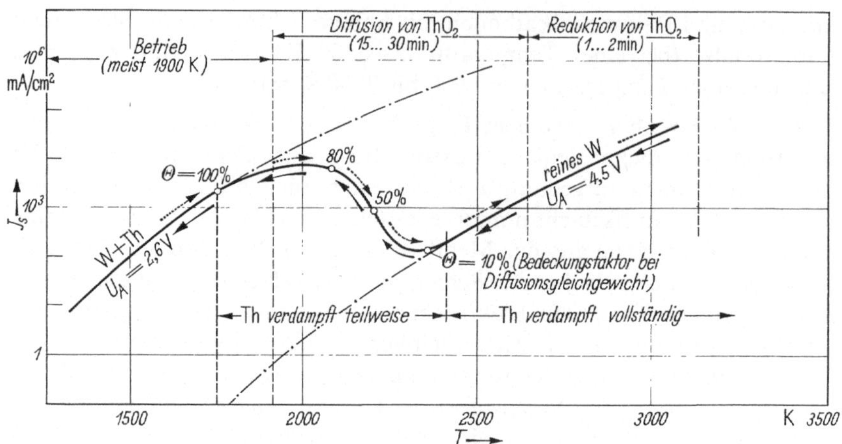

Abb. 3.25. Emissionsstromdichte J_s von Thorium-Atomfilm-Kathoden beim Formierprozeß. (Kurve reversibel; θ = Bedeckungsfaktor der Oberfläche mit Thorium)

c) *Oxidkathoden* wurden auf Grund der Entdeckung Wehnelts (im Jahr 1904) entwickelt, wonach ein mit Erdalkalioxiden bedeckter Platindraht schon bei etwa 1100 K (Kirschrotglut) eine ebenso hohe Elektronenemission aufweist wie ein Wolframdraht bei 2500 K. Es zeigte sich, daß eine Mischung aus je 50 % BaO und SrO den besten Kompromiß zwischen guter Emission und zu rascher Barium-/Strontium-Verdampfung, also zu kurzer Kathodenlebensdauer, darstellt.

Oxidkathoden sind aus drei Schichten aufgebaut: einem Metallkern, einer Zwischenschicht (deren Dicke mit der Betriebsdauer der Kathode wächst) und der polykristallinen Oxidschicht. In dieser Schicht, die als n-Leiter anzusehen ist, findet nach Abb. 3.26 ein ständiger Platzwechsel von O-Atomen unter Zurücklassung von je zwei Elektronen statt. Ein Teil der O-Atome diffundiert an die Oberfläche, bildet dort O_2-Moleküle und wird beim „Formieren“ der Kathode abgepumpt. Die im Oxid zurückbleibenden Leerstellen, die von O-Atomen besetzt waren, wirken als Elektronen-Haftstellen. Aus ihnen werden durch thermische Anregung Elektronen ausgelöst und emittiert. Leere Haftstellen werden mit Elektronen aus dem Metallkern immer wieder aufgefüllt. Am Metallkern findet außerdem eine Reduktion des Oxids durch das im Kern immer vorhandene Silizium statt. Dadurch entstehen weitere Elektronen-Haftstellen, die zur Emission beitragen. Gleichzeitig bildet sich aber eine isolierende Zwischenschicht aus SiO_2, welche durch ihr Wachstum die Kathodenlebensdauer begrenzt. Die Bildung von Elektronen-Haftstellen im ganzen Volumen des Oxids erfolgt nach der Gleichung:

$$2\,BaO \rightarrow 2\,Ba + 2\,\boxed{=\!=} + O_2 \tag{3.87}$$

und die Bildung der Zwischenschicht nach der Gleichung:

$$4\,BaO + Si \rightarrow 2\,Ba + 2\,BaO \cdot 1\,SiO_2 + 2\,\boxed{=\!=}\,. \tag{3.88}$$

($\boxed{=\!=}$ = Elektronen-Haftstellen). Während des Betriebs der Kathode diffundieren auch in geringem Maße Ba- und Sr-Atome an die Kathodenoberfläche und bilden dort einen Atomfilm, der die Emission erhöht. Diese Schicht resultiert aus dem Gleichgewicht zwischen Zufuhr von Atomen durch Diffusion aus dem Oxid und dem Entfernen der Atome durch Verdampfen ins Vakuum.

Da die Erdalkalioxide an Luft nicht beständig sind, wird bei der Herstellung von Oxidkathoden die emittierende Schicht zunächst als Paste aus Ba- und Sr-Karbonat auf den Kathodenkern aufgetragen (*Tauch- oder Streichpastierung*). In der auf etwa 10^{-5} mbar evakuierten Röhre wird dann die Karbonatschicht auf etwa 800 °C erhitzt. Dabei zerfallen die Karbonate in Oxide und das entweichende CO_2 wird abgepumpt (*Formieren* oder *Umsetzen* der Kathode). Der Vorgang verläuft über folgende drei Stufen:

$$(Ba/Sr)\,CO_3 \rightleftarrows BaCO_3 + SrO + CO_2 \rightleftarrows BaO + SrO + CO_2 \rightleftarrows (Ba/Sr)\,O\,.$$

Nach dem Umsetzen wird zur Bildung von Elektronen-Haftstellen aus der Kathode zunächst bei 970 °C und später bei 810 °C mit Hilfe einer angelegten Anodenspannung ein allmählich steigender und schließlich stabiler Emissionsstrom gezogen (*Aktivieren* der Kathode). Dabei entsteht aus dem (Ba/Sr)O überschüssiges Barium und Strontium unter Abgabe von Sauerstoff (vgl. Abb. 3.26). Nach dem Aktivieren ist die Kathode betriebsbereit.

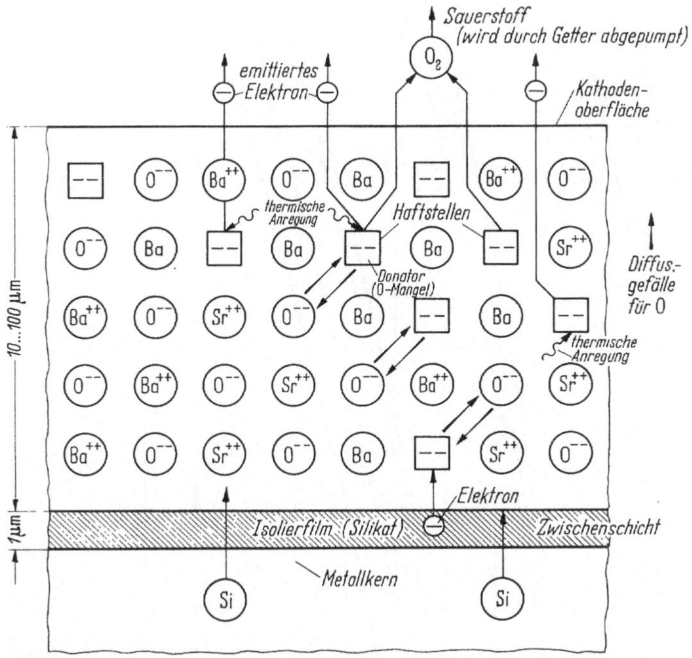

Abb. 3.26. Strukturmodell und Emissionsvorgang für eine BaO/SrO-Kathode nach Nergaard und De Vore. (Ba++) = Bariumionen, (Ba) = Bariumatome, (Sr++) = Strontiumionen, (O--) = Sauerstoffionen, [--] = Elektronen-Haftstellen (entstanden durch Entweichen von Sauerstoffatomen). Die Zwischenschicht wächst mit der Betriebsdauer

In Abb. 3.27 sind experimentell ermittelte Emissionsstrom-Kennlinien für die drei betrachteten Kathodengruppen dargestellt. Die jeweiligen Betriebsbereiche sind durch dicke Linien gekennzeichnet. Zum Vergleich zeigt Abb. 3.28 die aus der Richardson-Dushman Formel (3.76) berechneten Kennlinien für den theoretischen Wert der Richardson-Konstanten $A_0 = 120\,\mathrm{Acm}^{-2}\,\mathrm{K}^{-2}$. In Tabelle 2 sind einige Kathodenkenngrößen zusammengefaßt. Man erkennt daraus, daß Oxidkathoden trotz ihrer niedrigen Betriebstemperatur und kleinen A_0-Werte die höchste Emissionsstromdichte je Watt Heizleistung haben. Die Betriebstemperatur T_b ist durch die maximal zulässige Verdampfungsgeschwindigkeit der Emissionsschicht bestimmt. Sie ist zusammen mit der Zwischenschichtbildung für die *Kathodenlebensdauer* maßgebend, die je nach Kathodenart 10^4 bis 10^5 Betriebsstunden beträgt.

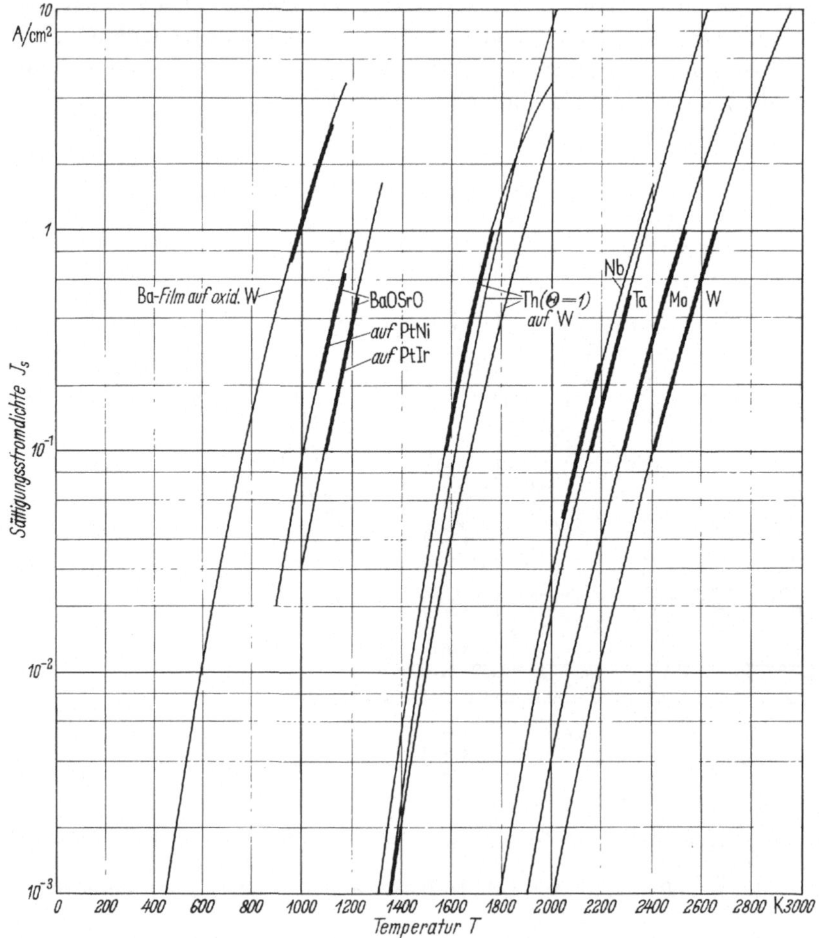

Abb. 3.27. Sättigungsstromkurven für verschiedene Kathodenarten. Die Betriebsbereiche sind dick gezeichnet

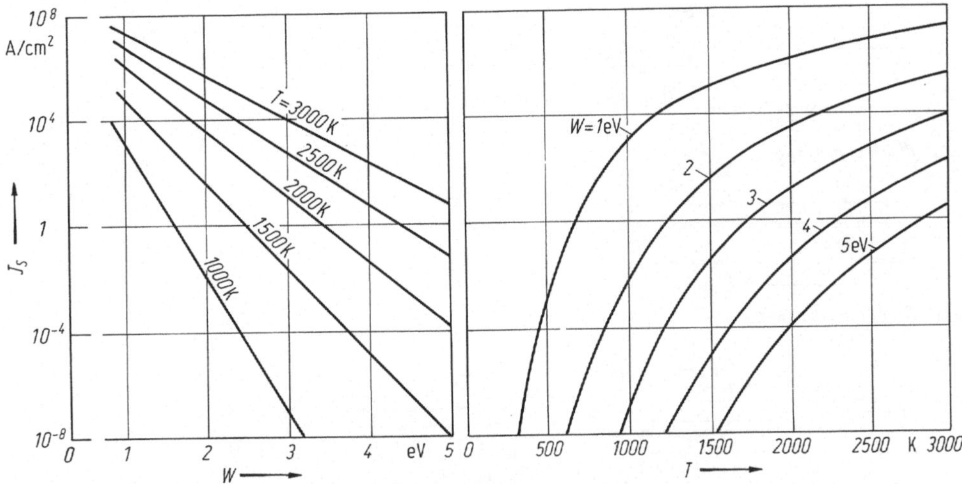

Abb. 3.28. Mit der Richardson-Dushman-Formel berechnete Emissionsstromdichte für eine Kathode mit der theoretischen Mengenkonstanten $A_0 = 120\,A/cm^2K^2$

Tabelle 2. Kenngrößen verschiedener Kathoden (Richardson-Konstante A_0, Austrittsarbeit W, ungefähre Betriebstemperatur T_b, Schmelztemperatur T_s und Emissionsstromdichte je Watt Heizleistung J_s/P_H)

Kathoden-material	A_0 $A/cm^2\,K^2$	W eV	T_b K	T_s K	J_s/P_H $mA/cm^2\,W$	Kathodenart
W	60 ··· 100	4,5	2500	3660		
Mo	55	4,2	2300	2910		
Ta	40 ··· 60	4,1	2100	3140	2 ··· 10	Massiv-Kathoden
Th	60	3,4	1500	2130		
Ba	60	2,5	800	1140		
W + Th	3,0	2,6	1900	–		Atomfilm-Kathoden (Dicke einige Zehntel nm)
W + Ba	1,5	1,6	1000	–	5 ··· 100	
W – O – Ba	0,18	1,3	1000	–		
BaO + SrO auf Ni	$10^{-2} \cdots 10^{-3}$	1,0	1100	–		Oxid-Kathoden (Dicke 0,1 mm)
BaO + SrO auf W	$10^{-2} \cdots 10^{-3}$	1,6	1400	–	100 ··· 1000	
ThO auf W	–	1,0 ··· 1,5	1800	–		

3.1.1.5 Kathodenkonstruktionen

In Abb. 3.29 ist der prinzipielle Aufbau von Oxidkathoden für direkte Heizung (a), Strahlungsheizung (b) und Wärmeleitungsheizung (c) sowie eine Kathode für Elektronenstrahlröhren (d) dargestellt.

Zur Erzielung besonders hoher Emissionsströme bei unverändert niedriger Verdampfungsgeschwindigkeit der Emissionsschicht wurden *Vorratskathoden* entwickelt. Sie enthalten einen Vorrat an Barium und Strontium in Form von Karbonaten, aus dem die verdampfende Emissionsschicht fortlaufend ersetzt wird. Der Aufbau der vier wichtigsten Typen von Vorratskathoden ist in Abb. 3.30 gezeigt.

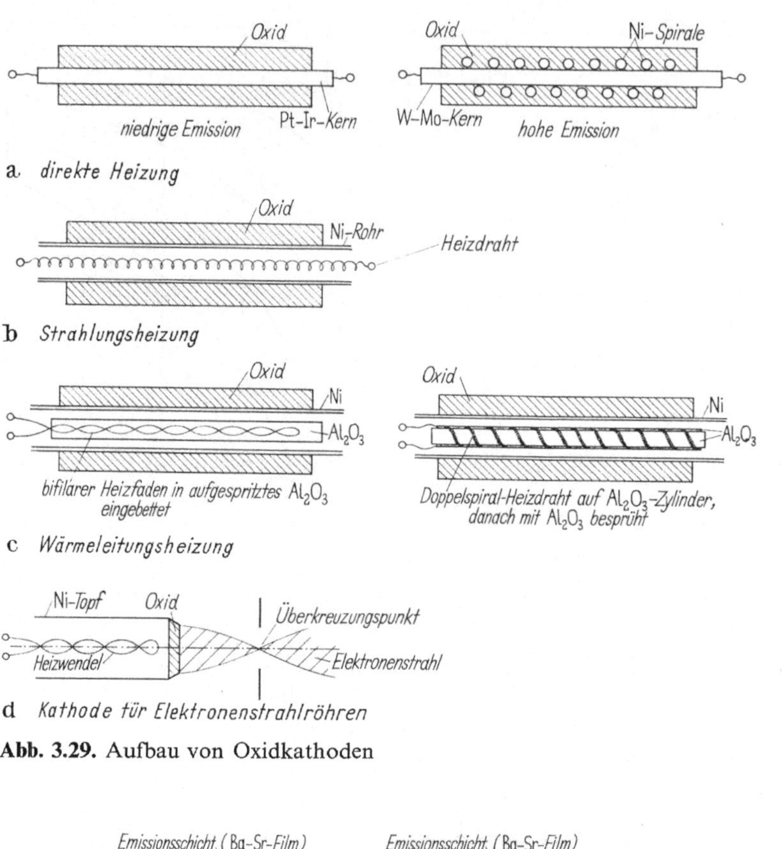

Abb. 3.29. Aufbau von Oxidkathoden

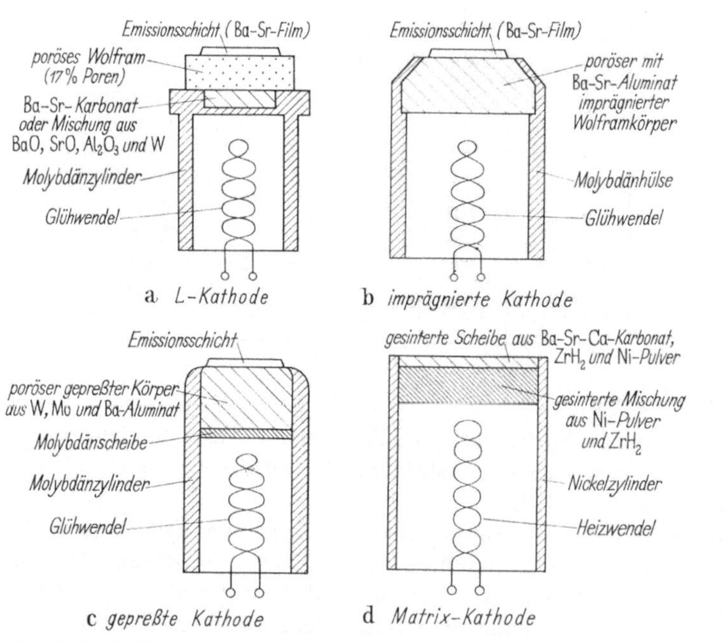

Abb. 3.30. Aufbau von Vorratskathoden

a) *L-Kathode* (nach Lemmens): Während des Betriebs diffundiert Barium aus der Vorratsschicht (Mischung von 80% Wolfram und 20% $BaO \cdot 2Al_2O_3 \cdot 3CaO$) durch die Poren im Wolfram an die Oberfläche und ersetzt das dort verdampfende Barium. Bei 1400 K ist $J_s \approx 5\,A/cm^2$.

b) *Imprägnierte Kathode:* Bei ihr ist die poröse Wolframschicht direkt mit der Vorratsmasse (Ba-Ca-Aluminat) imprägniert. Bei 1400 K beträgt $J_s \approx 5\,A/cm^2$.

c) *Gepreßte Kathode:* Sie enthält einen Bariumvorrat in Form einer gesinterten Mischung von W-Mo-Pulver und Tribariumaluminat ($Ba_3Al_2O_6$). Im Betrieb zerfällt das Aluminat unter Bildung von BaO, das an die Kathodenoberfläche diffundiert. Bei 1400 K ist $J_s \approx 2{,}5\,A/cm^2$.

d) *Matrixkathode:* Die Emissionsschicht ist eine gesinterte Mischung von Nickelpulver, Ba-Sr-Ca-Karbonat und einem „Aktivator" (ZrH_2). Das metallische Nickelgerüst bildet die Matrix, in deren Hohlräume die Karbonate eingelagert sind. Bei der Betriebstemperatur von etwa 1100 K werden die aus den Karbonaten entstehenden Oxide durch das Zirkonium laufend reduziert. Die Stromdichte erreicht $J_s \approx 10\,A/cm^2$.

Die Vorteile der Vorratskathoden sind hohe Emission (auch bei Dauerbelastung), gute mechanische Eigenschaften, glatte emittierende Oberfläche, hohe Lebensdauer (auch bei hohem Restgasdruck in der Röhre), hohe Widerstandsfähigkeit gegen Ionenaufprall und die Fähigkeit, sich von einer „Vergiftung" rasch wieder zu erholen. Wegen ihrer niedrigen (durch die Bauart bedingten) Verdampfungsgeschwindigkeit der Emissionsschicht können sie mit höherer Temperatur betrieben werden als normale Oxidkathoden (1400 K statt 1100 K).

Die Anwendungsgebiete der verschiedenen Kathodenarten sind durch deren unterschiedliche Eigenschaften bestimmt (vgl. Tabelle 3).

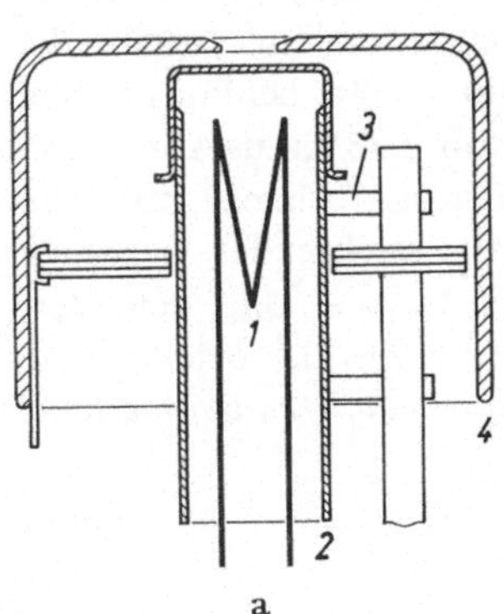

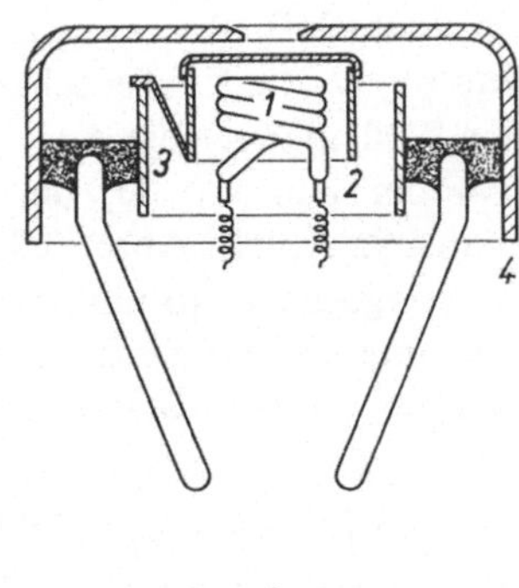

Abb. 3.31 a, b. Konstruktiver Unterschied zwischen normaler (**a**) und Schnellheizkathode (**b**) für Fernsehbildröhren. 1 Heizfaden, 2 Kathodenzylinder, 3 Halterung, 4 erstes Gitter (Philips)

Tabelle 3. Anwendungsgebiete von Glühkathoden

Kathodenart	Anwendungen	Bemerkungen
Massivkathoden	Hochspannungsröhren	keine Zerstörung durch Ionenaufprall
Atomfilmkathoden	Senderöhren	keine Zerstörung durch Ionenaufprall und genügend Emission
Oxidkathoden	Elektronenstrahl-Wandlerröhren, Verstärkerröhren	niedrige Heizleistung
Vorratskathoden	Mikrowellenröhren	hohe Stromdichte (für hohe HF-Leistung)
Schnellheizkathoden	Fernsehempfangsröhren	kurze Einschaltzeit (s. Abb. 3.31b)

3.1.2 Photoemission

Unter Photoemission versteht man die Elektronenauslösung aus Festkörpern durch einfallende Lichtquanten (Photonen). Dieser *äußere lichtelektrische Effekt* ist schon seit langem bekannt: Im Jahr 1887 beobachtete H. Hertz, daß die Zündspannung einer Funkenstrecke niedriger war, wenn die negative Elektrode mit UV-Licht bestrahlt wurde. Hallwachs zeigte 1888, daß dieser Effekt auf der Emission negativ geladener Teilchen beruht. Weitere 12 Jahre später wurde von Lenard, Elster und Geitel nachgewiesen, daß es sich dabei um Elektronen handelt.

3.1.2.1 Kennlinien einer Photozelle und Einsteinsche Gleichung

Photozellen (vgl. Abb. 3.32) enthalten eine für die Elektronenemission besonders präparierte *Photokathode* und eine stab- oder netzförmige Anode (mit geringer Schattenwirkung für das einfallende Licht). Die Lichtquanten lösen an der Photokathode Elektronen aus, die auf die Anode treffen und den Anodenstrom I_a bilden. Bei verschiedenem Lichtfluß und konstanter Lichtwellenlänge ergibt die Änderung der Anodenspannung U_a die Kurvenschar der Abb. 3.33a, bei konstantem Lichtfluß und verschiedenen Wellenlängen die Kurven der Abb. 3.33b. Aus Abb. 3.33a folgt, daß bei *positiver* Anodenspannung U_a der Photostrom I_a linear mit dem wirksamen Lichtfluß Φ ansteigt (vgl. Abb. 3.33c). Mit wachsender *negativer* Anodenspannung U_a nimmt dagegen I_a ab und erreicht bei $U_a = -U_{max}$ den Wert null. U_{max} entspricht der maximalen Energie E_{kmax} der emittierten Photoelektronen. Diese Energie ergibt sich aus der *Einsteinschen Gleichung für den äußeren Photoeffekt:*

$$\underbrace{E_{k_{max}} = e\,U_{max} = \frac{1}{2}\,m\,v_{max}^2}_{\text{Energie des schnellsten emittierten Photoelektrons}} = \underbrace{h\,f_{max}}_{\text{Maximale Energie der auslösenden Photonen}} - \underbrace{e\,U_K}_{\text{Austrittsarbeit W der Photokathode}}. \qquad (3.89)$$

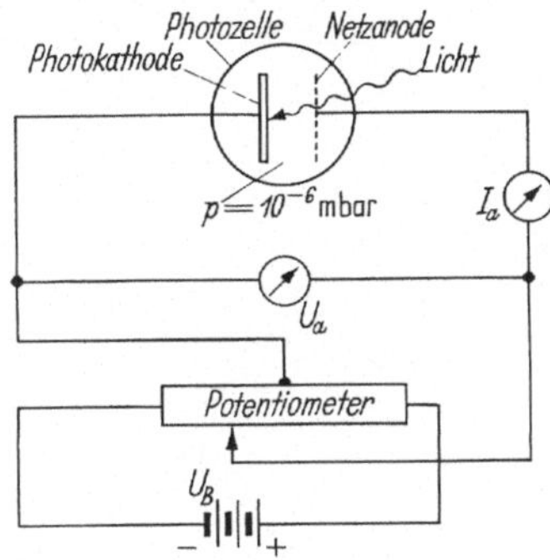

Abb. 3.32. Anordnung zur Aufnahme der I_a–U_a-Kennlinien einer Photozelle

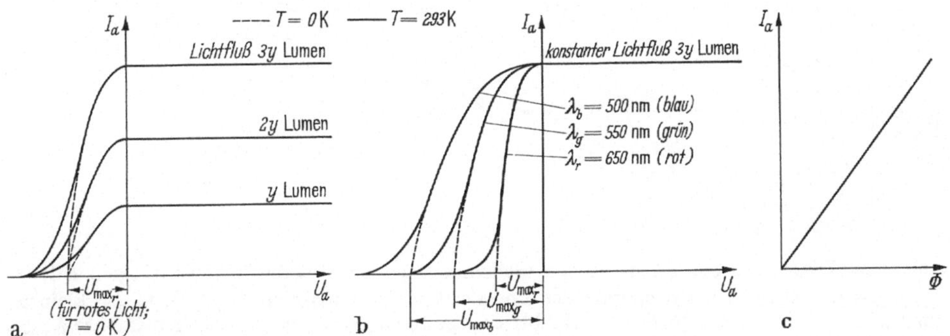

Abb. 3.33a–c. I_a–U_a-Kennlinien einer Photozelle: **a** für gleichfarbiges Licht und verschiedenen Lichtfluß; **b** für verschiedenfarbiges Licht und gleichen Lichtfluß; **c** Abhängigkeit des Photostroms I_a vom Lichtfluß Φ

Für beliebige kinetische Energie E_k der emittierten Photoelektronen lautet die Einsteinsche Gleichung:

$$E_k = e\,U = h\,f - e\,U_K, \tag{3.90}$$

wobei vorausgesetzt ist, daß $f < f_{max}$ und $h\,f > e\,U_K$ ist. Die Gl. (3.90) stellt im Diagramm der Abb. 3.34 für verschiedene Austrittsarbeiten ($e\,U_K$) eine Schar von parallelen Geraden mit der konstanten Neigung $\tan\alpha = h$ dar. Ihr Schnittpunkt mit der Ordinate ergibt die Austrittsarbeit W der betreffenden Kathode, ihr Schnittpunkt mit der Abszisse die kleinste zur Elektronenemission erforderliche Lichtfrequenz f_{min}. Für diese Frequenz ist $E_k = 0$ und daher nach Gl. (3.90):

$$e\,U_K = h\,f_{min}. \tag{3.91}$$

Mit $f_{min} = c/\lambda_{max}$ wird die maximale, zur Photoemission gerade noch ausreichende Lichtwellenlänge (*langwellige Grenze der Photokathode*):

$$\lambda_{max} = \frac{h\,c}{e\,U_K} \tag{3.92}$$

oder

$$\frac{\lambda_{max}}{\mu m} = \frac{1{,}24}{U_K/V}. \tag{3.93}$$

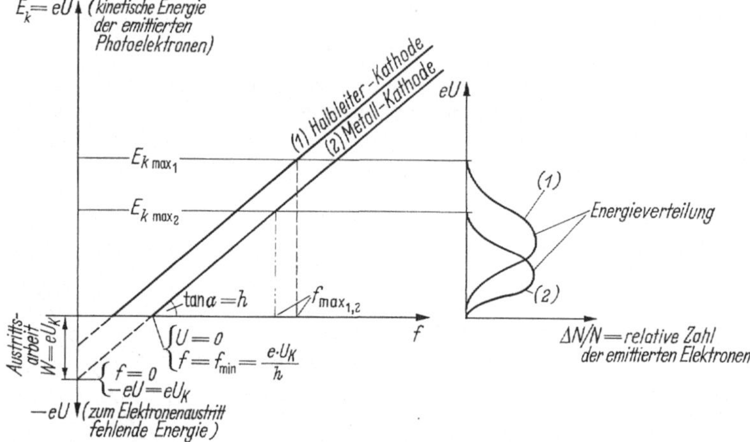

Abb. 3.34. Diagramm der Einsteinschen Gleichung für den äußeren lichtelektrischen Effekt. $E_{k_{max\,1,2}}$ = maximale Austrittsenergie der Photoelektronen (entspricht $f_{max\,1,2}$); f_{min} = kleinste zur Elektronenemission erforderliche Lichtfrequenz (entspricht der langwelligen Grenze λ_{max})

Die langwellige Grenze λ_{max} ist also entsprechend dem experimentellen Befund umgekehrt proportional zur Austrittsarbeit $W = e\,U_K$ (vgl. Abb. 3.35).

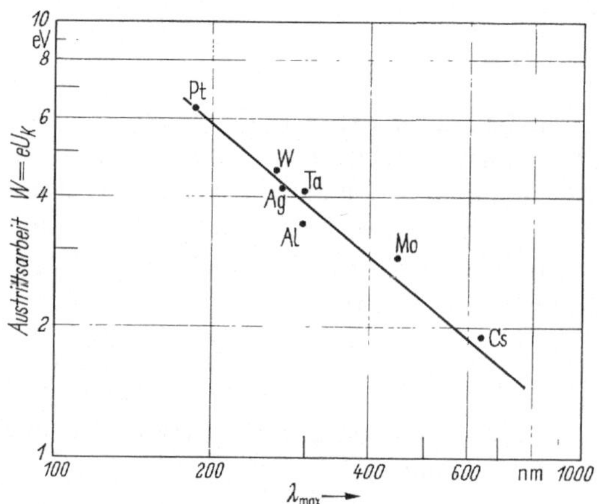

Abb. 3.35. Abhängigkeit der langwelligen Grenze λ_{max} verschiedener Photokathoden von deren Austrittsarbeit $W = eU_K$

Die obere Energiegrenze E_{kmax} der emittierten Photoelektronen ist nach Gl. (3.89) durch die maximale Lichtfrequenz f_{max} gegeben. Bei $T = 0\,K$ ist diese Energiegrenze sowohl für Metall- als auch für Halbleiter-Photokathoden scharf, weil jedes Photoelektron mindestens vom Fermi-Niveau (Metalle) bzw. von der oberen Valenzbandkante (Halbleiter) aus emittiert werden muß. Bei $T > 0\,K$ verformt sich die Fermi-Dirac-Energieverteilung der Elektronen im Festkörper, weshalb in diesem Fall ein kleiner Bruchteil der Elektronen beim Verlassen der Kathode nur noch einen Teil der Austrittsarbeit aufzubringen hat und daher eine höhere kinetische Energie E_k ($> E_{kmax}$) aufweist. Bei $T > 0\,K$ geht daher der Photostrom I_a mit wachsender Anodengegenspannung U_a ($> -U_{max}$) asymptotisch gegen null (Abb. 3.33 und 3.36).

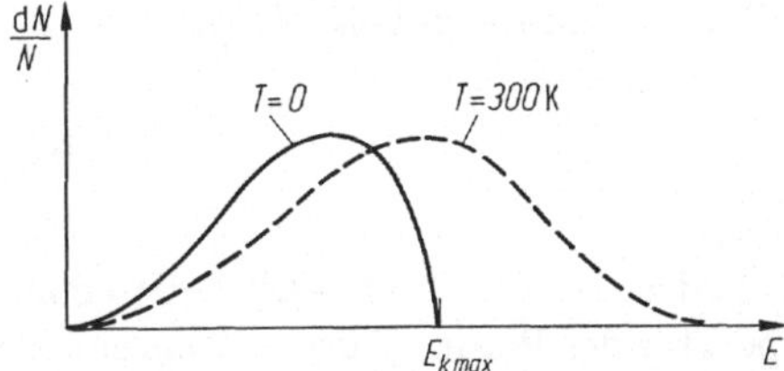

Abb. 3.36. Energieverteilung der emittierten Photoelektronen für zwei verschiedene Temperaturen

3.1.2.2 Empfindlichkeit von Photokathoden

Die Empfindlichkeit gibt den Zusammenhang zwischen Photostrom und auftreffender Lichtintensität einer Photokathode an.

a) Photometrische Begriffe und Einheiten

Das Licht besteht aus Lichtquanten (*Photonen*) der *Geschwindigkeit* c (Lichtgeschwindigkeit) und der *Energie*

$$E_{ph} = h\,f = \frac{h\,c}{\lambda}. \tag{3.94}$$

Die *Photonenmasse* beträgt entsprechend dem Einsteinschen Masse-Energie-Äquivalent:

$$m_{ph} = \frac{E_{ph}}{c^2}. \tag{3.95}$$

Für das Auge ist nur der Wellenlängenbereich von 0,4 bis 0,8 µm ($E_{ph} = 3{,}1 - 1{,}55\,eV$) sichtbar. Wegen der unterschiedlichen Energie der Photonen benutzt man für quantitative Angaben über nicht monochromatische Lichtstrahlung nicht die Anzahl der je Zeit- und Flächeneinheit auftreffenden Photonen, sondern folgende *Strahlungsnormale:*

Eine punktförmige Lichtquelle emittiert einen *Lichtstrom* Φ, dessen Einheit das *Lumen* (lm) ist. 1 lm hat der Lichtstrom, der von einer Lichtquelle der Stärke 1 candela (cd) in den Raumwinkel $\Omega = 1$ sr (sterad) abgegen wird. Der *Raumwinkel* ist definiert durch:

$$\Omega = \frac{\text{Kugelfläche}}{(\text{Kugelradius})^2}. \tag{3.96}$$

Die Einheit von Ω heißt sterad (sr). Ein Kreiskegel mit dem Öffnungswinkel 32° umschließt den Raumwinkel 1 sr. Die Vollkugel hat den Raumwinkel 4π sr.

Ein über eine bestimmte Zeit vorhandener Lichtstrom Φ ergibt eine *Lichtmenge:*

$$Q_l = \int \Phi \, dt. \tag{3.97}$$

Die *Lichtstärke* I_l einer Lichtquelle innerhalb eines Raumwinkels $d\Omega$ ist:

$$I_l = \frac{d\Phi}{d\Omega}. \tag{3.98}$$

Die Einheit von I_l ist 1 *candela* (cd) = 1 lm/sr. 1 cd ist 1/60 der Lichtstärke, die 1 cm² des schwarzen Körpers bei der Erstarrungstemperatur des Platins (2044,9 K bei einem Druck von 101325 N/m²) abstrahlt.

Eine nicht punktförmige (ausgedehnte) Lichtquelle wird durch ihre *Leuchtdichte* L beschrieben. Diese ist das Verhältnis Lichtstärke dI_l pro Flächeneinheit dA der Lichtquelle:

$$L = \frac{dI_l}{dA} = \frac{d^2\Phi}{d\Omega \, dA}. \tag{3.99}$$

Die Einheit von L ist 1 cd/m².

Durch einen Lichtstrom $d\Phi$, der senkrecht auf eine Fläche dA trifft, wird diese beleuchtet. Die *Beleuchtungsstärke* E_l dieser Fläche ist dann:

$$E_l = \frac{d\Omega}{dA}. \tag{3.100}$$

Ihre Einheit ist 1 Lux (lx) = 1 lm/m².

Ein monochromatischer Lichtfluß Φ ergibt wegen der Energie der einzelnen Photonen einen bestimmten *Leistungsfluß* (Strahlungsfluß) Φ_e (in Watt) durch eine Fläche A:

$$\Phi_e = S_{ph} \, h f A \tag{3.101}$$

(S_{ph} = Anzahl der je s und cm² auftreffenden Photonen). Daraus folgt für die *Photonenstromdichte* S_{ph}:

$$S_{ph} = \frac{\Phi_e}{h f A} = \frac{\Phi_e \lambda}{h c A} \tag{3.102}$$

oder

$$\frac{S_{ph}}{\text{cm}^{-2}\,\text{s}^{-1}} = 5{,}04 \cdot 10^{18} \, \frac{(\Phi_e/\text{W})\,(\lambda/\mu\text{m})}{\text{A/cm}^2}. \tag{3.103}$$

Die *Strahlungsleistung je Raumwinkeleinheit* beträgt:

$$I_e = \frac{d\Phi_e}{d\Omega}. \tag{3.104}$$

Für die Wellenlänge $\lambda = 555\,\text{nm}$ (maximale Augenempfindlichkeit) lautet der Zusammenhang zwischen Lichtfluß Φ (in Lumen) und dem Leistungsfluß Φ_e (in Watt) (nach DIN 5031):

$$\begin{aligned} 1\,\text{W} &= 673\,\text{lm}\,(\lambda = 555\,\text{nm}) \\ 1\,\text{lm} &= 0{,}001484\,\text{W}. \end{aligned} \tag{3.105}$$

b) Lichtreflexion und Lichtabsorption in Festkörpern

An der Oberfläche eines Festkörpers wird von einem auftreffenden Lichtstrom Φ_0 ein Teil r reflektiert (r = Reflexionsfaktor). Der eindringende Lichtstrom ist:

$$\Phi_a = \Phi_0 (1 - r). \tag{3.106}$$

Der Lichtstrom Φ_a wird im Festkörper absorbiert und nimmt dabei nach einer e-Funktion ab:

$$\Phi = \Phi_a e^{-\alpha x} \tag{3.107}$$

(α = Lichtabsorptionskoeffizient, x = Weg des Lichts im Festkörper). Für $\alpha x_0 = 1$ wird $\Phi = \Phi_a/e$. x_0 = Lichteindringtiefe.

Die optischen Eigenschaften von Festkörpern lassen sich anhand der Energiebändermodelle (Abb. 3.37) erklären. Ein Festkörper absorbiert Strahlung, wenn im energetischen Abstand $E = hf$ über besetzten Energiezuständen unbesetzte Zustände existieren. Metalle (bei denen das der Fall ist) absorbieren deshalb Strahlung in einem breiten Frequenzbereich. Halbleiter und Isolatoren lassen Strahlung bis zu einer Frequenz $f = E_G/h$ (E_G = Breite des verbotenen Bandes) hindurchtreten und absorbieren nur Strahlung mit höherer Frequenz. Die Absorptionskante liegt für Halbleiter im infraroten und für Isolatoren im ultravioletten Spektralbereich. Isolator-Einkristalle sind deshalb durchsichtig, Halbleiter- und Metallkristalle dagegen undurchsichtig. In Abb. 3.38 ist der Absorptionskoeffizient α in Abhängigkeit von der Photonenenergie für einige Festkörper dargestellt.

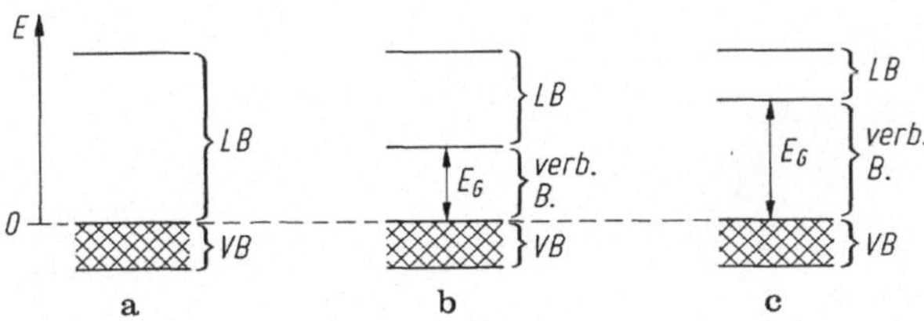

Abb. 3.37 a–c. Energiebändermodelle für Festkörper. **a** Metall, **b** Halbleiter, **c** Isolator. VB = Valenzband, LB = Leitungsband, verb. B. = verbotenes Band, E_G = Breite des verbotenen Bandes

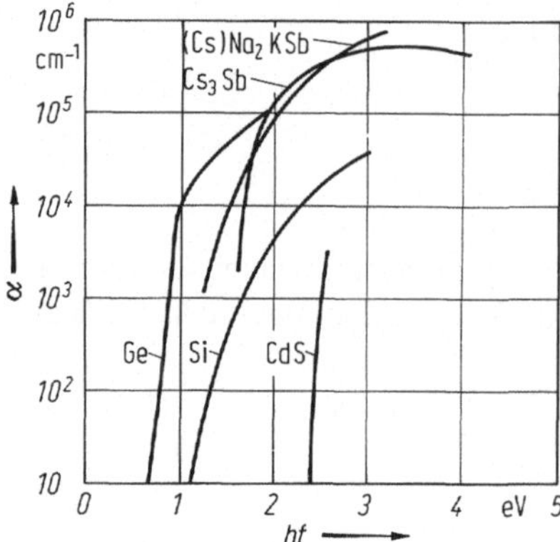

Abb. 3.38. Verlauf des Lichtabsorptionskoeffizienten·α in Abhängigkeit von der Photonenenergie hf für verschiedene Halbleiter

c) Elektronenausbeute, Lumenempfindlichkeit und Quantenwirkungsgrad von Photokathoden

Die *Elektronenausbeute* A_e einer Photokathode ist gleich dem emittierten Photostrom I_{ph} je Watt Lichtleistungsfluß Φ_e:

$$A_e = \frac{I_{ph}}{\Phi_e}. \tag{3.108}$$

Die *Lumenempfindlichkeit* s_k ist definiert als Photostrom je Lumen:

$$s_k = \frac{I_{ph}}{\Phi} \tag{3.109}$$

und der *Quantenwirkungsgrad* η_q als Verhältnis der Anzahl emittierter Elektronen je Photon:

$$\eta_q = \frac{S}{S_{ph}}. \tag{3.110}$$

(S, S_{ph} = Anzahl der je Zeit- und Flächeneinheit emittierten Photoelektronen bzw. auftreffenden Photonen). Die Gln. (3.108) und (3.109) ergeben:

$$s_k = \frac{A_e \Phi_e}{\Phi}. \tag{3.111}$$

Wegen $S = I_{ph}/(A\,e)$ und Gl. (3.101) wird aus (3.110):

$$\eta_q = \frac{I_{ph}\,h f A}{A\,e \Phi_e}$$

und daraus mit Gl. (3.108):

$$\eta_q = \frac{A_e h f}{e} = \frac{A_e h c}{e \lambda} \tag{3.112}$$

oder

$$\boxed{\frac{\eta_q}{\%} = 0{,}124 \cdot \frac{A_e/(\mathrm{mA/W})}{\lambda/\mu\mathrm{m}}.} \tag{3.113}$$

d) Vergleich verschiedener Photokathoden

Die Tabelle 4 zeigt einen Vergleich zwischen den grundsätzlichen Eigenschaften von Metall- und Halbleiter-Photokathoden. Daraus geht hervor, daß Halbleiterkathoden für die Photoemission wesentlich besser geeignet sind. Bei Metallphotokathoden wird die Photoelektronenemission bei gegebener Lichteinstrahlung durch die Austrittsarbeit W bestimmt (Abb. 3.39a), bei Halbleiterkathoden durch die Summe aus Bandabstand E_G und Elektronenaffinität E_A. Die Elektronenaffinität ist die Energiedifferenz zwischen der unteren Kante des Leitungsbands und dem Vakuumniveau (VN) (Abb. 3.39b). Bei Metallkathoden sind die thermische und die Photo-Austrittsarbeit identisch (= W), bei Halbleiterkathoden ist die thermische Austrittsarbeit gleich $(E_G/2 + E_A)$ und die Photo-Austrittsarbeit gleich $(E_G + E_A)$, also größer. Im ersten Fall setzt die Photoemission bei $E_{ph} > W$, im zweiten bei $E_{ph} > (E_G + E_A)$ ein.

Tabelle 4. Vergleich der Eigenschaften von Metall- und Halbleiter-Photokathoden

Metall-Photokathoden	Halbleiter-Photokathoden
hohe Lichtreflexion	niedrige Lichtreflexion
niedriger Absorptionskoeffizient α ($\alpha = 10^4$ bis $10^5\,\mathrm{cm}^{-1}$)	hoher Absorptionskoeffizient α für $E_{ph} > E_G$ ($\alpha = 10^5$ bis $10^6\,\mathrm{cm}^{-1}$)
starke Streuung innerer Photoelektronen an Leitungselektronen; hoher Energieverlust je Streuvorgang;	nur Phononenstreuung (Streuung an Gitteratomen); kleiner Energieverlust je Streuvorgang;
kleine Austrittstiefe (nur einige Atomlagen; bei Alkalimetallen 10 bis 20 Atomlagen);	große Austrittstiefe (einige 10 nm);
Einsetzen der Photoemission	Einsetzen der Photoemission
bei $E_{ph} > W$;	bei $E_{ph} > (E_G + E_A)$;
Quantenwirkungsgrad	Quantenwirkungsgrad
$\eta_q < 1\%$	$\eta_q < 35\%$

In den letzten Jahren wurden auch Photokathoden mit negativer Elektronenaffinität entwickelt. Bei diesen Kathoden befindet sich das Vakuumniveau (VN) unterhalb der Unterkante des Leitungsbands (vgl. Abb. 3.39c). Die ins Leitungsband gehobenen Photoelektronen können daher die Festkörperoberfläche ohne zusätzlichen Energieaufwand verlassen. Derartige Kathoden bestehen aus einem GaAs-Einkristall, dessen Oberfläche mit einer Schicht aus Cäsium und Sauerstoff bedeckt ist. Die GaAs(Cs-O)-Photokathoden haben eine langwellige Grenze von etwa 950 nm und eine Quantenausbeute von 12%.

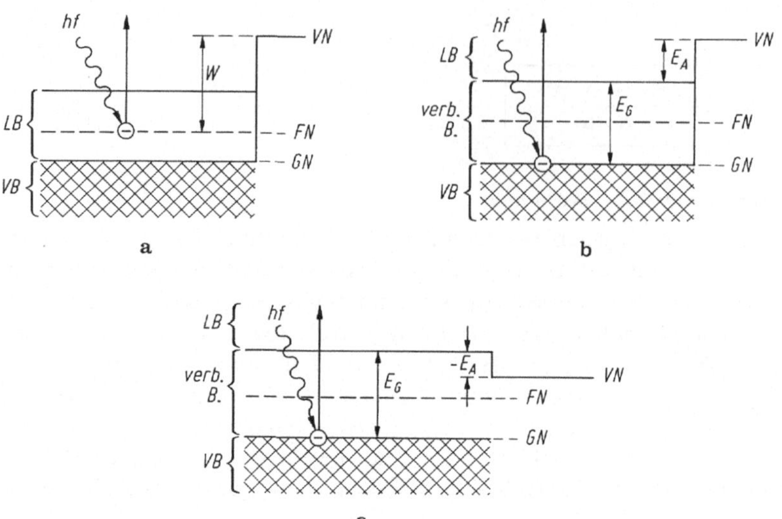

Abb. 3.39a–c. Beschreibung der Photoemission anhand des Energiebändermodells eines Metalls (**a**) und eines Halbleiters mit positiver (**b**) und negativer Elektronenaffinität (**c**). VB = Valenzband, LB = Leitungsband, verb. B. = verbotenes Band, E_G = Bandabstand, E_A = Elektronenaffinität, VN = Vakuumniveau, FN = Fermi-Niveau, GN = Grundniveau

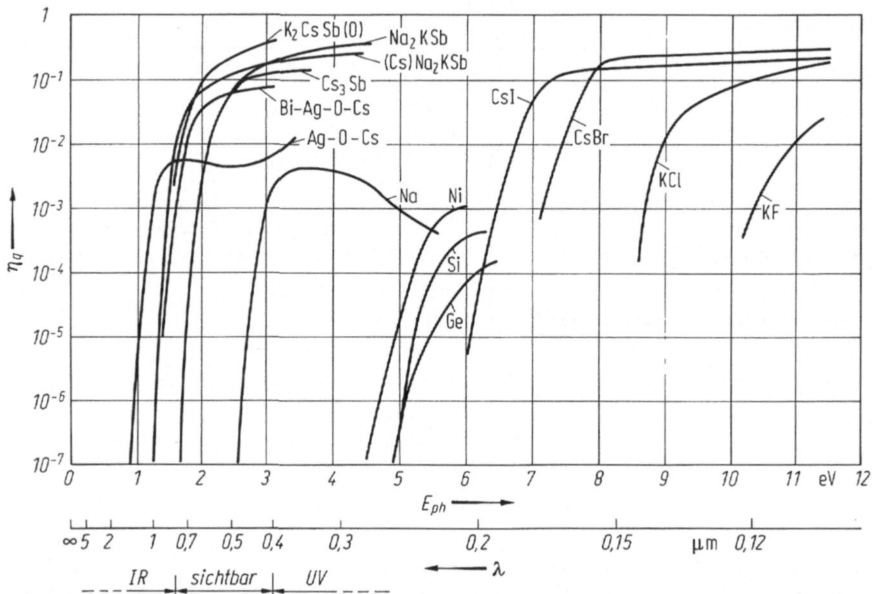

Abb. 3.40. Quantenwirkungsgrad η_q verschiedener Photokathoden in Abhängigkeit von der Photonenenergie E_{ph} bzw. der Lichtwellenlänge λ

In Abb. 3.40 ist der Verlauf des Quantenwirkungsgrades η_q von Photokathoden in Abhängigkeit von der Photonenenergie E_{ph} bzw. der Lichtwellenlänge λ dargestellt. Der Quantenwirkungsgrad steigt in den meisten Fällen mit wachsender Photonenenergie stetig bis zu einem Grenzwert an (*normaler Photoeffekt*). Bei einigen Kathoden (Alkalimetalle, Cs_3Sb, Ag-O-Cs) durchlaufen die Kurven Maxima (*selektiver Photoeffekt*). Dies beruht darauf, daß sich der Lichtabsorptionskoeffizient α und der Reflexionskoeffizient r in der Umgebung der langwelligen Grenze stark mit der Lichtwellenlänge ändern.

Nach Abb. 3.40 haben die sogenannten *Multialkali-Photokathoden* im sichtbaren Spektralbereich den höchsten Quantenwirkungsgrad (20–35 %). Die einzige Kathode mit hoher Infrarot-Empfindlichkeit ist die Ag-O-Cs-Schicht. Im Vergleich dazu ist die Elektronenergiebigkeit von reinen Metallen sowie von Germanium und Silizium wesentlich geringer. Alkalihalogenidschichten ergeben Kathoden mit hoher Elektronenausbeute im UV-Bereich.

Photokathoden können halbtransparent (Durchlicht-Kathoden) oder lichtundurchlässig sein (Auflicht-Kathoden). Halbtransparente Kathoden bestehen aus dünnen, auf Glas aufgedampften Schichten. Die Schichtdicke entspricht der Austrittstiefe der Photoelektronen. Viele praktisch verwendete Kombinationen von Photoschicht, Trägersubstanz und Fenstermaterial werden mit bestimmten international vereinbarten S-Zahlen bezeichnet. In Abb. 3.41 ist die Elektronenausbeute A_e als

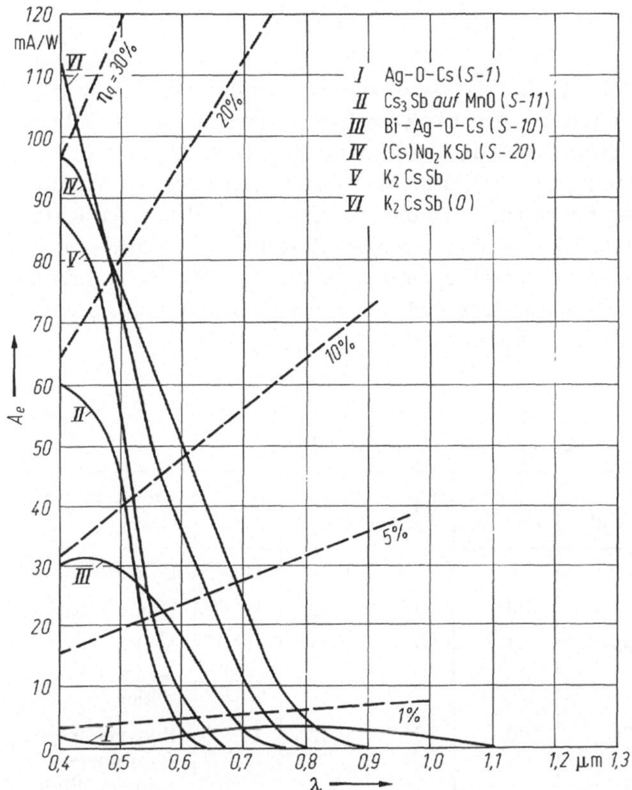

Abb. 3.41. Elektronenausbeute A_e verschiedener Photokathoden für den sichtbaren Spektralbereich in Abhängigkeit von der Lichtwellenlänge λ. Eingezeichnet sind auch mehrere Linien η_q = const

Funktion der Lichtwellenlänge λ für einige Photokathoden mit den S-Zahlen S-1, S-10, S-11 und S-20 sowie für zwei weitere Kathoden dargestellt. In das gleiche Diagramm sind auch die Linien konstanten Quantenwirkungsgrades η_q eingetragen, deren Lage durch die Gl. (3.113) bestimmt wird. Tabelle 5 zeigt einen Vergleich der Kenndaten einiger technisch wichtiger Photokathoden und Abb. 3.42 deren Aufbau.

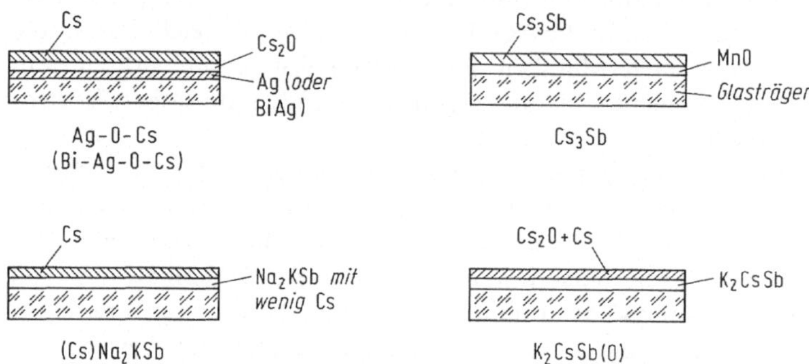

Abb. 3.42. Aufbau einiger technisch wichtiger Photokathoden

Die *Lebensdauer* von Photokathoden wird durch Ermüdungserscheinungen begrenzt. Die Ermüdung (allmähliches Absinken der Elektronenausbeute) beruht auf einer emissionshemmenden Veränderung der Kathodenoberfläche und kann folgende Ursachen haben: Eindringen von geringen Gasmengen durch feine Lecks ins Vakuum, zu hohe Kathodenerwärmung bei starker Lichteinstrahlung, unvollständige Kathodenaktivierung bei der Herstellung, Auftreffen von Restgasionen, Auslösen von Fremdgasmolekülen beim Auftreffen von Elektronen auf positiv geladene Röhrenteile, elektrolytische Zersetzung der Kathodenschicht bei Vorhandensein einer Potentialdifferenz in der Schicht (z.B. bei Cs_3Sb-Kathoden).

Tabelle 5. Kenndaten einiger technisch wichtiger Photokathoden

Bez.	Material	s_k µA/lm	A_e mA/W	η_q %	λ_{max} µm	J_d A/cm^2	Anwendungen
S-1	Ag-O-Cs	60	6	0,5	0,8	10^{-12}	IR-Detektoren
S-10	Bi-Ag-O-Cs	80	40	10	0,45	10^{-14}	Kameraröhren
S-11	Cs_3 Sb auf MnO	80	65	20	0,44	10^{-15}	Multiplier, Szintillationszähler
S-20	(Cs) Na_2 KSb	300	130	30	0,42	10^{-16}	Bildverstärker Photometer Kameraröhren
–	K_2 CsSb (O)	130	–	35	0,40	10^{-16}	Multiplier

λ_{max} = langwellige Grenze, J_d = Dunkelstromdichte.

3.1.3 Sekundäremission

3.1.3.1 Mechanismus der Sekundärelektronenemission

Ein Elektronenstrahl, der eine Energie von mindestens 10 eV hat, löst beim Auftreffen auf einen Festkörper *Sekundärelektronen* aus.

Mißt man mit Hilfe eines Kugelkollektors (Abb. 3.43) bei konstanter Primärelektronenenergie E_{pr} den Sekundärelektronenstrom (Kollektorstrom) I_s in Abhängigkeit von der Kollektorspannung U_k, so ergibt sich die *Sekundäremissions-Kennlinie* der Abb. 3.44, die aus einem Anlaufstrom- ($U_k < 0$) und einem Sättigungsstromast ($U_k > 0$) besteht. Aus der Form der Anlaufstromkennlinie kann (wie bei der thermischen und Photoemission) die Energieverteilung der emittierten Elektronen bestimmt werden, die bei der Sekundäremission stets das in Abb. 3.45 gezeigte Aussehen hat. Die Energieverteilung ist durch drei Bereiche gekennzeichnet:

a) Der erste Bereich (zwischen null und etwa 50 eV) enthält ein Strommaximum, das von *echten Sekundärelektronen* herrührt. Die Lage dieses Maximums (bei einigen eV) ist von E_{pr} praktisch unabhängig.

b) Der zweite Bereich, ein breites Minimum (zwischen 20 und 95 % der Primärenergie E_{pr}), umfaßt Primärelektronen, die nach zahlreichen Stößen im Festkörper einen Teil ihrer Anfangsenergie verloren haben, wieder an die Oberfläche zurückkehren und aus dem Festkörper austreten (*rückdiffundierende Primärelektronen*).

c) Der dritte Bereich – ein schmales Strommaximum bei 100 % der Primärenergie – entsteht durch Primärelektronen, die ohne Energieverlust an der Festkörperoberfläche elastisch reflektiert wurden, also nach der Umkehr noch die volle Primärenergie haben (*elastisch reflektierte Primärelektronen*).

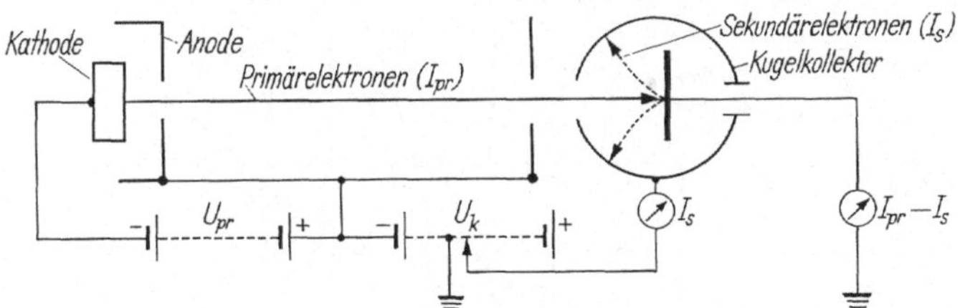

Abb. 3.43. Anordnung zur Messung des Sekundärelektronenstroms I_s von Festkörpern mit einem Kugelkollektor

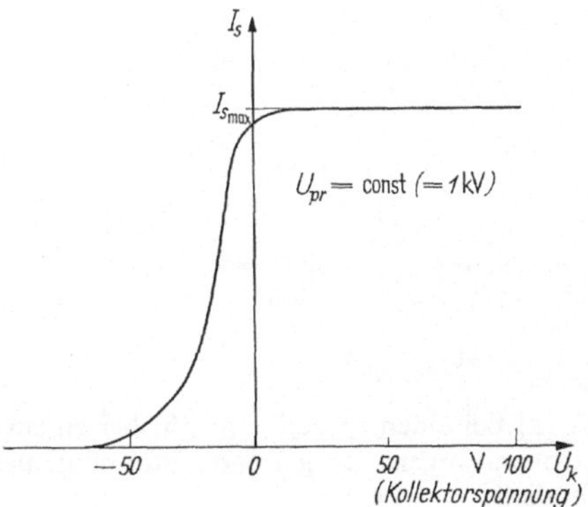

Abb. 3.44. Sekundäremissions-Kennlinie $I_s = f(U_k)$ eines Festkörpers

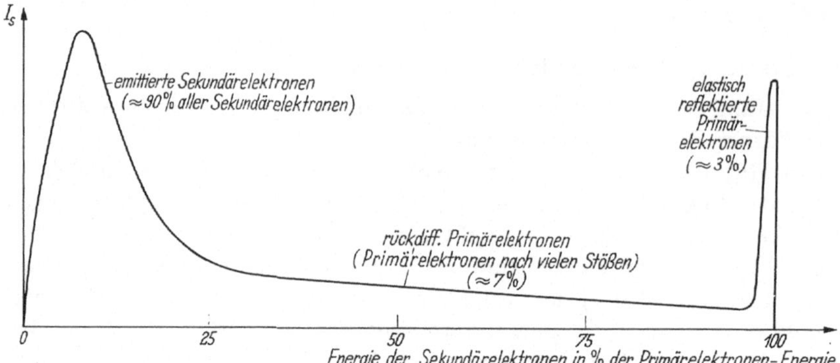

Abb. 3.45. Energieverteilung emittierter Sekundärelektronen.
(Primärelektronenenergie E_{pr} = 300 bis 1000 eV)

Wie Abb. 3.46 zeigt, werden die meisten inneren Sekundärelektronen bei einem E_{pr}-Wert von einigen keV in einer Tiefe von etwa 0,5 µm unterhalb der Festkörperoberfläche gebildet. In Metallen haben die inneren Sekundärelektronen wegen der starken Streuung an Leitungselektronen geringe Reichweiten und können deshalb nur von einer etwa 50 nm dicken Oberflächenschicht emittiert werden. Halbleiter und Isolatoren enthalten dagegen bei Zimmertemperatur sehr viel weniger Leitungselektronen als Metalle. Die Reichweite der Sekundärelektronen und die Elektronenausbeute sind daher um einen Faktor 10 größer als bei den Metallen.

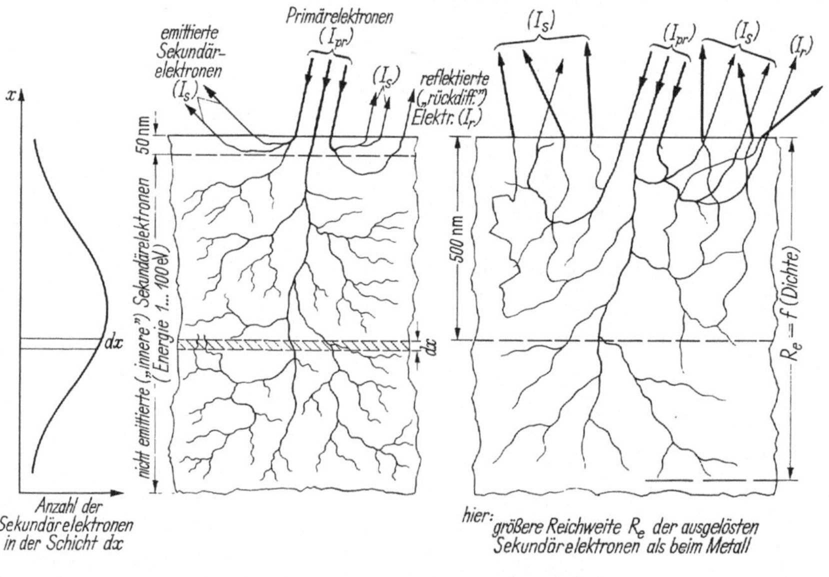

Ab.. 3.46a, b. Sekundärelektronen-Emissionsprozesse (**a**) bei einem Metall und (**b**) bei einem Isolator. In Isolatoren kommen die Sekundärelektronen wegen der geringen Streuung an Leitungselektronen aus tieferen Schichten als bei Metallen

3.1.3.2 Sekundäremissionskurven

Der Sekundärelektronenstrom I_s hängt u. a. von der Stromstärke I_{pr}, der Energie E_{pr} und dem Einfallswinkel α des Primärelektronenstrahls ab, ferner von Material und Oberflächenbeschaffenheit des Festkörpers:

$$I_s = f(I_{pr}, E_{pr}, \text{Material}, \alpha). \tag{3.114}$$

Für die Abhängigkeit von I_{pr} gilt:

$$I_s = \delta\, I_{pr}. \tag{3.115}$$

Der Faktor

$$\delta = \frac{I_s}{I_{pr}} \tag{3.115a}$$

heißt *Sekundäremissionskoeffizient*. Mit wachsender Primärelektronenenergie E_{pr} durchläuft I_s (bzw. δ) bei konstantem I_{pr} ein Maximum bei einigen 100 eV (vgl. Abb. 3.47). Es entsteht dadurch, daß bei geringer Primärenergie nur wenige Sekundärelektronen die Austrittsenergie erreichen, während bei hoher Primärenergie die Elektronen in tieferen Schichten ausgelöst werden, so daß sie trotz ihrer relativ hohen kinetischen Anfangsenergie im Festkörper (bis zu 100 eV) dessen Oberfläche nicht mehr erreichen können.

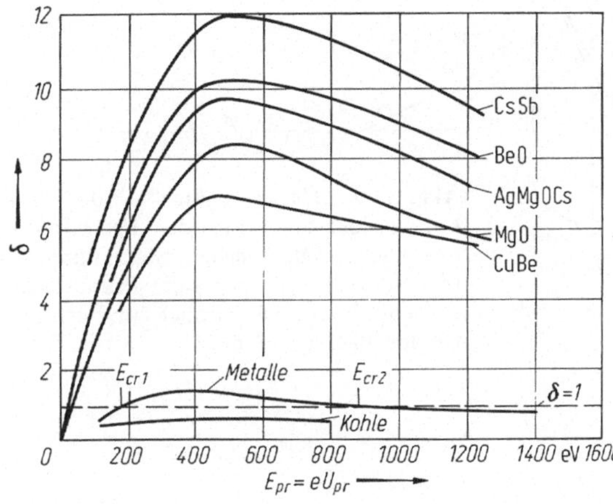

Abb. 3.47. Abhängigkeit des Sekundäremissionskoeffizienten δ von der Primärelektronenenergie E_{pr} für verschiedene Festkörper. $E_{cr1,2}$ = Überkreuzungspunkte für $\delta = 1$

Hinsichtlich des Maximalwerts von δ kann man drei Materialgruppen unterscheiden: $\delta_{max} < 1$ (Graphit, Alkali- und Erdalkalimetalle); $\delta_{max} = 1$ bis 3 (alle anderen Metalle); $\delta_{max} = 3$ bis 20 (Halbleiter und Isolatoren). Der geringe Wert von δ_{max} für Graphit (Kohle) ist auf die feste Elektronenbindung zwischen den C-Atomen zurückzuführen. Bei den Alkali- und Erdalkalimetallen ist dafür die starke Streuung der inneren Sekundärelektronen infolge der hohen Konzentration der Leitungselektronen verantwortlich.

Die Abhängigkeit des Sekundäremissionskoeffizienten δ vom Einfallswinkel α des Primärelektronenstrahls ist in Abb. 3.48 dargestellt. Die Elektronenausbeute steigt mit dem Einfallswinkel α an, denn bei großem α werden die Sekundärelektronen aus einer dünnen Oberflächenschicht des Festkörpers herausgeschält (Abb. 3.49), während sie bei senkrechtem Einfall des Primärstrahls ($\alpha = 0$) in größerer Tiefe entstehen, so daß nur wenige von ihnen die Oberfläche erreichen können.

Die Winkelverteilung der emittierten Sekundärelektronen entspricht der Beziehung (vgl. Abb. 3.50):

$$I_s' = I_{s0} \cos \varphi . \tag{3.116}$$

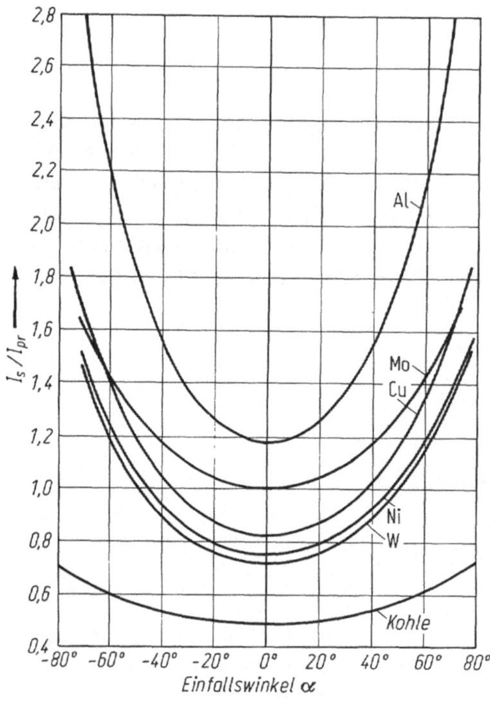

◀ **Abb. 3.48.** Abhängigkeit der Sekundärelektronenausbeute δ vom Einfallswinkel α des Primärelektronenstrahls für verschiedene Metalle ($U_{pr} = 2500$ V)

Abb. 3.49. „Herausschälen" von Sekundärelektronen aus der Festkörperoberfläche. Die meisten Sekundärelektronen entstehen, wenn die Primärelektronenbahnen fast parallel zur Festkörperoberfläche verlaufen

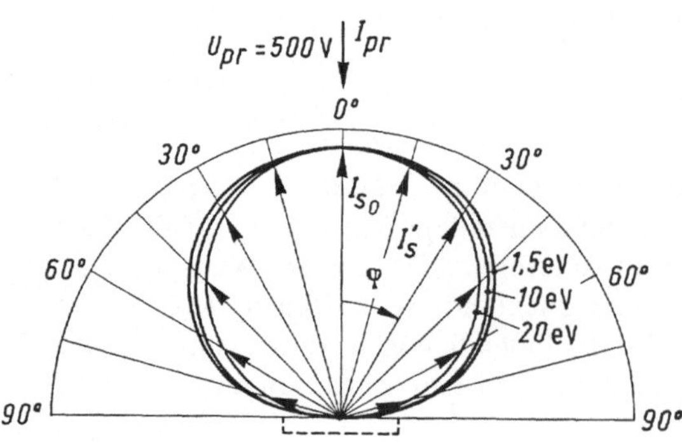

Abb. 3.50. Winkelverteilung der emittierten Sekundärelektronen für verschiedene Elektronenenergie

3.1.3.3 Aufladung von Festkörperoberflächen durch Sekundäremission

Die Aufladung der Oberfläche eines Isolators mit Hilfe der Sekundäremission (vgl. Abb. 3.51a) hängt vom Verlauf der Sekundäremissionskurve $\delta = f(U_{pr})$ ab (Abb. 3.51b). Im Bereich $\delta < 1$ ($U_{pr} < U_{cr1}$ und $U_{pr} > U_{cr2}$) ist $I_s < I_{pr}$ und die Festkörperoberfläche wird *negativ* aufgeladen ($U_0 < 0$). Im Bereich $\delta > 1$ ($U_{cr1} < U_{pr} < U_{cr2}$) ist $I_s > I_{pr}$ und deshalb lädt sich die Oberfläche *positiv* auf ($U_0 > 0$; Abb. 3.51c). Prinzipiell das gleiche Verhalten zeigt eine isolierte Metallplatte.

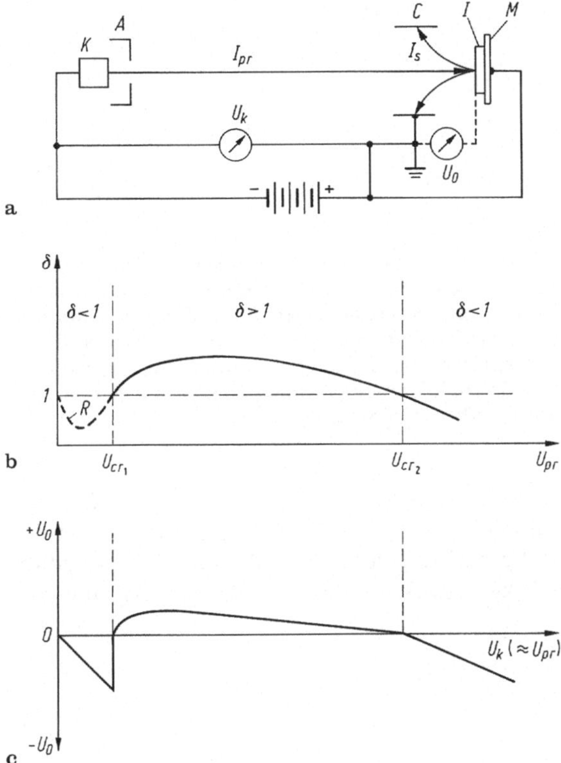

Abb. 3.51. a Anordnung zur Aufladung eines Festkörpers (Isolators) mittels Sekundäremission. K = Kathode, A = Beschleunigungselektrode, C = Sekundärelektronen-Kollektor, I = Isolatorschicht, M = Metallelektrode, U_k = Kollektorspannung, U_0 = Potentialdifferenz zwischen aufgeladener Festkörperoberfläche und Kollektor, **b** Verlauf des Sekundäremissionskoeffizienten δ in Abhängigkeit von der Beschleunigungsspannung U_{pr} der Primärelektronen für den Isolator I. Kurvenast R: reflektierte Primärelektronen, **c** aus (**b**) resultierender Verlauf der Potentialdifferenz U_0 zwischen Isolatoroberfläche und Kollektor in Abhängigkeit von der Spannung U_k ($\approx U_{pr}$) zwischen Kollektor C und Kathode K

Da die auf der Isolatoroberfläche erzeugte positive oder negative Ladung nicht abfließen kann, verwendet man Isolatorschichten als Ladungsspeicher. Abbildung 3.52 zeigt den Aufladevorgang und resultierenden Potentialverlauf für einen einzelnen Punkt (ein *Speicherelement*) der Speicheroberfläche. Der Potentialverlauf enthält ein positives, durch Sekundäremission entstandenes Plateau, das von einem durch reflektierte Sekundärelektronen erzeugten, negativen ringförmigen Potentialgraben umgeben ist.

Führt man einen Primärelektronenstrahl, dessen Stromstärke I_{pr} durch ein Signal moduliert wurde, mit Hilfe eines Ablenksystems zeilenweise über die Speicheroberfläche, so entsteht auf dieser ein dem Signalverlauf entsprechendes Ladungsgebirge oder Potentialrelief. Dieser Vorgang wird bei Signal- und Bildspeicherröhren ausgenutzt. Durch einen Elektronenstrahl mit geringer Beschleunigungsspannung U_{pr} kann auf

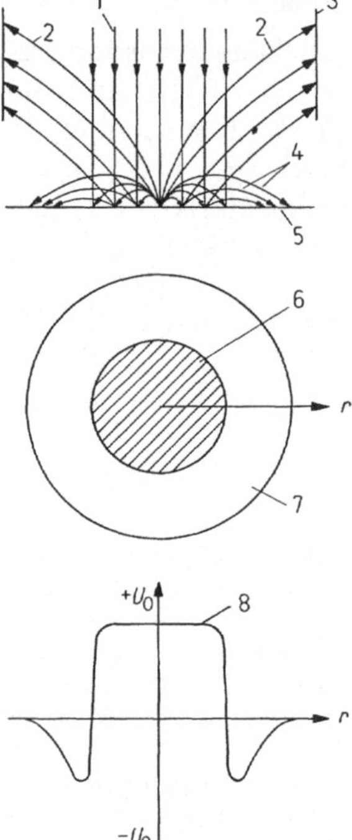

Abb. 3.52. Aufladung eines Isolatorspeicherelements und seiner Umgebung durch Sekundäremission. 1 Primärelektronenstrahl, 2 Sekundärelektronen, 3 ringförmiger Kollektor, 4 reflektierte Sekundärelektronen, 5 Isolatoroberfläche, 6 Auftreffläche des Primärelektronenstrahls, 7 Auftreffbereich der reflektierten Sekundärelektronen, 8 Potentialverlauf U_0 über dem Speicherelement

gleiche Weise ein positives Potentialrelief (wegen $\delta < 1$) wieder abgebaut werden. Dieses Prinzip findet zum Beispiel bei Fernseh-Kameraröhren Anwendung. Schädlich ist die Sekundäremission u.a. in Verstärker- und Senderöhren sowie in Entladungsröhren der Hochspannungstechnik.

3.1.4 Feldemission

Herrscht an einer Metalloberfläche (z.B. einer feinen Drahtspitze) eine Feldstärke von der Größenordnung 10^7 V/cm (Abb. 3.53), so emittiert sie auf Grund der hohen Feldkraft Elektronen. Diese Feldelektronenemission setzt bei einer bestimmten, von der Austrittsarbeit des Metalls abhängigen Feldstärke ein und führt zu Emissionsstromdichten bis 10^8 A/cm^2 (Abb. 3.54).

Die Ursache der Feldemission ist eine starke Verformung des Potentialverlaufs an der Metalloberfläche auf Grund des starken elektrischen Feldes. Nach Abb. 3.55 wird der Potentialberg an der Metalloberfläche durch das äußere elektrische Feld nicht nur erniedrigt (Schottky-Effekt), sondern gleichzeitig so schmal, daß für die Leitungselektronen im Metall eine wellenmechanisch bestimmbare Wahrscheinlichkeit besteht, den Potentialberg ohne Energieverlust zu durchdringen, d.h. zu durchtunneln, also das Metall zu verlassen, ohne die Austrittsarbeit W aufbringen zu müssen (*Tunneleffekt*). Im Vergleich dazu spielt die Erniedrigung des Potentialbergs (Schottky-Effekt) für die Feldemission praktisch keine Rolle.

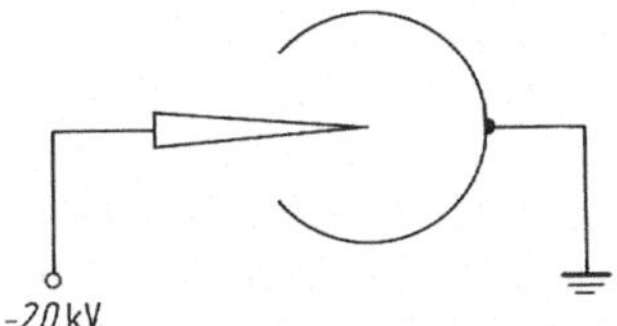

Abb. 3.53. Prinzipielle Anordnung zur Feldelektronenemission

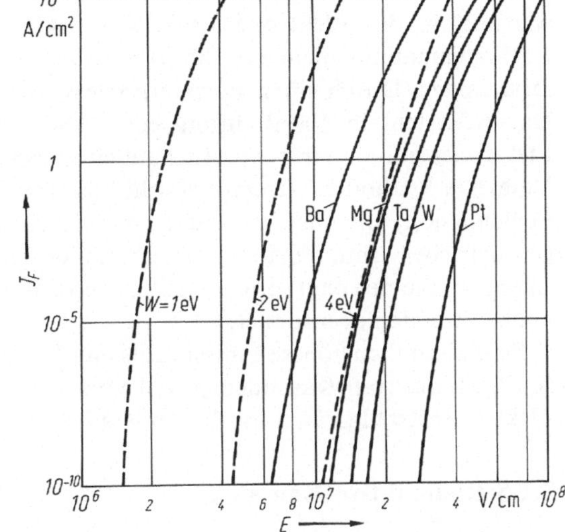

Abb. 3.54. Feldemissions-Stromdichte J_F verschiedener Metalle in Abhängigkeit von der Feldstärke E. Gestrichelt eingezeichnet sind die Kurven W = const (W = Austrittsarbeit)

Entsprechend der Wellentheorie für Elektronen wird die Wahrscheinlichkeit für das Durchtunneln des Potentialbergs merklich, wenn die Elektronenwellenlänge λ mit der Breite b des Potentialbergs vergleichbar wird. Nach Abb. 3.55 ist in Höhe des Fermi-Niveaus $b = W/(e\,E)$. Für eine Feldstärke $E = 5 \cdot 10^7$ V/cm an einer Wolframspitze (W = 4,5 eV) wird b = 0,9 nm. Nach Gl. (3.1) ist die Materiewellenlänge der Elektronen gleich $\lambda = h/(mv)$. Am Fermi-Niveau hat ein Elektron die thermische Geschwindigkeit $v/(\mathrm{km/s}) \approx 600 \cdot \sqrt{U_F/V}$. Mit $U_F = 5{,}7$ V (für Wolfram) wird $v \approx 1430$ km/s. Damit wird $\lambda = 0{,}5$ nm, also mit b vergleichbar.

Die Abhängigkeit der Feldemissions-Stromdichte J_F von der Feldstärke E läßt sich aus der Fermi-Dirac-Energieverteilung der Metalle berechnen. Sie hat die Form:

$$J_F = C\,E^2\,e^{-D/E}. \tag{3.117}$$

Die Materialkonstanten C und D hängen von der Austrittsarbeit W der emittierenden Elektrode ab. Sie haben zum Beispiel für Wolfram die ungefähren Werte: $C \approx 3{,}4 \cdot 10^{-5}\,\mathrm{A/V^2}$ und $D \approx 5 \cdot 10^{10}$ V/m.

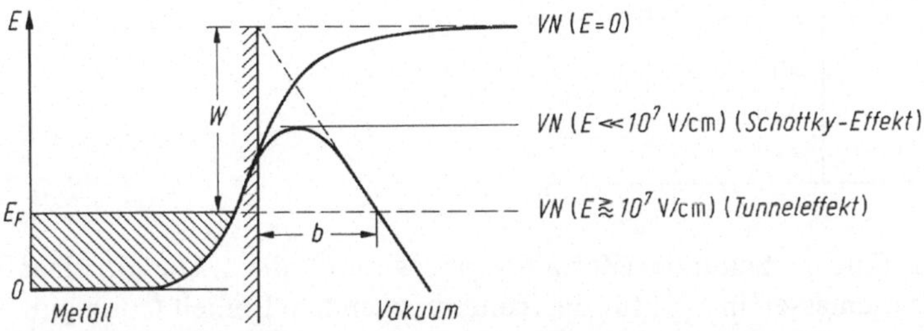

Abb. 3.55. Potentialberg der Breite b, der bei hohen Feldstärken von Elektronen durchtunnelt wird (Tunneleffekt). VN = Vakuumniveau, W = Austrittsarbeit

Feldemissionskathoden werden heute zunehmend in elektronenoptischen Geräten, wie z.B. in der Elektronenstrahl-Mikroskopie und -Lithographie eingesetzt. Als Kathodenmaterial dient ein 100-orientierter Wolfram-Einkristall in Form einer feinen Drahtspitze. Durch einen Formierprozess wird an der Spitze Sauerstoff adsorbiert. Dabei entsteht in 100-Richtung eine Oxidpyramide, die den Öffnungswinkel der Elektronenemission (die Apertur) auf einen sehr kleinen Wert (z.B. 0,06 rad) einengt. Derartige Kathoden werden bei erhöhter Temperatur (1000 bis 1800 K; thermische Feldemission) mit einer Spannung von einigen kV unter Ultrahochvakuumbedingungen betrieben. Ihre Vorteile sind ein hoher Richtstrahlwert (s. S. 194), eine geringe Energiebreite der emittierten Elektronen (z.B. 1 eV bei 50 keV-Elektronen) und eine hohe Kathodenlebensdauer.

Eine wesentlich höhere Emission als mit Wolfram erhält man mit Lanthanhexaborid (LaB_6)-Einkristall-Kathodenspitzen von etwa 0,2 µm Durchmesser, die ebenfalls in Elektronenstrahlgeräten mit besonders hoher Auflösung eingesetzt werden.

3.1.5 Radioaktive Emission

Der radioaktive Kernzerfall von Isotopen führt zur Emission von α-, β- und γ-Strahlung. Die Zerfallrate ($-\,dN/dt$) ist der Anzahl der vorhandenen Atome (N) proportional:

$$-\frac{dN}{dt} = \lambda N \tag{3.118}$$

(λ = Zerfallskonstante). Die Anzahl N der zur Zeit t noch nicht zerfallenen Atomkerne beträgt demnach:

$$N = N_0\, e^{-\lambda t} \tag{3.119}$$

(N_0 = Anzahl der Atomkerne zur Zeit $t = 0$). Bei $t = T_h$ ist $N = N_0/2$ (T_h = Halbwertszeit; vgl. Tabelle 6):

$$T_h = \frac{\ln 2}{\lambda} = \frac{0{,}693}{\lambda}. \tag{3.120}$$

Tabelle 6. Halbwertszeit T_h und maximale Teilchenenergie E_{max} von einigen radioaktiven β-Strahlern (Elektronenstrahlern)

Isotop	T_h (Jahre)	E_{max} (keV)
H^3	12,3	18
C^{14}	5600	155
Sr^{90}	28	610
Pm^{147}	2,6	220

Die Anzahl der Zerfälle je Sekunde (Zerfallrate) bestimmt die *Aktivität* einer radioaktiven Substanz (gemessen in s^{-1}; für die früher verwendete Einheit Curie gilt: $1\,Ci = 3{,}7 \cdot 10^{10}\,s^{-1}$). Die Absorption von radioaktiver Strahlung in Materie wird durch die absorbierte Energie je kg Materie (*Energiedosis*, gemessen in J/kg) beschrieben. Die ionisierende Wirkung der Strahlung wird durch den Betrag der elektrischen Ladung der Ionen eines Vorzeichens angegeben, die in 1 kg Materie durch die Strahlung gebildet werden (*Ionendosis*, gemessen in As/kg).

β-Strahler werden in manchen Gasentladungsröhren zur Erleichterung der Zündung und bei einem bestimmten numerischen Anzeigesystem zur Anregung von Leuchtstoffschichten verwendet.

3.2 Elektronenabsorptionsvorgänge (und dadurch ausgelöste Effekte)

3.2.1 Absorptionsgesetz und Elektronenreichweite

Treffen Elektronen auf einen Festkörper, so treten sie mit dessen Gitteratomen in Wechselwirkung und werden aus ihrer ursprünglichen Flugrichtung abgelenkt (gestreut). Dabei geben sie ihre Energie teilweise oder vollständig (*unelastische Streuung*) bzw. gar nicht (*elastische Streuung*) an den Festkörper ab (Abb. 3.56). Die abgegebene Energie wird zur Verstärkung von Schwingungen der Gitteratome (Erzeugung von Phononen), Anregung von Gitteratomen, Erhöhung der thermischen Energie von Leitungselektronen (bei Metallen) oder Auslösung von inneren Sekundärelektronen verbraucht.

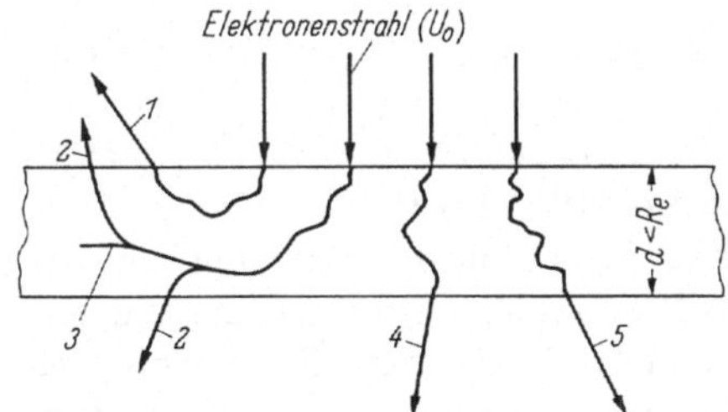

Abb. 3.56. Mögliche Arten der Streuung von Elektronen in einer Metallfolie der Dicke $d < R_e$ (R_e = Elektronenreichweite). 1 Unelastisch rückgestreute Elektronen ($U/U_0 = 0{,}9 - 0{,}2$); 2 Sekundärelektronen ($U/U_0 = 0{,}001$): 3 absorbierte Elektronen; 4 unelastisch vorwärts gestreute Elektronen ($U/U_0 = 0{,}9 - 0{,}4$) (Elektronenfenster); 5 elastisch vorwärts gestreute Elektronen ($U/U_0 = 1{,}0 - 0{,}9$) (Elektronenmikroskop)

Die *Anzahl* (N) der nicht gestreuten Elektronen nimmt mit wachsender Eindringtiefe x nach einer e-Funktion ab:

$$N = N_0 \, e^{-\alpha_e x} \tag{3.121}$$

(α_e = *Absorptionskoeffizient* für Elektronen).

Die *Energie* $E = e\,U_0$ der Elektronen eines ursprünglich monochromatischen Elektronenstrahls (in dem alle Elektronen die gleiche Geschwindigkeit haben) ändert sich nach Durchtritt durch eine Festkörper- oder Gasschicht so, daß ein kontinuierliches Energiespektrum mit einer maximalen Energie $e\,U$ entsteht. Dieses Spektrum kann mit einer Gegenfeld-Anordnung (Abb. 3.57) ermittelt werden.

Für Metallschichten der Dicke d gilt in einem U_0-Bereich von 10^3 bis 10^5 V die Beziehung von Thomson und Whiddington:

$$U_0^2 - U^2 = k\,\varrho\,d \tag{3.122}$$

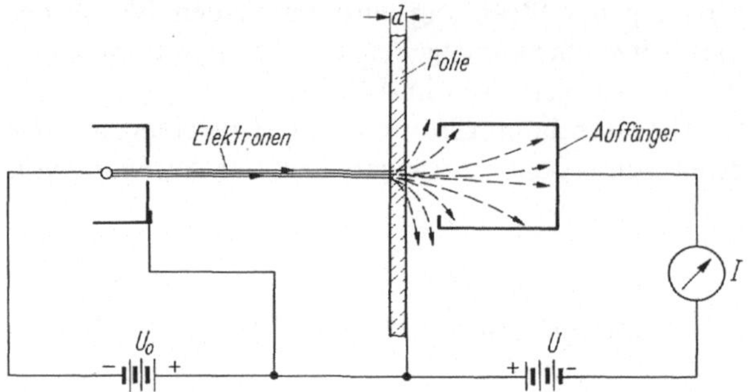

Abb. 3.57. Anordnung zur Messung der Energie der in einer Metallfolie gestreuten Elektronen (Gegenfeldmethode)

(Konstante $k = 4 \cdot 10^{11}\,\mathrm{cm^2\,V^2/g}$, ϱ = Dichte der Metallfolie). Ist die Dicke der Metallschicht gleich der *Elektronenreichweite* R_e, so wird in Gl. (3.122) $U = 0$ und damit:

$$R_e = \frac{U_0^2}{k\,\varrho} \tag{3.123}$$

oder

$$R_e \cdot \varrho = \frac{U_0^2}{k}. \tag{3.123a}$$

Für relativistische Elektronengeschwindigkeiten ($U_0 > 10^4$ V) gilt:

$$R_e\,\varrho = C\,[(1 + 2 \cdot 10^{-6}\,U_0)^{1/2} - (1 + 2 \cdot 10^{-6}\,U_0)^{-1/2}]^2, \tag{3.124}$$

wobei die Konstante $C = 0{,}6$ (für $v/c \approx 0{,}2$; $U_0 \approx 10^4$ V), 0,4 (für $v/c \approx 0{,}6$; $U_0 \approx 1{,}3 \cdot 10^5$ V) und 0,26 (für $v/c \approx 0{,}99$; $U_0 \approx 3{,}4 \cdot 10^6$ V) beträgt.

Als Elektronenreichweite wird also diejenige Schichtdicke betrachtet, in der praktisch alle Elektronen absorbiert werden. Das Produkt $R_e\,\varrho$ (gemessen in g/cm^2) ist gleich der Masse einer Schicht von 1 cm^2 Fläche und der Schichtdicke R_e. In Abb. 3.58 ist das Produkt $R_e\,\varrho$ in Abhängigkeit von der Elektronenenergie eU_0 dargestellt. Zum Beispiel ergeben sich für Aluminium ($\varrho = 2{,}7$ g/cm^3) bei U_0-Werten von 10^4, 10^6 und 10^9 V Reichweiten $R_e = 0{,}85\,\mu$m, 1,48 mm und 74 cm. Die Abb. 3.59 zeigt die Stromdurchlässigkeit von Folien für Elektronenstrahlen verschiedener Energie in Abhängigkeit vom Produkt $\varrho\,d$ (d = Foliendicke).

Im Gegensatz zu dicken Metallfolien mit *Vielfachstreuung* können in sehr dünnen Folien nur wenige Streuvorgänge pro hindurchtretendes Elektron stattfinden. Dies veranschaulicht Abb. 3.60, in der für eine sehr dünne Aluminiumfolie (d = 10 bis 50 nm) die relative Anzahl N/N_0 der gestreuten Elektronen in Abhängigkeit von deren Energieverlust dargestellt ist. Die äquidistanten Maxima rühren davon her, daß die Elektronen in der Folie $z = 1, 2, 3 \ldots$ usw. Zusammenstöße erfahren und dabei insgesamt ein ganzzahliges Vielfaches des Energiequants $\Delta E = e \cdot \Delta U = 14{,}8$ eV verloren haben (unelastische *Einzelstreuung*). Der Energieverlust ΔE entspricht einer bestimmten Anregungsenergie der Aluminiumatome.

Die Streuung von Elektronen in Festkörpern tritt in allen Elektronenröhren auf, wo die Ladungsträger nach Durchlaufen des Vakuums auf eine Anode oder Kollektorelektrode auftreffen. Weitere Beispiele sind die Elektronenfenster (Lenard-Fenster) für

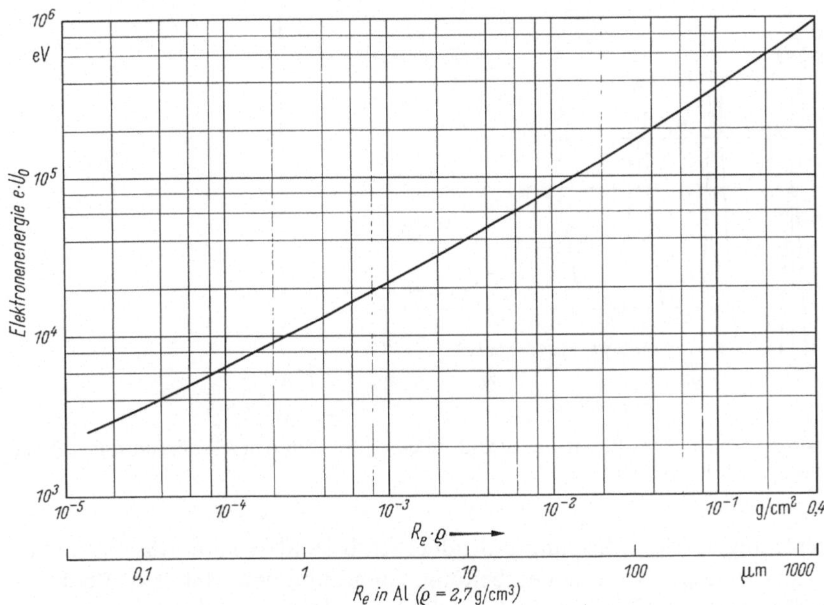

Abb. 3.58. Reichweite R_e eines Elektronenstrahls in Aluminium in Abhängigkeit von der Elektronenenergie eU_0 (nach Schonland und Varder)

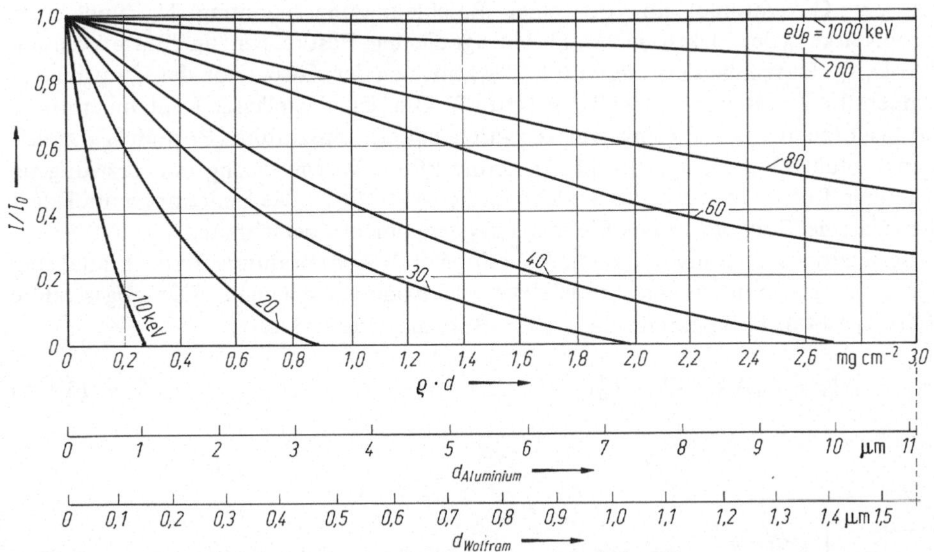

Abb. 3.59. Stromdurchlässigkeit I/I_0 für Elektronen verschiedener Energie in Abhängigkeit vom Produkt ϱd (d = Foliendicke, I/I_0 = Verhältnis von durchgelassenem zu eintretendem Elektronenstrom) (nach Ardenne)

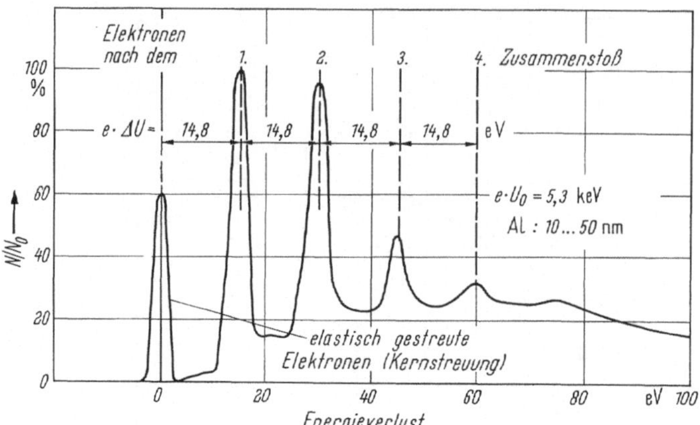

Abb. 3.60. Energieverluste eines Elektronenstrahls in einer sehr dünnen Aluminiumfolie (Dicke $d = 10 - 50\,\text{nm}$) (nach Ruthemann)

Teilchenbeschleuniger, Zählrohre und β-Strahler. In besonderen Anordnungen wird die Elektronenenergie zur Materialbearbeitung, Entgasung von Metallen, Veränderung der Leitfähigkeit oder zur Anregung von Licht- und Röntgenstrahlungsemission verwendet.

3.2.2 Wärmestrahlungsemission ($\lambda > 760\,\text{nm}$)

Beim Auftreffen auf einen Festkörper geben die Elektronen den größten Teil ihrer Energie durch Erzeugung von Phononen (Verstärkung der thermischen Schwingungen der Gitteratome) ab. Bei einer Beschleunigungsspannung U_0 und einer Stromstärke I_0 des Elektronenstrahls beträgt die dem Festkörper zugeführte Leistung $P = U_0 I_0$. Durch die Leistungszufuhr erwärmt sich der Körper von der Umgebungstemperatur T_0 auf eine höhere Temperatur T. Die sich einstellende Endtemperatur T ist das Ergebnis des Gleichgewichts zwischen Leistungszufuhr (P) und Wärmeleistungsabfuhr (P_w) infolge Strahlung, Konvektion, Wärmeleitung und erzwungene Kühlung (Luft-, Umlauf- oder Siedekühlung) (Abb. 3.61). Die Endtemperatur T darf die zulässige Temperatur des Elektrodensystems nicht überschreiten.

Bei niedrigen Leistungen P ist die Emission von Wärmestrahlung für die Einhaltung der zulässigen Endtemperatur T einer Elektrode ausreichend. Die abgestrahlte Wärmeleistung P_s beschreibt das Stefan-Boltzmannsche Gesetz:

$$P_s = E_0 A k_0 (T^4 - T_0^4). \tag{3.125}$$

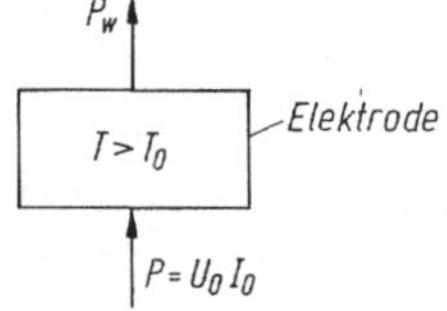

Abb. 3.61. Leistungszufuhr P einer Elektrode durch einen auftreffenden Elektronenstrahl. Leistungsabfuhr P_w durch Strahlung, Konvektion, Wärmeableitung oder erzwungene Kühlung. Die Elektrodentemperatur T wird dadurch höher als die Umgebungstemperatur T_0

(E_0 = Emissionsgrad der Elektrode = Bruchteil der Strahlung des schwarzen Körpers, A = Elektrodenoberfläche, $k_0 = 5{,}65 \cdot 10^{-12}$ $\mathrm{Wcm^{-2}K^{-4}}$ = Stefan-Boltzmannsche Konstante, T_0 = Umgebungstemperatur). Der Emissionsgrad E_0 hängt von der Temperatur und vom Elektrodenmaterial ab (Abb. 3.62). In Abb. 3.63 ist die Größenordnung der abgestrahlten Leistung je Flächeneinheit (P_s/A) in Abhängigkeit von der Temperatur für einen schwarzen Körper dargestellt. Man erkennt, daß bei Temperaturen um 10^3 K die abgestrahlte Leistung von der Größenordnung W/cm² und bei Temperaturen um 2500 K von der Größenordnung kW/cm² ist.

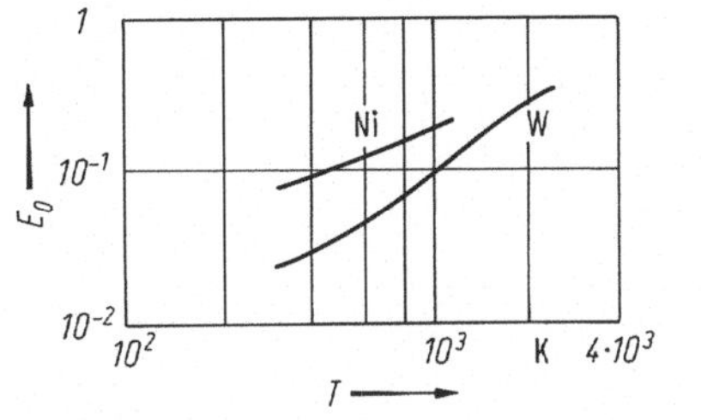

Abb. 3.62

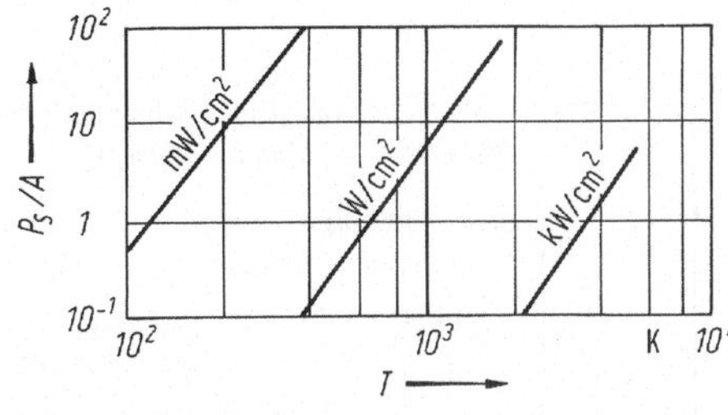

Abb. 3.63

Abb. 3.62. Emissionsgrad E_0 verschiedener Metalle in Abhängigkeit von der Elektrodentemperatur T

Abb. 3.63. Größenordnung der emittierten Wärmestrahlungsleistung je Flächeneinheit (P_s/A) in Abhängigkeit von der Temperatur T eines schwarzen Körpers

Bei höheren Leistungen P muß die zulässige Elektroden-Endtemperatur durch erzwungene Kühlung eingehalten werden. Bei der Luftkühlung wird die Wärme an vorbeiströmende gekühlte Luft, bei der Wasserkühlung an (rückgekühltes) vorbeiströmendes Wasser und bei der Siedekühlung durch Verdampfen von strömendem Wasser abgeben. Durch diese Maßnahmen kann die thermische Belastbarkeit einer Elektrode um den Faktor 10 bis 10^3 gesteigert werden.

3.2.3 Lichtemission ($400 < \lambda < 760$ nm)

3.2.3.1 Arten der Lumineszenz

Eine Reihe von speziell präparierten Festkörpern hat die Eigenschaft, während und nach Bestrahlung mit energiereichen Teilchen oder Strahlungsquanten Licht zu emittieren. Man bezeichnet solche Körper als *Leuchtstoffe* (Luminophore oder Phosphore) und den Vorgang als *Lumineszenz* (kalte Lichtemission). Klingt die Lichtemission innerhalb von 10^{-9} bis 1 s nach der Anregung wieder ab, so spricht man auch von *Fluoreszenz* und bei länger dauerndem Nachleuchten von *Phosphoreszenz*. In Abb. 3.64 sind die durch Leuchtstoffe möglichen Energietransformationen sowie einige technische Anwendungen angegeben. In Tabelle 7 sind die verschiedenen Arten der Lumineszenz dargestellt.

Tabelle 7. Arten der Lumineszenz

Bezeichnung	Anregung durch
Photolumineszenz	UV-Quanten
Kathodenstrahl-Lum.	Elektronen
Radiolumineszenz	α-, β-, γ-, Röntgenstrahlung
Elektrolumineszenz	elektrisches Feld
Tribolumineszenz	mechanische Beanspruchung
Sonolumineszenz	Schall, insbes. Ultraschall
Chemilumineszenz	chemische Reaktionen
Biolumineszenz	biochemische Reaktionen

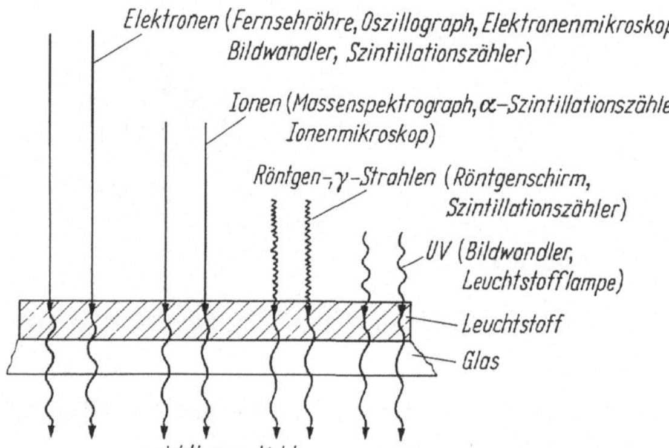

Abb. 3.64. Mögliche Energietransformationen durch eine Leuchtstoffschicht

3.2.3.2 Vorgänge bei der Kathodenstrahl-Lumineszenz

Leuchtstoffe sind Halbleiter oder Isolatoren mit definiert eingebauten Fremdatomen (Aktivatoratomen). Durch auftreffende Elektronen werden die Aktivatoratome angeregt, d.h. ein an den Aktivator gebundenes Elektron wird auf ein höheres Energieniveau gehoben. Dabei sind zwei Gruppen von Leuchtstoffen zu unterscheiden: (a) die *Zentren-Leuchtstoffe*, bei denen das Elektron während der Anregung an das Aktivatoratom gebunden bleibt, und (b) die *Rekombinations-Leuchtstoffe*, bei denen ein Elektron durch den Anregungsvorgang von seinem Aktivatoratom entfernt und im Atomgitter frei beweglich wird.

a) *Zentren-Leuchtstoffe* weisen eine relativ starke Dotierung auf (Fremdstoffzusatz bis zu einigen Gewichtsprozent). Ihr interatomarer Abstand ist groß. Daher ist ein Elektronenaustausch mit Nachbaratomen unwahrscheinlich. Der Leuchtvorgang spielt sich nur innerhalb eines jeden Aktivatoratoms (Leuchtzentrums) ab (monomolekularer Leuchtprozeß). Daher tritt auch keine oder nur eine geringe Photoleitung im Leuchtstoff auf. Aus dem Energieniveaudiagramm (Potentialtopfmodell) eines Leuchtzentrums des Luminophors (Abb. 3.65, in Analogie zu Abb. 3.3) ist ersichtlich, daß ein Elektron bei der Anregung durch Kathodenstrahlen von einem Energieniveau E_1 auf ein höheres Niveau E_2 gehoben wird. Anschließend kehrt es vom Potentialminimum E_2' des oberen Niveaus unter Abgabe von Lumineszenzstrahlung zum unteren Niveau E_1' zurück. Die Energie der Lumineszenzstrahlung ($E_2' - E_1'$) ist daher geringer als die Anregungsenergie ($E_2 - E_1$) (Stokessche Regel). Wegen der großen Zahl möglicher Lumineszenz-Übergänge mit unterschiedlicher Energiedifferenz ($E_2' - E_1'$) ist das Emissionsspektrum der Lumineszenzstrahlung nicht linien- sondern bandförmig. Ist die Anregung beendet, so klingt die Lumineszenz-Lichtstärke nach einer e-Funktion ab:

$$I_l = I_0 e^{-t/\tau}. \tag{3.126}$$

Dabei ist τ die Abklingzeit, d.h. die Zeit, nach der die Strahlung auf I_0/e abgeklungen ist.

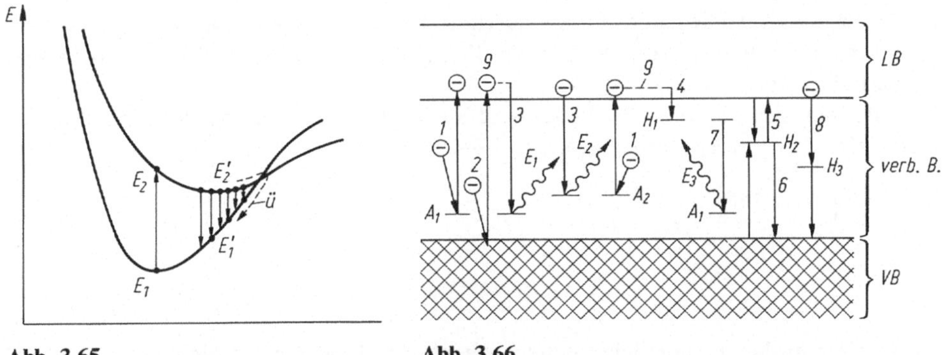

Abb. 3.65 **Abb. 3.66**

Abb. 3.65. Energieniveau-Diagramm (Termschema) des Leuchtzentrums eines Zentren-Leuchtstoffs. Übergang $E_1 \rightarrow E_2$: Anregung durch Elektronenstrahlen; Übergänge $E_2' \rightarrow E_1'$: Elektronenrückkehr unter Abgabe von Lumineszenzstrahlung; Ü = strahlungsloser Übergang

Abb. 3.66. Energiebändermodell eines Rekombinations-Leuchtstoffs. LB = Leitungsband, VB = Valenzband, verb. B. = verbotenes Band, $A_{1,2}$ = Aktivatorniveaus, $H_{1,2}$ = Haftstellen-Niveaus (Traps), H_3 = tiefe Traps. 1 Elektronenstoßanregung eines Aktivatoratoms, 2 Elektronenstoßanregung eines Gitteratoms (Heben eines Elektrons aus dem Valenzband), 3 Einfangen von Elektronen durch Aktivatoratome unter Abgabe von Lumineszenzstrahlung ($E_2 < E_1$), 4 Einfangen eines Leitungselektrons durch einen Trap, 5, 6 Übergang von Elektronen zwischen Trap und Leitungsband bzw. Valenzband, 7 Tunnelübergang eines Elektrons von einem Trap zu einem Aktivatoratom unter Abgabe von Lumineszenzstrahlung (Tunnel-Nachleuchten), 8 strahlungsloser Übergang vom Leitungs- ins Valenzband über tiefe Traps (Löschzentren), 9 Photoleitung

b) *Rekombinations-Leuchtstoffe* sind Halbleiter mit relativ schwacher Dotierung (Fremdstoffzusatz 10^{-4} bis 10^{-6} Gewichtsprozent). Die am Leuchtvorgang beteiligten Elektronen werden bei der Anregung durch Elektronenstrahlen von den Aktivatoratomen oder anderen Gitteratomen losgelöst. Sie sind dann im Atomgitter frei beweglich und bewirken eine bestimmte Photoleitfähigkeit des Leuchtstoffs. Jedes durch Anregung frei gewordene Elektron wird einige Zeit später durch irgendeines der Aktivatoratome unter Aussendung von Lumineszenzstrahlung wieder gebunden (bimolekularer Leuchtprozeß).

Den Vorgang veranschaulicht das Energiebändermodell der Abb. 3.66. Im verbotenen Band erscheinen die Energieniveaus (A_1, A_2) der Aktivatoren in der

Nähe des Valenzbandes und zusätzliche Haftstellenniveaus (Traps H_1, H_2) in der Nähe des Leitungsbandes. Um einen Leuchtprozeß auszulösen, muß ein Elektron unter Zurücklassung eines Lochs aus dem Valenzband oder einem Aktivatorniveau ins Leitungsband gehoben werden (1,2 in Abb. 3.66) und anschließend mit einem der Aktivatoratome (welches inzwischen ein Loch eingefangen hat) unter Abgabe von Lumineszenzstrahlung wieder rekombinieren (3). Die Haftstellen können diese Vorgänge durch vorübergehendes Einfangen und (thermisches) Wiederfreigeben von Elektronen aus dem Leitungsband verzögern (5 in Verbindung mit 3; Thermolumineszenz). Auch ein direkter leuchtender Übergang (7) von einem Trap-Term zu einem Aktivatorterm ohne Umweg über das Leitungsband ist möglich, wobei das Elektron den dazwischen liegenden Potentialwall durchtunnelt (Tunnel-Nachleuchten). Strahlungslose Übergänge (8) werden durch tief liegende Haftstellen (tiefe Traps H_3) vermittelt, wobei die Energie des ins Valenzband zurückkehrenden Elektrons an Phononen (Gitterschwingungen) abgegeben wird.

Bei den Rekombinations-Leuchtstoffen folgt das Abklingen der Lumineszenz mit der Zeit t einem hyperbolischen Gesetz:

$$I_l = \frac{I_0}{\left(1 + \frac{t}{t_0}\right)^2}. \tag{3.127}$$

3.2.3.3 Lichtausbeute und Lichtquantenausbeute von Leuchtstoffschichten

Trifft ein Elektronenstrahl der Beschleunigungsspannung U_a und der Stromdichte J_a auf einen Leuchtschirm der Fläche A, so beträgt dessen Leuchtdichte (gemessen in cd/m^2):

$$L = K J_a (U_a - U_0)^n \tag{3.128}$$

(K = Konstante, $n = 1 \dots 3$, U_0 = Einsatzspannung der Lichtemission).

Die gesamte *Lichtstärke* (gemessen in cd) des Leuchtschirms ist dann nach Gl. (3.99):

$$I_l = L A. \tag{3.129}$$

Die *Lichtausbeute* (gemessen in cd/W) beträgt:

$$b = \frac{I_l}{P} = \frac{I_l}{U_a I_a}. \tag{3.130}$$

Die *Lichtquantenausbeute* η_q eines Leuchtschirms (gemessen in %) ist das Verhältnis von emittierter Lumineszenz-Strahlungsleistung P_s zu zugeführter Elektronenstrahlleistung P:

$$\eta_q = \frac{P_s}{P}. \tag{3.131}$$

Nach Gl. (3.105) entspricht eine Strahlungsleistung $P_s = 0{,}001484\,W$ bei $\lambda = 555\,nm$ einem Lichtfluß von genau 1 lm. Da eine ebene Fläche mit der Lichtstärke I_1 einen Lichtfluß $\Phi = \pi I_1$ erzeugt, wird:

$$\eta_q = \frac{P_s}{P} = 0{,}001484\,\pi\,\frac{I_1}{P} = 0{,}00466\,b$$

oder

$$\frac{b}{cd/W} = 2{,}14\,\frac{\eta_q}{\%}. \tag{3.132}$$

Für die technisch verwendeten Leuchtstoffe ist $\eta_q = 2$ bis $25\,\%$ ($b = 4$ bis $50\,cd/W$), bei UV-Anregung bis $40\,\%$. Für Metalle ist dagegen $\eta_q \ll 1\,\%$.

3.2.3.4 Eigenschaften von Leuchtstoffschichten

In Tabelle 8 sind einige technisch wichtige Leuchtstoffe mit ihren Eigenschaften angegeben. Eine Reihe von Leuchtstoffen wird mit einer international vereinbarten P-Zahl (P-1, P-4 usw.) bezeichnet. Die Farbe eines Leuchtstoffes ist durch die spektrale

Tabelle 8. Zusammensetzung, Eigenschaften und Anwendungen einiger technisch wichtiger Leuchtstoffe

Substanz (Aktivator)	a/b	P-Zahl	Farbe	$\frac{\eta_q}{\%}$	Anwendungen
ZnS(Cu)	b	P-2	grün	18	O
ZnS(AgAl)	b	–	tief-blau	23	O
ZnS(Ag)	b	P-11	blau	21	O
ZnS(CuAl)	b	-	grün	23	O
Zn_2SiO_4(Mn)	a	P-1	grün	8	O, R
ZnO(Zn)	b	–	grün	5	O, R
ZnS/CdS(Ag)	b	P-7	gelb-weiß	19	O, R, TV
ZnS(Ag) auf Zn/CdS(Ag)	b	P-4	weiß	–	TV
ZnS(Ag) auf Zn/CdS(Cu)	b	P-14	weiß-orange	–	TV, R
Zn/MgF_2(Mn)	b	P-12	orange	–	R
KCl	a	P-10	weiß	–	R
$CaWO_4$(–)	a	P-5	blau	3	O, Rö
$MgWO_4$(–)	a	–	blau	3	O, Rö
Zn/$BeSiO_4$(Mn)	a	P-3	gelb	7	O, R
Halogenphosphate	a	–	verschieden	–	L
Alkalihalogenide (NaJ(Tl) oder CsJ(Tl))	a	–	violett	–	Sz
Anthrazen	a	–	violett	–	Sz

a = Zentren-Leuchtstoffe, b = Rekombinations-Leuchtstoffe, O = Oszillographenröhren, R = Radarröhren, TV = Fernsehbildröhren, Rö = Röntgenleuchtschirme, L = Leuchtstoffröhren, Sz = Szintillationszähler.

Leuchtdichteverteilung (Abb. 3.67) bestimmt, die von der chemischen Zusammensetzung und der Art (Abb. 3.68a) und Konzentration (Abb. 3.68b) des Aktivators abhängt. Die Verschiebung des Spektrums in den langwelligen Bereich mit wachsendem Cd-Gehalt bei einem Zn/CdS-Phosphor (Abb. 3.68b) ist darauf zurückzuführen, daß das verbotene Band von ZnS 3,7 eV und das von CdS 2,4 eV breit ist. Die Emission bei Rückkehr eines Elektrons vom Leitungs- ins Valenzband muß daher langwelliger werden, wenn der Mischkristall einen größeren Anteil an CdS enthält.

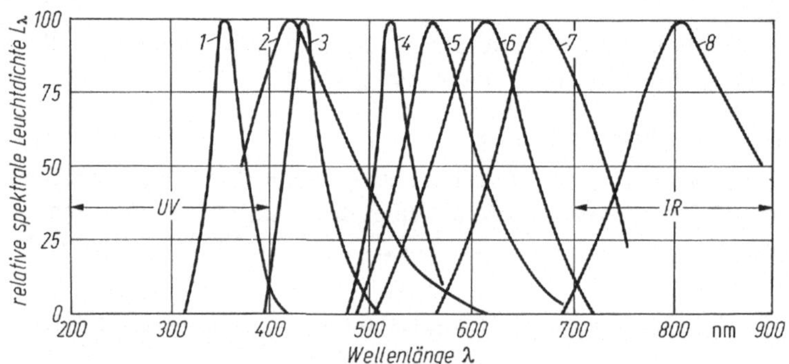

Abb. 3.67. Relative spektrale Leuchtdichte einiger Leuchtstoffe (schematisch, Maximum willkürlich gleich 100 gesetzt). 1 $Ca_3(P_2O_5)_2Ce$, 2 $Ca_3(WO_4)_2$, 3 ZnSAg, 4 Zn_2SiO_4Mn, 5 (48 Zn + 52 Cd)SAg, 6 3 ZnO + 1 BeO + 2,2 SiO_2 + 0,38 $MnSiO_3$, 7 (15 Zn + 85 Cd)SAg, 8 (30 Zn + 70 Cd)SCu. (Nach Stoffhütte)

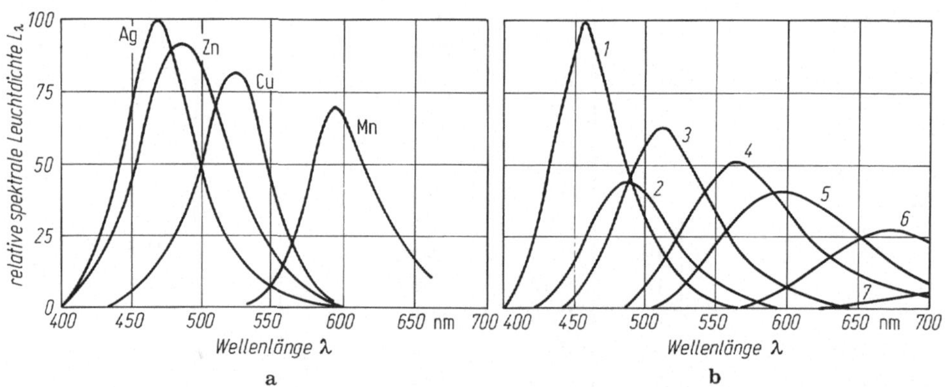

Abb. 3.68a, b. Emissionsspektren verschiedener Leuchtstoffe. **a** ZnS mit verschiedenen Aktivatoren, **b** (Zn, Cd)S mit verschiedenem Zn/Cd-Gehalt und jeweils Ag als Aktivator. Verhältnis Zn/Cd = 100/0 (Kurve 1), 80/20 (2), 60/40 (3), 50/50 (4), 40/60 (5), 20/80 (6) und 0/100 (7). (Nach Stoffhütte)

Mit wachsender Temperatur nimmt die Lichtausbeute eines Luminophors von einem breiten Maximum aus ab (Abb. 3.69), weil die Anzahl der mit einem Elektron besetzten Aktivatorniveaus entsprechend der Maxwell-Boltzmannschen Verteilungsfunktion Gl. (3.41) mit wachsender Temperatur zunimmt. Die bei höherer Temperatur besetzt bleibenden Aktivatoren sind aber für Lumineszenzübergänge blockiert. Je näher außerdem ein Aktivatorniveau am Valenzband liegt, um so kleiner ist die Wahrscheinlichkeit, daß es sein Elektron an das Valenzband abgibt und bei um so geringerer Temperatur wird daher die Abnahme der Lichtausbeute einsetzen. Der flache Anstieg der Lichtausbeute von einigen Leuchtstoffen bis zu einem Maximum bei niedrigen Temperaturen ist dadurch bedingt, daß Elektronen bei der Anregung vom Valenzband in Trap-Niveaus gehoben werden, aus denen sie erst bei höherer Temperatur ins Leitungsband übergehen und damit für die Lumineszenz zur Verfügung stehen.

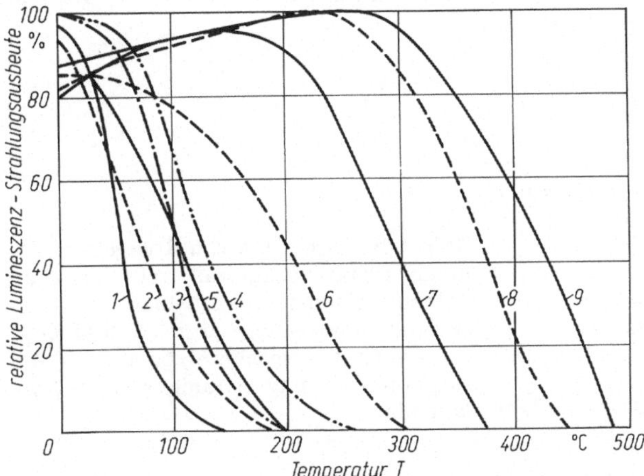

Abb. 3.69. Temperaturverlauf der relativen Lumineszenz-Strahlungsausbeute einiger Leuchtstoffe. 1 $ZnWO_4$, 2 $CaWO_4$, 3 $CdWO_4$, 4 $MgWO_4$, 5 ZnSAg, 6 Zn (60 S + 40 Se) Cu, 7 ZnSCu (bei 660 °C präpariert), 8 ZnSCu (bei 1240 °C präpariert), 9 $Mg_6As_2O_{11}Mn$. (Nach Stoffhütte)

Die Kurven der Abb. 3.69 sind reversibel. Wenn daher bei Vakuumröhren mit Leuchtstoffschichten die Temperatur während des Ausheizvorgangs zum Entgasen der Röhrenbauteile auf maximal 400 °C erhöht wird, so tritt bei den dafür ausgewählten Leuchtstoffen keine bleibende Schädigung auf.

Zur Erhöhung der Lichtausbeute werden Leuchtstoffschichten in Oszillographen- und Bildröhren mit einer 50 bis 250 nm dicken, für Elektronen transparenten Aluminiumhaut überdeckt (Abb. 3.70). Sie reflektiert das vom Leuchtstoff ins Röhreninnere emittierte Licht nach vorn, d.h. zum Beobachter hin. Sie verhindert außerdem die elektrische Aufladung der Leuchtstoffschicht sowie das Entstehen eines Ionenflecks durch den Aufprall negativer Restgasionen auf die Leuchtschirmmitte.

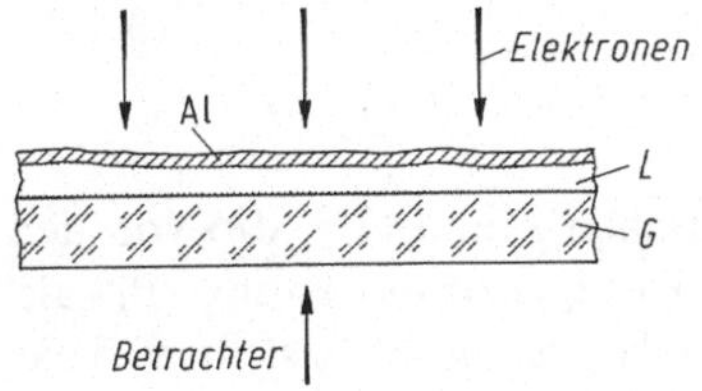

Abb. 3.70. Aufbau eines aluminisierten Leuchtschirms. Al = Aluminiumhaut (50 bis 250 nm dick), L = Leuchtstoffschicht, G = Glaskolbenwand

3.2.4 Röntgenstrahlungsemission ($10^{-3} < \lambda < 10$ nm)

Treffen Elektronen mit einer Energie von mindestens 100 eV auf eine Metallelektrode (die man bei Röntgenröhren auch als Antikathode bezeichnet), so wird der größte Teil der Elektronenenergie in Wärme (vgl. Abschnitt 3.2.2) und ein Bruchteil von wenigen Prozent in Röntgenstrahlung verwandelt (Abb. 3.71). Die Röntgenstrahlung setzt sich aus zwei Anteilen zusammen, denen zwei verschiedene Anregungsmechanismen zugrunde liegen: (a) der *Röntgenbremsstrahlung*, die durch kontinuierliche Abbremsung der Elektronen im elektrischen Feld zwischen den Elektronenschalen der Metallatome entsteht, und (b) der *charakteristischen Strahlung*, die durch diskontinuierlichen Energieverlust der Elektronen bei der Anregung der innersten Elektronenschalen der Metallatome hervorgerufen wird.

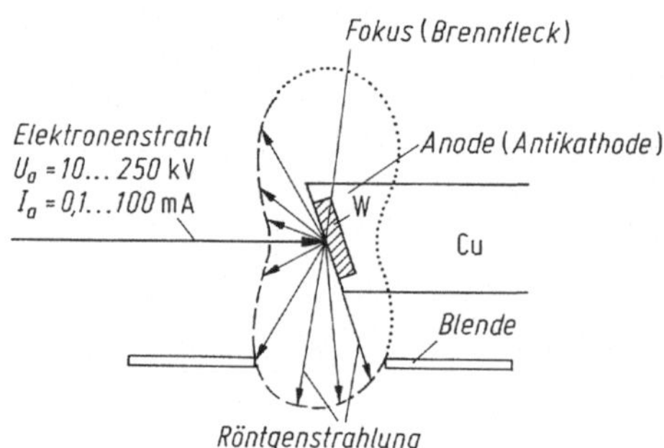

Abb. 3.71. Erzeugung von Röntgenstrahlen durch Elektronenaufprall auf eine Antikathode. Räumliche Verteilung der Röntgenstrahlungsleistung bei vollständiger (– – –) bzw. vernachlässigbarer (·····) Absorption der Röntgenstrahlung in der Antikathode

Die Breite des Bremsspektrums kommt dadurch zustande, daß die auftreffenden Elektronen ihre kinetische Energie E_k in *Mehrfachstößen* an Röntgenquanten der Energie hf_1, hf_2 usw. abgeben:

$$E_k = e\,U_a = hf_1 + hf_2 + hf_3 + \dots \tag{3.133}$$

Erfolgt die gesamte Energieübertragung durch einen *Einzelstoß*, so entsteht ein Röntgenquant der Energie hf_{max}, die der *kurzwelligen Grenze* (*Kante*) λ_{min} *des Bremsspektrums* entspricht:

$$E_k = e\,U_a = hf_{max} = \frac{h\,c}{\lambda_{min}}. \tag{3.134}$$

Daraus folgt das Gesetz von Duane und Hunt:

$$\boxed{\frac{\lambda_{min}}{\mu m} = \frac{1{,}24}{U_a/V}.} \tag{3.135}$$

In Abb. 3.72a ist die im Wellenlängenintervall zwischen λ und $(\lambda + d\lambda)$ von der Anode einer Röntgenröhre abgegebene spektrale Röntgenstrahlleistung P_λ als Funktion der Wellenlänge für zwei Anodenspannungen dargestellt. Man sieht, daß die

P_λ-Kurve für das Bremsspektrum sich entsprechend Gl. (3.135) mit wachsender Anodenspannung U_a zu kleineren Wellenlängen verschiebt. Abb. 3.72b zeigt die Abhängigkeit der spektralen Röntgenstrahlleistung P_f von der Frequenz f in der Nähe der Kante des Bremsspektrums, wobei die charakteristische Strahlung nicht berücksichtigt ist. Für verschiedene Anodenspannungen ergeben sich (abgesehen von den Randgebieten) parallele Geraden, die der empirischen Gleichung

$$P_f = a\, I_a\, Z\, (f_{max} - f) \tag{3.136}$$

genügen. (a = Röhrenkonstante, I_a = auf die Anode auftreffender Elektronenstrom, Z = Ordnungszahl des Anodenmaterials, $f_{max} = c/\lambda_{min}$ = zur Bandkante des Bremsspektrums gehörige Frequenz). Zwischen P_f und P_λ besteht die Beziehung:

$$P_f \cdot f = P_\lambda \cdot \lambda \tag{3.137}$$

oder

$$P_f = \frac{c}{f^2}\, P_\lambda\,. \tag{3.137a}$$

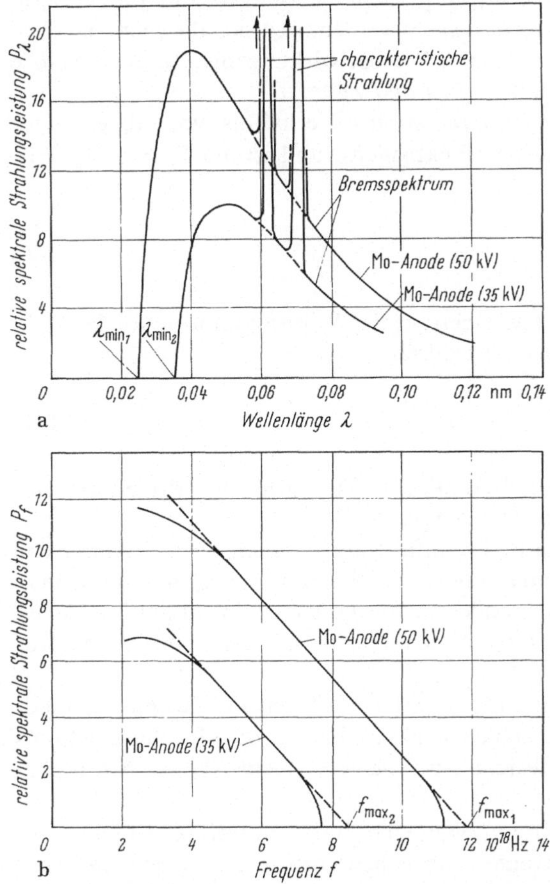

Abb. 3.72. **a** Spektrale Strahlungsleistung P_λ einer Röntgenröhre als Funktion der Wellenlänge λ für zwei verschiedene Anodenspannungen, **b** spektrale Strahlungsleistung P_f der gleichen Röhre als Funktion der Frequenz f (ohne Berücksichtigung der charakteristischen Strahlung)

Durch Integration von Gl. (3.136) erhält man näherungsweise die gesamte, von einer Röntgenröhre abgegebene Strahlungsleistung P_R:

$$P_R = \int_0^{f_{max}} P_f\, df = a\, I_a\, Z \int_0^{f_{max}} (f_{max} - f)\, df = \frac{a}{2}\, I_a\, Z\, f_{max}^2\,. \tag{3.138}$$

Mit Gl. (3.134) wird aus (3.138):

$$P_R = C U_a^2 I_a Z , \tag{3.139}$$

wobei $C = (a/2)(e/h)^2$. Für Röntgenröhren beträgt $C = 10^{-9}$ bis $1{,}5 \cdot 10^{-9}\,V^{-1}$. In diesem Wert ist auch der von der charakteristischen Strahlung herrührende Beitrag zur Gesamtstrahlung enthalten. Wegen der Beziehung (3.139) werden Röntgenröhren mit hoher Anodenspannung (10 kV bis 5 MV) und relativ hohen Strömen (Größenordnung 10 mA; bei Hochleistungsröhren im Impulsbetrieb bis 50 A; bei Röntgenblitzröhren bis 10^4 A) betrieben. Die Anode besteht aus thermisch hochbelastbarem Metall mit hoher Ordnungszahl Z (z.B. W, Ta, Mo).

Die *räumliche Verteilung* der Röntgenstrahlung hängt von der Anodenspannung und von der Form der Anode ab (Abb. 3.71). Unter der *Härte der Röntgenstrahlung* versteht man die mittlere Energie der Röntgenquanten. Sie ist durch die Anodenspannung festgelegt und kann nicht beliebig gesteigert werden, weil sich die energiereichen Quanten sehr harter Röntgenstrahlen bei ihrer Wechselwirkung mit Atomkernen in je ein Positron und ein Elektron aufspalten (*Paarbildung*).

Der *Wirkungsgrad* η *einer Röntgenröhre* ist das Verhältnis von abgegebener Röntgenstrahlleistung P_R zu zugeführter Elektronenstrahlleistung $P_a = U_a I_a$. Mit Gl. (3.139) wird:

$$\eta = \frac{P_R}{P_a} = C U_a Z . \tag{3.140}$$

Für eine Anodenspannung $U_a < 1$ MV beträgt der Wirkungsgrad $\eta = 1$ bis 3 %.

Die *Güte einer Röntgenröhre* ist definiert durch:

$$G = \frac{P_R}{A_R} . \tag{3.141}$$

Dabei bedeutet A_R die effektive Brennfleckfläche, d.h. die Projektion des Brennflecks in Richtung der Röntgenstrahlachse.

Um die *zulässige Anodentemperatur* im Brennfleck einzuhalten, wird die Anode von Röntgenröhren unter Strahlungs-, Umlauf- oder Siedekühlung betrieben. Eine weitere Möglichkeit ist die tellerförmige Drehanode, die mit hoher Drehzahl um ihre Achse rotiert. Dadurch erhöht sich die zulässige Anodenverlustleistung um etwa den Faktor zehn.

Eine erhöhte thermische Belastbarkeit erreicht man durch die Graphitverbund-Drehanode z.B. mit einer W-TaC-C-Schichtstruktur, bei der die Graphitschicht als Wärmespeicher und als formstabilisierendes Element dient (kein thermisches Verziehen des Anodentellers).

Die Isolatorteile einer Röntgenröhre können sich durch auftreffende Elektronen negativ aufladen und dadurch Feldverzerrungen bewirken, die zu einer teilweisen Rückstreuung der Elektronen führen. Um dies zu vermeiden, macht man einen Teil des Röhrenkolbens aus Metall und setzt in die Röhre eine Blende ein, die verhindert, daß Elektronen zu den Isolatoroberflächen gelangen können. Außerdem wird die Röhre so konstruiert, daß geerdete Metallflächen möglichst unmittelbar (negativ geladenen) Isolatorflächen gegenüberliegen, so daß die Elektronen von der Isolatoroberfläche weggezogen werden.

4 Elektronenoptische Systeme

Unter *Elektronenoptik* versteht man die rechnerische oder experimentelle Darstellung der räumlichen Bahnen von Elektronenstrahlen, auf die elektrische und magnetische Felder einwirken (vgl. hierzu Abschnitt 2), sowie der Gesetzmäßigkeiten, die für die optische Abbildung mit Hilfe von Elektronenstrahlen gelten. Voraussetzung für das optische Verhalten eines Elektronenstrahls ist die geradlinige kollisionsfreie Bewegung der Elektronen im (feldfreien) Vakuum bei vernachlässigbarer Raumladung. Dies ist bei einem Restgasdruck $p \lessapprox 10^{-6}$ mbar der Fall, weil dann die mittlere freie Weglänge der Elektronen zwischen zwei Zusammenstößen mit Gasmolekülen sehr viel größer als die Elektronenstrahllänge ist. Die Elektronenoptik weist eine Reihe von Analogien und Unterschieden zur Lichtoptik auf (vgl. Tabelle 9).

4.1 Elektronenlinsen

4.1.1 Elektronenoptische Abbildungsgesetze

4.1.1.1 Elektronenoptisches Brechungsgesetz

In Analogie zur Lichtoptik läßt sich auch für die Elektronenoptik ein Brechungsgesetz ableiten. In der Lichtoptik (Abb. 4.1 a) wird ein Lichtstrahl an der Grenzfläche zweier optisch verschieden dichter Medien (z.B. Luft und Glas mit den Brechungsindizes n_1 und n_2) *diskontinuierlich gebrochen.* Der Lichtstrahl schließt mit dem Einfallslot vor der Brechung den Einfallswinkel α_1 und nach der Brechung den Brechungswinkel α_2 ein. Beide Winkel sind durch das *lichtoptische Brechungsgesetz* miteinander verknüpft:

$$\frac{\sin\alpha_1}{\sin\alpha_2} = \frac{n_2}{n_1}. \tag{4.1}$$

Den dazu analogen Fall der Elektronenoptik zeigt die Abb. 4.1 b. An die Stelle des Lichtstrahls tritt hier ein Elektronenstrahl, der durch ein elektrisches Feld (z.B. zwischen zwei Plattenelektroden) abgelenkt, also *kontinuierlich gebrochen* wird. Wir denken uns aus dem Feld eine *elektrische Feldschicht* („Doppelschicht") herausgegriffen, die durch zwei Äquipotentialflächen (Niveauflächen) mit den Potentialen V_1 und V_2 (entsprechend den Spannungen U_1 und U_2 gegenüber der Kathode des Elektronenstrahls) begrenzt wird. Vor dem Eintritt in die Feldschicht hat der Elektronenstrahl die Geschwindigkeit v_1 und schließt mit dem Einfallslot den Winkel

Tabelle 9. Analogien und Unterschiede zwischen Lichtoptik und Elektronenoptik

Geometrische Lichtoptik		Geometrische Elektronenoptik
Analogien:		
Lichtstrahl (LS)	≙	Elektronenstrahl (ES)
lichtoptischer Brechungsindex n_1, n_2	≙	elektronenoptischer Brechungsindex n_{e_1}, n_{e_2}
Glaslinse (L) mit optischer Achse (A) und Hauptebene (HE):	≙	Elektronenlinse (L) mit optischer Achse (A) und Hauptebene (HE):
Glasprisma:	≙	elektrisches (oder magnetisches) Ablenksystem:
optischer Spiegel:	≙	elektrisches Bremsfeld:
Unterschiede:		
Knickung des Lichtstrahls		stetige Krümmung des Elektronenstrahls
$n \sim \frac{1}{v}$ (v = Lichtgeschwindigkeit)		$n_e \sim v$ (v = Elektronenstrahlgeschwindigkeit)
$\left(\frac{n_1}{n_2}\right)_{max} = 3:1$		$\left(\frac{n_{e_1}}{n_{e_2}}\right)_{max} \leq 100$
Für ein starres Linsensystem sind n = const und f = const (f = Brennweite)		Für ein starres Linsensystem ist $n_e = f(E, H)$ (E, H = elektrische bzw. magnetische Feldstärke; „Gummilinse")
Glasprismen für einen Abtast-Lichtstrahl müssen rotieren		Elektrische oder magnetische Ablenkorgane für einen Abtast-Elektronenstrahl können ruhen

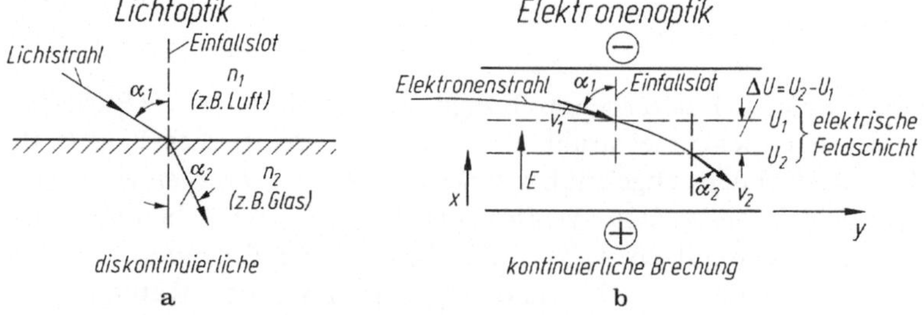

Abb. 4.1 a, b. Brechung eines Lichtstrahls an einer optischen Grenzfläche (**a**) und eines Elektronenstrahls an einer elektrischen Feldschicht (**b**)

α_1 ein. Nach Verlassen der Feldschicht sind die entsprechenden Werte v_2 und α_2. Da auf den Elektronenstrahl in y-Richtung keine elektrische Feldkraft wirkt, müssen die y-Komponenten der Strahlgeschwindigkeiten vor und nach der Feldschicht gleich groß sein:

$$v_1 \sin \alpha_1 = v_2 \sin \alpha_2 . \tag{4.2}$$

Nach Gl. (2.88) ist:

$$v_{1,2} = \sqrt{2\eta U_{1,2}} . \tag{4.3}$$

Die Gln. (4.2) und (4.3) ergeben zusammen das *elektronenoptische Brechungsgesetz:*

$$\boxed{\frac{\sin \alpha_1}{\sin \alpha_2} = \frac{v_2}{v_1} = \sqrt{\frac{U_2}{U_1}} = \sqrt{1 + \frac{\Delta U}{U_1}} = \frac{n_{e_2}}{n_{e_1}} .} \tag{4.4}$$

Darin bedeutet $U = U_2 - U_1$ die Potentialdifferenz zwischen den Rändern der Feldschicht. In Analogie zur Lichtoptik ordnet man dem Raum vor und nach der Feldschicht Brechungsindizes n_{e_1} und n_{e_2} zu, deren Verhältnis bei gegebenem Einfallswinkel α_1 den Brechungswinkel α_2 bestimmt. Da in Gl. (4.4) weder Ladung noch Masse der Teilchen vorkommen, gilt das Brechungsgesetz auch für Ionenstrahlen.

In Abb. 4.2 sind die einzelnen Fälle der Elektronenstrahlbrechung an einer ebenen elektrischen Feldschicht für verschiedene Werte von U dargestellt. Die drei Geraden (einfallender und austretender Elektronenstrahl sowie das Einfallslot) liegen dabei in einer Ebene.

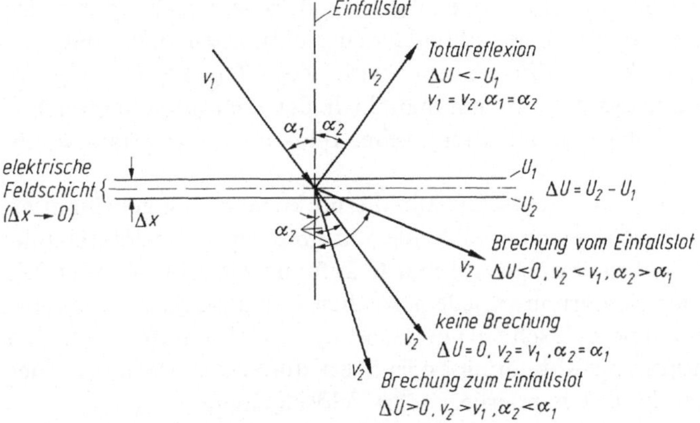

Abb. 4.2. Elektronenstrahlbrechung an einer planen elektrischen Feldschicht für verschiedene Werte der Feldschicht-Potentialdifferenz ΔU

Das elektronenoptische Brechungsgesetz kann zur angenäherten graphischen Bestimmung von Elektronenbahnen in (experimentell oder theoretisch ermittelten) elektrischen Potentialfeldern verwendet werden. Man denkt sich dazu das Feld durch mehrere hintereinanderliegende dünne Feldschichten ersetzt (Abb. 4.3), während der Raum zwischen den Feldschichten als feldfrei (nicht schraffiert) angenommen wird. An den Feldschichten erfährt ein Elektronenstrahl eine sprunghafte Brechung. Die jeweiligen Brechungswinkel α_2, α_2' usw. ergeben sich aus den Einfallswinkeln α_1, α_1' durch das Brechungsgesetz. Die Elektronenbahn wird auf diese Weise durch kurze geradlinige Bahnelemente angenähert. Der so konstruierte Bahnverlauf wird hinreichend genau, wenn man so viele Feldschichten wählt, daß an jeder Schicht der Winkel zwischen einfallendem und gebrochenem Elektronenstrahl mindestens gleich 170° beträgt.

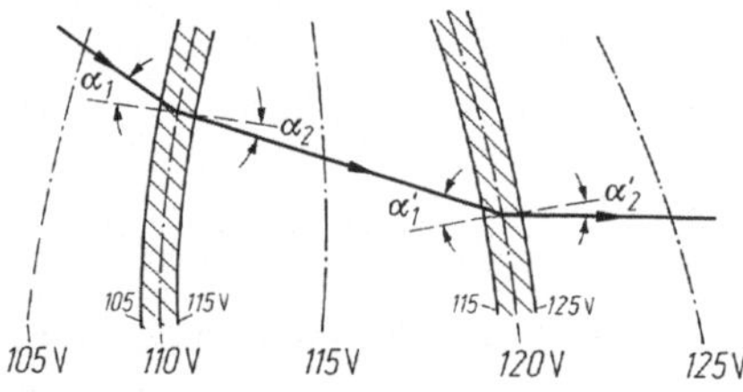

Abb. 4.3. Ersatz eines Potentialfeldes durch mehrere hintereinander liegende Feldschichten (schraffiert). Der Raum zwischen den Feldschichten (nicht schraffiert) wird als feldfrei angenommen

4.1.1.2 Abbildung durch eine sphärisch gekrümmte elektrische Feldschicht

In Analogie zu den Abbildungssystemen der Lichtoptik (Glaslinsen) wurden auch in der Elektronenoptik Anordnungen entwickelt, welche die von einem Gegenstand (z. B. von einer Kathode) ausgehenden Elektronenstrahlen so beeinflussen, daß vom Gegenstand ein echtes oder virtuelles Bild erzeugt wird (ersteres kann auf einem Leuchtschirm sichtbar gemacht werden). Man bezeichnet solche Anordnungen sinngemäß als *Elektronenlinsen.* In der Lichtoptik beruht die optische Abbildung auf der Krümmung der Grenzflächen zwischen Glaslinse und umgebender Luft, in der Elektronenoptik ganz analog auf der angenähert sphärischen Krümmung der Äquipotentialflächen (Niveauflächen) des abbildenden elektrischen oder magnetischen Feldes, das von der Elektronenlinse erzeugt wird. Zur Charakterisierung der Eigenschaften einer Elektronenlinse verwendet man die in der Lichtoptik gebräuchlichen Größen wie bild- und objektseitige Brennweite, Bild- und Gegenstandsweite sowie Hauptebene.

Ist das abbildende Feld ein elektrisches mit annähernd kugelförmig gekrümmten Niveauflächen, so kann man sich dessen abbildende Wirkung dadurch veranschaulichen, daß man das ganze Feld in einzelne Abschnitte aufteilt (vgl. Abb. 4.3). Denkt man sich die stetige Potentialänderung in jedem solchen Feldabschnitt durch eine sprunghafte Änderung (d. h. eine Feldschicht) in der Mitte des Abschnitts ersetzt, so ergibt sich die elektronenoptische Abbildung angenähert durch die Brechung eines Elektronenstrahls an diesen hintereinanderliegenden Feldschichten.

Die sphärisch gekrümmte elektrische Feldschicht kann als das einfachste elektrostatische Abbildungssystem angesehen werden. Abbildungssysteme mit komplizierterer Feldverteilung lassen sich in erster Näherung als Hintereinanderschaltung von Feldschichten mit verschiedenen Krümmungsradien auffassen. Die gesamte Brechkraft ist dann gleich der Summe der Brechkräfte der einzelnen Feldschichten.

Abbildung 4.4 zeigt die Brechung eines Elektronenstrahls an einer kugelförmig gekrümmten elektrischen Feldschicht, durch die ein auf der *optischen Achse* liegender

Punkt G eines Gegenstandes in einen Bildpunkt B abgebildet wird. Es sei vorausgesetzt, daß der Brechungspunkt S in der Nähe der optischen Achse liegt, daß also die von G ausgehenden Elektronenstrahlen in der Nähe der optischen Achse und nahezu parallel zu dieser verlaufen (*paraxiale Elektronenstrahlen*). Abbildung 4.4 ist wegen der besseren Übersichtlichkeit überhöht gezeichnet. Der Punkt S liegt in Wirklichkeit in der *Hauptebene*, die auf der optischen Achse senkrecht steht und durch

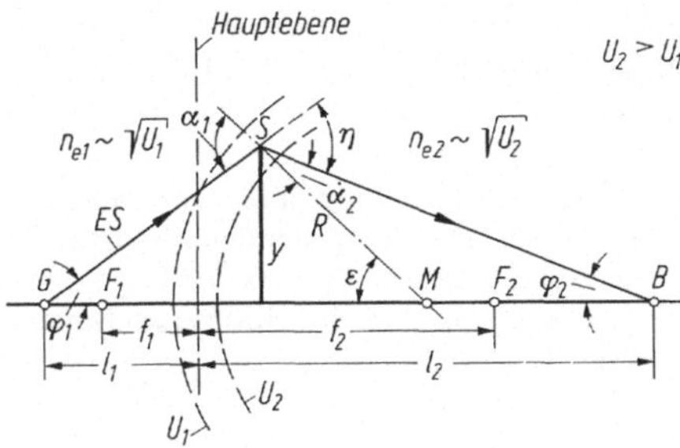

Abb. 4.4. Brechung eines Elektronenstrahls ES an einer kugelförmig gekrümmten elektrischen Feldschicht, wodurch ein Gegenstandspunkt G (einer Kathode) in einen Bildpunkt B abgebildet wird. l_1 = Gegenstandsweite, l_2 = Bildweite, $f_{1,2}$ = gegenstands- und bildseitige Brennweite, $F_{1,2}$ = gegenstands- und bildseitiger Brennpunkt, R = Krümmungsradius der (optisch dünnen) Feldschicht, $U_{1,2}$ = Potentiale der Feldschichtränder bezogen auf die Kathode (G), $n_{e_{1,2}}$ = Brechungsindex im Objekt- bzw. Bildraum

den Scheitelpunkt der Feldschicht verläuft. (Die Hauptebene ist diejenige Ebene, in der man sich den Elektronenstrahl einmal gebrochen denken muß, damit man den tatsächlichen Strahlengang vor und hinter dem Abbildungssystem erhält. Kurze Systeme haben eine und dicke Systeme zwei Hauptebenen).

Wegen des paraxialen Strahlengangs ist in Abb. 4.4 $y \ll R$ (R = Krümmungsradius der Feldschicht) und die Winkel (φ_1, φ_2 usw.) sind sehr klein. Daher können Sinus- und Tangens-Funktionen durch das Bogenmaß des jeweiligen Winkels ersetzt werden. Es ergeben sich dann folgende geometrischen Beziehungen:

$$\frac{y}{l_1} \approx \hat{\varphi}_1, \quad \frac{y}{l_2} \approx \hat{\varphi}_2, \quad \frac{y}{R} \approx \hat{\varepsilon}. \tag{4.5}$$

$$\hat{\varepsilon} = \hat{\alpha}_2 + \hat{\varphi}_2 \tag{4.6}$$

$$\hat{\eta} = \hat{\alpha}_1 - \hat{\alpha}_2 = \hat{\varphi}_1 + \hat{\varphi}_2. \tag{4.7}$$

Das Brechungsgesetz Gl. (4.4) lautet für kleine Winkel:

$$\hat{\alpha}_1 = \hat{\alpha}_2 \frac{n_{e_2}}{n_{e_1}} = \sqrt{\frac{U_2}{U_1}} \cdot \hat{\alpha}_2. \tag{4.8}$$

Die Gln. (4.6) bis (4.8) ergeben zusammengefaßt:

$$\hat{\eta} = \hat{\alpha}_1 - \hat{\alpha}_2 = \left(\sqrt{\frac{U_2}{U_1}} - 1\right)\hat{\alpha}_2 = \left(\sqrt{\frac{U_2}{U_1}} - 1\right)(\hat{\varepsilon} - \hat{\varphi}_2) = \hat{\varphi}_1 + \hat{\varphi}_2$$

und mit den Gln. (4.5):

$$\left(\sqrt{\frac{U_2}{U_1}} - 1\right)\left(\frac{y}{R} - \frac{y}{l_2}\right) = \frac{y}{l_1} + \frac{y}{l_2}. \tag{4.9}$$

In dieser Gleichung kann das y weggekürzt werden. Dies bedeutet, daß alle von G ausgehenden (paraxialen) Elektronenstrahlen unabhängig von der Lage ihres Brechungspunktes S im Bildpunkt B zusammentreffen (vgl. Abb. 4.5). Damit ist eine optische Abbildung möglich. Nach Umformung lautet Gl. (4.9):

$$\frac{\sqrt{U_1}}{l_1} + \frac{\sqrt{U_2}}{l_2} = (\sqrt{U_2} - \sqrt{U_1})\,\frac{1}{R}. \tag{4.9a}$$

Darin bedeutet l_1 die *Gegenstandsweite*, l_2 die *Bildweite* und U_1, U_2 die Potentialdifferenzen der Feldschichtränder bezogen auf die Kathode des Elektronenstrahls.

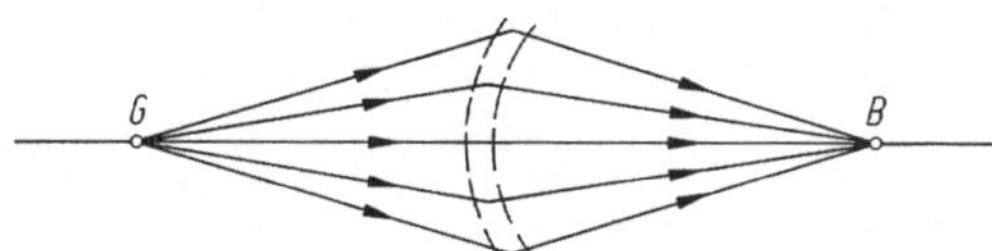

Abb. 4.5. Sammlung aller vom Gegenstandspunkt G ausgehenden Elektronenstrahlen unabhängig von der Lage ihres Brechungspunktes im Bildpunkt B nach Gl. (4.9)

Liegt G im Unendlichen ($l_1 \to \infty$), so treten die Elektronenstrahlen achsenparallel in die Feldschicht ein und kreuzen hinter dieser die optische Achse in einem Punkt, den man als *bildseitigen Brennpunkt* F_2 bezeichnet. Sein Abstand vom Scheitel der Feldschicht heißt *bildseitige Brennweite* f_2 ($= l_2$ für $l_1 \to \infty$), die nach Gl. (4.9a)

$$f_2 = \frac{\sqrt{U_2}}{\sqrt{U_2} - \sqrt{U_1}}\,R \tag{4.10}$$

beträgt.

Den *objektseitigen Brennpunkt* F_1 erhält man im Objektraum als Schnittpunkt von Elektronenstrahlen, die im Bildraum achsenparallel auf die Feldschicht auftreffen. Die *objektseitige Brennweite* f_1 ($= l_1$) ergibt sich demnach aus Gl. (4.9a) für $l_2 \to \infty$:

$$f_1 = \frac{\sqrt{U_1}}{\sqrt{U_2} - \sqrt{U_1}}\,R. \tag{4.11}$$

4.1.1.3 Linsengleichung und Abbildungsmaßstab

Um für eine gegebene Elektronenlinse aus Lage und Größe des Gegenstands das Bild konstruieren zu können, muß die Lage der Hauptebene dieser Linse bekannt sein. Bei „kurzen" Linsen ist die Hauptebene mit der Mittelebene der Linsenanordnung identisch. Zur Bildkonstruktion (Abb. 4.6) verwendet man wie in der Lichtoptik

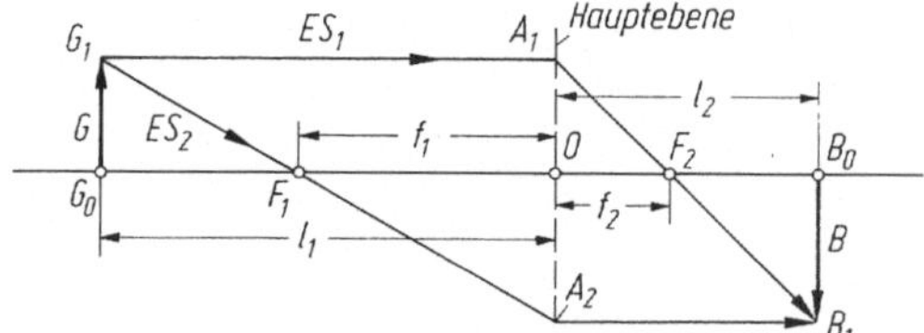

Abb. 4.6. Bildkonstruktion mit Hilfe eines achsenparallelen (ES_1) und eines Brennpunktstrahls (ES_2) für eine „kurze" Elektronenlinse.
G = Gegenstandshöhe, B = Bildhöhe, $F_{1,2}$ = Brennpunkte, $A_1 A_2$ = Hauptebene

zweckmäßigerweise einen achsenparallelen Strahl (ES_1) und einen Brennpunktstrahl (ES_2). Der Schnittpunkt beider Strahlen im Bildraum ergibt den zum Objektpunkt G_1 gehörigen Bildpunkt B_1.

Linsengleichung:

Aus Abb. 4.6 folgt wegen der Ähnlichkeit der Dreiecke $G_0 G_1 F_1$ und $F_1 OA_2$ die Beziehung:

$$\frac{l_1 - f_1}{G} = \frac{f_1}{B} \tag{4.12}$$

und wegen der Ähnlichkeit der Dreiecke $B_0 B_1 F_2$ und $F_2 OA_1$ der Ausdruck:

$$\frac{l_2 - f_2}{B} = \frac{f_2}{G}. \tag{4.13}$$

Durch Multiplikation dieser beiden Gleichungen erhalten wir die *Linsenformel:*

$$(l_1 - f_1)(l_2 - f_2) = f_1 f_2$$

oder

$$\boxed{\frac{f_1}{l_1} + \frac{f_2}{l_2} = 1.} \tag{4.14}$$

Das gleiche Ergebnis liefert auch die Gl. (4.9a), wenn man die Ausdrücke (4.10) und (4.11) einsetzt. Diese Ausdrücke besagen ferner, daß

$$\boxed{\frac{f_1}{f_2} = \sqrt{\frac{U_1}{U_2}}} \tag{4.15}$$

ist. Mit Gl. (4.15) erhält man aus (4.14) die *Linsengleichung für elektrische Elektronenlinsen:*

$$\frac{\sqrt{U_1}}{l_1} + \frac{\sqrt{U_2}}{l_2} = \frac{\sqrt{U_1}}{f_1} = \frac{\sqrt{U_2}}{f_2}. \tag{4.16}$$

Da in diesen Gleichungen der Krümmungsradius R der Feldschicht nicht vorkommt, gelten sie ganz allgemein für *alle* elektrischen Linsen. Den Ausdruck $\sqrt{U}/f$ bezeichnet man als *Brechkraft* der Linse.

Bei magnetischen Linsen ist in Gl. (4.14) aus Symmetriegründen stets $f_1 = f_2$. Daher lautet die *Linsengleichung für magnetische Linsen:*

$$\boxed{\frac{1}{l_1} + \frac{1}{l_2} = \frac{1}{f_1} = \frac{1}{f_2}.} \tag{4.17}$$

Abbildungsmaßstab:

Aus der Ähnlichkeit der beiden Dreiecke $F_1 OA_2$ und $G_1 A_1 A_2$ sowie der Dreiecke $A_1 OF_2$ und $A_1 A_2 B_1$ (Abb. 4.6) folgen die Beziehungen:

$$\frac{f_1}{l_1} = \frac{B}{G+B} \quad \text{und} \quad \frac{f_2}{l_2} = \frac{G}{G+B}. \qquad (4.18)\ (4.19)$$

Durch Division der beiden Gleichungen bekommen wir für den Abbildungsmaßstab (die Vergrößerung) den Ausdruck:

$$\boxed{V = \frac{B}{G} = \frac{l_2}{l_1}\frac{f_1}{f_2}.} \tag{4.20}$$

Nach Einsetzen von Gl. (4.15) in (4.20) lautet die Formel für den *Abbildungsmaßstab elektrischer Linsen:*

$$\boxed{V = \frac{l_2}{l_1}\sqrt{\frac{U_1}{U_2}}.} \tag{4.21}$$

Der *Abbildungsmaßstab für magnetische Linsen* beträgt wegen $f_1 = f_2$ in Gl. (4.20):

$$\boxed{V = \frac{l_2}{l_1}.} \tag{4.22}$$

4.1.2 Elektrische Elektronenlinsen

4.1.2.1 Einteilung und Kennzeichen der elektrischen Linsen

Die elektrischen Elektronenlinsen kann man nach folgenden Gesichtspunkten in Gruppen einteilen:

a) nach der *Anzahl der Elektroden* in zwei-, drei- oder mehrpolige Linsen;

b) nach der *Form der Elektroden* in Lochscheibenlinsen, Rohrlinsen und Kombinationslinsen;

c) nach der *Art der Symmetrie* in rotationssymmetrische (z.B. Lochscheibenlinsen) und plansymmetrische Linsen (z.B. Schlitzscheibenlinsen);

d) nach der *Linsenwirkung auf die Elektronengeschwindigkeit* in *Einzellinsen* ($v_1 = v_2$) und *Immersionslinsen* ($v_1 \gtrless v_2$; $v_1 > v_2$: Verzögerungslinse; $v_1 < v_2$: Beschleunigungslinse; v_1 = Elektronenstrahlgeschwindigkeit vor der Linse; v_2 = Elektronenstrahlgeschwindigkeit hinter der Linse).

Die *Abbildungseigenschaften* elektrischer Linsen sind *gekennzeichnet* durch:

a) die *Feldkurve,* d.h. den Verlauf der elektrostatischen Potentialdifferenz $U_0(z)$ (also des Potentials bezogen auf die Kathode) längs der optischen Achse (z-Achse); Ansteigen bzw. Absinken der Potentialdifferenz $U_0(z)$ mit wachsendem z bedeutet eine Beschleunigungs- oder Verzögerungswirkung der betreffenden Linse;

b) die *Brechkraftkurve* $U_0''(z)/\sqrt{U_0(z)}$, die durch Differentiation aus der Feldkurve ermittelt werden kann. Sie veranschaulicht den Beitrag der verschiedenen Linsenfeldschichten zur gesamten Brechkraft der Linse. Positiver bzw. negativer Verlauf der Brechkraftkurve bedeutet *Sammel-* bzw. *Zerstreuungswirkung* der betreffenden Linse.

c) die *Brennweitenformel*, die man durch Integration der Brechkraftkurve erhält.

Abbildung 4.7 zeigt eine Auswahl verschiedener elektrischer Elektronenlinsen. Die Linsenwirkung dieser Anordnungen kommt dadurch zustande, daß die Niveauflächen zwischen den einzelnen Elektroden rotationssymmetrisch und annähernd sphärisch gekrümmt sind. Grundsätzlich lassen sich sphärisch gekrümmte Niveauflächen auch mit Hilfe feinmaschiger Drahtnetze realisieren (Netzlinsen). Wegen der Elektronenstreuung und Feldinhomogenitäten an den Gitterdrähten werden solche Linsen jedoch praktisch nicht verwendet.

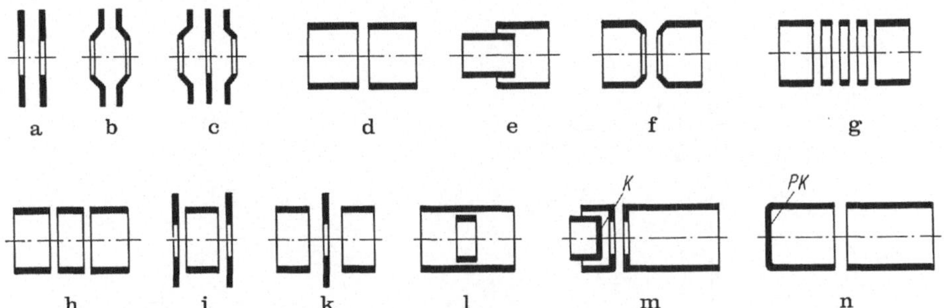

Abb. 4.7a–n. Formen elektrischer Elektronenlinsen. **a–c** Lochscheibenlinsen, **d–h** Rohrlinsen, **i–l** Kombinationslinsen, **m–n** Kathodenlinsen;
K = Kathode, PK = Photokathode

4.1.2.2 Ableitung der Brennweitenformel für elektrische Elektronenlinsen

Um die allgemeine Brennweitenformel für elektrische Linsen abzuleiten, betrachten wir als einfachste Anordnung eine Lochscheibe mit einem Netz nach Abb. 4.8. Diese Linse kann man sich aus einer Zweilochscheibenlinse (Abb. 4.7a) dadurch entstanden denken, daß man in der Mittelebene dieser Linse ein Netz anbringt und die linke Lochscheibe entfernt. Das Netz und die Lochscheibe haben die Potentialdifferenzen U_1 bzw. U_2 $(U_1 > U_2)$ gegenüber der Kathode.

Die Berechnung der Brennweite ist unter folgenden Voraussetzungen möglich: (a) Die optische Abbildung geschieht durch paraxiale Elektronenstrahlen. (b) Die abbildende Inhomogenität des elektrischen Linsenfeldes tritt nur in unmittelbarer Umgebung der Lochscheibe auf (d.h. es ist $R \ll d$; „kurze" elektrische Linse). (c) Die Potentialdifferenz $U_0(z)$ gegenüber der Kathode ist längs der optischen Achse (z-Achse) bekannt.

Die Bewegung eines Elektrons in einem derartigen Linsenfeld wird durch die Bewegungsgleichungen (1.40) bis (1.42) beschrieben, wobei die Randbedingungen $B = 0$, $E_\varphi = 0$ und an der Stelle $z = z_1 : \dot{\varphi} = 0$ lauten. Die Bewegungsgleichungen nehmen dann die einfache Form an:

$$\begin{aligned} &(a)\ \ddot{r} = -\eta E_r \\ &(b)\ \ddot{z} = -\eta E_z \end{aligned} \tag{4.23}$$

(E_r bzw. E_z = radiale bzw. axiale Komponente der elektrischen Feldstärke). Durch Integration von Gl. (4.23a) erhalten wir:

$$\dot{r} = v_r = -\eta \int E_r \, dt. \tag{4.24}$$

Wir nehmen an, daß sich das betrachtete Elektron zum Zeitpunkt t_1 an der Stelle z_1 und zum Zeitpunkt t_2 an der Stelle z_2 befindet (vgl. Abb. 4.8). Bei z_1 und z_2 sei E_r verschwindend klein und daher $v_r = \text{const}$. Mit $dt = (\partial t/\partial z)\,dz = dz/v_z$ folgt aus Gl. (4.24):

$$v_r(z_2) - v_r(z_1) = -\eta \int_{t_1}^{t_2} E_r\,dt = -\eta \int_{z_1}^{z_2} \frac{E_r}{v_z}\,dz. \tag{4.24a}$$

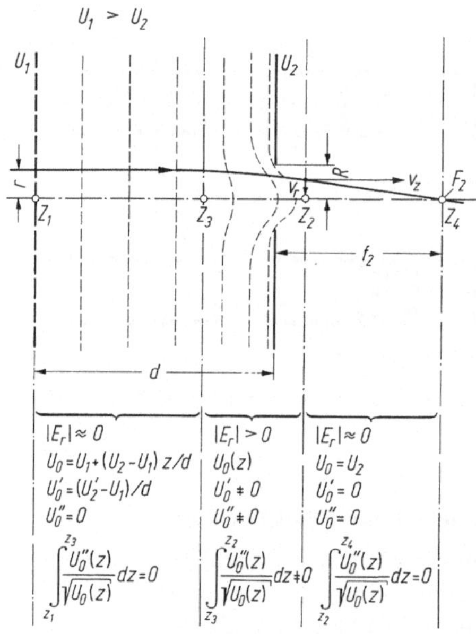

Abb. 4.8. Elektronenoptische Abbildung durch das inhomogene elektrische Feld einer Zweipol-Einlochscheibenlinse.
f_2 = bildseitige Brennweite,
F_2 = bildseitiger Brennpunkt,
$U_{1,2}$ = Elektrodenspannungen,
R = Lochradius ($R \ll d$)

Nach Gl. (2.27) wird der Feldverlauf in der Umgebung der Achse eines rotationssymmetrischen elektrischen Feldes durch die Reihenentwicklung:

$$U(r,z) \approx U_0(z) - \frac{1}{4} U_0''(z) \cdot r^2 \tag{4.25}$$

beschrieben, wobei anstelle des Potentials $V(r,z)$ die Potentialdifferenz $U(r,z)$ gegenüber der Kathode eingesetzt ist und $U_0''(z) = \partial^2 U_0(z)/\partial z^2$ bedeutet. Die Feldstärke ist dann:

$$E_r(r,z) = -\frac{\partial U(r,z)}{\partial r} \approx \frac{r}{2} U_0''(z). \tag{4.26}$$

Wegen der Beschränkung auf paraxiale Strahlen ist außerdem:

$$v_z \approx \sqrt{2\eta\, U_0(z)}. \tag{4.27}$$

Mit $v_r(z_1) = 0$ und den Gln. (4.26) und (4.27) wird aus Gl. (4.24a):

$$v_r(z_2) \approx -\sqrt{2\eta} \int_{z_1}^{z_2} \frac{r\,U_0''(z)}{4\sqrt{U_0(z)}}\,dz. \tag{4.28}$$

Die Integrationsgrenzen z_1 und z_2 werden so gewählt, daß an diesen Stellen $U_0''(z) = 0$ wird, also kein Beitrag zum Integral von Gl. (4.28) mehr existiert. Die Grenze z_2 wird zweckmäßigerweise an die Stelle gelegt, wo das Verhältnis

$$\left(\frac{v_r}{v_z}\right)_{z_2} = -\frac{r}{f_2} = \text{const} \tag{4.29}$$

ist (f_2 = bildseitige Brennweite; das Minuszeichen besagt, daß der Vektor v_r zur optischen Achse hinweist). Diese Stelle befindet sich im feldfreien Raum hinter der Linse, wo die Elektronenbahnen geradlinig verlaufen. Bei der Bewegung eines Elektrons „innerhalb" der Linse – also dort, wo $U_0''(z)$ merklich von null abweicht – ist die Änderung von r (Abstand des Elektronenstrahls von der optischen Achse) gering; man kann also in diesem Linsenabschnitt $r \approx \text{const}$ setzen. Unter dieser Voraussetzung kann in Gl. (4.28) der Faktor r vor das Integral gesetzt werden. Mit Gl. (4.29) lautet dann Gl. (4.28):

$$v_r(z_2) = -v_z(z_2)\frac{r}{f_2} \approx -\sqrt{2\eta}\,\frac{r}{4}\int_{z_1}^{z_2} \frac{U_0''(z)}{\sqrt{U_0(z)}}\,dz \tag{4.30}$$

oder mit Gl. (4.27):

$$\boxed{\frac{1}{f_2} \approx \frac{1}{4\sqrt{U_0(z_2)}}\int_{z_1}^{z_2} \frac{U_0''(z)}{\sqrt{U_0(z)}}\,dz.} \tag{4.31}$$

Dieser Ausdruck stellt die *reziproke bildseitige Brennweite* dar. In analoger Weise findet man für die *reziproke gegenstandsseitige Brennweite:*

$$\boxed{\frac{1}{f_1} \approx \frac{1}{4\sqrt{U_0(z_1)}}\int_{z_1}^{z_2} \frac{U_0''(z)}{\sqrt{U_0(z)}}\,dz.} \tag{4.31a}$$

Das in den Gln. (4.31) und (4.31a) auftretende, meist nur graphisch lösbare Integral ist ein Maß für die *Brechkraft* $\sqrt{U_0(z_1)}/f_1 = \sqrt{U_0(z_2)}/f_2$ der gesamten Linse. Ist also der Feldverlauf $U_0(z)$ bekannt, so braucht man nur die Fläche unter der *Brechkraftkurve* $U_0''(z)/(4\sqrt{U_0(z)})$ zu bestimmen und erhält daraus die Brechkraft, ohne daß man den genauen Verlauf der Elektronenbahnen kennt. Wenn das Integral positiv ist, so wird $f_{1,2} > 0$ und es handelt sich um eine *Sammellinse;* ist das Integral negativ, so ist $f_{1,2} < 0$ und es liegt eine *Zerstreuungslinse* vor. Da in den Gln. (4.31) und (4.31a) das η nicht vorkommt, gelten diese Beziehungen auch für Ionen.

Die graphische Ermittlung von $U_0''(z)$ aus dem gemessenen Verlauf des Achsenpotentials $U_0(z)$ ist mit Ungenauigkeiten behaftet. Sie lassen sich vermeiden, wenn man die Integrale in den Gln. (4.31) und (4.31a) mit Hilfe der Beziehung für partielle Integration

$$\int u\,dv = uv - \int v\,du$$

umformt. Damit wird:

$$\int \frac{U_0''(z)}{\sqrt{U_0(z)}}\,dz = \frac{U_0'(z)}{\sqrt{U_0(z)}} + \frac{1}{2}\int \frac{[U_0'(z)]^2}{[U_0(z)]^{3/2}}\,dz, \tag{4.31b}$$

wobei

$$u = \frac{1}{\sqrt{U_0(z)}}, \qquad U_0(z)\,dz = dv$$

$$du = -\frac{1}{2}\frac{U_0'(z)}{[U_0(z)]^{3/2}}, \qquad v = U_0'(z).$$

In Gl. (4.31 b) ergibt sich für $U_0'(z)$ an den Integrationsgrenzen z_1 und z_2 der Wert Null. Aus Gl. (4.31) und (4.31 b) folgt daher:

$$\frac{1}{f_2} \approx \frac{1}{8\sqrt{U_0(z_2)}}\int_{z_1}^{z_2} \frac{[U_0'(z)]^2}{[U_0(z)]^{3/2}}\,dz. \tag{4.31c}$$

4.1.2.3 Brennweitenformeln und Brechkraftkurven für Lochscheibenlinsen

a) Zweipol-Einlochscheibenlinse

Bei dieser, wegen ihrer Netzelektrode praktisch selten verwendeten Linse (vgl. Abb. 4.8 und 4.9) liefert die Brechkraftkurve nur im Linsenabschnitt zwischen z_2 und z_3 einen

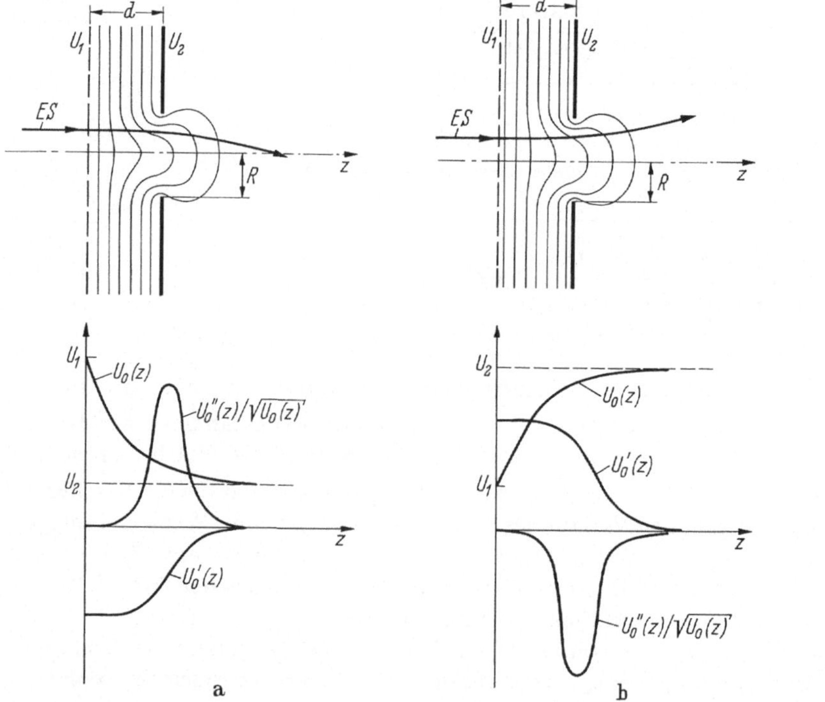

Abb. 4.9a, b. Elektrodenanordnung und Verlauf von $U_0(z)$, $U_0'(z)$ und $U_0''(z)/\sqrt{U_0(z)}$ (= Brechkraftkurve) längs der optischen Achse (z-Achse) einer Zweipol-Einlochscheibenlinse. **a** $U_1 > U_2$ (Sammellinse), **b** $U_1 < U_2$ (Zerstreuungslinse).
ES = Elektronenstrahl

wesentlichen Beitrag zur Brechkraft. In diesem Abschnitt kann angenähert $U_0(z) \approx U_2$ gesetzt werden. Mit $U_0(z_1) = U_1$, $U_0(z_2) \approx U_2$, $U_0'(z_1) = (U_2 - U_1)/d$ und $U_0'(z_2) = 0$ folgt aus Gl. (4.31) bzw. (4.31a):

$$\frac{1}{f_2} \approx \frac{U_0'(z_2) - U_0'(z_1)}{4\,U_2} = -\frac{U_2 - U_1}{4\,d\,U_2} \tag{4.32}$$

und

$$\frac{1}{f_1} \approx \frac{U_0'(z_2) - U_0'(z_1)}{4\sqrt{U_1 U_2}} = -\frac{U_2 - U_1}{4\,d\sqrt{U_1 U_2}}. \tag{4.32a}$$

Die *Brechkraft* der Linse beträgt also:

$$\frac{\sqrt{U_1}}{f_1} = \frac{\sqrt{U_2}}{f_2} = -\frac{U_2 - U_1}{4\,d\sqrt{U_2}}. \tag{4.33}$$

Die Brennweiten und damit die Brechkraft sind für $R \ll d$ vom Lochradius R unabhängig. Für $U_1 > U_2$ wird $f_{1,2} > 0$ und die Linse wirkt sammelnd, für $U_1 < U_2$ wird $f_{1,2} < 0$ und die Linse wirkt zerstreuend. Die Brennweiten f_1 und f_2 sind dabei verschieden groß.

b) Zweipol-Zweilochscheibenlinse

Diese in der Praxis häufig verwendete Linse ist in den Abb. 4.7a und 4.10 dargestellt. Sie besteht aus zwei parallelen Lochscheiben mit gleichem Lochradius R und dem Abstand d ($R \ll d$). Ihre Feldverteilung ergibt sich durch Addition der Felder von zwei

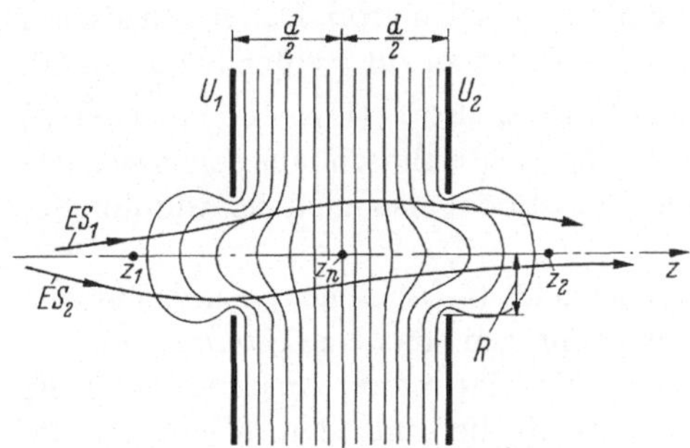

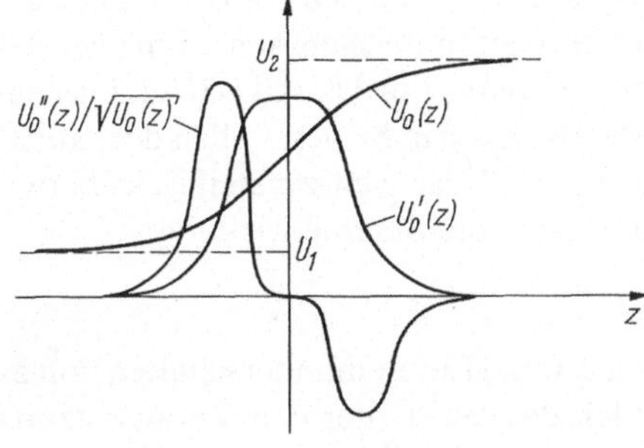

Abb. 4.10. Elektrodenanordnung und Verlauf von $U_0(z)$, $U_0'(z)$ und $U_0''(z)/\sqrt{U_0(z)}$ (= Brechkraftkurve) längs der optischen Achse (z-Achse) einer Zweilochscheibenlinse für den Fall $U_2 > U_1$. In diesem Fall beschreibt der Elektronenstrahl den Weg ES_2 und für $U_2 < U_1$ den Weg ES_1. Die Linse ist unabhängig vom Verhältnis der Elektrodenspannungen immer eine Sammellinse

Einlochscheibenlinsen (Abb. 4.9), deren Netze zusammenfallen. Für eine solche Linse ist in Gl. (4.31) $U_0(z_2) \approx U_2$ und $U_0(z) \approx U_1$ in der Umgebung der einen Lochscheibe sowie $U_0(z) \approx U_2$ in der Umgebung der zweiten Lochscheibe. Damit wird:

$$\frac{1}{f_2} \approx \frac{1}{4\sqrt{U_2}} \left[\frac{1}{\sqrt{U_1}} \int_{z_1}^{z_n} U_0''(z)\,dz + \frac{1}{\sqrt{U_2}} \int_{z_n}^{z_2} U_0''(z)\,dz \right] \tag{4.34}$$

und nach Integration:

$$\frac{1}{f_2} \approx \frac{1}{4\sqrt{U_2}} \left(\frac{U_0'(z_n) - U_0'(z_1)}{\sqrt{U_1}} + \frac{U_0'(z_2) - U_0'(z_n)}{\sqrt{U_2}} \right). \tag{4.34a}$$

Wegen $U_0'(z_1) = U_0'(z_2) \approx 0$ und $U_0'(z_n) = (U_2 - U_1)/d$ ergibt sich schließlich:

$$\frac{1}{f_2} \approx \frac{1}{4d} \frac{U_2 - U_1}{\sqrt{U_2}} \left(\frac{1}{\sqrt{U_1}} - \frac{1}{\sqrt{U_2}} \right). \tag{4.35}$$

Daraus folgt für die *Brechkraft:*

$$\frac{\sqrt{U_1}}{f_1} = \frac{\sqrt{U_2}}{f_2} \approx \frac{(U_2 - U_1)(\sqrt{U_2} - \sqrt{U_1})}{4d\sqrt{U_1 U_2}}. \tag{4.36}$$

Die Brennweiten sind also auch in diesem Fall verschieden groß. Den Ausdruck auf der rechten Seite von Gl. (4.36) erhält man auch, wenn man zur rechten Seite von Gl. (4.33) den gleichen Ausdruck mit vertauschten Indizes, also $-(U_1 - U_2)/(4d\sqrt{U_1})$ addiert. Der Addition der Linsenfelder von Einlochscheibenlinsen (aus denen sich das Feld der Zweilochscheibenlinse zusammensetzt) entspricht also auch die Addition der Brechkräfte.

Die Brechkraft der Zweilochscheibenlinse ist nach Gl. (4.36) immer positiv; daher ist diese Linse unabhängig von den Elektrodenspannungen stets eine *Sammellinse.* Im Verlauf der Brechkraftkurve Abb. 4.10 kommt dies darin zum Ausdruck, daß die Fläche unter dem positiven Kurvenast größer ist als die unter dem negativen. Die Sammelwirkung ergibt sich aus folgender Überlegung: Für $U_2 > U_1$ (Beschleunigungslinse) wirkt das Feld des ersten Kreislochs sammelnd, weil ein Elektronenstrahl an den dortigen Feldschichten zum Einfallslot, also zur optischen Achse hin gebrochen wird; am zweiten Kreisloch wirkt das Feld zerstreuend. Für $U_2 < U_1$ (Verzögerungslinse) ist es umgekehrt. Da aber die sammelnde Wirkung in beiden Fällen dort auftritt, wo die Elektronen langsam sind (der Elektronenstrahl also weniger steif ist), überwiegt in jedem Fall für das gesamte Linsensystem immer die Sammelwirkung.

c) Dreipol-Dreilochscheibenlinse

Diese Linse (Abb. 4.7c u. 4.11) kann man sich durch Hintereinanderschalten von zwei Zweilochscheibenlinsen (Abb. 4.10) entstanden denken. Unter den Voraussetzungen

$U_1 = U_3$ (Einzellinse), $U_1 \neq U_2$ und $R \ll d$ erhält man für die *Brechkraft* dieser Linse den doppelten Wert wie in Gl. (4.36) für die Zweilochscheibenlinse:

$$\frac{\sqrt{U_1}}{f_1} = \frac{\sqrt{U_1}}{f_2} = \frac{(U_2 - U_1)(\sqrt{U_2} - \sqrt{U_1})}{2d\sqrt{U_1 U_2}}. \tag{4.37}$$

Die Brechkraft ist auch in diesem Fall immer positiv (*Sammellinse*) und die Brennweiten sind wegen $U_1 = U_3$ gleich groß ($f_1 = f_2$).

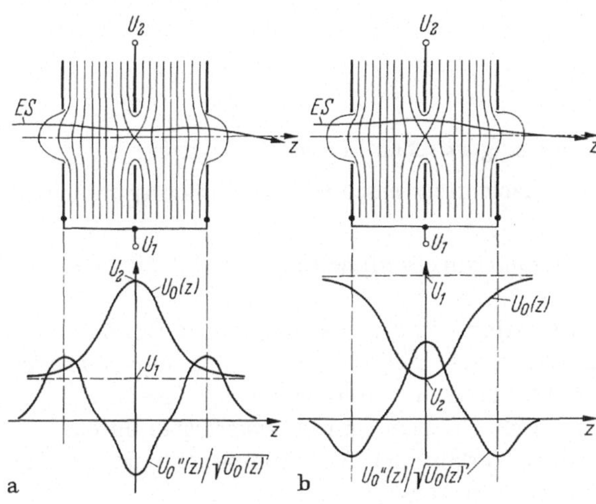

Abb. 4.11. Elektrodenanordnung, Potentialverlauf $U_0(z)$ und Brechkraftverlauf $U_0''(z)/\sqrt{U_0(z)}$ längs der optischen Achse einer Dreilochscheibenlinse. Für die beiden Fälle (a) $U_1 < U_2$ und (b) $U_1 > U_2$ ergibt sich Sammelwirkung.
ES = Elektronenstrahl

4.1.2.4 Brennweitenformel und Brechkraftkurve für Zweirohrlinsen

Zweirohrlinsen bestehen aus koaxial hintereinander liegenden kreiszylindrischen Rohren mit gleichem oder unterschiedlichem Innenradius R. Sie eignen sich besonders für größere Elektronenstrahlquerschnitte.

Bei der häufig verwendeten Zweirohrlinse mit gleichem Rohrdurchmesser R (Abb. 4.12) gilt für den Verlauf der Potentialdifferenz zwischen optischer Achse und Kathode die Beziehung:

$$U_0(z) \approx \frac{1}{2}(U_1 + U_2) + \frac{1}{2}(U_2 - U_1)\tanh(1{,}32z/R). \tag{4.38}$$

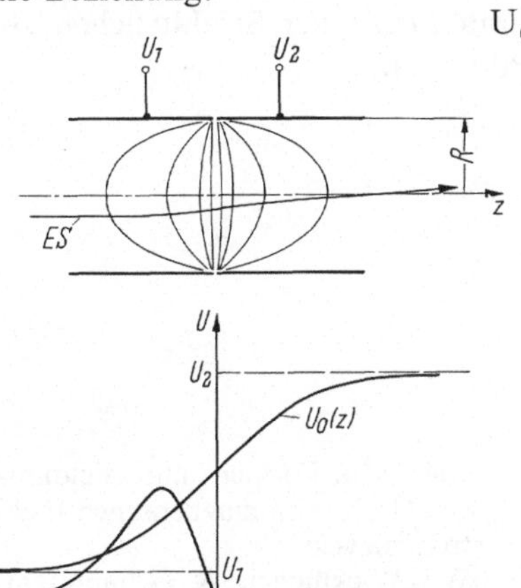

Abb. 4.12. Elektrodenanordnung, Potentialverlauf $U_0(z)$ und Brechkraftverlauf $U_0''(z)/\sqrt{U_0(z)}$ längs der optischen Achse einer Zweirohrlinse mit gleichem Rohrdurchmesser. Die Linse wirkt immer sammelnd. ES = Elektronenstrahl

Durch Einsetzen in die Gln. (4.31) und (4.31 a) und nachfolgender Integration ergibt sich die *Brechkraft*formel:

$$\frac{\sqrt{U_1}}{f_1} = \frac{\sqrt{U_2}}{f_2} = \frac{0{,}44}{R} \frac{(\sqrt{U_1} - \sqrt{U_2})^2}{\sqrt{U_1} + \sqrt{U_2}}. \quad (4.39)$$

Der Ausdruck in Gl. (4.39) ist immer positiv; daher hat die Zweirohrlinse stets *Sammelwirkung.*

4.1.3 Magnetische Elektronenlinsen

4.1.3.1 Einteilung und Kennzeichen der magnetischen Linsen

Die magnetischen Linsen kann man nach drei verschiedenen Gesichtspunkten in Gruppen einteilen:

a) nach der *Art der verwendeten Feldspulen* in eisenfreie Linsen und in die (meistens verwendeten) Eisenlinsen;

b) nach der *Art der Symmetrie* in rotations- und plansymmetrische Linsen;

c) nach dem *Feldverlauf* in Linsen *ohne*, mit *einfacher* oder mit *doppelter* Richtungsänderung (Umkehr) des Feldes längs der optischen Achse (z-Achse).

Die *Abbildungseigenschaften* magnetischer Linsen sind *gekennzeichnet* durch:

a) die *Feldkurve*, d.h. den örtlichen Verlauf der Axialkomponente $H_{z0}(z)$ der magnetischen Feldstärke längs der optischen Achse;

b) die *Brechkraftkurve* $H_{z0}^2(z)$, die man durch Quadrieren aus der Feldkurve erhält. Sie veranschaulicht den Beitrag der einzelnen Linsenfeldschichten zur Gesamtbrechkraft der Linse und ist (wegen H_{z0}^2) unabhängig von der Feldrichtung stets positiv. Die magnetischen Linsen sind daher immer *Sammellinsen.*

c) die *Brennweitenformel*, die man durch Integration aus der Brechkraftkurve erhält. Da die Geschwindigkeit der Elektronen beim Durchlaufen des magnetischen Linsenfeldes unverändert bleibt, ist die gegenstandsseitige Brennweite immer gleich der bildseitigen ($f_1 = f_2$). Die Brennweite hängt jedoch (im Gegensatz zu derjenigen von elektrischen Linsen) auch von der Ladung und Masse der Strahlteilchen ab. Außerdem tritt eine zusätzliche Verdrehung des Bildes auf.

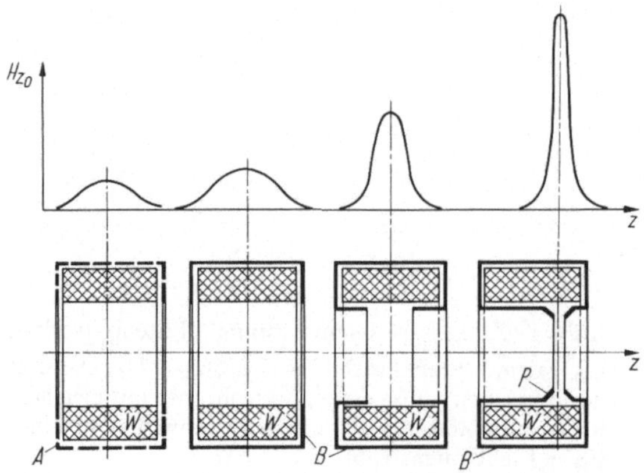

Abb. 4.13. Formen und Feldkurven $H_{z0}(z)$ von magnetischen Elektronenlinsen.
W = Wicklungen, A = Aluminium- oder Messingmantel, B = Eisenmantel, P = Polschuhe

Die Sammelwirkung magnetischer Linsen beruht auf der angenähert sphärischen Krümmung der Flächen gleichen magnetischen Potentials (Niveauflächen) des Linsenfelds. In Abb. 4.13 sind einige Magnetlinsen mit ihren Feldkurven dargestellt. Das kurze Feld der Eisenspulen ermöglicht im Vergleich zu Luftspulen kleinere Brennweiten und dadurch geringere Baulängen elektronenoptischer Geräte.

4.1.3.2 Ableitung der Brennweitenformel und der Formel für die Bilddrehung magnetischer Elektronenlinsen

Zur Ableitung der allgemeinen Brennweitenformel für magnetische Linsen betrachten wir als einfachste Anordnung einen Stromring, dessen Ebene senkrecht zur Zeichenebene steht und der von einem Strom I durchflossen wird (Abb. 4.14). Der Stromring erzeugt ein magnetisches Feld mit angenähert kugelförmig gekrümmten Niveauflächen.

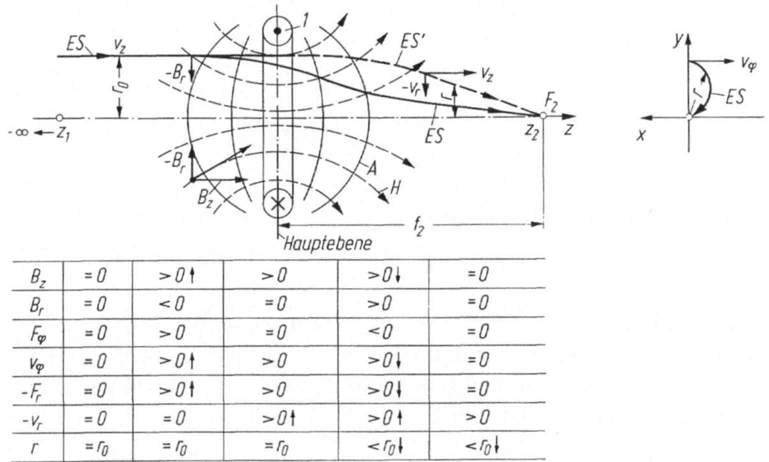

B_z	$=0$	$>0\uparrow$	>0	$>0\downarrow$	$=0$
B_r	$=0$	<0	$=0$	>0	$=0$
F_φ	$=0$	>0	$=0$	<0	$=0$
v_φ	$=0$	$>0\uparrow$	>0	$>0\downarrow$	$=0$
$-F_r$	$=0$	$>0\uparrow$	>0	$>0\downarrow$	$=0$
$-v_r$	$=0$	$=0$	$>0\uparrow$	$>0\uparrow$	>0
r	$=r_0$	$=r_0$	$=r_0$	$<r_0\downarrow$	$<r_0\downarrow$

Abb. 4.14. Elektronenoptische Abbildung durch das inhomogene Feld einer einfachen magnetischen Linse (kreisförmiger Stromring).
ES = Elektronenstrahl, ES' = Verlauf des Abstands r des Elektronenstrahls von der z-Achse, F_2 = bildseitiger Brennpunkt, f_2 = bildseitige Brennweite, H = Feldlinien, A = Äquipotentialflächen. Die Tabelle zeigt, wie sich in der Umgebung der Linse die angegebenen Größen verändern

Die Brennweite dieser Anordnung kann unter folgenden Voraussetzungen berechnet werden: (a) Zur optischen Abbildung dienen paraxiale Elektronenstrahlen. (b) Die abbildende Inhomogenität des magnetischen Linsenfeldes tritt nur in unmittelbarer Umgebung des Stromrings auf („kurze" magnetische Linse). (c) Der Verlauf der z-Komponente der magnetischen Induktion $B_{z0}(z)$ längs der optischen Achse (z-Achse) ist bekannt.

Wie Abb. 4.14 zeigt, wird ein Elektronenstrahl im magnetischen Linsenfeld aufgrund der Lorentz-Kraft zur optischen Achse abgelenkt. Denn der Geschwindigkeitsvektor v_z ergibt mit der radialen Komponente $-B_r$ der magnetischen Induktion eine Kraft F_φ aus der Zeichenebene heraus. Dieses F_φ führt zu einer Geschwindigkeitskomponente v_φ, die zusammen mit der axialen Komponente B_z der magnetischen

Induktion eine Kraft $-F_r$ und damit eine Geschwindigkeitskomponente $-v_r$ zur optischen Achse hin erzeugt. Daher hat eine magnetische Linse immer Sammelwirkung.

Die Bewegung eines Elektrons im rotationssymmetrischen magnetischen Linsenfeld wird durch die Bewegungsgleichungen (1.40) bis (1.42) beschrieben, wobei die Randbedingungen $E_r = E_\varphi = E_z = 0$, $B_\varphi = 0$ und $\ddot{z} = 0$ lauten. Die Bewegungsgleichungen nehmen dann die Form an:

$$\begin{aligned} &\text{(a)}\ \ddot{r} - r\dot{\varphi}^2 = -\eta r \dot{\varphi} B_z, \qquad \text{(c)}\ \ddot{z} = 0. \\ &\text{(b)}\ r\ddot{\varphi} + 2\dot{r}\dot{\varphi} = \eta(B_z\dot{r} - B_r\dot{z}), \end{aligned} \tag{4.40}$$

Aus Gl. (4.40c) folgt $\dot{z} = v_0$ und $z = v_0 t$, d.h. die Elektronen bewegen sich mit ihrer konstanten Eintrittsgeschwindigkeit v_0 durch das Linsenfeld. In Gl. (4.40a) kann man $\ddot{r} = \partial^2 r/\partial t^2$ durch $r'' = \partial^2 r/\partial z^2$ ersetzen. Es ist:

$$\dot{r} = \frac{\partial r}{\partial z}\frac{\partial z}{\partial t} = r'\dot{z} \tag{4.41}$$

und

$$\ddot{r} = r'' \cdot \dot{z}^2 + r'\ddot{z} = 2\eta U r'', \tag{4.41a}$$

wobei $\dot{z} = \sqrt{2\eta U}$ und $\ddot{z} = 0$ gesetzt wurde. Nach dem

Theorem von Busch

ist die Winkelgeschwindigkeit $\dot{\varphi}$ (auch *Larmor-Kreisfrequenz* genannt) an jeder Stelle im Magnetfeld der dort herrschenden magnetischen Induktion $B \approx B_z$ proportional. Um dies zu zeigen, multiplizieren wir zunächst beide Seiten von Gl. (4.40b) mit r und erhalten durch Zusammenfassen der Ausdrücke auf der linken Seite:

$$\frac{d(r^2\dot{\varphi})}{dt} = \eta r(B_z\dot{r} - B_r\dot{z}). \tag{4.42}$$

Wir denken uns nun aus dem magnetischen Linsenfeld einen felderfüllten Kreisring mit dem Innenradius r herausgegriffen, der in radialer Richtung die Dicke dr und in axialer Richtung die Dicke dz hat (Abb. 4.15), und bestimmen den magnetischen Fluß $d\Phi$ durch diesen Ring. Für kleines r (d.h. in der Nähe der z-Achse) ist:

$$\partial\Phi = 2\pi r B_z \partial r. \tag{4.43}$$

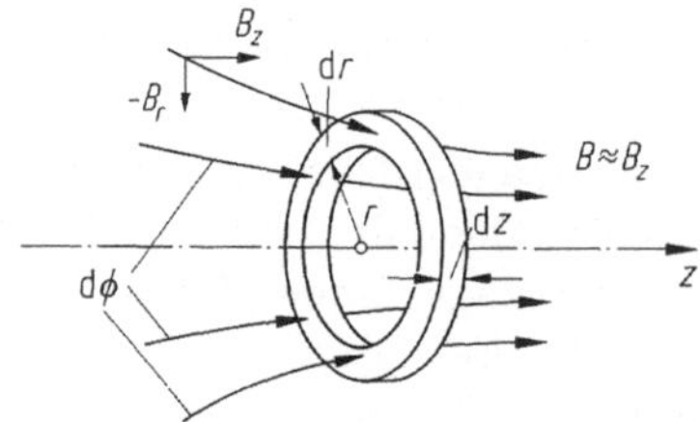

Abb. 4.15. Magnetischer Fluß $d\Phi$ durch einen Kreisring mit dem Innenradius r (als Teil des magnetischen Linsenfeldes)

Für den Feldring gilt außerdem nach Gl. (1.10 d):

$$\operatorname{div} B = \frac{\partial B_z}{\partial z} + \frac{1}{r}\frac{\partial}{\partial r}(r\,B_r) = 0. \tag{4.44}$$

Damit wird:

$$\frac{\partial^2 \Phi}{\partial r\,\partial z} = 2\pi r \frac{\partial B_z}{\partial z} = -2\pi \frac{\partial}{\partial r}(r\,B_r). \tag{4.45}$$

Diese Gleichung ergibt einmal integriert:

$$\partial \Phi = -2\pi r\,B_r\,\partial z. \tag{4.46}$$

Aus den Gln. (4.43) und (4.46) folgt:

$$\frac{d\Phi}{dt} = \frac{\partial \Phi}{\partial r}\frac{\partial r}{\partial t} + \frac{\partial \Phi}{\partial z}\frac{\partial z}{\partial t} = 2\pi r\,(B_z\,\dot{r} - B_r\,\dot{z}). \tag{4.47}$$

Diese Gleichung beschreibt die Änderung des (inhomogenen) Magnetflusses für ein Elektron, wenn es sich längs einer infinitesimal kleinen Wegstrecke mit dem Wegkomponenten dr und dz durch das Magnetfeld bewegt. (Die Flußänderung ist also ausschließlich durch die Bewegung des Elektrons bedingt). Wie man sieht, sind auf den rechten Seiten der Gln. (4.42) und (4.47) die Klammerausdrücke gleich. Daher ist:

$$d(r^2\,\dot{\varphi}) = \frac{\eta}{2\pi}\,d\Phi \tag{4.48}$$

oder

$$\boxed{\dot{\varphi} = \frac{\eta}{2\pi r^2}(\Phi - \Phi_0).} \tag{4.49}$$

Diese Gleichung ist das *Theorem von Busch.* Es besagt, daß im inhomogenen Magnetfeld an jeder Stelle die Larmor-Kreisfrequenz $\dot{\varphi}$ der magnetischen Flußdifferenz $(\Phi - \Phi_0)$ proportional ist. Dabei bedeutet Φ_0 den magnetischen Fluß am Startpunkt des Elektrons, d.h. an der Kathode. Da dort in unserem Fall $\Phi_0 = 0$ ist, wird mit $\Phi/(r^2\,\pi) = B$ und $B \approx B_z$ in der Nähe der z-Achse:

$$\dot{\varphi} \approx \frac{1}{2}\eta\,B_z. \tag{4.50}$$

Durch Einsetzen der Gln. (4.41 a) und (4.50) in (4.40 a) erhalten wir als Differentialgleichung für den Elektronenbahnverlauf im Linsenfeld:

$$2\eta\,U\,r'' - r\frac{\eta^2}{4}B_z^2 = -r\frac{\eta^2}{2}B_z^2 \tag{4.51}$$

oder

$$r'' + \frac{\eta}{8U}B_z^2\,r = 0. \tag{4.51a}$$

Die einmalige Integration von Gl. (4.51a) ergibt mit den Integrationsgrenzen z_1 und z_2:

$$\left(\frac{dr}{dz}\right)_{z_2} - \left(\frac{dr}{dz}\right)_{z_1} = -\frac{\eta}{8U}\int_{z_1}^{z_2} B_z^2\, r\, dz. \tag{4.52}$$

In dieser Gleichung ist nach Abb. 4.14 $(dr/dz)_{z_1} = 0$ und $(dr/dz)_{z_2} = -r/f_2$. Da die Elektronenstrahlen in der Nähe der z-Achse verlaufen, ist außerdem $B_z \approx B_{z_0}(z)$. Wie Abb. 4.14 ferner zeigt, bleibt der Abstand r eines Elektronenstrahls beim Durchlaufen des Linsenfeldes (also im Bereich $B_z > 0$) zunächst konstant ($r = r_0$) und nimmt erst hinter der Linse (d.h. im Bereich $B_z = 0$) ab. Daher kann im Integral von Gl. (4.52) das r in erster Näherung als konstant angesehen und vor das Integral gesetzt werden. Damit wird:

$$-\frac{r}{f_2} \approx -\frac{\eta r}{8U}\int_{z_1}^{z_2} B_{z_0}^2(z)\, dz$$

oder

$$\boxed{\frac{1}{f_2} = \frac{1}{f_1} \approx \frac{\eta}{8U}\int_{z_1}^{z_2} B_{z_0}^2(z)\, dz.} \tag{4.53}$$

Die *Brechkraft* $(1/f_1 = 1/f_2)$ einer magnetischen Linse erhält man also durch Integration über die Brechkraftkurve $B_{z_0}^2(z)$. Da $B_{z_0}^2(z)$ positiv ist, sind auch f_1 und f_2 immer positiv (Sammellinse). U ist die Beschleunigungsspannung des Elektronenstrahls. Das Auftreten von η in Gl. (4.53) bedeutet, daß bei magnetischen Linsen im Gegensatz zu elektrischen die Brechkraft (Brennweiten) auch von Ladung und Masse der Strahlteilchen abhängen.

Die *Bilddrehung* (Drehwinkel φ) erhalten wir unmittelbar aus Gl. (4.50). Es ist:

$$\dot{\varphi} = \frac{d\varphi}{dt} = \frac{\partial \varphi}{\partial z}\frac{\partial z}{\partial t} = \varphi' v_z. \tag{4.54}$$

und daher wegen $v_z = \sqrt{2\eta U}$:

$$\varphi' = \frac{\eta}{2 v_z} B_{z_0}(z) = \sqrt{\frac{\eta}{8U}} \cdot B_{z_0}(z). \tag{4.54a}$$

Daraus folgt:

$$\boxed{\hat{\varphi} = \sqrt{\frac{\eta}{8U}}\int_{z_1}^{z_2} B_{z_0}(z)\, dz.} \tag{4.55}$$

Die Bilddrehung erfolgt im Uhrzeigersinn, wenn B_{z_0} in die positive z-Richtung weist (Abb. 4.16). Die Integrationsgrenzen werden zweckmäßigerweise so gewählt, daß dort $B_{z_0}(z) \approx 0$ ist, z.B. $z_1 = -\infty$ und $z_2 = +\infty$.

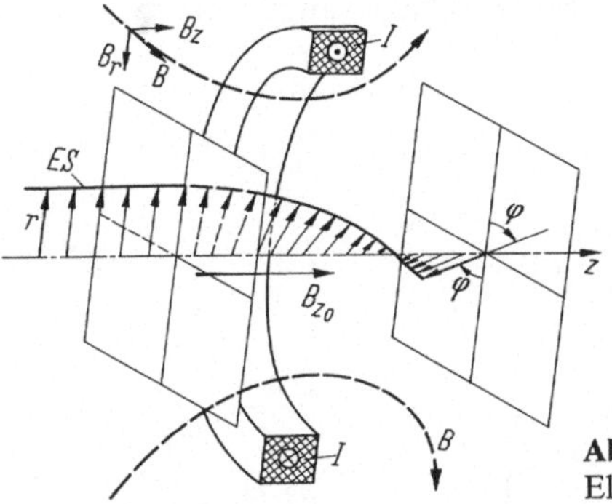

Abb. 4.16. Bilddrehung im Feld einer magnetischen Elektronenlinse

4.1.3.3 Brennweitenformeln und Brechkraftkurven für magnetische Linsen

In Abb. 4.17 sind die Stromringe für magnetische Linsen ohne, mit einfacher und doppelter Feldumkehr dargestellt. Darunter sind der jeweilige Feldverlauf $B_{z_0}(z)$ und der Verlauf der Brechkraftkurve $B_{z_0}^2(z)$ gezeichnet. Für die *Linse ohne Feldumkehr* (Abb. 4.17a) findet man den Feldverlauf $B_{z_0}(z)$ durch folgende Überlegung: Nach dem Gesetz von Laplace ist der Feldstärkebeitrag dH eines vom Strom I durchflossenen Leiterelements der Länge ds im Abstand r (Abb. 4.18):

$$dH = \frac{I\, ds \sin \varphi_0}{4 \pi r^2}. \tag{4.56}$$

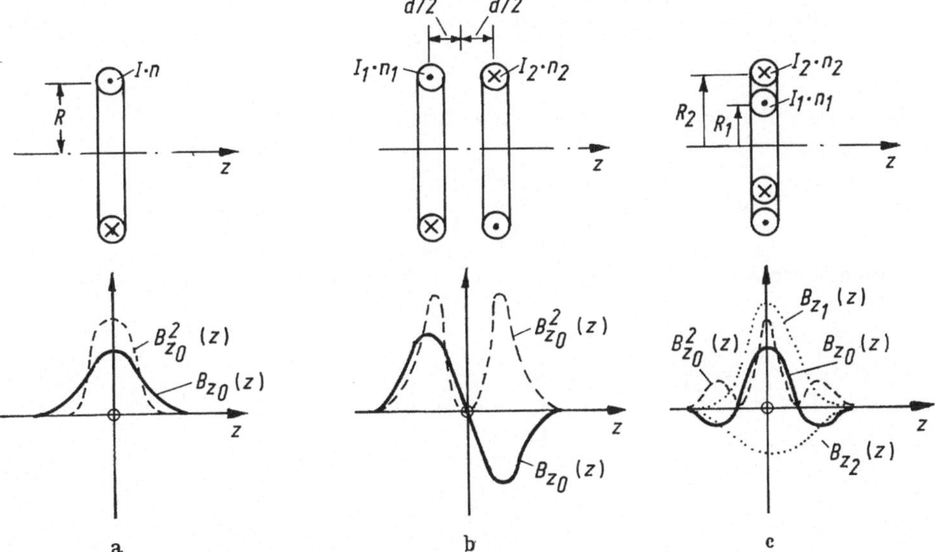

Abb. 4.17a–c. Stromringe für magnetische Linsen ohne (**a**), mit einfacher (**b**) und mit doppelter Feldumkehr (**c**). Darunter sind der jeweilige Feldverlauf $B_{z_0}(z)$ und der Verlauf der Brechkraftkurven $B_{z_0}^2(z)$ zu sehen

Diese Formel ergibt – auf den Stromring der Abb. 4.19 angewandt – mit $\varphi_0 = 90°$, $ds = R\,d\beta$ und $\sin\alpha = R/r$:

$$dH = dH' \sin\alpha = \frac{I\,n}{4\pi r^2}\,ds \sin\varphi_0 \sin\alpha =$$

$$= \frac{I\,n}{4\pi R^2} \sin^2\alpha\, R\, d\beta \sin\alpha = \frac{I\,n \sin^3\alpha}{4\pi R}\, d\beta. \tag{4.57}$$

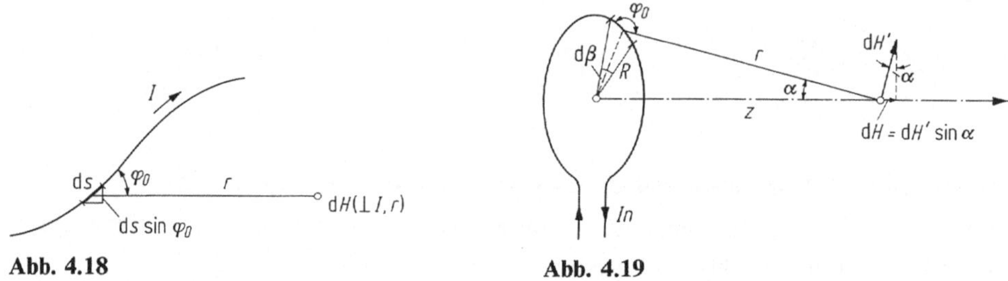

Abb. 4.18

Abb. 4.19

Abb. 4.18. Vom Strom I durchflossenes Leiterelement der Länge ds, das im Abstand r einen Feldstärkebeitrag dH erzeugt

Abb. 4.19. Geometrische Angaben zur Berechnung des Verlaufs der magnetischen Feldstärke $H_{z_0}(z)$ längs der Achse eines Stromrings (z-Achse)

Damit wird:

$$H = H_{z_0}(z) = \frac{I\,n \sin^3\alpha}{4\pi R} \int_0^{2\pi} d\beta = \frac{I\,n \sin^3\alpha}{2R}. \tag{4.58}$$

Mit $\sin\alpha = R/r$ und $r = \sqrt{R^2 + z^2}$ erhält man schließlich:

$$B_{z_0} = \mu_0 H_{z_0} = \frac{\mu_0 I\,n}{2R} \left[1 + \left(\frac{z}{R}\right)^2\right]^{-3/2}. \tag{4.59}$$

Durch Einsetzen von Gl. (4.59) in (4.53) wird mit $z_1 = -\infty$ und $z_2 = +\infty$:

$$\frac{1}{f_1} = \frac{1}{f_2} = \frac{\eta \mu_0 I^2 n^2}{32\,U R^2} \underbrace{\int_{-\infty}^{+\infty} \frac{dz}{\left[1 + \left(\frac{z}{R}\right)^2\right]^3}}_{= \frac{3\pi}{8} R} = \frac{3\pi \eta \mu_0^2 I^2 n^2}{256\,U R}. \tag{4.60}$$

oder

$$\frac{1}{f_1} = \frac{1}{f_2} = 1{,}03 \cdot 10^{-2} \frac{I^2 n^2}{U R}\, \mathrm{cm}^{-1} \tag{4.60a}$$

(I n in A, U in V, R in cm).

Durch Einsetzen von Gl. (4.59) in (4.55) erhalten wir:

$$\hat{\varphi} = \sqrt{\frac{\eta}{8U}}\,\frac{\mu_0 I n}{2R} \underbrace{\int_{-\infty}^{+\infty} \frac{dz}{\left[1+\left(\frac{z}{R}\right)^2\right]^{3/2}}}_{=2R} = \mu_0 I n \sqrt{\frac{\eta}{8U}} \tag{4.61}$$

oder

$$\hat{\varphi} = 0{,}186 \frac{I n}{\sqrt{U}} \text{ rad } (I n \text{ in A, U in V}). \tag{4.61a}$$

Für eine magnetische *Linse mit einfacher Feldumkehr* (Abb. 4.17b) lautet die Formel für den Feldverlauf in Analogie zu Gl. (4.59):

$$B_{z_0}(z) = \frac{\mu_0}{2R} \left\{ \frac{I_1 n_1}{\left[1+\frac{(z-d/2)^2}{R^2}\right]^{3/2}} + \frac{I_2 n_2}{\left[1+\frac{(z+d/2)^2}{R^2}\right]^{3/2}} \right\} \tag{4.62}$$

und für eine *Linse mit doppelter Feldumkehr* (Abb. 4.17c):

$$B_{z_0}(z) = \frac{\mu_0}{2} \left\{ \frac{I_1 n_1/R_1}{\left[1+\left(\frac{z}{R_1}\right)^2\right]^{3/2}} - \frac{I_2 n_2/R_2}{\left[1+\left(\frac{z}{R_2}\right)^2\right]^{3/2}} \right\} . \tag{4.63}$$

Die *Bilddrehung* beträgt bei Linsen mit einfacher und doppelter Feldumkehr:

$$\hat{\varphi} = 0{,}186 \frac{I_1 n_1 + I_2 n_2}{U} \text{ rad} \tag{4.64}$$

(I n in A, U in V).

Für $I_1 n_1 = -I_2 n_2$ wird nach Gl. (4.64) $\hat{\varphi} = 0$. Es findet in diesem Fall *keine Bilddrehung* statt.

Bei zusammengesetzten komplizierteren Linsensystemen ist die Feldverteilung längs der optischen Achse nur experimentell bestimmbar (vgl. Abschnitt 2.1). Die Brennweiten werden in solchen Fällen aus den numerischen Werten der Feldverteilung mit Hilfe digitaler Rechenverfahren ermittelt.

4.1.4 Linsenwirkung eines homogenen elektrischen und magnetischen Feldes

Ein *homogenes elektrisches Feld,* das zwischen einer elektronenemittierenden Elektrode K (z. B. einer transparenten Photokathode) und einer Kollektorelektrode A (z. B. einem Leuchtschirm) besteht, kann auf Grund der Parallelität der elektrischen Feldlinien eine 1:1-Abbildung von K nach A bewirken (Abb. 4.20). Der Abbildungsmaßstab ist dabei V = 1. Wegen der Streuung der Elektronenaustrittsgeschwindigkeiten und -austrittswinkel ist die Bildauflösung von A jedoch gering. (Anwendungsbeispiel: Bildwandler, Bildspeicherröhren).

Ein *homogenes Magnetfeld* kann zwischen zwei dazu senkrechten ebenen Elektroden K und A ebenfalls eine 1:1-Abbildung bewirken (Abb. 4.21). Die Elektronen bewegen sich nach dem Verlassen von K (z = 0) auf Schraubenbahnen nach A (z = d). Wenn die axiale Geschwindigkeitskomponente v_z für alle Elektronen angenähert gleich ist, so beträgt die Laufzeit aller Elektronen zwischen K und A:

$$\tau_1 = \frac{d}{v_z}. \tag{4.65}$$

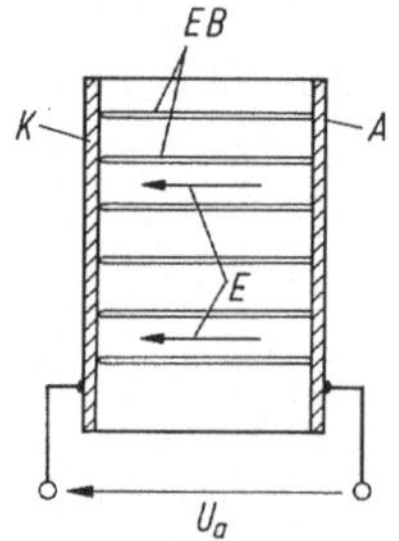

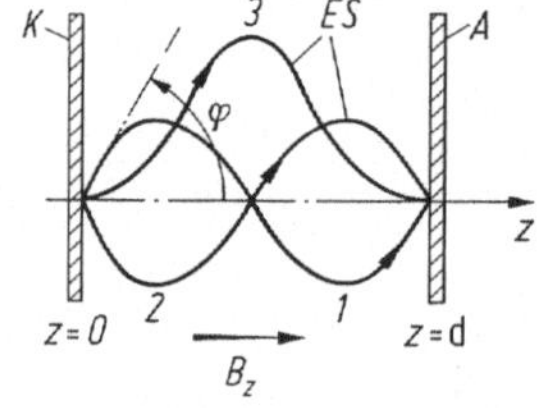

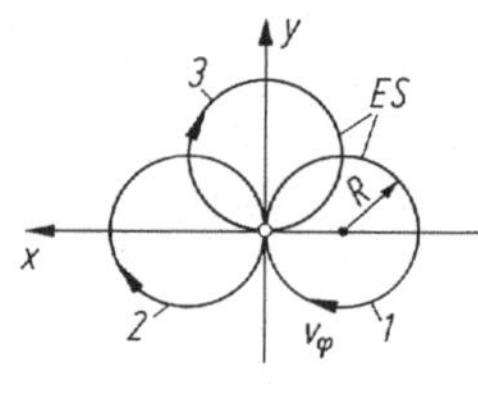

Abb. 4.20 **Abb. 4.21**

Abb. 4.20. Eins-zu-Eins-Abbildung durch ein homogenes elektrisches Feld zwischen einer elektronenemittierenden Elektrode (K) und einer Kollektorelektrode (A).
E = elektrische Feldstärke, EB = Elektronenstrahlbündel

Abb. 4.21. Eins-zu-Eins-Abbildung durch ein homogenes Magnetfeld zwischen zwei Elektroden K und A.
ES = Elektronenstrahlen

Gleichzeitig ist die Laufzeit für das Durchlaufen einer vollständigen Schraubenbahnwindung:

$$\tau_2 = \frac{2\pi R}{v} = \frac{2\pi}{\omega} = \frac{2\pi}{\eta B}. \tag{4.66}$$

Wählt man d in Gl. (4.65) oder B in Gl. (4.66) so, daß $\tau_1 = \tau_2$ wird, so treffen alle Elektronen, die von einem Punkt auf K ausgehen, wieder in einem Punkt auf A zusammen (Anwendungsbeispiel: Fernseh-Kameraröhren).

4.1.5 Linsenfehler

Die Bildfehler von Elektronenlinsen entsprechen denen der Lichtoptik. In Tabelle 10 sind die verschiedenen Fehlerfiguren und ihre Ursachen angegeben. Man unterscheidet *Schärfefehler* (Nr. 1–4), *Maßstabsfehler* (Nr. 5 u. 6) und *anisotrope Bildfehler* (Nr. 7 u. 8; nur bei magnetischen Linsen). Die Fehler lassen sich durch Korrektursysteme größtenteils kompensieren.

Tabelle 10. Fehlerfiguren und ihre Ursachen

Nr.	Linsenfehler	Objekt	Bild	Ursache des Linsenfehlers
1	Öffnungsfehler (sphärische Aberration)			achsenferne Strahlen werden stärker gebrochen als achsennahe
2	Astigmatismus		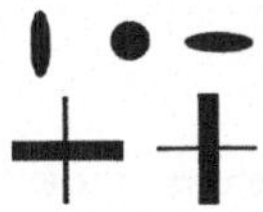	schräg in die Linse einfallendes Strahlenbündel oder mangelhafte Rotationssymmetrie des Linsenfeldes
3	Komafehler			schräg einfallendes Strahlenbündel mit relativ großen Strahlquerschnitt
4	Chromatische Aberration			inhomogene Elektronengeschwindigkeit
5	Kissenförmige Verzeichnung	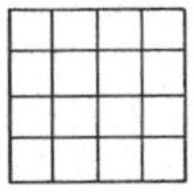	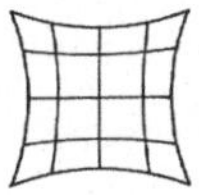	die Vergrößerung hängt von der Entfernung der Objektpunkte von der optischen Achse ab
6	Tonnenförmige Verzeichnung	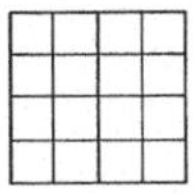	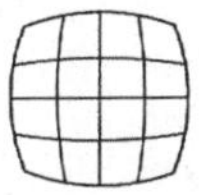	
7	Anisotroper Astigmatismus	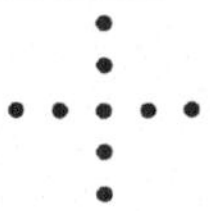		schräg in die (magnetische) Linse einfallendes Strahlenbündel
8	Anisotrope Verzeichnung		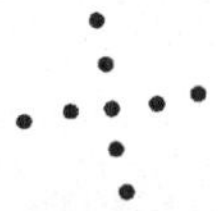	die Bilddrehung hängt von der Entfernung der Objektpunkte von der optischen Achse ab

4.1.6 Ähnlichkeitsgesetze für Elektronenlinsen

Für elektronenoptische Systeme gelten allgemein folgende Sätze:

a) Eine n-fache geometrische Vergrößerung oder Verkleinerung eines Systems ergibt eine n-fache geometrische Vergrößerung oder Verkleinerung der Felder und Teilchenbahnen.

b) Bei n-facher Erhöhung oder Erniedrigung aller Spannungen und bei $\sqrt{n}$-facher Erhöhung oder Erniedrigung aller Ströme bleiben die Felder und Teilchenbahnen unverändert (n = beliebige Zahl).

c) Bei elektrischen Systemen sind die Teilchenbahnen von η ($= q/m$) unabhängig, bei magnetischen Systemen hängen sie auch von η ab.

Diese Sätze ergeben – auf elektrische und magnetische Linsen angewandt – die Beziehungen der Tabelle 11. Darin wird ein Linsensystem (S′) mit einem System (S) verglichen. Die angegebenen Beziehungen zwischen den Brennweiten (f, f′) sowie für die Bilddrehung (φ, φ' bei magnetischen Linsen) lassen sich unmittelbar aus den Formeln des Abschnitts 4.1 ablesen. Sind zum Beispiel zwei Linsensysteme geometrisch ähnlich, aber verschieden groß ($d' = n\,d$, $R' = n\,R$) und sind die einander entsprechenden Elektrodenspannungen in beiden Systemen gleich ($U' = U$), so gilt für die Brennweiten beider Systeme: $f' = n\,f$.

Tabelle 11. Vergleich zweier gleichartiger Linsensysteme (S) und (S′), bei denen sich einzelne Parameter um einen Faktor n unterscheiden

Elektrische Linsen:	
$d' = nd\,(R' = nR);\ U' = U$:	$f' = nf$
$d' = d\,(R' = R);\ U' = nU$:	$f' = f$
$(q/m)' = n \cdot (q/m)$:	$f' = f$
Magnetische Linsen:	
$R' = nR;\ U' = U;\ I' = I$:	$f' = nf,\ \varphi = \text{const}$
$I' = \sqrt{n} \cdot I;\ U' = nU$:	$f' = f,\ \varphi = \text{const}$
$(q/m)' = n\,(q/m)$:	$f' = f/n,\ \varphi' = \varphi \cdot \sqrt{n}$

Elektrische Linsen: d′, d = Elektrodenabstand; R′, R = Loch- bzw. Rohrradius; U′, U = Elektrodenspannungen; q/m = Verhältnis von Ladung zu Masse der Teilchen des Elektronen- bzw. Ionenstrahls.
Magnetische Linsen: R′, R = Radius des Stromrings; U′, U = Beschleunigungsspannung; I′, I = Spulenstrom; φ = Bilddrehung.

4.2 Elektronenoptische Ablenksysteme

4.2.1 Allgemeine Eigenschaften

Ablenksysteme erzeugen ein elektrisches oder magnetisches Feld, dessen Feldlinien senkrecht zum abzulenkenden Elektronenstrahl verlaufen. Die Strahlablenkung ist der Feldstärke proportional. Wegen der geringen Elektronenmasse folgt der Elektronenstrahl praktisch trägheitslos jeder Feldstärkeänderung bis zu Ablenkfrequenzen über 500 MHz. Darauf beruht das Prinzip der Elektronenstrahlablenkung in Hochvakuum-Wandlerröhren und -Rastersystemen.

In Abb. 4.22 und Tabelle 12 sind einige Kenngrößen von Ablenksystemen angegeben. Als *Ablenkhauptebene* bezeichnet man den geometrischen Ort des Schnittpunkts der schirm- und kathodenseitigen Asymptoten des Elektronenstrahls. Sie steht auf der optischen Achse senkrecht.

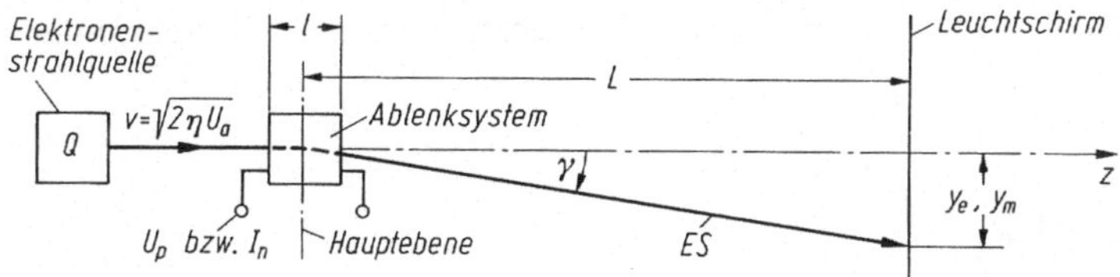

Abb. 4.22. Kenngrößen eines elektrischen oder magnetischen Ablenksystems

Tabelle 12. Kennzeichen und Kenngrößen elektrischer und magnetischer Ablenksysteme

	elektrische Ablenksysteme	magnetische Ablenksysteme
Form des Ablenksystems	Platten	Spulen
Ablenkursache	Ablenkspannung U_p	Amperewindungszahl $I\,n$
Ablenkung	$y_e\,[\neq f(\eta)]$	$y_m\,[= f(\eta)]$
Ablenkempfindlichkeit	$e_e = \frac{y_e}{U_p}$	$e_m = \frac{y_m}{I\,n}$
Ablenkkoeffizient	$\frac{1}{e_e}$	$\frac{1}{e_m}$
maximal möglicher Ablenkwinkel	γ_m	γ_m
Lage der Ablenkhauptebene	–	–
Ablenkgenauigkeit	–	–

4.2.2 Elektrische Ablenksysteme

4.2.2.1 Lange parallele Ablenkplatten

Zwischen parallelen Ablenkplatten (vgl. Abb. 4.23) durchläuft ein Elektronenstrahl ES mit der Eintrittsgeschwindigkeit v eine parabelförmige Bahn. Sie ergibt sich aus den Bewegungsgleichungen (1.36) bis (1.38) mit den Randbedingungen $B = 0$, $E_x = E_z = 0$ und $E_y = -U_p/d$. (U_p = Spannung zwischen den Ablenkplatten; diese Spannung wird spiegelbildlich zum Anodenpotential U_a der Elektronenstrahlquelle Q zugeführt, damit die Strahlgeschwindigkeit durch U_p möglichst wenig beeinflußt

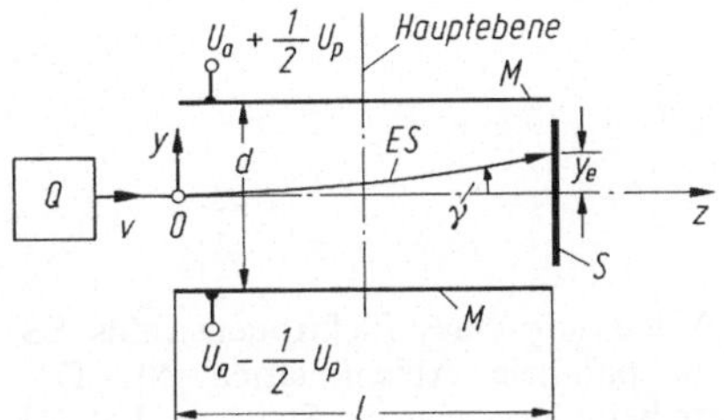

Abb. 4.23. Ablenkung eines Elektronenstrahls ES durch lange parallele Ablenkplatten M. Der Leuchtschirm S befindet sich am rechten Rand der Ablenkplatten (bei z = l)

wird). Unter der Annahme einer scharfen Feldbegrenzung an den Plattenrändern wird:

$$\ddot{x} = 0, \quad \ddot{y} = -\eta E_y = \frac{\eta U_p}{d}, \quad \ddot{z} = 0; \tag{4.67}$$

$$\dot{x} = 0, \quad \dot{y} = \frac{\eta U_p}{d} t, \quad \dot{z} = v \tag{4.67a}$$

und

$$x = 0, \quad y = \frac{\eta U_p}{d} \frac{t^2}{2}, \quad z = v t. \tag{4.67b}$$

An der Stelle $z = l$ wird die *Ablenkung* $y = y_e$ und die Elektronenlaufzeit $\tau = l/v$. Daraus folgt mit $v = \sqrt{2\eta U_a}$:

$$y_e = \frac{\eta U_p}{d} \frac{l^2}{2v^2} = \frac{l^2}{4d} \frac{U_p}{U_a}. \tag{4.68}$$

Für die *Ablenkempfindlichkeit* e_e gilt:

$$e_e = \frac{y_e}{U_p} = \frac{l^2}{4 d U_a} \tag{4.69}$$

und für den *Ablenkwinkel* γ:

$$\tan\gamma = \left(\frac{v_y}{v_z}\right)_{z=l} = \left(\frac{\dot{y}}{\dot{z}}\right)_{z=l} = \frac{\eta U_p}{d} \frac{l}{v^2} = \frac{y_e}{l/2}. \tag{4.70}$$

Der *maximale Ablenkwinkel* γ_m wird erreicht, wenn $y_e = d/2$ ist. Dann lautet Gl. (4.70):

$$\tan\gamma_m = \frac{d/2}{l/2} = \frac{d}{l}. \tag{4.71}$$

Die Gln. (4.70) und (4.71) besagen, daß der Elektronenstrahl so abgelenkt wird, als ob er vom Mittelpunkt (bei $y = 0$, $z = l/2$) des Ablenkfeldes herkäme.

4.2.2.2 Kurze parallele Ablenkplatten

In diesem Fall, der in Abb. 4.24 dargestellt ist, beträgt die Ablenkung (unter der Annahme einer scharfen Feldbegrenzung an den Plattenrändern):

$$y_e = L \tan\gamma = L \left(\frac{v_y}{v_z}\right)_{z=l} = L \left(\frac{\dot{y}}{\dot{z}}\right)_{z=l} \tag{4.72}$$

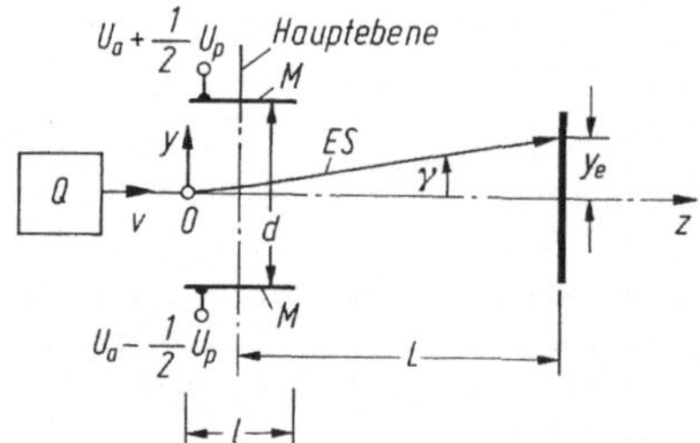

Abb. 4.24. Ablenkung eines Elektronenstrahls ES durch kurze parallele Ablenkplatten M. Der Leuchtschirm befindet sich an der Stelle $z = L + l/2$

An der Stelle z = l ist nach Gl. (4.67a):

$$\dot{y} = \frac{\eta U_p}{d} \frac{l}{v} \quad \text{und} \quad \dot{z} = v. \tag{4.73}$$

Damit wird die *Ablenkung:*

$$y_e = L \frac{\eta U_p}{2\eta U_a} \frac{l}{d} = \frac{l L}{2d} \frac{U_p}{U_a} \tag{4.74}$$

und die *Ablenkempfindlichkeit:*

$$e_e = \frac{y_e}{U_p} = \frac{l L}{2 d U_a}. \tag{4.75}$$

Für den *maximalen Ablenkwinkel* gilt wieder:

$$\tan \gamma_m = \frac{d/2}{l/2} = \frac{d}{l}. \tag{4.76}$$

Da in den Gln. (4.68), (4.69), (4.74) und (4.75) das $\eta = e/m$ nicht vorkommt, gelten sie auch für Ionen. Um größere Werte von e_e und γ_m zu erreichen, verwendet man neben parallelen auch geneigte, gekrümmte oder geknickte Ablenkplatten (vgl. Abb. 4.25).

Abb. 4.25. Verschiedene Formen von Ablenkplatten

4.2.3 Magnetische Ablenksysteme

4.2.3.1 Ablenkspule mit langem homogenem Magnetfeld

Dieses Ablenksystem besteht aus einer Luftspule, deren Achse und Magnetfeld (mit der Induktion B) senkrecht zum Elektronenstrahl gerichtet sind (vgl. Abb. 4.26). Im Magnetfeld bewegt sich der Elektronenstrahl wegen der konstanten Lorentz-Kraft mit der konstanten Eintrittsgeschwindigkeit v auf einer Kreisbahn, deren Radius nach Gl.

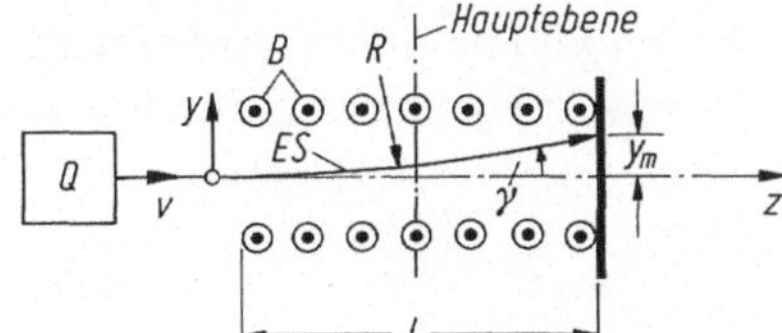

Abb. 4.26. Ablenksystem mit langem homogenem Magnetfeld. Q = Elektronenstrahlquelle, ES = Elektronenstrahl, B = magnetische Induktion des Ablenkfelds, R = Elektronenbahnradius

(2.111) $R = v/(\eta B)$ beträgt. Die Gleichung für die Kreisbahn lautet:

$$(y - R)^2 + z^2 = R^2. \tag{4.77}$$

Unter der Annahme, daß das Ablenkfeld die Länge l hat und an seinen Rändern scharf begrenzt ist, erhält man für die Ablenkung y_m an der Stelle $z = l$ aus Gl. (4.77):

$$y = y_m = R^{(+)} \sqrt{R^2 - l^2}. \tag{4.78}$$

Der Punkt ($z = l$, $y = y_m$) ist der Schnittpunkt der Elektronenkreisbahn mit der Geraden $z = l$. (Der zweite Schnittpunkt, für den in Gl. (4.78) das Pluszeichen gilt, bleibt außer Betracht).

Für $R \gg l$ (kleine Ablenkwinkel γ) kann man Gl. (4.78) wegen $\sqrt{1-\varepsilon} \approx 1 - \varepsilon/2$ (ε = klein gegen 1) folgendermaßen umformen:

$$y_m = R - R\sqrt{1 - \left(\frac{l}{R}\right)^2} \approx R - \left(R - \frac{l^2}{2R}\right) = \frac{l^2}{2R}. \tag{4.78a}$$

Mit $R = v/(\eta B)$ und $v = \sqrt{2\eta U_a}$ wird die *Ablenkung:*

$$y_m \approx \frac{l^2 B}{2}\sqrt{\frac{\eta}{2U_a}} \tag{4.78b}$$

und die *Ablenkempfindlichkeit:*

$$e_m \approx \frac{y_m}{I n} = \frac{l^2 B}{2 I n}\sqrt{\frac{\eta}{2U_a}}. \tag{4.79}$$

Der *Ablenkwinkel* γ ergibt sich aus der Kreisbahntangente an der Stelle $z = l$. Wegen Gl. (4.77) ist:

$$\tan\gamma = (y')_{z=l} = \left(\frac{z}{\sqrt{R^2 - z^2}}\right)_{z=l} = \frac{1}{\sqrt{\left(\frac{R}{l}\right)^2 - 1}}. \tag{4.80}$$

Für $R \gg l$ (kleine Ablenkwinkel) wird aus Gl. (4.80) wegen (4.78a):

$$\tan\gamma \approx \frac{l}{R} = \frac{y_m}{l/2}. \tag{4.80a}$$

Der Elektronenstrahl wird also bei kleinen Ablenkwinkeln so abgelenkt, als ob er von der Spulenmitte (bei $y = 0$, $z = l/2$) herkäme. Der *maximale Ablenkwinkel* wird erreicht, wenn $y_m = D/2$ beträgt (D = Röhrenkolben- bzw. Leuchtschirmdurchmesser):

$$\tan\gamma_m = \frac{D/2}{l/2} = \frac{D}{l}. \tag{4.80b}$$

4.2.3.2 Ablenkspule mit kurzem homogenem Magnetfeld

In diesem Fall, den Abb. 4.27 zeigt, beträgt die Ablenkung (unter der Annahme eines scharf begrenzten Magnetfelds) wegen Gl. (4.80):

$$y_m = L \tan \gamma = \frac{L\,l}{\sqrt{R^2 - l^2}}, \tag{4.81}$$

wobei wieder $R = v/(\eta B)$ und $v = \sqrt{2\eta U_a}$ bedeuten.

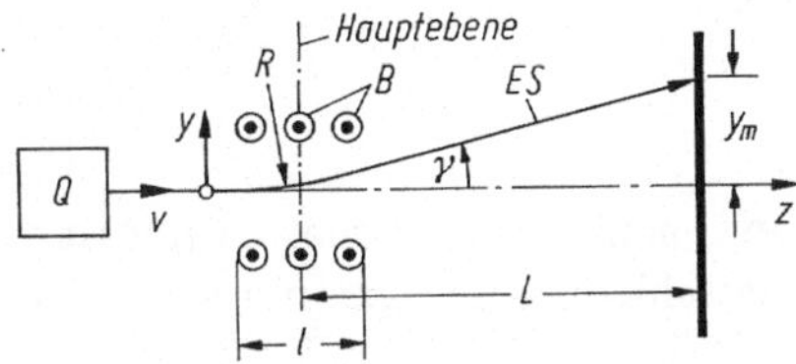

Abb. 4.27. Ablenksystem mit kurzem homogenem Magnetfeld. Q = Elektronenstrahlquelle, ES = Elektronenstrahl, B = magnetische Induktion des Ablenkfelds, R = Elektronenbahnradius

Für $R \gg l$ (kleine Ablenkwinkel) ist:

$$y_m \approx \frac{L\,l}{R} = \frac{L\,l\,\eta B}{\sqrt{2\eta U_a}}. \tag{4.81a}$$

Der zugehörige Ablenkwinkel ergibt sich aus Gl. (4.80a) und der maximal mögliche Ablenkwinkel aus

$$\tan \gamma_m = \frac{D}{L}. \tag{4.82}$$

(D = Röhrenkolben- bzw. Leuchtschirmdurchmesser).

Bei Elektronenstrahlröhren sind die Ablenkspulen an der Außenseite des Röhrenglaskolbens angebracht und der Kolbenform angepaßt. In Abb. 4.28 sind einige Formen solcher Ablenksysteme dargestellt.

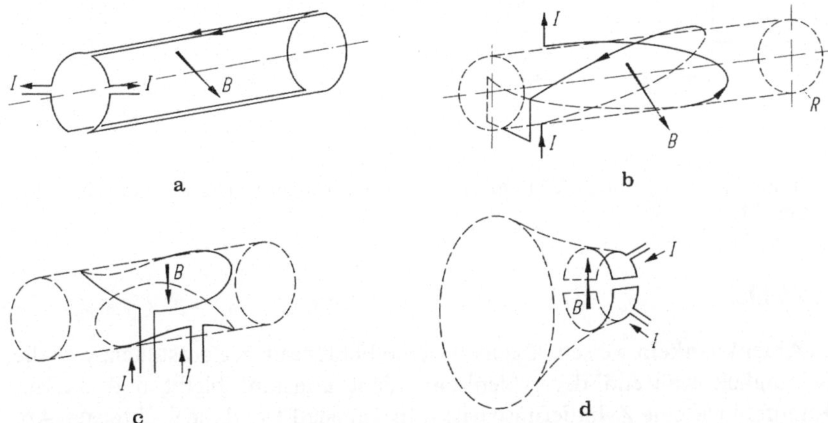

Abb. 4.28a–d. Verschiedene Formen von Ablenkspulen für Elektronenstrahlröhren. **a** Parallelleiter-Spule, **b** elliptische Spule, **c** Sattelspule und **d** konische Ablenkspule für Fernsehbildröhren

4.2.4 Ablenksystem mit überlagertem elektrischem und magnetischem Feld

(Parabelspektrograph nach Thomson)

Bei dieser Anordnung mit parallelem Verlauf der elektrischen und magnetischen Feldlinien (vgl. Abb. 4.29a) wird ein Ionenstrahl gleichzeitig in zwei zueinander senkrechte Richtungen abgelenkt: durch das elektrische Feld in y_e-Richtung und durch das Magnetfeld in y_m-Richtung. Für die Ablenkungen y_e bzw. y_m auf einem Leuchtschirm im Abstand L von der Mitte des Ablenksystems gelten die Gln. (4.74) und (4.81a):

$$y_e = \frac{lL}{2d}\frac{U_p}{U_a}, \quad y_m = \frac{Ll\eta B}{\sqrt{2\eta U_a}}.$$

Setzt man anstelle von $\eta = e/m$ das Verhältnis von Ionenladung zu -masse (q/M) ein und eliminiert man aus beiden Gleichungen die Beschleunigungsspannung U_a der Ionen, so wird:

$$y_e = \frac{M}{q}\frac{U_p}{LldB^2}y_m^2. \tag{4.83}$$

Der Auftreffort für Ionen mit einem bestimmten M/q-Verhältnis und verschiedener Geschwindigkeit stellt also auf dem Leuchtschirm eine Parabel dar. Für Ionen mit zwei verschiedenen Massen M_1 und M_2 ergeben sich zwei nebeneinander liegende Parabeln (Abb. 4.29b). Aus ihrer Lage lassen sich die Ionenmassen M_1 und M_2 bestimmen (Massenspektrograph).

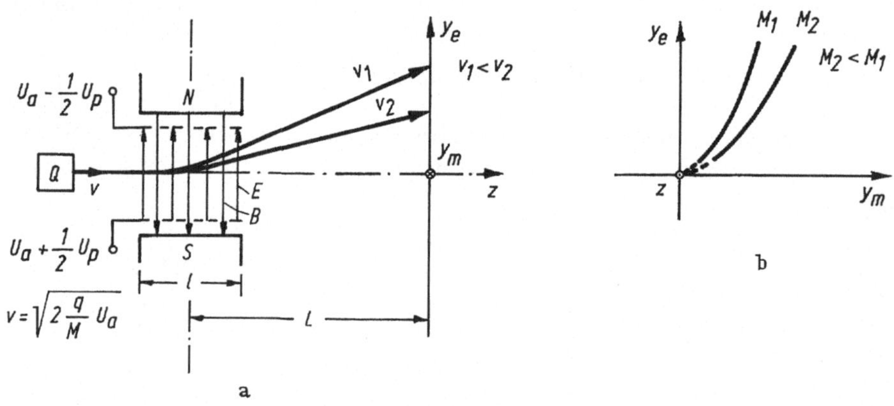

Abb. 4.29. a Parabel-Spektrograph nach Thomson, **b** Parabelförmiger Auftreffort am Schirm für Ionen der Massen M_1 bzw. M_2

4.2.5 Ablenkfehler

Bei größeren Ablenkwinkeln weisen Ablenksysteme Fehler auf. Sie entstehen, weil die Strahlgeschwindigkeit während der Ablenkung nicht konstant bleibt und das inhomogene Randfeld wie eine Zylinderlinse wirkt. In Tabelle 13 sind die wichtigsten Ablenkfehler mit ihren Fehlerfiguren und Ursachen angegeben. Man unterscheidet *Verzeichnungsfehler* (Nr. 1–3), *Astigmatismus und Bildwölbung* (4) sowie *Komafehler* (5).

Tabelle 13. Ablenkfehler und ihre Ursachen

Nr.	Ablenkfehler	Schirmbild ohne Fehler	Schirmbild mit Fehler	Ursachen des Ablenkfehlers
1	Maßstabsfehler	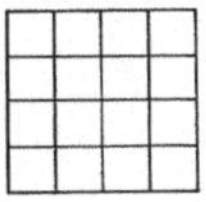	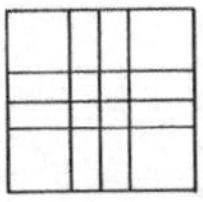	Die Ablenkfeldstärke bzw. die Strahlgeschwindigkeit hängen von der Ablenkung ab.
2	Kissen- oder tonnenförmige Koordinaten-krümmung	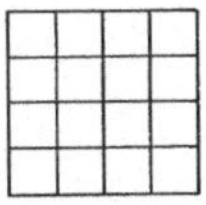	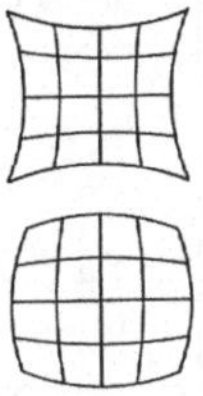	Unterschiedliche wirksame Feldlängen zweier hinter-einander liegender Ablenk-systeme.
3	Trapezfehler	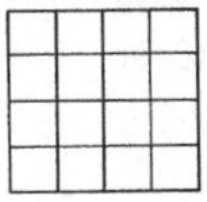	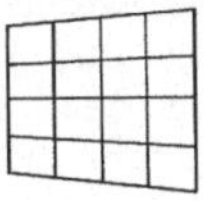	Unsymmetrische Ablenk-spannung oder schiefer Leuchtschirm.
4	Astigmatismus und Bildwölbung	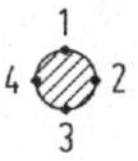 1 4 2 3		Verschieden starke Ablenkung für die Bereiche 1 bis 4 des Elektronenstrahls durch das inhomogene Randfeld.
5	Komafehler		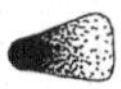	Großer Strahlquerschnitt und schiefer Strahleneinfall auf den Schirm.

Die Ablenkfehler können durch geeignete Formgebung der Ablenkorgane klein gehalten werden. Gegen Bildwölbung und Verzeichnung gibt es noch zusätzliche elektronenoptische sowie Schaltungsmittel. So kann die Bildwölbung durch automatische Nachfokussierung, die Koordinatenkrümmung durch elektronenoptische Entzerrer und der Maßstabsfehler durch Verformung der Ablenkspannungs- bzw. -stromkurve kompensiert werden. Die Bildwölbung kann auch durch gekrümmte Leuchtschirme behoben werden, wie dies bei Oszillographen- und Fernsehröhren der Fall ist.

4.2.6 Ähnlichkeitsgesetze für Ablenksysteme

Wie bei Elektronenlinsen (vgl. Abschnitt 4.1.6) gelten auch für Ablenksysteme elektronenoptische Ähnlichkeitsgesetze. Sie sind in Tabelle 14 wiedergegeben. Darin wird ein Ablenksystem (S′) mit einem System (S) verglichen. Die angegebenen Beziehungen zwischen den Ablenkungen (y_e und y_e' bzw. y_m und y_m') lassen sich unmittelbar aus den Formeln des Abschnitts 4.2 herleiten. Sind zum Beispiel zwei Ablenksysteme geometrisch ähnlich, aber verschieden groß ($L' = n\,L$, $l' = n\,l$, $d' = n\,d$) und sind die Ablenkspannungen in beiden Systemen gleich ($U' = U$), so gilt für die Ablenkung bei beiden Systemen: $y_e' = n\,y_e$ (n = beliebige Zahl).

Tabelle 14. Vergleich zweier gleichartiger Ablenksysteme (S) und (S'), bei denen sich einzelne Parameter um einen Faktor n unterscheiden

Elektrische Ablenksysteme:	
$(L, l, d)' = n(L, l, d)$; $U' = U$:	$y_e' = n \cdot y_e$
$U' = nU$:	$y_e' = y_e$
$(q/m)' = n(q/m)$:	$y_e' = y_e$
Magnetische Ablenksysteme:	
$(L, l, R)' = n(L, l, R)$:	$y_m' = n \cdot y_m$
$U' = nU$; $I' = \sqrt{n}\,I$:	$y_m' = y_m$
$(q/m)' = n(q/m)$:	$y_m' = \sqrt{n} \cdot y_m$

Elektrische Ablenksysteme: L', L = Abstand zwischen Feldmitte und Leuchtschirm, l', d' bzw. l, d = Länge und Abstand der Ablenkplatten, U, U' = Ablenkspannung bzw. Beschleunigungsspannung; q/m = Verhältnis von Ladung zu Masse der Teilchen des Elektronen- bzw. Ionenstrahls.
Magnetische Ablenksysteme: R', R = Elektronenbahnradius im Ablenkfeld; U', U = Beschleunigungsspannung; I', I = Spulenstrom.

4.2.7 Fokussierende (abbildende) Ablenksysteme für Energie- und Massenspektrographen

4.2.7.1 Allgemeine Eigenschaften

Nach Abschnitt 4.2.2 hängt die Ablenkung y_e bei *elektrischen* Ablenksystemen nur von der Energie der Strahlteilchen ab. Energiereiche Teilchen werden dabei weniger abgelenkt als energieärmere. Ionen werden daher in einem homogenen elektrischen Ablenkfeld nach ihrer Energie getrennt (Energiespektrum). Bei *magnetischen* Ablenksystemen hängt die Ablenkung y_m nach Abschnitt 4.2.3 von der Masse und Geschwindigkeit der Strahlteilchen ab. Schnelle und schwere Teilchen werden dabei weniger abgelenkt als langsame und leichte. In einem homogenen magnetischen Ablenkfeld werden daher Ionen gleicher Geschwindigkeit nach ihrer Masse (Massenspektrum) oder Ionen gleicher Masse nach ihrer Geschwindigkeit getrennt (Geschwindigkeitsspektrum). Durch ein kombiniertes elektrisches und magnetisches Ablenksystem kann das Spektrum von Ionen verschiedener Masse *und* Energie bestimmt werden.

Ein hohes spektrales Auflösungsvermögen erreicht man durch Ablenksysteme mit kreisringförmigen elektrischen oder magnetischen Sektorfeldern. Sie ermöglichen große Ablenkwinkel und haben gleichzeitig die Eigenschaft der Ionenstrahlfokussierung. Mit ihnen lassen sich hochauflösende Massenspektrographen mit Richtungs-, Geschwindigkeits- und Doppelfokussierung aufbauen. Unter *Richtungsfokussierung* versteht man den Effekt, daß ein vor der Ablenkung divergierendes Bündel von Ionen gleicher Energie bzw. Masse hinter dem Ablenksystem zu einem Strich fokussiert wird. Bei der *Geschwindigkeitsfokussierung* werden Ionen gleicher Masse und Flugrichtung, aber verschiedener Geschwindigkeit gesammelt. Beide Fokussierungsarten ergeben – gleichzeitig angewandt – das Prinzip der *Doppelfokussierung*, bei der ein ursprünglich divergierendes Bündel von Ionen verschiedener Masse und Geschwindigkeit nach den Massen getrennt auf einen Auffänger trifft. Für diesen letzten Fall ist ein kombiniertes elektrisches und magnetisches Ablenksystem erforderlich.

Massenspektrographen werden u.a. zur Untersuchung von Ionen in Gasentladungen, zur Messung des Partialdrucks von Gasresten in Vakuumsystemen und zur Materialanalyse durch Ionenspektrometrie von Materialproben verwendet.

4.2.7.2 Elektrisches Sektor-Ablenkfeld

Ein solches System besteht aus zwei konzentrischen kreiszylindrischen Ablenkelektroden (Abb. 4.30), die ein inhomogenes sektorförmiges Feld erzeugen. Aus einer Quelle Q treten Ionen mit verschiedener Geschwindigkeit v_0 durch einen Eintrittsspalt der Breite S in das Sektorfeld ein und treffen am Austrittsspalt auf einen Kollektor. Das am Eintrittsspalt divergierende Ionenstrahlbündel wird im Sektorfeld so abgelenkt, daß der Mittelstrahl eine Kreisbahn mit dem Radius R_0 beschreibt. Längs dieser Gleichgewichtsbahn, an der die konstante Feldstärke E_0 herrscht, ist die elektrische Feldkraft gleich der Zentrifugalkraft der Ionen:

$$q\,E_0 = \frac{M\,v_0^2}{R_0}. \tag{4.84}$$

Folglich ist

$$R_0 = K\left(\frac{M\,v_0^2}{2}\right) = K\,E_k \tag{4.85}$$

(K = Konstante). Der Ionenbahnradius R_0 ist also nur von der Ionenenergie E_k abhängig. Die Ionen werden daher nach ihrer Energie E_k getrennt (*Energiefilter*).

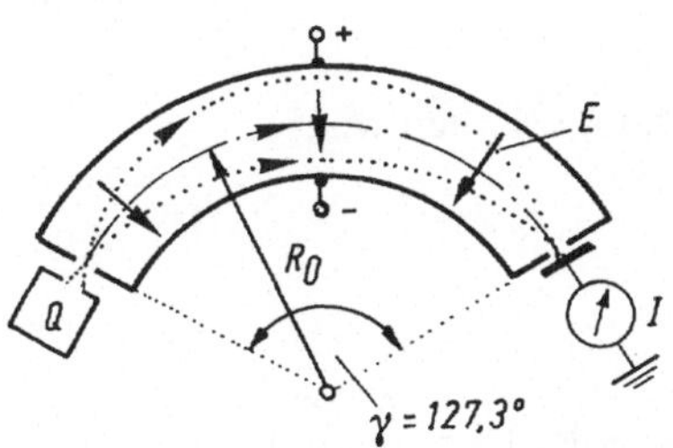

Abb. 4.30. Elektrisches Sektorfeld mit Richtungsfokussierung zur Energiespektrometrie von positiven Ionen

Das elektrische Sektorfeld hat ferner die Eigenschaft, daß Ionen gleicher Energie und verschiedener Eintrittsrichtung unabhängig von ihrer Masse nach einer Ablenkung um den Winkel $\gamma = \pi/\sqrt{2} = 127{,}3°$ in einem Strich (Spaltbild) fokussiert werden (Richtungsfokussierung). Dies ergibt sich aus folgender Überlegung: Nach Gl. (4.84) ist wegen $v_0 = \omega_0 R_0$:

$$q\,E_0 = \frac{M\,v_0^2}{R_0} = M\,\omega_0^2 R_0. \tag{4.84a}$$

Weicht ein Ion um einen kleinen Betrag Δr von der Gleichgewichtsbahn ab, so beträgt sein Bahnradius $r = R_0 + \Delta r$. Dann gilt nicht mehr Gl. (4.84a), sondern es wirkt auf das Ion eine resultierende radiale Kraft:

$$M \frac{d^2 r}{dt^2} = M \omega^2 r - q E. \tag{4.86}$$

Nach dem Satz von der Konstanz des Drehimpulses ist

$$M r^2 \omega = M R_0^2 \omega_0 \tag{4.87}$$

und daher

$$\omega^2 = \frac{R_0^4 \omega_0^2}{r^4}. \tag{4.87a}$$

Für die Feldstärke E im zylindrischen Sektorfeld gilt nach Gl. (2.16):

$$E = -\frac{\partial V}{\partial r} = -\frac{c}{r}. \tag{4.88}$$

Damit wird

$$-\left(\frac{\partial V}{\partial r}\right)_{R_0} = -\frac{c}{R_0} = E_0$$

und wegen $c = -E_0 R_0$:

$$E = \frac{E_0 R_0}{r}. \tag{4.88a}$$

Mit $r = (R_0 + \Delta r)$ folgt aus Gl. (4.88a):

$$E = \frac{E_0 R_0}{r} = \frac{E_0 R_0}{R_0 + \Delta r} \approx E_0 \left(1 - \frac{\Delta r}{R_0}\right). \tag{4.89}$$

Durch Einsetzen von Gl. (4.87a) und (4.89) in (4.86) erhalten wir:

$$\frac{d^2 r}{dt^2} = \frac{\omega_0^2 R_0^4}{r^3} - \frac{q}{M} E_0 \left(1 - \frac{\Delta r}{R_0}\right). \tag{4.90}$$

Wegen

$$\omega_0^2 \frac{R_0^4}{r^3} = \omega_0^2 \frac{R_0^4}{(R_0 + \Delta r)^3} = \omega_0^2 \frac{R_0}{\left(1 + \frac{\Delta r}{R_0}\right)^3} \approx \omega_0^2 R_0 \left(1 - \frac{\Delta r}{R_0}\right)^3 \approx$$

$$\approx \omega_0^2 R_0 - 3 \omega_0^2 \Delta r + \underbrace{3 \omega_0^2 \frac{(\Delta r)^2}{R_0}}_{\approx 0} - \underbrace{\omega_0^2 \frac{(\Delta r)^3}{R_0^2}}_{\approx 0}$$

geht Gl. (4.90) über in:

$$\frac{d^2 (R_0 + \Delta r)}{dt^2} \approx \omega_0^2 R_0 - 3 \omega_0^2 \Delta r - \frac{q}{M} E_0 + \frac{q}{M} E_0 \frac{\Delta r}{R_0}. \tag{4.90a}$$

Auf der linken Seite dieser Gleichung fällt das R_0 als Konstante weg, ebenso auf der rechten Seite die Ausdrücke $\omega_0^2 R_0$ und $(q/M) E_0$, weil sie nach Gl. (4.84a) gleich groß sind. Folglich ist:

$$\frac{d^2(\Delta r)}{dt^2} + 2\,\omega_0^2\,\Delta r = 0\,. \tag{4.91}$$

Diese Differentialgleichung hat die Lösung:

$$\Delta r = C \sin(\sqrt{2}\,\omega_0 t)\,. \tag{4.92}$$

Nach dieser Gleichung führen die von der Gleichgewichtsbahn abweichenden Ionen sinusförmige Pendelschwingungen um die Gleichgewichtsbahn aus (Abb. 4.31). Die Kreisfrequenz dieser Schwingungen beträgt $\omega' = \sqrt{2} \cdot \omega_0$ und die Periodendauer:

$$T = \frac{2\pi}{\omega'} = \frac{2\pi}{\sqrt{2}\,\omega_0}\,. \tag{4.93}$$

Während dieser Zeit T, die einem Ablenkwinkel $2\pi/\sqrt{2}$ entspricht, kreuzt die Pendelschwingung zweimal die Gleichgewichtsbahn. Diese Schnittpunkte sind die Fokussierpunkte der Ionen. Erstmalige Fokussierung findet also bei einem Ablenkwinkel

$$\gamma = \frac{\pi}{\sqrt{2}} = 127{,}3^\circ \tag{4.94}$$

statt. Parallel in das Sektorfeld eintretende Ionenstrahlen werden bei einem Ablenkwinkel $\gamma' = \gamma/2 = 63{,}7^\circ$ fokussiert. Auch mit kleineren Ablenkwinkeln wird eine Ionenstrahlfokussierung erreicht, wenn Ionenquelle und Auffänger in einer gewissen Entfernung vom Ablenksystem angeordnet sind (Abb. 4.32).

Das *Auflösungsvermögen* eines Energiespektrographen ist

$$\boxed{A_E = \frac{E_k}{\Delta E_k}\,.} \tag{4.95}$$

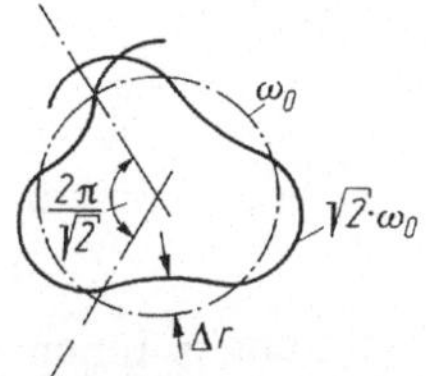

Abb. 4.31

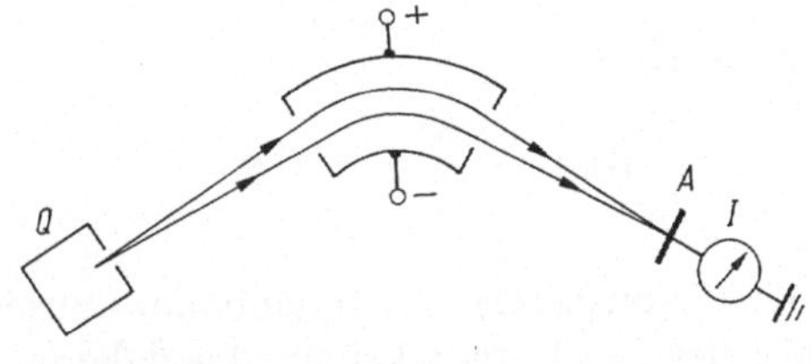

Abb. 4.32

Abb. 31. Sinusförmige Pendelschwingungen von Ionen um die Gleichgewichtsbahn im elektrischen Sektorfeld

Abb. 4.32. Ionenstrahlfokussierung durch ein verkürztes elektrisches Sektorfeld. Ionenquelle Q und Auffänger A befinden sich in einer gewissen Entfernung vom Ablenksystem

Dabei bedeutet E_k die mittlere Energie des kleinen Energieintervalls ΔE_k, das am Austrittsspalt erfaßt wird. Nach Gl. (4.85) entspricht dem Energieintervall ΔE_k ein Radiusintervall

$$\Delta R_0 = K\,\Delta E_k. \tag{4.96}$$

Aus Abb. 4.33 geht hervor, daß bei einem Ablenkwinkel von 180° $\Delta R_0 = S/2$ und bei einem Ablenkwinkel von 127,3° $\Delta R_0 \approx S/2$ beträgt. Damit wird das Auflösungsvermögen des Sektorfelds nach Abb. 4.30:

$$A_E \approx \frac{2\,R_0}{S}. \tag{4.97}$$

Das Auflösungsvermögen ist also um so größer, je größer der Bahnradius R_0 und je kleiner die Breite S des abzubildenden Eintrittsspalts ist. Die minimale Spaltbreite wird durch die Nachweisgrenze für den Ionenstrom bestimmt.

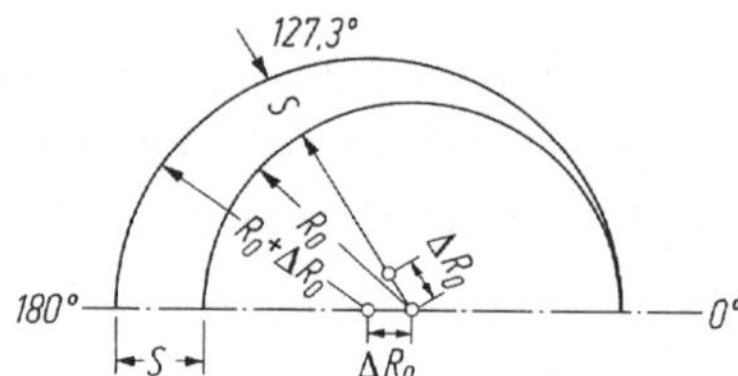

Abb. 4.33. Spaltbreite S und resultierende Differenz ΔR_0 der Kreisbahnradien

4.2.7.3 Magnetisches Sektor-Ablenkfeld

Dieses System besteht aus zwei kreisringförmigen Polschuhsektoren, die ein homogenes sektorförmiges Magnetfeld der Induktion B erzeugen (Abb. 4.34). Ein am Eintrittsspalt mit der Geschwindigkeit v_0 eintretendes divergierendes Ionenbündel wird im Sektorfeld so abgelenkt, daß der Mittelstrahl wie im elektrischen Fall eine Kreisbahn mit dem Radius R_0 beschreibt. Längs dieser Gleichgewichtsbahn ist die magnetische Feldkraft gleich der Zentrifugalkraft der Ionen:

$$q\,v_0\,B = \frac{M\,v_0^2}{R_0}. \tag{4.98}$$

Daher ist

$$R_0 = \frac{M\,v_0}{q\,B} = K'(M\,v_0) \tag{4.99}$$

(K' = Konstante). Der Ionenbahnradius ist also vom Produkt $M\,v_0$ abhängig. Ionen gleicher Geschwindigkeit werden daher nach ihrer Masse getrennt (*Massenfilter*) oder Ionen gleicher Masse nach ihrer Geschwindigkeit (*Geschwindigkeitsfilter*).

Das magnetische Sektorfeld hat ferner die Eigenschaft, daß Ionen gleicher Masse und verschiedener Eintrittsrichtung unabhängig von ihrer Geschwindigkeit nach einer Ablenkung um den Winkel $\gamma = 180°$ in einem Strich (Spaltbild) fokussiert werden (Richtungskokussierung). Dies folgt unmittelbar aus Abb. 4.35: Zwei Kreise mit

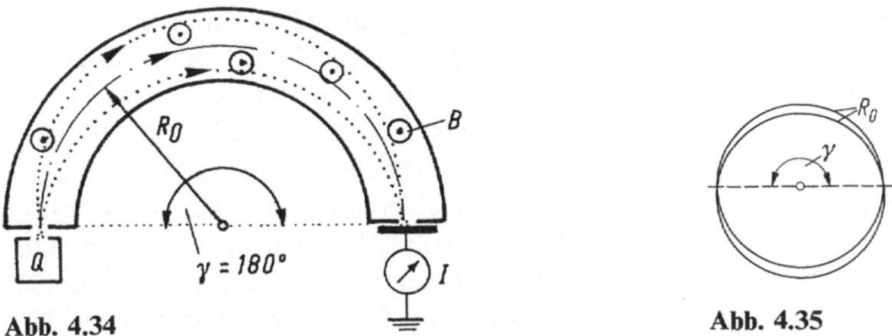

Abb. 4.34

Abb. 4.35

Abb. 4.34. Magnetisches Sektorfeld mit Richtungsfokussierung zur Massenspektrometrie von positiven Ionen

Abb. 4.35. Richtungsfokussierung in einem magnetischen Sektorfeld bei $\gamma = 180°$

gleichem Radius R_0 und etwas verschobenen Mittelpunkten schneiden sich stets so, daß $\gamma = 180°$ beträgt. Parallel in ein magnetisches Sektorfeld eintretende Ionenstrahlen werden bei einem Ablenkwinkel $\gamma' = \gamma/2 = 90°$ fokussiert. Bei kleineren Ablenkwinkeln erreicht man Ionenstrahlfokussierung, wenn Ionenquelle und Auffänger wie beim elektrischen Ablenksystem in Abb. 4.32 vom Sektorfeld einen gewissen Abstand haben.

Das *Auflösungsvermögen* eines Massenspektrographen ist

$$\boxed{A_M = \frac{M_0}{\Delta M}.} \tag{4.100}$$

Dabei ist M_0 die mittlere Masse eines kleinen Massenintervalls ΔM, das am Austrittsspalt erfaßt wird. Nach Gl. (4.99) entspricht dem Masseninterval ΔM ein Radiusintervall

$$\Delta R_0 = K'(\Delta M\, v_0). \tag{4.101}$$

Wie bereits in Abb. 4.33 gezeigt wurde, ist bei einem Ablenkwinkel von 180° $\Delta R_0 = S/2$. Damit erhält man für das Auflösungsvermögen des Sektorfelds nach Abb. 4.34 wie im elektrischen Fall:

$$A_M = \frac{2R_0}{S}. \tag{4.102}$$

4.2.7.4 Beispiele von Massenspektrographen

Der richtungsfokussierende Massenspektrograph nach Dempster besteht aus einem magnetischen 180°-Sektorfeld und trennt Ionen gleicher Geschwindigkeit nach ihrer Masse. Das Massenspektrum wird durch Verändern der Ionenbeschleunigungsspannung oder der magnetischen Induktion aufgenommen. Das Auflösungsvermögen beträgt $A_M = 10^3$. (Zum Vergleich: Beim Parabelspektrographen von Thomson ist $A_M \approx 100$.)

Der geschwindigkeitsfokussierende Massenspektrograph nach Aston besteht aus der Serienschaltung eines Energiefilters (elektrisches Sektorfeld) und eines Massenfilters (magnetisches Sektorfeld). Er trennt Ionen mit anfangs gleicher Flugrichtung, aber verschiedener Energie und Masse nach ihrer Masse ($A_M = 300$ bis 3000).

Das höchste Auflösungsvermögen ($A_M = 5 \cdot 10^4$) erreicht man mit doppelfokussierenden Spektrographen. Sie trennen Ionen verschiedener Energie, Masse und Flugrichtung nach ihrer Masse. Dafür geeignete Feldkonfigurationen sind zum Beispiel: die Hintereinanderschaltung eines elektrischen 90°- und eines magnetischen 180°-Sektorfeldes (Dempster, $A_M = 10^3$); die Serienschaltung eines elektrischen 127°- und eines magnetischen 60°-Sektorfeldes (Bainbridge u. Jordan, $A_M = 10^4$); die Serienschaltung eines elektrischen 31,8°- und eines magnetischen 90°-Sektorfelds (Mattauch u. Herzog, $A_M = 6{,}5 \cdot 10^3$; Ewald, $A_M = 5 \cdot 10^4$); die Kombination eines elektrischen 90°- mit einem magnetischen 60°-Ablenksystem (Nier et al.) oder zweier magnetischer 90°-Systeme (Inghram u. Hayden) mit S- oder C-förmiger Ionenbahn.

4.3 Elektronenstrahl-Erzeugungs- und -Fokussiersysteme

Voraussetzung für die Funktion eines Elektronenstrahlgeräts ist die Erzeugung eines Strahls mit der gewünschten Querschnittsfläche, Stromstärke und Teilchengeschwindigkeit. Dazu sind verschiedene Systeme (*Elektronenkanonen*) entwickelt worden. Eine zweite Voraussetzung ist, daß der Elektronenstrahlquerschnitt konstant bleibt oder sich mit wachsendem Abstand von der Elektronenkanone so verjüngt, daß er am Strahlende (Leuchtschirm) seinen kleinsten Wert hat. Bei Röhren mit geringer Strahlstromstärke (Größenordnung 10 µA) ist diese Bedingung durch geeignete Dimensionierung des Erzeugungssystems erfüllbar. Bei Systemen mit relativ großer Strahlstromstärke (Größenordnung 10 mA und mehr) macht sich die Raumladungsabstoßung der Elektronen in einer Strahlaufspreizung bemerkbar. Dieser Effekt kann durch geeignete Form der Elektroden des Erzeugungssystems sowie durch Fokussiersysteme mit homogener oder periodischer Feldverteilung außerhalb des Erzeugungssystems kompensiert werden.

4.3.1 Elektronenstrahl-Erzeugungssysteme

4.3.1.1 Erzeugungssysteme für Elektronenstrahl-Wandlerröhren

(Größenordnung der Strahlstromstärke: 10 µA bis einige mA)

Die Elektronenstrahlquellen solcher Röhren bestehen aus einer ebenen Oxidkathode, zwei oder mehr Fokussierelektroden und einer Beschleunigungselektrode (Anode). In Abb. 4.36 ist ein derartiges System mit vier Elektroden dargestellt. Durch die rotationssymmetrische Feldverteilung werden die von der Kathode (K) ausgehenden Elektronenstrahlen (ES) zunächst in einem Überkreuzungspunkt (Crossover C) fokussiert. Das nachfolgende Linsensystem (L) bündelt die vom Überkreuzungspunkt ausgehenden divergierenden Elektronenstrahlen in einem scharfen Bildpunkt auf dem weiter entfernten Leuchtschirm.

Bei Fernsehbild- und Monitorröhren (mit Strahlmodulation) wird die der Kathode nächstliegende Elektrode zur Steuerung der Strahlstromstärke verwendet (Wehnelt-Elektrode). Dadurch kommt man mit einer niedrigen Steuerspannung aus und erreicht trotzdem einen scharfen Überkreuzungspunkt sowie eine gute Konstanz des Überkreuzungsradius während der Aussteuerung. Als Beispiele zeigt Abb. 4.37 Elektronenkanonen für eine Schwarz-Weiß- bzw. Farbbildröhre.

Um den Überkreuzungspunkt vor der Kathode zu vermeiden, wurde ein Laminar-Flow-Elektronenstrahlsystem vorgeschlagen (Abb. 4.38). Es erzeugt ein schwach konvergierendes Elektronenstrahlbündel, das am Leuchtschirm zu einem Punkt fokussiert wird.

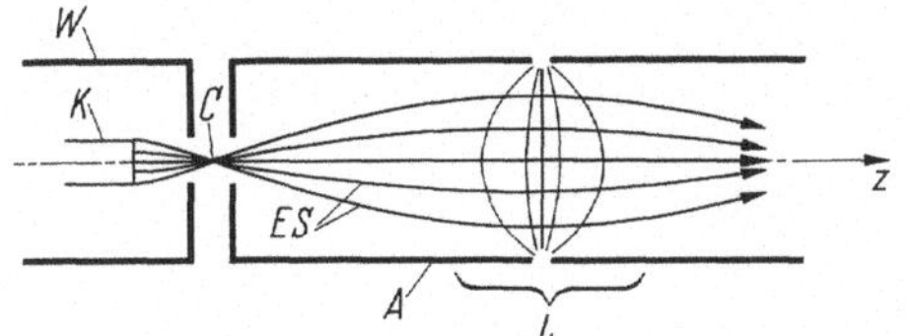

Abb. 4.36. Aufbau einer Elektronenkanone für Elektronenstrahlröhren.
K = Kathode, W = Wehnelt-Elektrode,
A = Anode, L = Elektronenlinse,
C = Crossover, ES = Elektronenstrahl

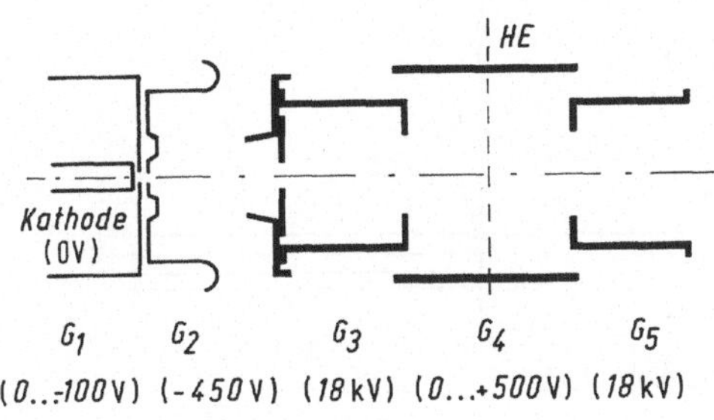

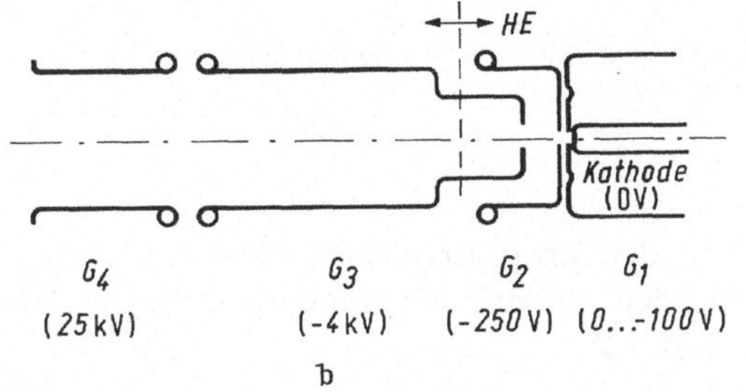

Abb. 4.37a, b. Elektronenkanonen für eine Schwarz-Weiß-Bildröhre (**a**) und für eine Farbbildröhre (**b**).
HE = Hauptebene des Linsensystems.
Elektrodenabstände: $K–G_1 \approx 90\,\mu m$, $G_1–G_2 \approx 300\,\mu m$ (Philips)

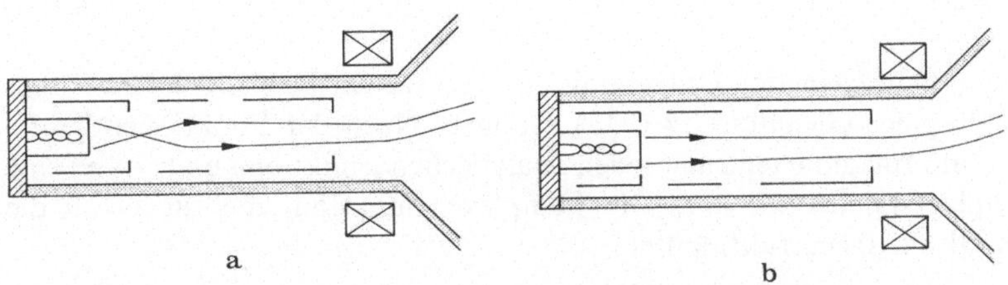

Abb. 4.38a, b. Elektronenkanone mit Überkreuzungspunkt (**a**) und mit Laminar-Flow-System (**b**)

4.3.1.2 Elektronenkanonen nach Pierce

(Größenordnung der Strahlstromstärke: 10 mA und höher)

Bei größeren Strahlstromstärken ist die Raumladungsabstoßung der Elektronen nicht mehr vernachlässigbar. Eine scharfe Strahlbegrenzung läßt sich in diesem Fall nach Pierce durch geeignete Form der Elektroden des Erzeugungssystems erreichen. Bei einem Elektronenstrahl ES, der parallel zur z-Achse unterhalb dieser verläuft (Abb. 4.39), gelten für die Raumladungsdichte ϱ und für die Potentialdifferenz U (Potential bezogen auf die Kathode) folgende Beziehungen:

$$\begin{aligned} &\text{a) für } y > 0\colon\ \varrho = 0,\quad \Delta U = 0, \\ &\text{b) für } y < 0\colon\ \varrho < 0,\quad \Delta U = \frac{\varrho}{\varepsilon_0}, \\ &\text{c) für } y = 0\colon\ \varrho < 0,\quad U = f(z),\quad \frac{\partial U}{\partial y} = 0. \end{aligned} \tag{4.103}$$

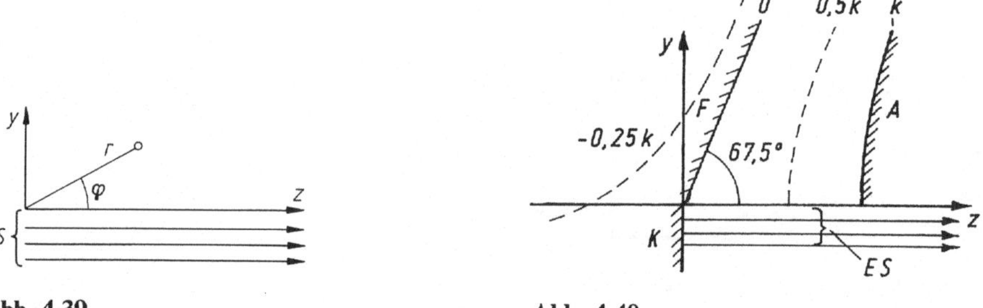

Abb. 4.39

Abb. 4.40

Abb. 4.39. Koordinatensystem zur Bestimmung der Potentialverteilung in der Umgebung eines Elektronenstrahls ES mit großer Ausdehnung senkrecht zur Zeichenebene (Flachstrahl)

Abb. 4.40. Verlauf der Äquipotentialflächen (gestrichelt), der Fokussierelektrode (F) und der Anode (A) zur Erzeugung eines Parallelstrahls (ES).
K = Kathode

Im Elektronenstrahl, d.h. bei $y \leqslant 0$, ist der Strom *raumladungsbegrenzt*. In einer derartigen Elektronenströmung gilt für den Verlauf der Potentialdifferenz U(z) (bezogen auf die Kathode) nach Abschnitt 5.1:

$$U(z) = k\,z^{4/3}. \tag{4.104}$$

Die Potentialverteilung in der Umgebung des Elektronenstrahls, d.h. im Raum $y > 0$, muß der Laplace-Gleichung (4.103a) genügen. Nach der Funktionentheorie stellen der Real- und Imaginärteil einer jeden analytischen Funktion von $(z + jy)$ eine Lösung der Laplace-Gleichung dar. Die komplexe Funktion, die für $y = 0$ die Bedingung von Gl. (4.104) erfüllt, lautet:

$$U + jV = k\,(z + jy)^{4/3}. \tag{4.105}$$

Mit $z = r\cos\varphi$ und $y = r\sin\varphi$ wird aus Gl. (4.105):

$$U + jV = k\,r^{4/3}\left(\cos\frac{4}{3}\varphi + j\sin\frac{4}{3}\varphi\right) \tag{4.105a}$$

und damit

$$U = k\,r^{4/3}\cos\frac{4}{3}\varphi. \tag{4.106}$$

Diese Potentialverteilung muß also im Raum $y > 0$ bestehen, damit sich die Elektronen dauernd parallel zur z-Achse bewegen. Nach Gl. (4.106) wird $U = 0$ für jedes r, wenn $\cos(4/3)\varphi = 0$ ist, d.h. für

$$\varphi = \frac{3\pi}{8} = 67{,}5^\circ. \tag{4.107}$$

Die Fokussierelektrode F und die Anode A müssen demnach die Form der Äquipotentialflächen $U = 0$ bzw. $U = k$ haben, damit ein *Parallelstrahl* entsteht (Abb. 4.40). *Konvergente* Flach- oder Rundstrahlen erhält man mit zylinder- bzw. kugelförmig gekrümmter Kathodenoberfläche (Abb. 4.41). Die Formen der Elektroden F und A lassen sich bei solchen Systemen nur näherungsweise berechnen. Als Beispiel zeigt Abb. 4.42 die Elektronenkanone einer Wanderfeldröhre.

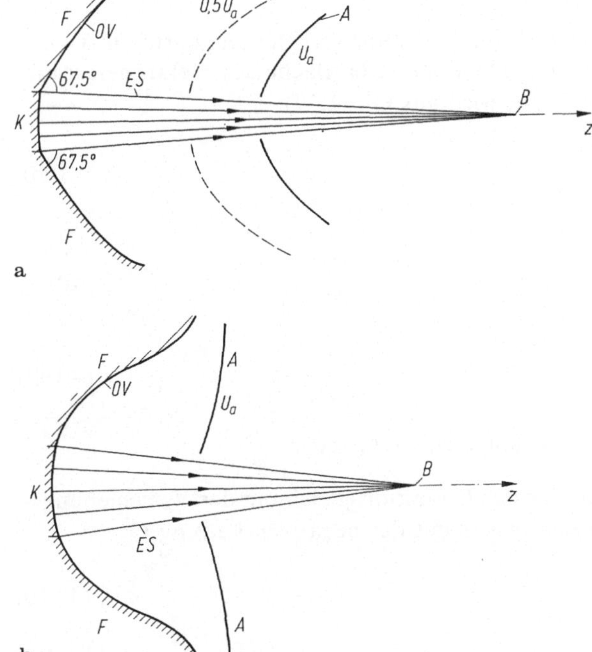

Abb. 4.41 a, b. Elektronenkanone zur Erzeugung eines konvergenten Elektronenstrahls (ES). **a** Flachstrahl, **b** Rundstrahl

4.3.2 Elektronenstrahlaufspreizung im feldfreien Raum

4.3.2.1 Kräfte auf ein Elektron im Strahl

Wie bereits erwähnt, verbreitert ein Elektronenstrahl im feldfreien Raum wegen der elektrischen Abstoßungskraft zwischen den Elektronen seinen Querschnitt. Auf ein Elektron im Strahl wirken dabei zwei entgegengerichtete Kräfte (Abb. 4.43): die abstoßende elektrische Feldkraft F_e nach außen und die vom Eigenmagnetfeld des Strahls herrührende magnetische Feldkraft F_m nach innen.

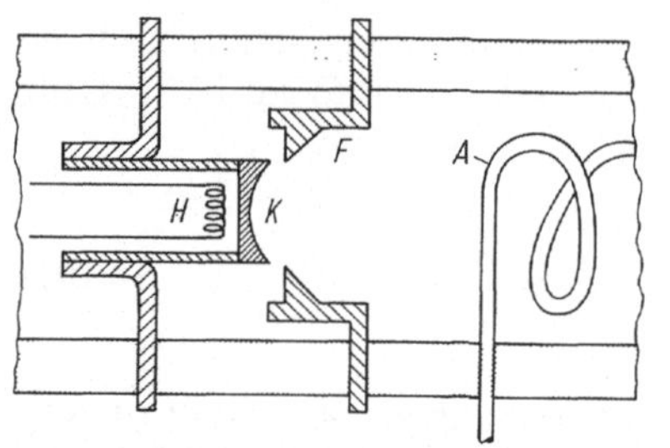

Abb. 4.42

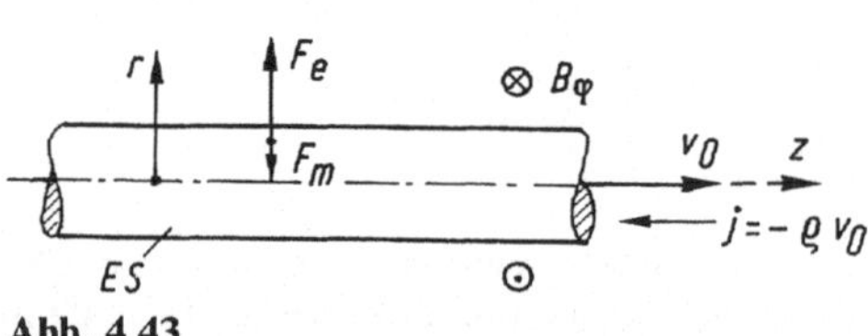

Abb. 4.43

Abb. 4.42. Elektronenkanone für eine Wanderfeldröhre (konvergenter Rundstrahl). H = Heizwendel, K = Kathode, F = Fokussierelektrode, A = Anode (Helix als Verzögerungsleitung)

Abb. 4.43. Feldkräfte auf ein Elektron in einem Elektronenstrahl (ES). F_m = magnetische Feldkraft, hervorgerufen vom Eigenmagnetfeld der Induktion B_φ des Strahls; F_e = elektrische Abstoßungskraft

Die Kraft F_e erhalten wir aus der Poisson-Gleichung (1.17), wenn darin für ΔV der Ausdruck von Gl. (2.2) eingesetzt wird. Da an der Oberfläche des Elektronenstrahls $E_\varphi = E_z = 0$ und $E = E_r = -\partial V/\partial r$ ist, wird aus Gl. (1.17):

$$-\frac{1}{r}\frac{\partial}{\partial r}(r\,E_r) = \frac{\varrho}{\varepsilon_0} = \frac{J}{\varepsilon_0\,v_0}. \tag{4.108}$$

Folglich ist:

$$r\,E_r = -\frac{J}{\varepsilon_0\,v_0}\frac{r^2}{2} \tag{4.108a}$$

und daher

$$E_r = -\frac{J\,r}{2\,\varepsilon_0\,v_0} \tag{4.109}$$

($J = \varrho\,v_0$ = Strahlstromdichte, v_0 = Strahlgeschwindigkeit).

Die Gl. (4.109) erhält man auch aus der Definitionsgleichung der Verschiebungsdichte D an der Oberfläche A eines Körpers mit der negativen Ladung Q:

$$D = -\frac{dQ}{dA}, \tag{4.110}$$

$$\int D\,dA = -Q. \tag{4.110a}$$

Für einen zylinderförmigen Elektronenstrahl ist die Verschiebungsdichte D im Abstand r von der Strahlachse $D = \varepsilon_0 E_r$ und das Integral über die Zylindermantelfläche gleich $2\pi r l$. Demnach ist:

$$\int D\,dA = 2\pi\varepsilon_0 r l E_r. \qquad (4.111)$$

Die Gesamtladung Q des Elektronenstrahls der Länge l beträgt:

$$Q = \varrho V = \varrho r^2 \pi l = \frac{J}{v_0} r^2 \pi l. \qquad (4.112)$$

Die Gln. (4.111) und (4.112) ergeben, in Gl. (4.110a) eingesetzt:

$$2\pi\varepsilon_0 r l E_r = -\frac{J}{v_0} r^2 \pi l$$

und damit

$$E_r = -\frac{J r}{2\varepsilon_0 v_0}.$$

In einem Elektronenstrahl steigt also die Feldstärke E_r linear mit r an (Abb. 4.44). Aus Gl. (4.109) folgt:

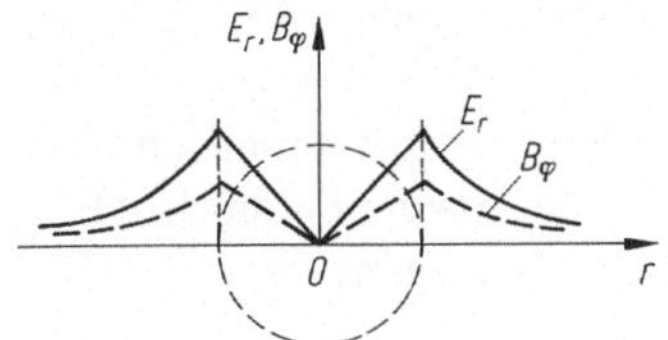

Abb. 4.44. Verlauf der elektrischen Feldstärke E_r und der magnetischen Induktion B_φ im Inneren und in der Umgebung eines Elektronenstrahls mit kreisförmigem Querschnitt

$$F_e = -e E_r = \frac{e J}{2\varepsilon_0 v_0} r. \qquad (4.113)$$

Die magnetische Feldkraft (Lorentz-Kraft) F_m beträgt:

$$F_m = e[v \times B]_r = e v_0 B_\varphi. \qquad (4.114)$$

Die magnetische Induktion B_φ, die der Elektronenstrahl in seiner Umgebung erzeugt, ergibt sich aus Gl. (1.5), wobei der Verschiebungsstrom $I_v = 0$ ist:

$$\int_A \operatorname{rot} H\,dA = \oint H\,ds = J A = I. \qquad (4.115)$$

Beim Elektronenstrahl (Abb. 4.43) ist $H = H_\varphi$ und $A = r^2\pi$. Damit erhält man aus Gl. (4.115):

$$2\pi r H_\varphi = J r^2 \pi$$

und

$$B_\varphi = \mu_0 H_\varphi = \frac{1}{2}\mu_0 J r. \qquad (4.116)$$

In einem Elektronenstrahl steigt also die magnetische Induktion des Eigenmagnetfelds linear mit r an (vgl. Abb. 4.44). Mit Gl. (4.116) folgt aus Gl. (4.114):

$$F_m = \frac{1}{2} e v_0 \mu_0 r J. \tag{4.117}$$

Die Summe der Feldkräfte nach Gl. (4.113) und (4.117) beträgt:

$$\boxed{F_r = F_e - F_m = \frac{e r J}{2 \varepsilon_0 v_0}\left(1 - \frac{v_0^2}{c^2}\right),} \tag{4.118}$$

wobei berücksichtigt ist, daß ε_0 und μ_0 mit der Lichtgeschwindigkeit c verknüpft sind:

$$c = \frac{1}{\sqrt{\varepsilon_0 \mu_0}}. \tag{4.119}$$

Die Gl. (4.118) zeigt, daß bei allen praktisch vorkommenden Elektronenstrahlgeschwindigkeiten wegen $v_0 \ll c$ immer $F_e \gg F_m$ und $F_r \approx F_e$ ist. Der Elektronenstrahl wird also stets aufgespreizt, und zwar um so mehr, je größer die Stromdichte J und der Strahlradius r sind. Im Grenzfall $v_0 \approx c$ ist die Strahlaufspreizung gering, weil F_m nicht mehr vernachlässigbar klein wird.

Andere Verhältnisse ergeben sich für ein *Plasma*, das neben Elektronen gleich viele positive Ionen enthält. Beide Ladungsträgerarten erzeugen elektrische Feldkräfte F_{e+} und F_{e-} bzw. F_{m+} und F_{m-}. Die resultierenden Feldkräfte betragen:

$$F_e = F_{e+} - F_{e-}, \qquad F_m = F_{m+} + F_{m-}. \tag{4.120}$$

In diesem Fall kann erreicht werden, daß $F_m > F_e$ wird und sich der Entladungskanal selbst einschnürt. Dieser *Pinch-Effekt* wird in Versuchs-Fusionsreaktoren zum Ablösen des extrem heißen Plasmas von der Wand des Reaktionsgefäßes ausgenutzt.

4.3.2.2 Berechnung der Strahlaufspreizung

Wir berechnen die Aufspreizung für einen Elektronenstrahl, auf den keine äußeren Felder einwirken, der nur um kleine Winkel abgelenkt wird und dessen Raumladungsdichte ϱ bei $z = 0$ konstant (unabhängig von r) ist. Der Strahl habe bei $z = 0$ den Radius a_0 und bei $z > 0$ den Radius $a > a_0$ (Abb. 4.45). Es gilt dann für die elektrische Feldstärke E_a am Strahlrand, d.h. bei $r = a$, nach Gl. (4.109) mit $I = JA = J a^2 \pi$:

$$E_a = -\frac{J a}{2 \varepsilon_0 v_0} = -\frac{I}{2 \pi \varepsilon_0 v_0 a}. \tag{4.121}$$

Die Bewegungsgleichung für ein Randelektron lautet:

$$\ddot{a} = \frac{d^2 a}{dt^2} = -\eta E_a = \frac{\eta I}{2 \pi \varepsilon_0 v_0 a}. \tag{4.122}$$

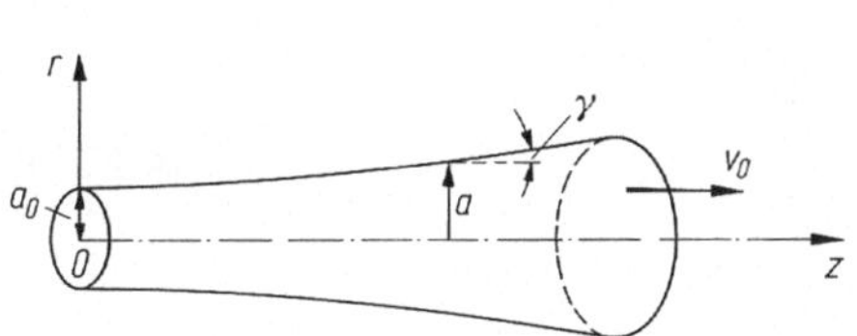

Abb. 4.45

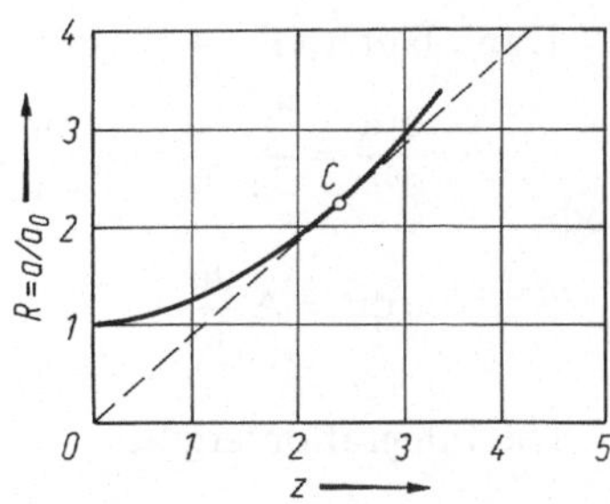

Abb. 4.46

Abb. 4.45. Aufspreizung eines Elektronenstrahls durch die abstoßenden Kräfte zwischen den Elektonen. a_0 = Anfangsradius, a = Radius an einer beliebigen Stelle z, γ = Ablenkwinkel des Strahlrands

Abb. 4.46. Verlauf von $R = a/a_0$ in Abhängigkeit von Z

Mit $z = v_0 t$ wird:

$$\frac{da}{dt} = \frac{\partial a}{\partial z}\frac{\partial z}{\partial t} = \frac{\partial a}{\partial z} v_0 \tag{4.123}$$

und

$$\frac{d^2 a}{dt^2} = \frac{d^2 a}{dz^2} v_0^2 + \frac{\partial a}{\partial z}\frac{\partial v_0}{\partial z} v_0 . \tag{4.123a}$$

In Gl. (4.123a) ist $\partial v_0/\partial z = 0$ für kleine Ablenkwinkel. Aus den Gln. (4.122) und (4.123a) folgt:

$$\frac{d^2 a}{dz^2} = \frac{\eta I}{2\pi \varepsilon_0 v_0^2 a} = \frac{A}{a} . \tag{4.124}$$

Wegen $v_0 = \sqrt{2\eta U}$ (U = Beschleunigungsspannung des Elektronenstrahls) wird die Konstante A:

$$A = \frac{1}{4\sqrt{2}\pi \varepsilon_0 \sqrt{\eta}} \frac{I}{U^{3/2}} = 1{,}52 \cdot 10^4 \frac{I/A}{(U/V)^{3/2}} . \tag{4.125}$$

Die Größe $(I/U^{3/2})$ in Gl. (4.125) bezeichnet man als *Perveanz des Elektronenstrahls*. Je größer die Perveanz bzw. die Konstante A ist, um so höher wird nach Gl. (4.124) die Krümmung (d^2a/dz^2) des Strahlrands, um so mehr weitet sich also der Strahl auf. Die Perveanz beträgt für Elektronenstrahl-Wandlerröhren 10^{-8} bis 10^{-10} $A/V^{3/2}$ und für Mikrowellenröhren 10^{-5} bis 10^{-7} $A/V^{3/2}$.

Wäre in Gl. (4.124) d^2a/dz^2 = const, so ergäbe sich für a(z) eine Parabel. Die tatsächliche Strahlaufspreizung ist kleiner. Die Lösung von Gl. (4.124) erhalten wir mit dem Ansatz:

$$\frac{da}{dz} = u . \tag{4.126}$$

Dann lautet Gl. (4.124):

$$\frac{d^2a}{dz^2} = \frac{\partial u}{\partial a}\frac{\partial a}{\partial z} = u\frac{d\dot{u}}{da} = \frac{A}{a} \tag{4.127}$$

oder

$$u\,du = A\frac{da}{a}. \tag{4.127a}$$

Die Integration ergibt:

$$\frac{1}{2}u^2 = A\ln a + C. \tag{4.128}$$

Bei $z = 0$ ist $a = a_0$ und $u = 0$; daraus folgt für die Integrationskonstante $C = -A\ln a_0$. Damit wird:

$$u = \frac{da}{dz} = \tan\gamma = \sqrt{2A\ln\frac{a}{a_0}} = \sqrt{2A\ln R} = 174\sqrt{\frac{I/A}{(U/V)^{3/2}}\cdot\ln R} \tag{4.129}$$

(γ = Ablenkwinkel für ein Randelektron des Strahls).

Zur weiteren Rechnung führen wir die normierte z-Koordinate Z ein:

$$Z = \sqrt{2A}\cdot\frac{z}{a_0}. \tag{4.130}$$

Dann ist:

$$dZ = \sqrt{2A}\,\frac{dz}{a_0} \tag{4.130a}$$

oder

$$dz = \frac{a_0}{\sqrt{2A}}\,dZ. \tag{4.130b}$$

Die Gln. (4.129) und (4.130b) ergeben zusammen:

$$\frac{da}{dz} = \frac{da}{a_0\,dZ}\sqrt{2A} = \sqrt{2A}\,\ln R. \tag{4.131}$$

Wegen $a/a_0 = R$ kann man Gl. (4.131) auch in der Form schreiben:

$$\frac{dR}{dZ} = \sqrt{\ln R} \tag{4.131a}$$

oder

$$dZ = \frac{dR}{\sqrt{\ln R}}.$$

Somit ist:

$$Z = \int_1^R \frac{dR}{\sqrt{\ln R}}. \tag{4.132}$$

Dieser Zusammenhang zwischen R und Z ist in Abb. 4.46 graphisch dargestellt. Wir setzen nun:

$$R = e^{w^2} \tag{4.133}$$

und erhalten:

$$dR = 2\,w\,e^{w^2}\,dw = 2\sqrt{\ln R}\,e^{w^2}\,dw. \tag{4.134}$$

Gl. (4.134) in (4.132) eingesetzt, ergibt:

$$Z = 2\int_0^w e^{w^2}\,dw. \tag{4.135}$$

Die Lösung dieses Integrals ist tabelliert. Um für einen Elektronenstrahl mit gegebener Perveanz und bestimmtem Anfangsradius a_0 (bei $z = 0$) den Ort $z > 0$ zu finden, wo der Radius einen Wert $a > a_0$ erreicht hat, kann man entweder aus Abb. 4.46 oder mit Hilfe der Gln. (4.133) und (4.135) den Wert von Z bestimmen und dann mit Gl. (4.130) den zugehörigen Ort z berechnen. Beträgt zum Beispiel die Perveanz $4 \cdot 10^{-8}\ \mathrm{A/V^{3/2}}$, so folgt aus Gl. (4.130) $Z = 0{,}0348\,z/a_0$. Für den gewählten Wert $a/a_0 = 1{,}5$ wird nach Abb. 4.46 $Z = 1{,}5$ und deshalb $z = 43{,}2\,a_0$. An dieser Stelle ist also der Strahlradius um 50% größer als am Strahlanfang bei $z = 0$.

Mit Hilfe von Gl. (4.130) kann man auch berechnen, welchen optimalen Neigungswinkel γ_0 der Rand eines Elektronenstrahls aufweisen muß, damit er mit maximaler Perveanz durch ein zylindrisches Rohr mit dem Innendurchmesser d und der Länge l treten kann (Abb. 4.47). Befindet sich der Nullpunkt der z-Achse in der Rohrmitte, so soll der Strahlradius $a = d/2$ bei $z = \pm\, l/2$ sein. Es ist dann:

$$R = \frac{a}{a_0} = \frac{d}{2\,a_0}, \tag{4.136}$$

$$Z = \sqrt{2A}\,\frac{l}{2\,a_0} \tag{4.137}$$

und deshalb

$$\frac{Z}{R} = \sqrt{2A}\,\frac{l}{d}. \tag{4.138}$$

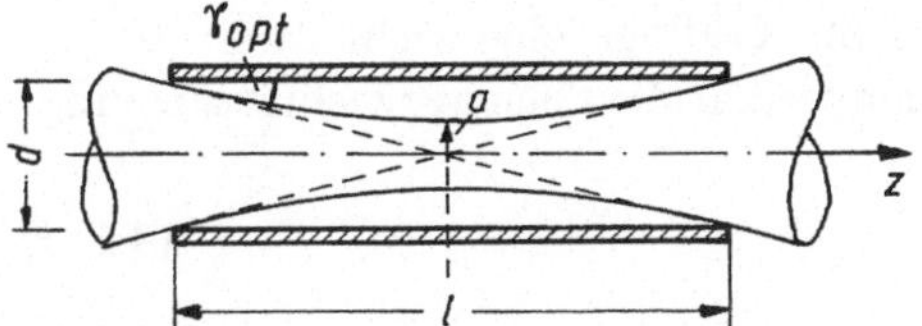

Abb. 4.47. Verlauf des Strahlrands beim Durchgang eines Elektronenstrahls durch ein zylindrisches Rohr mit maximaler Perveanz

Das Verhältnis Z/R und damit die Konstante A bzw. die Perveanz erreichen ihr Maximum im Punkt C von Abb. 4.46. In diesem Punkt (bei $R_0 = 2{,}35$ und $Z_0 = 2{,}54$) ist nach Abb. 4.46:

$$\left(\frac{dR}{dZ}\right)_0 = \frac{R_0}{Z_0} \tag{4.139}$$

und damit

$$\left(\frac{da}{dz}\right)_0 = \frac{a}{z}. \tag{4.140}$$

Wegen $\tan\gamma_0 = (da/dz)_0$ wird deshalb:

$$\tan\gamma_0 = \frac{a}{z} = \frac{d}{l}. \tag{4.141}$$

4.3.3 Elektronenstrahlfokussierung

4.3.3.1 Führung eines Elektronenstrahls durch ein axiales Magnetfeld

Die Aufspreizung eines Elektronenstrahls läßt sich vermeiden, wenn man ein homogenes Magnetfeld der Induktion B_z parallel zur Strahlachse erzeugt und gleichzeitig dafür sorgt, daß die Elektronen im Strahl mit einer Winkelgeschwindigkeit $\dot{\varphi}$ bzw. einer Bahngeschwindigkeitskomponente $v_\varphi = r\dot{\varphi} > 0$ um die Strahlachse rotieren (vgl. Abb. 4.48). Durch richtige Wahl von B_z kann man erreichen, daß die von v_φ und B_z erzeugte Lorentz-Kraft F_m der Summe aus Raumladungskraft F_e und Zentrifugalkraft F_z der Elektronen das Gleichgewicht hält. Einen Elektronenstrahl mit dieser Eigenschaft nennt man *Brillouin-Strahl.*

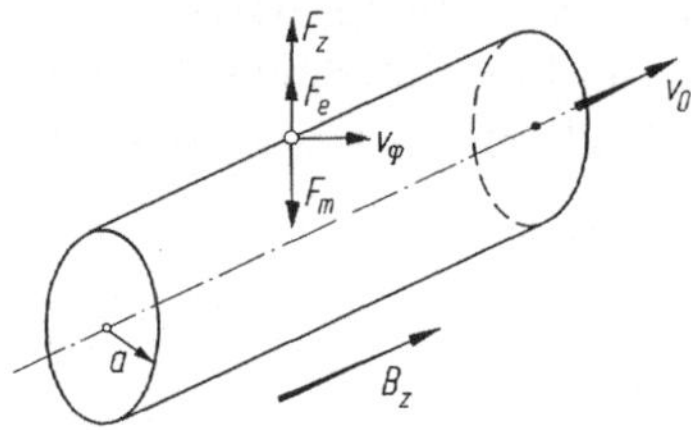

Abb. 4.48. Kräfte auf ein Randelektron eines Elektronenstrahls mit Führung durch ein axiales Magnetfeld der Induktion B_z. v_φ = tangentiale Geschwindigkeitskomponente des Elektrons

Das für die Strahlfokussierung erforderliche Magnetfeld berechnen wir aus der Bewegungsgleichung (1.40). Mit $B_\varphi = 0$ lautet sie:

$$\ddot{r} - r\dot{\varphi}^2 = -\eta(-E_r + B_z r\dot{\varphi}). \tag{4.142}$$

Das Minuszeichen vor E_r besagt, daß der Vektor E_r wegen der negativen Elektronenladung zur Strahlachse hin weist. Im Kräftegleichgewicht ist $\ddot{r} = 0$. Mit $r\dot{\varphi} = v_\varphi$ und $\eta = e/m$ folgt aus Gl. (4.142) unmittelbar die Gleichgewichtsbeziehung:

$$\frac{m v_\varphi^2}{r} + e E_r = e v_\varphi B_z \tag{4.143}$$

oder

$$F_z + F_e = F_m. \tag{4.143a}$$

Für ein Randelektron ($r = a$, $E_r = E_a$) erfordert das Kräftegleichgewicht eine magnetische Induktion B_z, die nach Gl. (4.143)

$$B_z = \frac{v_\varphi}{\eta a} + \frac{E_a}{v_\varphi} \tag{4.144}$$

beträgt. Für einen bestimmten Wert von $v_\varphi = v_{\varphi_0}$ erreicht die erforderliche Induktion B_z ein Minimum B_{z_0}, das sich aus

$$\frac{\partial B_z}{\partial v_\varphi} = \frac{1}{\eta a} - \frac{E_a}{v_\varphi^2} = 0 \tag{4.145}$$

ergibt. Daraus folgt:

$$v_\varphi = v_{\varphi_0} = a E_a \tag{4.146}$$

und

$$B_{z_0} = 2\sqrt{\frac{E_a}{\eta a}} \tag{4.147}$$

oder mit Gl. (4.121) (wobei dort das Minuszeichen weggelassen wird, weil es bereits in Gl. (4.142) bei E_r berücksichtigt wurde):

$$B_{z_0} = 2\sqrt{\frac{I}{2\pi\eta a^2 \varepsilon_0 v_0}} \tag{4.148}$$

oder

$$\frac{B_{z_0}}{\mathrm{Vs/cm^2}} = 8{,}3 \cdot 10^{-6} \frac{(I/A)^{1/2}}{\left(\frac{a}{\mathrm{cm}}\right)\left(\frac{U}{V}\right)^{1/4}}. \tag{4.148a}$$

In dieser Gleichung ist a der durch B_{z_0} bedingte konstante Radius des Brillouin-Strahls. In einem solchen Strahl gilt für die Kräfte auf ein Randelektron:

$$F_e + F_z = \frac{1}{2} F_m. \tag{4.149}$$

Man findet diesen Zusammenhang, wenn man die Gln. (4.146) und (4.147) in die Gl. (4.143) einsetzt und berücksichtigt, daß $r = a$ und $E_r = E_a$ ist.

Um den Elektronenstrahlradius auf die beschriebene Weise konstant zu halten, muß man – wie bereits erwähnt – dafür sorgen, daß die Strahlelektronen eine Geschwindigkeitskomponente $v_\varphi = r\dot{\varphi}$ erhalten. Dies kann man dadurch erreichen, daß man eine radiale Feldkomponente $-B_r$ entweder vor oder unmittelbar an der Kathode erzeugt, wie dies in Abb. 4.49 a u. b dargestellt ist. Der Feldvektor $-B_r$ ergibt

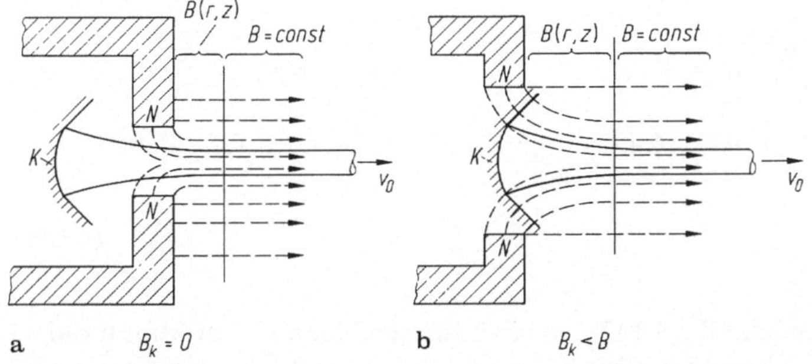

Abb. 4.49 a, b. Erzeugung einer radialen Magnetfeldkomponente B_r durch einen Permanentmagneten vor der Kathode (**a**) bzw. in der Ebene der Kathode (**b**). Im Fall (**a**) ist $B_k = 0$, im Fall (**b**) ist $B_k < B$. Der Feldvektor B_r ergibt mit v_0 den gewünschten Geschwindigkeitsvektor v_φ

dann mit dem Geschwindigkeitsvektor v_0 der Elektronen die gewünschte Geschwindigkeitskomponente $v_\varphi = r\,\dot{\varphi}$. Im Fall (a) von Abb. 4.49 ist die magnetische Induktion an der Kathode $B_k = 0$, im Fall (b) ist $0 < B_k < B_z$. Für beide Fälle läßt sich die Größe von $\dot{\varphi}$ mit Hilfe des *Theorems von Busch* berechnen, das nach Gl. (4.49) lautet:

$$\dot{\varphi} = \frac{\eta}{2\pi r^2}(\Phi - \Phi_0).$$

Nach diesem Theorem ist die Winkelgeschwindigkeit (Larmor-Kreisfrequenz) $\dot{\varphi}$ eines Elektrons im inhomogenen Magnetfeld proportional der magnetischen Flußdifferenz zwischen dem betrachteten Bahnpunkt S (wo der Fluß Φ durch einen Kreis mit dem Radius r am Bahnpunkt tritt) und dem Startpunkt S_k des Elektrons an der Kathode (wo der Fluß $\Phi_0 = \Phi_k$ durch einen Kreis mit dem Radius r_k am Startpunkt tritt; vgl. Abb. 4.50).

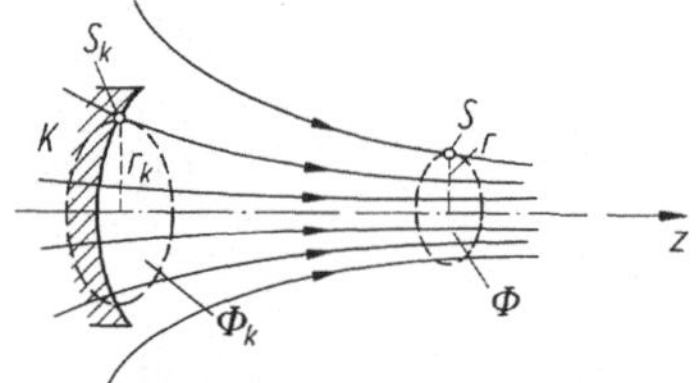

Abb. 4.50

Abb. 4.51

Abb. 4.50. Veranschaulichung des Theorems von Busch. K = Kathode, S = betrachteter Bahnpunkt eines Elektrons, S_k = Startpunkt dieses Elektrons an der Kathode; Φ, Φ_k = magnetische Flüsse durch die Kreise mit den Radien r bzw. r_k

Abb. 4.51. Führung eines Elektronenstrahls durch ein konstantes Magnetfeld der Induktion B_z. Der Strahlrand weist eine Welligkeit auf

Bei konstanter magnetischer Induktion B_k an der Kathode ist der Fluß $\Phi_k = B_k r_k^2 \pi$; entsprechend gilt für den Fluß Φ innerhalb des Elektronenstrahls bei konstanter Induktion B_z: $\Phi = B_z r^2 \pi$. Mit diesen Ausdrücken erhält man aus Gl. (4.49):

$$\dot{\varphi} = \frac{\eta B_z}{2}\left[1 - \frac{B_k}{B_z}\left(\frac{r_k}{r}\right)^2\right]. \tag{4.150}$$

Für den Fall $B_k = 0$ (vgl. Abb. 4.49a) folgt daraus (siehe auch Gl. (4.50)):

$$\dot{\varphi} = \frac{1}{2}\eta B_z. \tag{4.151}$$

Wählt man $B_z = B_{z_0}$ nach Gl. (4.147), so wird für ein Elektron am Strahlrand:

$$v_\varphi = a\,\dot{\varphi} = a\frac{1}{2}\eta B_{z_0} = \sqrt{\eta\, a\, E_a} = v_{\varphi_0}. \tag{4.152}$$

Der Strahlradius stellt sich demnach so ein, daß $v_\varphi = v_{\varphi_0}$ wird.

Für den Fall $0 < B_k < B_z$ ergibt die Theorie, daß die magnetische Induktion B_z des homogenen Führungsfeldes größer sein muß als im Fall $B_k = 0$, damit der Strahlradius konstant bleibt.

Eine weitere Möglichkeit, die Strahlaufspreizung zu kompensieren, besteht darin, daß man auf eine radiale Feldkomponente B_r verzichtet und den Strahl ausschließlich durch das homogene axiale Magnetfeld der Induktion B_z führt. Für diesen dritten Fall $B_k = B_z = const$ ($B_r = 0$) ergibt sich zunächst am Strahlanfang auf Grund der Abstoßungskräfte eine Strahlaufspreizung. Dadurch erhalten die Strahlelektronen eine radiale Geschwindigkeitskomponente v_r, die zusammen mit dem Feldvektor B_z eine Geschwindigkeitskomponente v_φ hervorruft. Dieses v_φ ergibt mit B_z eine fokussierende Feldkraft, die den Strahlquerschnitt verjüngt. Das Ergebnis ist ein Elektronenstrahl mit konstantem mittlerem Radius, dessen Rand eine gewisse Welligkeit aufweist (vgl. Abb. 4.51).

Das magnetische Führungsfeld kann durch eine Luftspule oder einen Permanentmagneten erzeugt werden. Bei einer Spule ist die magnetische Induktion regelbar, nachteilig sind aber der Leistungsbedarf und die Verlustwärme. Beim Permanentmagneten spielen das Gewicht und Volumen eine Rolle, die mit der Strahllänge stark ansteigen.

4.3.3.2 Führung eines Elektronenstrahls durch periodische Fokussiersysteme

Strahlführungssysteme mit periodischer Feldverteilung dienen zur Fokussierung von langen Elektronenstrahlen hoher Stromdichte insbesondere in Mikrowellenröhren. Derartige Systeme bestehen aus einer Serienschaltung von elektrischen oder magnetischen Linsen mit Sammelwirkung (vgl. Abb. 4.52). Jede Einzellinse kompensiert dabei die Strahlaufspreizung, die im vorausgehenden Systemabschnitt entstanden ist.

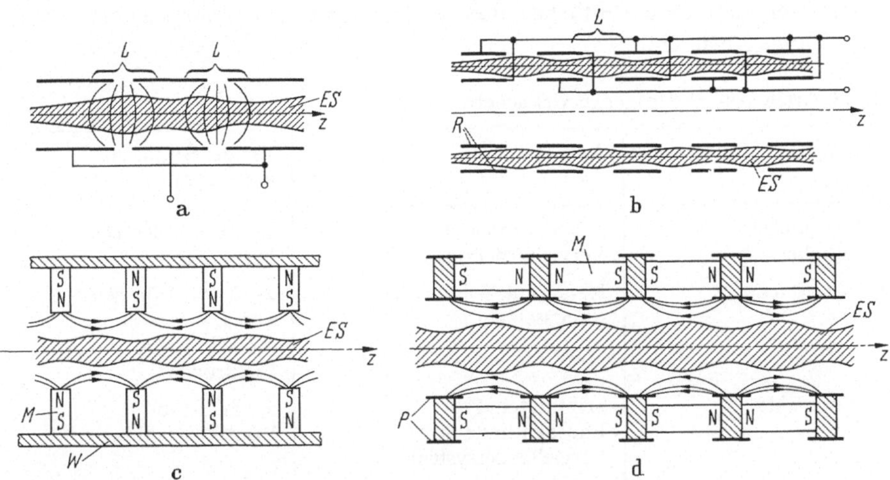

Abb. 4.52a–d. Periodische Fokussiersysteme für Elektronenstrahlen (ES). **a** Rohrlinsensystem für kreiszylindrischen Strahl, **b** Rohrlinsensystem für hohlzylindrischen Strahl, **c** System mit Lochscheibenmagneten, **d** System mit Zylindermagneten und Weicheisen-Polschuhen. L = Rohrlinsen, R = koaxiale Rohre, M = Permanentmagnete, W = Weicheisenmantel, P = Weicheisen-Polschuhe

4.3.3.3 Kompensation der Strahlaufspreizung durch Ionen

Positive Ionen, die in einem Elektronenstrahl erzeugt werden, vermindern dessen Aufspreizung bereits ab einem Druck $p \approx 7 \cdot 10^{-6}$ mbar. Die Ionen können den Strahl nicht verlassen, wenn sich im Strahlweg keine Elektrode befindet, deren Potential kleiner ist als das Potential der Strahlachse. Sie können sich auch nicht in radialer Richtung vom Strahl entfernen, weil auf der Strahlachse das Potentialminimum liegt. Dies folgt aus Gl. (4.109), wenn man darin $E_r = -\partial V/\partial r$ setzt. Dann gilt für den radialen Potentialverlauf im Strahl:

$$V(r) = \frac{J\,r^2}{4\varepsilon_0 v_0}. \tag{4.153}$$

Die Methode hat den Nachteil, daß die Ionenraumladung wegen ihrer Trägheit nur langsam auf- und abgebaut wird. Sie fand deshalb bisher keine technische Anwendung.

4.4 Elektronenoptische Röhren und Geräte

Die Elektronenoptik findet in einer Vielzahl von Röhren und Geräten praktische Anwendung. Zu den wichtigsten Gerätegruppen gehören: Sekundärelektronen-Vervielfachersysteme, Elektronenstrahl-Wandlerröhren, Elektronenstrahlgeräte zur Materialstruktur- und -oberflächenanalyse sowie Elektronenstrahlgeräte zur Materialbearbeitung.

4.4.1 Sekundärelektronen-Vervielfachersysteme (SEV-Systeme)

Derartige Systeme dienen zur mehrstufigen Verstärkung eines Sekundärelektronenstroms, der durch einfallende elektromagnetische oder Teilchenstrahlung ausgelöst wird. Es lassen sich im wesentlichen drei Vervielfacherarten unterscheiden, die in Tabelle 15 angegeben sind.

Tabelle 15. Arten von Elektronenvervielfachern

Bezeichnung	Aufbau	Art der Strahlung am Eingang
Photovervielfacher, Photomultiplier	Photokathode + Vervielfachersystem	IR-, UV- oder sichtbares Licht
Kanal-Vervielfacher	Kanal mit Wandwiderstandsschicht	α-, β-, γ-, Röntgen- und UV-Strahlung, schnelle Ionen und Elektronen
Szintillationszähler	Szintillator + Photokathode + Vervielfachersystem	α-, β-, γ- und Röntgenstrahlung

4.4.1.1 Photovervielfacherröhren (Photomultiplier)

Solche Röhren enthalten eine Photokathode und bis zu 12 Elektroden (Dynoden) zur Sekundäremission (vgl. Abb. 4.53). Die Dynodenoberflächen bestehen aus einem

Material mit hohem Sekundäremissionskoeffizienten δ. Der bei Lichteinfall aus der Photokathode austretende Photoelektronenstrom I_0 löst nach Durchlaufen der Beschleunigungsspannung (Stufenspannung) U an der ersten Dynode P_1 einen Sekundärelektronenstrom δI_0 aus, wobei $\delta \gg 1$ ist. An den nachfolgenden Dynoden (P_2, P_3...) wird der Sekundärelektronenstrom ebenfalls jeweils um den Faktor δ verstärkt. Nach der letzten Dynode trifft der Elektronenstrom als Anodenstrom I_a auf die Anode (A). Bei insgesamt n Dynoden beträgt der *Stromverstärkungsfaktor*:

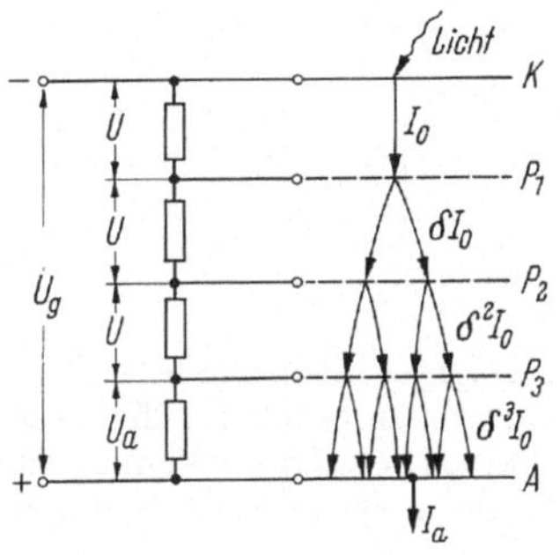

$$V_i = \frac{I_a}{I_0} = \delta^n. \tag{4.154}$$

Abb. 4.53. Prinzip einer Photovervielfacherröhre (Photomultiplier).
K = Photokathode; $P_1, P_2, \ldots$ = Dynoden, A = Anode, I_0 = an der Kathode ausgelöster Photoelektronenstrom, δ = Sekundäremissionsfaktor einer Dynode, U = Stufenspannung, U_g = Gesamtspannung, I_a = Anodenstrom

Für die Gesamtspannung U_g am Vervielfacher gilt:

$$U_g = n\,U + U_a = \text{const}\,. \tag{4.155}$$

Für die Stufenspannung U läßt sich ein Optimum ermitteln, wenn man für den Verstärkungsfaktor V_i ein logarithmisches Maß $p = \log V_i$ einführt. Mit Gl. (4.155) folgt aus Gl. (4.154):

$$p = \log V_i = n \log \delta = \frac{U_g - U_a}{\left(\frac{U}{\log \delta}\right)}. \tag{4.156}$$

Das logarithmische Verstärkungsmaß p erreicht sein Maximum, wenn in Gl. (4.156) der Ausdruck ($U/\log\delta$) ein Minimum wird. Dieses Minimum findet man aus dem Anstieg des Sekundäremissionskoeffizienten δ mit wachsender Stufenspannung U (vgl. Abb. 4.54a). Aus diesen Kurven $\delta = f(U)$ läßt sich der Verlauf der Funktion $(U/\log\delta) = f(U)$ konstruieren (vgl. Abb. 4.54b). Die Kurven durchlaufen Minima bei den optimalen Stufenspannungswerten (U_{01}, U_{02}).

Die Gl. (4.154) gilt für einen verlustfreien Vervielfacher. In Wirklichkeit gehen Elektronen auf dem Weg von der Photokathode zur ersten Dynode und zwischen den Dynoden verloren. Der erste Effekt wird durch einen Faktor f (Überführungsgrad) und der zweite durch einen Faktor g berücksichtigt. Es ist dann:

$$V_i = f(g\,\delta)^n. \tag{4.157}$$

Die Werte dieser Faktoren betragen $f \approx 0{,}9$ und $g \approx 0{,}98$.

In Abb. 4.55 sind verschiedene Bauformen von Photovervielfachern dargestellt. Sie enthalten ein Fenster zum Lichteintritt und eine Photokathode, die meist als halbdurchlässige Schicht auf die Innenseite des Fensters aufgedampft ist. Auf die Kathode folgt das elektronenoptische Eingangssystem, das die emittierten Photoelektronen zur ersten Dynode beschleunigt und fokussiert. Dieses sorgfältig konstruierte

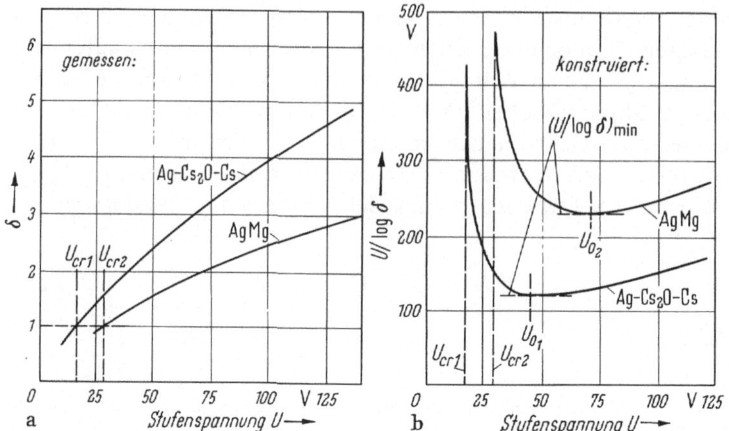

Abb. 4.54a, b. Bestimmung der optimalen Stufenspannung (U_{01}, U_{02}) für maximale Stromverstärkung in einem Photovervielfacher. **a** Gemessene Sekundäremissionskurven für zwei verschiedene Dynoden-Materialien, **b** aus den Sekundäremissionskurven berechneter Verlauf der Funktion $U/(\log \delta) = f(U)$. Bei der Stufenspannung $U_{01,2}$ hat die Stromverstärkung ihren maximalen Wert

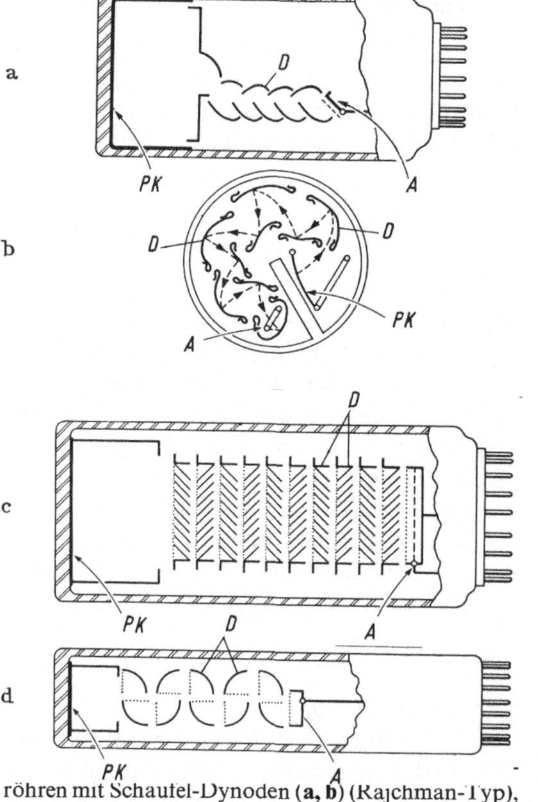

röhren mit Schaufel-Dynoden (**a, b**) (Rajchman-Typ), Gitter-Dynoden (**c**) (Jalousie-Verfielfacher) und Kästchen-Dynoden (**d**).
PK = Photokathode, A = Anode, D = Dynoden

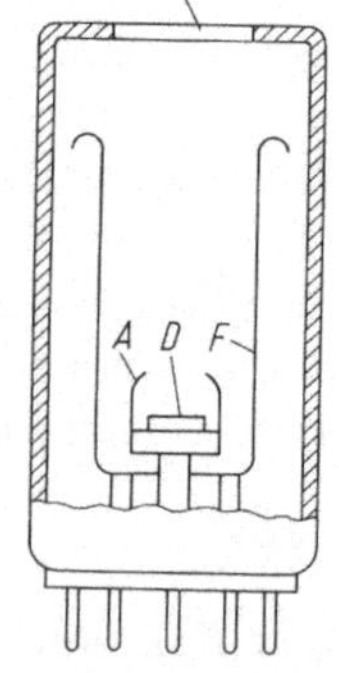

Hybrid-Photovervielfachers.
D = Halbleiterdetektor,
PK = Photokathode,
F = Fokussierelektrode,
A = Beschleunigungselektrode

System gewährleistet einen hohen Überführungsgrad und geringe Laufzeitdifferenzen für die an der ersten Dynode auftreffenden Elektronen. Das eigentliche Vervielfachersystem besteht aus einer Anzahl linear oder kreisförmig angeordneter Dynoden in Form von Schaufel-, Netz- oder Kästchenelektroden. Die Dynodenoberfläche besteht aus einer CuBe-, AgMg-, AlMg- oder $SbCs_3$-Schicht ($\delta \gg 1$). Typische Daten sind: $U = 150$ bis 280 V, $U_g = 1{,}8$ bis 3 kV, $V_i = 10^6$ bis 10^8, Empfindlichkeit $s_k = 10$ bis 60 A/lm (Kathode allein: $s_k = 20$ bis 200 µA/lm), Dunkelstrom $I_d = 1$ bis 100 nA.

Beim Hybrid-Photovervielfacher (Abb. 4.56) treffen die Photoelektronen mit einer Energie von 10 bis 40 keV auf den pn-Übergang eines Halbleiters, wo sie in einer Schicht von einigen 10 µm Tiefe Ladungsträgerpaare erzeugen, die im Sperrfeld des pn-Übergangs getrennt werden. Der Sperrstrom ist dem einfallenden Lichtstrom proportional.

Photovervielfacher dienen zur Analyse kurzer und schwacher Lichtimpulse mit Anstiegszeiten bis 1,5 ns und Halbwertsbreiten bis 3 ns. Die erreichbare minimale Laufzeitstreuung der Elektronen beträgt 0,3 ns.

4.4.1.2 Kanal-Vervielfacher

Beim Kanal-Sekundärelektronen-Vervielfacher tritt an die Stelle der Einzeldynoden mit Spannungsteiler eine kontinuierliche Dynodenoberfläche in Form einer Widerstandsschicht an der Innenwand eines geraden, kreis- oder spiralförmigen Bleiglasröhrchens (vgl. Abb. 4.57). Die Länge des Glasröhrchens beträgt einige Zentimeter, der Innendurchmesser 1 bis 2,5 mm. Die Widerstandsschicht hat einen Widerstandswert von 10^9 bis 10^{11} Ohm. Der erforderliche Vakuumdruckbereich liegt bei $p < 10^{-4}$ mbar.

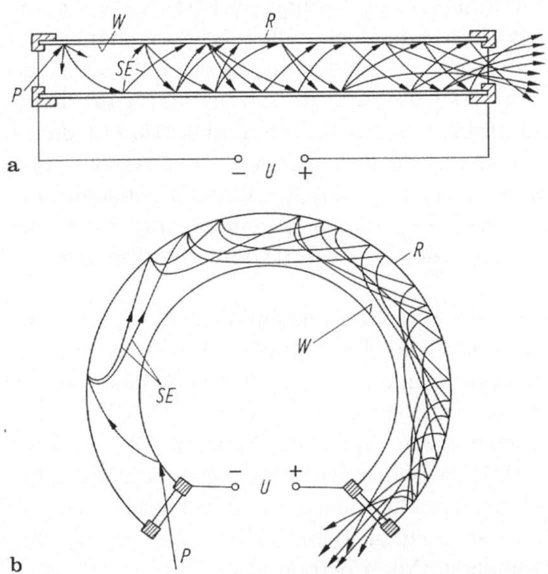

Abb. 4.57 a, b. Kanal-Sekundärelektronen-Vervielfacher mit gerader (**a**) und kreisförmig gekrümmter Achse (**b**)

Zwischen Anfang und Ende des Vervielfacherkanals wird eine Gleichspannung U = 2 bis 4 kV angelegt (Abb. 4.58). Am Kanaleingang einfallende Strahlung löst an der Widerstandsschicht Sekundärelektronen aus, die zum Kanalende hin beschleunigt

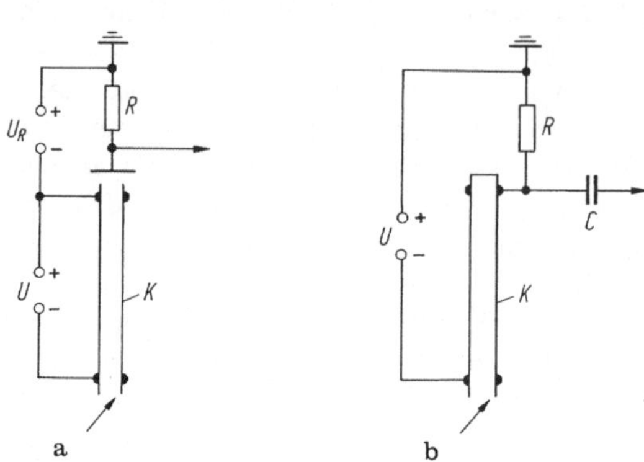

Abb. 4.58a, b. Betriebsschaltungen von Kanal-Vervielfachern mit offenem (**a**) und geschlossenem Ausgang (**b**). K = Vervielfacherkanal, U = Betriebsspannung

werden. Durch fortwährende Stöße auf die Kanalwände werden die Sekundärelektronen lawinenartig vermehrt. Die erreichbare Stromverstärkung beträgt etwa $3 \cdot 10^8$. Der Kanal-Vervielfacher kann als Stromverstärker für Ströme bis $1{,}6 \cdot 10^{-19}$ A (Kanalausgang offen; Abb. 4.58a) oder als Teilchen- und Quantenzähler bis zu einer Zählrate von einigen $10^5\,s^{-1}$ (Kanalausgang geschlossen; Abb. 4.58b) verwendet werden.

In Abb. 4.59 ist der Verlauf der Stromverstärkung V_i in Abhängigkeit von der Betriebsspannung U dargestellt. Die obere Grenze der Verstärkung (Sättigungswert) wird durch den Einfluß der Elektronenraumladung bedingt, welche die Sekundärelektronen in zunehmendem Maß zur Widerstandsschicht reflektiert. In Abhängigkeit von der Zählrate bleibt die Verstärkung zunächst konstant (bis etwa $10^3\,s^{-1}$) und nimmt dann auf jeweils ein Drittel ab, wenn sich die Zählrate um den Faktor 10 erhöht.

Kanal-Vervielfacher mit einem Innendurchmesser > 0,5 mm sind gekrümmt, damit keine positiven Restgasionen zum Kanaleingang gelangen und dort Nachimpulse auslösen. Sie eignen sich als Detektoren für β-, UV- und Röntgenstrahlen sowie für positive und negative Ionen. Die erreichbaren Impulsanstiegszeiten betragen 5 ns, die Halbwertsbreiten 10 ns und die Störimpulsrate (Untergrundzählrate) zum Beispiel $0{,}5\,s^{-1}$.

Durch Parallelschalten vieler Vervielfacherkanäle entsteht die *Kanalplatte* zur Verstärkung von Elektronenbildern (Abb. 4.60). Solche Verstärkerplatten (Durchmesser 2,5 bis 7 cm) werden durch Ziehen, Zerschneiden und Bündeln von Glasröhrchen ohne oder mit festem Kern (aus Metall oder löslichem Glas) hergestellt. Der Kern wird anschließend chemisch oder elektrolytisch entfernt. Auf beiden Seiten der Kanalplatte sind Chrom-Nickel-Schichten aufgedampft, zwischen denen eine Spannung von 1 bis 2 kV gelegt wird. Die Einzelkanäle haben einen Durchmesser von 25 bis 50 μm, einen Kanalmittenabstand von 30 bis 50 μm und einen Wandwiderstand von 10^7 bis 10^8 Ohm (je nach Glassorte). Die Stromverstärkung beträgt etwa 10^3.

Die Abb. 4.61 zeigt die Übertragungs-Charakteristik einer Kanalplatte. Sie gibt den Ausgangsstrom in Abhängigkeit vom Eingangsstrom für verschiedene Betriebsspan-

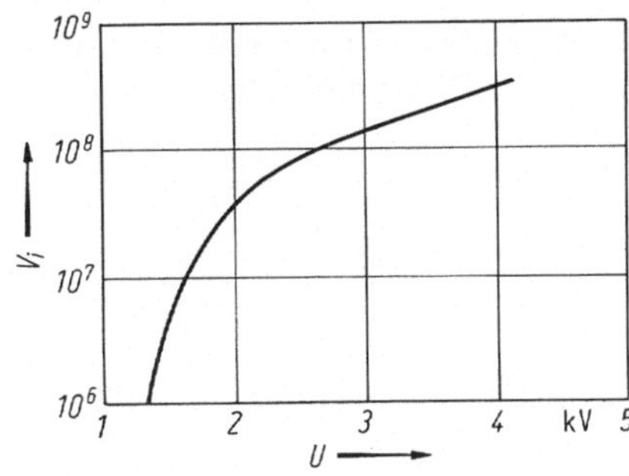

Abb. 4.59. Verlauf der Stromverstärkung V_i eines Kanal-Vervielfachers in Abhängigkeit von der Betriebsspannung U

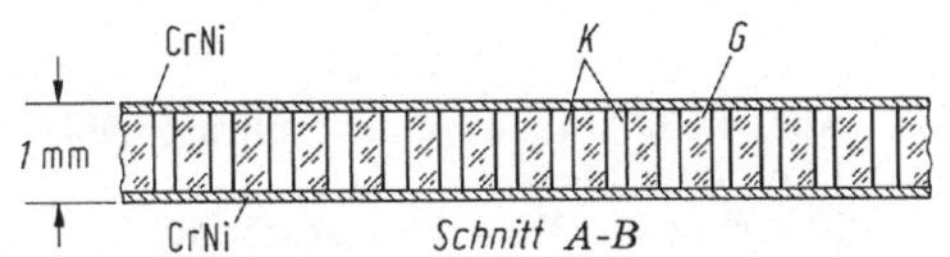

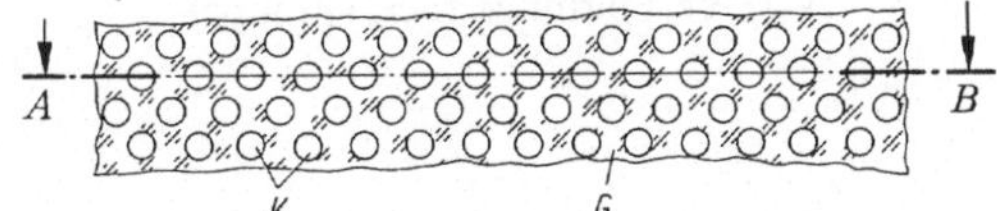

Abb. 4.60. Aufbau einer Kanalplatte. K = Verstärkerkanäle, G = Glas, CrNi = Chrom-Nickel-Schicht

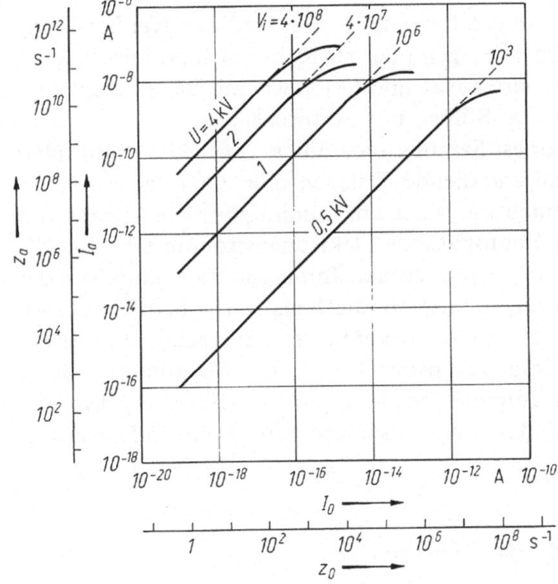

Abb. 4.61. Übertragungskennlinien einer Kanalplatte.
I_0 = Eingangsstrom, z_0 = Anzahl der einfallenden Elektronen je Sekunde, I_a = Ausgangsstrom, z_a = Anzahl der austretenden Elektronen je Sekunde, U = Betriebsspannung der Kanalplatte, V_i = Stromverstärkungsfaktor

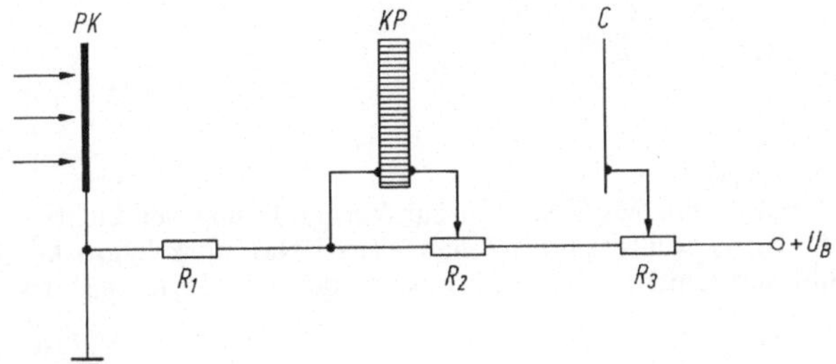

Abb. 4.62. Prinzipielle Betriebsschaltung einer Kanalplatte (KP) in einem Photovervielfacher.
PK = Photokathode, C = Kollektor

nungen an. In Abb. 4.62 ist die grundsätzliche Betriebsschaltung angegeben und Abb. 4.63 zeigt den Aufbau eines ultraschnellen Kanalplatten-Photomultipliers.

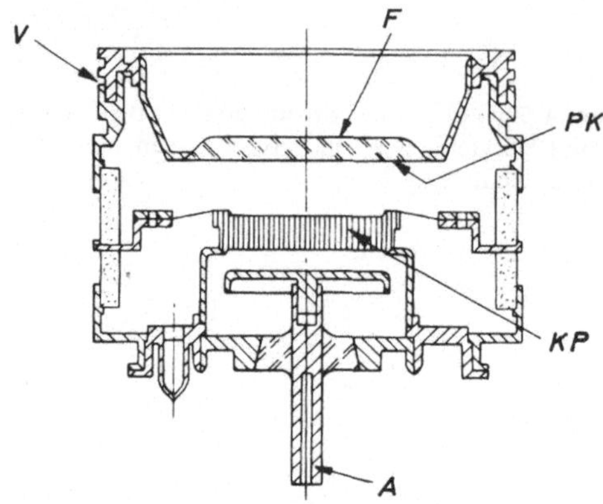

Abb. 4.63. Aufbau eines ultraschnellen Photomultipliers.
F = Fenster, PK = Photokathode, KP = Kanalplatte, A = Anode, V = Verbindungsstück (Philips)

4.4.1.3 Szintillationszähler

Unter *Szintillation* versteht man die Umwandlung der Energie radioaktiver Strahlung in Lichtimpulse mit Hilfe eines festen, flüssigen oder gasförmigen Mediums. Häufig verwendet werden mit Thallium aktiviertes NaJ und CsJ sowie mit Silber aktiviertes ZnS. Organische Szintillatoren sind u.a. Stilben und Anthrazen.

In Abb. 4.64 ist das Prinzip eines Szintillationszählers mit Photomultiplier dargestellt. In den Szintillatorkristall einfallende Teilchen oder Quanten regen die Aktivatoratome des Szintillators ähnlich wie bei einem Luminophor zur Abgabe von Lichtimpulsen an. Diese lösen an der Photokathode Elektronenstromimpulse aus, die im nachfolgenden SEV verstärkt werden. Die maximale Impulszählrate hängt von der Abklingzeitkonstanten der Szintillationsimpulse ab, die 1 bis 100 ns beträgt. Die im Szintillator absorbierte Teilchen- oder Quantenenergie ist der Lichtmenge (bzw. Amplitude) des entstehenden Lichtimpulses proportional. Ein Szintillationszähler kann daher in Verbindung mit einem Impulshöhenanalysator zur Energiespektrometrie von Röntgen- und γ-Quanten (Röntgen- und γ-Spektrometrie) verwendet werden.

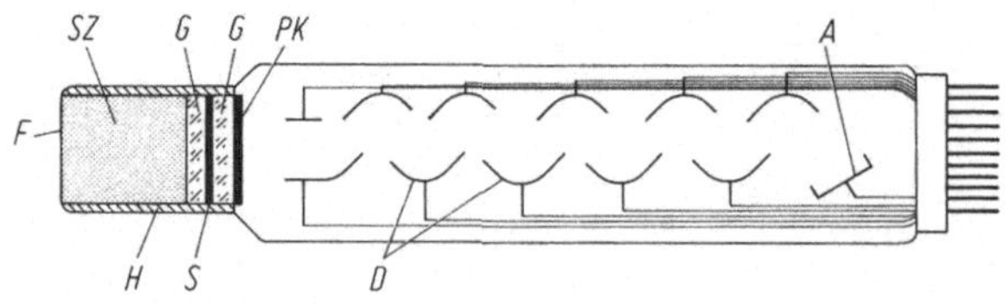

Abb. 4.64. Aufbau eines Szintillationszählers.
F = Strahleneintrittsfenster (z.B. 0,5 mm Al mit MgO-Schicht zur Verminderung der Lichtreflexion), SZ = Szintillator (z.B. NaJ(Tl)), H = luftdichtes Gehäuse (weil NaJ stark hygroskopisch ist), G = Glasfenster, S = Silikonölschicht, PK = Photokathode, D = Dynoden des Vervielfachers, A = Anode

4.4.2 Elektronenstrahl-Wandlerröhren

Unter der Bezeichnung Elektronenstrahl-Wandlerröhren faßt man alle Hochvakuumröhren zusammen, in denen mit Hilfe eines oder mehrerer Elektronenstrahlen entweder Bilder in andere Bilder bzw. in elektrische Signale oder Signale (nach Zwischenspeicherung) in andere Signale bzw. in Bilder umgewandelt werden. Demzufolge gibt es vier Arten von Wandlerröhren, nämlich Bild-Bild-, Bild-Signal-, Signal-Signal- und Signal-Bild-Wandlerröhren.

4.4.2.1 Bild-Bild-Wandlerröhren (Bildwandler, Bildverstärker)

Die Bildwandler bzw. Bildverstärker dienen zur Umwandlung eines Licht-, IR-, UV- oder Röntgenbildes in ein helles sichtbares Bild. In Abb. 4.65 sind verschiedene Formen solcher Röhren dargestellt. Demnach unterscheidet man drei Baugruppen: Die Bildverstärkerröhren der sogenannten *Proximity-* oder *Wafer-Bauart* (Abb. 4.65a) enthalten eine ebene Photokathode und dicht dahinter einen planparallelen Leuchtschirm. Durch einen kurzen positiven Hochspannungsimpuls am Leuchtschirm wird in der Röhre ein Photoelektronenstromimpuls und dementsprechend am Leuchtschirm ein Kurzzeitbild von minimal 1 ns Dauer erzeugt. Die Abbildung erfolgt wegen der parallelen Elektronenbahnen (vgl. Abb. 4.20) ohne Bildumkehr und nahezu verzerrungsfrei. Solche Röhren werden als elektronischer Kamera-Schnellverschluß verwendet. Die Bildverstärkung beträgt etwa 20.

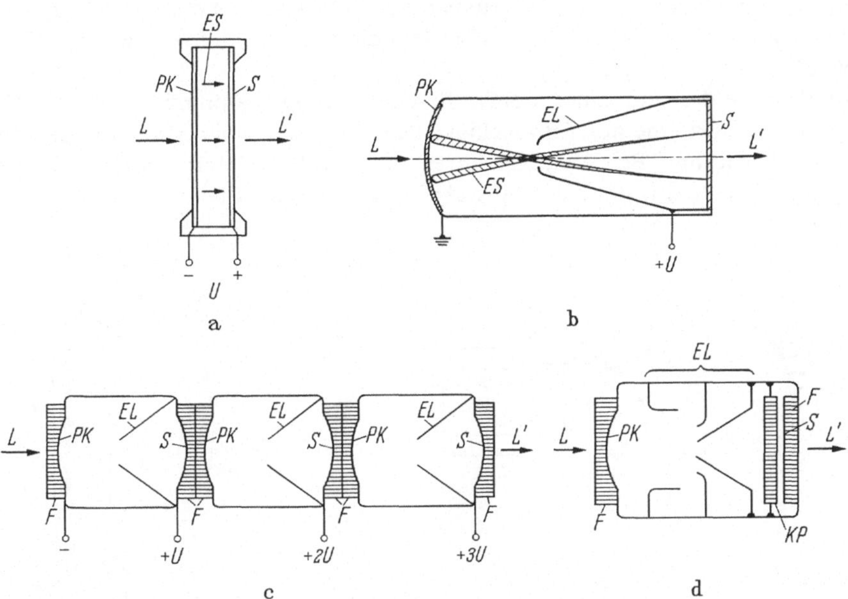

Abb. 4.65. Bauformen von Bildwandlerröhren. **a** Bildwandler der Proximity- oder Wafer-Bauart, **b** Inverter-Bildverstärkerröhre, **c** dreistufiger Bildverstärker mit Faseroptikfenstern, **d** Inverter-Bildverstärkerröhre mit Kanalplatte und Faseroptikfenstern.
PK = Photokathode, S = Leuchtschirm, ES = Elektronenstrahlen, EL = Elektronenlinse, F = Faseroptikfenster, KP = Kanalplatte, L = einfallender Lichtstrom, L′ = verstärkter Lichtstrom, U = Elektronenbeschleunigungsspannung

Bei der zweiten Bildverstärkergruppe ist zwischen Photokathode und Leuchtschirm eine Elektronenlinse angeordnet, die das Elektronenbild der Photokathode unter Bildumkehr auf den Leuchtschirm projiziert (Abb. 4.65b). Solche *Inverter-Bildverstärkerröhren* haben eine Lichtverstärkung von der Größenordnung 100, aber auch eine größere Verzeichnung. Zur Erzielung einer höheren Lichtverstärkung können mehrere Bildverstärkereinheiten über je ein Faseroptikfenster aneinandergekoppelt und so in Serie geschaltet werden (Abb. 4.65c). Jedes Faseroptikfenster besteht aus einer großen Zahl parallel geschalteter feinster Glasfasern, durch die das Leuchtschirmbild auf die jeweils nachfolgende Photokathode übertragen wird.

Die dritte Gruppe umfaßt Inverter-Bildverstärkerröhren, die zwischen Elektronenlinse und Leuchtschirm eine zusätzliche Kanalplatte zur Elektronenvervielfachung enthalten (Abb. 4.65d). Die Linse projiziert das Elektronenbild der Photokathode auf die Eingangsseite der Kanalplatte, in der das Elektronenbild verstärkt wird. Nach Durchlaufen einer weiteren Beschleunigungsstrecke treffen die Elektronen auf den Leuchtschirm. Die Lichtverstärkung ist durch Wahl der Kanalplattenspannung einstellbar. Die Kanalplatte bewirkt wegen des flachen Verlaufs ihrer Übertragungs-Kennlinie bei starker Belichtung, d.h. hoher Eingangsstromstärke (vgl. Abb. 4.61), eine automatische Spitzlichtbegrenzung. Dadurch können sehr kontrastreiche Bilder verstärkt werden.

Das *Auflösungsvermögen* eines Bildwandlers gibt an, wie viele Linienpaare pro Millimeter getrennt darstellbar sind. Es wird dadurch begrenzt, daß jeder Bildpunkt der Photokathode am Leuchtschirm auf ein Zerstreuungsscheibchen abgebildet wird. Bei Wandlern ohne Elektronenstrahlfokussierung (Abb. 4.65a) ist das Auflösungsvermögen um den Faktor 3 bis 5 kleiner als bei Wandlern mit Strahlfokussierung (Abb. 4.65b bis d).

Bildwandler werden mit einer hohen Beschleunigungsspannung (2 bis 15 kV) betrieben. Sie bewirkt eine hohe Bildhelligkeit und verringert die chromatische und sphärische Aberration. Bei Wandlerröhren mit großem Durchmesser ist die Photokathode gekrümmt, um den Maßstabsfehler klein zu halten.

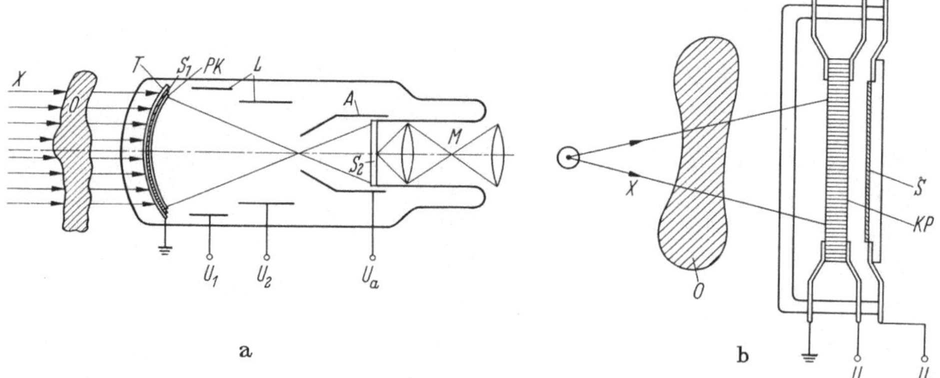

Abb. 4.66a, b. Bauformen von Röntgenbildverstärkern. **a** mit Photokathode und zwei Leuchtschirmen, **b** mit Kanalplatte und einem Leuchtschirm.
X = Röntgenstrahlung, O = durchstrahltes Objekt, T = Träger aus Al-Folie, S, S_1, S_2 = Leuchtschirm, PK = Photokathode, L = Elektronenlinse, A = Anode, M = Mikroskop, KP = Kanalplatte, U_a = Beschleunigungsspannung

Typische Daten von Bildwandlerröhren sind: Kathodendurchmesser 20 bis 50 mm, Kathodenempfindlichkeit $s_k = 50$ bis 220 µA/lm bei $\lambda = 550$ nm, Lichtverstärkung 20 bis $5 \cdot 10^4$, Vergrößerung 0,6 bis 1,5, Auflösung 10 bis 60 Linienpaare/mm, Hintergrundhelligkeit $\leqslant 2 \cdot 10^{-7}$ Lux (= äquivalente Beleuchtungsstärke der Kathode für Leuchtschirm-Aufhellung durch den Dunkelstrom).

Eine spezielle Form von Bildwandlern sind die *Röntgenbildverstärker* (Abb. 4.66), die ein schwaches Röntgenbild in ein helles sichtbares Bild umsetzen. Die Röhre nach Abb. 4.66a enthält eine Photokathode und zwei Leuchtschirme. Der von der Röntgenstrahlung angeregte erste Leuchtschirm S_1 wirft sein Licht auf die angrenzende Photokathode PK. Deren Elektronenbild wird durch die Linse L auf den zweiten Leuchtschirm S_2 projiziert. Das Endbild wird über eine Fernsehkette auf eine Monitorröhre übertragen. Im Bildverstärker nach Abb. 4.66b befindet sich anstelle einer Photokathode eine Kanalplatte (KP) mit Leuchtschirm (S). Röntgenbildverstärker werden in großem Umfang in der medizinischen Röntgentechnik und zur Röntgen-Materialstrukturanalyse eingesetzt.

4.4.2.2 Signal-Bild-Wandlerröhren

Die Signal-Bild-Wandlerröhren bewirken definitionsgemäß die Umwandlung von elektrischen Signalen in ein sichtbares Bild. Zu ihnen gehören die Oszillographen-, Monitor-, Fernsehbild-, Bildradar- und Bildspeicherröhren.

a) Oszillographenröhren

Die Oszillographenröhren (Kathodenstrahlröhren, CROs = *c*athode *r*ay *o*scillographs) dienen zur Registrierung von zeitlichen Spannungs- und Stromschwankungen auf einem Leuchtschirm mit Hilfe eines oder mehrerer abgelenkter Elektronenstrahlen. Den prinzipiellen Aufbau solcher Röhren zeigt Abb. 4.67. Ihre Eigenschaften sind durch folgende Angaben gekennzeichnet:

Art der Ablenkung: durch je ein Plattenpaar für die x- und y-Ablenkung.

Ablenkkoeffizient = Ablenkspannung für eine Strahlablenkung von 1 cm auf dem Leuchtschirm. Er beträgt 3 bis 60 V/cm und ist um so größer, je höher die Beschleunigungsspannung ist.

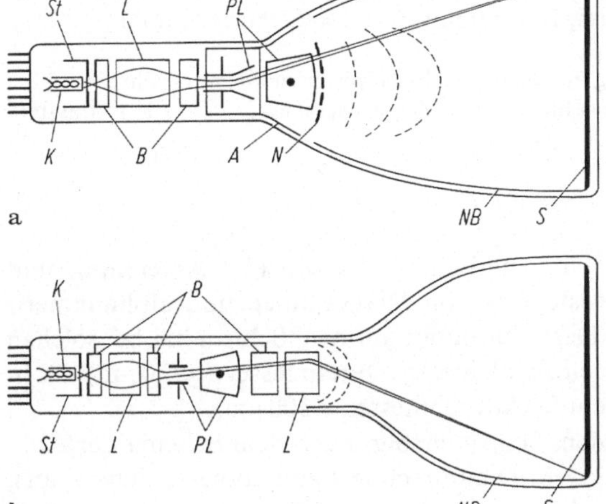

Abb. 4.67 a, b. Bauformen von Oszillographenröhren mit Nachbeschleunigung. **a** Röhre mit Netzelektrode N, **b** Röhre mit Sammellinse hinter den Ablenkplatten.
K = Kathode,
St = Steuerelektrode,
B = Beschleunigungselektroden,
L = Linsenelektrode,
A = Abschirmung,
NB = Nachbeschleunigungselektrode,
PL = Ablenkplatten,
S = Leuchtschirm

Beschleunigungsspannung: Sie bestimmt die Helligkeit des Leuchtschirm-Brennflecks und beträgt 1 bis 20 kV.

Grenzfrequenz = höchste Meßsignalfrequenz, bei der die Elektronenlaufzeit zwischen den Ablenkplatten noch keinen Einfluß auf den Ablenkkoeffizienten hat. Sie liegt zwischen 100 MHz und 1 GHz.

Maximale Schreibgeschwindigkeit = Geschwindigkeit, bei welcher der Elektronenbrennfleck auf einem Film eine gerade noch sichtbare Spur hinterläßt.

Lichtausbeute, Farbe und Nachleuchtdauer des Leuchtschirms: Diese Größen hängen von der Art des verwendeten Leuchtstoffs ab. Die Lichtausbeute liegt zwischen 3 und 40 cd/W, die Farbe ist grün, blau, gelb oder weiß und die Nachleuchtdauer kann wenige μs bis einige Minuten betragen.

Kleiner Ablenkkoeffizient (wächst mit zunehmender Beschleunigungsspannung U_a), hohe Schreibgeschwindigkeit (wächst linear mit U_a und I_a) und große Brennfleckhelligkeit (steigt mit U_a) lassen sich gleichzeitig durch *Nachbeschleunigung* (NB) erreichen. Zur elektrostatischen Trennung zwischen Ablenkfeld und Nachbeschleunigungsfeld dient ein kugelförmig gekrümmtes Netz (Abb. 4.67a), eine stark brechende Sammellinse (Abb. 4.67b) oder eine Quadrupollinse, die jeweils auch eine gewisse Nachvergrößerung der Ablenkung hervorrufen.

Zweistrahl-Oszillographenröhren haben entweder zwei getrennte Strahlerzeugungssysteme oder sind in *Split-Beam-Technik* (zwei Elektronenstrahlen aus einer gemeinsamen Kathode, Abb. 4.68) aufgebaut.

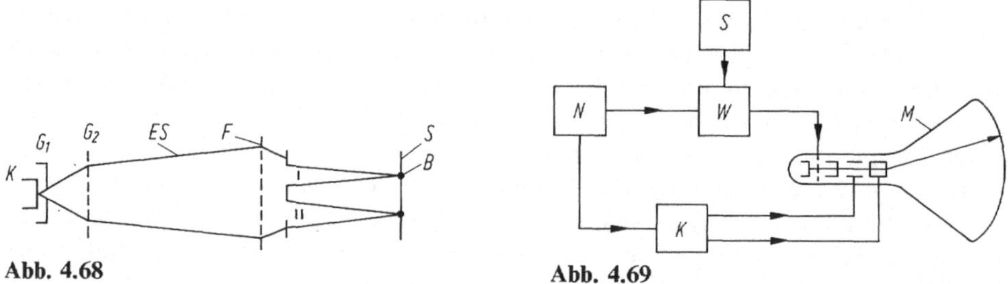

Abb. 4.68 **Abb. 4.69**

Abb. 4.68. Prinzip einer Zweistrahl-Oszillographenröhre in Split-Beam-Technik. K = Kathode, F = Fokussierelektrode, S = Leuchtschirm, B = Brennfleck, ES = Elektronenstrahl

Abb. 4.69. Schema der Zeichenerzeugung auf dem Leuchtschirm einer Monitorröhre. N = Nachrichtenquelle, W = Zeichenwähler, S = Zeichenspeicher, K = Koordinaten-Steuerschaltung, M = Monitorröhre

b) *Monitorröhren*

Dies sind Oszillographenröhren mit magnetischer 70°- bis 110°-Ablenkung und großflächigem Leuchtschirm zur Darstellung von Diagrammen und alphanumerischen Zeichen in Datensichtgeräten. Der Lichtpunkt auf dem Schirm hat bei solchen Röhren eine größere Helligkeit und einen kleineren Durchmesser (< 30 μm) als in normalen Oszillographenröhren (Brennfleckdurchmesser ≈ 300 μm).

Die Darstellung von Zeichen auf dem Schirm erfolgt nach dem Schema der Abb. 4.69. Eine Nachrichtenquelle (N) (z.B. ein Digitalrechner) gibt codierte Befehle aus, die beinhalten, welche Zeichen an festgelegten Stellen des Schirms erscheinen sollen.

Der Zeichenwähler (W) bewirkt, daß der Speicher (S) die entsprechenden Signale bereitstellt. Gleichzeitig lenkt die Koordinaten-Steuerschaltung (K) den Elektronenstrahl der Monitorröhre (M) so ab, daß die jeweiligen Schwerpunkte der Zeichen die gewünschte Lage auf dem Schirm einnehmen.

Für die Erzeugung von Zeichen in Monitorröhren gibt es drei Verfahren: Bei der *Profilstrahlmethode* befindet sich im Weg des Elektronenstrahls eine Lochmaske, deren Lochformen mit den Zeichenformen identisch sind. Durch gezielte Ablenkung des Strahls wird eine bestimmte Lochform ausgewählt, die immer nur einen Teil des Strahls durchtreten läßt. Dadurch nimmt der Strahlquerschnitt die gewünschte Zeichenform an. Durch eine zweite Strahlablenkung wird das Zeichen auf die vorgesehene Leuchtschirmstelle projiziert. Bei der *Rastermethode* tastet der Elektronenstrahl auf dem Leuchtschirm ein kleines Fenster ab, das der Größe des Zeichens entspricht. In diesem Fenster wird die vorgesehene Zeichenform durch Helltasten einzelner Punkte erzeugt. Durch schrittweises Aneinandersetzen solcher Fenster entsteht die gesamte alphanumerische Darstellung. Bei der *pantographischen Methode* werden die Zeichen nach Art der Lissajous-Figuren durch einen dauernd hellgetasteten Strahl mittels variabler Kurvenformen der Ablenkspannungen geschrieben.

c) Lichtpunkt-Abtaströhren

Solche Röhren erzeugen auf ihrem Schirm einen Lichtpunkt, der zeilenweise über den Schirm geführt wird. Damit kann man transparente Bildvorlagen abtasten, die man außen auf den Schirm legt. Mit Hilfe einer Photozelle kann das optische Abtastsignal in ein elektrisches umgesetzt werden. Für Druckzwecke verwendet man Röhren mit moduliertem Elektronenstrahl und Lenard-Fenster. Durch das Fenster tritt der Elektronenstrahl aus der Röhre aus und schreibt unsichtbare Zeichen aus elektrischer Ladung auf eine dicht am Fenster vorbeigeführte Papierbahn, deren Schriftbild anschließend sichtbar gemacht wird. Bei anderen Röhren dient zur Signal-Bild-Wandlung eine Frontplatte aus Fiberglas (Fiberoptik) oder eine Platte mit einer Vielzahl von dicht beieinander liegenden feindrähtigen Durchführungen, die auf der vorbeigeführten Papierbahn ein Ladungsbild oder ein durch Funkenüberschlag eingebranntes Bild erzeugen.

d) Fernsehbildröhren

Diese Röhren wandeln das Fernsehsignal in ein sichtbares schwarzweißes oder farbiges Bild um. Sie haben einen großen rechteckigen Bildschirm und ein magnetisches Ablenksystem mit Korrekturspulen außerhalb des Röhrenkolbens für einen Ablenkwinkel von maximal 110° längs der Schirmdiagonale.

In *Schwarz-Weiß-Fernsehbildröhren* (Abb. 4.70a) wird ein signalmodulierter Elektronenstrahl erzeugt, der durch geeignete Kurvenform des Ablenkstroms zeilenweise über den Bildschirm geführt und während des Zeilenrücklaufs dunkelgetastet wird. Die Helligkeit eines Bildpunktes wird durch die variable Strahlstromstärke und die konstante Beschleunigungsspannung (von maximal 20 kV) festgelegt. Die Leuchtstoffschicht besteht aus Zn/CdS(Ag) (für weißes Licht; vgl. Tabelle 8) und ist – um die Lichtausbeute zu verbessern und die Bildung eines Ionenbrennflecks zu vermeiden – auf ihrer Innenseite mit einer Aluminiumhaut überzogen (s. S. 101). Ein Graphitbelag auf der Kolbeninnenwand dient zur Absorption von Streulicht, wodurch ein kontrastreicheres Bild entsteht.

In *Farb-Fernsehbildröhren* (Abb. 4.70b) werden drei Elektronenstrahlen erzeugt und mittels magnetischer Ablenkung gemeinsam zeilenweise über den Bildschirm geführt. Dort treffen sie auf zugeordnete rote, grüne und blaue Leuchtstoffpunkte, von

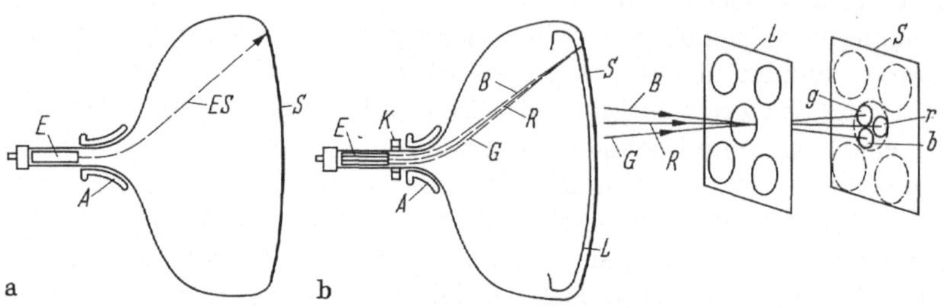

Abb. 4.70. **a** Aufbau einer Schwarz-Weiß-Fernsehbildröhre. E = Strahlerzeugungssystem, A = Ablenksystem, ES = Elektronenstrahl, S = Bildschirm, **b** Aufbau einer Farb-Fernsehbildröhre.
E = Strahlerzeugungssysteme für drei Elektronenstrahlen, K = Konvergenzsysteme für die Bildfehlerkorrektur, A = Ablenksystem, G, R, B = Elektronenstrahl für das grüne, rote bzw. blaue Teilbild, L = Lochmaske, S = gerasterter Dreifarben-Leuchtschirm, g, r, b = grüner, roter bzw. blauer Farbpunkt

denen je drei einen Bildpunkt ergeben. Die jeweilige Helligkeit der drei Farbstoffpunkte bestimmt die Helligkeit und Farbe des betreffenden Bildpunkts. Der blaue Farbpunkt besteht aus ZnS(Ag), der grüne aus ZnS(Cu) und der rote aus YVO_4(Eu) (= Yttriumvanadat mit Europium als Aktivator). Abbildung 4.71 zeigt die relative spektrale Strahlungsdichte dieser drei Leuchtstoffe.

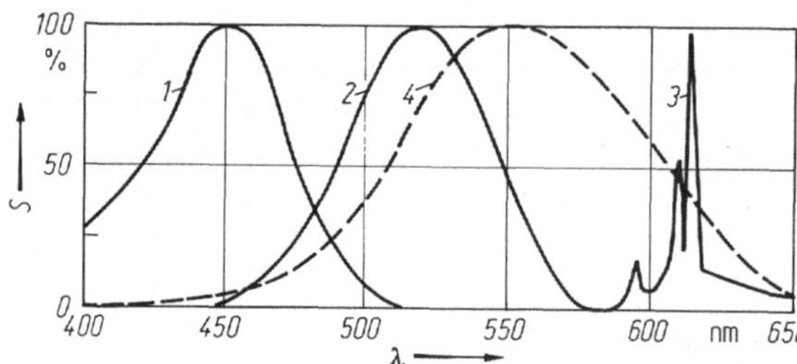

Abb. 4.71. Relative spektrale Strahlungsdichte s der drei Leuchtstoffe in Farbbildröhren. 1 ZnS(Ag) (blau), 2 ZnS(Cu) (grün), 3 YVO_4(Eu) (rot), 4 Augenempfindlichkeitskurve

Um zu gewährleisten, daß die drei Elektronenstrahlen ihre zugehörigen Farbstoffpunkte genau treffen, befindet sich etwa 13 mm vor der Leuchtstoffschicht eine exakt justierte *Lochmaske* mit etwa $4 \cdot 10^5$ Löchern (Durchmesser ≈ 0,3 mm) und einer Transparenz von etwa 17%. Beim zeilenweisen Abtasten treten die drei Elektronenstrahlen gemeinsam durch jedes Loch und treffen so genau auf die dahinterliegenden Farbstoffpunkte.

Durch die dreieckförmige Anordnung der Elektronenkanonen (Delta-System) entstehen trapez- und tonnenförmige Verzeichnungsfehler der drei überlagerten Farbraster. Zur Korrektur dieser Fehler dienen drei radial gerichtete Polschuhpaare (in der Röhre) mit einem Ferritkernjoch (außerhalb der Röhre) (Abb. 4.72a). Durch die Magnetspule des Ferritkerns werden die drei Elektronenstrahlen zusätzlich in radialer Richtung abgelenkt. Neben diesem System für die radiale Konvergenz sind noch ein weiteres für eine geringe Seitenverschiebung eines der drei Farbraster (System für Seitenkonvergenz; Abb. 4.72b) sowie ein Farbreinheitsmagnet aus zwei gegeneinander verschiebbaren Permanentmagnetringen (Abb. 4.72c) außen am Röhrenhals angebracht.

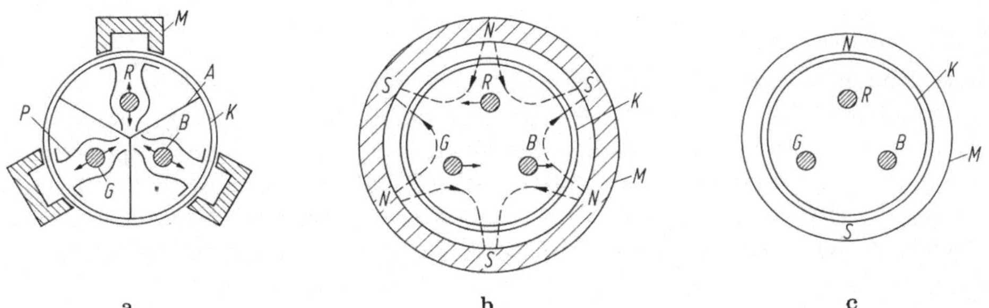

Abb. 4.72a–c. Magnetsysteme zur Bildfehlerkorrektur in Farbbildröhren. **a** Korrektursystem für die radiale Konvergenz. M = drehbarer Permanentmagnet, gekoppelt mit einem Elektromagneten, der mit dem zeilen- und bildfrequenten Wechselstrom erregt wird, A = magnetische Abschirmung, P = Polschuhe. **b** Korrektursystem für die Seitenkonvergenz. M = drehbarer Permanentmagnet. **c** Farbreinheitsmagnet. M = zwei gegeneinander verdrehbare Permanentmagnetringe.
R, G, B = Elektronenstrahlen für das rote, grüne bzw. blaue Teilbild, K = Röhrenglaskolben

Bei einer Neuentwicklung, der Farbbildröhre mit Selbstkonvergenz auf dem ganzen Bildschirm, liegen die drei Elektronenstrahlsysteme in einer Ebene anstatt an den Eckpunkten eines Dreiecks (Abb. 4.73). Anstelle der Leuchtstoffpunkte enthält der Bildschirm durchgehende vertikale Leuchtstoffstreifen und die Lochmaske dementsprechend geformte rechteckige Löcher. Der Vorteil dieser Anordnung ist ein einfacheres Einstellen der Korrekturspulen, um Konvergenz zu erzielen.

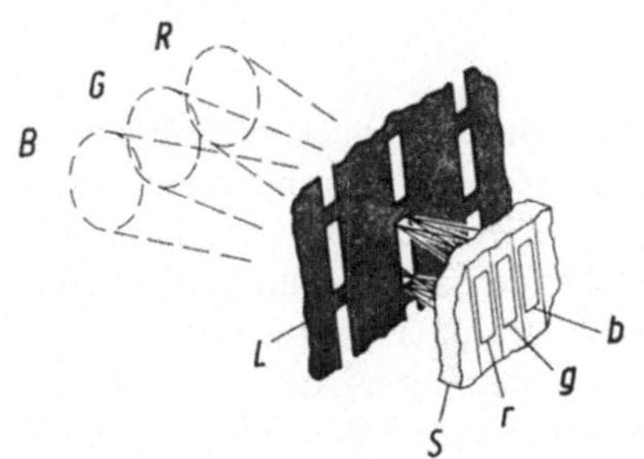

Abb. 4.73. System einer Farbbildröhre mit nebeneinander verlaufenden Elektronenstrahlen (B, G, R). L = Lochmaske mit rechteckigen Löchern, S = Leuchtschirm mit durchgehenden Farbstoffstreifen (r, g, b)

Farbbildröhren sind wie Schwarz-Weiß-Röhren an ihrer Innenseite zur Streulichtabsorption mit einem Graphitbelag versehen und gegen äußere Magnetfelder durch einen dünnen Eisenblechmantel abgeschirmt. Die Beschleunigungsspannung der Röhren beträgt 25 kV.

e) Bildradarröhren

Bei diesen Röhren wird der Elektronenstrahl durch ein um die Röhrenachse rotierendes Drehfeld synchron mit der angeschlossenen Mikrowellen-Empfangsantenne abgelenkt. Gleichzeitig wird der Ablenkspulenstrom mit hoher Frequenz ein- und ausgeschaltet. Dadurch entsteht auf dem Bildschirm ein radialer Leuchtstrich, der gleichphasig mit dem Ablenkspulenfeld rotiert und dabei das ganze Bildfeld überstreicht. Radarbildschirme haben eine relativ lange Nachleuchtdauer (Phosphoreszenz). Zum Beispiel nimmt die Bildhelligkeit in 10 s auf 1 % des Anfangswerts ab.

f) Bildspeicherröhren

Diese Röhren dienen zum Aufnehmen, minutenlangen Speichern und beliebig wiederholbaren Sichtbarmachen eines optischen Bildes. Ihren grundsätzlichen Aufbau zeigt Abb. 4.74. Die Röhren enthalten drei Elektronenkanonen sowie ein Speichergitter (G), das zwischen einer Kollektorelektrode (C) und dem Leuchtschirm (LS) liegt. Das Speichergitter ist ein feinmaschiges Drahtnetz (mit maximal 200 Maschen je cm), dessen kathodenseitige Oberfläche mit einer Isolatorschicht (z.B. aus MgF_2) bedeckt ist.

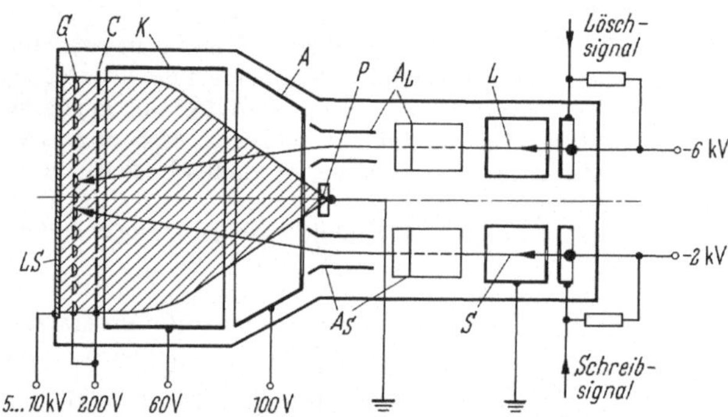

Abb. 4.74. Prinzipieller Aufbau einer Bildspeicherröhre.
S = Schreibstrahlsystem, L = Löschstrahlsystem, P = Sichtstrahlsystem, A_S, A_L = Ablenksystem für den Schreib- bzw. Löschstrahl, A = Anode für den Sichtstrahl, K = Kollimator (bewirkt senkrechten Aufprall des Sichtstrahls auf das Speichergitter), C = Kollektorelektrode, G = Speichergitter, LS = Leuchtschirm

Ein durch das Bildsignal intensitätsmodulierter, zeilenweise abgelenkter Elektronenstrahl (Schreibstrahl S) löst vom Speichergitterisolator (G) Sekundärelektronen aus, die vom Kollektor (C) aufgenommen werden. Jeder Isolatorpunkt lädt sich dadurch positiv auf (vgl. auch Abb. 3.51). Das entstehende Ladungsbild bewirkt eine örtliche Modulation der Stromdichte des (breiten) Sichtstrahls (P), dessen Elektronen nach dem Durchtritt durch das Speichergitter stark beschleunigt werden und auf dem Leuchtschirm (LS) ein helles Bild des gespeicherten Potentialreliefs erzeugen. Durch einen Löschstrahl (L) wird das gespeicherte Ladungsbild wieder abgebaut.

4.4.2.3 Bild-Signal-Wandlerröhren (Fernseh-Kameraröhren)

Die Bild-Signal-Wandlerröhren bewirken die Umsetzung eines optischen Bilds in ein elektrisches Ausgangssignal.

a) Vidikon

Beim Vidikon (Abb. 4.75) dient zur Bild-Signal-Wandlung eine 3 bis 10 µm dicke Photoleiterschicht Sp (z.B. aus Sb_2S_3), in der bei Belichtung eine örtliche Leitfähigkeitsverteilung entsteht. Die Vorspannung U_v der an der Schicht Sp haftenden lichtdurchlässigen Signalplatte S bewirkt, daß je nach der örtlichen Leitfähigkeit eine mehr oder weniger große positive Ladung von der Signalplatte S zur kathodenseitigen Oberfläche der Photoleiterschicht Sp gelangt. Dieses positive Ladungsbild wird mit einem magnetisch abgelenkten (kurz vor der Photoschicht auf wenige eV verzögerten) Elektronenstrahl ES abgetastet und neutralisiert. Jedes Photoschichtelement nimmt dabei vom Abtaststrahl gerade so viele Elektronen auf, bis sein Potential auf das Kathodenpotential des Strahlerzeugungssystems abgesunken ist. Die übrigen Strahlelektronen kehren vor der Photoschicht um und werden von der Anode des Strahlerzeugungssystems abgesaugt. Der bei der Abtastung eines jeden Photoschichtelements auftretende Potentialsprung wird durch kapazitive Kopplung auf die Signalplatte übertragen und stellt das Videosignal dar.

Die Entstehung des Videosignals veranschaulicht auch Abb. 4.75b, in der ein Photoschichtelement durch eine kleine Kapazität C und den parallelen Schichtwiderstand R ersetzt ist. Während des Abtastvorgangs (Dauer je Schichtelement etwa 10^{-7} s) wird die Kapazität C annähernd bis auf die Vorspannung U_v aufgeladen (weil das Potential von S gleich U_v ist und das Potential von Sp durch die Abtastung ungefähr gleich null wird). In den Abtastpausen (40 ms) fließt über den ohne Belichtung hochohmigen Widerstand R entsprechend der Zeitkonstanten $\tau = RC$ nur eine kleine Ladung ab. Dieser Ladungsverlust wird von der Spannungsquelle U_v ausgeglichen und ergibt den Dunkelstrom. Bei Belichtung des Schichtelements werden der Widerstand R und damit auch τ je nach Beleuchtungsstärke erheblich verkleinert. Der Ladungsverlust in den Abtastpausen steigt entsprechend an. Der jetzt höhere Ausgleichsstrom ist der Videosignalstrom der Röhre.

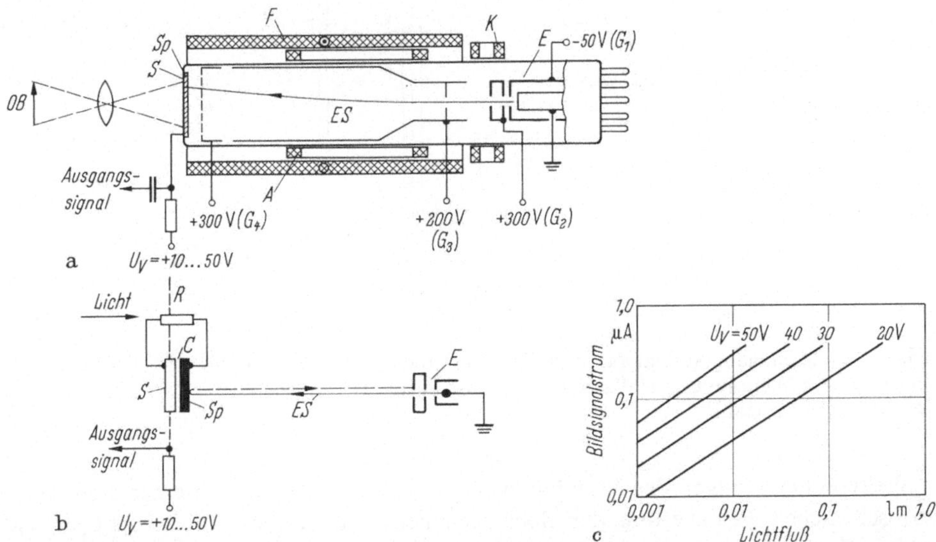

Abb. 4.75a–c. Aufbau und Wirkungsweise eines Vidikons. **a** Aufbau. OB = optisches Bild, S = Signalplatte, Sp = Speicherplatte, F = Fokussierspule, A = Ablenkspulen, K = Korrekturspulen, E = Strahlerzeugungssystem. **b** Abtastvorgang für ein Speicherelement. E = Strahlerzeugungssystem, ES = Abtastelektronenstrahl, Sp = Speicherelement, S = Signalplatte, C, R = Kapazität und (lichtabhängiger) Widerstand eines Speicherelements. **c** Bildsignalstrom in Abhängigkeit von der Bildpunkthelligkeit (Übertragungskennlinie). U_V = Vorspannung der Speicherplatte

Der Abtastelektronenstrahl wird mit Hilfe des Linsenfeldes von G_2/G_3 und durch das axiale Magnetfeld der Fokussierspule F auf der Speicherschicht in einem feinen Punkt fokussiert. Während des Zeilenrücklaufs wird der Strahl dunkelgetastet, damit im Fernsehbild keine störenden Linien erscheinen. Die Videosignalerzeugung ist mit einer gewissen Trägheit behaftet, weil die Leitfähigkeit der Photoschicht und die Umladung der einzelnen Schichtelemente während der Abtastung schnellen Belichtungsänderungen nicht rasch genug folgen können.

b) Plumbicon

Das Plumbicon (seit 1963) ist die Standardröhre für Farb-Fernsehkameras. Sein Aufbau (Abb. 4.76a) gleicht dem des Vidikons. Anstelle eines Photoleiters enthält das Plumbicon eine Speicherschicht aus PbO mit halbleitender pin-Struktur (Abb. 4.76b). Bei Belichtung entstehen in der PbO-Schicht Elektron-Loch-Paare, die im Sperrfeld der pin-Schicht (durch die Vorspannung U_v) getrennt werden. Die p-Zone lädt sich dadurch positiv auf. Der Abtastelektronenstrahl (ES) neutralisiert diese Ladung und erzeugt dabei das Videosignal. Damit sich benachbarte Speicherelemente nicht gegenseitig beeinflussen können, beträgt der spezifische Widerstand der Speicherschicht mehr als $10^{14}\,\Omega$cm.

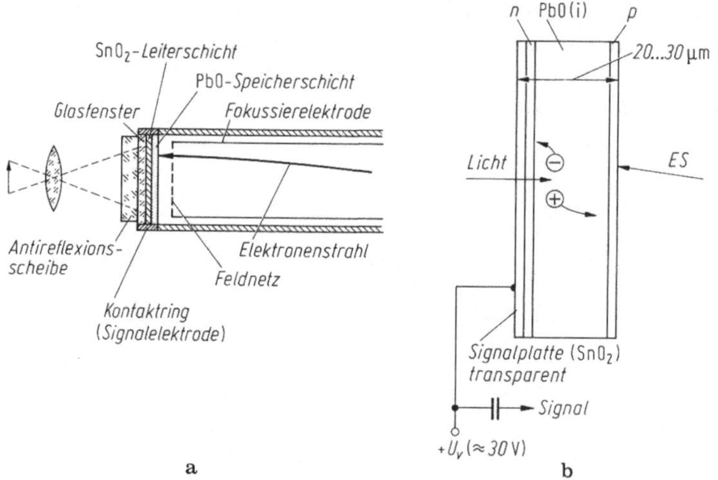

Abb. 4.76a, b. Eingangssystem (**a**) und Speicherschicht (**b**) eines Plumbicons. Die Speicherschicht ist ein hochohmiger Halbleiter mit pin-Struktur.
ES = Elektronenstrahl

Weiterentwicklungen des Plumbicons (vgl. Abb. 4.77) enthalten einen Lichtleiter zur schwachen Beleuchtung der Speicherschicht, um dadurch die Anstiegs- und Abfallträgheit des Videosignals zu vermindern, ein Faseroptik-Eintrittsfenster für die Ankopplung an Bildverstärker sowie ein ACT-System („Anti-Comet-Tail"-System) zur Unterdrückung von Spitzlichteffekten. Diese Effekte bestehen darin, daß bewegte helle Stellen auf der Speicherschicht einen Schweif nach sich ziehen (Blooming). Sie lassen sich vermeiden, wenn die Übertragungskennlinie bei höheren Signalstromwerten in die Sättigung übergeht. Dazu wird die Stromstärke des Abtaststrahls mit Hilfe der Gitter G_1 und G_3 während des Zeilenrücklaufs so weit erhöht, daß auch die Stellen höchsten Potentials entladen werden. Gleichzeitig wird durch Anheben des Kathodenpotentials ein vollständiges Entladen solcher Stellen vermieden.

Ähnliche Eigenschaften wie das Plumbicon weist das Newvicon auf, dessen Speicherschicht aus Cadmium- und Zinktelluriden besteht.

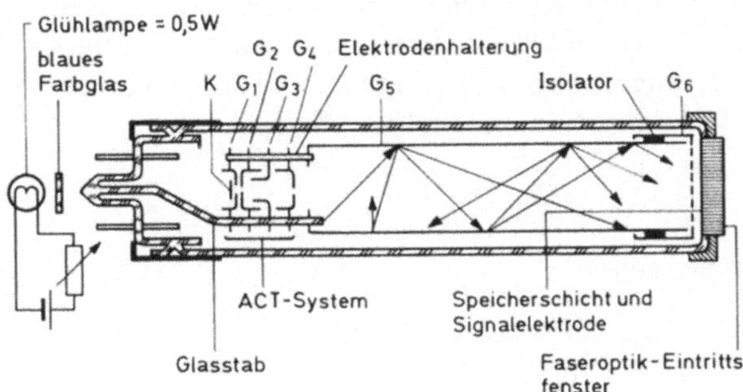

Abb. 4.77. Aufbau eines Plumbicons mit Lichtleiter, Faseroptik-Eintrittsfenster und ACT-System (Philips)

c) Silizium-Vidikon

Der Aufbau dieser Röhre entspricht dem des Vidikons. Die Speicherschicht besteht hier aus einem Silizium-Einkristall, in dessen Oberfläche (6 bis 8) · 10^5 Planardioden je cm^2 eindiffundiert sind (Abb. 4.78). Jede Diode hat einen Durchmesser von 6 bis 8 µm und einen Mittenabstand von 12 bis 15 µm. Durch Belichtung entstehen im Silizium Elektron-Loch-Paare, die im Sperrfeld der Dioden getrennt werden. Die p-Zonen laden sich dadurch örtlich verschieden stark positiv auf. Der Abtastelektronenstrahl (ES) neutralisiert die Aufladung der Sperrschichtkapazitäten und erzeugt dadurch das Videosignal. Die Diodenstruktur hat den Vorteil, daß die Speicherschicht auch hohe Lichtintensitäten verträgt, ohne daß die Gefahr des „Einbrennens" besteht.

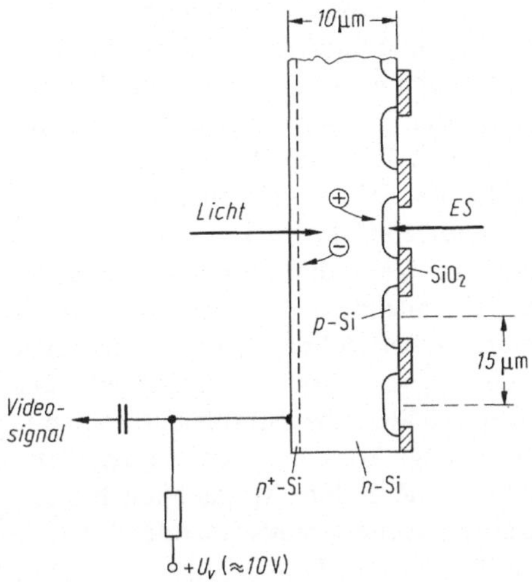

Abb. 4.78. Speicherschicht eines Silizium-Vidikons.
ES = Abtastelektronenstrahl

Eine 300-fach höhere Empfindlichkeit als das Silizium-Vidikon erreicht das *Ebsicon* (Abb. 4.79), das am Eingang einen Bildverstärker und als Speicherschicht ein *e*lektronen*b*eschossenes *Si*lizium-Target hat. Der Bildverstärker projiziert das von der Photokathode erzeugte Elektronenbild auf die Silizium-Speicherschicht, auf der ein entsprechendes Ladungsbild entsteht. Bei einem anderen Röhrentyp mit vorgeschaltetem Bildverstärker, der SEC-Röhre (SEC = *s*econdary *e*lektron *c*onduction), besteht das elektronenbeschossene Target aus einer KCl-Schicht mit hoher Sekundärelektronenausbeute. Anstelle des Bildverstärkers mit Linsensystem kann auch ein Bildwandler ohne Strahlfokussierung (entsprechend Abb. 4.65a) verwendet werden, bei dem die Photokathode nur 0,1 mm vor dem Target angeordnet ist (*Proxicon*).

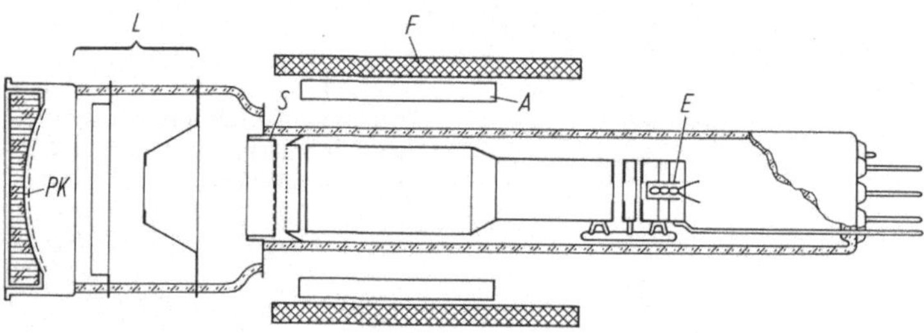

Abb. 4.79. Aufbau eines Ebsicons.
PK = Photokathode, L = Linsensystem des Bildverstärkers, S = Silizium-Speicherschicht, F = Fokussierspule, A = Ablenkspule, E = Erzeugungssystem für den Abtastelektronenstrahl

d) Pyroelektrisches Vidikon

Die Speicherschicht dieser infrarotempfindlichen Kameraröhre ist eine dünne dielektrische Scheibe aus Triglycinsulfat (TGS), die spontan senkrecht zu ihrer Oberfläche polarisiert ist (Abb. 4.80a). Durch ein Germaniumfenster eindringende, zeitlich schwankende IR-Strahlung verändert die örtliche Verteilung der Temperatur und damit der Polarisation der pyroelektrischen Speicherschicht. Dementsprechend ändert sich auch die Oberflächenladung auf der Rückseite der Speicherschicht, während die bestrahlte Vorderseite durch die anliegende Signalplatte ein konstantes positives Potential erhält. Da die Polarisation nur durch Änderungen der einfallenden IR-Strahlung beeinflußt wird, muß die Strahlung durch einen optischen Zerhacker oder durch Bewegen der Kamera moduliert werden. Dies hat zur Folge, daß die konstante Hintergrundstrahlung eines Objekts keinen Effekt hat und der schwache Kontrast einer aufzunehmenden thermischen Szene verstärkt wird.

Die Abtast-Oberfläche der TGS-Schicht kann bei Veränderung der Polarisation eine positive oder negative Oberflächenladung annehmen. Um sie mit einem Elektronenstrahl abtasten zu können, muß ihr Oberflächenpotential um einen konstanten positiven Betrag angehoben werden. Dazu wird die Abtastseite der Speicherschicht mit positiven Ionen beladen, die durch Stöße der Strahlelektronen mit Restgasmolekülen in der Nähe der Schicht erzeugt werden. Der erforderliche Gasdruck (He oder H_2) beträgt etwa 10^{-3} mbar. Eine andere Möglichkeit besteht darin, daß man die positive Oberflächenladung durch Sekundäremission oder dadurch erzeugt, daß man die TGS-Schicht schwach leitfähig macht. Durch den Abtaststrahl wird die Oberflächenladung abgebaut, bis jeder Speicherpunkt Kathodenpotential erreicht hat. Die zugehörigen Potentialsprünge ergeben an der Signalplatte das Videosignal. Abbildung 4.80b zeigt die spektrale Empfindlichkeitsverteilung einer solchen pyroelektrischen Kameraröhre.

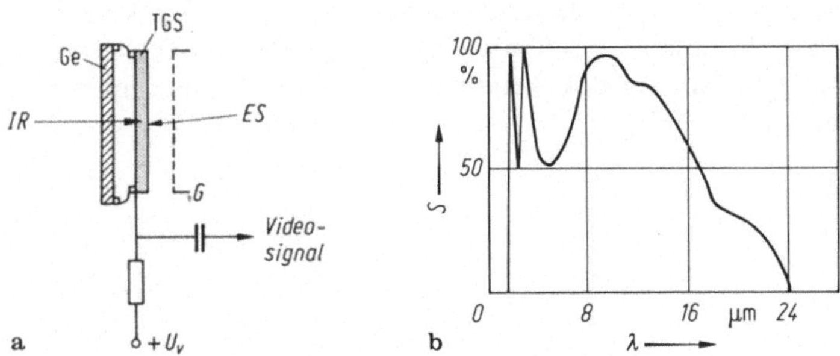

Abb. 4.80a. Eingangssystem eines pyroelektrischen Vidikons.
Ge = Germanium-Eintrittsfenster, TGS = Triglycinsulfat-Speicherschicht mit Signalplatte, G = letztes Gitter vor der Speicherschicht, IR = Infrarotlicht, ES = Abtastelektronenstrahl

Abb. 4.80b. Spektrale Empfindlichkeit s des Eingangssystems eines pyroelektrischen Vidikons

Die optische Auflösung einer IR-Kameraröhre wird durch die Wärmeleitfähigkeit des Targets eingeschränkt, weil das im Target bei IR-Bestrahlung aufgebaute Temperaturprofil relativ rasch zerfließt. Mit steigender Modulationsfrequenz nimmt daher zwar die räumliche Auflösung zu, die Signalhöhe aber ab. Um auch bei niedriger Modulationsfrequenz eine gute Bildauflösung zu erreichen, verwendet man neuerdings Targets mit Oberflächen-Kanalraster, die eine Gitterkonstante von z.B. 25 µm und eine Auflösung von 8 Linienpaaren bei 50% Modulationstiefe haben (vgl. Abb. 4.81). Die Empfindlichkeit des Targets beträgt etwa 5 µA/W. Die Kanalstruktur wird durch Ionenätzen mit Photomaskentechnik hergestellt.

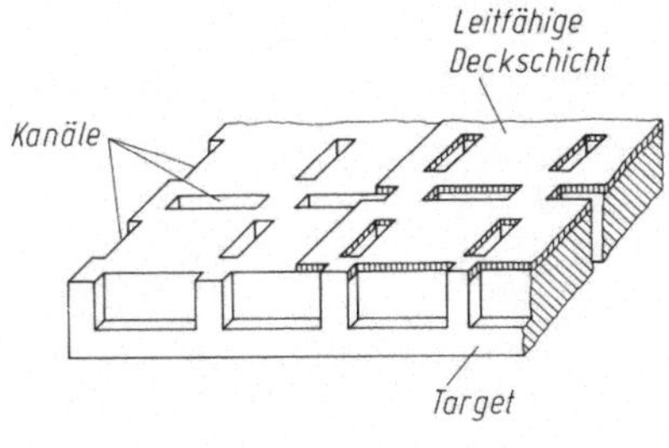

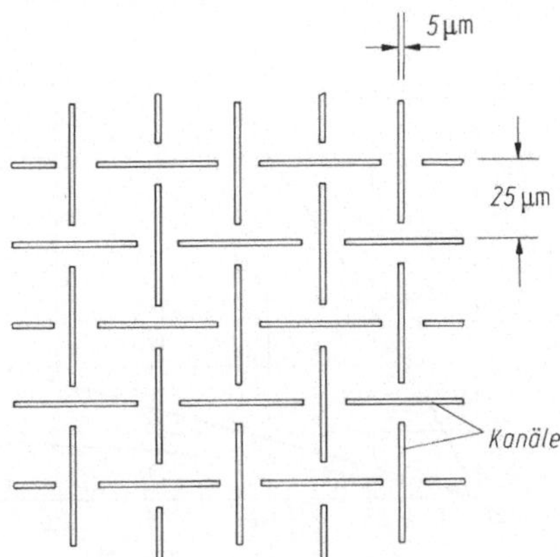

Abb. 4.81. Anordnung der Kanäle im Target einer IR-Kameraröhre zur Verbesserung des Auflösungsvermögens (retikuliertes Target)

e) Vergleich verschiedener Vidikons

In Abb. 4.82 ist die spektrale Empfindlichkeitsverteilung von drei verschiedenen Kameraröhren dargestellt. Demnach hat das Silizium-Vidikon die höchste Empfindlichkeit und den breitesten Spektralbereich. Weitere Eigenschaften sind in Tabelle 16 angegeben. Abbildung 4.83 zeigt die *Übertragungskennlinien*. Si-Vidikons und Plumbicons haben eine lineare Übertragungskennlinie ($\gamma = 1$), bei Vidikons mit Sb_2S_3-Photoleiter ist die Kennlinie gekrümmt ($\gamma = 0{,}7$). Der γ-Wert ist ein logarithmisches Maß für den Anstieg des Signalstroms I_s einer Kameraröhre mit wachsender Beleuchtungsstärke E_l:

$$\gamma = \frac{\ln(I_s/I_{sw})}{\ln(E_l/E_{lw})} \tag{4.158}$$

oder

$$I_s = I_{sw}\left(\frac{E_l}{E_{lw}}\right)^{\gamma}. \tag{4.158a}$$

In diesen Gln. sind die Beleuchtungsstärke auf Bildweiß (E_{lw}) und der Signalstrom auf den, dem Bildweiß entsprechenden Signalstrom (I_{sw}) normiert.

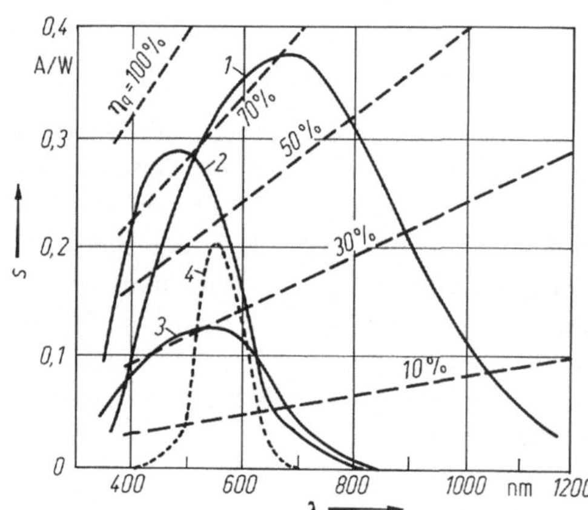

Abb. 4.82. Spektrale Empfindlichkeitsverteilung s von Kameraröhren. 1 Silizium-Vidikon, 2 Plumbicon, 3 Vidikon, 4 Empfindlichkeit des menschlichen Auges; η_q = Quantenwirkungsgrad der lichtempfindlichen Schicht

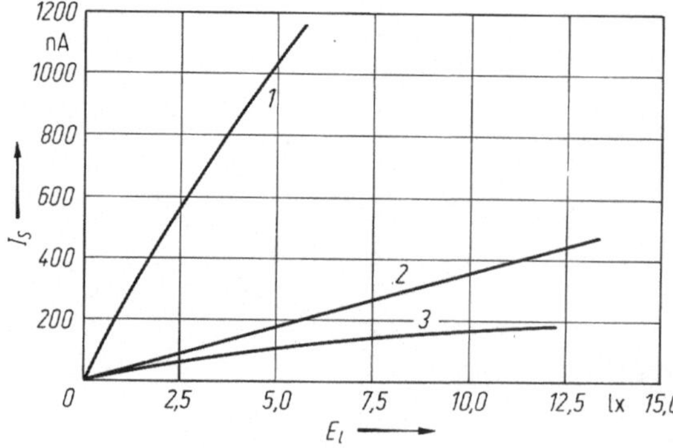

Abb. 4.83. Übertragungskennlinien von Fernseh-Kameraröhren. I_s = Signalstromstärke, E_l = Beleuchtungsstärke; 1 Silizium-Vidikon, 2 Plumbicon, 3 Vidikon

Tabelle 16. Vergleich der Eigenschaften eines Vidikons, Plumbicons und Si-Vidikons

Eigenschaft	Vidikon	Plumbicon	Si-Vidikon
Lichtempfindlichkeit	ausreichend	mittel	hoch
Maximum der Lichtempfindlichkeit	500 nm	550 nm	700 nm
Spektralbreite bei 10% der maximalen Lichtempfindlichkeit	300–800 nm	500–700 nm	400–1100 nm
max. zulässige Beleuchtungsstärke	5000 lx	5000 lx	beliebig
Einbrennempfindlichkeit	mittel	mittel	keine
Dunkelstrom	niedrig	sehr niedrig	mittel
Blooming	sehr gering	gering	deutlich
Grenzauflösung	500 Zeilen	600 Zeilen	400 Zeilen
Lebensdauer	5000 h	1000 h	10000 h
Anwendungen	Überwachungsanlagen, Amateur- und Röntgen-Kameras	Studios, Übertragung schneller Vorgänge	Überwachungsanlagen (besonders für IR-Strahlung)

Im Gegensatz zu Kameraröhren haben Schwarz-Weiß- und Farbbildröhren einen Wert $\gamma > 2$. Dies bedeutet, daß durch eine Bildröhre Schwarzwerte gestaucht und Weißwerte gestreckt werden. Dunkle Bilddetails sind daher schlechter erkennbar. Die Kombination einer Bildröhre mit einem Vidikon, dessen γ-Wert kleiner als eins ist, führt zu einer gegenseitigen Kompensation der γ-Werte und damit zur unverzerrten Halbtonwiedergabe. Bei Vidikons mit $\gamma = 1$ ist dagegen eine γ-Korrektur (Gradationskorrektur) erforderlich.

4.4.2.4 Signal-Signal-Wandlerröhren (Signalspeicherröhren)

Diese Röhren können ein elektrisches Bildsignal aufnehmen, als Ladungsbild (auch über längere Zeit) speichern und wieder abgeben.

Den Aufbau einer *Einstrahl-Signalspeicherröhre* zeigt Abb. 4.84. Die Röhre enthält ein Elektronenstrahlsystem (E), einen zylinderförmigen Sekundärelektronenkollektor (C) und eine hochisolierende Speicherschicht (I) mit anliegender Signalelektrode (S). Ein auf der Speicherschicht haftendes feinmaschiges Sperrgitter (G) bewirkt, daß die beim Abtasten ausgelösten Sekundärelektronen innerhalb einer Maschenöffnung zur Speicherschicht zurückkehren. Dadurch wird das Auflösungsvermögen der Speicherschicht verbessert.

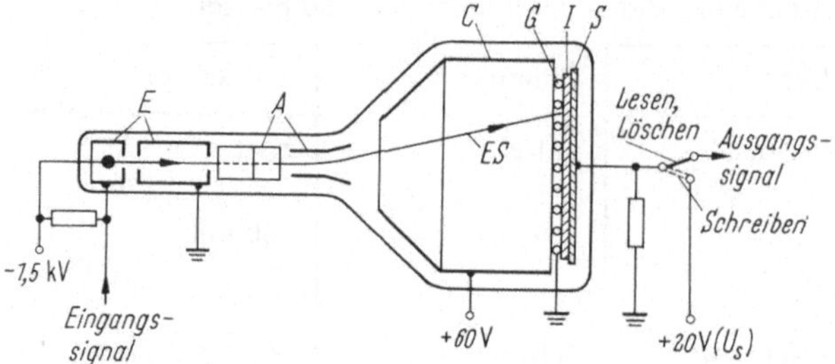

Abb. 4.84. Einstrahl-Signalspeicherröhre mit Sekundäremissions-Sperrgitter („Radechon"). E = Strahlerzeugungssystem, A = Ablenksystem, C = Sekundärelektronen-Kollektor, G = Sperrgitter, I = Speicherisolator, S = Signalelektrode

Beim *Schreiben* wird an die Signalelektrode (S) eine Spannung $U_s = +20$ V gelegt. Infolge der Spannungsteilung zwischen Speicherschicht und Vakuum nimmt auch die Speicheroberfläche das Potential von +20 V an. Ein mit dem Schreibsignal intensitätsmodulierter Abtaststrahl (ES) erniedrigt U_s über der Speicherschicht auf örtlich verschiedene Werte $U_s' < +20$ V. Beim *Lesen und Löschen* wird U_s' mit Hilfe eines elektronischen Schalters um 20 V auf $U_s'' \lessapprox 0$ V gesenkt. Der jetzt unmodulierte Abtaststrahl bringt $U_s'' \rightarrow 0$ und erzeugt so das Videosignal der gespeicherten Information. Ein wiederholtes Abtasten (Entnahme von Signalkopien) ist möglich, bis das Ladungsbild auf der Speicherschicht abgebaut ist.

Röhren dieser Art dienen zur Bildsignalverarbeitung, zum Beispiel zum Trennen bewegter von feststehenden Bildinhalten, Speichern von Binärzeichen, Verbessern des Rauschfaktors durch Integration wiederkehrender Bildsignale oder zur Koordinatentransformation gespeicherter Bilder.

In Abb. 4.85 ist der Aufbau einer *Zweistrahl-Signalspeicherröhre* zu sehen. Als Träger der hochisolierenden Speicherschicht 4 (z.B. MgF_2, 0,5 µm dick) dient ein Metallnetz 3 hoher Transparenz, an dem ein organischer Film haftet. Auf diesen Film ist eine Aluminiumschicht 7 (als Signalelektrode) und darüber die Speicherschicht aufgedampft.

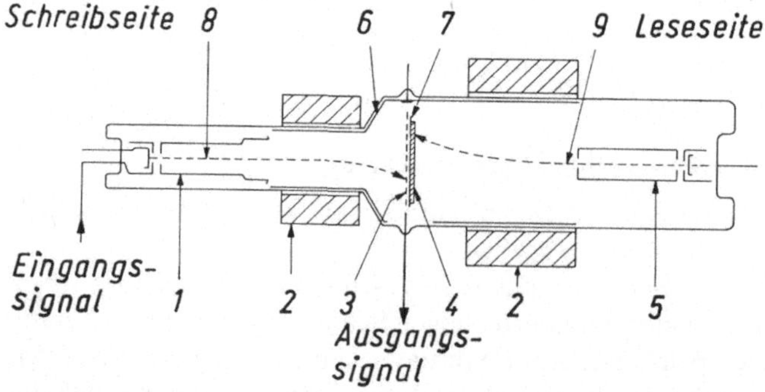

Abb. 4.85. Zweistrahl-Signalspeicherröhre mit Schrift durch elektronenerregte Leitfähigkeit der Speicherschicht („Graphechon").
1 Schreibstrahlsystem, 2 Ablenkspule, 3 Metall-Trägergitter, 4 Speicherschicht, 5 Lesestrahlsystem, 6 Lese- und Schreib-Kollektor, 7 Aluminiumfolie, 8 Schreibstrahl, 9 Lesestrahl

Beim *Schreiben* wird an die Signalelektrode 7 eine Spannung von −50 V gelegt, während die Speicheroberfläche durch das vorherige Abtasten ein Potential von null Volt hat. Der intensitätsmodulierte 10 kV-Schreibstrahl erzeugt im Speicherisolator eine örtlich variierende elektronenerregte Leitfähigkeit, wodurch auf der Speicheroberfläche ein Potentialrelief zwischen 0 und −50 V entsteht. Beim *Lesen und Löschen* wird die Speicheroberfläche mit dem unmodulierten 1 kV-Lesestrahl (der keine elektronenerregte Leitfähigkeit verursacht) abgetastet und durch Sekundäremission auf das Kollektorpotential angehoben. Die zugehörigen Potentialsprünge ergeben das Videosignal. Wegen des Zweistrahlsystems ist gleichzeitiges Schreiben und Lesen möglich.

Solche Röhren werden zur Transformation von Radar- oder Fernsehbildern in Bilder anderer Zeilen- und Bildfrequenz und zur Umwandlung von Radar- in Fernsehbilder verwendet.

4.4.3 Elektronenmikroskope

Elektronenmikroskope sind Elektronenstrahlgeräte zur stark vergrößerten Abbildung der inneren Struktur oder der Oberflächen von sehr kleinen Objekten. Demnach unterscheidet man zwischen Durchstrahlungs-Mikroskopen und Mikroskopen zur Oberflächenabbildung.

4.4.3.1 Durchstrahlungs-Elektronenmikroskope

Sie stellen das elektronenoptische Analogon des Lichtmikroskops dar. Ein 100 bis 1000 keV-Elektronenstrahl geringer Apertur durchdringt das Objekt G, das als 10 bis 100 nm dicke Schicht auf einem Netz als Objektträger präpariert ist. Die elektronenbestrahlte Fläche hat einen Durchmesser von 1 bis 20 µm. Mit den von der Objektivblende durchgelassenen Elektronen (vgl. Abb. 4.86) erzeugt das *Objektiv* O ein vergrößertes Zwischenbild Z, das vom *Projektiv* P auf einen Leuchtschirm S abgebildet wird.

Der *Bildkontrast* entsteht durch unterschiedliche Elektronenstreuung (vorwiegend elastische Kernstreuung) im Objekt. Die Streuung hängt vom Produkt aus Objektdicke und Objektdichte ab. Durch Schrägbedampfung oder Imprägnierung des Objekts mit Schwermetallsalzen kann der Bildkontrast erhöht werden.

Die *Vergrößerung* V_E eines Elektronenmikroskops mit zwei Linsen ist gleich dem Produkt aus Objektivvergrößerung V_o und Projektivvergrößerung V_p. Da das Objekt angenähert in der Brennebene des Objektivs und das Zwischenbild angenähert in der Brennebene des Projektivs liegt, betragen die Vergrößerungen V_o und V_p nach Gl. (4.20) mit $f_1 = f_2$:

$$V_o = \frac{l_{2o}}{l_{1o}} = \frac{l_{2o}}{f_o}, \tag{4.159}$$

$$V_p = \frac{l_{2p}}{l_{1p}} = \frac{l_{2p}}{f_p}. \tag{4.159a}$$

Damit wird:

$$V_E = V_o V_p = \frac{l_{2o}}{f_o} \frac{l_{2p}}{f_p} \tag{4.160}$$

(l_{2o}, l_{2p} = Bildweite von Objektiv bzw. Projektiv, f_o, f_p = Brennweite von Objektiv bzw. Projektiv). Hohe Werte von V_E erhält man also durch kleine Linsenbrennweiten (z.B. $f_o = f_p = 2\,\text{mm}$) und dadurch, daß man $l_{2o} \approx l_{2p}$ macht. Zum Beispiel wird für $f_o = f_p = 2\,\text{mm}$ und $l_{2o} \approx l_{2p} = 30\,\text{cm}$ die Vergrößerung $V_E = 22500$. Um die Vergrößerung (bis auf etwa $5 \cdot 10^5$) zu erhöhen, wird zwischen Objektiv und Projektiv eine *Zwischenlinse verwendet.*

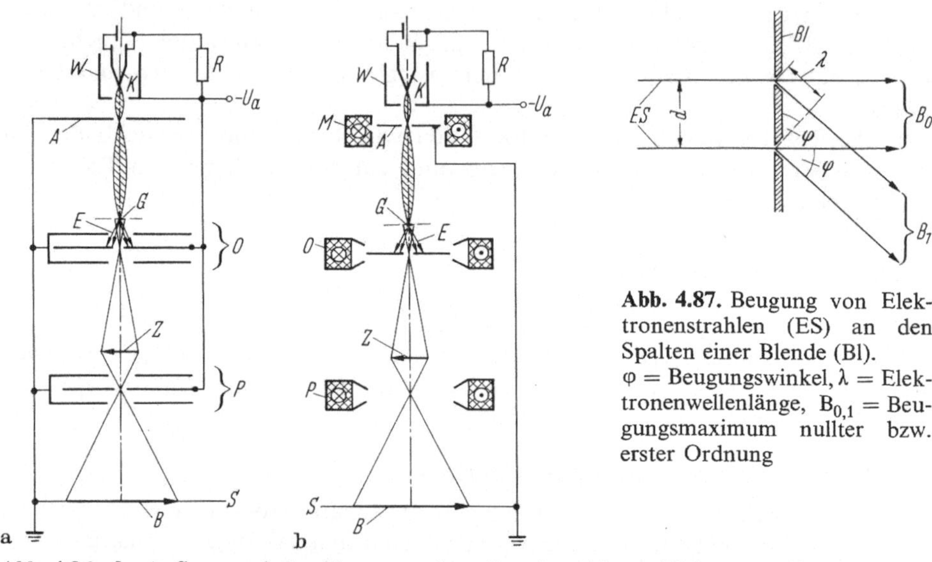

Abb. 4.87. Beugung von Elektronenstrahlen (ES) an den Spalten einer Blende (Bl). φ = Beugungswinkel, λ = Elektronenwellenlänge, $B_{0,1}$ = Beugungsmaximum nullter bzw. erster Ordnung

Abb. 4.86a, b. Aufbau und Strahlengang eines Durchstrahlungs-Elektronenmikroskops mit elektrischen (**a**) und magnetischen Linsen (**b**).
K = Kathode, W = Steuerelektrode, A = Beschleunigungselektrode, M = Kondensorlinse, G = Objekt, E = im Objekt gestreute Elektronen, O = Objektiv mit Blende, Z = Zwischenbild, P = Projektiv, B = Endbild, S = Leuchtschirm

Unter dem *Auflösungsvermögen* δ_E eines Elektronenmikroskops versteht man den kleinsten Abstand zwischen zwei punkt- oder linienförmigen Strukturelementen im Objekt, die im vergrößerten Bild gerade noch als getrennt wahrgenommen werden können. Zwischen δ_E und V_E besteht die Beziehung:

$$\delta_E \approx \frac{\delta_A}{V_E}. \tag{4.161}$$

Dabei bedeutet δ_A ($\approx 0{,}2\,\text{mm}$) das Auflösungsvermögen des menschlichen Auges in deutlicher Sehweite ($= 25\,\text{cm}$). Zum Beispiel hat ein Elektronenmikroskop mit der Vergrößerung $V_E = 2 \cdot 10^5$ ein Auflösungsvermögen $\delta_E \approx 0{,}2/2 \cdot 10^5\,\text{mm} = 1\,\text{nm}$. (Das erreichbare Auflösungsvermögen eines Lichtmikroskops beträgt nur $\delta_L = 200\,\text{nm}$).

Die *Grenze des Auflösungsvermögens* ist durch Beugungserscheinungen festgelegt. Zwei Strukturelemente (z.B. zwei Spalte in einer Blende, Spaltabstand d, vgl. Abb. 4.87) ergeben bei Elektronenbestrahlung Beugungsmaxima, deren Lage durch die Interferenzbeziehung

$$n\lambda = d \sin\varphi \tag{4.162}$$

bestimmt ist (n = 0, 1, 2..., λ = Materiewellenlänge der Elektronen, φ = Beugungswinkel). Eine Abbildung ist nur möglich, wenn vom Objekt (nach der Abbeschen Bedingung) mindestens die Beugungsmaxima nullter und erster Ordnung (n = 0 bzw. 1) in das Mikroskop gelangen. Da der Beugungswinkel φ nicht größer werden kann als die Apertur α_o des vom Objekt durchgelassenen Strahlenkegels, wird mit n = 1:

$$d = \delta_E = \frac{\lambda}{\sin \alpha_o}. \tag{4.162a}$$

Für die *Materiewellenlänge der Elektronen* gilt nach de Broglie die Gl. (3.1), die man auch in der Form schreiben kann:

$$\lambda = \frac{h}{mv} = \frac{h}{m\sqrt{2\eta U_a}} \tag{4.163}$$

oder

$$\boxed{\frac{\lambda}{\text{nm}} = \frac{1{,}25}{\sqrt{U_a/\text{V}}}} \tag{4.163a}$$

Mit $U_a = 360\,\text{kV}$ (= Elektronenbeschleunigungsspannung) und $\sin \alpha_o = 5 \cdot 10^{-3}$ wird zum Beispiel $\delta_E = 0{,}4\,\text{nm}$. In Tabelle 17 sind die Werte von U_a, V_E und δ_E für einige moderne Elektronenmikroskope angegeben.

Tabelle 17. Technische Daten einiger moderner Elektronenmikroskope

Bezeichnung	U_a/kV	V_E	δ_E/nm
Elmiskop 102 (SIEMENS)	20–125	$2 \cdot 10^2$–$5 \cdot 10^5$	0,3
EM 300 (RCA)		$2 \cdot 10^2$–$5 \cdot 10^5$	0,5
EM 10 (ZEISS)	40–100	10^2–$2 \cdot 10^5$	0,5
JEM-6A (JAPAN ELECTRONICS LAB.)	50–100	$6 \cdot 10^2$–$2 \cdot 10^5$	0,8

4.4.3.2 Elektronen- und Ionenmikroskope zur Oberflächenabbildung

Die verschiedenen Möglichkeiten zur Abbildung von Oberflächen mittels Elektronen- oder Ionenstrahlen sind in Tabelle 18 dargestellt. In den folgenden Abb. 4.88 bis 4.90 sind der Aufbau eines Emissionsmikroskops, eines Rasterelektronenmikroskops und eines Feld-Elektronenmikroskops schematisch angegeben. Im *Emissionsmikroskop* (Abb. 4.88) liefert die Kathodenoberfläche selbst die zu ihrer Abbildung erforderlichen Elektronen. Diese werden bei kommerziellen Geräten meistens durch Beschuß der Kathode mit positiven Ionen und (durch Umladung entstandenen) Neutralteilchen ausgelöst. Der durch die Elektrode A beschleunigte Elektronenstrahl erzeugt vom

Tabelle 18. Abbildung von Oberflächen mittels Elektronen- oder Ionenstrahlen

Bezeichnung	Prinzip	Vorgang	Auflösung δ_E/nm
Elektronen-Emissions-mikroskop	Auslösung von Elektronen (thermisch, mit Photonen, Elektronen, Ionen, oder Neutralteilchen) aus der abzubildenden Oberfläche. Die Elektronenemissionsverteilung einer kalten oder erhitzten Kathode gibt eine bestimmte Kristall- oder chemische Struktur bzw. Temperaturverteilung der Kathodenoberfläche wieder.	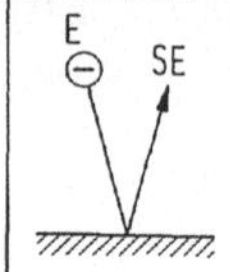 E ⊖ SE	einige 10
Ionenemissionsmikroskop	Auslösung von negativen (H^--, OH^-- oder $C_nH_m^-$-) Ionen oder positiven Ionen durch Primärionen von einigen keV aus der abzubildenden Oberfläche. Beseitigung der Elektronen durch ein Magnetfeld.	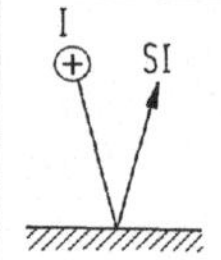 I ⊕ SI	200 bis 1000
Elektronen-Rastermikroskop	Auslösen von Elektronen bei zeilenweiser Abtastung der abzubildenden Oberfläche mit einem Abtastelektronenstrahl, der mit dem Schreibstrahl einer Bildröhre synchronisiert ist. Kontrastentstehung durch unterschiedliche Sekundärelektronenausbeute oder Rückstreukoeffizienten verschiedener Objektbereiche.	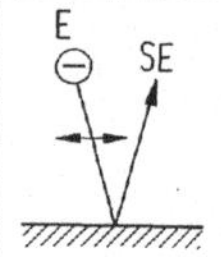 E ⊖ SE	≈10
Elektronen-Spiegelmikroskop	Umkehr eines langsamen Elektronenstrahls dicht vor der Objektoberfläche, deren Rauhigkeit die Äquipotentialflächen verzerrt und die Elektronenbahnen beeinflußt.	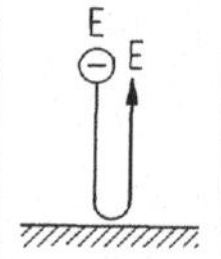 E ⊖ E	≈200
Elektronen-Reflexions-mikroskop	Oberflächenabbildung mit reflektierten Primärelektronen.	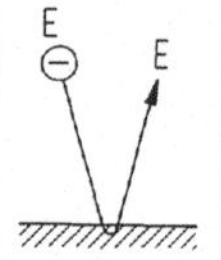 E ⊖ E	≈20
Feld-Elektronenmikroskop	Oberflächenabbildung durch Feldemission an feinen Drahtspitzen.	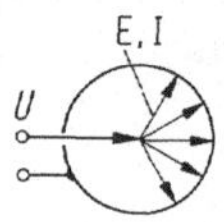 E, I U	≈2
Feld-Ionenmikroskop	Gasatome werden im elektrischen Feld einer Metallspitze polarisiert, zur Spitze gezogen und dort ionisiert. Die Ionenstrahlen bilden die Spitze auf einen Leuchtschirm ab.		≈0,1

E = Primärelektronen, I = Primärionen, SE = Sekundärelektronen, SI = Sekundärionen.

Emissionsgebiet mit Hilfe des Linsensystems (K–G–A) ein Zwischenbild Z, das mit einer weiteren Linse EL zum Endbild B auf dem Leuchtschirm LS vergrößert wird. Die Auflösung ist um so besser, je höher die Feldstärke vor der Kathode ist. Der Bildkontrast entsteht durch die unterschiedliche chemische Zusammensetzung und Kristallstruktur der emittierenden Schicht (Materialkontrast) und durch die unterschiedliche Neigung der Oberflächen verschiedener Emissionszonen gegenüber der Einfallsrichtung der Ionen bzw. der optischen Achse des Mikroskops (Reliefkontrast).

Beim *Rasterelektronenmikroskop* (Abb. 4.89) wird ein feinfokussierter Elektronenstrahl (ES) zeilenweise über die Oberfläche einer Materialprobe (P) geführt. Die ausgelösten Sekundärelektronen (SE) und der Probenstrom (I_p) ergeben je ein Videosignal für zwei Bildröhren (B_1 und B_2). Der Kontrast entsteht durch die unterschiedliche Sekundärelektronenausbeute verschiedener Objektbereiche. Die

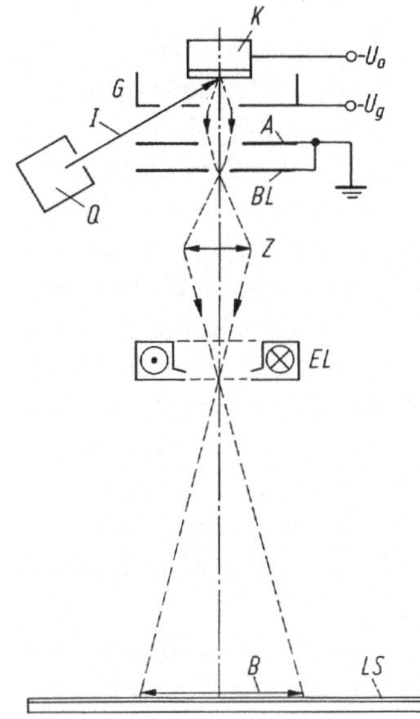

Abb. 4.88. Aufbau eines Elektronen-Emissionsmikroskops.
K = Kathode für Sekundärelektronenemission, G = Steuerelektrode, A = Beschleunigungselektrode, BL = Blende (Lochdurchmesser 10–50 µm), Q = Kanalstrahl-Ionenquelle, I = Strahl positiver Ionen, EL = Elektronenlinse, Z = Zwischenbild, B = Endbild, LS = Leuchtschirm

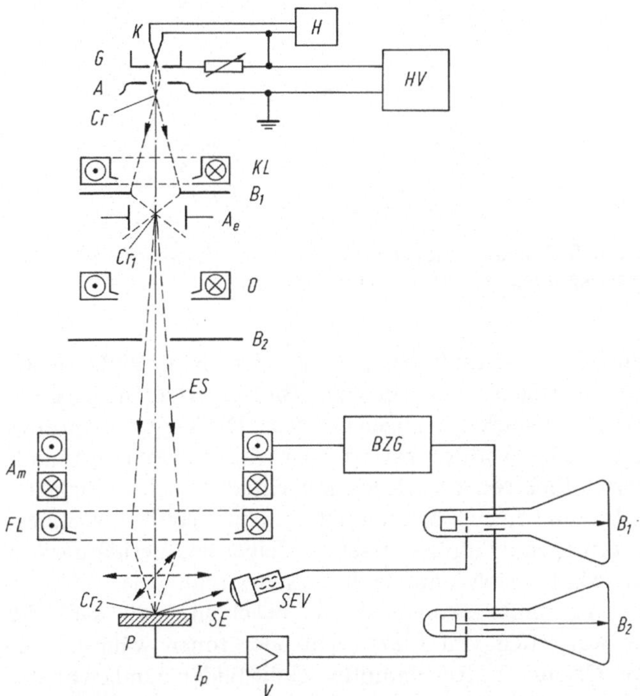

Abb. 4.89. Aufbau eines Rasterelektronenmikroskops.
K = Glühkathode, G = Steuerelektrode, A = Beschleunigungselektrode, H, HV = Spannungsquellen, KL = Kondensorlinse, B_1 = Kondensorblende (Durchmesser z.B. 100 µm), A_e = elektrostatische Strahlablenkung, O = Objektiv des Durchstrahlungsmikroskops, B_2 = Blende (Durchmesser z.B. 100 µm), A_m = magnetische x-y-Ablenkeinheit mit Stigmator, FL = Feinstrahllinse, P = Materialprobe, SEV = Sekundärelektronen-Vervielfacher, V = Verstärker, BZG = Bild- und Zeilensignal-Generator, $B_{1,2}$ = Bildröhren, SE = Sekundärelektronen, I_p = Probenstrom, Cr = Crossover des Elektronenstrahls ES (z.B. 50 µm), Cr_1 = erstes Bild des Crossover (z.B. 2,5 µm), Cr_2 = zweites Bild des Crossover (z.B. 0,1 µm)

Ausbeute hängt von der chemischen Zusammensetzung und Kristallstruktur, von Einfallswinkel und Energie der Primärelektronen sowie vom elektrischen Oberflächenpotential des Objekts ab. Das erzeugte Rasterbild kann daher die chemische Struktur, die Geometrie oder die Potentialverteilung der Objektoberfläche wiedergeben. Das Auflösungsvermögen des Rastermikroskops wird durch den endlichen Durchmesser des Rasterelektronenstrahls, durch die Elektronenstreuung im Objekt und durch die statistischen Schwankungen der Primär- und Sekundärelektronenzahl (Rauschen) begrenzt. Die Vergrößerung kann durch Variation der Strahlablenkung in einem weiten Bereich (z.B. von 20 bis $5 \cdot 10^4$) geändert werden. Es lassen sich Objektbereiche bis zu 2 μm^2 Fläche darstellen. Da die Abbildung durch die Rasterung und nicht durch Linsen erfolgt, erreicht man eine ausgezeichnete Tiefenschärfe. Objektunebenheiten bis zu einigen mm Tiefe lassen sich noch scharf wiedergeben. Daher können auch Objekte beobachtet werden, die mit anderen Mikroskopen nur schlecht aufnehmbar sind, zum Beispiel die Oberflächen besonders rauher Körper, biologischer Objekte oder integrierter Mikroschaltkreise.

Das *Feld-Elektronenmikroskop* (Abb. 4.90) enthält eine durch Ätzen hergestellte feine Wolframdrahtspitze K (Krümmungsradius $\approx$ 100 nm), an der eine negative Spannung von einigen 10^3 V liegt. An der Spitze werden durch Feldemission

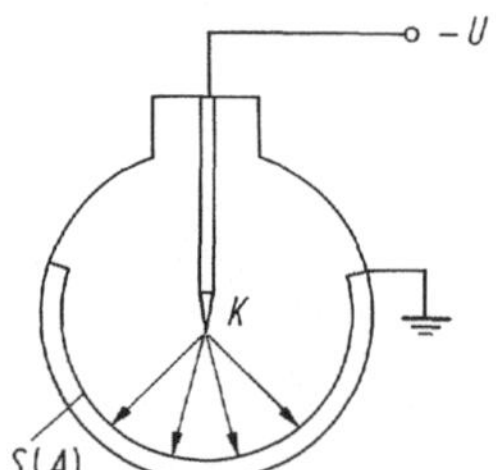

Abb. 4.90. Aufbau eines Feld-Elektronenmikroskops. K = feine Spitzenkathode, S = Leuchtschirm (Anode)

Elektronen erzeugt und zum Leuchtschirm S beschleunigt. Das Schirmbild ist die radiale Projektion der Spitzenoberfläche. Um ein gutes Bild zu erhalten, wird die Spitzenoberfläche durch kurzzeitiges starkes Erhitzen geglättet. Die Vergrößerung des Mikroskops beträgt 10^5 bis 10^6. Das Auflösungsvermögen wird dadurch bestimmt, daß die von der Spitze emittierten Elektronen auch eine tangentiale Geschwindigkeitskomponente haben. Ein Objektpunkt erzeugt daher auf dem Schirm ein Zerstreuungsscheibchen. Das Auflösungsvermögen ist um so besser, je kleiner das Verhältnis von tangentialer zu radialer Geschwindigkeitskomponente in Spitzennähe ist.

In der Elektronen- und Ionenmikroskopie ist zu beachten, daß sich die Objektoberfläche durch das Auftreffen von Elektronen oder Ionen während der Beobachtung verändern kann. Organische Restdampfmoleküle bilden nämlich an der Objektoberfläche unter Elektronen- oder Ionenbeschuß eine unerwünschte Polymerisatschicht, welche die Elektronenausbeute verändert und den Materialkontrast beseitigt. Ihre Schichtdicke wächst mit der Beobachtungsdauer. Sie kann nicht entstehen, wenn das Objekt auf etwa 250 °C erhitzt wird. In Ionenmikroskopen kann an der Objektoberfläche andererseits auch eine Ionenzerstäubung und damit ein schwacher Materialabbau erfolgen, wodurch Verunreinigungen und Fremdschichten entfernt werden.

4.4.4 Elektronenstrahlgeräte zur chemischen Oberflächenanalyse von Festkörpern

Die Wechselwirkungen, die beim Auftreffen von energiereichen Ladungsträgern oder Strahlungsquanten auf Festkörperoberflächen stattfinden, können zur chemischen Analyse der obersten Atomschichten verwendet werden. Die Tabelle 19 gibt einen Überblick über einige dieser Analyseverfahren.

In einem *Auger-Elektronen-Spektrometer* (AES, vgl. Abb. 4.91) wird die zu untersuchende Probenoberfläche (O) mit Elektronen (ES) bestrahlt, deren Energie einige keV beträgt. Dadurch werden Sekundärelektronen (SE) und ein geringer Bruchteil sogenannter Auger-Elektronen (AE) (etwa 1 Auger-Elektron je 10^5 Primärelektronen) ausgelöst. Ein Auger-Elektron (benannt nach P. Auger, der den Effekt 1925 entdeckte) entsteht, wenn ein angeregtes Atom seine Anregungsenergie nicht als Strahlungsquant abgibt, sondern auf ein anderes seiner Elektronen überträgt und dieses Elektron dann emittiert (vgl. Tab. 19 oben). Die Energie eines Auger-Elektrons hängt daher im allgemeinen von den Energiedifferenzen zwischen drei Energieniveaus des emittierenden Atoms ab. Aus dem gemessenen Energiewert läßt sich somit die Art des emittierenden Atoms bestimmen.

Zur Energiespektrometrie der Auger-Elektronen verwendet man, wie Abb. 4.91 zeigt, einen zylindrischen Spiegel-Analysator (SEA) nach Gerthsen. Er besteht aus zwei Metallzylindern, zwischen denen ein elektrisches Bremsfeld herrscht. Bei gegebener Vorspannung U_v können nur Elektronen einer bestimmten Energie von der Objektoberfläche (O) durch die ringförmigen Schlitze des Analysators zum Auffänger, einem Sekundärelektronen-Vervielfacher (SEV), gelangen. Durch Variation der Vorspannung U_v werden nacheinander Elektronen verschiedener Energie zu diesem Auffänger geführt. Um das Signal-Rausch-Verhältnis zu verbessern, wird mit einem Modulator (M) eine Modulationsspannung U_m (z.B. 1 V, 20 kHz) erzeugt und der Vorspannung U_v (einige 100 V) überlagert. Dadurch erhält der Elektronenstrom zum Auffänger eine Wechselkomponente. Dieses Signal wird einem Lock-in-Verstärker (LV) zugeführt, der schmalbandig auf die Modulationsfrequenz abgestimmt ist. Das

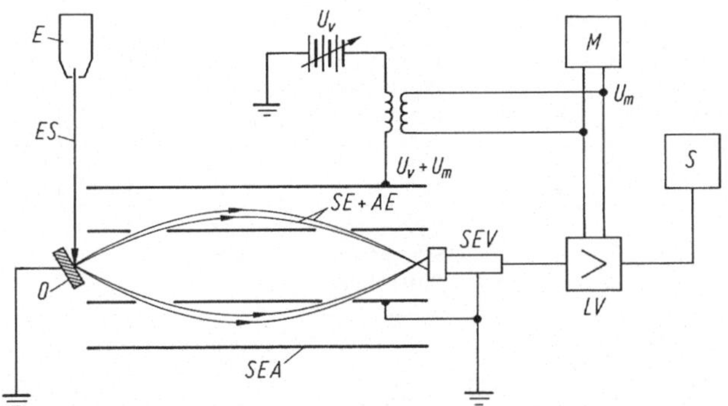

Abb. 4.91. Schema einer Anordnung zur Auger-Elektronen-Spektrometrie (AES). E = Strahlerzeugungssystem, ES = Primärelektronenstrahl (einige keV), O = Objekt, (SE + AE) = Sekundärelektronen und ein kleiner Bruchteil Auger-Elektronen, SEA = zylindrischer Spiegel-Energieanalysator, SEV = Sekundärelektronen-Vervielfacher, LV = Lock-in-Verstärker, M = Modulator, S = Schreiber, U_v = Vorspannung, U_m = Modulationsspannung

Tabelle 19. Verfahren zur quantitativen chemischen Oberflächenanalyse von Festkörpern mittels Elektronen oder Ionen

Kurzbezeichnung	Bezeichnung	Vorgang	d_I/nm	A/nm
AES	AUGER-Elektronenspektroskopie	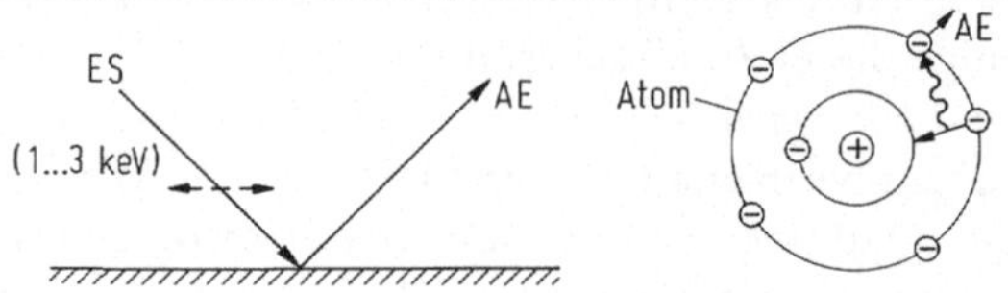 ES (1...3 keV) AE Atom AE Spektroskopie der kinetischen Energie der AUGER-Elektronen (AE) (=geringer Bruchteil der Sekundärelektronen).	≦1	≈100
KLS	Kathodolumineszenz-Spektroskopie	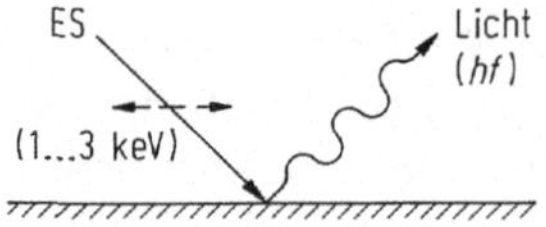 ES (1...3 keV) Licht (hf) (siehe auch Abschn. 3.2.3) Spektroskopie der Lichtquantenenergie hf.	≦ 10^4	≈10^3
EMA	Elektronenstrahlmikroanalyse	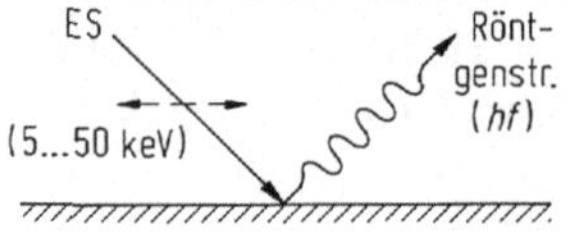 ES (5...50 keV) Röntgenstr. (hf) (siehe auch Abschn. 3.2.4) Spektroskopie der Röntgen-Quantenenergie der charakteristischen Strahlung.	≦ 10^4	≈10^3
ESCA:	Elektronenspektroskopie für chemische Analyse:			
UPS	UV-Photoelektronen-Spektroskopie	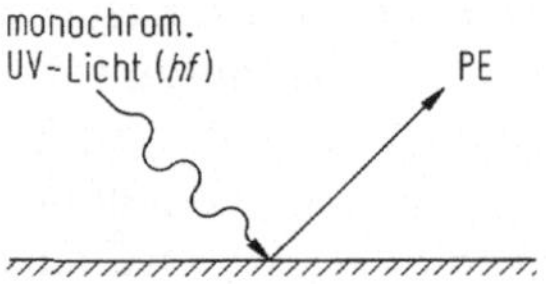 monochrom. UV-Licht (hf) PE (siehe auch Abschn. 3.1.2) Analyse der Photoelektronen (PE) hinsichtlich ihrer Energie- und Winkelverteilung.	≦10	≈100
XPS	Röntgen-Photoelektronen-Spektroskopie	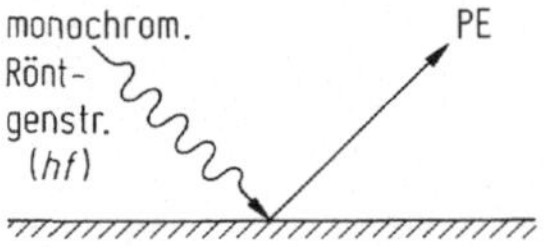 monochrom. Röntgenstr. (hf) PE Analyse der Photoelektronen (PE) hinsichtlich ihrer Energie- und Winkelverteilung.	≦10	≈100
SIMS	Sekundärionen-Massenspektroskopie	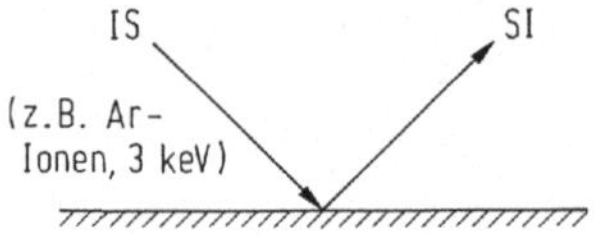 IS (z.B. Ar-Ionen, 3 keV) SI Massenspektroskopie der Sekundärionen mit einem Massenfilter.	≦1	≈10^3
LEED	Low energy electron diffraction (Beugung langsamer Elektronen)	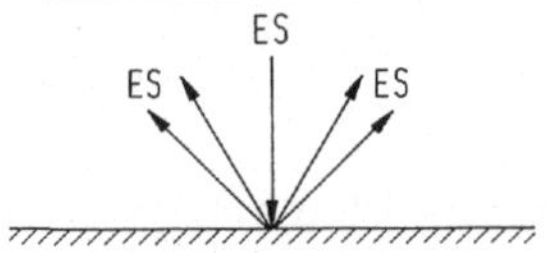 ES ES ES Abbildung der Elektronenbeugungsmuster auf einem Leuchtschirm.		

d_I = Informationstiefe, A = Auflösungsvermögen.

Ausgangssignal des Verstärkers ist weitgehend rauschfrei und erscheint außerdem gegenüber dem Eingangssignal in differenzierter Form. Das Energieauflösungsvermögen des Analysators beträgt etwa $E/\Delta E \approx 300$.

In Abb. 4.92 ist schematisch ein typisches Meßergebnis dargestellt. Das Teilbild a) zeigt das Energiespektrum der Sekundärelektronen (SE) (vgl. auch Abb. 3.45), dem kaum erkennbare Maxima (A, B, C, D) von Auger-Elektronen (AE) überlagert sind. Im Teilbild b) sieht man die verstärkten und differenzierten Signale, die den Auger-Elektronen-Maxima entsprechen und vom Schreiber (S) (Abb. 4.91) aufgezeichnet werden.

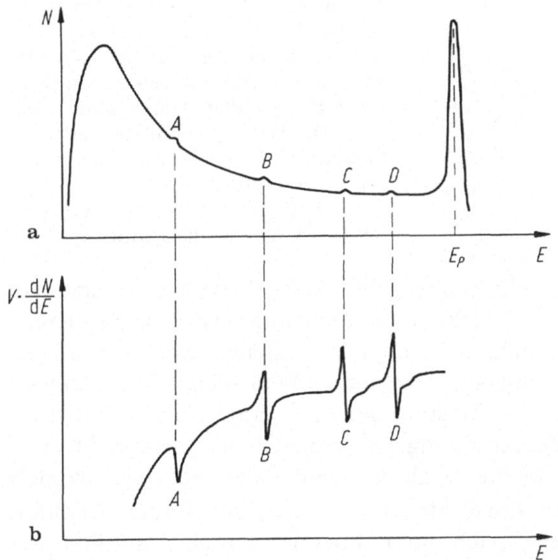

Abb. 4.92. **a** Energiespektrum der Sekundärelektronen mit überlagerten kleinen Maxima (A, B, C, D) von Auger-Elektronen, **b** durch Differentiation und Verstärkung aus **a** gewonnenes Auger-Elektronenspektrum.
N = Anzahl der Elektronen, die je Zeiteinheit am Auffänger eintreffen, V = Verstärkungsfaktor, E = Elektronenenergie, E_p = Energie der Primärelektronen

Bei der *Kathodolumineszenz-Spektrometrie* (KLS, vgl. Abb. 4.93) dienen Lichtquanten, die von der Materialprobe durch Elektronenaufprall ausgelöst werden, zur Materialanalyse. Das gemessene Lumineszenzspektrum gibt Aufschluß über die Art und energetische Lage von Dotierstoffen (Aktivatoratomen) sowie über die Art und Dichte von Kristallgitterfehlern. In der Anordnung nach Abb. 4.93 werden das Objekt, der Spiegel und der Vervielfacher mit Stickstoff gekühlt, um das Signal-Rausch-

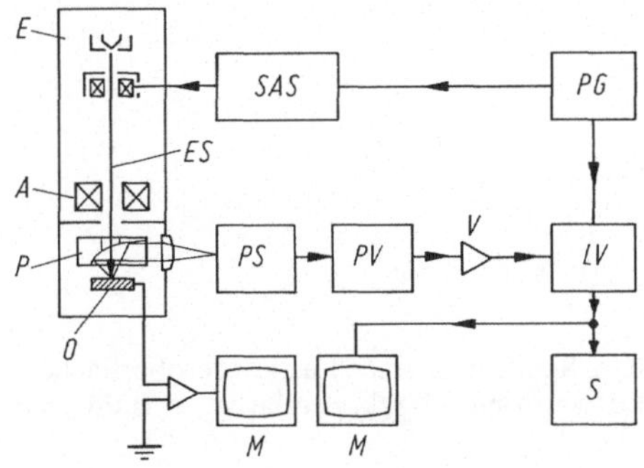

Abb. 4.93. Schema einer Anordnung zur Kathodolumineszenz-Spektroskopie (KLS) mit Hilfe eines Rasterelektronenmikroskops.
E, A = Strahlerzeugungs- und Ablenksystem des Rasterelektronenmikroskops, ES = Elektronenstrahl, P = Parabolspiegel zur Lumineszenzlichtfokussierung, O = Objekt, SAS = Strahlaustastsystem, PG = Impulsgenerator, PS = Photospektrometer, PV = Photoelektronen-Vervielfacher, V = Verstärker, LV = Lock-in-Verstärker, S = X-Y-Schreiber, M = Monitore

Verhältnis zu verbessern. Dem gleichen Zweck dienen das periodische Austasten des Elektronenstrahls und der Einsatz eines Lock-in-Verstärkers.

Ein *Röntgen-Photoelektronen-Spektrometer* (XPS, vgl. Abb. 4.94) enthält einen Generator für einen monochromatischen Röntgenstrahl. Der Monochromator besteht

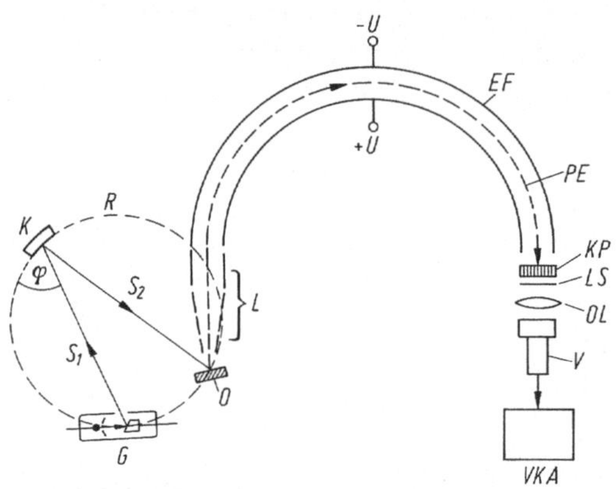

Abb. 4.94. Schema einer Anordnung zur Röntgen-Photoelektronen-Spektroskopie (XPS, ESCA-Spektrometer). G = Generator für Röntgenstrahlung (S_1), R = Rowland-Kreis, K = Kristall-Monochromator für die Röntgenstrahlung, S_2 = monochromatische Röntgenstrahlung, O = Objekt, L = Elektronenlinse für die vom Objekt emittierten Photoelektronen (PE), EF = Energiefilter (elektrisches Sektorfeld), KP = Kanalplatte zur Sekundärelektronen-Vervielfachung, LS = Leuchtstoffschicht, OL = optische Linse, V = Vidikon, VKA = Vielkanalanalysator

aus einem Kristall (K) mit sphärisch gekrümmter Oberfläche, der zusammen mit dem Röntgenstrahlgenerator (G) und dem Objekt (O) auf einem Kreis (Rowland-Kreis) mit dem Radius r liegt. Von der Strahlung S_1 gelangt durch Beugung am Kristall (K) nur ein monochromatischer Anteil S_2 mit einer bestimmten Wellenlänge λ zum Objekt, wobei für λ die Bragg-Beziehung $n\,\lambda = 2\,d \sin\varphi$ gilt (n = ganze Zahl, d = Gitterkonstante des Kristalls). Die Röntgenstrahlung löst vom Objekt Photoelektronen aus, die von den obersten Atomschichten stammen und daher bei der Emission keine Energieverluste erfahren haben. Ein elektrisches Sektorfeld (vgl. auch Abschnitt 4.2.7.2) trennt die Photoelektronen nach ihrer Energie. Durch Variation der Analysatorspannung U kann das Energiespektrum der Photoelektronen aufgenommen werden. Das Detektorsystem besteht aus einer Kanalplatte (KP) zur Verstärkung des Photoelektronenstroms, einer Leuchtstoffschicht (LS) zur Umwandlung des Photostroms in einen Lichtstrom, einem Vidikon (V) zur Erfassung des Lichtstroms und einem Vielkanal-Analysator (VKA) zur Speicherung des Energiespektrums.

Abb. 4.95. Röntgen-Photoelektronenspektrum (ESCA-Spektrum) einer Festkörperoberfläche. ΔE = Bindungsenergie von Elektronen an Festkörperatome, N/N_0 = relative Anzahl der gemessenen Photoelektronen je Energieintervall

Ein Meßergebnis zeigt schematisch Abb. 4.95. Die Photoelektronenmaxima entsprechen bestimmten Bindungsenergien der ausgelösten Elektronen in den Festkörperatomen. Daraus kann die chemische Struktur der Festkörperoberfläche ermittelt werden.

Der umgekehrte Vorgang im Vergleich zur XPS, nämlich die Auslösung von Röntgenstrahlung durch Elektronenaufprall auf einen Festkörper, findet bei der *Elektronenstrahl-Mikroanalyse* (EMA) statt. Die erzeugte Röntgenstrahlung wird mit einem Spektrometer analysiert. Ein solches Gerät enthält einen Röntgen-Kristallmonochromator (wie er bereits beim XPS-Verfahren beschrieben wurde), der aus dem ganzen Energiespektrum die Quantenenergie jeder einzelnen Spektrallinie herausgefiltert und einem Detektor (Proportionalzähler) zuführt (dispersive Analyse). Bei einer zweiten Spektrometerart gelangt die ganze Röntgenstrahlung direkt zum Detektor (Proportionalzähler oder lithiumgedrifteter Silizium-Detektor) und ein angeschlossener Impulshöhenanalysator ermittelt aus dem Detektorsignal des Röntgenspektrum (nichtdispersive Analyse). Die Intensität und energetische Lage der einzelnen Röntgenspektrallinien gibt Aufschluß über die Konzentration und Art der emittierenden Festkörperatome bis zu einer Schichttiefe von etwa 1 μm und auf einer Fläche von etwa 1 μm^2. Durch zeilenweises Abtasten der Probe kann auch ein Bild der örtlichen Verteilung eines bestimmten chemischen Elements auf der Probenoberfläche gewonnen werden.

In einem *Sekundärionen-Massenspektrometer* (SIMS, vgl. Abb. 4.96) wird das Objekt (O) mit monoenergetischen Ionen (z. B. 3 keV-Argonionen) bestrahlt. Bei dieser niedrigen Ionenenergie findet nur ein schwaches Ionenätzen der Objektoberfläche statt. Aus der Oberfläche treten positive und negative Sekundärionen (SI) aus, deren Massenspektrum mit einem Quadrupol-Massenfilter (QM) erfaßt wird. Das Massenspektrum ist charakteristisch für die chemische Zusammensetzung der obersten Atomschichten des Objekts.

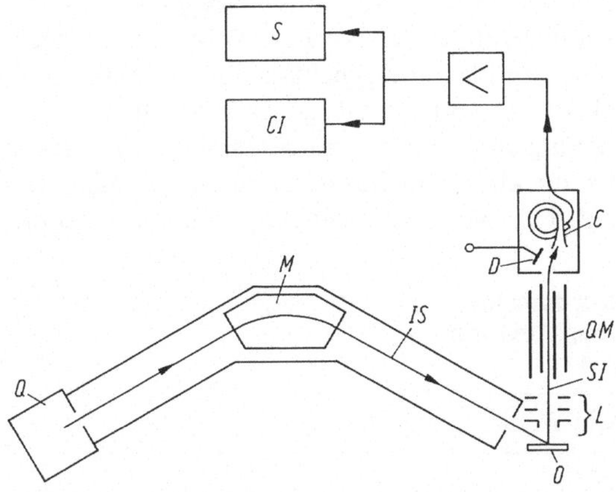

Abb. 4.96. Aufbau eines Sekundärionen-Massenspektrometers (SIMS). Q = Ionenstrahlquelle, M = magnetisches Sektorfeld (Massenfilter), IS = Ionenstrahl, O = Objekt, L = Elektronenlinse, SI = Sekundärionenstrahl, QM = Quadrupol-Massenfilter, D = Deflektor, C = Channeltron, S = Schreiber, CI = Computer-Interface

Abbildung 4.97 zeigt das Schema eines *Beugungsgeräts für langsame Elektronen* (Low energy electron diffraction, LEED). Auftreffende langsame Elektronen (deren Materiewellenlänge ungefähr gleich der Gitterkonstanten des Objekts ist) werden an den obersten Gitterebenen des Objekts (O) ohne merklichen Energieverlust gebeugt und zu einem Leuchtschirm (S) reflektiert. Ein negativ vorgespanntes Bremsgitter (G_2) verhindert, daß auch unelastisch (d. h. mit Energieverlust) am Objekt reflektierte Elektronen zum Leuchtschirm gelangen. Das Beugungsmuster auf dem Schirm kann durch ein Fenster beobachtet werden.

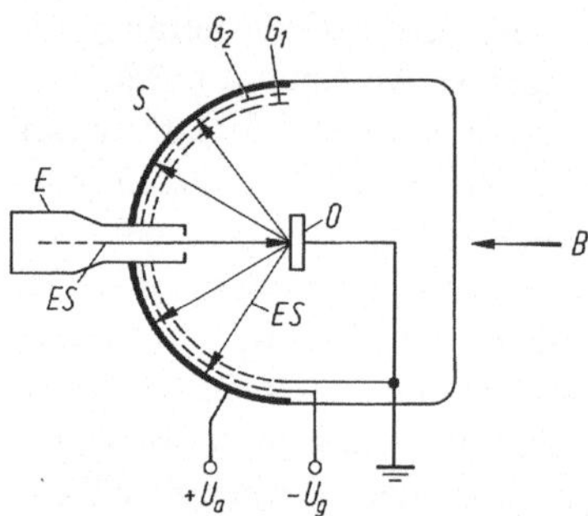

Abb. 4.97. Schema einer Anordnung zur Aufnahme von Elektronenbeugungsbildern mit langsamen Elektronen (Low Energy Electron Diffraction, LEED).
E = Elektronenstrahlquelle, ES = Elektronenstrahlen vor und nach der Beugung, S = Leuchtschirm, auf dem das Beugungsbild sichtbar wird, G_1 = geerdetes Gitter, G_2 = Bremsgitter zur Reflexion von Elektronen, die am Objekt Energie verloren haben, O = Objekt, B = Beobachter.

4.4.5 Elektronenstrahlgeräte zur Materialbearbeitung und -umformung

Bei den meisten bisher beschriebenen elektronenoptischen Geräten ist die verwendete Elektronenstrahlleistung, d. h. das Produkt aus Strahlstromstärke und Strahlspannung, von der Größenordnung einige Watt. Durch geeignete Systeme können jedoch auch sehr viel höhere Strahlleistungen (bis etwa 2 MW) erzeugt werden. Die gute Fokussierbarkeit von Elektronenstrahlen ermöglicht es, die hohe Strahlleistung in einem sehr kleinen Brennfleck zu konzentrieren (vgl. Tabelle 20).

Trifft ein Elektronenstrahl hoher Leistung auf einen Festkörper, so kommt es durch die intensive thermische Energiezufuhr auf kleinstem Raum zu einem schlagartigen Aufbrechen der chemischen Bindungen. Das Material wird flüssig und verdampft.

Tabelle 20. Kleinster erreichbarer Brennfleckdurchmesser (d) und höchste erzielbare Leistungsdichte (P/A) von Elektronenstrahlen und anderen Wärmequellen

Wärmequelle	d/μm	P/A in W/cm²
Elektronenstrahl	0,01	$1 \cdot 10^9$
Laserstrahl	1	$1 \cdot 10^{10}$
Lichtbogen	100	$1 \cdot 10^5$
Schweißflamme	1000	$5 \cdot 10^4$
Brennglas	100	$5 \cdot 10^2$

Dies veranschaulicht Abb. 4.98. Der Elektronenstrahl erzeugt beim Eindringen in den Festkörper eine begrenzte Zone hoher Temperatur bis zu einer Tiefe d_1 (a), aus der das Material verdampft (b). Die Zonengrenze erstarrt und bildet einen Kanal, durch den der Strahl in die nächste Schicht der Dicke d_2 vordringt, wo sich der Verdampfungsprozess fortsetzt (c). Bei geringerer Strahlleistung bleibt das Material in flüssigem Zustand.

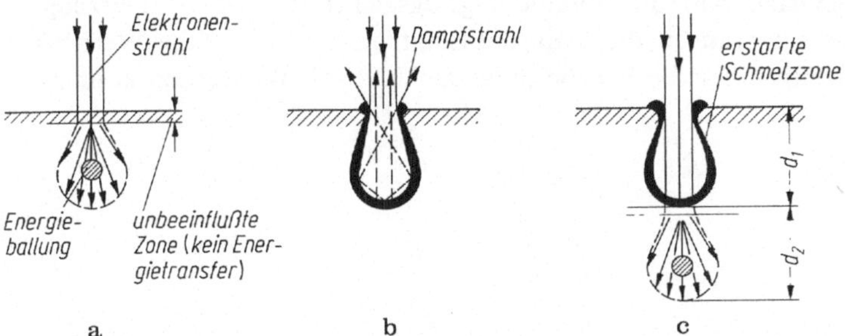

Abb. 4.98a–c. Vorgang der Materialabtragung durch einen Elektronenstrahl. **a** Erzeugung einer heißen Schmelzzone, **b** Materialverdampfung aus der Schmelzzone, **c** Vordringen des Elektronenstrahls in die nächsttiefere Schicht

Diese Vorgänge sind die Grundlage verschiedener technologischer Verfahren. Dazu gehören das Elektronenstrahl-Schmelzen, -Schweißen und -Verdampfen sowie die thermische Elektronenstrahl-Materialbearbeitung. Ein weiteres (nichtthermisches) Verfahren für die Oberflächenbehandlung von Festkörpern für Integrierte Schaltkreise ist die Elektronenstrahl-Lithographie. Die Tabelle 21 zeigt, welche Strahlparameter für die einzelnen Verfahren verwendet werden.

Tabelle 21. Strahlparameter für Materialumformung und -bearbeitung mit Hilfe von Elektronenstrahlen. P = Strahlleistung, P/A = Leistungsdichte, U_a = Beschleunigungsspannung, d = Strahldurchmesser

Verfahren	P/W	P/A in W/cm²	U_a/kV	d/mm
Elektronenstrahl-Schmelzen	10^5–10^7	10^3–10^4	20–50	10–50
-Verdampfen	10^3–10^6	$5 \cdot 10^3$–$5 \cdot 10^4$	10–40	2–30
-Schweißen	10^2–$5 \cdot 10^5$	10^5–10^7	15–180	0,1–5
Thermische Material-bearbeitung	10–10^3	10^5–10^9	20–150	$5 \cdot 10^{-3}$–0,1
Elektronenstrahl-Lithographie	10^{-3}–10^{-1}	10^{-2}–10^5	20–50	10^{-5}–10^{-2}

4.4.5.1 Strahlerzeugungssysteme für hohe Strahlleistung

Der Aufbau eines Strahlerzeugungssystems richtet sich nach der erforderlichen Perveanz ($I/U^{3/2}$) des Elektronenstrahls (vgl. Abschnitt 4.3.2.2). Für Perveanzen unter etwa 10^{-8} A/V$^{3/2}$ besteht der Strahlerzeuger aus einem Trioden- oder Tetrodensystem (mit Kathode, Steuer/Fokussier- und Beschleunigungselektrode, vgl. Abb. 4.36). Für höhere Perveanzen (bis etwa $10^{-5}\,A/V^{3/2}$) werden Elektronenstrahler nach Pierce verwendet (vgl. Abb. 4.41 u. 4.42).

Als Elektronenemitter dient eine haarnadel-, spitzen-, band-, wendel-, spiral- oder bolzenförmige Kathode aus Wolfram oder Tantal. Ein anderes geeignetes Emittermaterial ist Lanthanhexaborid (LaB_6). Die Kathode wird entweder direkt oder durch Elektronenbeschuß geheizt. Auf die Beschleunigungselektrode des Strahlerzeugers folgen mehrere magnetische Linsen, durch die der Elektronenstrahl auf das Werkstück fokussiert und gleichzeitig über die Bearbeitungsfläche abgelenkt werden kann (vgl. Abb. 4.99).

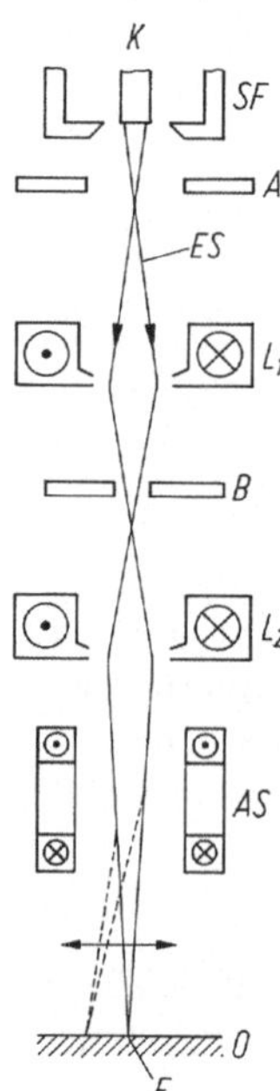

Abb. 4.99. Aufbau eines Elektronenstrahlgeräts für Materialbearbeitung. K = Kathode, SF = Steuer- und Fokussierelektrode, A = Beschleunigungselektrode, $L_{1,2}$ = magnetische Linsen, B = Blende, AS = Ablenksystem, O = Objekt, F = Brennfleck

Bei Strahlerzeugern mit niedriger Perveanz wird der kleinste erreichbare Brennfleckdurchmesser und damit die Leistungsdichte auf dem Werkstück vorwiegend durch die thermische Eigenbewegung der Elektronen bestimmt. Weitere begrenzende Faktoren sind die sphärische und chromatische Aberration sowie die Elektronenbeugung. Ein Maß für die Bündelung des Elektronenstrahls ist in diesem Fall der *Richtstrahlwert* R_o, der angibt, welche Strahlstromstärke dI von einem Flächenelement dA der Kathode an ein Raumwinkelelement dΩ abgegeben wird:

$$R_o = \frac{\partial^2 I}{\partial A\, \partial \Omega}. \tag{4.164}$$

Im Fall der thermischen Elektronenemission gilt allgemein:

$$R_o = \frac{J_k}{\pi} \frac{U_a}{U_T} \tag{4.165}$$

(J_k = Strahlstromdichte vor der Kathode, U_a = Beschleunigungsspannung, U_T = Temperaturspannung der Kathode). Bei $J_k = 40\,A/cm^2$, $U_T = 0{,}3\,V$ und $U_a = 100\,kV$ ist zum Beispiel $R_o = 4{,}25 \cdot 10^6\,A/cm^2\,sr$.

Bei Strahlerzeugern mit hoher Perveanz werden die Strahlparameter hauptsächlich durch die Raumladung beeinflußt. Dies führt zu einer Strahlaufspreizung, die durch das elektronenoptische System kompensiert werden muß. Darauf wurde bereits in den Abschnitten 4.3.2 und 4.3.3 ausführlich eingegangen.

4.4.5.2 Elektronenstrahl-Schmelzen und -Verdampfen

Den grundsätzlichen Aufbau eines *Hochvakuum-Elektronenstrahl-Schmelzofens* zeigt Abb. 4.100. Ein Elektronenstrahl hoher Leistung erhitzt die Spitze des Abschmelzstabs. Das Material wird flüssig und tropft in den darunter angeordneten Kristallisator, wo es bis auf eine dünne, durch Elektronenbestrahlung flüssig gehaltene Oberflächenschicht wieder erstarrt. Der erschmolzene Block wird langsam nach unten aus dem Kristallisator abgezogen. Bei diesem Umschmelzvorgang entweichen aus dem Material viele Verunreinigungen. Sie werden aus dem Vakuumbehälter abgepumpt. Das Verfahren wird u.a. zur Herstellung hochreinen Stahls und zum Formen schwerschmelzender Metalle (z. B. Niob, Titan oder Tantal) verwendet.

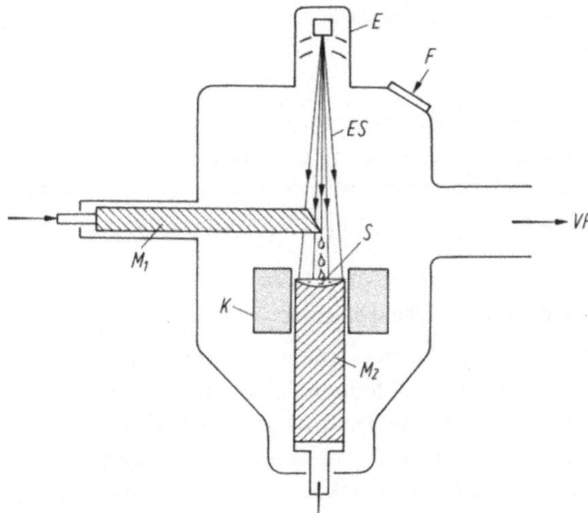

Abb. 4.100. Prinzipieller Aufbau eines Hochvakuum-Elektronenstrahl-Schmelzofens. E = Elektronenstrahlerzeuger, ES = Elektronenstrahl, M_1 = Abschmelzkörper, M_2 = erschmolzener Metallblock, K = wassergekühlter Kristallisator, S = Metallschmelze, F = Beobachtungsfenster, VP = Vakuumpumpstand

Elektronenstrahl-Verdampfungseinrichtungen dienen zur Herstellung dünner Schichten. Die Anlagen enthalten neben dem Strahlerzeuger einen Behälter mit Verdampfungsmaterial sowie das zu beschichtende Substrat (vgl. Abb. 4.101). Der Elektronenstrahl erzeugt beim Auftreffen auf das Verdampfungsgut einen Dampfstrom, der sich zum Teil auf der Substratoberfläche in Form einer dünnen Schicht

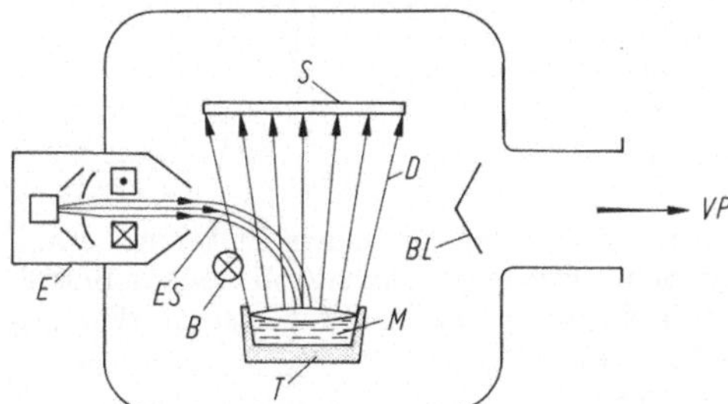

Abb. 4.101. Aufbau einer Elektronenstrahl-Verdampfungseinrichtung. E = Strahlerzeuger, ES = Elektronenstrahl, B = magnetisches Umlenkfeld, T = wassergekühlter Schmelztiegel, M = Verdampfungsmaterial mit flüssiger Oberflächenschicht, D = Dampfstrom, S = zu bedampfendes Substrat, BL = Dampfblende, VP = Anschluß zum Vakuumpumpstand

niederschlägt. Neben dem gezeigten Verdampfer mit 90°-Umlenkung des Elektronenstrahls werden auch Geräte mit 180°-Umlenkung sowie mit geradem Strahl eingesetzt (vgl. Abb. 4.102). Elektronenstrahl-Verdampfer werden u.a. zum Beschichten von Glas- und Kunststoffoberflächen, zur Vakuum-Beschichtung von Bandstahl, zur Herstellung von Metallfolien und bei der Fabrikation von elektronischen Bauelementen verwendet.

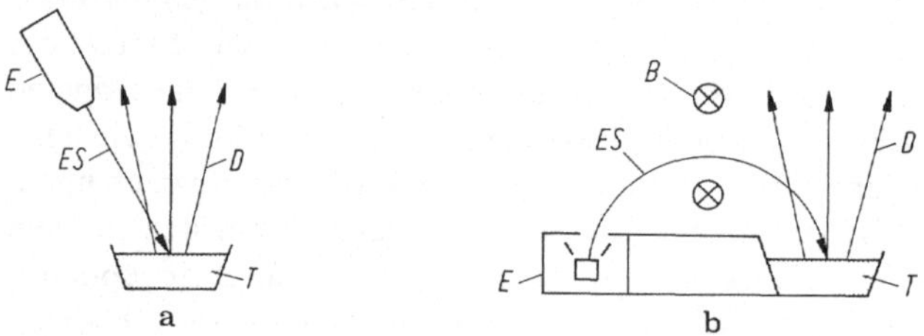

Abb. 4.102a, b. Elektronenstrahl-Verdampfer mit Linearstrahl (**a**) und mit magnetischer 180°-Ablenkung (**b**).
E = Strahlerzeuger, ES = Elektronenstrahl, T = Schmelztiegel, D = Dampfstrom, B = magnetisches Umlenkfeld

Eine Sonderform des Bedampfens eines Substrats ist das *Ionenplattieren.* Dabei kondensiert der Dampf auf dem Substrat unter Einwirkung von Dampfionen oder von Ionen eines Trägergases. Das Auftreffen der Ionen gemeinsam mit den Dampfmolekülen beeinflußt den Haftmechanismus, die Struktur und die chemische Zusammensetzung der erzeugten Schicht.

4.4.5.3 Elektronenstrahl-Schweißen und -Materialbearbeitung

Beim *Schweißen mit Elektronenstrahlen* werden zwei aneinandergrenzende Werkstücke durch die auftreffenden energiereichen Elektronen in einem engbegrenzten Bezirk aufgeschmolzen und beim Erstarren der Schmelze miteinander verbunden. Die Abb. 4.103 zeigt, wie mit wachsender Strahlleistungsdichte eine Schmelzkapillare in das Material vorwächst. Durch den hohen Dampfdruck wird die Schmelze an die Kapillarwand gepreßt (Abb. 4.103c). Dadurch kann der Elektronenstrahl sehr tief eindringen (Tiefschweißen). Durch genaues Einstellen der Strahlparameter lassen sich

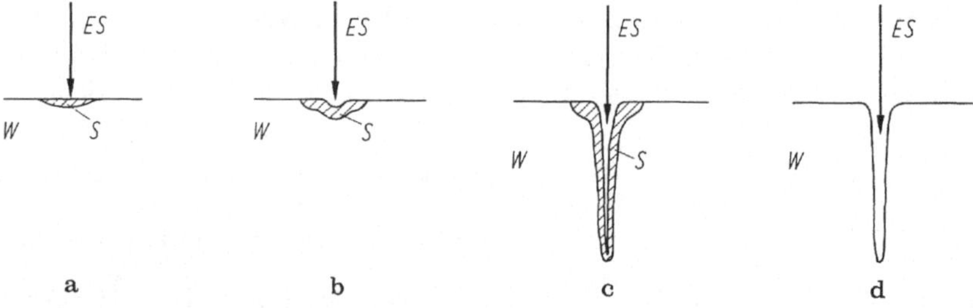

Abb. 4.103a–d. Vorgang des Schweißens und Materialbearbeitens mit einem Elektronenstrahl. **a** Ausbildung einer Schmelzzone; **b** Vertiefung der Schmelzzone (vgl. auch Abb. 4.98); **c** Entstehung einer Schmelzkapillare; **d** Entstehung einer Bohrung bei hoher Strahlleistung (Herausschleudern der Schmelze durch den hohen Dampfdruck).
ES = Elektronenstrahl, S = Schmelzzone, W = Werkstück

sowohl Mikroschweißnähte als auch große Schweißnähte bis zu 15 cm Tiefe herstellen. Die Schweißgeschwindigkeit ist relativ hoch. Das Verfahren wird u. a. zum Verbinden von Bauteilen der Flugzeug-, Raumfahrt- und Autoindustrie und bei der Produktion von elektronischen Bauelementen eingesetzt. Dabei können auch Werkstoffe miteinander verbunden werden, die mit anderen Verfahren nicht schweißbar sind.

Bei der *Elektronenstrahl-Materialbearbeitung* wird die hohe kinetische Energie des Strahls zum Abtragen des Materials benutzt. Durch die hohe Strahlleistungsdichte entsteht in der vom Strahl erzeugten Schmelzkapillare ein hoher Dampfdruck, der das geschmolzene Material aus der Kapillare herausschleudert, so daß eine Bohrung übrig bleibt (vgl. Abb. 4.103d sowie 4.98). Durch programmierte Steuerung des Elektronenstrahls (Impulsaustastung, Strahlablenkung) und Bewegung des Werkstücks können Arbeiten wie Bohren, Perforieren, Fräsen, Gravieren, Ritzen, Trennen, Legierungsdotieren und Polieren ausgeführt werden. Die erreichbare Toleranz beträgt etwa ± 5 µm.

Elektronenstrahlen relativ niedriger Leistung (einige W bis etwa 100 W) werden auch in der Dünnfilmtechnik zur Herstellung von Widerstandsnetzwerken eingesetzt. Dazu wird z. B. eine CrNi-Schicht (Dicke 10 bis 100 nm) auf einem Glassubstrat durch den Elektronenstrahl so abgetragen, daß die übrig bleibende Schichtstruktur ein Widerstandsnetzwerk darstellt. Die Verbindungen zwischen den Einzelwiderständen bestehen aus nachträglich aufgedampften Leiterbahnen. Die Bearbeitungstoleranz beträgt etwa 0,1 %. Wesentlich ist auch hier eine genaue Strahlsteuerung, die mit programmierten digitalen Steuergeräten durchgeführt wird.

4.4.5.4 Elektronenstrahl-Lithographie

Bei der Produktion von Schaltkreisen der Mikroelektronik werden die erforderlichen winzigen Strukturen mit Hilfe von Oxid- oder Metallmasken auf das Substrat (Siliziumkristall-Wafer, Isolatorschicht) übertragen. Zur Herstellung der Maske wird das Substrat mit einer sogenannten Resistlackschicht bedeckt. Auf diese Schicht läßt man UV-, Elektronen- oder Röntgenstrahlen örtlich verteilt auftreffen, so daß die bestrahlten Schichtteile genau der gewünschten Schaltkreisstruktur entsprechen. Bei UV- und Röntgenstrahlen wird dies dadurch erreicht, daß man die Strahlung durch eine über der Lackschicht liegende Metallmaske treten läßt (*Photo-* bzw. *Röntgenstrahl-Lithographie*). Bei der *Elektronenstrahl-Lithographie* wird dagegen das gewünschte Muster mit Hilfe eines Elektronenstrahls erzeugt.

Durch die Bestrahlung wird der Lack entweder gegenüber einem chemischen Lösungsmittel resistent (Negativ-Resistlack) oder leicht löslich (Positiv-Resistlack). Das nach der Bestrahlung applizierte Lösungsmittel entfernt im ersten Fall alle unbestrahlten und im zweiten Fall alle bestrahlten Teile der Lackschicht. Übrig bleibt eine Lackschichtstruktur in Form der gewünschten Maske.

Für die Elektronenstrahl-Lithographie kommen – wie Abb. 4.104 veranschaulicht – drei Verfahren in Frage. Man kann (a) die optische Mustervorlage mit Hilfe einer Lichtpunkt-Abtaströhre in Signale umwandeln und diese Signale zur Steuerung eines Elektronenstrahl-Maskengenerators verwenden. Das Ausgangssignal dieses Generators lenkt einen feinfokussierten Elektronenstrahl so ab, daß er das gewünschte Muster direkt auf die Resistlackschicht des Halbleiter-Wafers schreibt. Bei einem zweiten möglichen Verfahren (b) wird mit Hilfe des Maskengenerators (der einen Elektronenstrahl steuert) eine Metallmaske für Photoelektronen oder Röntgenstrahlen hergestellt. Von dieser Maske werden dann in einem Elektronen- bzw. Röntgenstrahl-

Duplikator Kopien auf die Resistlackschicht des Halbleiter-Wafers projiziert. Eine dritte Möglichkeit (c) besteht darin, von der verkleinerten optischen Muster-Bildvorlage durch Kontaktbelichtung eine Maske herzustellen und diese dann in einem Transmissions-Elektronenmikroskop zur Elektronenbestrahlung des Halbleiters zu verwenden. Der Elektronenstrahl erzeugt dabei auf der Halbleiteroberfläche ein verkleinertes Bild der Maske.

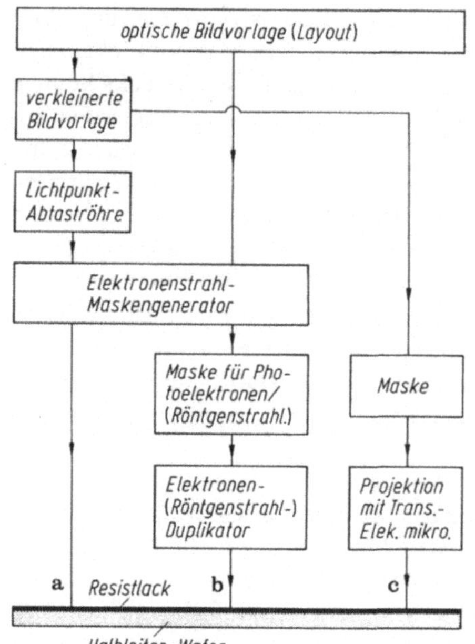

Abb. 4.104a–c. Möglichkeiten der Elektronenstrahl-Lithographie. **a** Steuerung des Elektronenstrahls mit einem Maskengenerator, **b** Herstellung einer Maske und Verwendung in einem Elektronen- bzw. Röntgenstrahl-Duplikator, **c** Herstellung einer Maske und Verwendung in einem Transmissions-Elektronenmikroskop

Abbildung 4.105 zeigt das Schema einer computergesteuerten Anlage für die Elektronenstrahl-Lithographie nach dem Verfahren (a) von Abb. 4.104. Die Anordnung enthält einen Maskengenerator (MG), der die Signale für die Strahlaustastung (SA) und -ablenkung (A) liefert. Die Parameter des Elektronenstrahls an der Auftreffstelle des Wafers sind zum Beispiel: Durchmesser 0,1 µm, Stromstärke 50 nA und Beschleunigungsspannung 20 kV. Der Abstand zwischen der letzten Elektronenlinse und dem Wafer beträgt etwa 50 mm. Um Bild- und Ablenkfehler klein zu halten, wird der Elektronenstrahl nur über einer Fläche von 2×2 mm abgelenkt. Zur Abtastung des ganzen Wafers (mit mehreren Zentimetern Durchmesser) muß daher der Arbeitstisch durch eine elektrische Steuerung (TSM, TK) so geführt werden, daß auf dem Wafer die optimale Anzahl gleichartiger Schaltkreisstrukturen entsteht. Bei diesem *Step-and-repeat-Verfahren* wird die Tischposition laufend durch Laser-Interferometer kontrolliert.

In Abb. 4.106 ist ein *Elektronenstrahl-Duplikator* dargestellt, wie er in dem Verfahren (b) von Abb. 4.104 verwendet wird. Die Anordnung enthält eine Quarzglasplatte (G), die eine Chrommaske (Cr) trägt. Die für UV-Licht undurchlässige Maske enthält das gewünschte, vorher durch einen Elektronenstrahl erzeugte

Schaltkreismuster in vielfacher Ausfertigung. Die Maske ist mit einer Photokathodenschicht (PK) aus Palladium oder CsJ bedeckt. Bei Bestrahlung mit UV-Licht emittiert die Schicht PK an den chromfreien und daher vom Licht getroffenen Stellen Photoelektronen, die in einem parallelen elektrischen und magnetischen Führungsfeld zum Halbleiter-Wafer beschleunigt werden. Dadurch wird auf dem ganzen Wafer in einem Arbeitsgang eine Kopie der Maskenstruktur im Maßstabsverhältnis 1:1 erzeugt.

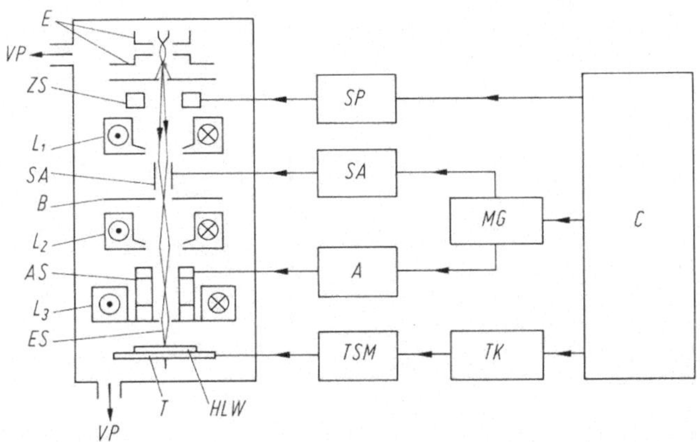

Abb. 4.105. Schema einer computergesteuerten Anlage zur Elektronenstrahl-Lithographie. (Nach Abb. 4.104a)
E = Strahlerzeugungssystem, ES = Elektronenstrahl, $L_{1,2,3}$ = magnetische Elektronenlinsen, VP = Anschluß zur Vakuumpumpe, ZS = Zentrierspule, SP = Einheit zur Strahlpositionierung, SA = Einheit zur Strahlaustastung, AS = Ablenkspulen, A = Ablenkeinheit, B = Blende, MG = Maskengenerator, T = Tisch, HLW = Halbleiter-Wafer, TSM = Schrittmotor für die Tischbewegung, TK = Tischkontrolle, C = Computer

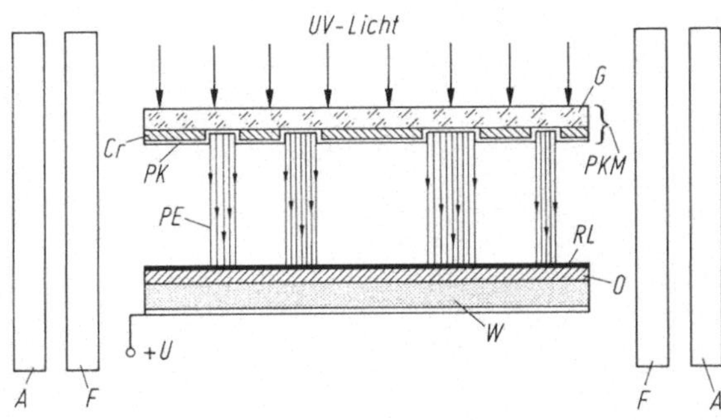

Abb. 4.106. Elektronenstrahl-Duplikator zur 1:1-Abbildung einer Photokathodenmaske auf einen Halbleiter-Wafer mit Hilfe von Photoelektronen.
G = Quarzglassubstrat, Cr = Chrommaske, PK = Photokathode (aus Pd oder CsJ), PKM = Photokathodenmaske, PE = Photoelektronen, RL = Resistlackschicht, O = Oxidschicht, W = Halbleiter-Wafer, F = Fokussierspule für die Photoelektronenstrahlen, A = Ablenkspule zur Strahlpositionierung

Im Vergleich zur Photolithographie ermöglicht die Elektronenstrahl-Lithographie eine höhere Auflösung, Arbeitsgeschwindigkeit und Flexibilität. Die Auflösung, bestimmt durch die minimale erzielbare Linienbreite, ist um etwa eine Zehnerpotenz besser als beim lichtoptischen Verfahren (vgl. Tabelle 22). Dies führt in Verbindung mit schaltungstechnischen Fortschritten dazu, daß die erreichbare Packungsdichte von nahezu 10^5 auf etwa 10^6 Bauelemente je Halbleiter-Chip ansteigen wird.

Tabelle 22. Minimale Linienbreite und Bildfeldgröße von Fabrikationssystemen für Mikroschaltkreise

Verfahren	Minimale Linienbreite in μm	Bildfeldgröße in cm^2
Photolithographie	2–5	bis 8 × 8
Elektronenstrahl-Lithographie:		
(a) Step-and-repeat-Verfahren	0,2–0,5	0,2 × 0,2
(b) Elektronenstrahl-Duplikator	0,8	bis 8 × 8
(c) Transmissions-Elektronenmikroskop-Projektor	0,05	0,05 × 0,05

5 Elektronenströme im Hochvakuum unter Raumladungseinfluß

5.1 Stromwirkung eines Einzelelektrons

Befinden sich Elektronen im Hochvakuum zwischen zwei Elektroden (z.B. zwei parallelen Platten K und A; vgl. Abb. 5.1), die ein elektrisches Feld E erzeugen, so werden sie auf Grund der elektrischen Feldkraft $F_e = -eE$ längs der elektrischen Feldlinien in Richtung zur positiven Elektrode beschleunigt. Der resultierende Elektronenstrom wird als *Konvektionsstrom* bezeichnet. Der positive Strom ist dabei – wie in einem Leiter – der Elektronenbewegung entgegengerichtet. Die Konvektionsstromdichte J_k ergibt sich aus der Ladung e, Konzentration n und Geschwindigkeit v der Ladungsträger:

$$\boxed{J_k = e\,n\,v = \varrho\,v} \tag{5.1}$$

($\varrho = en$ = Raumladungsdichte). Der gesamte Konvektionsstrom I_k beträgt:

$$I_k = J_k A = n\,e\,v\,A \tag{5.1a}$$

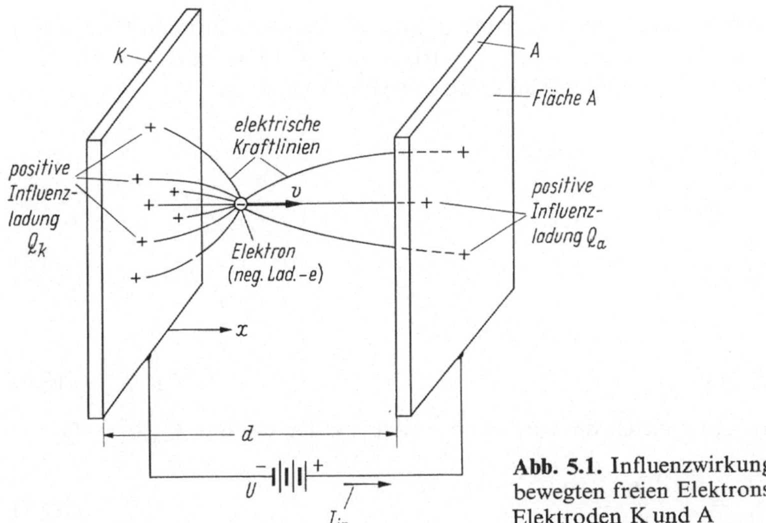

Abb. 5.1. Influenzwirkung der Ladung eines bewegten freien Elektrons auf zwei Elektroden K und A

(A = Fläche der Elektroden).

Für ein *Einzelelektron* ist $n = N/V = 1/(d \cdot A)$, da die Gesamtteilchenzahl $N = 1$ und das Gesamtvolumen $V = A\,d$ ist. Damit wird der Konvektionsstrom für *ein* Elektron:

$$I_k = \frac{e\,v}{d}. \tag{5.2}$$

Der Konvektionsstrom ändert sich also proportional zur Elektronengeschwindigkeit v.

Durch die Bewegung eines Elektrons im elektrischen Feld wird im äußeren Teil des Stromkreises ein Influenzstrom I_{in} erzeugt, der so lange fließt, als die Elektronenbewegung im Vakuum andauert. Die Größe dieses Stroms für ein Elektron ergibt sich daraus, daß die am Elektron in der Zeit dt auf dem Weg ds verrichtete Arbeit gleich der Arbeit der äußeren Spannungsquelle (mit der Spannung U) ist:

$$I_{in}\,U\,dt = e\,E\,ds. \tag{5.3}$$

Daraus folgt:

$$\boxed{I_{in} = e\frac{E}{U}\frac{ds}{dt} = e\frac{E}{U}v.} \tag{5.3a}$$

Der Influenzstrom I_{in} ist also ebenfalls der Elektronengeschwindigkeit v proportional. Für das homogene Feld nach Abb. 5.1 ist $E = U/d$ und damit:

$$I_{in} = \frac{e\,v}{d} = I_k. \tag{5.3b}$$

Der in jedem Augenblick im äußeren Teil des Stromkreises influenzierte Strom ist also gleich dem Konvektionsstrom, der durch den Ladungstransport zwischen den Elektroden entsteht.

Die Größe der Influenzladungen Q_k und Q_a, die ein Elektron auf den Elektroden erzeugt, hängt von den Abständen des Elektrons zu den Elektroden ab. Hat das Elektron einen Abstand x von der Elektrode K (Abb. 5.1), so ist:

$$Q_k = e\left(1 - \frac{x}{d}\right) \tag{5.4}$$

und

$$Q_a = e\frac{x}{d}. \tag{5.5}$$

Dabei gilt:

$$Q_a + Q_k = e. \tag{5.6}$$

Der Influenzstrom ist gleich der zeitlichen Änderung der Ladung Q_a bzw. Q_k:

$$I_{in} = \frac{dQ_a}{dt} = -\frac{dQ_k}{dt} = \frac{e\,v}{d}. \tag{5.7}$$

In Abb. 5.2 ist gezeigt, wie sich in einem planparallelen System mit zwei bzw. drei Elektroden die Geschwindigkeit v und der Influenzstrom I_{in} eines Elektrons in Abhängigkeit von der Elektronenlaufzeit t ändern.

Neben dem Konvektions- und Influenzstrom tritt in Elektrodensystemen, wenn deren Elektrodenspannungen sich zeitlich ändern, auch ein *Verschiebungsstrom* auf, der durch die von außen erzwungenen Ladungsänderungen auf den Elektroden verursacht wird. Er wurde bereits in Gl. (1.5) definiert.

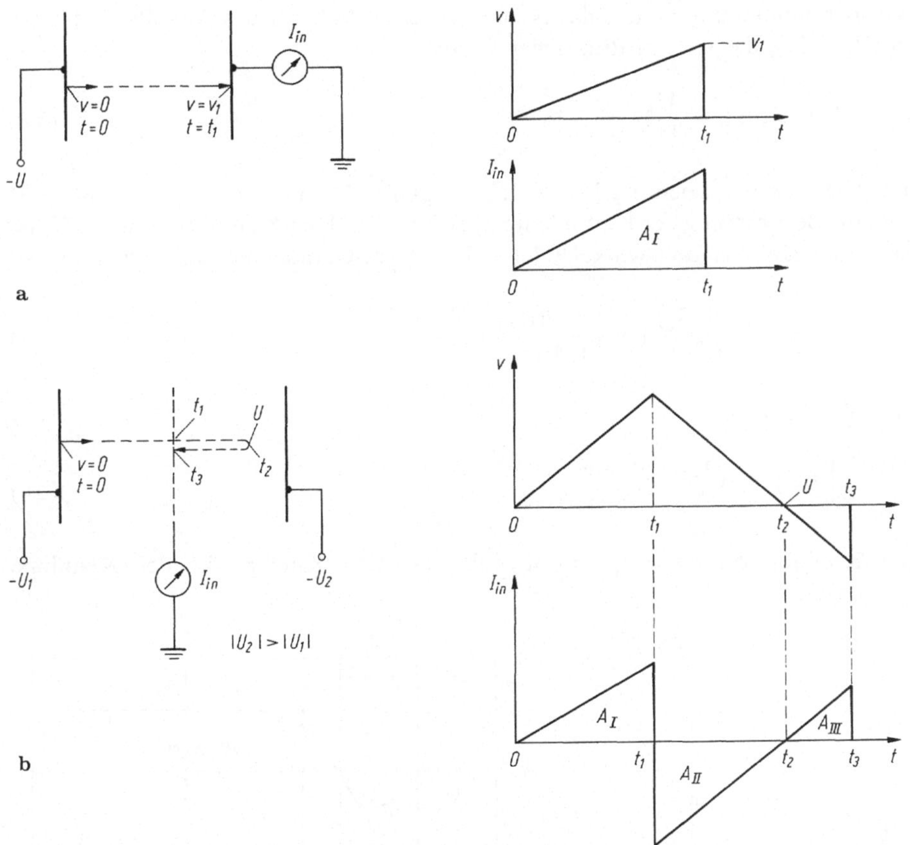

Abb. 5.2a, b. Zeitlicher Verlauf von Geschwindigkeit v und Influenzstrom I_{in} für ein Elektron in einem Zwei- (**a**) bzw. Dreielektrodensystem (**b**). $t_{1,2,3}$ = Elektronenlaufzeiten, U = Umkehrpunkt. Für die Fläche A_I in Teilbild (**a**) gilt: $A_I = e$ (= Elementarladung). Für die Dreiecksflächen in Teilbild (**b**) gilt: $A_I = A_{II} - A_{III} = e$

5.2 Systeme mit zwei Elektroden (Diodensysteme)

Sie bestehen aus einer elektronenemittierenden Kathode K und einer davor angeordneten Anode A (vgl. Abb. 3.18). Zwischen beiden Elektroden liegt die *Anodenspannung* U_a. Sie bewirkt, daß ein Teil der von der Kathode emittierten Elektronen zur Anode gelangt und dadurch den *Anodenstrom* I_a bildet. Dessen Größe hängt vom Emissionsstrom I_s der Kathode und von der Anodenspannung U_a ab (s. Abschnitt 3.1.1.3). In Abb. 3.20 ist der Zusammenhang zwischen Anodenstrom und Anodenspannung in Form der I_a–U_a-Kennlinie für zwei verschiedene Emissionsstromdichten und damit Raumladungsdichten dargestellt.

5.2.1 Anlaufstrombereich ($U_a < 0$)

Im Anlaufstrombereich ist bei kleinen Stromdichten ($J_s \ll 10^{-3}\,\mathrm{A/cm^2}$) der Einfluß der Elektronenraumladung vernachlässigbar. In diesem Fall gilt das Anlaufstromgesetz nach Gl. (3.77), das in logarithmischer Form

$$\ln I_a = \ln I_s - \frac{U_a}{U_T} \tag{5.8}$$

lautet. Die Geradengleichung $\ln I_a = f(U_a)$ („Anlaufstrom-Gerade“, vgl. Abb. 5.3) erlaubt die Bestimmung der Kathodentemperatur T und der Kontaktspannung U_k (s. auch S. 63f). Der Neigungswinkel α der Anlaufstrom-Geraden beträgt nach Gl. (5.8):

$$\tan\alpha = \left|\frac{d(\ln I_a)}{dU_a}\right| = \left|\frac{1}{I_a}\frac{dI_a}{dU_a}\right| = \frac{1}{U_T}. \tag{5.9}$$

Mit Gl. (3.78) wird:

$$\frac{T}{K} = 11600\,\frac{U_T}{V} = \frac{11600}{\tan\alpha}. \tag{5.10}$$

Die Kontaktspannung U_k ergibt sich aus dem Knickpunkt der Kennlinie $\ln I_a = f(U_a)$.

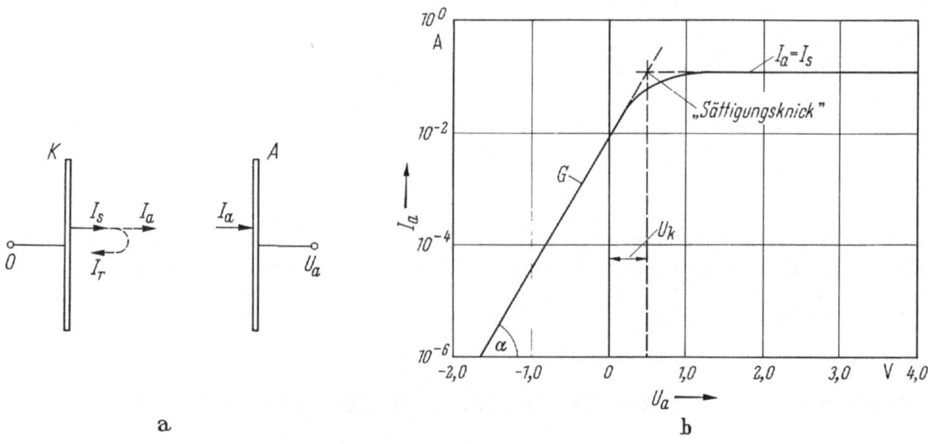

Abb. 5.3. a Diodensystem mit ebenen Elektroden.
K = Glühkathode, A = Anode, U_a = Anodenspannung, I_s = Emissionsstrom, I_a = Anodenstrom, I_r = reflektierter Strom (bedingt durch das Bremsfeld im Anlaufstrombereich). **b** Anlaufstrom-Gerade G zur Ermittlung der Kathodentemperatur T (aus dem Neigungswinkel α) und der Kontaktspannung U_k (aus dem „Sättigungsknick“)

5.2.2 Raumladungsbereich ($U_a < U_s$)

Wie bereits in Abb. 3.20b gezeigt, erreicht bei höheren Emissionsstromdichten ($J_s > 10^{-3}$ A/cm^2) der Anodenstrom I_a bei positiven Anodenspannungen U_a nicht sofort seinen Sättigungswert I_s, sondern steigt mit wachsender Anodenspannung allmählich bis zu diesem Wert an. Erst bei einer bestimmten Spannung $U_a = U_s$ wird $I_a = I_s$. Dieser Stromverlauf, der für alle stromsteuernden Elektronenröhren üblicher Leistung, also auch für Verstärker- und Senderöhren, charakteristisch ist, entsteht durch den Einfluß der Elektronenraumladung auf die Feldstärke in solchen Röhren.

Den Mechanismus der Strombegrenzung durch die Elektronenraumladung veranschaulicht Abb. 5.4. Ist der Raum zwischen den zwei Elektroden K und A ladungsfrei (Abb. 5.4a), so enden alle von der Anode ausgehenden Feldlinien an der Kathode. Die Feldstärke ist konstant (vgl. Abb. 5.5a). Befinden sich dagegen zwischen K und A freie Elektronen (Abb. 5.4b), so endigt ein Teil der Feldlinien auf diesen. Die Feldstärke ist daher nicht mehr konstant, sondern nimmt mit wachsendem Abstand von der Anode A ab (vgl. Abb. 5.5b bis d). Je größer die Raumladung zwischen den Elektroden K und A ist, desto niedriger wird wegen der zunehmenden Schirmwirkung der Elektronenwolke die Feldstärke vor der Kathode. Raumladung und Feldstärke beeinflussen sich entsprechend der Poisson-Gleichung (1.17) so, daß trotz der hohen Elektronenergiebigkeit der Kathode nur ein relativ kleiner (raumladungsbegrenzter), von der Anodenspannung und den Systemdimensionen abhängiger Strom zwischen den Elektroden fließen kann.

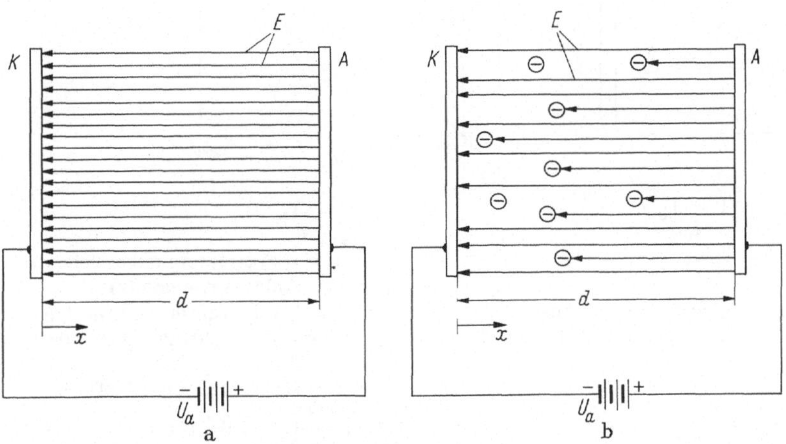

Abb. 5.4a, b. Elektrisches Feld zwischen zwei ebenen Elektroden ohne (**a**) und mit Raumladungseinfluß (**b**). Im Fall (**b**) wird durch die Schirmwirkung der Elektronenraumladung die Feldstärke vor der Kathode erniedrigt

Unter der Annahme, daß die Elektronen die Kathode mit der Geschwindigkeit $v_0 = 0$ verlassen, muß sich an der Kathodenoberfläche durch den Einfluß der Elektronenraumladung die Feldstärke null einstellen (Abb. 5.5c). Bei schwach positiver Feldstärke würde nämlich sonst der in Richtung Anode fließende Strom sehr hoch (gleich dem Sättigungsstrom), bei schwach negativer Feldstärke dagegen gleich

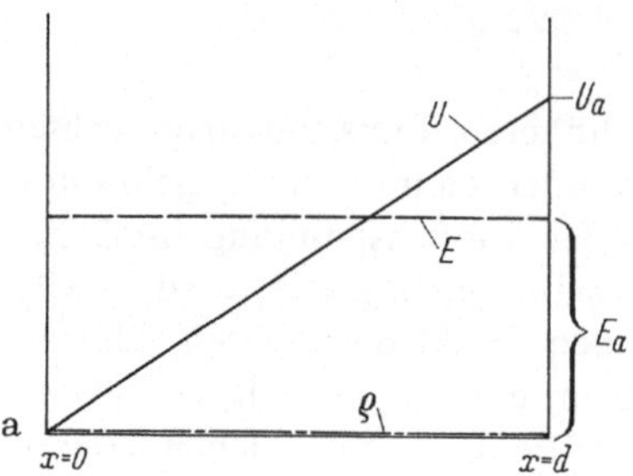

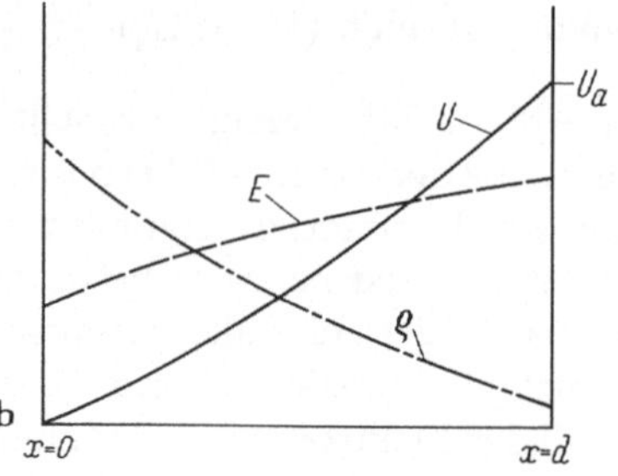

	a	b
Kathodentemp.:	$T = 0–293\,K$	$293\,K \ll T \ll T_b$
Raumladung:	$\varrho = 0$	$\varrho \neq 0$
Austrittsgeschw.:	—	$v_0 > 0$ (Verteilung entsprechend dem Anlaufstromgesetz)
Emissions- und Anodenstrom	$I_e = I_a = I_x = 0$	$I_e = I_a = I_s = \text{const} \neq 0$ $I_x = A\,\varrho\,v$
Feldstärke an der Kathode:	$\frac{dU}{dx} = \text{const} > 0$	$\left(\frac{dU}{dx}\right)_{x=0} > 0$

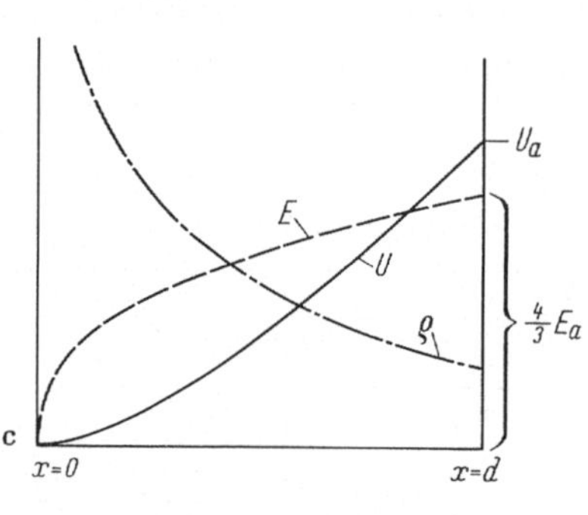

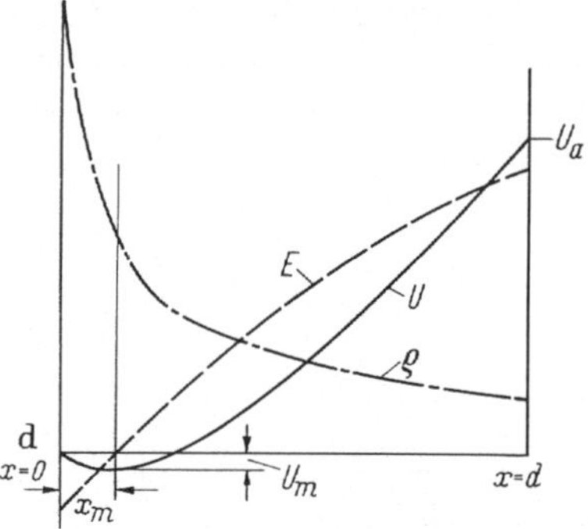

	c	d
Kathodentemp.:	$T = T_b$	$T = T_b$
Raumladung:	$\varrho \neq 0$	$\varrho \neq 0$
Austrittsgeschw.:	$v_0 = 0$	$v_0 > 0$ (Verteilung entsprechend dem Anlaufstromgesetz)
Emissions- und Anodenstrom:	$I_e = I_a = I_x = \text{const}$ $I_a = f(U_a)$ nach Gl. (5.21)	$I_e > I_a$ (ein Teil der emittierten Elektronen kehrt zur Kathode zurück) $I_a = f(U_a)$ nach Gl. (5.24)
Feldstärke an derKathode:	$\left(\frac{dU}{dx}\right)_{x=0} = 0$	$\left(\frac{dU}{dx}\right)_{x=0} < 0$

Abb. 5.5a–d. Raumladungs-, Potential- und Feldverteilungskurven für verschiedene Betriebszustände eines Hochvakuum-Diodensystems mit ebenen Elektroden
a Raumladungsfreie Diode (Plattenkondensator); **b** Diode bei schwacher Raumladung; **c** Diode bei starker Raumladung und $v_0 = 0$ („ideale Diode"); **d** Diode bei starker Raumladung und $v_0 > 0$ (technische Dioden).
T = Kathodentemperatur, ϱ = Raumladungsdichte, U = Potentialdifferenz zur Kathode, E = Feldstärke, T_b = Betriebstemperatur der Kathode, I_x = Gesamtstrom an einer beliebigen Stelle x, I_a = Anodenstrom, v_0 = Geschwindigkeit der Elektronen beim Austritt aus der Kathode, A = Elektrodenfläche, d = Elektrodenabstand

null werden, da die Elektronen in diesem Fall die negative Potentialschwelle vor der Kathode nicht überwinden könnten.

Wenn die Elektronen – wie es tatsächlich immer der Fall ist – die Kathode mit einer dem Anlaufstromgesetz entsprechenden Geschwindigkeits- bzw. Energieverteilung nach Gl. (3.80) verlassen, stellt sich vor der Kathode ein *Potentialminimum* ein (Abb. 5.5d). Im Bremsfeld zwischen diesem und der Kathode verlieren die Elektronen zwar einen Teil ihrer kinetischen Energie, verlassen aber das Potentialminimum mit der gleichen Geschwindigkeitsverteilung, mit der sie aus der Kathode austreten. Man bezeichnet deshalb den Ort des Potentialminimums auch als *virtuelle Kathode.*

a) Elektronenstrom bei Vernachlässigung der Elektronen-Austrittsgeschwindigkeit ($v_o = 0$)

An einer beliebigen Stelle des Raums zwischen Kathode und Anode sei das Potential V (bzw. die Potentialdifferenz zur Kathode U), die Elektronenraumladungsdichte ϱ, die Elektronengeschwindigkeit v und die Stromdichte J (= const). Die genannten Größen sind durch folgende Gleichungen miteinander verknüpft:

die *Poisson-Gleichung:*

$$\frac{d^2U}{dx^2} = \frac{\varrho}{\varepsilon_0}, \tag{5.11}$$

die *Gleichung für die Stromdichte:*

$$J = \varrho\, v \tag{5.12}$$

und die *Gleichung für die Elektronenenergie:*

$$e\,U = \frac{1}{2} m\, v^2. \tag{5.13}$$

Die Gl. (5.11) ergibt sich aus Gl. (1.17), wenn darin $\Delta V = \Delta U$ durch den Ausdruck in Gl. (2.1) ersetzt und berücksichtigt wird, daß V bzw. U nur von x abhängig sind. Einsetzen der Gln. (5.12) und (5.13) in (5.11) führt zur Differentialgleichung:

$$\frac{d^2U}{dx^2} = \frac{J}{\varepsilon_0 \sqrt{2\eta}\,\sqrt{U}}. \tag{5.14}$$

Der Lösungsansatz

$$U = a\, x^{4/3} \tag{5.15}$$

ergibt

$$\frac{dU}{dx} = \frac{4}{3} a\, x^{1/3} \tag{5.16}$$

und

$$\frac{d^2U}{dx^2} = \frac{4}{9} a\, x^{-2/3}. \tag{5.17}$$

Durch Einsetzen von Gl. (5.15) und (5.17) in Gl. (5.14) findet man für die Konstante a:

$$a = \left(\frac{9}{4}\frac{J}{\varepsilon_0\sqrt{2\eta}}\right)^{2/3}. \tag{5.18}$$

Für die Raumladungsdichte ϱ gilt wegen Gl. (5.11):

$$\varrho = \varepsilon_0 \frac{d^2U}{dx^2} = \frac{4}{9}\varepsilon_0\, a\, x^{-2/3} \tag{5.19}$$

Die Funktionen U(x), E(x) und ϱ(x) sind in Abb. 5.5c graphisch dargestellt. Ihre Gültigkeit wird dadurch eingeschränkt, daß die Raumladungsdichte ϱ bei $x = 0$ nach Gl. (5.19) nicht unendlich ist, sondern durch den endlichen, aber hohen Emissionsstrom der Kathode bestimmt wird.

Die Gln. (5.15) und (5.18) ergeben zusammen:

$$U^{3/2} = a^{3/2}x^2 = \frac{9}{4}\frac{J}{\varepsilon_0\sqrt{2\eta}}x^2. \tag{5.20}$$

An der Anode ist $x = d$, $U = U_a$ und die Stromdichte $J = J_a = I_a/A$ (A = Anodenfläche). Damit lautet die Gleichung für den Anodenstrom I_a:

$$\boxed{I_a = J_a A = \frac{4}{9}\varepsilon_0\sqrt{2\eta}\,\frac{A}{d^2}\,U_a^{3/2} = K\,U_a^{3/2}.} \tag{5.21}$$

Der Faktor

$$\boxed{\frac{K}{mA/V^{3/2}} = 2{,}33 \cdot 10^{-3}\,\frac{A/cm^2}{(d/cm)^2}} \tag{5.22}$$

heißt *Raumladungskonstante*. Dieses *Raumladungsgesetz* ($U^{3/2}$-Gesetz) besagt, daß der Anodenstrom im Raumladungsbereich mit wachsender Anodenspannung parabelförmig ansteigt.

Die Gültigkeit des $U^{3/2}$-Gesetzes ist nicht auf Diodensysteme beschränkt. Es gilt auch für Anordnungen mit einem oder mehreren Steuergittern, wenn für K die jeweilige Raumladungskonstante und anstelle von U_a die effektive Steuerspannung des Systems eingesetzt wird. Das Gesetz gilt für beliebige Elektrodenformen (mit ihrem jeweiligen K-Wert) und auch für Ionen, wenn diese aus Glühanoden mit der Anfangsgeschwindigkeit $v_0 = 0$ emittiert werden.

b) Elektronenstrom bei Berücksichtigung der Elektronen-Austrittsgeschwindigkeit ($v_0 > 0$; Geschwindigkeitsverteilung entsprechend dem Anlaufstrom-Gesetz)
Wie bereits erwähnt, stellt sich in diesem Fall der Teilchenstrom so ein, daß vor der Kathode ein Bremsfeld (zwischen $x = 0$ und $x = x_m$) mit einem *Potentialminimum* U_m (bei $x = x_m$) entsteht (vgl. Abb. 5.5d). Es gelangen deshalb nur diejenigen Elektronen zur Anode, die auf Grund ihrer Anfangsenergie gegen dieses Potentialminimum anlaufen können. Zwischen der Kathode und dem Potentialminimum wird daher der Elektronenstrom durch das Anlaufstrom-Gesetz Gl. (3.77) bestimmt, wenn

darin U_a durch U_m ersetzt wird. Daraus ergibt sich die Tiefe des Potentialminimums:

$$U_m = U_T \ln \frac{I_s}{I_a}. \tag{5.23}$$

In Abb. 5.6 ist dieser Zusammenhang für verschiedene Kathodentemperaturen dargestellt. Mit wachsendem Anodenstrom nimmt demnach die Tiefe U_m der Potentialschwelle ab. Gleichzeitig ändert sich auch die Entfernung x_m des Potentialminimums von der Kathode (vgl. Abb. 5.7).

In dem Raum zwischen Potentialminimum und Anode (also für $x_m < x < d$) gilt das Raumladungsgesetz in modifizierter Form, in der anstelle von d der Abstand $(d - x_m)$ des Potentialminimums von der Anode und anstelle von U_a die (größere)

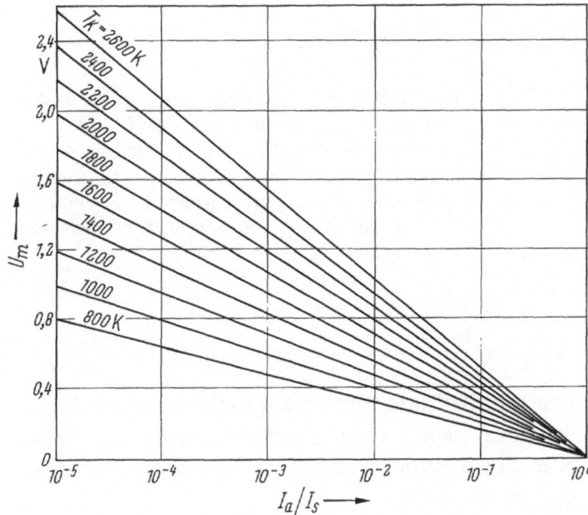

Abb. 5.6. Tiefe U_m des Potentialminimums in einem raumladungsbehafteten Diodensystem mit ebenen Elektroden in Abhängigkeit vom Verhältnis I_a/I_s

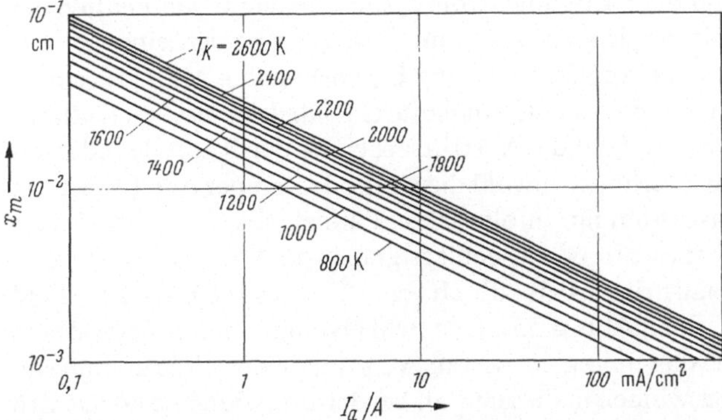

Abb. 5.7. Entfernung x_m des Potentialminimums U_m von der Kathode eines raumladungsbehafteten Diodensystems mit ebenen Elektroden in Abhängigkeit von der Stromdichte $J = I_a/A$

Potentialdifferenz $(U_a - U_m)$ (U_m negativ einzusetzen) erscheint. Die Formel für den Anodenstrom lautet dann:

$$I_a = \frac{4}{9} \varepsilon_0 \sqrt{2\eta}\, A \frac{(U_a - U_m)^{3/2}}{(d - x_m)^2} \left(1 + 2{,}66 \sqrt{\frac{U_T}{U_a - U_m}}\right). \tag{5.24}$$

(I_a ergibt sich in A, wenn die Spannungen in V und die linearen Abmessungen in cm eingesetzt werden). Das Korrekturglied in der rechten Klammer von Gl. (5.24) berücksichtigt die thermische Energieverteilung der Elektronen am Ort des Potentialminimums. Für Anodenspannungen von der Größenordnung 100 V ergibt Gl. (5.24) um etwa 10% höhere Anodenströme als Gl. (5.21).

In Abb. 5.8 ist zum Vergleich der Verlauf der I_a-U_a-Kennlinie eines Diodensystems für die beiden Fälle $v_0 = 0$ und $v_0 > 0$ gezeigt. Nur im Fall $v_0 = 0$ geht die Kennlinie durch den Koordinatenursprung, weil hier kein Anlaufstrom existieren kann.

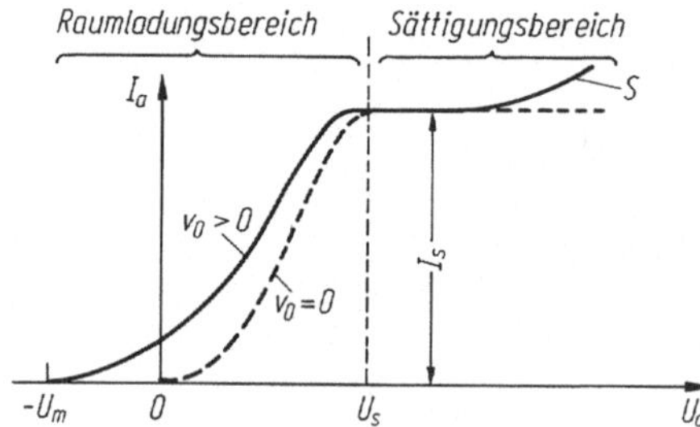

Abb. 5.8. I_a-U_a-Kennlinie eines Diodensystems für die beiden Fälle $v_0=0$ und $v_0>0$. v_0 = Geschwindigkeit der Elektronen beim Austritt aus der Kathode, U_s = Sättigungsspannung, I_s = Sättigungsstrom, S = Stromanstieg durch den Schottky-Effekt (vgl. auch Abb. 3.20b)

5.2.3 Sättigungsbereich ($U_a > U_s$)

Im Sättigungsbereich werden *alle* von der Kathode emittierten Elektronen zur Anode geführt. Der Anodenstrom I_a ist dann gleich dem Sättigungsstrom I_s, dessen Zusammenhang mit den Betriebsdaten der Kathode durch die Richardson-Dushman-Formel entsprechend Gl. (3.76) beschrieben wird:

$$I_a = I_s = J_s A = A_0 A T^2 e^{-W/kT}. \tag{5.25}$$

Nach dieser Gleichung hängt der Sättigungsstrom I_s nur von den Eigenschaften der Kathode ab. In Wirklichkeit ist jedoch auch im Sättigungsgebiet eine geringe Abhängigkeit des Stromes von der Anodenspannung U_a vorhanden. Man bezeichnet diese Erscheinung als *Schottky-Effekt*. Er entsteht dadurch, daß das zwischen Kathode und Anode herrschende elektrische Feld die Austrittsarbeit W der Kathode reduziert und damit den Emissionsstrom I_s erhöht, obwohl die Kathodentemperatur T konstant bleibt. (Die Emissionsstrom-Erhöhung infolge des Tunneleffekts ist bei heißer Kathode gegenüber dem Schottky-Effekt vernachlässigbar; vgl. Abschnitt 3.1.4). Die Erniedrigung der Kathodenaustrittsarbeit durch ein äußeres elektrisches Feld veranschaulicht Abb. 5.9 (vgl. auch Abb. 3.55). Das Feld erzeugt vor der Kathode ein negatives Potentialmaximum, das um einen Betrag ΔU_K unter dem Vakuumniveau (VN) liegt. Die Elektronen überwinden in diesem Fall bei der Emission nur noch einen Potentialberg der Höhe $(U_K - \Delta U_K)$ (U_K = Voltäquivalent der Austrittsarbeit W der Kathode).

Der Abstand $x = d_s$ des negativen Potentialmaximums von der Kathode ergibt sich daraus, daß dort die auf ein Elektron wirkende Bildkraft F_b ($= F_a$ in Abb. 5.9b) nach Gl. (3.61) entgegengesetzt gleich der Feldkraft F_e nach Gl. (1.30) ist (vgl. auch Abb. 3.15c):

$$\frac{e^2}{16\pi\varepsilon_0 d_s^2} = -(-eE) \tag{5.26}$$

oder

$$d_s = \frac{1}{4}\sqrt{\frac{e}{\pi\varepsilon_0 E}}. \tag{5.26a}$$

Mit wachsender Feldstärke wird d_s kleiner, wandert also das Potentialmaximum auf die Kathode zu. d_s ist von der Größenordnung der Gitterkonstanten der Kathode.

Der Betrag $\Delta W = e\,\Delta U_K$, um den die Austrittsarbeit der Kathode durch ein äußeres Feld der Feldstärke E erniedrigt wird, ergibt sich aus der Energiebilanz für ein

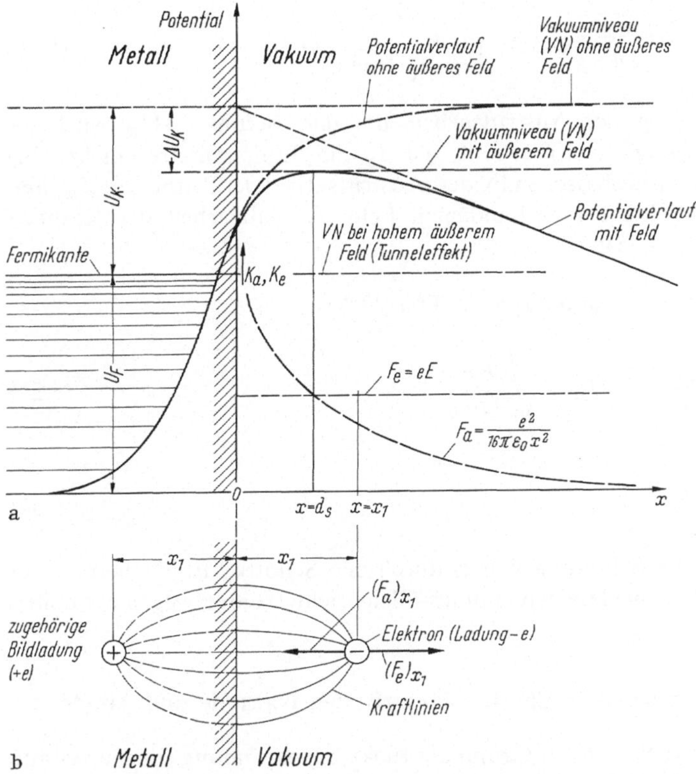

Abb. 5.9. a Erniedrigung der Austrittsarbeit einer elektronenemittierenden Kathode durch ein äußeres Feld (Schottky-Effekt), **b** Richtungen von Bild- und Feldkraft an einem Elektron vor der Kathode.
U_F = Voltäquivalent der Fermi-Energie, U_K = Voltäquivalent der Austrittsarbeit. ΔU_K = Betrag, um den U_K erniedrigt wird; F_e = Feldkraft, F_a = Bildkraft

Elektron, das von der Kathodenoberfläche ins Unendliche gebracht wird. Es ist:

$$\Delta W = e\,\Delta U_K = \underbrace{e\,E\,d_s}_{\substack{\text{vom Feld E einem}\\ \text{Elektron zwischen}\\ x=0 \text{ und } x=d_s\\ \text{zugeführte Energie}}} + \underbrace{\int_{d_s}^{\infty} F_b\,dx}_{\substack{\text{gegen die Anzie-}\\ \text{hungskraft } F_b \text{ vom}\\ \text{Feld E einem Elek-}\\ \text{tron zwischen } x=d_s\\ \text{und } x\to\infty \text{ zugeführte}\\ \text{Energie}}}. \tag{5.27}$$

Mit Gl. (3.61) erhält man aus Gl. (5.27):

$$W = e\,E\,d_s + \frac{e^2}{16\pi\varepsilon_0 d_s}. \tag{5.27a}$$

Durch Einsetzen von d_s aus Gl. (5.26a) in (5.27a) ergibt sich:

$$\Delta U_k = \frac{\Delta W}{e} = \sqrt{\frac{e\,E}{4\pi\varepsilon_0}} = 3{,}8 \cdot 10^{-4}\sqrt{\frac{E}{V/cm}}\ V. \tag{5.28}$$

Durch die Erniedrigung der Austrittsarbeit um den Betrag $e\,\Delta U_K$ wird der Emissionsstrom (Sättigungsstrom) erhöht. Ist J_s die Emissionsstromdichte bei Abwesenheit eines äußeren elektrischen Feldes (Austrittsarbeit der Kathode $e\,U_K$) und J_s' die Emissionsstromdichte bei vorhandenem Feld (Austrittsarbeit der Kathode $e\,U_K'$), so wird nach Gl. (5.25):

$$J_s = A_0 T^2 e^{-U_K/U_T} \quad \text{und} \quad J_s' = A_0 T^2 e^{-U_K'/U_T}.$$

Mit

$$U_K' = U_K - \Delta U_K = U_K - \sqrt{\frac{e\,E}{4\pi\varepsilon_0}} \tag{5.29}$$

erhält man:

$$J_s' = J_s\, e^{4{,}4\sqrt{E}/T} \tag{5.30}$$

(E in V/cm, T in K). Die Erhöhung von J_s durch den Schottky-Effekt beträgt bei Verstärkerröhren ca. 10%, bei Hochspannungs-Gleichrichterröhren wegen der hohen Feldstärke bis zu 100%.

5.2.4 Energieprofile emittierter Elektronen zwischen Kathode und Anode

In einem Diodensystem stellt sich auf Grund der Elektronenströmung eine bestimmte Potentialverteilung ein, deren Form von den (unterschiedlichen) Austrittsarbeiten der Elektroden, der Raumladungsdichte und der anliegenden äußeren Spannung U_a bestimmt wird. In Abb. 5.10 sind solche Potentialverläufe (auch Energieprofile genannt) für den Fall $U_K < U_A$ (d. h. negative Kontaktspannung bzw. *bremsendes Kontaktfeld*) und für drei verschiedene Werte der Anodenspannung U_a dargestellt

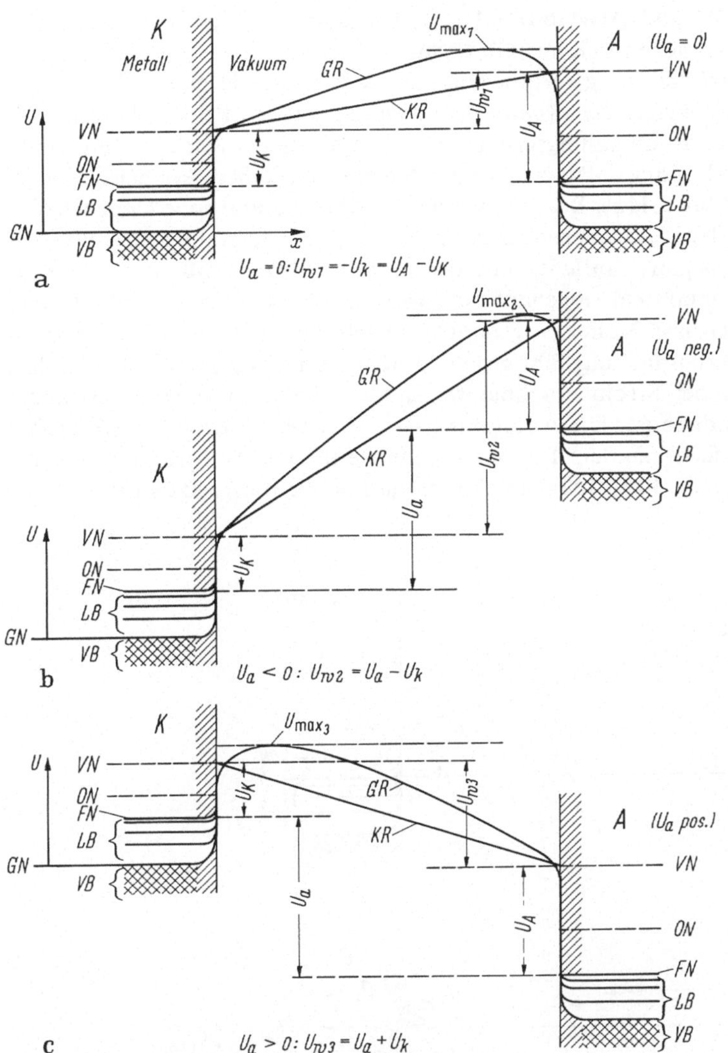

Abb. 5.10a–c. Energieprofile in einem Diodensystem mit ebenen Elektroden für $U_K < U_A$ (bremsendes Kontaktfeld). **a** Kontaktfeld allein ($U_a = 0$); **b** Kontaktfeld mit zusätzlichem Bremsfeld infolge einer negativen äußeren Anodenspannung U_a; **c** Kontaktfeld mit zusätzlichem Beschleunigungsfeld infolge einer positiven äußeren Anodenspannung U_a.
GR = Potentialverlauf bei großer Raumladung (hohem Strom), KR = Potentialverlauf bei vernachlässigbar kleiner Raumladung (kleinem Strom).
U = negative Potentialdifferenz bezogen auf die Kathode (entspricht der potentiellen Energie $E_p = eU$ der von der Kathode emittierten Elektronen); U_a = Anodenspannung, $U_{K,A}$ = Austrittsspannung der Kathode bzw. Anode; $U_{w1,2,3}$ = wirksame Spannung; $U_{max1,2,3}$ = negatives Potentialmaximum; VN = Vakuumniveau, ON = Oberflächenniveau, FN = Fermi-Niveau, LB = Leitungsband, VB = Valenzband, GN = Grundniveau

(vgl. auch Abb. 3.22 und Abschnitt 3.1.1.3). Die darin angegebenen wirksamen Spannungen $U_{w1,2,3}$ ergeben sich aus Gl. (3.86).

Die Abb. 5.11 zeigt die Energieprofile eines Diodensystems für den Fall $U_K > U_A$, d.h. für ein *beschleunigendes Kontaktfeld*. Durch dieses Feld gelangen (bei Vernachlässigung von Raumladungserscheinungen) alle von der Kathode emittierten Elektronen zur Anode, ohne daß dazu eine beschleunigende äußere Anodenspannung erforderlich wäre (Abb. 5.11a). Besteht zwischen Kathode und Anode keine leitende Verbindung, so hat der Elektronenstrom zur Folge, daß sich die Anode gegenüber der Kathode so weit negativ auflädt, bis das den Elektronenfluß verursachende beschleunigende Kontaktfeld abgebaut ist (Abb. 5.11b). Zwischen Kathode und Anode (auch Emitter bzw. Kollektor genannt) entsteht dadurch eine Klemmenspannung U_0, die im Leerlauffall ungefähr gleich der Kontaktpotentialdifferenz zwischen beiden Elektroden, bei Stromentnahme wegen des endlichen Innenwiderstandes dagegen kleiner als diese ist. Die Anordnung ist ein *thermionischer Energiewandler* (Konverter), in welchem die dem Emitter zugeführte thermische Energie mit einem Wirkungsgrad von etwa 10% direkt in elektrische Energie umgesetzt wird.

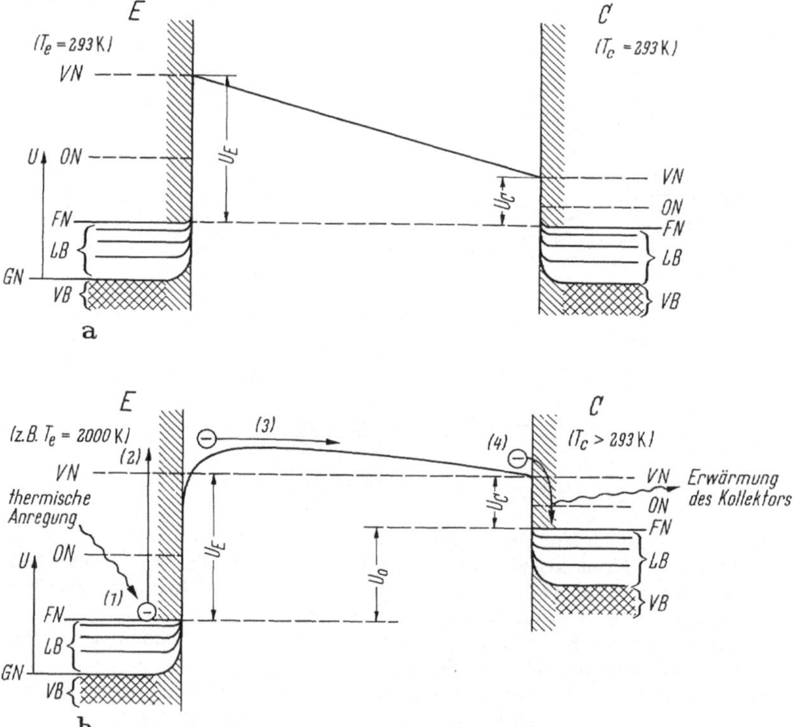

Abb. 5.11 a, b. Energieprofile in einem thermionischen Energiewandler mit ebenen Elektroden. **a** Emitter E nicht geheizt; Raumladung Null; **b** Emitter E geheizt; Auftreten eines negativen Potentialmaximums infolge der Elektronenraumladung.
U = negative Potentialdifferenz bezogen auf den Emitter; $U_{E,C}$ = Austrittsspannung des Emitters E bzw. Kollektors C; U_0 = erzeugte Quellenspannung des thermionischen Energiewandlers; über die Bedeutung von GN, FN, ON, VN, VB und LB vgl. Abb. 5.10

5.2.5 Elektronenlaufzeiten in ebenen Diodensystemen unter Raumladungseinfluß

Die Laufzeit τ der Elektronen in der Anordnung nach Abb. 5.12 errechnet sich aus Gl. (1.34) für $B = 0$:

$$\frac{dv}{dt} = -\eta E. \tag{5.31}$$

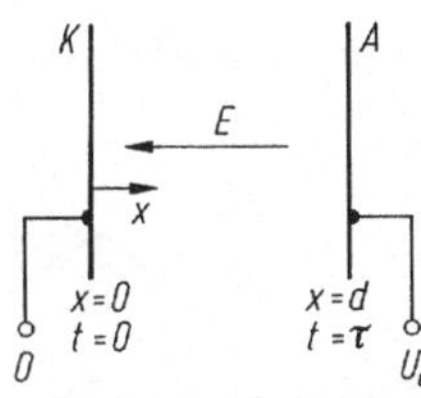

Abb. 5.12. Raumladungsbehaftetes ebenes Diodensystem mit der Elektronenlaufzeit τ. K = Kathode, A = Anode

Nach der Poisson-Gleichung (1.17) gilt im ebenen Fall wegen $E = -\partial V/\partial x$:

$$-\frac{dE}{dx} = \frac{\varrho}{\varepsilon_0}. \tag{5.32}$$

Mit

$$\frac{dE}{dx} = \frac{\partial E}{\partial t}\frac{\partial t}{\partial x} = \frac{1}{v}\frac{\partial E}{\partial t} \tag{5.33}$$

folgt aus Gl. (5.32):

$$-\frac{dE}{dt} = \frac{\varrho v}{\varepsilon_0} = \frac{J}{\varepsilon_0} \tag{5.34}$$

und daraus

$$E = -\frac{J\tau}{\varepsilon_0} \tag{5.35}$$

oder

$$\varepsilon_0 E = D = -J\tau. \tag{5.35a}$$

Die Integration von Gl. (5.31) führt mit Gl. (5.35) zu:

$$\int_0^v dv = v = -\eta\int_0^\tau E\,d\tau = \eta\int_0^\tau \frac{J}{\varepsilon_0}\tau\,d\tau = \frac{\eta J}{\varepsilon_0}\frac{\tau^2}{2}; \tag{5.36}$$

wegen $v = dx/dt$ ergibt die Integration von Gl. (5.36):

$$x = \frac{\eta J}{\varepsilon_0}\frac{\tau^3}{6}. \tag{5.37}$$

Für x = d beträgt die *Elektronenlaufzeit unter Raumladungseinfluß:*

$$\tau = \sqrt[3]{\frac{6\,\varepsilon_0\,d}{\eta\,J}} \tag{5.38}$$

oder

$$\boxed{\frac{\tau}{\mathrm{ns}} = 0{,}675 \cdot \sqrt[3]{\frac{d/\mathrm{cm}}{J/\mathrm{A\,cm^{-2}}}}\,.} \tag{5.38a}$$

Kleine Laufzeiten τ erreicht man also durch kleine Elektrodenabstände d und große Stromdichte J. Mit Gl. (5.21) und $J = I_a/A$ wird aus Gl. (5.38):

$$\tau = \frac{3\,d}{\sqrt{2\,\eta\,U_a}}\,. \tag{5.38b}$$

Nach Gl. (2.85) ist dagegen im *raumladungsfreien Fall* ($\varrho = 0$) die Elektronenlaufzeit zwischen zwei ebenen Elektroden mit dem Abstand d:

$$\tau_2 = \frac{2\,d}{\sqrt{2\,\eta\,U_a}}\,.$$

Das Verhältnis der Laufzeiten beträgt $\tau/\tau_2 = 3/2$. In der Raumladungsströmung ist also die Elektronenlaufzeit um den Faktor 1,5 größer als bei Raumladungsfreiheit.

5.3 Systeme mit einem Steuergitter (Triodensysteme)

5.3.1 Ersatzschaltbild

In einem Triodensystem, das zwischen Kathode K und Anode A ein (wendel- oder netzförmiges) Steuergitter G enthält (vgl. Abb. 5.13a), wird der von der Kathode ausgehende Elektronenstrom gleichzeitig durch das elektrische Potentialfeld des Steuergitters und das der Anode beeinflußt. Um diesen Einfluß quantitativ zu erfassen, führt man das Triodensystem auf ein Ersatzsystem zurück (vgl. Abb. 5.13b), bei dem das Steuergitter durch eine äquivalente elektronendurchlässige Gitterschicht der Dicke $2d_{st}$ ersetzt ist. An die Stelle der realen Systemkapazitäten C_{gk}, C_{ga} und C_{ka} (auch *Dreieckkapazitäten* genannt, weil sie miteinander ein geschlossenes Dreieck bilden) treten im Ersatzsystem die äquivalenten *Sternkapazitäten* C_g, C_a und C_k. In Abb. 5.14 sind das Stern- und Dreieck-Ersatzschaltbild eines Triodensystems dargestellt.

Die Stern- und Dreieckkapazitäten lassen sich ineinander umrechnen. Bezeichnen wir die Potentiale der drei Elektroden K, G und A mit U_k, U_g und U_a sowie das Potential des Sternpunkts im Sternersatzbild mit U_{st}, so betragen die Ladungen der drei Sternkapazitäten:

$$\begin{aligned} Q_k &= C_k(U_k - U_{st}),\\ Q_g &= C_g(U_g - U_{st}),\\ Q_a &= C_a(U_a - U_{st})\,. \end{aligned} \tag{5.39}$$

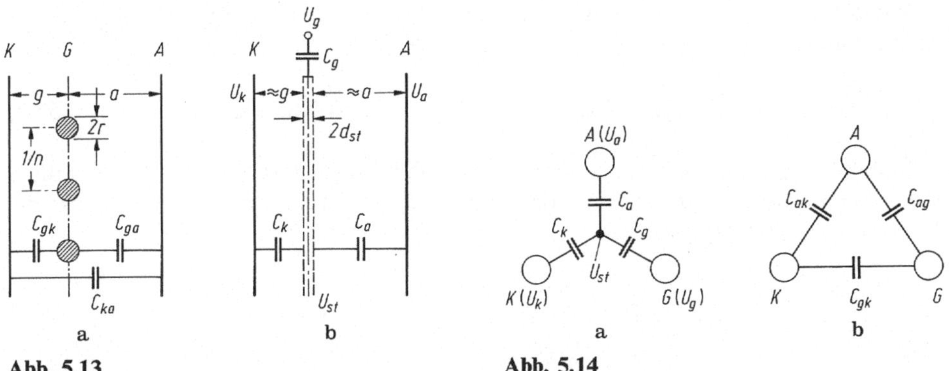

Abb. 5.13 **Abb. 5.14**

Abb. 5.13. a Ebenes Triodensystem mit den Dreieckskapazitäten C_{gk}, C_{ga} und C_{ka}. K = Kathode, G = Steuergitter, A = Anode, n = Anzahl der Gitterstege je cm Gitterbreite, r = Gitterdrahtradius. **b** Ersatzbild des Triodensystems (**a**) mit äquivalenter Gitterschicht der Breite $2d_{st}$. Das Ersatzbild ergibt die gleiche Potentialverteilung in Anoden- und Kathodennähe wie das reale Triodensystem

Abb. 5.14a, b. Stern- (**a**) bzw. Dreieck-Ersatzschaltbild (**b**) eines Triodensystems. U_{st} = Potential des Sternpunkts, $U_{a,k,g}$ = Elektrodenpotentiale

Da dem Sternpunkt von außen keine Ladung zugeführt werden kann, muß die Summe der Ladungen $(Q_a + Q_g + Q_k)$ stets null sein. (An den Elektroden angeschlossene Spannungsquellen verursachen nur eine Ladungsverschiebung von einer Elektrode zur andern). Dies ergibt:

$$(U_k - U_{st})C_k + (U_g - U_{st})C_g + (U_a - U_{st})C_a = 0 \tag{5.40}$$

oder mit $U_k = 0$:

$$U_{st} = \frac{U_g C_g + U_a C_a}{C_k + C_g + C_a} = \frac{U_g + \frac{C_a}{C_g} U_a}{1 + \frac{C_k}{C_g} + \frac{C_a}{C_g}}. \tag{5.41}$$

Für die Ladungen Q_k, Q_g und Q_a des Dreieckersatzschaltbildes gelten die Beziehungen:

$$\begin{aligned} Q_k &= C_{kk} U_k - C_{gk} U_g - C_{ak} U_a, \\ Q_g &= -C_{gk} U_k + C_{gg} U_g - C_{ga} U_a, \\ Q_a &= -C_{ak} U_k - C_{ag} U_g + C_{aa} U_a. \end{aligned} \tag{5.42}$$

Dabei bedeuten allgemein C_{nn} die Gesamtkapazität der Elektrode n gegen alle anderen Elektroden und C_{nm} die Teilkapazität zwischen zwei Elektroden n und m. Die Minuszeichen in den Gln. (5.42) besagen, daß die (z.B. positiven) Teilladungen $C_{nm} U_m$ durch Influenzwirkung die (z.B. ebenfalls positive) Ladung $C_{nn} U_n$ der Gesamtkapazität C_{nn} vermindern.

Wenn $U_k = U_g = U_a$ ist, muß in den Gln. (5.42) $Q_k = Q_g = Q_a = 0$ sein. Daraus erhält man:

$$C_{kk} = C_{gk} + C_{ak}, \quad C_{gg} = C_{gk} + C_{ga}, \quad C_{aa} = C_{ak} + C_{ag}. \tag{5.43}$$

Ferner ist $C_{ak} = C_{ka}$ usw. Setzt man U_{st} aus Gl. (5.41) in die Gln. (5.39) ein und führt den Koeffizientenvergleich mit den Gln. (5.42) durch, so ergeben sich die Umrechnungsformeln:

$$C_{ak} = \frac{C_a C_k}{C_a + C_g + C_k} \tag{5.44}$$

und

$$C_k = C_{ak} + C_{gk} + \frac{C_{ak} C_{gk}}{C_{ag}}. \tag{5.44a}$$

Die übrigen Umrechnungsformeln findet man durch zyklische Vertauschung der Indizes in den Gln. (5.44) und (5.44a).

5.3.2 Kennliniengleichungen

Das Verhältnis $C_a/C_g (= C_{ak}/C_{gk}$ nach Gl. (5.44/44a)), das in Gl. (5.41) erscheint, bezeichnet man als *Durchgriff D* der Triode:

$$D = \frac{C_a}{C_g} = \frac{C_{ak}}{C_{gk}}. \tag{5.45}$$

Mit Gl. (5.45) wird aus Gl. (5.41):

$$U_{st} = \frac{U_g + DU_a}{1 + D + D\dfrac{C_k}{C_a}}. \tag{5.46}$$

Für $D \ll 0{,}1$ beträgt die in der Gitterebene auf den Elektronenstrom wirkende *Steuerspannung* U_{st} der Triode:

$$\boxed{U_{st} = U_g + DU_a.} \tag{5.47}$$

Die Steuerspannung ist also gleich der Gitterspannung plus dem Bruchteil D der Anodenspannung. Durch Gl. (5.47) wird das Triodensystem mit den Spannungen U_g und U_a auf ein äquivalentes Diodensystem mit der Spannung U_{st} zurückgeführt.

Nach dem Raumladungsgesetz Gl. (5.21) gilt für den Anodenstrom I_a einer Triode die *statische Kennliniengleichung:*

$$\boxed{I_a = K\, U_{st}^{3/2} = K\,(U_g + D\, U_a)^{3/2}.} \tag{5.48}$$

Die Raumladungskonstante K wird durch die Elektrodengeometrie bestimmt. Entsprechend Gl. (5.22) hat K für *ebene Systeme* den Wert:

$$\frac{K}{mA/V^{3/2}} = 2{,}33 \cdot 10^{-3} \frac{A/cm^2}{(g/cm)^2}. \tag{5.49}$$

Nach Gl. (5.48) ergeben sich für die Triode zwei Kennlinienscharen: $I_a = f(U_g)$ mit U_a als Parameter (vgl. Abb. 5.15a) und $I_a = f(U_a)$ mit U_g als Parameter (vgl. Abb. 5.15b). Der Arbeitspunkt A wird durch die Ruhespannungen U_{g_0} und U_{a_0} festgelegt.

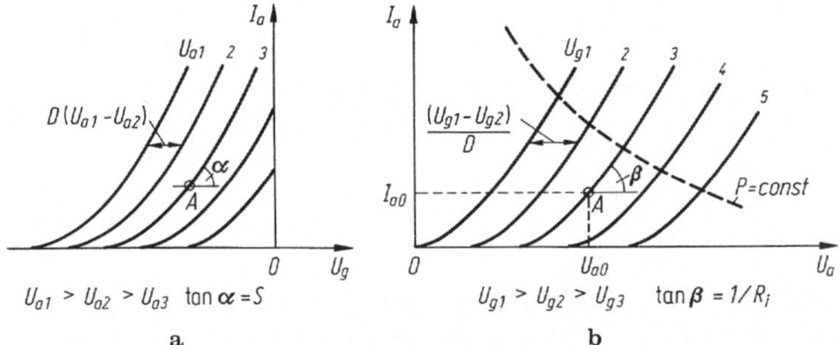

Abb. 5.15a, b. I_a-U_g- (**a**) und I_a-U_a-Kennlinienfeld (**b**) einer Triode.
A = Arbeitspunkt, U_{a_0} = Anodenruhespannung, I_{a_0} = Anodenruhestrom

Überlagert man der Gittervorspannung U_{g_0} ein kleines Wechselspannungssignal dU_g (*Aussteuerung des Gitters*), so ändern sich nach Gl. (5.48) sowohl der Anodenstrom als auch die Anodenspannung, die ihrerseits wieder den Anodenstrom beeinflußt. Die *gesamte Anodenstromänderung* ist daher (bei kleinen Steuerspannungsamplituden) gleich dem totalen Differential dI_a:

$$dI_a = \left(\frac{\partial I_a}{\partial U_g}\right) dU_g + \left(\frac{\partial I_a}{\partial U_a}\right) dU_a. \tag{5.50}$$

Sind die Änderungen dI_a, dU_g und dU_a genügend klein, so daß die Kennlinien im Aussteuerbereich (d.h. in der Umgebung des Arbeitspunktes A) als geradlinig betrachtet werden können, so stellen die Klammerausdrücke in Gl. (5.50) für den Arbeitspunkt konstante Betriebsparameter dar. Ihre Werte können aus dem Verlauf der I_a-U_a- bzw. I_a-U_g-Kennlinie im Arbeitspunkt ermittelt werden. Das Verhältnis

$$\boxed{S = \left(\frac{\partial I_a}{\partial U_g}\right)_{U_a = \text{const}}} \tag{5.51}$$

bezeichnet man als *Steilheit* und

$$\boxed{R_i = \left(\frac{\partial U_a}{\partial I_a}\right)_{U_g = \text{const}}} \tag{5.52}$$

als *Innenwiderstand* der Triode. Ferner ist

$$D = \left(\frac{\partial U_g}{\partial U_a}\right)_{I_a = \mathrm{const}} \tag{5.53}$$

der *Durchgriff* der Triode, der nach Gl. (5.45) auch durch das Verhältnis der Röhrenkapazitäten definiert ist. Diese drei Kenngrößen sind durch die Barkhausen-Formel

$$S D R_i = 1 \tag{5.54}$$

miteinander verknüpft. Mit Gl. (5.51) und (5.52) lautet Gl. (5.50):

$$dI_a = S\,dU_g + \frac{1}{R_i}\,dU_a\,. \tag{5.55}$$

Dies ist die *dynamische Kennliniengleichung* der Triode. Sie beschreibt das Verhalten der Triode im Wechselstrombetrieb bei kleinen Aussteuerungen.

Der Durchgriff D ist nicht – wie die Kapazitäten in Gl. (5.45) zum Ausdruck bringen – konstant, sondern hängt etwas vom Anodenstrom I_a ab. Bei großen Strömen wird er durch die starke Raumladung vermindert und bei kleinen Strömen durch die Inselbildung (d.h. die Entstehung von Emissionsinseln auf der Kathodenoberfläche zwischen jeweils zwei negativen Gitterdrähten) vergrößert.

5.3.3 Strom-, Spannungs- und Leistungsverstärkung

Die Abb. 5.16 zeigt eine einfache Trioden-Verstärkerschaltung. Für den Anodenkreis dieser Schaltung gilt im Gleichstrombetrieb:

$$U_a = U_B - I_a R_a \tag{5.56}$$

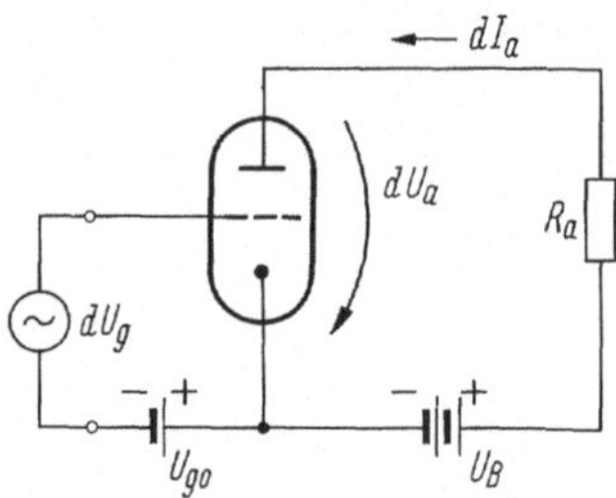

Abb. 5.16. Verstärkerschaltung einer Triode (Kathodenbasisschaltung)

und im Wechselstrombetrieb:

$$dU_a = -\,dI_a R_a\,. \tag{5.57}$$

Die Gl. (5.57) erhält man durch Differenzieren von Gl. (5.56). Mit Gl. (5.57) lautet die Gl. (5.55):

$$dI_a = \frac{1}{D} \frac{dU_g}{R_i + R_a}. \tag{5.58}$$

Aus dieser Gleichung ergeben sich je nach Wahl des Verhältnisses R_a/R_i die charakteristischen Beziehungen für die Strom--, Spannungs- und Leistungsverstärkung.

a) Stromverstärkung

Die Bedingung für optimale Stromverstärkung lautet: $R_a \ll R_i$ (im Grenzfall $R_a \to 0$). Damit ergibt sich aus Gl. (5.58):

$$dI_a = S\, dU_g. \tag{5.59}$$

Große Wechselströme im Anodenkreis erhält man demnach, wenn R_a sehr klein gegen R_i und die Steilheit S der Röhre groß ist. *S ist also ein Maß für die Stromverstärkung.*

b) Spannungsverstärkung

Mit Gl. (5.57) ergibt sich aus Gl. (5.58) der *Spannungsverstärkungsfaktor* $|v_u|$ einer Triode:

$$|v_u| = \frac{dU_a}{dU_g} = \frac{1}{D} \frac{R_a}{R_i + R_a}. \tag{5.60}$$

R_a kann sowohl ein Ohmscher als auch ein komplexer Widerstand sein. Optimal wird die Spannungsverstärkung für $R_a \gg R_i$. Im Grenzfall $R_a \to \infty$ erreicht sie ihren maximalen Wert

$$|v_{u_{max}}| = \frac{1}{D} = \mu = S R_i. \tag{5.61}$$

μ heißt *Leerlauf-Spannungsverstärkungsfaktor;* für Trioden ist $\mu = 5$ bis 100. Große Wechselspannungen im Anodenkreis erhält man demnach, wenn R_a sehr groß gegen R_i ist und wenn D möglichst klein ist. *D ist also ein Maß für die Spannungsverstärkung.*

c) Leistungsverstärkung

Die anodenseitige Wechselstromleistung ist proportional $(dI_a)^2 R_a$.

Mit Gl. (5.58) wird

$$(dI_a)^2 R_a = \left(\frac{dU_g}{D}\right)^2 \frac{R_a}{(R_a + R_i)^2}. \tag{5.62}$$

Die Leistungsverstärkung wird ein Maximum, wenn $R_a/(R_a + R_i)^2$ möglichst groß ist; dies ist für $R_i = R_a$ der Fall. Damit wird:

$$[(dI_a)^2 R_a]_{max} = \frac{1}{4} \frac{S}{D} (dU_g)^2. \tag{5.63}$$

Hohe Leistungsverstärkung erreicht man also, wenn $R_i = R_a$ ist (Anpassung) und wenn Röhren mit kleinem Durchgriff *und* großer Steilheit verwendet werden. *Das Verhältnis S/D ist ein Maß für die Güte eines Leistungsverstärkers.*

d) Leistungsbilanz bei der Verstärkung

Die in einer Verstärkerschaltung im äußeren Anodenwiderstand R_a verbrauchte Leistung P_R setzt sich aus einem Gleichstrom- und einem Wechselstromanteil zusammen:

$$P_R = (I_a + dI_a)^2 R_a = I_a^2 R_a + (dI_a)^2 R_a \tag{5.64}$$

($2 I_a dI_a R_a = 0$, weil dI_a im Mittel null ist). Die Anodenverlustleistung der Verstärkerröhre beträgt mit Gl. (5.57):

$$\begin{aligned} P_a &= (U_a + dU_a)(I_a + dI_a) = U_a I_a + dU_a dI_a = \\ &= U_a I_a - (dI_a)^2 R_a \end{aligned} \tag{5.65}$$

($dU_a I_a$ und $dI_a U_a$ sind im Mittel null, weil dU_a und dI_a den Mittelwert null haben).

Die Gl. (5.65) besagt, daß die im Gleichstrombetrieb auftretende Anodenverlustleistung $U_a I_a$ bei Aussteuerung der Röhre um den Betrag $(dI_a)^2 R_a$ vermindert wird. Dieser stellt die nutzbare Ausgangsleistung des Verstärkers dar, die in Gl. (5.64) erscheint. Die Leistungsumsetzung im Verstärker erfolgt auf Kosten der Gleichstrom-Anodenverlustleistung P_a der Verstärkerröhre.

5.3.4 Ersatzschaltbilder eines Vakuumröhren-Verstärkers

Das durch Gl. (5.55) wiedergegebene Kleinsignal-Verhalten eines Röhren-Verstärkers läßt sich für *niedrige Frequenzen* (d.h. bei Vernachlässigung der Elektrodenkapazitäten) durch die Ersatzschaltungen von Abb. 5.17 beschreiben. Für die Schaltung mit eingeprägter Stromquelle (Abb. 5.17a) ist

$$dI_k = -S\,dU_g \tag{5.66}$$

und

$$dI_{R_i} = \frac{1}{R_i} dU_a. \tag{5.67}$$

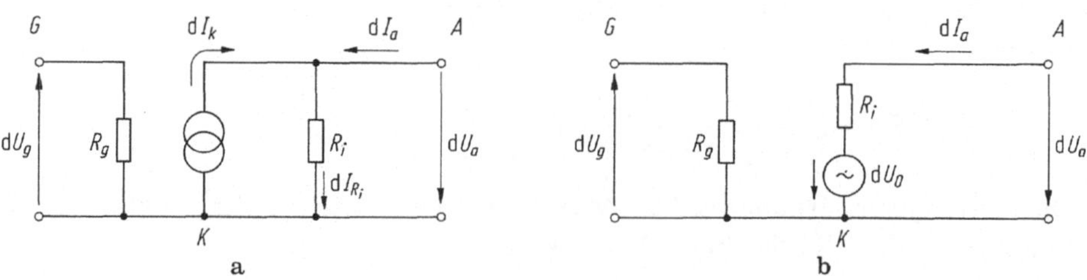

Abb. 5.17a, b. Ersatzschaltbilder eines Vakuumröhren-Verstärkers für niedrige Frequenzen. **a** Schaltung mit eingeprägter Stromquelle; **b** Schaltung mit eingeprägter Spannungsquelle

Damit ist:

$$dI_{R_i} = dI_a + dI_k = dI_a - S\,dU_g = \frac{1}{R_i}\,dU_a. \tag{5.68}$$

Die Gl. (5.68) ist mit Gl. (5.55) identisch.

Bei der Ersatzschaltung mit eingeprägter Spannungsquelle (Abb. 5.17b) ist

$$dU_0 = -\mu\,dU_g \tag{5.69}$$

und daher

$$dU_0 = dU_a - R_i\,dI_a = -\mu\,dU_g. \tag{5.70}$$

Die Gl. (5.70) ist ebenfalls mit Gl. (5.55) identisch.

In Abb. 5.18 ist das Ersatzschaltbild eines Röhren-Verstärkers für *hohe Frequenzen*, d.h. mit den Elektrodenkapazitäten (Dreieckkapazitäten) und dem Lastwiderstand R_a, dargestellt. Diese Schaltung hat eine Eingangsadmittanz

$$Y_e = \frac{1}{R_g} + \frac{dI_1 + dI_2}{dU_g}. \tag{5.71}$$

Wegen

$$dI_1 = dU_g\,j\,\omega\,C_{gk} \tag{5.72}$$

und

$$dI_2 = (dU_g - dU_a)\,j\,\omega\,C_{ga} \tag{5.73}$$

wird

$$Y_e = \frac{1}{R_g} + j\,\omega\left[C_{gk} + \left(1 - \frac{dU_a}{dU_g}\right)C_{ga}\right] =$$

$$= \frac{1}{R_g} + j\,\omega\,[C_{gk} + (1 + v_u)\,C_{ga}]. \tag{5.74}$$

Die Kapazität C_{ga} erscheint also in der Eingangsadmittanz um den Faktor $(1 + v_u)$ erhöht (v_u = Spannungsverstärkungsfaktor). Die wirksame Eingangskapazität nach Gl. (5.74) und die Kapazität C_{ka} stellen bei hohen Frequenzen niederohmige Impedanzen dar, welche die Verstärkung vermindern. Durch C_{ga} wird außerdem eine Teilsignal-Rückkopplung vom Ausgangs- zum Eingangskreis bewirkt.

Bei Resonanzverstärkern ist die Kreisgüte Q des angeschlossenen Parallelresonanzkreises (bestehend aus R, L und C):

$$Q = \frac{f_0}{2\Delta f} = \omega_0 C R = \frac{R}{\omega_0 L}. \tag{5.75}$$

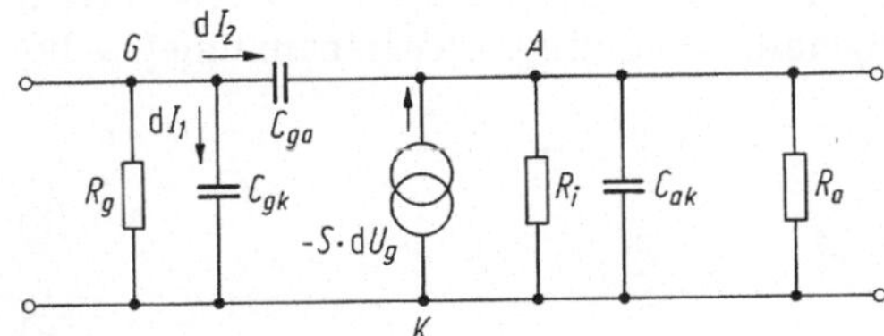

Abb. 5.18. Ersatzschaltbild eines Vakuumröhren-Verstärkers für hohe Frequenzen (d.h. mit Berücksichtigung der Röhrenkapazitäten)

Mit $v_{u_{max}} = S R' (1/R' = G' = 1/R_i + 1/R_a + 1/R)$ und $Q = \omega_0 (C_a + C_e + C_s) R'$, wobei $C_{e,a}$ = Eingangs- und Ausgangskapazität, C_s = Streukapazität, ergibt sich für das *Verstärkungs-Bandbreite-Produkt:*

$$2\,\Delta f\, v_{u_{max}} = \frac{f_0}{Q}\, v_{u_{max}} = \frac{S}{2\pi (C_a + C_e + C_s)}. \tag{5.76}$$

Nach Gl. (5.76) ist das Verstärkungs-Bandbreite-Produkt unabhängig vom Lastwiderstand R_a und von der Induktivität L des Resonanzkreises. *Das Verhältnis S/C ist ein Maß für die Güte einer Triode als Breitbandverstärker.* Ein hoher Wert von S/C wird durch kleinen Gitter-Kathoden-Abstand g, große Stromdichte J und geringe Streukapazität C_s erreicht.

5.4 Systeme mit zwei Gittern (Tetrodensysteme)

5.4.1 Steuerspannung und Kennliniengleichungen

Ein Tetrodensystem, das neben dem Steuergitter noch ein *Schirmgitter* enthält (vgl. Abb. 5.19), kann man sich aus zwei hintereinander geschalteten Triodensystemen zusammengesetzt denken. Für die Steuerspannungen U_{st_1} und U_{st_2} in der Ebene des ersten und zweiten Gitters gilt dann in erster Näherung (d.h. bei kleinen Durchgriffen) die Gl. (5.47):

$$\begin{aligned} U_{st_1} &= U_g + D_{21}\, U_{st_2}, \\ U_{st_2} &= U_s + D_{32}\, U_a. \end{aligned} \tag{5.77}$$

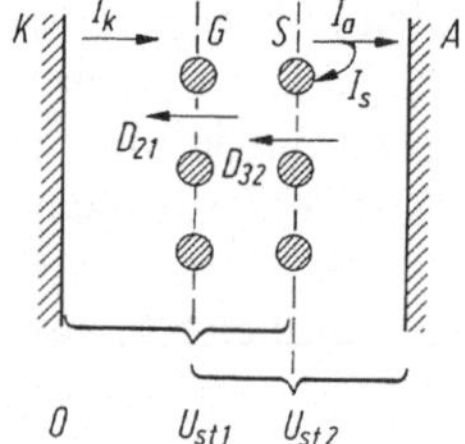

Abb. 5.19. Elektrodenanordnung in einer Tetrode. K = Kathode, G = Steuergitter, S = Schirmgitter, A = Anode, $I_{k,a,s}$ = Kathoden-, Anoden- bzw. Schirmgitterstrom, D_{21}, D_{32} = Durchgriffe, $U_{st_{1,2}}$ = Steuerspannungen

(U_g = Steuergitterspannung, U_s = Schirmgitterspannung, U_a = Anodenspannung, D_{21}, D_{32} = Durchgriff der hinter den Gittern wirksamen Steuerspannung U_{st_2} bzw. der Anodenspannung U_a in die Räume, die jeweils unmittelbar vor diesen Gittern liegen). Die Gln. (5.77) ergeben zusammengefaßt die effektive Steuerspannung U_{st_1} für den Kathodenstrom:

$$U_{st_1} = U_g + D_{21}\, U_s + D_{21}\, D_{32}\, U_a \tag{5.78}$$

oder

$$U_{st_1} = U_g + D_s\, U_s + D_a\, U_a, \tag{5.78a}$$

wobei $D_{21} = D_s$ den *Schirmgitterdurchgriff* und $D_{21} D_{32} = D_a$ den *Anodendurchgriff* bedeuten. Wegen $D_{21} \approx D_{32} \approx 0{,}1$ ist $D_a \ll D_s$. Setzt man den Ausdruck von Gl. (5.78a) für die Steuerspannung in Gl. (5.48) ein, so erhält man die *Kennliniengleichung der Tetrode:*

$$\boxed{I_k = K(U_g + D_s U_s + D_a U_a)^{3/2}.} \tag{5.79}$$

Darin ist I_k der in der Ebene des Steuergitters fließende Elektronenstrom, der teils vom (positiven) Schirmgitter und teils von der (positiven) Anode aufgenommen wird (*Stromverteilung*). Das Schirmgitter vermindert die Kapazität C_{ag} und damit den Anodendurchgriff. Dadurch erhöht sich der Verstärkungsfaktor und die Gefahr der Selbsterregung in Verstärkerschaltungen wird vermindert. Die Abb. 5.20 zeigt den grundsätzlichen Potential- und Kennlinienverlauf einer Schirmgitter-Tetrode. Der charakteristische Kennlinienknick entsteht durch den Austausch von Sekundärelektronen zwischen Schirmgitter und Anode.

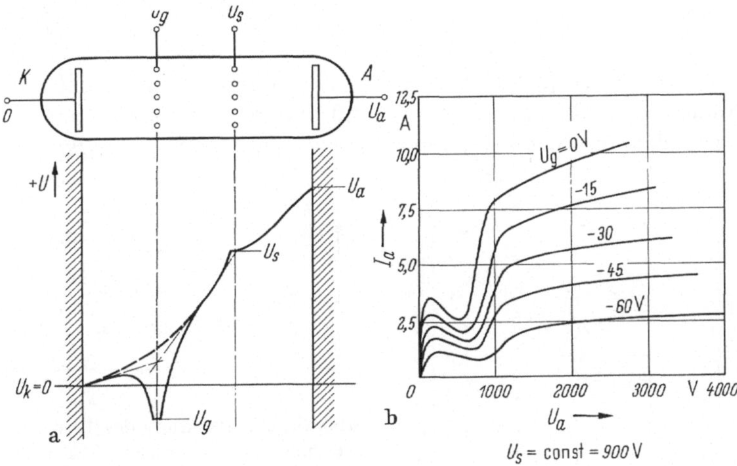

Abb. 5.20a, b. Potentialverlauf (**a**) und typische I_a-U_a-Kennlinien (**b**) einer Schirmgitter-Tetrode

5.4.2 Stromverteilung und Sekundärelektronenaustausch

Das Verhältnis der Teilströme, die zum Schirmgitter und zur Anode fließen, wird durch den Verlauf der Elektronenbahnen bestimmt. Dieser Bahnverlauf hängt nur vom Quotienten, nicht aber von der Größe der einzelnen Elektrodenspannungen ab. Daher ist auch das Verhältnis der Teilströme nur vom Verhältnis der Elektrodenspannungen abhängig.

Zum Verständnis der Stromverteilung betrachten wir ein ebenes Triodensystem nach Abb. 5.21, das aus der (elektronendurchlässigen) Steuerpotentialschicht am Ort des (negativen) Steuergitters G, dem Schirmgitter S (Spannung U_s) und der Anode A (Spannung U_a) besteht. Bei $U_a > U_s$ (vgl. Abb. 5.21a) ist nach Gl. (5.1a) der Elektronenstrom (Konvektionsstrom), der an einer beliebigen Stelle zwischen G und A fließt:

$$I = \varrho v A = \varrho A \sqrt{2\eta}\,\sqrt{U} = C\sqrt{U} \tag{5.80}$$

(ϱ = Raumladungsdichte, A = Elektrodenfläche, U = Potentialdifferenz zwischen der betrachteten Stelle und der Kathode). Nach Gl. (5.80) ist der vom Schirmgitter aufgenommene Stromanteil $I_s = C_s \sqrt{U_s}$ und der zur Anode fließende Anteil $I_a = C_a \sqrt{U_a}$. Dies ergibt mit $C_a/C_s = C_T$ das *Tanksche Gesetz der Stromverteilung:*

$$\frac{I_a}{I_s} = C_T \sqrt{\frac{U_a}{U_s}}. \tag{5.81}$$

Für $U_a < U_s$ (vgl. Abb. 5.21b) kehrt ein Teil der Elektronen, die das Schirmgitter passiert haben, im Verzögerungsfeld zwischen Schirmgitter und Anode um. Die zurückkehrenden Elektronen können die Kathode nur erreichen, wenn sie nahezu senkrecht auf diese auftreffen. Da dies selten der Fall ist, pendeln die meisten Elektronen mehrmals um die Schirmgitterdrähte, ehe sie darauf landen. Die Stromverteilung beschreibt in diesem Fall das empirisch gefundene *Belowsche Gesetz:*

$$\frac{I_a}{I_k} = C_B \sqrt{\frac{U_a}{U_s}}. \tag{5.82}$$

Die Gln. (5.81) und (5.82) gelten nur unter der Voraussetzung, daß die Elektronenraumladung vernachlässigbar klein ist und daß keine Sekundäremission stattfindet. Sie zeigen, daß die *Stromverteilungssteuerung* nur vom *Verhältnis* der

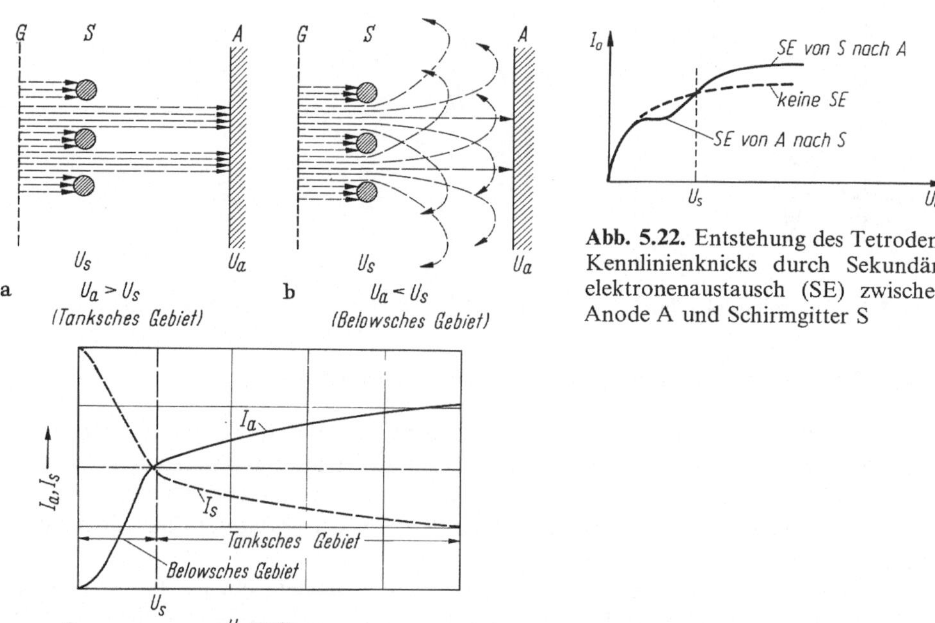

Abb. 5.22. Entstehung des Tetroden-Kennlinienknicks durch Sekundärelektronenaustausch (SE) zwischen Anode A und Schirmgitter S

Abb. 5.21 a–c. Elektronenbahnen und Ströme in einem ebenen Dreielektrodensystem im Belowschen und Tankschen Gebiet der Stromverteilung. **a, b** Elektronenbahnen; im Fall $U_a > U_s$ ist angenommen, daß die Spannung U_s mit dem Raumpotential an der Stelle des Schirmgitters identisch ist; **c** Verlauf des Anodenstroms I_a und des Schirmgitterstroms I_s als Funktion der Anodenspannung U_a

einzelnen Elektrodenspannungen abhängt, während die *Dichtesteuerung* des Elektronenstroms durch die *absolute Größe* der Elektrodenspannungen bestimmt wird. Die Konstanten C_T und C_B hängen von der Systemgeometrie ab und lassen sich nur unter vereinfachenden Annahmen berechnen.

Der Knick der Tetroden-Kennlinien nach Abb. 5.20b entsteht dadurch, daß bei $U_a < U_s$ ab einem gewissen U_a-Wert immer mehr Sekundärelektronen von der Anode zum Schirmgitter gelangen, wodurch der Anodenstrom I_a erniedrigt wird. Bei $U_a > U_s$ überwiegen dagegen die Sekundärelektronen vom Schirmgitter zur Anode. Dadurch wird – wie Abb. 5.22 zeigt – der Anodenstrom höher als ohne Sekundäremission. Um Signalverzerrungen zu vermeiden, sind Tetroden mit Kennlinienknick so auszusteuern, daß stets $U_a > U_s$ bleibt. In diesem Bereich hat das I_a-U_a-Kennlinienfeld wegen des geringen Anodendurchgriffs Sättigungscharakter.

Der störende Sekundärelektronenaustausch in Tetroden wird vermieden, wenn zwischen Schirmgitter und Anode durch die hohe Elektronenraumladung ein für die Sekundärelektronen nicht zu überwindendes Potentialminimum erzeugt wird. Dazu muß das Schirmgitter genau im Elektronenschatten des Steuergitters liegen. Durch diese Anordnung und durch zwei zusätzliche, das Schirmgitter teilweise einhüllende Begrenzerelektroden (vgl. Abb. 5.23a) wird der gesamte Elektronenstrom in einzelne Strombündel hoher Raumladungsdichte aufgeteilt, welche den Sekundärelektronenaustausch unterbinden. Die I_a-U_a-Kennlinien solcher Strahltetroden (Beam-Power-Tetroden) weisen keinen Knick auf (vgl. Abb. 5.23b).

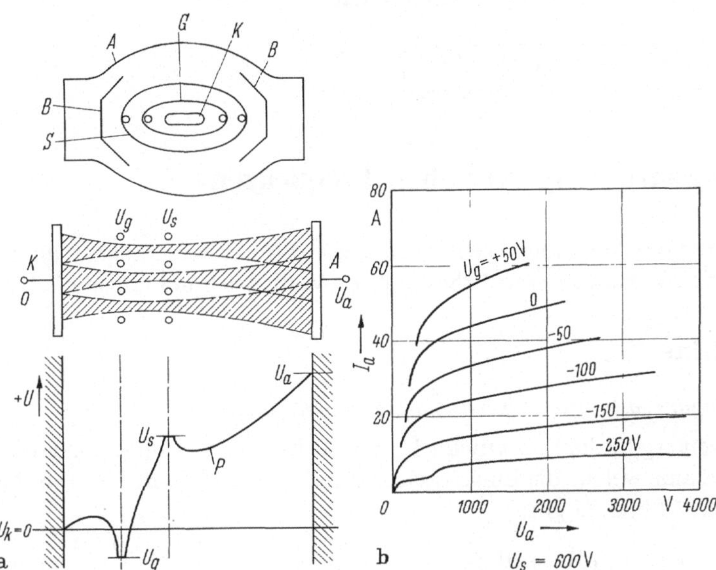

Abb. 5.23. a Elektrodenanordnung und Potentialverlauf in einer Strahltetrode (Beam-Power-Tetrode). A = Anode, K = Kathode, G = Steuergitter, S = Schirmgitter, B = Strahlbegrenzerelektroden, P = Potentialminimum; **b** I_a-U_a-Kennlinien einer solchen Röhre

5.5 Systeme mit drei Gittern

Der Sekundärelektronenaustausch zwischen Schirmgitter S und Anode A kann bei Röhren mit kleiner Leistung und damit geringerer Raumladung durch Einfügen eines auf Kathodenpotential liegenden *Bremsgitters* B zwischen S und A unterbunden werden (*Pentode*, vgl. Abb. 5.24a). Eine zusätzliche Folge sind die weitere

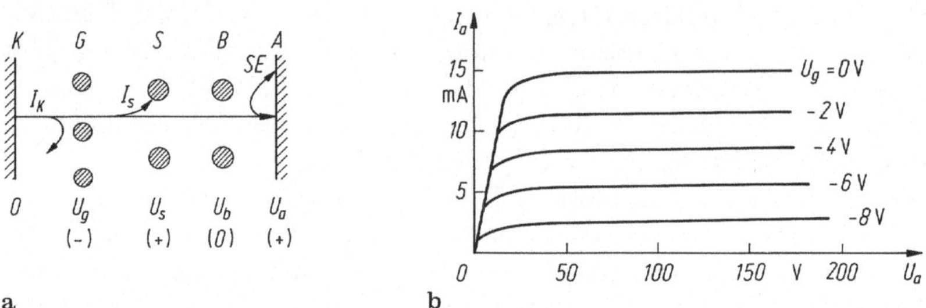

Abb. 5.24a, b. Elektrodenanordnung (**a**) und I_a-U_a-Kennlinienfeld (**b**) einer Pentode. B = Bremsgitter

Verkleinerung von C_{ag} und D_a sowie wesentlich höhere Werte von R_i und μ. Wegen des kleinen Werts von D_a ($\lessapprox 10^{-3}$) steigt der Anodenstrom I_a nach Erreichen seines Sättigungswerts nur noch wenig mit der Anodenspannung U_a an (vgl. Abb. 5.24b). Die Kennliniengleichung für den Sättigungsbereich lautet:

$$\boxed{I_k = I_a + I_s \approx K(U_g + D_s U_s)^{3/2}.} \tag{5.83}$$

5.6 Raumladungsströmung bei hohen Frequenzen

Die HF-Grenze von stromsteuernden Elektronenröhren wird im wesentlichen durch drei Effekte bestimmt: Reaktanzeffekte, Erhöhung von Verlusten und Laufzeiteffekte.

5.6.1 Reaktanzeffekte

a) Erhöhung der Eingangsadmittanz durch Zuleitungsinduktivitäten

Bei hohen Frequenzen ergibt die Induktivität L_k der Gitter- und Kathodenzuleitung eine merkliche Impedanz, welche die Eingangsadmittanz einer Röhre erhöht. Für die Eingangsspannung in Abb. 5.25 gilt:

$$dU_e = dU_g + j\omega L_k (dI_a + dI_e). \tag{5.84}$$

Mit $dI_a = S\,dU_g$ für $R_a \ll R_i$ und $dI_e \ll dI_a$ wird:

$$dU_e = dU_g(1 + j\omega L_k S). \tag{5.84a}$$

Wegen

$$dU_g = \frac{dI_e}{j\omega C_{kg}} \tag{5.85}$$

erhält man für die *Eingangsadmittanz:*

$$Y_e = \frac{dI_e}{dU_e} = \frac{j\,\omega\,C_{kg}}{1 + j\,\omega\,L_k\,S} = \frac{j\,\omega\,C_{kg}(1 - j\,\omega\,L_k\,S)}{1 + \omega^2\,L_k^2\,S^2}. \tag{5.86}$$

Für $(\omega\,L_k\,S)^2 \ll 1$ wird der Eingangsleitwert:

$$G_e = \omega^2\,C_{kg}\,L_k\,S \sim f^2. \tag{5.87}$$

Die Existenz von G_e bedeutet einen Nebenschluß im Eingangskreis und damit eine zusätzliche Verlustleistung. Damit G_e möglichst klein bleibt, müssen C_{kg} und L_k niedrig sein. Zu diesem Zweck sind Hochfrequenzröhren so aufgebaut, daß C_{kg} und L_k Bestandteile des äußeren (koaxialen) Resonators sind. Solche Systeme werden *Topfkreise* genannt.

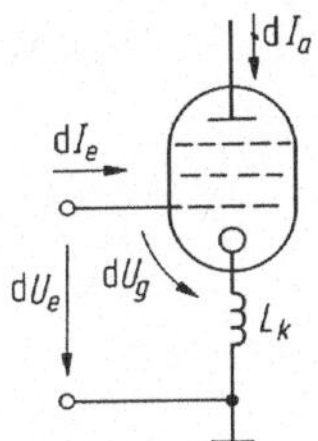

Abb. 5.25. Vakuumröhre mit Hervorhebung der Zuleitungsinduktivität L_k, die bei hohen Frequenzen die Eingangsadmittanz erhöht

b) Einfluß der Elektrodenkapazitäten

Nach Gl. (5.87) ist G_e proportional zu C_{kg}. Darüber hinaus kann die Serienschaltung von L_k und C_{kg} zur Serienresonanz führen, wodurch der Eingangswiderstand sehr klein und die Verlustleistung unzulässig groß werden.

5.6.2 Erhöhung der Verluste

Für die Frequenzabhängigkeit der *Skineffektverluste* P_{vM} gilt, weil die Skineffekt-Schichtdicke proportional zu $1/\sqrt{f}$ ist:

$$P_{vM} \sim \sqrt{f}, \tag{5.88}$$

für die *dielektrischen Verluste* P_{vD} in Isolatorbauteilen:

$$P_{vD} \sim f \tag{5.89}$$

und für die *Strahlungsverluste* der Zuleitungen und Elektroden (Antenneneffekt):

$$P_{vS} \sim f^2. \tag{5.90}$$

P_{vM} läßt sich durch große Oberflächen, P_{vD} durch Anordnen der Isolatoren in Bereichen niedriger Feldstärke und P_{vS} durch Abschirmung (z.B. Anordnung der Röhren in Topfkreisen) verkleinern.

5.6.3 Laufzeiteffekte

a) Laufzeitbedingte Eingangsadmittanz

Durch die endliche Laufzeit zwischen Kathode und Anode entsteht bei hohen Frequenzen am Röhreneingang eine zusätzliche Eingangsadmittanz. Wir betrachten dazu das System in Abb. 5.26. Nach Gl. (5.2) ist der zum Gitter G fließende induzierte Strom, wenn sich ein Elektron von K nach A bewegt: im Raum 1

$$I_{in} = \frac{e\,v}{d_1} \tag{5.91}$$

und im Raum 2

$$I_{in} = -\frac{e\,v}{d_2}. \tag{5.91a}$$

Bei idealer Schirmwirkung von G ist:

$$\int_0^{\tau_1} I_{in}(t)\,dt = -\int_{\tau_1}^{\tau_2} I_{in}(t)\,dt = e. \tag{5.92}$$

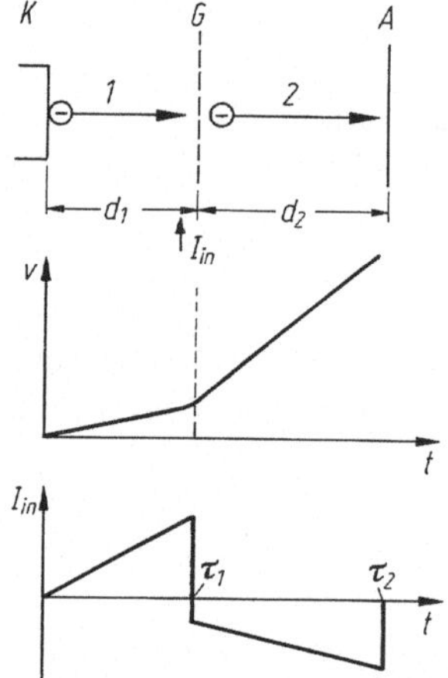

Abb. 5.26. Verlauf der Elektronengeschwindigkeit v und des Influenzstroms I_{in} bei Bewegung eines Elektrons in einem Triodensystem von K nach A (vgl. auch Abb. 5.2)

Liegt am Gitter eine Wechselspannung $U_g = U_{go} \sin \omega t$, so bewegen sich die meisten Elektronen dann von K nach G, wenn U_g in Abb. 5.27 sein Maximum U_{go} erreicht hat. Alle Elektronen, die in diesem Augenblick an der Kathode K starten,

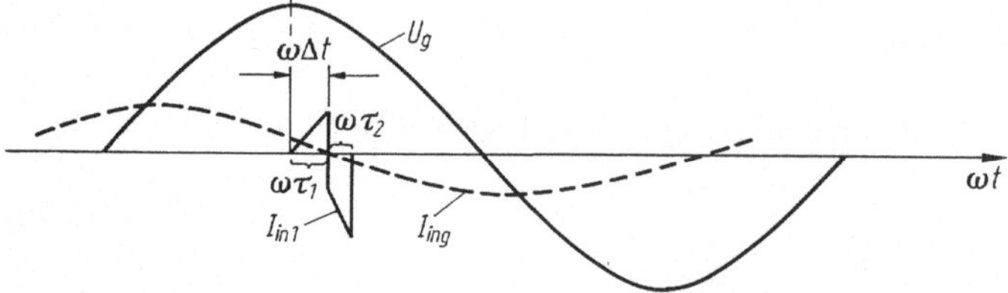

Abb. 5.27. Zeitlicher Verlauf der Gitterwechselspannung U_g, des Influenzstroms I_{in_1} für ein Elektron und der Grundwelle für den gesamten induzierten Strom I_{in_g} (entspricht der Grundwelle von I_{in_1}) in der Anordnung nach Abb. 5.26. $\omega\tau_1, \omega\tau_2$ = Laufwinkel

erzeugen eine Grundwelle des gesamten Influenzstroms I_{in_g}, die um einen Phasenwinkel $\omega\,\Delta t$ gegenüber U_g verschoben ist. I_{in_g} ist proportional zu $S\,U_{go}$ und zum gesamten *Laufwinkel* $\omega\tau$. (S = Steilheit, $\tau = \tau_1 + \tau_2$). Damit wird:

$$I_{in_g} = K\,S\,U_{go}\,\omega\tau\cos\omega(t-\Delta t), \tag{5.93}$$

wobei K eine Konstante ist. Daraus folgt für die Gitter-Eingangsadmittanz Y_e:

$$Y_e = \frac{I_{in_g}}{U_g} = K\,S\,\omega\tau\,\frac{1}{\sin\omega t}\,(\cos\omega t\cos\omega\,\Delta t + \sin\omega t\sin\omega\,\Delta t). \tag{5.94}$$

Der resultierende Eingangsleitwert ergibt sich aus dem $\sin\omega t$-Term von Gl. (5.94):

$$G_e = K\,S\,\omega\tau\sin\omega\,\Delta t \approx K\,S\,\omega^2\tau\,\Delta t \sim S\,f^2. \tag{5.95}$$

Der Eingangsleitwert steigt also wie in Gl. (5.87) quadratisch mit der Frequenz an.

b) Laufzeitbedingte Erniedrigung des Anodenwechselstroms

Wir betrachten dazu die Tetrodenanordnung in Abb. 5.28. Durch die Spannungen an den beiden Gittern G_1 und G_2 wird in der Elektronenströmung zwischen K und A eine

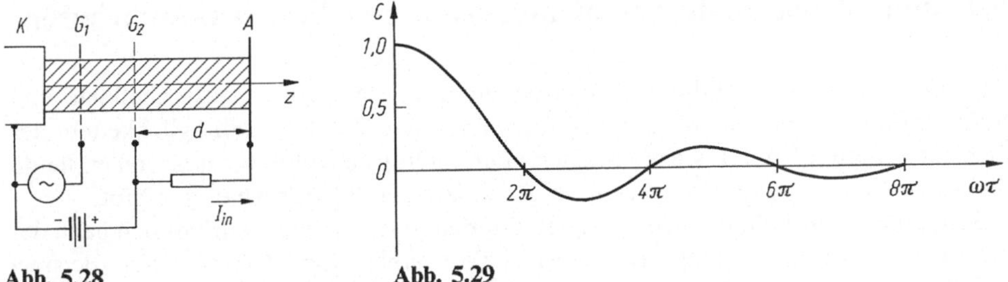

Abb. 5.28 **Abb. 5.29**

Abb. 5.28. Tetrodensystem zur Bestimmung der laufzeitbedingten Erniedrigung des Anodenwechselstroms.
I_{in} = Influenzstrom der Anode A, K = Kathode, $G_{1,2}$ = Gitter

Abb. 5.29. Verlauf des Strahlkopplungskoeffizienten C in Abhängigkeit vom Laufwinkel $\omega\tau$

Wanderwelle erzeugt. Der örtliche und zeitliche Verlauf des Strahlwechselstroms im Raum zwischen G_2 und A hat bei sinusförmiger Steuerspannung an G_1 die Form:

$$I(z,t) = I_0\sin\omega\left(t - \frac{z}{v_0}\right) \tag{5.96}$$

(I_0 = Gleichstromstärke, v_0 = Elektronengeschwindigkeit zwischen G_2 und A). Der Strahlwechselstrom $I(z,t)$ induziert in der Anode A einen Wechselstrom:

$$I_{in}(t) = \frac{1}{d}\int_0^d I(z,t)\,dz = \frac{I_0}{d}\int_0^d \sin\omega\left(t-\frac{z}{v_0}\right)dz = \frac{I_0}{d}\frac{v_0}{\omega}\left[\cos\left(\omega t - \frac{\omega d}{v_0}\right) - \cos\omega t\right]. \tag{5.97}$$

Mit $\omega t - \omega d/(2 v_0) = A$, $\omega d/(2 v_0) = B$, $\cos(A - B) - \cos(A + B) = 2 \sin A \cdot \sin B$ und $d/v_0 = \tau$ wird:

$$I_{in}(t) = I_0 \underbrace{\frac{\sin(\omega \tau/2)}{\omega \tau/2}}_{C} \sin \omega \left(t - \frac{\tau}{2}\right). \tag{5.98}$$

Der Faktor C heißt *Strahlkopplungskoeffizient*. Er ist ein Maß für das Verhältnis von induziertem Strom im äußeren Stromkreis zum Strahlwechselstrom. In Abb. 5.29 ist der Verlauf von C in Abhängigkeit vom Laufwinkel $\omega \tau$ dargestellt. Man erkennt, daß bei Laufwinkelwerten $\omega \tau = 2 n \pi$ $(n = 1, 2 \ldots)$ der Strom $I_{in}(t) = 0$ wird. In diesen Fällen befinden sich zwischen G_2 und A eine oder mehrere volle Perioden der modulierten Elektronenströmung. Die von jedem Volumenelement beigetragenen Anteile des induzierten Wechselstroms kompensieren sich dann gegenseitig, so daß kein Anodenwechselstrom fließt. Bei einer Elektronenlaufzeit $\tau = 1$ ns wird zum Beispiel die erste Nullstelle von C (bei $\omega \tau = 2\pi$) erreicht, wenn die Frequenz $f = \omega/2\pi = 1$ GHz beträgt. Damit dies erst bei viel höheren Frequenzen eintritt, sind hohe Beschleunigungsspannungen und kleine Elektrodenabstände im Ausgangskreis sowie – wegen Gl. (5.38a) – eine hohe Stromdichte erforderlich.

5.7 Bauformen moderner dichtegesteuerter Hochvakuumröhren

Das Eindringen von Halbleiter-Bauelementen in das früher ausschließlich von Vakuumröhren beherrschte Anwendungsgebiet hat die Einsatzmöglichkeiten der dichtegesteuerten Röhren stark reduziert. Die wichtigste Röhrengruppe stellen heute die *Senderöhren* dar, für die es kein vergleichbares Halbleiter-Analogon gibt.

Senderöhren enthalten Tetroden- oder Triodensysteme, deren Aufbau sich nach der erzeugten Leistung richtet. Bis etwa 2 kW haben die Röhren zum Beispiel Oxidkathoden, Molybdängitter, geschwärzte Nickelanoden und Glaskolben mit Strahlungskühlung. Bei höheren Leistungen verwendet man thorierte Wolframkathoden (bis etwa 100 MHz: Fadenkathoden; bei höheren Frequenzen: Maschenkathoden mit geringerer Heizleistung und Zuleitungsinduktivität), Gitter aus Tantal, Molybdän oder pyrolytischem Graphit mit einem Gitter-Kathoden-Abstand von einigen Zehntel mm, Anoden aus Mo, Ta, Graphit oder Kupfer und Metall-Keramik-Kolben mit erzwungener Luft-, Wasser- oder Siedekühlung.

In Abb. 5.30 sind drei Bauformen von Senderöhren dargestellt. Die Abb. 5.31 zeigt die verschiedenen Möglichkeiten der Kühlung. Bei der Siedekühlung wird die Verlustleistung der Röhre durch Verdampfen von Kühlwasser in Form der Verdampfungswärme abgeführt. Eine noch bessere Wärmeabfuhr erreicht man mit der Hypervapotron-Kühlung, bei welcher der im Röhrentopf gebildete Dampf gleich wieder kondensiert und als Wasser austritt. Damit können Hochleistungsröhren kleiner, d.h. mit niedrigeren Röhrenkapazitäten und Zuleitungsinduktivitäten, gebaut werden.

Senderöhren werden in Nachrichten- und Fernsehsendern als *Sendeverstärker* mit Fremdsteuerung zur Umwandlung von Gleichstrom- in HF-Leistung mit möglichst gutem Wirkungsgrad und als *HF-Generatoren* mit Selbsterregung zur HF-Erhitzung

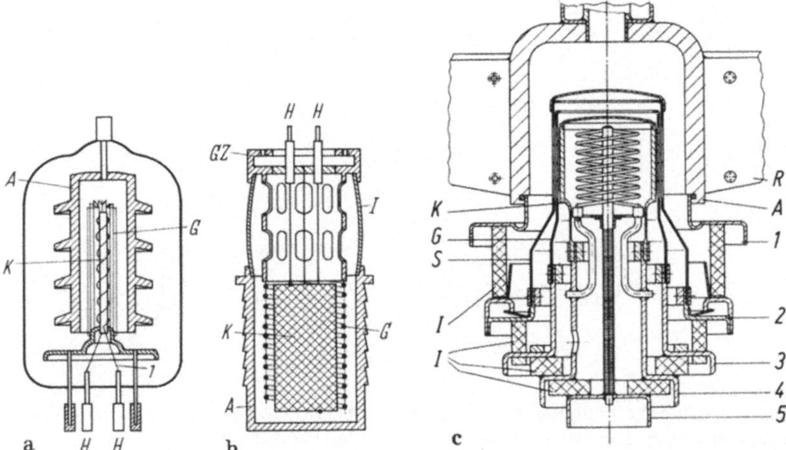

Abb. 5.30a–c. Bauformen von Senderöhren. **a** Strahlungsgekühlte Triode mit Graphitanode. K = thorierte Wolfram-Drahtkathode, G = Stabgitter, A = Anode, H = Heizdrähte, **b** wassergekühlte Triode mit Kupfer-Außenanode. K = Wolfram-Maschenkathode, G = Maschengitter, A = Kupferanode, I = Isolator, GZ = Gitterzuführung, H = Heizdrähte, **c** strahlungsgekühlte Metall-Keramik-Tetrode. K = Matrix-Oxidkathode, G, S, A = Gitter, Schirmgitter und Anode, I = Keramik-Isolatoren (Al_2O_3), R = Radiator, 1–5 = Elektrodenanschlüsse aus Kupfer

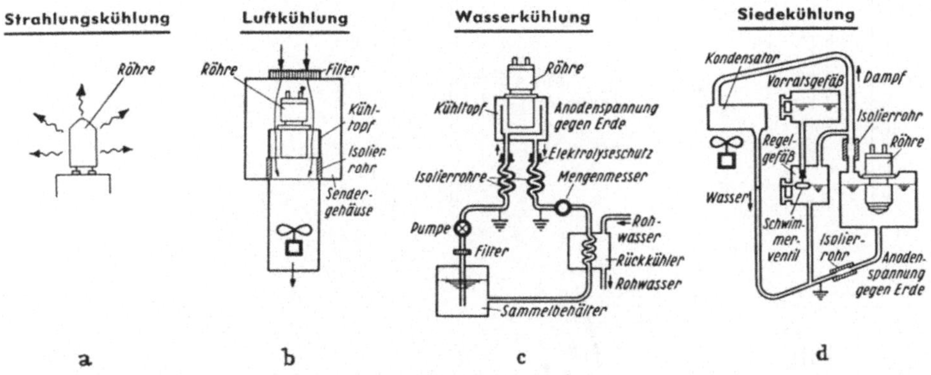

Abb. 5.31a–d. Arten der Kühlung für Senderöhren

und für Teilchenbeschleuniger verwendet. Ihre maximale erzeugbare Leistung liegt bei etwa 1 MW.

Eine zweite wichtige Röhrengruppe bilden die Verstärkerröhren im GHz-Bereich. Sie werden in Form von *Scheiben- und Bleistift-Trioden* eingesetzt, die eine besonders kleine Elektronenlaufzeit und eine entsprechend hohe Grenzfrequenz haben (vgl. Abb. 5.32). Weitere häufig verwendete Röhrentypen sind *Breitband-Verstärkerröhren*, *Mischröhren* und *Hochspannungs-Gleichrichterröhren*.

Eine Sonderform stellen die *Abstimm-Anzeigeröhren* dar. Sie dienen zur Anzeige von Gleich- und Wechselspannungsschwankungen durch die variable Breite oder Länge eines Leuchtschirmschattens. Die Abb. 5.33 zeigt den Systemaufbau und die Kennlinie

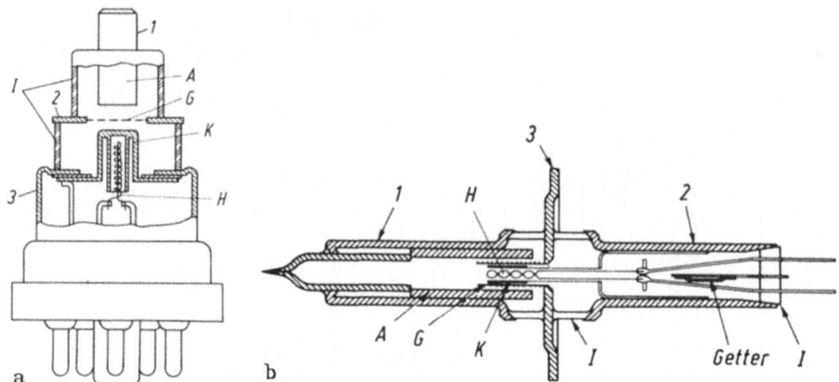

Abb. 5.32a, b. Aufbau von Scheibentrioden (**a**) und Bleistift-Trioden (**b**). A, G, K, H = Anode, Gitter, Kathode und Heizung, I = Isolator, 1–3 = Elektrodenanschlüsse

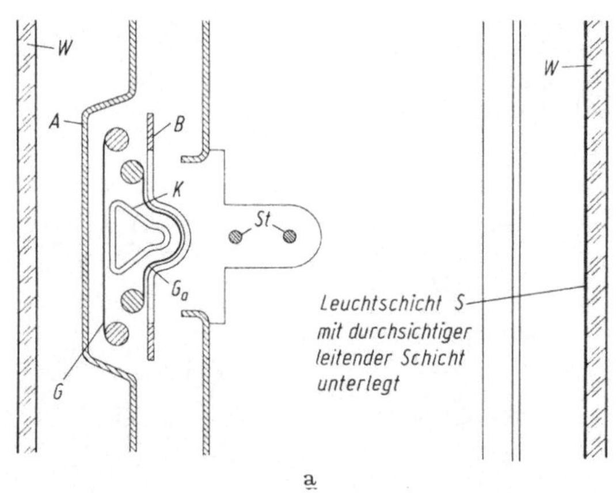

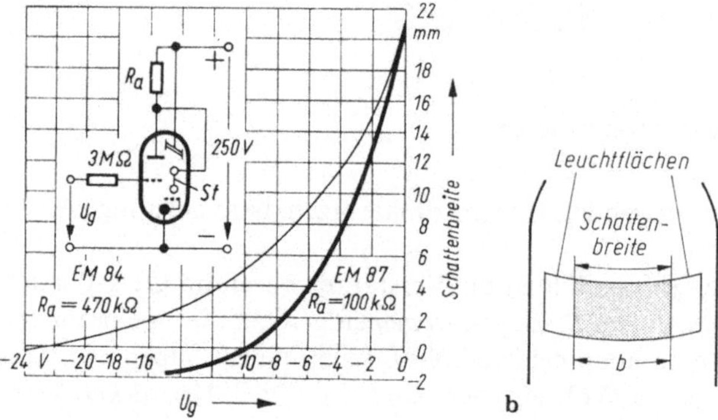

Abb. 5.33. a Systemaufbau einer Abstimm-Anzeigeröhre. K = Kathode, G_a = Anzeigegitter, B = Gitterblende, St = Steuerstege, S = Leuchtschirm, W = Kolbenwand, G = Verstärker-Steuergitter, A = Verstärker-Anode, **b** Kennlinienverlauf, Betriebsschaltung und Schattenbild einer solchen Röhre

einer solchen Röhre. Sie enthält ein Anzeigesystem, bestehend aus Kathode K, Anzeigegitter G_a, Gitterblende B, Steuerstegen St und Leuchtschirm (Anode) S sowie ein Verstärker-Triodensystem K–G–A. Dieses Triodensystem erzeugt durch seinen Anodenwiderstand R_a die an den Steuerstegen liegende Steuerspannung. Die Steuerstege teilen den Kathodenstrom in zwei Teilströme, die auf dem Leuchtschirm zwei Leuchtflächen erzeugen. Bei Variation der Steuerstegspannung ändern die Leuchtflächen ihren gegenseitigen Abstand und damit die Breite des dazwischen liegenden Leuchtschirmschattens.

Ein völlig neues Verstärkerröhren-Prinzip wurde durch die Kombination von Elektronenstrahl- und Halbleitertechnologie in Gestalt der sogenannten *EBS-Röhren* (*e*lektronen*b*eschossene *S*iliziumdioden-Röhren) verwirklicht. In diesen Röhren (vgl. Abb. 5.34) trifft ein gittergesteuerter 10 keV-Elektronenstrahl auf eine in Sperrichtung

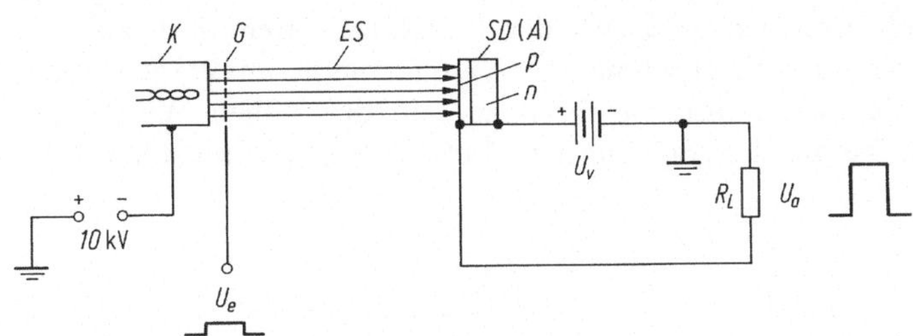

Abb. 5.34. Systemaufbau einer EBS-Verstärkerröhre.
K = Kathode, G = Steuergitter, SD(A) = Anode in Form einer pn-Silizium-Planardiode, ES = Elektronenstrahl, $U_{e,a}$ = Eingangs- bzw. Ausgangsspannung, U_v = Vorspannung der Diode

vorgespannte großflächige Silizium-Planardiode („aktive" Anode). Die Strahlelektronen erzeugen im pn-Übergang der Diode durch Stoßionisierung Ladungsträgerpaare, die im Diodensperrfeld getrennt werden und einen hohen Ausgangsstrom ergeben. Durch Gitterspannungsimpulse von einigen Volt lassen sich Ausgangsstromimpulse von mehreren 100 A mit einer Anstiegszeit im ns-Bereich bei einem Lastwiderstand von der Größenordnung 1 Ohm erzeugen. Bei Modulation der Gitterspannung mit einem Eingangssignal arbeitet das System als HF-Verstärker mit einer Ausgangsleistung bis etwa 1 kW bei Frequenzen bis 1,3 GHz und einer Leistungsverstärkung von 20 bis 30 dB.

Eine zweite Form eines EBS-Verstärkers zeigt Abb. 5.35. Die Anode besteht in diesem Fall aus zwei Siliziumdioden, auf die der Elektronenstrahl abwechselnd gelenkt wird. Die Dioden sind so geschaltet, daß die Diodenströme abwechselnd und synchron

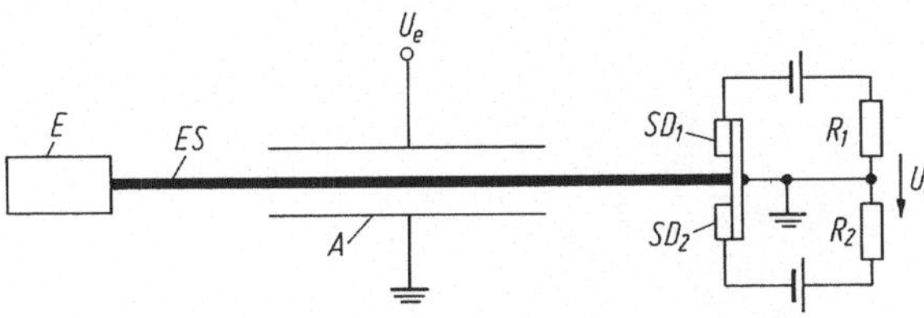

Abb. 5.35. Aufbau einer EBS-Verstärkerröhre mit Elektronenstrahlablenkung.
E = Elektronenkanone, ES = Elektronenstrahl, A = Wanderfeld-Ablenksystem, $SD_{1,2}$ = Siliziumdioden, R_L = Lastwiderstand, $U_{e,a}$ = Eingangs- und Ausgangsspannung

mit der Strahlablenkung durch den Lastwiderstand fließen (Push-Pull-Betrieb). Damit lassen sich Bandbreiten von mehreren Oktaven (z. B. von null bis einige 100 MHz) und eine extrem lineare Verstärkung erreichen.

In den letzten Jahren hat eine Vakuumröhrengruppe stark an Bedeutung gewonnen, die in Hochspannungsschützen und Mittelspannungs-Leistungsschaltern zum verlustarmen Schalten hoher Spannungen (einige kV bis einige 100 kV) bei Stromstärken im kA-Bereich eingesetzt werden. Diese sogenannten *Vakuumschaltröhren* (vgl. Abb. 5.36a) enthalten eine bewegliche und eine feststehende Kontaktelektrode, die z. B. aus einem CrCu-Verbundwerkstoff hergestellt sind. Der Röhrendruck beträgt etwa 10^{-4} mbar. Bei geschlossenem Schalter sind die Kontakte in Berührung. Beim Öffnen des Schalters wird der bewegliche Kontakt ruckartig durch einen Antrieb vom festen Kontakt entfernt. Ein Hub von z. B. 10 mm reicht dabei zum Schalten von 15 kV aus. Beim Trennen entsteht zwischen den Kontakten ein Lichtbogen. Mit geeigneter Elektrodenform läßt sich erreichen, daß sich der Lichtbogen-Brennfleck auf den Kontaktflächen bewegt, wodurch ein gleichmäßiger Abbrand der Kontakte gewährleistet wird. Der Vorteil der Vakuumschaltröhren liegt in den hohen Werten der Durchschlagspannung im Vergleich zu Schaltern mit Luft- bzw. SF_6-Atmosphäre (vgl. Abb. 5.36b).

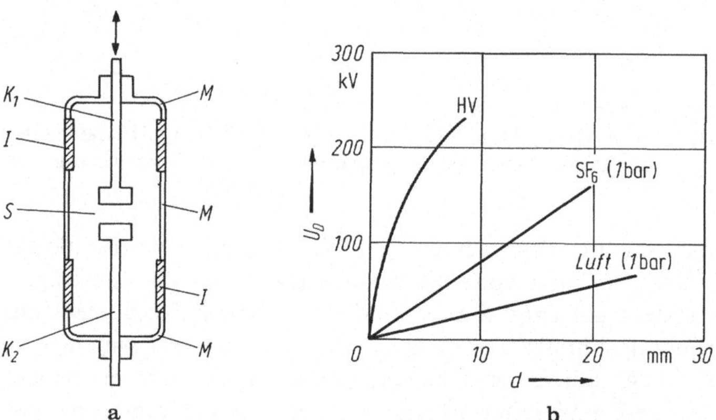

Abb. 5.36. a Aufbau einer Vakuumschaltröhre. K_1 = bewegliche Kontaktelektrode, K_2 = feste Kontaktelektrode, M = Metallgehäuse, I = Isolator, S = Kontaktraum. **b** Durchschlagspannung U_D zwischen den Kontaktelektroden in Abhängigkeit vom Kontaktabstand d. (HV = Hochvakuum).

6 Wechselwirkung von Elektronenstrahlen mit elektromagnetischen Wellen (Mikrowellenröhren)

6.1 Prinzip

Die Wechselwirkung von Elektronenstrahlen mit elektromagnetischen Wellen ist die Grundlage aller Mikrowellenröhren. Deren Prinzip beruht auf der Umwandlung der kinetischen Energie von Elektronen in elektromagnetische Feldenergie durch phasenrichtiges Abbremsen der Elektronen in einem stehenden oder fortschreitenden HF-Feld.

Ein einzelnes Elektron, das sich mit einer Geschwindigkeit v bewegt, stellt nach Gl. (5.1) eine Stromdichte $J_k = e\,n\,v$ dar, wobei $n = 1\,\mathrm{cm}^{-3}$ ist. Bei Abbremsung entsteht eine Verzögerung

$$-\frac{dv}{dt} = -\frac{1}{n\,e}\frac{dJ_k}{dt}. \tag{6.1}$$

Ändert sich die Geschwindigkeit v und damit die Stromdichte J_k nach Gl. (6.1), so ändert sich auch das von J_k herrührende Magnetfeld H. Die zeitliche Magnetfeldänderung ist Anlaß zur Entstehung einer elektromagnetischen Welle. Bei phasenrichtiger Abbremsung des Elektrons in einem HF-Feld kann die entstehende elektromagnetische Welle das vorhandene HF-Feld verstärken.

Befindet sich ein Elektron in einem hochfrequenten elektromagnetischen Feld, so wird die zeitliche Änderung seiner Gesamtenergie $(E_k + E_p)$ durch die Gl. (2.136) beschrieben. Bei Verstärkerröhren ohne Laufzeiteinfluß ist in dieser Gleichung $\partial V/\partial t \approx 0$ und damit $(E_k + E_p) = \mathrm{const}$. Für Mikrowellenröhren (Laufzeitröhren) ist dagegen $\partial V/\partial t \neq 0$. Die Gesamtenergie $(E_k + E_p)$ kann sich daher zeitlich ändern, d.h. das Elektron kann durch das HF-Feld je nach Phasenlage zusätzlich beschleunigt oder verzögert werden.

In den Mikrowellenröhren wird für die Wechselwirkung zwischen Elektronen und dem HF-Feld ein Elektronenstrahl hoher Perveanz verwendet. Im HF-Feld können die Strahlelektronen abwechselnd beschleunigt oder verzögert werden. Man muß deshalb dafür sorgen, daß stets die Abbremsung überwiegt, damit dem HF-Feld im Mittel mehr Energie zugeführt als entnommen wird. Um dies zu erreichen, muß man den Elektronenstrahl so beeinflussen, daß ein Überschuß an Elektronen immer dort auftritt, wo das HF-Feld gerade verzögernd wirkt und ein Elektronenmangel immer dort, wo das HF-Feld gerade beschleunigt.

Um Zonen mit Elektronenüberschuß und -mangel zu erzeugen, wird der Elektronenstrahl vor oder während der Wechselwirkung mit dem HF-Feld in seiner Geschwindigkeit moduliert. Die schnelleren Strahlelektronen können dann nach einer gewissen Laufzeit die vorauseilenden langsameren Elektronen einholen und mit diesen Elektronenbündel bilden (*Phasenfokussierung, Bunching*). Die *Geschwindigkeitsmodulation* geht dadurch in eine *Dichtemodulation* des Elektronenstrahls über.

Die Dichtemodulation hat zur Folge, daß im Elektronenstrahl *Raumladungswellen* auftreten, die mit dem elektromagnetischen Feld in Wechselwirkung treten. Beim Klystron und Magnetron handelt es sich um ein stehendes HF-Feld, das durch Resonatoren erzeugt wird, und bei den Wanderfeldröhren um ein Lauffeld längs einer Verzögerungsleitung.

Die Funktion von Mikrowellenröhren kann durch zwei Theorien beschrieben werden:

Die *Theorie der Raumladungswellen:* Sie gibt an, wie sich eine kleine Störung der Raumladungsverteilung im Elektronenstrahl auswirkt. Sie beschreibt das (lineare) *Kleinsignalverhalten* einer Mikrowellenröhre. Der Raumladungseinfluß wird dabei berücksichtigt.

Die *Ballistische Theorie:* Sie untersucht die Bewegung eines Einzelelektrons im Strahl und ermöglicht die Beschreibung des (nichtlinearen) *Großsignalverhaltens* der Röhre. Der Raumladungseinfluß wird dabei vernachlässigt.

6.2 Theorie der Raumladungswellen

Um in einem Elektronenstrahl eine Geschwindigkeitsmodulation zu erzeugen, müssen die Strahlelektronen beim Durchgang durch den Modulator abwechselnd beschleunigt und verzögert werden. In Abb. 6.1 ist ein solcher Geschwindigkeitsmodulator,

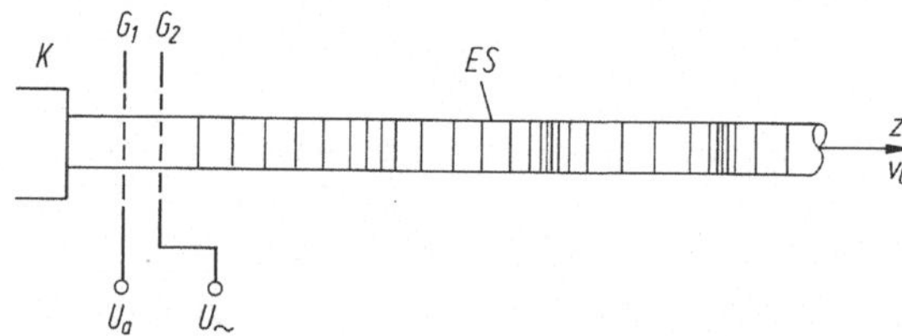

Abb. 6.1. Geschwindigkeitsmodulation eines Elektronenstrahls (ES) durch eine Doppelgitter-Anordnung (G_1, G_2).
U_a = Beschleunigungsspannung,
$U_\sim$ = Modulationsspannung,
v_0 = Strahlgeschwindigkeit ohne Modulation

bestehend aus den beiden planparallelen Gittern G_1 und G_2, dargestellt. Das Gitter G_1 beschleunigt die von der Kathode K emittierten Elektronen auf eine Geschwindigkeit v_0. Zwischen G_1 und G_2 liegt eine (sinusförmige) Wechselspannung (Modulationsspannung), welche den Elektronenstrahl geschwindigkeitsmoduliert. Da im Strahl die jeweils langsameren Elektronen nach einer gewissen Laufstrecke z von den jeweils nachfolgenden schnelleren Elektronen eingeholt werden, geht die Geschwindigkeitsmodulation mit wachsendem z in eine Dichtemodulation über.

Wir untersuchen nun die Folgen, welche eine durch Geschwindigkeitsmodulation erzeugte inhomogene Ladungsverteilung in einem Elektronenstrahl hat. Wir verwenden dazu die Gln. (1.1c), (1.34), (1.7a) und (5.1), die für positive Ladungsträger lauten:

$$\begin{aligned}
&\text{(a)} \quad \operatorname{div} D = \varrho, \\
&\text{(b)} \quad \frac{dv}{dt} = \eta E, \\
&\text{(c)} \quad \operatorname{div} J = -\frac{d\varrho}{dt}, \\
&\text{(d)} \quad J = \varrho v.
\end{aligned} \tag{6.2}$$

(Für Elektronen kehren sich die Vorzeichen auf den rechten Seiten der Gln. (6.2) um, das Rechenergebnis bleibt jedoch das gleiche).

Die Lösung des Gleichungssystems (6.2) unter der Annahme $\partial/\partial x = 0$ und $\partial/\partial y = 0$ (eindimensionales Problem) findet man durch folgenden Störansatz:

$$\begin{aligned}
&\text{(a)} \quad v = v_0 + \tilde{v}(z,t) = v_0 + v_1\, e^{j(\omega t - \beta z)}, \\
&\text{(b)} \quad \varrho = \varrho_0 + \tilde{\varrho}(z,t) = \varrho_0 + \varrho_1\, e^{j(\omega t - \beta z)}, \\
&\text{(c)} \quad E = E_0 + \tilde{E}(z,t) = E_1\, e^{j(\omega t - \beta z)}.
\end{aligned} \tag{6.3}$$

Darin bedeuten v_0, ϱ_0 und E_0 die Strahl-Geschwindigkeit, -Raumladungsdichte und -Feldstärke ohne Modulation; $\tilde{v}$, $\tilde{\varrho}$ und $\tilde{E}$ die durch Modulation erzeugten Wechselkomponenten, die sich vom Ort der Erregung (bei $z = 0$) mit den Amplituden v_1, ϱ_1 und E_1 in Form von Wellen ausbreiten. ω ist die Kreisfrequenz der Modulationsspannung und β die Phasenkonstante der Wellen. Wir nehmen an, daß die Elektronenraumladungsdichte ϱ_0 durch positive Ionen, die wegen ihrer großen Masse am HF-Vorgang nicht beteiligt sind, vollständig kompensiert werden. In einem solchen Plasmastrahl ist daher $E_0 = 0$. Wir setzen ferner voraus, daß die Wechselkomponenten klein sind gegenüber den Gleichstromkomponenten (d. h. $\tilde{v} \ll v_0$, $\tilde{\varrho} \ll \varrho_0$). Es wird also nur das Kleinsignal-Verhalten des Systems betrachtet.

Die Gln. (6.2) lauten in eindimensionaler Schreibweise:

$$\begin{aligned}
&\text{(a)} \quad \frac{\partial E}{\partial z} = \frac{\varrho}{\varepsilon_0}, \\
&\text{(b)} \quad dv/dt = \partial v/\partial t + v\, \partial v/\partial z = \eta E, \\
&\text{(c)} \quad \varrho\, \partial v/\partial z + v\, \partial \varrho/\partial z = -\partial \varrho/\partial t.
\end{aligned} \tag{6.4}$$

Die Gln. (6.2c) und (6.2d) wurden dabei zur Gl. (6.4c) zusammengefaßt. Nach Gl. (6.3) ist $\partial/\partial t = j\omega$ und $\partial/\partial z = -j\beta$. Damit wird:

$$\begin{aligned}
&\text{aus (6.4a): (a)} \quad -j\beta \tilde{E} = \tilde{\varrho}/\varepsilon_0, \\
&\text{aus (6.4b): (b)} \quad j\omega \tilde{v} - j\beta \tilde{v} v_0 - j\beta \tilde{v}\tilde{v} = \eta \tilde{E}, \\
&\text{aus (6.4c): (c)} \quad -j\beta \varrho_0 \tilde{v} - j\beta \tilde{\varrho} \tilde{v} - j\beta v_0 \tilde{\varrho} - j\beta \tilde{v} \tilde{\varrho} = -j\omega \tilde{\varrho}.
\end{aligned} \tag{6.5}$$

Durch Vernachlässigung der Glieder höherer Ordnung wird das Gleichungssystem (6.5) linearisiert. Gl. (6.5a) in (6.5b) eingesetzt, ergibt:

$$\tilde{v}(j\omega - j\beta v_0) = \frac{\eta\tilde{\varrho}}{-j\beta\varepsilon_0} = j\frac{\eta\tilde{\varrho}}{\beta\varepsilon_0}. \tag{6.6}$$

Aus Gl. (6.5c) folgt:

$$\tilde{v} = \frac{\tilde{\varrho}}{\varrho_0}\left(\frac{\omega}{\beta} - v_0\right). \tag{6.7}$$

Mit Gl. (6.7) wird aus (6.6):

$$\frac{\tilde{\varrho}}{\varrho_0}\left(\frac{\omega}{\beta} - v_0\right)(\omega\beta - v_0\beta^2) = \eta\frac{\tilde{\varrho}}{\varepsilon_0} \tag{6.8}$$

oder

$$\omega^2 - \omega\beta v_0 - \omega\beta v_0 + \beta^2 v_0^2 = \frac{\eta\varrho_0}{\varepsilon_0} = \omega_p^2 \tag{6.8a}$$

und damit

$$\omega - \beta v_0 = \mp\omega_p. \tag{6.9}$$

Daraus folgt für die *Phasenkonstante* β:

$$\beta = \frac{2\pi}{\lambda} = \frac{\omega}{v_{ph}} = \frac{\omega \pm \omega_p}{v_0} = \frac{\omega}{v_0}\left(1 \pm \frac{\omega_p}{\omega}\right). \tag{6.10}$$

Die Kreisfrequenz

$$\boxed{\omega_p = \sqrt{\frac{\eta\varrho_0}{\varepsilon_0}}} \tag{6.11}$$

heißt *Plasmafrequenz*. Sie ist die natürliche Resonanzfrequenz für Elektronenschwingungen in einem Plasma mit der Elektronenraumladungsdichte ϱ_0. Elektromechanische Wellen können sich nur mit dieser Frequenz in einem (ruhenden) Plasma ausbreiten. Das Plasma verhält sich dabei wie ein elastisches Medium. Für eine Elektronenkonzentration von z.B. $10^{10}\,\mathrm{cm}^{-3}$ beträgt $f_p \approx 900$ MHz. In Mikrowellenröhren ist die Betriebsfrequenz f = einige GHz, d.h. es ist gewöhnlich $f \gg f_p$.

Die beiden Lösungen nach Gl. (6.10) bedeuten: Bei Störung von v oder ϱ gehen in einem Elektronenstrahl vom Ort der Störung zwei ungedämpfte longitudinale Wellen (*Raumladungswellen*) mit zwei verschiedenen Phasengeschwindigkeiten aus, die etwas größer bzw. etwas kleiner als v_0 sind. Man bezeichnet die Wellen deshalb als *rasche* (Index r) und *langsame* (Index l) *Raumladungswelle* (RLW). In Gl. (6.10) und in den folgenden Gleichungen gilt das *obere* Vorzeichen jeweils für die *langsame* RLW.

Eine graphische Darstellung von Gl. (6.10) ist das in Abb. 6.2 gezeigte *Dispersionsdiagramm.* Daraus ergeben sich die *Phasen- und Gruppengeschwindigkeit* für die rasche und langsame RLW:

$$v_{ph_{l,r}} = \frac{\omega}{\beta_{l,r}} = \tan \gamma_{l,r} \tag{6.12}$$

$$v_{gr} = \frac{1}{\partial\beta/\partial\omega} = \tan \gamma_{gr} = v_0 . \tag{6.13}$$

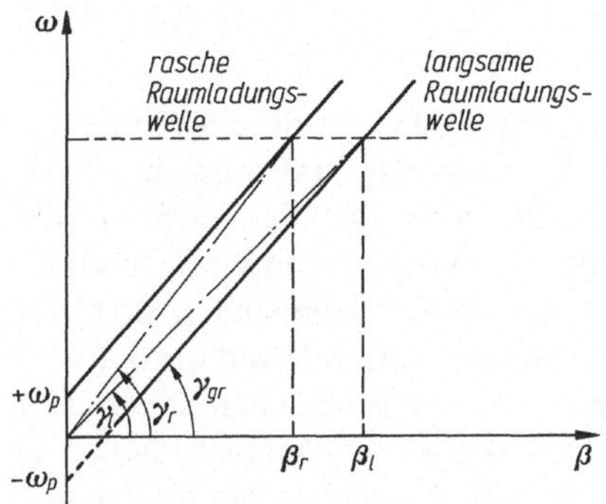

Abb. 6.2. Dispersionsdiagramm für die rasche (r) und langsame (l) Raumladungswelle. ω = Kreisfrequenz, β = Phasenkonstante der Welle.

Mit Gl. (6.10) wird aus Gl. (6.3a):

$$\boxed{v = v_0 + \tilde{v} = v_0 + v_{1l}\, e^{j(\omega t - \beta_l z)} + v_{1r}\, e^{j(\omega t - \beta_r z)} .} \tag{6.14}$$

Für die *Wechselraumladungsdichte* erhält man aus Gl. (6.7) und (6.10):

$$\frac{\tilde{\varrho}}{\varrho_0} = \frac{\beta \tilde{v}}{\omega - \beta v_0} = \frac{\tilde{v}}{\mp \omega_p} \frac{\omega}{v_0} \left(1 \pm \frac{\omega_p}{\omega}\right) = -\frac{\tilde{v}}{v_0}\left(1 \pm \frac{\omega}{\omega_p}\right). \tag{6.15}$$

Damit wird aus Gl. (6.3b):

$$\boxed{\varrho = \varrho_0 + \tilde{\varrho} = \varrho_0 - \underbrace{\frac{\varrho_0}{v_0} v_{1l}\left(1 + \frac{\omega}{\omega_p}\right)}_{\varrho_{1l} > 0} e^{j(\omega t - \beta_l z)} - \underbrace{\frac{\varrho_0}{v_0} v_{1r}\left(1 - \frac{\omega}{\omega_p}\right)}_{\varrho_{1r} < 0} \cdot e^{j(\omega t - \beta_r z)} .} \tag{6.16}$$

Die *Konvektionswechselstromdichte* ergibt sich aus:

$$J = (\varrho_0 + \tilde{\varrho})\,(v_0 + \tilde{v}) = \varrho_0 v_0 + \varrho_0 \tilde{v} + \tilde{\varrho} v_0 + \tilde{\varrho}\tilde{v} . \tag{6.17}$$

Daraus folgt mit Gl. (6.7) und (6.10):

$$\tilde{J} = \varrho_0 \tilde{v} + \tilde{\varrho} v_0 = \varrho_0 \frac{\tilde{\varrho}}{\varrho_0}\left(\frac{\omega}{\beta} - v_0\right) + \tilde{\varrho} v_0 = \tilde{\varrho}\frac{\omega}{\beta} = \frac{\tilde{\varrho} v_0}{1 \pm \dfrac{\omega_p}{\omega}} . \tag{6.18}$$

Für $\omega_p \ll \omega$ wird:

$$\tilde{J} \approx v_0 \tilde{\varrho} = \mp \frac{\omega}{\omega_p} \varrho_0 \tilde{v} \tag{6.18a}$$

und damit:

$$J = J_0 + \tilde{J} = \varrho_0 v_0 - \underbrace{\varrho_0 \frac{\omega}{\omega_p} v_{1l}}_{J_{1l}} e^{j(\omega t - \beta_l z)} + \underbrace{\varrho_0 \frac{\omega}{\omega_p} v_{1r}}_{J_{1r}} e^{j(\omega t - \beta_r z)}. \tag{6.19}$$

Die Gln. (6.14), (6.16) und (6.19) sind die Wellenfunktionen für die Elektronengeschwindigkeit v, die Raumladungsdichte ϱ und die Konvektionsstromdichte J des geschwindigkeits- bzw. dichtemodulierten Elektronenstrahls. Der Vergleich von Gl. (6.14) mit (6.16) ergibt, daß die langsamen Wellen v_l und ϱ_l gegenphasig und die raschen Wellen v_r und ϱ_r gleichphasig verlaufen. Dies folgt daraus, daß in Gl. (6.16) der Ausdruck $(-\varrho_{1l})$ negativ und der Ausdruck $(-\varrho_{1r})$ positiv sind, während in Gl. (6.14) die beiden entsprechenden Faktoren v_{1l} und v_{1r} ein positives Vorzeichen haben. Der Vergleich von Gl. (6.19) mit (6.16) zeigt, daß wegen der Vorzeichengleichheit J_l in Phase mit ϱ_l und ebenso J_r in Phase mit ϱ_r verläuft. In Abb. 6.3 sind die langsamen und raschen Wellen von $\tilde{v}$, $\tilde{\varrho}$ und $\tilde{J}$, beginnend bei $z = 0$, dem Ort der Anregung, wiedergegeben.

Aus Abb. 6.3 bzw. den Gln. (6.14) und (6.19) geht hervor, daß bei der langsamen RLW $\tilde{v}$ und $\tilde{J}$ in Gegenphase sind. Diese Welle enthält daher viele Elektronen mit kleinerer Energie und wenige mit größerer Energie verglichen mit dem unmodulierten Fall. Dem Elektronenstrahl wird demnach von dieser Welle Energie entzogen. Im Gegensatz dazu sind bei der raschen RLW $\tilde{v}$ und $\tilde{J}$ in Phase. In dieser Welle sind daher viele Elektronen mit höherer Energie und wenige Elektronen mit kleinerer Energie als im unmodulierten Fall. Dem Elektronenstrahl wird demnach von der Welle Energie

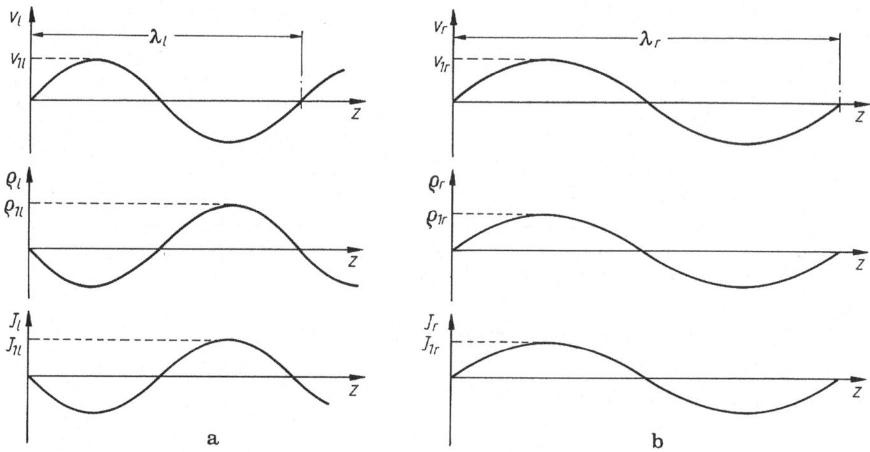

Abb. 6.3a, b. Verlauf der langsamen (**a**) und raschen Wellen (**b**) von $\tilde{v}$, $\tilde{\varrho}$ und $\tilde{J}$ längs der z-Achse. Ort der Anregung ist $z = 0$. $\lambda_{l,r}$ = räumliche Wellenlängen

zugeführt. Alle Mikrowellenröhren sind so aufgebaut, daß die Energieübertragung vom Elektronenstrahl zur Welle den umgekehrten Vorgang weit überwiegt.

Der Vergleich zwischen den langsamen und raschen Wellen auf der linken und rechten Seite von Abb. 6.3 zeigt, daß die Wellen für v_l und v_r am Anregungsort gleichphasig beginnen, während die Wellen für ϱ_l und ϱ_r bzw. J_l und J_r bei $z = 0$ gegenphasig verlaufen. Außerdem ist wegen Gl. (6.10) die räumliche Wellenlänge $\lambda_l = 2\pi/\beta_l = 2\pi v_0/(\omega + \omega_p)$ kleiner als die räumliche Wellenlänge $\lambda_r = 2\pi/\beta_r = 2\pi v_0/(\omega - \omega_p)$. Bei $v_{1l} = v_{1r}$ ist wegen Gl. (6.16) $\varrho_{1l} > \varrho_{1r}$ und wegen Gl. (6.19) $J_{1l} = J_{1r}$.

Beispiel: Für einen Elektronenstrahl mit den Parametern $U = 2{,}5\,\text{kV}$, $I = 50\,\text{mA}$, Radius $a = 1\,\text{mm}$ und $f = 6\,\text{GHz}$ wird:

$$v_0 = (2\eta U)^{1/2} = 3 \cdot 10^9\,\text{cm/s};$$
$$J = I/(a^2\pi) = 1{,}6\,\text{A/cm}^2;$$
$$\varrho_0 = J/v_0 = 0{,}53 \cdot 10^{-3}\,\text{Cb/m}^3;$$
$$\omega_p = (\eta\,\varrho_0/\varepsilon_0)^{1/2} = 3{,}25 \cdot 10^9\,\text{s}^{-1};$$
$$\omega = 3{,}77 \cdot 10^{10}\,\text{s}^{-1};$$
$$\omega_p/\omega = 0{,}086;$$
$$v_{ph} = \omega/\beta = \omega v_0/(\omega \pm \omega_p) = v_0(1 \mp \omega_p/\omega) = v_0(1 \mp 0{,}086).$$

Wie Abb. 6.4 zeigt, lassen sich die Mikrowellenröhren in Triftröhren und Lauffeldröhren einteilen. Bei den Triftröhren durchlaufen die Elektronen eine bestimmte Triftstrecke, die sie zur Phasenfokussierung benötigen. Bei den Lauffeldröhren findet die Phasenfokussierung dagegen dauernd während der Wechselwirkung der Elektronen mit einem parallel laufenden Wanderfeld statt.

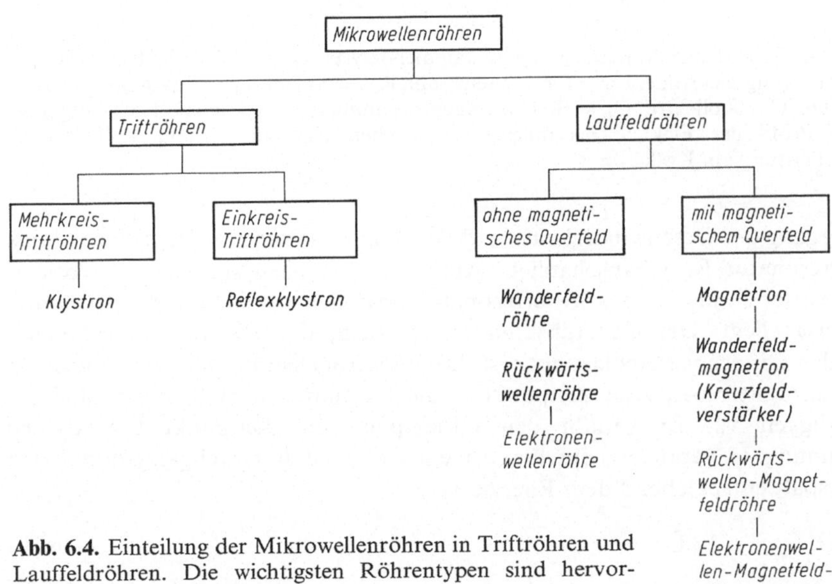

Abb. 6.4. Einteilung der Mikrowellenröhren in Triftröhren und Lauffeldröhren. Die wichtigsten Röhrentypen sind hervorgehoben

6.3 Triftröhren

6.3.1 Das Klystron

6.3.1.1 Raumladungswellentheorie des Klystrons

a) Geschwindigkeits- und Dichtemodulation des Elektronenstrahls

In Abb. 6.5a ist der grundsätzliche Aufbau eines Zweikammer-Klystrons dargestellt. Es enthält zwei Doppelgitter-Hohlraumresonatoren, zwischen denen sich ein feldfreier *Triftraum* befindet. Im *Steuerresonator* R_s wird der hindurchtretende Elektronenstrahl durch die zugeführte Steuerleistung P_s geschwindigkeitsmoduliert, im Triftraum T entsteht daraus eine Stromdichtemodulation und im *Ausgangsresonator* R_a wird dem dichtemodulierten Elektronenstrahl HF-Leistung P_a entzogen (vgl. Abb. 6.5b).

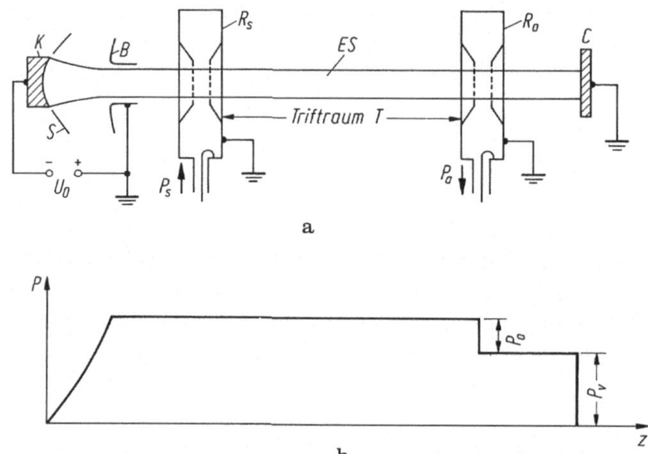

Abb. 6.5. a Grundsätzlicher Aufbau eines Zweikammer-Klystrons. K, S, B = Kathode, Steuer- und Beschleunigungselektrode, ES = Elektronenstrahl, $R_{s,a}$ = Steuer- bzw. Ausgangsresonator, T = Triftraum, C = Kollektor, U_0 = Beschleunigungsspannung, $P_{s,a}$ = Steuer- bzw. Ausgangsleistung; **b** Profil der Elektronenstrahlleistung zwischen Kathode K und Kollektor C. P_v = Verlustleistung am Kollektor

Den Vorgang der Geschwindigkeits- und Dichtemodulation des Elektronenstrahls im Steuerresonator R_s veranschaulicht Abb. 6.6. Zu sehen sind hier die beiden parallelen Gitter G_1 und G_2 des Steuerresonators, zwischen denen die Steuerspannung $\tilde{U} = U_1 \sin \omega t$ liegt. Der Gitterabstand sei so klein, daß die Elektronenlaufzeit zwischen den Gittern vernachlässigbar ist. Der Elektronenstrahl hat beim Eintritt in den Resonatorgitterspalt zum Zeitpunkt t_0 die konstante Stromdichte J_0 und die Geschwindigkeit v_0. Er verläßt den Gitterspalt zum Zeitpunkt $t_1 \approx t_0$. Die Steuerspannung $\tilde{U}$ verändert die Elektronenenergie beim Durchgang durch den Resonatorspalt entsprechend dem Energiesatz:

$$v^2 = v_0^2 + 2\eta \tilde{U} \tag{6.20}$$

oder

$$v^2 = v_0^2 + 2\eta U_1 \sin \omega t. \tag{6.20a}$$

Mit $v_0^2 = 2\eta U_0$ wird:

$$v = \sqrt{2\eta U_0} \sqrt{1 + \frac{U_1}{U_0} \sin \omega t}. \tag{6.21}$$

Wegen $U_1 \ll U_0$ wird in Gl. (6.21):

$$\sqrt{1 + \frac{U_1}{U_0} \sin \omega t} \approx 1 + \frac{U_1}{2 U_0} \sin \omega t \tag{6.22}$$

und damit

$$v = v_0 + \tilde{v} = v_0 \left(1 + \frac{\tilde{v}}{v_0}\right) \approx v_0 \left(1 + \frac{1}{2} \frac{U_1}{U_0} \sin \omega t\right). \tag{6.23}$$

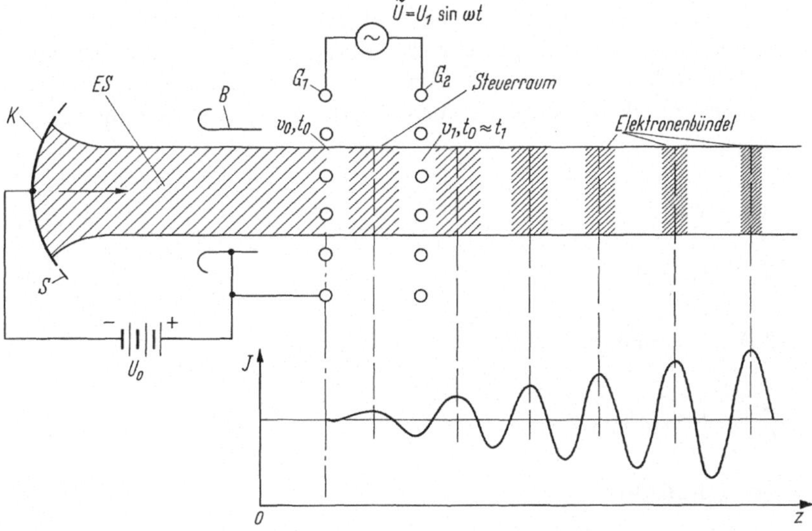

Abb. 6.6. Geschwindigkeits- und Dichtemodulation des Elektronenstrahls (ES) im Gitterspalt des Steuerresonators eines Klystrons.
K, S, B = Kathode, Steuer- und Beschleunigungselektrode, $G_{1,2}$ = Gitter des Steuerresonators, $v_{0,1}$ = Elektronengeschwindigkeit vor bzw. hinter dem Steuerresonator, $\tilde{U}$ = Steuerspannung, J = Stromdichte, z = Systemachse

Diese Gleichung beschreibt die Geschwindigkeit v der Elektronen beim Verlassen des Steuerresonators in Abhängigkeit von der Eintrittszeit $t = t_0$. Aus Gl. (6.23) folgt:

$$\frac{\tilde{v}}{v_0} = \frac{1}{2} \frac{U_1}{U_0} \sin \omega t_0 = \frac{1}{2} \frac{\tilde{U}}{U_0}. \tag{6.24}$$

Die Wechselkomponente $\tilde{v}$ der Elektronengeschwindigkeit ändert sich also synchron mit der Steuerspannung $\tilde{U}$. Für $\tilde{v}$ am Ausgang des Steuerresonators, d. h. am Anfang der Triftstrecke, schreiben wir:

$$\tilde{v} = \tilde{v}_a = \frac{v_0}{2} \frac{\tilde{U}}{U_0} = v_{1a} \sin \omega t_0. \tag{6.25}$$

Darin bedeutet v_{1a} die Amplitude der Geschwindigkeitsmodulation am Anfang der Triftstrecke. Die Wechselstromdichte $\tilde{J} = \tilde{J}_a$ ist an dieser Stelle gleich null:

$$\tilde{J}_a = 0. \tag{6.26}$$

Die Gln. (6.25) und (6.26) stellen die Randbedingungen für die im Steuerresonator ausgelösten Raumladungswellen dar. Für die rasche (r) und langsame (l) Welle, die vom Steuerresonator ausgehen, gilt nach Gl. (6.14) und (6.19):

$$\tilde{v} = v_{1l}\, e^{j(\omega t - \beta_l z)} + v_{1r}\, e^{j(\omega t - \beta_r z)}, \tag{6.27}$$

$$\tilde{J} = J_{1l}\, e^{j(\omega t - \beta_l z)} + J_{1r}\, e^{j(\omega t - \beta_r z)}. \tag{6.28}$$

In diesen Gleichungen sind t die Laufzeit und z die Laufstrecke der Wellen, gerechnet von ihrem Ausgangspunkt, d.h. vom Anfang der Triftstrecke. An dieser Stelle sind in den Gln. (6.27) und (6.28) $z = 0$ und $t = 0$. Ferner ist an dieser Stelle die Amplitude der Geschwindigkeitsmodulation nach Gl. (6.25) gleich v_{1a}. Damit wird bei $z = 0$ und $t = 0$:

$$v_{1a} = v_{1l} + v_{1r} \tag{6.29}$$

und

$$\tilde{J}_a = J_{1l} + J_{1r} = 0. \tag{6.30}$$

Mit Gl. (6.18a) erhält man aus (6.30):

$$\tilde{J}_a = \frac{\omega}{\omega_p}\,\varrho_0\,(-v_{1l} + v_{1r}) = 0 \tag{6.31}$$

und daraus wegen Gl. (6.29):

$$v_{1l} = v_{1r} = \frac{v_{1a}}{2}. \tag{6.32}$$

Daher ist

$$J_{1l} = -\frac{\omega}{\omega_p}\,\varrho_0\,\frac{v_{1a}}{2} \tag{6.33}$$

und

$$J_{1r} = +\frac{\omega}{\omega_p}\,\varrho_0\,\frac{v_{1a}}{2}. \tag{6.33a}$$

Nach Gl. (6.32) bis (6.33a) werden die langsame und rasche Welle für die Elektronengeschwindigkeit und für die Stromdichte am Anfang der Triftstrecke (bei $z = 0$) mit gleicher Amplitude angeregt. Bei der Elektronengeschwindigkeit erfolgt die Anregung gleichphasig, so daß sich v_l und v_r am Anregungsort addieren, während J_l und J_r dort gegenphasig verlaufen und sich daher gegenseitig kompensieren (vgl. Abb. 6.7).

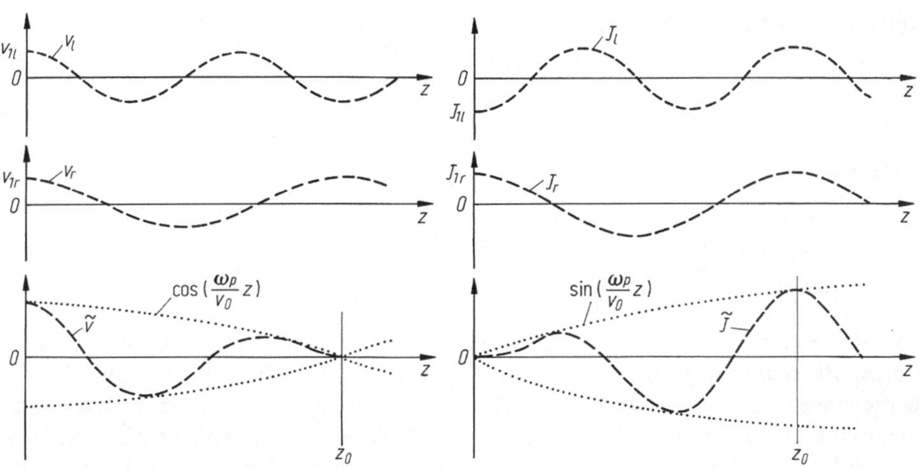

Abb. 6.7. Verlauf der Wellen von v_l, v_r und $\tilde{v}$ bzw. J_l, J_r und $\tilde{J}$ im Triftraum, beginnend am Anregungsort bei $z = 0$. An der Stelle $z = z_0$ erreicht die Stromdichtemodulation $\tilde{J}$ ihr Maximum, während gleichzeitig die Geschwindigkeitsmodulation $\tilde{v}$ auf Null abgeklungen ist

Laut Gl. (6.10) sind die *Phasenkonstanten* für die langsame und rasche Welle

$$\beta_l = \frac{\omega + \omega_p}{v_0} \tag{6.34}$$

und

$$\beta_r = \frac{\omega - \omega_p}{v_0}. \tag{6.34a}$$

Daher wird aus den Gln. (6.27) und (6.28), wenn man die Gln. (6.32) bis (6.34a) berücksichtigt:

$$\tilde{v} = \frac{v_{1a}}{2} e^{j\left(\omega t - \frac{\omega}{v_0} z\right)} \left[e^{-j\frac{\omega_p}{v_0} z} + e^{+j\frac{\omega_p}{v_0} z} \right] = v_{1a} \cos\left(\frac{\omega_p}{v_0} z\right) e^{j\left(\omega t - \frac{\omega}{v_0} z\right)} \tag{6.35}$$

$$\tilde{J} = \frac{\omega}{\omega_p} \varrho_0 \frac{v_{1a}}{2} e^{j\left(\omega t - \frac{\omega}{v_0} z\right)} \left[e^{j\frac{\omega_p}{v_0} z} - e^{-j\frac{\omega_p}{v_0} z} \right] = \frac{\omega}{\omega_p} \varrho_0 v_{1a} j \sin\left(\frac{\omega_p}{v_0} z\right) e^{j\left(\omega t - \frac{\omega}{v_0} z\right)} \tag{6.36}$$

Der Verlauf dieser Funktionen ist in Abb. 6.7 unten dargestellt. Man erkennt, daß die Überlagerung von v_l und v_r bzw. J_l und J_r eine räumliche Schwebung ergibt, deren punktiert gezeichnete Hüllkurve durch $\cos(\omega_p z/v_0)$ bzw. $\sin(\omega_p z/v_0)$ bestimmt wird. Die Hüllkurve für $\tilde{J}$ erreicht ihr Maximum bei

$$z = z_0 = \frac{\lambda_p}{4}, \tag{6.37}$$

wobei λ_p die *Plasmawellenlänge* bedeutet. An dieser Stelle z_0 wird

$$\frac{\omega_p}{v_0} z = \frac{\omega_p}{v_0} \frac{\lambda_p}{4} = \frac{\pi}{2} \tag{6.38}$$

und damit

$$\boxed{\lambda_p = 2\pi \frac{v_0}{\omega_p}.} \tag{6.39}$$

An der Stelle $z_0 = \lambda_p/4$ ist die bei $z = 0$ erzeugte Geschwindigkeitsmodulation $\tilde{v}$ infolge *Phasenfokussierung* (*Bunching*) vollständig in eine Strommodulation $\tilde{J}$ übergegangen, die allerdings wegen der Raumladungskräfte wieder zerfließt und erneut eine Geschwindigkeitsmodulation ergibt. Dies veranschaulicht der „*Elektronenfahrplan*" in Abb. 6.8, wo die von den einzelnen Elektronen im Triftraum zurückgelegten Wegstrecken z in Abhängigkeit von der Laufzeit t dargestellt sind. Die

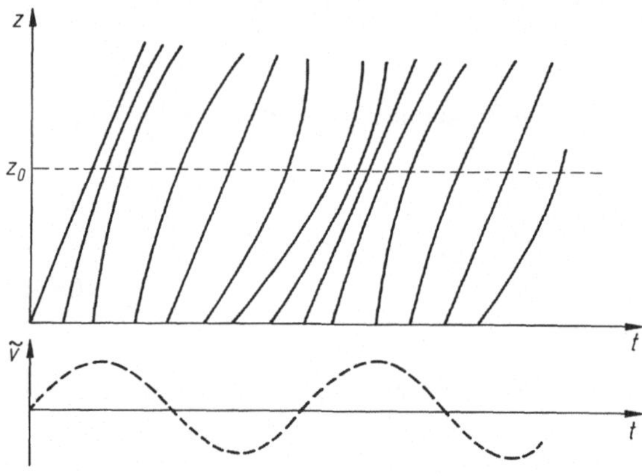

Abb. 6.8. Verlauf der Wegstrecke z der Elektronen in Abhängigkeit von der Laufzeit t im Triftraum („Elektronenfahrplan"). Bei $z = z_0$ entstehen Elektronenbündel mit maximaler Elektronenverdichtung. $\tilde{v}$ = Geschwindigkeitsmodulation im Steuerresonator

jeweilige Eintrittsgeschwindigkeit der Elektronen am Anfang des Triftraums (bei $z = 0$) ist durch die unterschiedliche Anfangssteigung der Kurven wiedergegeben. Man erkennt, daß sich Elektronenbündel immer in der Umgebung derjenigen Elektronen bilden, die beim steigenden Nulldurchgang von $\tilde{v}$ in den Triftraum starten. Infolge der Raumladungsabstoßung können sich die einzelnen Kurven im Bereich der Elektronenbündel nicht überschneiden, sondern bei $z = z_0$ nur einen minimalen Abstand voneinander erreichen.

b) Steilheit und Leistungsgewinn

Die bei $z = z_0$ erreichte Amplitude I_1 des Strahlwechselstroms und die Amplitude U_1 der Steuerspannung, welche die Strommodulation verursacht, bestimmen die *Steilheit* S eines Klystrons. Bei $z = z_0$ ist in Gl. (6.36) $\sin(\omega_p z/v_0) = 1$ und damit:

$$\tilde{J} = j \frac{\omega}{\omega_p} \varrho_0 v_{1a} e^{j\left(\omega t - \frac{\omega}{v_0} z\right)} = J_1 e^{j\left(\omega t - \frac{\omega}{v_0} z\right)}. \tag{6.40}$$

Nach Gl. (6.25) ist:

$$v_{1a} = \frac{1}{2} v_0 \frac{U_1}{U_0} \tag{6.41}$$

und daher wegen $\varrho_0 v_0 = J_0$:

$$J_1 = j \frac{\omega}{\omega_p} \varrho_0 v_0 \frac{1}{2} \frac{U_1}{U_0} = \frac{1}{2} j \frac{\omega}{\omega_p} J_0 \frac{U_1}{U_0}. \tag{6.42}$$

Der Betrag der Gesamtstromamplitude ist deshalb:

$$|I_1| = \frac{\omega}{\omega_p} \frac{I_0}{2U_0} U_1 \tag{6.43}$$

und die *Steilheit*

$$S = \frac{|I_1|}{U_1} = \frac{\omega}{\omega_p} \frac{I_0}{2U_0}. \tag{6.44}$$

Die Gl. (6.44), in der $\omega/\omega_p \gg 1$ ist, läßt sich noch umformen, wenn man berücksichtigt, daß

$$\varrho_0 = \frac{J_0}{v_0} = \frac{I_0}{a^2 \pi \sqrt{2\eta U_0}} \tag{6.45}$$

ist. (I_0 = Strahlspannung, a = Radius des Elektronenstrahls). Damit erhalten wir für ω_p nach Gl. (6.11)

$$\omega_p = \sqrt{\frac{\eta \varrho_0}{\varepsilon_0}} = \sqrt{\frac{\sqrt{\eta}}{\pi \sqrt{2} \varepsilon_0}} \frac{I_0^{1/2}}{a \cdot U_0^{1/4}} = k \frac{I_0^{1/2}}{a U_0^{1/4}}, \tag{6.46}$$

wobei die Konstante

$$k = 1{,}03 \cdot 10^{10} \frac{\text{cm V}^{1/4}}{\text{s A}^{1/2}} \tag{6.47}$$

beträgt. Mit Gl. (6.46) wird aus (6.44):

$$\boxed{S = \frac{\omega}{\omega_p} \frac{I_0}{2U_0} = \frac{\omega a}{2k} \frac{I_0^{1/2}}{U_0^{3/4}} = \frac{\omega a}{2k} \sqrt{\frac{I_0}{U_0^{3/2}}}.} \tag{6.48}$$

Die Steilheit ist also der Wurzel aus der Strahlperveanz ($I_0/U_0^{3/2}$) proportional. Die höchste erreichbare Perveanz bzw. Steilheit wird durch die Fokussierbarkeit des Elektronenstrahls bestimmt. Die maximalen Werte von S liegen bei etwa 0,5 mA/V.

Um dem modulierten Elektronenstrahl einen möglichst großen Teil der HF-Energie zu entziehen, ist der Ausgangsresonator R_a (vgl. Abb. 6.5) so angeordnet, daß er sich am Ort der größten Strommodulation (d. h. bei $z = z_0$) befindet. Der modulierte Strahl erzeugt beim Durchgang durch den Gitterspalt des Ausgangsresonators im Resonatorstromkreis einen positiven Influenzstrom I_{in}, der vom linken zum rechten Gitter fließt und dabei am Wirkwiderstand des Kreises einen Spannungsabfall U_2 hervorruft (vgl. Abb. 6.9). Durch den Spannungsabfall sind die Gitter so gepolt, daß die Elektronenbündel abgebremst werden und Energie an den Ausgangsresonator abgeben.

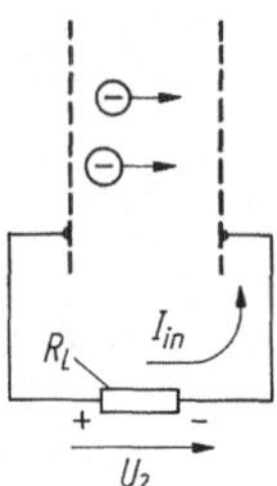

Abb. 6.9. Abbremsung der Elektronen im Ausgangsresonator durch den vom Influenzstrom I_{in} erzeugten Spannungsabfall U_2 am Lastwiderstand R_L

In Abb. 6.10 sind die beiden äquivalenten Resonanzkreise für die Resonatoren eines Zweikammer-Klystrons dargestellt. Die dem Eingangskreis zugeführte Wirkleistung (Steuerleistung) beträgt

$$P_s = \frac{U_1^2}{2R_1}, \tag{6.49}$$

wobei U_1 die Amplitude der Steuerspannung und R_1 der Verlustwiderstand des Resonanzkreises ist. Der Faktor 2 im Nenner entsteht dadurch, daß in Gl. (6.49) der Effektivwert $U_1/\sqrt{2}$ der Steuerleistung einzusetzen ist. Die dem Ausgangskreis entnommene Leistung P_a ist

$$P_a = \frac{1}{2} I_1 U_2 = \frac{1}{2} S U_1 U_2 = \frac{U_2^2}{2}\left(\frac{1}{R_L} + \frac{1}{R_2}\right); \tag{6.50}$$

dabei bedeuten I_1 die Amplitude des Strahlwechselstroms am Ausgangsresonator, U_2 die Amplitude der Ausgangsspannung und S die Steilheit nach Gl. (6.48). Von der

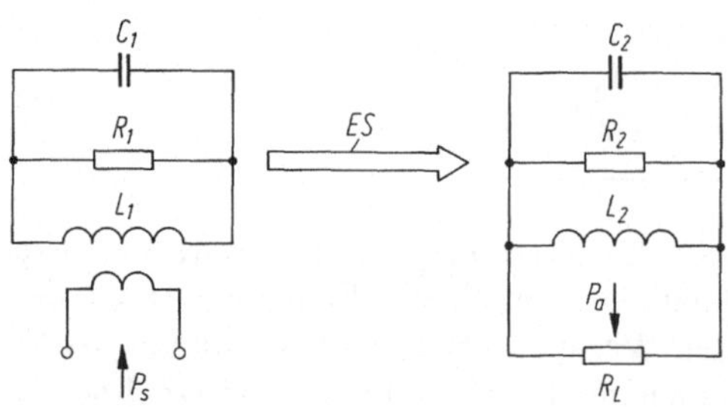

Abb. 6.10. Äquivalente Resonanzkreise für die Resonatoren eines Zweikammer-Klystrons. $P_{s,a}$ = Steuer- bzw. Ausgangsleistung, $R_{1,2}$ = Verlustwiderstände, R_L = Lastwiderstand, ES = Verknüpfung der Resonatoren durch den Elektronenstrahl

Leistung P_a nimmt der Lastwiderstand R_L den Anteil

$$P_L = \frac{U_2^2}{2R_L} \tag{6.51}$$

auf. Nach Gl. (6.50) ist:

$$\frac{U_2}{U_1} = \frac{S}{\left(\frac{1}{R_2} + \frac{1}{R_L}\right)}. \tag{6.52}$$

Daher ist nach Gl. (6.49) und (6.51) der *Leistungsgewinn:*

$$G = \frac{P_L}{P_s} = \left(\frac{U_2}{U_1}\right)^2 \frac{R_1}{R_L} = \frac{S^2 R_1}{\left(\frac{1}{R_2} + \frac{1}{R_L}\right)^2 R_L} = \frac{S^2 R_1 R_L}{\left(1 + \frac{R_L}{R_2}\right)^2}. \tag{6.53}$$

Einen hohen Leistungsgewinn erreicht man also durch große Werte von R_1 und R_2; mit anderen Worten, die Kreisgüten Q_1 und Q_2 der Resonanzkreise müssen möglichst groß sein. Bei $R_2 \gg R_L$ ist

$$G = S^2 R_1 R_L. \tag{6.53a}$$

Im *Fall gleicher Resonanzkreise* wird wegen $Q_1 = Q_2 = Q$, $R_1 = R_L = R$ und $Z_1 = Z_2 = R/Q$ ($Z = \sqrt{L/C}$ = Impedanz):

$$G = (SQZ)^2. \tag{6.54}$$

Für die Kreisgüte Q läßt sich auch schreiben:

$$Q = \frac{f}{\Delta f}, \tag{6.55}$$

wobei f die Resonanzfrequenz und Δf die Bandbreite des Resonanzkreises sind. Mit Gl. (6.55) erhält man aus (6.54) das *Gewinn-Bandbreite-Produkt:*

$$\boxed{\sqrt{G}\,\Delta f = S f Z.} \tag{5.56}$$

6.3.1.2 Ballistische Theorie des Klystrons

Die Ballistische (nichtlineare) Theorie beschreibt das Verhalten des Klystrons auf Grund der Form und Bewegung der einzelnen Elektronenbündel im Triftraum. Der Einfluß der Elektronenraumladung wird dabei vernachlässigt. Die Theorie ermöglicht die Bestimmung der Oberwellen des Strahlwechselstroms und des Wirkungsgrads.

Nach Abb. 6.11 verläßt ein Elektron zum Zeitpunkt t_0 den Steuerspalt R_1 (bei $z = 0$), durchläuft den Triftraum T mit der Geschwindigkeit v und kommt zum Zeitpunkt t am Ausgangsspalt R_2 (bei z) an. Folglich ist:

$$t = t_0 + \frac{z}{v} \tag{6.57}$$

oder mit Gl. (6.23) und (6.25):

$$t = t_0 + \frac{z}{v_0\left(1 + \frac{v_{1a}}{v_0}\sin\omega t_0\right)} \approx t_0 + \frac{z}{v_0}\left(1 - \frac{v_{1a}}{v_0}\sin\omega t_0\right). \tag{6.58}$$

In Abb. 6.12 ist der Verlauf der Ankunftszeit t eines Elektrons am Ausgangsspalt in Abhängigkeit von der Startzeit t_0 am Steuerspalt für zwei verschiedene Orte $z = z_1$ und $z = z_2$ des Triftraums dargestellt. Man ersieht daraus, daß Elektronen mit

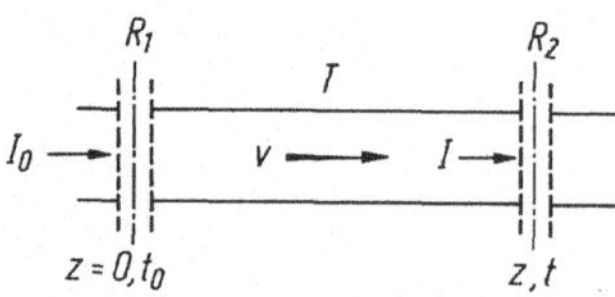

Abb. 6.11. Örtliche und zeitliche Situation bei der Elektronenbewegung zwischen dem Steuerresonator R_1 und dem Ausgangsresonator R_2 eines Klystrons nach der Ballistischen Theorie. T = Triftraum, I_0 = Strahlstrom bei R_1, I = modulierter Strahlstrom bei R_2

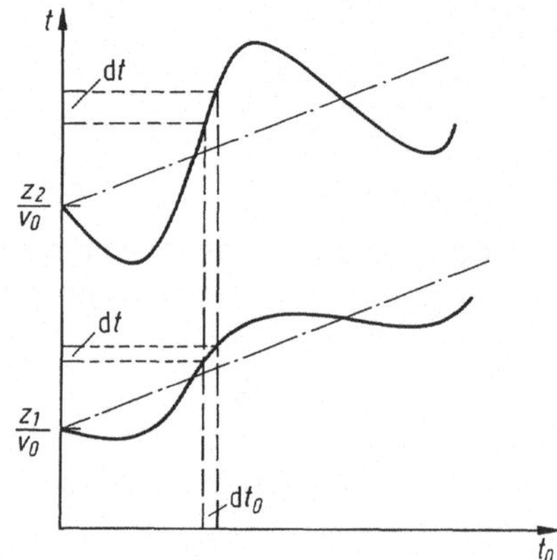

Abb. 6.12. Ankunftszeit t eines Elektrons an zwei Stellen $z = z_1$ und $z = z_2$ im Triftraum T in Abhängigkeit vom Startzeitpunkt t_0 am Steuerresonator. v_0 = Geschwindigkeit des unmodulierten Elektronenstrahls

verschiedenen Startzeiten t_0 die gleiche Ankunftszeit t haben können. Man erkennt ferner, daß alle Elektronen, die zwischen einem beliebigen Zeitpunkt t_0 und einem etwas späteren Zeitpunkt $t_0 + dt_0$ starten, in der durch Gl. (6.58) festgelegten Zeit zwischen t und t + dt bei z_1 bzw. z_2 ankommen. Wegen des Satzes von der Erhaltung der Ladung gilt dabei:

$$I_0\,|dt_0| = I\,|dt| \tag{6.59}$$

oder

$$I = I_0\left|\frac{dt_0}{dt}\right|. \tag{6.59a}$$

Aus Gl. (6.58) erhält man:

$$\frac{dt}{dt_0} = 1 - z\frac{v_{1a}\,\omega}{v_0^2}\cos\omega t_0 = 1 - X\cos\omega t_0, \tag{6.60}$$

wobei

$$X = z\frac{v_{1a}\,\omega}{v_0^2} \tag{6.60a}$$

als *Ballungsmaß* bezeichnet wird. Mit Gl. (6.60) wird aus (6.59a):

$$I = \frac{I_0}{|1 - X \cos \omega t_0|}. \tag{6.61}$$

Diese Gleichung beschreibt die Strommodulation im Elektronenstrahl in Abhängigkeit von der Eintrittszeit t_0 der Elektronen im Triftraum und in Abhängigkeit vom Ballungsmaß X. In Abb. 6.13 ist der Verlauf von $I(t_0)$ für vier verschiedene Werte von X dargestellt.

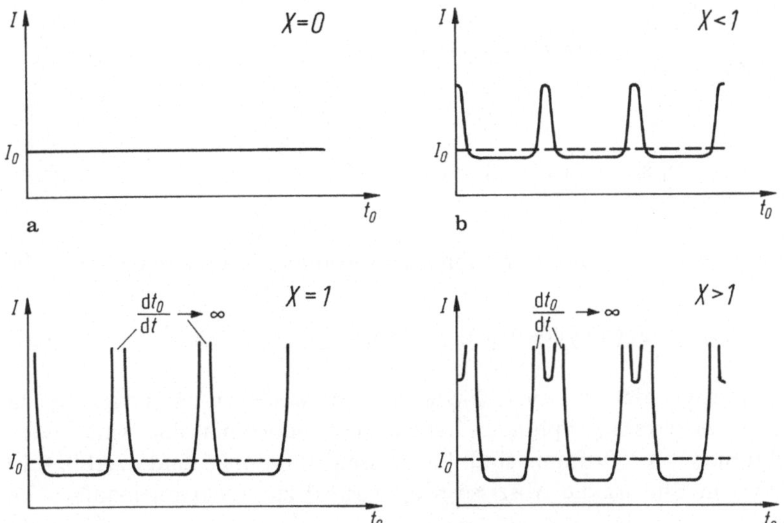

Abb. 6.13a–d. Verlauf der Strommodulation I des Elektronenstrahls im Triftraum in Abhängigkeit von der Eintrittszeit t_0 für vier verschiedene Werte des Ballungsmaßes X

Wie man sieht, wächst die Stromamplitude innerhalb der einzelnen Elektronenbündel mit steigendem X an, bis sie bei $X = 1$ ihr theoretisches Maximum $I \to \infty$ erreicht. Diese Maxima liegen bei denjenigen Werten von t_0, bei denen in Abb. 6.12 $dt/dt_0 = 0$ bzw. $dt_0/dt \to \infty$ geht. Infolge des Raumladungseinflusses ergeben sich jedoch stets nur endlich große Strommaxima.

Für die Stromverläufe in Abb. 6.13 können mit Hilfe der Fourier-Analyse die Grund- und Oberwellen bestimmt werden. Dabei sind alle Sinusglieder der Fourier-Reihe Null, weil die Stromkurven in Abb. 6.13 symmetrisch zur I-Achse verlaufen. Die Fourier-Reihe hat daher die allgemeine Form:

$$I = I_0 + \sum_{n=1}^{\infty} a_n \cos n(\omega x); \tag{6.62}$$

für die Konstanten a_n gilt:

$$a_n = \frac{1}{\pi} \int_0^{2\pi} I(t) \cos n(\omega x)\, d(\omega x). \tag{6.63}$$

Das Argument ωx ersetzen wir durch $(\omega t - \omega z/v_0)$, wobei nach Gl. (6.58) und (6.60):

$$\omega x = \omega t - \omega \frac{z}{v_0} = \omega t_0 - X \sin \omega t_0 \tag{6.64}$$

ist. Aus Gl. (6.64) folgt:

$$\frac{d(\omega x)}{d(\omega t_0)} = 1 - X \cos \omega t_0 . \tag{6.65}$$

Mit Gl. (6.61), (6.64) und (6.65) wird aus Gl. (6.63):

$$a_n = \frac{1}{\pi} \int_0^{2\pi} \frac{I_0}{|1 - X \cos \omega t_0|} \cos n(\omega t_0 - X \sin \omega t_0) \cdot |(1 - X \cos \omega t_0)| \, d(\omega t_0) =$$

$$= \frac{I_0}{\pi} \int_0^{2\pi} \cos n(\omega t_0 - X \sin \omega t_0) \, d(\omega t_0) = 2 I_0 J_n(nX). \tag{6.66}$$

Darin bedeutet $J_n(nX)$ die Bessel-Funktion n-ter Ordnung. Mit Gl. (6.66) lautet die Gl. (6.62):

$$I = I_0 + 2 I_0 \sum_{n=1}^{\infty} J_n(nX) \cos n(\omega t_0 - X \sin \omega t_0). \tag{6.67}$$

Die Gl. (6.67) zeigt, daß die verschiedenen Oberwellen n-ter Ordnung im modulierten Elektronenstrahl Amplituden haben, die proportional den Amplituden der Bessel-Funktionen n-ter Ordnung sind. Die Bessel-Funktionen sind in Abb. 6.14 gezeichnet. In diesem Bild ist die Abszisse proportional zur Elektronenlaufzeit im Triftraum.

Wir können daher die Strahlgeschwindigkeit oder die Triftraumlänge so einstellen, daß am Ausgangsresonator entweder die Grundwelle oder eine der Oberwellen mit maximaler Amplitude erscheint. Für einen Klystron-Verstärker wählen wir X = 1,84,

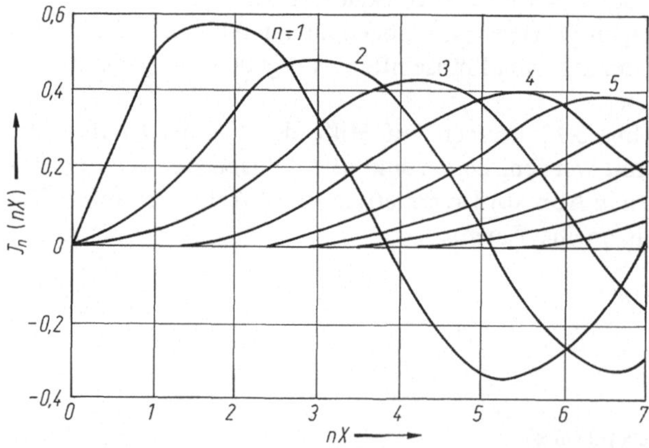

Abb. 6.14. Verlauf der Bessel-Funktionen verschiedener Ordnung n.

so daß am Ausgangsresonator gerade die Grundwelle ihr Maximum erreicht. Bei höheren Werten von X arbeitet das Klystron als Oberwellengenerator.

Nach Gl. (6.67) ist die Amplitude der Grundwelle

$$I_1 = 2 I_0 J_1(X). \tag{6.68}$$

Diese Amplitude erreicht ihren größten Wert bei $X = 1{,}84$, wo $J_1(X) = 0{,}58$ beträgt. Für diesen Wert von X wird deshalb $I_{1\max} = 1{,}16\, I_0$. Die Spannungsamplitude U_2 am Ausgangsresonator kann höchstens gleich der Strahlspannung U_0 werden: $U_{2\max} = U_0$. Daher ist die maximal mögliche Ausgangsleistung nach Gl. (6.50):

$$P_{a_{\max}} = \frac{1}{2} I_{1_{\max}} U_{2_{\max}} = \frac{1}{2} 1{,}16\, I_0 U_0 \tag{6.69}$$

und der *maximale Wirkungsgrad:*

$$\eta_{\max} = \frac{P_a}{I_0 U_0} = 58\,\%. \tag{6.70}$$

6.3.1.3 Vergleich zwischen Raumladungswellentheorie und Ballistischer Theorie

Die Raumladungswellentheorie ergab, daß die Amplitude J_1 der Stromdichtemodulation J, bezogen auf die Gleichstromdichte J_0, nach Gl. (6.36)

$$\frac{J_1}{J_0} = j \frac{\omega}{\omega_p} \frac{v_{1a}}{v_0} \sin\left(\frac{\omega_p}{v_0} z\right) \tag{6.71}$$

beträgt. Darin ist v_{1a}/v_0 ein Maß für die Geschwindigkeitsmodulation. In Abb. 6.15a ist $|J_1/J_0|$ in Abhängigkeit von z für verschiedene Werte von v_{1a}/v_0 dargestellt.

Bei der Ballistischen Theorie wurde für J_1/J_0 der Ausdruck nach Gl. (6.68)

$$\frac{J_1}{J_0} = 2 J_1(X) \tag{6.72}$$

gefunden, wobei X durch die Gl. (6.60a) gegeben ist. In Abb. 6.15b ist der Kurvenverlauf nach Gl. (6.72) für verschiedene Werte von v_{1a}/v_0 gezeichnet.

Die beiden Theorien ergänzen sich: Die Raumladungswellentheorie gilt für *kleine Aussteuerung* und die Ballistische Theorie für *große Aussteuerung*. Im ersten Fall setzt die Raumladungsdefokussierung ein, bevor die Elektronen sich nach der Ballistischen

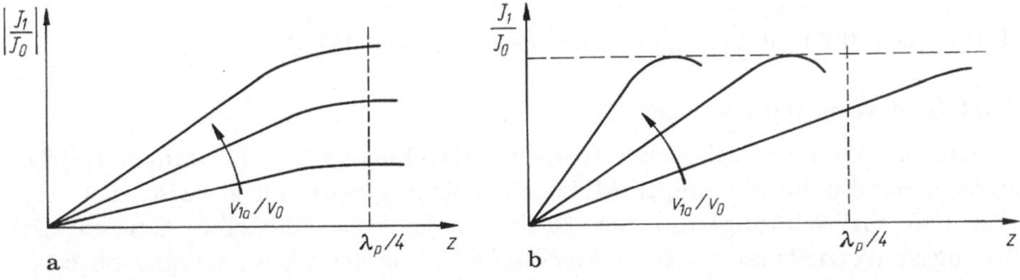

Abb. 6.15a, b. Verlauf von J_1/J_0 in Abhängigkeit von z für verschiedene Werte von v_{1a}/v_0 (= Maß für die Geschwindigkeitsmodulation) nach der Raumladungswellentheorie **(a)** und nach der Ballistischen Theorie **(b)**

Theorie überholen; im zweiten Fall überholen sich die Elektronen, bevor die Defokussierung nach der Raumladungswellentheorie beginnt. Die Grenze der Geltungsbereiche der beiden Theorien liegt dort, wo die Strommaxima der Grundwelle nach beiden Theorien an der gleichen Stelle liegen, wo also $z_{0B} = z_{0RL}$ ist (B = Ballistische Theorie, RL = Raumladungswellentheorie).

Der Ort z_{0B} ergibt sich aus Gl. (6.60a), wenn man darin für X den Wert 1,84 für die Grundwelle einsetzt. Mit Gl. (6.25) wird:

$$X = \frac{\omega z_{0B}}{v_0} \frac{v_{1a}}{v_0} = \frac{\omega z_{0B}}{v_0} \frac{1}{2} \frac{U_1}{U_0} = 1{,}84 \tag{6.73}$$

und daraus

$$z_{0B} = 1{,}84 \frac{v_0}{\omega} \frac{2 U_0}{U_1}. \tag{6.73a}$$

Den Ort z_{0RL} findet man aus Gl. (6.71), wenn die Sinusfunktion den Wert eins annimmt. Dies ist der Fall für

$$\frac{\omega_p}{v_0} z_{0RL} = \frac{\pi}{2} \tag{6.74}$$

oder

$$z_{0RL} = \frac{\pi}{2} \frac{v_0}{\omega_p}. \tag{6.74a}$$

Durch Gleichsetzen von (6.73a) und (6.74a) erhält man als Grenze zwischen beiden Theorien:

$$\frac{U_1}{U_0} = 2{,}34 \frac{\omega_p}{\omega}. \tag{6.75}$$

Demnach gilt die Ballistische Theorie (kleine Aussteuerung) im Bereich

$$2{,}3 \frac{\omega_p}{\omega} < \frac{U_1}{U_0} < \approx 0{,}3 \tag{6.76}$$

und die Raumladungswellentheorie (große Aussteuerung) im Bereich

$$\frac{U_1}{U_0} < 2{,}3 \frac{\omega_p}{\omega}. \tag{6.77}$$

Für $\omega_p/\omega = 0{,}1$ liegt also die Grenze bei $U_1/U_0 = 0{,}23\,(23\,\%)$.

6.3.1.4 Bauformen von Klystrons

Zweikammer-Klystrons (vgl. Abb. 6.16) dienen als schmalbandige Leistungsverstärker (mit einer Bandbreite von einigen MHz). Ihr Leistungsgewinn liegt zwischen 10 und 20 dB und ihr Wirkungsgrad bei 20 bis 30%. Einen höheren Gewinn und Wirkungsgrad erzielt man mit *Drei-, Vier- und Fünfkammer-Klystrons* (vgl. Abb. 6.17). Die zusätzlichen Resonatoren dieser Röhren erzeugen eine zusätzliche Geschwindigkeitsmodulation des Strahls. Diese wird durch die HF-Spannung hervorgerufen, welche der modulierte Elektronenstrahl in den Zusatzresonatoren induziert. Die Verstärkung wächst exponentiell mit der Anzahl n der Kammern. Die Frequenz kann *elektronisch* (durch Abstimmen der HF-Resonatoren auf gegeneinander versetzte Frequenzen) in einem schmalen Band (elektronische Bandbreite bis einige %) und *mechanisch* (mit Hilfe mechanischer Abstimmsysteme) in einem breiten Frequenzband (30% bis eine Oktave) variiert werden.

Ein erhöhter Wirkungsgrad (bis 60%) ergibt sich durch *Kollektordepression* (vgl. Abb. 6.18): Dabei wird der Elektronenkollektor gegenüber der Strahlspannung mit abgesenktem Potential betrieben, um die Aufprallenergie der Elektronen zu vermindern. Dadurch wird ein Teil der Strahlenergie wieder an die Versorgungsspannungsquelle zurückgeliefert. Optimale Ergebnisse erzielt man mit mehrstufigen Kollektoren, deren Stufenspannungen der Energieverteilung der Strahlelektronen angepaßt sind.

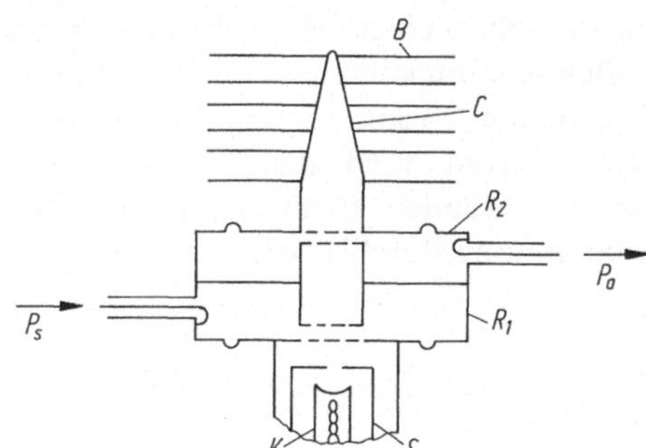

Abb. 6.16. Aufbau eines Zweikammer-Klystrons.
K = Kathode, S = Steuerelektrode, $R_{1,2}$ = Resonatoren, C = Kollektor, B = Kühlbleche, $P_{s,a}$ = Steuer- bzw. Ausgangsleistung

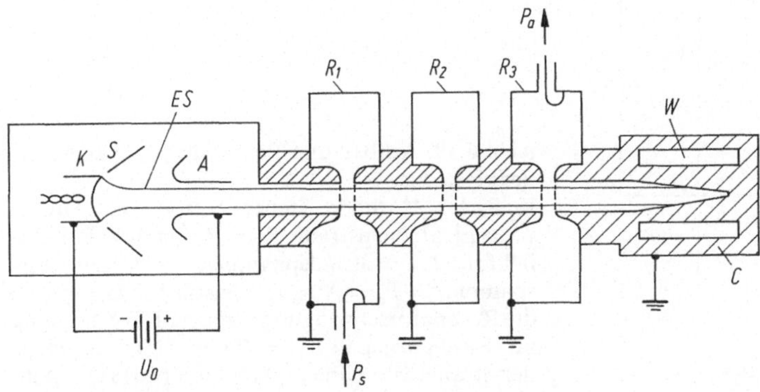

Abb. 6.17. Aufbau eines Dreikammer-Klystrons.
K = Kathode, S = Steuerelektrode, A = Beschleunigungselektrode, $R_{1,2,3}$ = Resonatoren, C = Kollektor, W = Kühlwasserstrom, U_0 = Strahlspannung, $P_{s,a}$ = Steuer- bzw. Ausgangsleistung

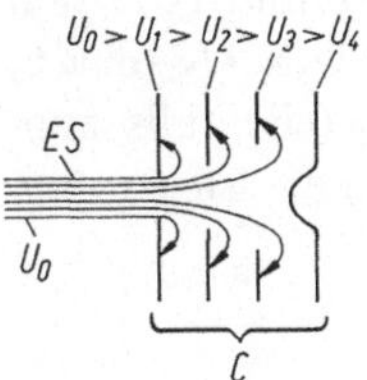

Abb. 6.18. Mehrstufiger Kollektor C mit, gegenüber der Strahlspannung abgesenkten Potentialen U_1 bis U_4 zur teilweisen Rückgewinnung der Strahlenergie in Klystrons (Kollektordepression).
ES = Elektronenstrahl, U_0 = Strahlspannung

Moderne Klystrons haben eine Impulsleistung bis 30 MW und eine Dauerstrichleistung bis 200 kW. Ihre Strahlspannung beträgt 5 bis 100 kV, der Strahlstrom einige A, die elektronische Bandbreite 1–5 %, die Leistungsverstärkung 40–50 dB und der Wirkungsgrad 40–60 %. Sie werden in Nachrichtensendern, UHF-Fernsehsendern (bis 60 kW), Sendern für Tropo-Scatter-Verbindungen (bis 10 kW bei 1 GHz), Bodenstationssendern für Satelliten (bis 6 kW bei 6 GHz), Radaranlagen (bis 20 MW Impulsleistung), Beschleunigern (bis 30 MW Impulsleistung) und Anlagen zur dielektrischen Erwärmung (bis 50 kW bei 2450 MHz) eingesetzt.

6.3.2 Das Reflexklystron

Das von Sutton (1940) entwickelte Reflexklystron (vgl. Abb. 6.19) enthält nur einen Resonator R_0, der von den Elektronen zweimal durchlaufen wird. Beim ersten Durchgang wird der Elektronenstrahl durch die selbsterregte HF-Schwingung des Resonators geschwindigkeitsmoduliert. Im Reflektorraum kehren die Elektronen um, werden dabei phasenfokussiert und durchlaufen den Resonator ein zweites Mal. Durch den jetzt strommodulierten Elektronenstrahl wird dem HF-Feld des Resonators Energie zugeführt, falls die zurückkehrenden Elektronenbündel den Resonator während der Bremsphase der HF-Spannung durchlaufen.

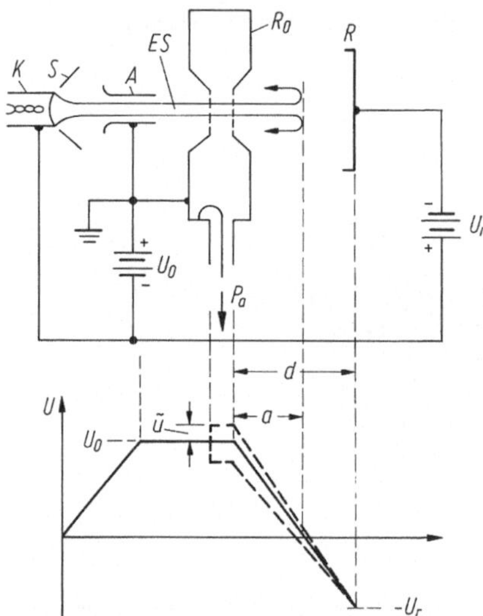

Abb. 6.19. Aufbau und Potentialverlauf eines Reflexklystrons.
K, S, A = Kathode, Steuerelektrode und Anode, ES = Elektronenstrahl, R_0 = Resonator, R = Reflektor, U_0 = Strahlspannung, U_r = Reflektorspannung, P_a = Ausgangsleistung, $\tilde{U}$ = durch die Resonatorschwingung erzeugte HF-Spannung im Resonatorspalt, U = Potentialverlauf längs der Strahlachse ohne (–) und mit (---) HF-Spannung am Resonator, a = Strecke bis zum Umkehrpunkt der Elektronen

In Abb. 6.19 ist der Potentialverlauf zwischen Kathode K und Reflektorelektrode R eingezeichnet. Die Elektronen treten mit der Energie $e\,U_0$ zum Zeitpunkt t_0 in den Resonator ein. Dort erhalten sie durch die anliegende HF-Spannung $\tilde{U} = U_1 \sin \omega t_0$ eine Geschwindigkeitsmodulation. Beim Verlassen des Resonators (ebenfalls zum Zeitpunkt $t = t_0$ bei vernachlässigbarer Laufzeit im Resonator) haben die Elektronen eine Spannung

$$U(t_0) = U_0 + \tilde{U} = U_0 + U_1 \sin \omega t_0 \tag{6.78}$$

durchlaufen. Ihre Geschwindigkeit beträgt dann:

$$v_1 = \sqrt{2\eta\, U(t_0)} \approx v_0 \left(1 + \frac{1}{2}\frac{U_1}{U_0} \sin \omega\, t_0\right). \tag{6.79}$$

Im Reflektorraum werden die Elektronen an einer (von t_0 abhängigen) Stelle a zur Umkehr gezwungen. Sie liegt dort, wo der Potentialverlauf in Abb. 6.19 die Abszisse schneidet. Die *Eindringtiefe* a der Elektronen in den Reflektorraum ergibt sich aus der Ähnlichkeit der beiden Dreiecke unterhalb des Potentialverlaufs im Reflektorraum (vgl. Abb. 6.20a):

$$a = \frac{U(t_0)}{U(t_0) + |U_r|}\, d. \tag{6.80}$$

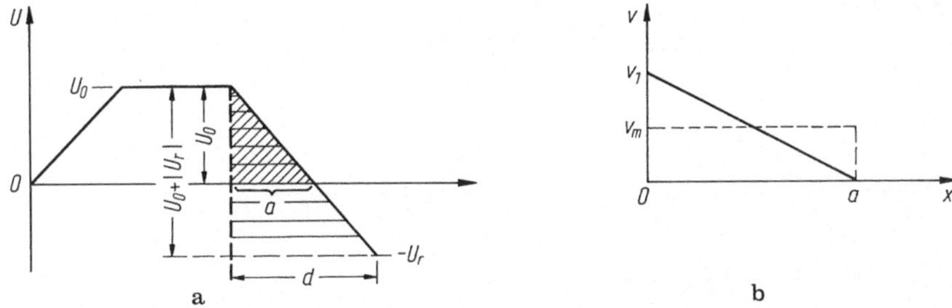

Abb. 6.20. a Diagramm zur Ermittlung der Eindringtiefe a der Elektronen im Reflektorraum, **b** Verlauf der Geschwindigkeit v längs der Strecke a. $v_m = v_1/2$ = mittlere Geschwindigkeit

Die *Laufzeit* τ der Elektronen im Reflektorraum erhält man daraus, daß die Geschwindigkeit v der Elektronen längs der Strecke a vom Anfangswert v_1 linear auf Null abnimmt (vgl. Abb. 6.20b). Es ist

$$v = v_1(t_0) - c(t_0)\, t. \tag{6.81}$$

Die mittlere Elektronengeschwindigkeit im Reflektorraum ist daher $v_m = v_1/2$ und die Laufzeit $\tau' = a/v_m = 2a/v_1$. Da die Strecke a zweimal durchlaufen wird, ist die Gesamtlaufzeit wegen Gl. (6.79) und (6.80):

$$\tau = t - t_0 = \frac{4a}{v_1} = \frac{2 v_1 d}{\eta\,[U(t_0) + |U_r|]}. \tag{6.82}$$

Für den Weg x, den die Elektronen im Reflektorraum zurücklegen, folgt aus Gl. (6.81):

$$x = v_1(t_0) \cdot t - \frac{1}{2} c(t_0) \cdot t^2; \tag{6.83}$$

dabei bedeutet $c(t_0)$ die Verzögerung im Reflektorraum. In Abb. 6.21 ist der Weg x nach Gl. (6.83) in Abhängigkeit von der Laufzeit $\tau = t - t_0$ für verschiedene Startzeiten t_0 zusammen mit dem Verlauf der Steuerspannung $\tilde{U}$ am Resonator eingezeichnet. Je nach Startzeit t_0 ergeben sich verschiedene Laufzeiten τ und

Eindringtiefen a. Elektronen, die beim fallenden Nulldurchgang von $\tilde{U}$, d.h. in der Umgebung von A, starten, treffen nach $1\,^3/_4$ Periodendauern nahezu gleichzeitig bei B wieder am Resonator ein. Zwischen A und B geht also die Geschwindigkeits- in eine Strommodulation über. Das bei B entstehende Elektronenbündel durchläuft den

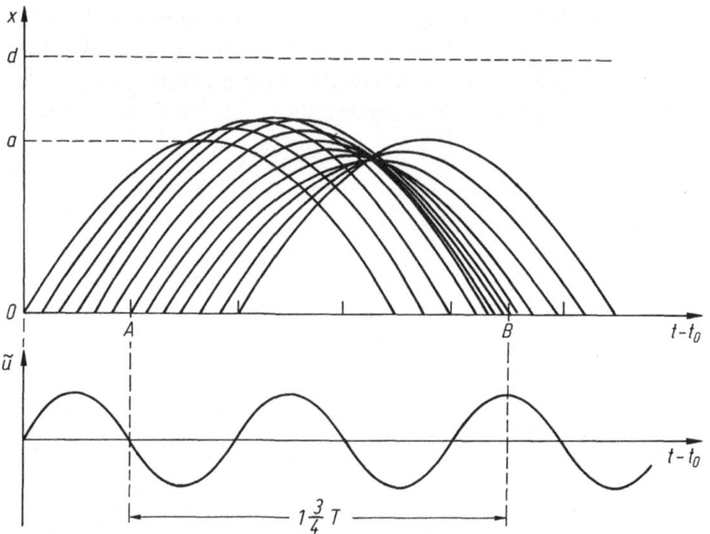

Abb. 6.21. Elektronenweg x im Reflektorraum in Abhängigkeit von der Laufzeit $\tau = t - t_0$ für verschiedene Startzeiten t_0 und Verlauf der Steuerspannung $\tilde{U}$ am Resonator.
T = Periodendauer der Steuerspannung, a = Eindringtiefe, d = Abstand zwischen Reflektorelektrode und Resonatorspalt

Resonator gerade immer dann, wenn es maximal abgebremst wird, d.h. wenn die Resonatorspannung $\tilde{U}$ gerade ihr positives Maximum erreicht hat. Durch den Energieentzug des Elektronenbündels werden die Resonatorschwingungen verstärkt und die Kreisverluste kompensiert. Das Reflexklystron arbeitet demnach als selbsterregter Mikrowellen-Generator.

In Analogie zum Klystron läßt sich auch bei der Ballistischen Theorie des Reflexklystrons ein *Ballungsmaß* X definieren. Mit Gl. (6.79) und (6.82) erhält man für den *Laufwinkel* Θ im Reflektorraum:

$$\Theta = \omega\tau = \omega t - \omega t_0 = \frac{2\,d\,\omega\,v_0}{\eta\,(U(t_0) + |U_r|)}\left(1 + \frac{1}{2}\frac{U_1}{U_0}\sin\omega t_0\right) =$$

$$= \Theta_0\left(1 + \frac{1}{2}\frac{U_1}{U_0}\sin\omega t_0\right). \tag{6.84}$$

Setzt man $U(t_0) \approx U_0$ und $\Theta_0\,U_1/(2\,U_0) = X$ (Ballungsmaß), so folgt aus Gl. (6.84):

$$\omega t = \omega t_0 + \Theta_0 + X\sin\omega t_0\,. \tag{6.85}$$

Mit

$$\frac{d(\omega t)}{d(\omega t_0)} = 1 + X\cos\omega t_0 \tag{6.86}$$

und dem Satz von der Erhaltung der Ladung:

$$I_0\,dt_0 = I\,dt \tag{6.87}$$

erhält man für die Strommodulation:

$$\boxed{I = I_0\,\frac{d(\omega\,t_0)}{d(\omega\,t)} = \frac{I_0}{1 + X\cos\omega\,t_0}.} \tag{6.88}$$

Diese Gleichung beschreibt in Analogie zu Gl. (6.61) die Strommodulation im Elektronenstrahl in Abhängigkeit von der Eintrittszeit t_0 der Elektronen in den Reflektorraum. Das Pluszeichen im Nenner von Gl. (6.88) besagt gegenüber dem Minuszeichen in Gl. (6.61): Die Phasenfokussierung erfolgt beim Reflexklystron um einen Phasenwinkel π später als im Triftraum eines Klystrons (vgl. Abb. 6.22). Die Oberwellen des modulierten Elektronenstroms sind wie beim Klystron durch Fourier-Analyse bestimmbar.

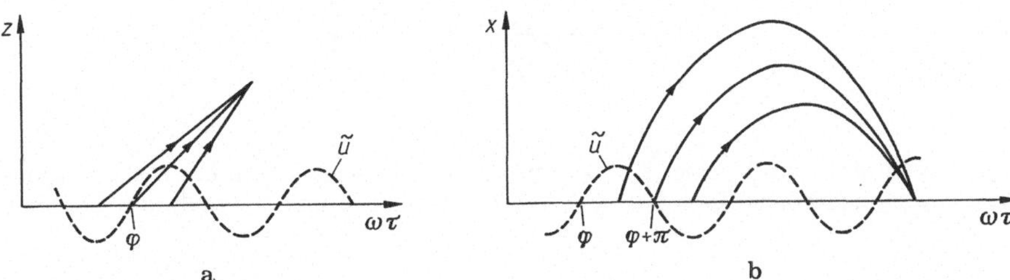

Abb. 6.22. a Phasenfokussierung beim Klystron (nach Abb. 6.8); **b** Phasenfokussierung beim Reflexklystron (nach Abb. 6.21); $\tilde{U}$ = Steuerspannung, $\omega\tau$ = Laufwinkel der Elektronen im Trift- bzw. Reflektorraum

Damit in einem Reflexklystron Schwingungen angefacht werden, muß die Reflektorspannung U_r so eingestellt werden, daß die Elektronen $(1 + 3/4)$, $(2 + 3/4)$ oder allgemein $(n + 3/4)$ Periodendauern im Reflektorraum verweilen. Der mittlere Laufwinkel Θ_0 muß daher

$$\Theta_0 = \omega\,\tau_0 = \left(n + \frac{3}{4}\right)2\pi \quad (n = 1, 2, 3 \ldots) \tag{6.89}$$

betragen, wobei nach Gl. (6.84):

$$\Theta_0 = \frac{2\,d\,\omega\,v_0}{(U(t_0) + |U_r|)} \tag{6.90}$$

ist. Wenn die Phasenbedingung (6.89) erfüllt ist, schwingt das Reflexklystron bei der Resonanzfrequenz f_0 des Resonators. Bei einer geringen Abweichung entsteht eine Phasenverschiebung zwischen Strom und Spannung, die durch eine entgegengesetzte Phasenverschiebung im Resonator mittels Änderung der Reflektorspannung U_r (bei entsprechender Frequenzänderung) kompensiert werden kann („elektronische Abstimmung"). Abbildung 6.23 zeigt die daraus resultierenden *Schwingungsmoden* (für $n = 1, 2, 3$) eines Reflexklystrons. Eine Ausgangsleistung P_a wird demnach nur in bestimmten U_r-Bereichen abgegeben. Innerhalb dieser Bereiche beträgt die elektronische Abstimmsteilheit $S = \Delta f/\Delta U_r \approx 0{,}5$ MHz/V und die elektronische Bandbreite (= Frequenzdifferenz zwischen den Punkten halber Leistung) $\Delta f_{max} = 30$ bis 100 MHz (z.B. bei 9 GHz). Da der Reflektor keinen Strom aufnimmt, ist eine leistungslose Frequenzmodulation möglich.

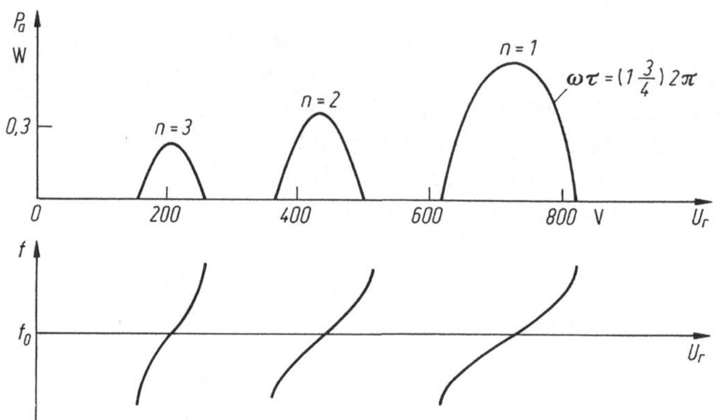

Abb. 6.23. Ausgangsleistung P_a eines Reflexklystrons in Abhängigkeit von der Reflektorspannung U_r (Schwingungsmoden für $n = 1, 2, 3$) und Frequenzänderung innerhalb der einzelnen Moden

Bei Änderungen der Reflektorspannung U_r kann eine Hysterese auftreten, d.h. eine sprunghafte Änderung der Frequenz und Amplitude in Abhängigkeit von U_r und von der Richtung, in der U_r verändert wird. Eine der Ursachen liegt darin, daß die Elektronen nach ihrer Energieabgabe erneut umkehren und den Resonatorspalt ein drittes Mal durchlaufen.

Die Betriebsfrequenz des Reflexklystrons ist durch Änderung der Resonatorkapazität (Resonatorspaltbreite) auch mechanisch im Bereich $\pm 5\%$ einstellbar. Die HF-Leistung P_a wird dem Resonator induktiv entnommen und über eine Koaxialleitung in einen Hohlleiter eingekoppelt.

Reflexklystrons haben eine Ausgangsleistung von 30 bis 1800 mW ($U_0 = 0{,}3 - 2{,}5$ kV, $I_0 = 10$–100 mA), eine Reflektorspannung $U_r = 20$ bis 1000 V, eine Schwingfrequenz $f = 0{,}5$ bis 220 GHz und einen Wirkungsgrad von einigen Prozent. Sie werden u.a. als Sende- oder Empfangsoszillatoren in Richtfunkstrecken und als Signalgeneratoren in der Mikrowellen-Meßtechnik eingesetzt.

6.4 Lauffeldröhren

6.4.1 Lauffeldröhren ohne magnetisches Querfeld (O-Typ-Röhren)

6.4.1.1 Die Wanderfeldröhre

a) Wechselwirkung zwischen Elektronenstrahl und Verzögerungsleitung

Anstelle von schmalbandigen Resonatoren (wie beim Klystron und Reflexklystron) enthält die von Kompfner (1947) entwickelte Wanderfeldröhre eine *breitbandige Verzögerungsleitung*, längs der eine elektromagnetische Welle mit der Phasengeschwindigkeit v_{ph} wandert und einem dicht an der Verzögerungsleitung vorbeigeführten, durch Phasenfokussierung modulierten Elektronenstrahl der Geschwindigkeit $v > v_{ph}$ durch Abbremsung der Elektronenbündel HF-Energie entzieht.

In Abb. 6.24 sind verschiedene Verzögerungsleitungen für Wanderfeldröhren dargestellt. Sie bestehen entweder aus einer Drahtwendel (Helix) oder enthalten Metallstege, die von der elektromagnetischen Wanderwelle umlaufen werden müssen.

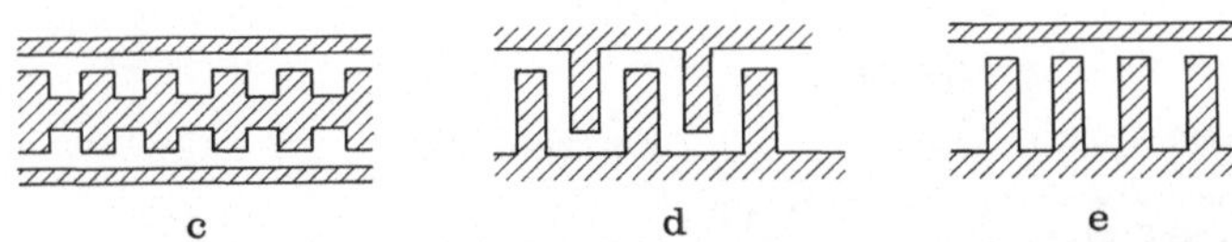

Abb. 6.24a–e. Arten von Verzögerungsleitungen für Wanderfeldröhren. **a** Helix, **b** und **c** Kammerleitung mit gekoppelten Resonatoren, **d** Interdigitalleitung, **e** Kammleitung

Dadurch wird die Phasengeschwindigkeit v_{ph} der Wanderwelle längs der Leitung auf einen Bruchteil ihrer Fortpflanzungsgeschwindigkeit (= Lichtgeschwindigkeit c) im freien Raum vermindert. Für die Helix in Abb. 6.24a gilt zum Beispiel:

$$v_{ph} = \frac{s}{2\pi R} c \ll c \tag{6.91}$$

(s = Steigung der Helix, R = Wendelradius). Abbildung 6.25 zeigt den grundsätzlichen Aufbau von Wanderfeldröhren. Sie enthalten neben Elektronenkanone, Verzögerungsleitung und Elektronenkollektor ein Magnetsystem zur Strahlführung sowie eine Dämpfungsschicht zum Unterdrücken unerwünschter Schwingungen.

Die Geschwindigkeit v des Elektronenstrahls wird so gewählt, daß sie etwas größer als die Phasengeschwindigkeit v_{ph} der Wanderwelle ist. Die Wechselwirkung zwischen Elektronenstrahl und Wanderwelle längs der Verzögerungsleitung veranschaulicht Abb. 6.26. Das Bild zeigt die augenblickliche Verteilung und Richtung der elektrischen Wechselfeldstärke $\tilde{E}$ der Wanderwelle längs der Helix, deren einzelne Windungen durch kleine Kreise angedeutet sind. Die Feldverteilung bewegt sich mit der Geschwindigkeit v_{ph} und der Elektronenstrahl mit der Geschwindigkeit $v > v_{ph}$. Durch den elektrischen Feldvektor werden die Strahlelektronen bei 1 abgebremst und bei 2 beschleunigt. Dadurch entsteht bei 3 ein Elektronenbündel (Phasenfokussierung), das wegen $v > v_{ph}$ dauernd abgebremst wird und dabei Energie an das HF-Feld abgibt. Die verstärkte HF-Energie wird am Röhrenende ausgekoppelt. Die Röhre ist ein Breitbandverstärker, weil v_{ph} in einem weiten Frequenzbereich (bis zu einer Frequenzoktave) von der Frequenz nahezu unabhängig ist.

Wegen des nicht frequenzselektiven Übertragungsverhaltens der Helix können auch Wellentypen höherer Frequenzen entstehen, die durch Reflexion zur Selbsterregung unkontrollierter Schwingungen führen und die Stabilität beeinträchtigen. Man vermeidet dies durch Einfügen von Dämpfungselementen an bestimmten Stellen der Verzögerungsleitung (vgl. Abb. 6.25).

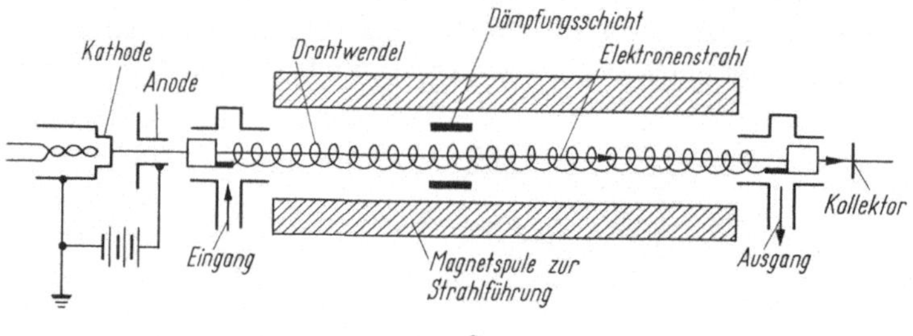

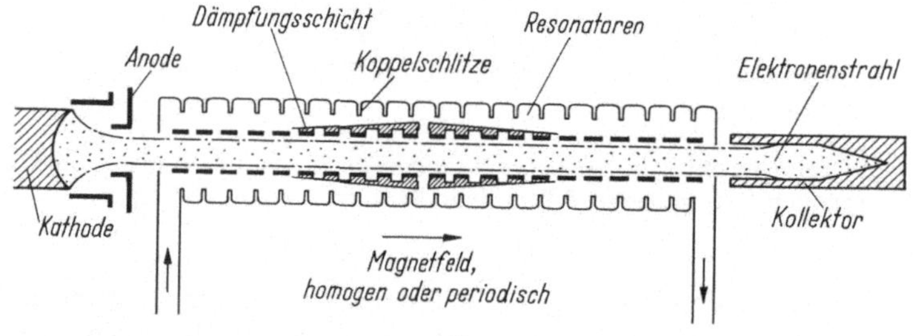

Abb. 6.25a, b. Aufbau von Wanderfeldröhren (**a**) mit Helix (Wendelleitung) und (**b**) mit Leitung aus gekoppelten Resonatoren

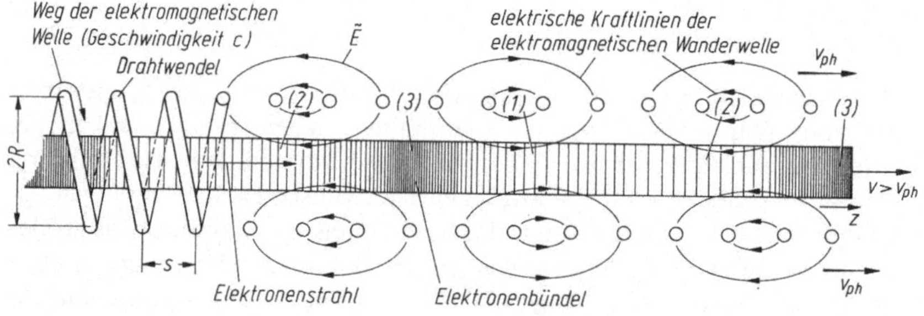

Abb. 6.26. Augenblicklicher Verlauf des Wechselfelds $\tilde{E}$ und Elektronenstrahlbündelung längs der Achse (z-Achse) einer Wanderfeldröhre mit Drahtwendel als Verzögerungsleitung

b) Raumladungswellen-Theorie der Wanderfeldröhre

Die Theorie der Raumladungswellen führt zu zwei fundamentalen Gleichungen, die *Elektronenstrahl-Gleichung* und die *Leitungsgleichung*. Die erste beschreibt den Wechselstrom, der durch das HF-Wanderfeld im Strahl erzeugt wird und die zweite das HF-Wanderfeld, das durch die Strommodulation im Elektronenstrahl längs der Leitung hervorgerufen wird.

Bei der Herleitung dieser Gleichungen machen wir folgende Annahmen: Der Raumladungseinfluß sei vernachlässigbar, im Elektronenstrahl sei $\tilde{E} = \tilde{E}_z (\tilde{E}_x, \tilde{E}_y = 0)$ und die Wechselfeldgrößen seien klein gegenüber den Gleichfeldgrößen. Wir untersuchen also das *Kleinsignalverhalten* einer Wanderfeldröhre.

Ableitung der Elektronenstrahl-Gleichung:

Durch die Wechselwirkung zwischen Elektronenstrahl und Verzögerungsleitung (vgl. Abb. 6.27) entstehen im Elektronenstrahl kleine Wechselkomponenten der Elektro-

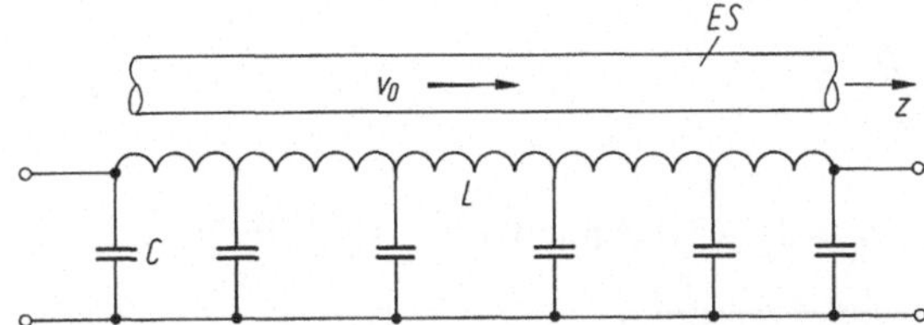

Abb. 6.27. LC-Ersatzschaltbild der Verzögerungsleitung mit dicht vorbeigeführtem Elektronenstrahl (ES)

nengeschwindigkeit ($\tilde{v}$), der Raumladungsdichte ($\tilde{\varrho}$) und der Stromdichte ($\tilde{J}$). Dafür gilt in Analogie zu Gl. (6.3):

$$\begin{aligned} &\text{(a)}\quad v = v_0 + \tilde{v}(z,t) = v_0 + v_1\, e^{(j\omega t - \Gamma z)},\\ &\text{(b)}\quad \varrho = \varrho_0 + \tilde{\varrho}(z,t) = \varrho_0 + \varrho_1\, e^{(j\omega t - \Gamma z)},\\ &\text{(c)}\quad J = J_0 + \tilde{J}(z,t) = J_0 + J_1\, e^{(j\omega t - \Gamma z)}. \end{aligned} \tag{6.92}$$

Die Wechselkomponenten $\tilde{v}$, $\tilde{\varrho}$ und $\tilde{J}$ breiten sich in Form von Wellen mit den Amplituden v_1, ϱ_1 und J_1 im Elektronenstrahl aus. ω ist die Kreisfrequenz und Γ die Phasenkonstante dieser Wellen. Wegen $J = \varrho v$ wird in Gl. (6.92):

$$J = J_0 + \tilde{J} = \varrho v = (v_0 + \tilde{v})(\varrho_0 + \tilde{\varrho}) = \varrho_0 v_0 + \varrho_0 \tilde{v} + \tilde{\varrho} v_0 + \underbrace{\tilde{\varrho}\tilde{v}}_{=0} \tag{6.93}$$

und daher:

$$\tilde{J} = \varrho_0 \tilde{v} + \tilde{\varrho} v_0. \tag{6.93a}$$

Die Kontinuitätsgleichung für ein Teilstück der Länge dz des Elektronenstrahls lautet wegen $J = J_z$:

$$\frac{\partial J}{\partial z} = -\frac{\partial \varrho}{\partial t} \tag{6.94}$$

oder mit Gl. (6.92c):

$$-\Gamma \tilde{J} = -j\omega \tilde{\varrho}. \tag{6.95}$$

Die Gln. (6.93a) und (6.95) ergeben:

$$\tilde{J} = \varrho_0 \hat{v} + \left(\frac{v_0 \Gamma}{j\omega}\right) \tilde{J}$$

oder

$$\hat{v} = \frac{j\omega - \Gamma v_0}{j\omega \varrho_0} \tilde{J}. \tag{6.96}$$

Mit der Beziehung

$$\frac{dv}{dt} = \frac{\partial v}{\partial t} + v \frac{\partial v}{\partial z} = \eta \tilde{E} \tag{6.97}$$

oder

$$j\omega \hat{v} - \Gamma \hat{v} v_0 - \underbrace{\Gamma \hat{v} \hat{v}}_{=0} = \eta \tilde{E} \tag{6.97a}$$

wird aus Gl. (6.96):

$$\tilde{J} = \frac{j\omega \varrho_0}{j\omega - \Gamma v_0} \hat{v} = \frac{j\omega \varrho_0 \eta \tilde{E}}{(j\omega - \Gamma v_0)^2}. \tag{6.98}$$

Mit $\omega/v_0 = \beta_e$, $v_0^2 = 2\eta U_0$ und $\varrho_0 v_0 = J_0$ wird schließlich aus Gl. (6.98):

$$\boxed{\tilde{J} = \frac{j\omega \varrho_0 \eta \tilde{E}}{v_0^2 (j\beta_e - \Gamma)^2} = \frac{j\beta_e J_0}{2 U_0 (j\beta_e - \Gamma)^2} \tilde{E}.} \tag{6.99}$$

Dies ist die *Elektronenstrahl-Gleichung*, welche die Strommodulation beschreibt, die durch ein HF-Feld $\tilde{E}$ längs der Verzögerungsleitung entsteht (U_0 = Strahlspannung, β_e = Phasenkonstante einer Störung, die mit dem Elektronenstrahl wandert).

Ableitung der Leitungsgleichung:

Die Strommodulation im Elektronenstrahl induziert in der Verzögerungsleitung einen Wechselstrom, der sich zum vorhandenen Strom addiert. Dadurch steigt die von der Leitung geführte HF-Leistung zum Leitungsende hin an. Diese Wechselwirkung wird durch den sogenannten *Kopplungswiderstand* K der Verzögerungsleitung beschrieben, der die Amplitude E_{z1} der axialen Komponente der HF-Feldstärke mit dem Leistungsfluß P der Verzögerungsleitung verknüpft. Mit

$$P = \frac{|U_0|^2}{2K}, \tag{6.100}$$

$$E_{z1} = -\frac{\partial U_0}{\partial z} = |\Gamma U_0| \tag{6.101}$$

und $\Gamma \approx \beta$ (für eine verlustfreie Leitung) ergibt sich:

$$K = \frac{|U_0|^2}{2P} = \frac{E_{z1}^2}{2\beta^2 P} \tag{6.102}$$

(U_0 = Spannungsamplitude an der Verzögerungsleitung, $\beta = \omega/v_{ph}$, wobei v_{ph} = Phasengeschwindigkeit der HF-Welle längs der Verzögerungsleitung). Nach Gl. (6.102) ist der augenblickliche Leistungsfluß p:

$$p = \frac{E_z^2}{\beta^2 K} \tag{6.103}$$

(E_z = Augenblickswert der elektrischen Feldstärke, gemittelt über den Strahlquerschnitt). Die Differentiation von Gl. (6.103) ergibt den Leistungsflußzuwachs dp auf Grund des Feldstärkezuwachses dE_z:

$$dp = \frac{2\,E_z\,dE_z}{\beta^2 K}. \tag{6.104}$$

Ein kleines Stück dz des Elektronenstrahls (Augenblickswert des Konvektionsstroms i) induziert in der Leitung HF-Wellen, die vom Ort der Erregung in positiver (E_z) und negativer (E_z') z-Richtung laufen (vgl. Abb. 6.28). Die induzierten Ströme

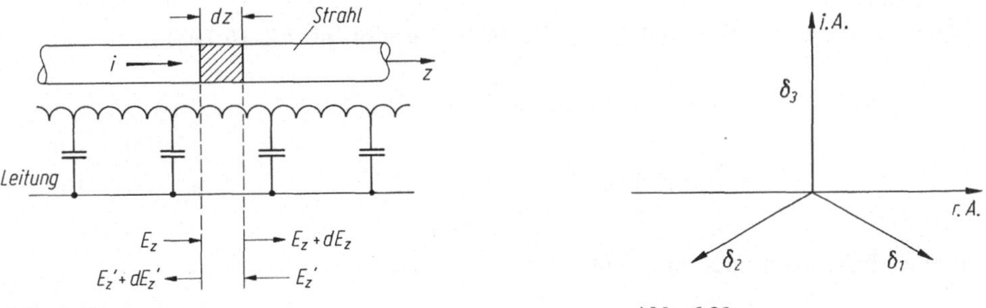

Abb. 6.28 **Abb. 6.29**

Abb. 6.28. Beitrag eines kleinen Stücks dz des Elektronenstrahls zur elektrischen Feldstärke der HF-Welle längs der Leitung

Abb. 6.29. Lage der drei Zeiger $\delta_{1,2,3}$ nach Gl. (6.124) in der komplexen Zahlenebene. r.A. = reelle Achse, i.A. = imaginäre Achse

ändern E_z um dE_z und E_z' um dE_z', wobei $dE_z = dE_z'$ ist. Dabei überträgt der Elektronenstrahl auf die Leitung eine HF-Leistung nach Gl. (6.104):

$$dp + dp' = \frac{2}{\beta^2 K}(E_z\,dE_z + E_z'\,dE_z') = \frac{2}{\beta^2 K}(E_z + E_z')\,dE_z. \tag{6.105}$$

Die HF-Leistung nach Gl. (6.105) ist auch gegeben durch:

$$dp + dp' = -\,i\,E_{z_t}dz. \tag{6.106}$$

Darin bedeutet E_{z_t} die gesamte HF-Feldstärke von allen HF-Wellen der Verzögerungsleitung. In unserem Fall ist:

$$dp + dp' = -\,i\,(E_z + E_z')\,dz. \tag{6.107}$$

Aus Gl. (6.105) und (6.107) erhält man:

$$dE_z = dE_z' = -\frac{1}{2}\beta^2 K\, i\, dz. \tag{6.108}$$

Diese Gleichung beschreibt den HF-Feldstärkezuwachs, den der Konvektionsstrom i eines Stücks dz des Elektronenstrahls in der Leitung induziert. Die gesamte HF-Feldstärke E_{z_t} an einer beliebigen Stelle $z = z_0$ der Leitung setzt sich aus drei Anteilen zusammen:

$$\begin{aligned}
&(a)\quad E_{z_a}(z_0) = E_z(0)\, e^{-\Gamma_0 z_0},\\
&(b)\quad E_{z_b}(z_0) = \int_0^{z_0} e^{-\Gamma_0 (z_0 - z)} dE_z,\\
&(c)\quad E_{z_c}(z_0) = \int_{z_0}^{l} e^{-\Gamma_0 (z - z_0)} dE_z',
\end{aligned} \tag{6.109}$$

wobei $E_z(0)$ = HF-Feldstärke am Leitungsanfang, hervorgerufen durch die eingespeiste Leistung; $\Gamma_0 = \alpha + j\beta$ = Phasenkonstante der Leitung (*ohne* Elektronenstrahl), l = Leitungslänge.

Die Summe der drei Anteile nach Gl. (6.109) ergibt mit Gl. (6.108):

$$\begin{aligned}
E_{z_t}(z_0) = {} & E_z(0)\, e^{-\Gamma_0 z_0} - \frac{1}{2}\beta^2 K \int_0^{z_0} i\, e^{-\Gamma_0 (z_0 - z)}\, dz - \\
& - \frac{1}{2}\beta^2 K \int_{z_0}^{l} i\, e^{-\Gamma_0 (z - z_0)}\, dz.
\end{aligned} \tag{6.110}$$

An einer beliebigen anderen Stelle z (statt z_0) wird:

$$\begin{aligned}
E_{z_t}(z) = {} & E_z(0)\, e^{-\Gamma_0 z} - \frac{1}{2}\beta^2 K \int_0^{z} i\, e^{-\Gamma_0 (z - \sigma)}\, d\sigma - \\
& - \frac{1}{2}\beta^2 K \int_{z}^{l} i\, e^{\Gamma_0 (z - \sigma)}\, d\sigma,
\end{aligned} \tag{6.110a}$$

wobei in Gl. (6.110) die Integrationsvariable durch σ ersetzt wurde, um eine Verwechslung zu vermeiden. Die Gl. (6.110a) beschreibt die gesamte HF-Feldstärke an einem beliebigen Punkt z der Leitung in Abhängigkeit von der Konvektionsstromstärke i des Elektronenstrahls. Diese Gleichung wird nun nach folgender Regel zweimal differenziert: Wenn

$$E = \int_{a(z)}^{b(z)} F(z, \sigma)\, d\sigma \tag{6.111}$$

ist, dann gilt:

$$\frac{dE}{dz} = \int_a^b \frac{\partial F}{\partial z}\, d\sigma + F(z, b)\frac{db}{dz} - F(z, a)\frac{da}{dz}. \tag{6.111a}$$

Damit erhält man:

$$\frac{d^2 E_{z_t}(z)}{dz^2} = \Gamma_0^2 E_z(0)\, e^{-\Gamma_0 z} - \frac{1}{2}\Gamma_0^2 \beta^2 K \int_0^z i\, e^{-\Gamma_0 (z-\sigma)}\, d\sigma -$$

$$- \frac{1}{2}\Gamma_0^2 \beta^2 K \int_z^l i\, e^{\Gamma_0 (z-\sigma)}\, d\sigma + \Gamma_0 \beta^2 K i. \tag{6.112}$$

Da sich E_{z_t} wie die Größen in Gl. (6.92) mit der Fortpflanzungskonstanten Γ ausbreitet, wird:

$$E_{z_t} = E_{z_1}\, e^{(j\omega t - \Gamma z)} \tag{6.113}$$

und

$$\frac{d^2 E_{z_t}(z)}{dz^2} = \Gamma^2 E_{z_t}. \tag{6.114}$$

Die Gln. (6.110a, 6.112 und 6.114) ergeben zusammen:

$$\Gamma^2 E_{z_t} = \Gamma_0^2 E_{z_t} + \Gamma_0 \beta^2 K i$$

oder:

$$E_{z_t} = \frac{\beta^2 \Gamma_0 K i}{\Gamma^2 - \Gamma_0^2}. \tag{6.115}$$

In dieser Gleichung ist $E_{z_t} \equiv \tilde{E}$ in Gl. (6.99) und $i \equiv \tilde{J} A$ in Gl. (6.99) (A = Querschnittsfläche des Elektronenstrahls). Daher kann Gl. (6.115) auch in der Form:

$$\boxed{\tilde{J} = \frac{(\Gamma^2 - \Gamma_0^2)}{\beta^2 \Gamma_0 K A}\, \tilde{E}} \tag{6.116}$$

geschrieben werden. Diese *Leitungsgleichung* beschreibt die Wirkung von $\tilde{J}$ des modulierten Elektronenstrahls auf das HF-Feld $\tilde{E}$ der Leitung.

Gemeinsame Lösung der Elektronenstrahl- und der Leitungsgleichung:

Auf der Verzögerungsleitung der Wanderfeldröhre können nur diejenigen Wellen existieren, für welche die beiden Gln. (6.99) und (6.116) erfüllt sind. Durch Elimination von $\tilde{J}/\tilde{E}$ erhält man aus diesen Gln.:

$$\frac{j \beta_e J_0}{2 U_0 (j\beta_e - \Gamma)^2} = \frac{(\Gamma^2 - \Gamma_0^2)}{\beta^2 \Gamma_0 K A} \tag{6.117}$$

oder:

$$(j\beta_e - \Gamma)^2 (\Gamma^2 - \Gamma_0^2) = 2 j \beta_e \beta^2 \Gamma_0 \frac{K I_0}{4 U_0}. \tag{6.117a}$$

Diese charakteristische Gleichung bestimmt die Γ-Werte der existenzfähigen Wellen auf der Leitung. Die Größe

$$\boxed{\frac{K I_0}{4 U_0} \equiv C^3} \tag{6.118}$$

nennt man (Kleinsignal-) *Gewinnparameter* der Wanderfeldröhre (nach Pierce). Dabei bedeuten U_0 und I_0 die Elektronenstrahlspannung bzw. -stromstärke. C ist dimensionslos und liegt zwischen 0,01 und 0,1. Wir definieren nun weitere dimensionslose Parameter a, d und δ durch die Gleichungen:

$$\Gamma_0 \equiv j\,\beta_e(1 + C\,a - j\,C\,d) \tag{6.119}$$

und

$$\Gamma \equiv j\,\beta_e(1 + j\,C\,\delta). \tag{6.120}$$

Wegen $\Gamma_0 = \alpha + j\,\beta$ wird:

$$a = \frac{\beta - \beta_e}{\beta_e C} = \frac{v_0 - v_{ph}}{v_{ph} C} \tag{6.121}$$

und

$$d = \frac{\alpha}{\beta_e C}. \tag{6.122}$$

Die Größe a ist demnach ein Maß für den Synchronismus zwischen den Raumladungswellen des Elektronenstrahls und den Wellen auf der Verzögerungsleitung; d ist direkt proportional zum Dämpfungsfaktor α. Zur Vereinfachung nehmen wir an: $\beta = \beta_e$ (d. h. $a = 0$) und $\alpha = 0$ (d. h. $d = 0$). Damit wird:

$$\Gamma^2 - \Gamma_0^2 = (j\,\beta_e)^2\,(1 + 2j\,C\,\delta - C^2\,\delta^2) - (j\,\beta_e)^2 = -\,2j\,C\,\delta\,\beta_e^2$$

und

$$(\Gamma - j\,\beta_e)^2 = (C\,\delta\,\beta_e)^2.$$

Mit diesen Ausdrücken und Gl. (6.118) erhält man aus Gl. (6.117a):

$$-\,2j\,C^3\,\delta^3\,\beta_e^4 = 2j\,\beta_e\,\beta^2\,\Gamma_0\,C^3$$

und (wegen $\Gamma_0 = \alpha + j\,\beta$ mit $\alpha = 0$):

$$\delta^3 = -\,j. \tag{6.123}$$

Diese Gleichung hat die drei Lösungen:

$$\begin{aligned}
&\text{(a)}\quad \delta_1 = e^{-j\pi/6} = \left(\frac{1}{2}\sqrt{3} - \frac{1}{2}j\right),\\
&\text{(b)}\quad \delta_2 = e^{-j5\pi/6} = \left(-\frac{1}{2}\sqrt{3} - \frac{1}{2}j\right),\\
&\text{(c)}\quad \delta_3 = e^{j\pi/2} = j.
\end{aligned} \tag{6.124}$$

In Abb. 6.29 (S. 267) ist die Lage der drei Zeiger $\delta_{1,2,3}$ in der komplexen Ebene angegeben. Die Werte $\delta_{1,2,3}$ setzen wir nun in Gl. (6.120) ein und erhalten die gesuchten Lösungen für Γ:

$$\begin{aligned}
&\text{(a)}\quad \Gamma_1 = j\,\beta_e\left(1 + \frac{C}{2}\right) - \frac{\sqrt{3}}{2}\,\beta_e\,C,\\
&\text{(b)}\quad \Gamma_2 = j\,\beta_e\left(1 + \frac{C}{2}\right) + \frac{\sqrt{3}}{2}\,\beta_e\,C,\\
&\text{(c)}\quad \Gamma_3 = j\,\beta_e\,(1 - C).
\end{aligned} \tag{6.125}$$

Diese drei Ausdrücke sind in die Gln. (6.92) und (6.113) einzusetzen. Daraus folgt, daß im Elektronenstrahl drei Raumladungswellen mit den Phasenkonstanten Γ_1, Γ_2 und Γ_3 bestehen. Ihnen entsprechen drei HF-Wanderwellen nach Gl. (6.113) längs der Verzögerungsleitung. Alle drei Wellen bewegen sich in Vorwärtsrichtung, weil der Imaginärteil von Γ_1, Γ_2 und Γ_3 positiv ist. Die Phasengeschwindigkeiten der Wanderwellen haben daher alle die gleiche Richtung wie der Elektronenfluß. Die drei Wellen haben folgende weiteren Eigenschaften:

Γ_1-Welle: Ihre Amplitude wächst mit z; sie bewegt sich *langsamer* als die Elektronen; daher nimmt die Welle Energie von den Elektronen auf. Sie stellt die *Nutzwelle* dar, die den Gewinn einer Wanderfeldröhre verursacht.

Γ_2-Welle: Ihre Amplitude sinkt mit wachsendem z; sie bewegt sich *langsamer* als die Elektronen.

Γ_3-Welle: Ihre Amplitude bleibt konstant, d.h. die Welle ist ungedämpft; sie bewegt sich *schneller* als die Elektronen.

Eine weitere Welle (Γ_4-Welle) ergibt sich daraus, daß die Gl. (6.117a) eine Gleichung 4. Grades mit vier Lösungen ist. Die vierte Lösung entspricht einer Rückwärtswelle mit der Ausbreitungskonstanten $\Gamma_4 = -\,j\,\beta_e(1 - C^3/4)$. Diese Welle würde bei Abwesenheit der Elektronen allein existieren. Sie wird gewöhnlich nicht berücksichtigt, weil sie eine verschwindende Amplitude hat.

c) Gewinn (Leistungsverstärkung) einer Wanderfeldröhre

Nach Gl. (6.125a) nimmt die Amplitude der Nutzwelle (Γ_1-Welle) exponentiell entsprechend dem Ausdruck $\exp(\sqrt{3}\,\beta_e C z/2)$ zu. Mit $\beta_e = \omega/v_0$, $\omega = 2\pi f$, $z = N \cdot \lambda$ (N = Anzahl der Wellenlängen λ längs der Strecke z) und $f \cdot \lambda = v_0$ wird:

$$\frac{\sqrt{3}}{2}\,\beta_e C z = \frac{\sqrt{3}}{2}\,\frac{2\pi f}{v_0}\,N\lambda C = \sqrt{3}\,\pi C N$$

und damit der Gewinn G* (ohne Startverluste):

$$G^* = 20\log\left(e^{\sqrt{3}\pi C N}\right) = B\,C\,N = 47{,}36\,C\,N\ [\mathrm{dB}]. \tag{6.126}$$

Da das Eingangssignal vier verschiedene Wellen (und nicht nur eine) auslöst, ist nur ein Bruchteil der Eingangsleistung für die Γ_1-Welle verfügbar. Dies entspricht einem Startverlust $A = -9{,}54$ dB. Der Gewinn einer Wanderfeldröhre ist daher:

$$\boxed{G = A + B\,C\,N} \tag{6.127}$$

oder

$$G = -9{,}54 + 47{,}36\,C\,N\ [\mathrm{dB}]. \tag{6.128}$$

Einen großen Gewinn G erreicht man also durch hohe Werte von N und C, d.h. durch eine relativ lange Röhre mit großem I_0 und kleinem U_0. Die Abb. 6.30a–c zeigt die Änderung des Gewinns in Abhängigkeit von der Leitungslänge z, Frequenz f und Strahlspannung U_0. In Abb. 6.31 ist das innere Leistungspegeldiagramm einer

Wanderfeldröhre mit Dämpfungsschicht dargestellt. Durch die Dämpfungsschicht wird die reflektierte Welle vollständig unterdrückt. Die maximale Leistung der

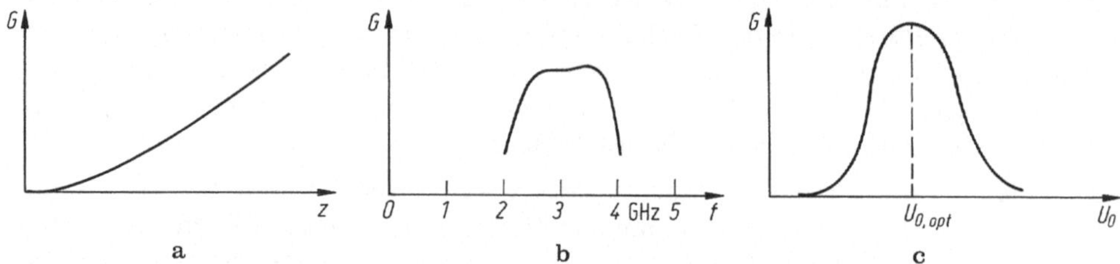

Abb. 6.30a–c. Der Gewinn G einer Wanderfeldröhre in Abhängigkeit von der Länge z der Verzögerungsleitung (**a**), der Frequenz f (**b**) und der Strahlspannung U_0 (**c**)

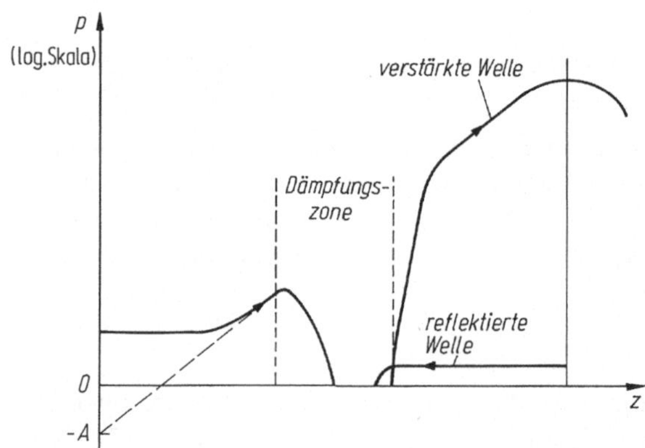

Abb. 6.31. Inneres Pegeldiagramm einer Wanderfeldröhre mit Dämpfungsschicht (Leistung P der Wanderwelle in Abhängigkeit vom Ort z auf der Leitung)

verstärkten Welle tritt am Leitungsende auf und wird ausgekoppelt. Die Abb. 6.32 gibt die Ausgangsleistung P_a in Abhängigkeit von der Eingangsleistung P_e für verschiedene Strahlströme an. Eingezeichnet sind auch die Linien für konstanten Gewinn G. Im sogenannten Kleinsignalbereich ist G = const, im Sättigungs- und Übersteuerungsbereich nimmt G mit wachsender Eingangsleistung P_e stetig ab.

Das konstante magnetische Führungsfeld für den Elektronenstrahl wird durch ein *p*eriodisches *P*ermanent*m*agnet-System (PPM-System) erzeugt, wie es bereits in Abb. 4.52c und d dargestellt wurde. Als Magnetmaterial verwendet man Ferrite, Pt-Co- und

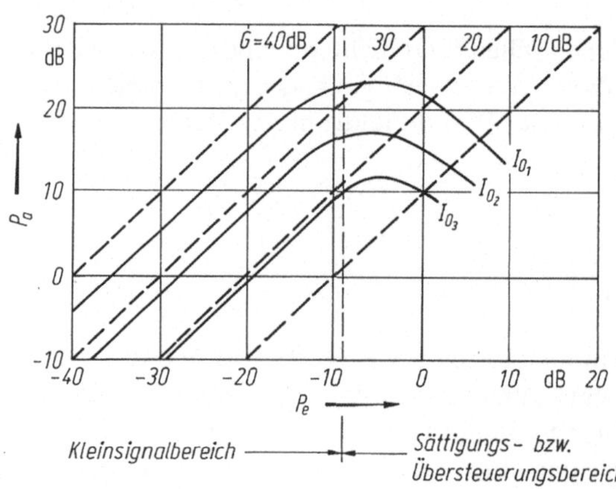

Abb. 6.32. Übertragungs-Charakteristik (Ausgangsleistung P_a in Abhängigkeit von der Eingangsleistung P_e) einer Wanderfeldröhre für drei verschiedene Strahlstromstärken $I_{0_{1,2,3}}$. $I_{0_1} > I_{0_2} > I_{0_3}$, G = Gewinn

Al-Ni-Co-Legierungen; neuerdings auch Samarium-Kobalt-Magnete, die eine höhere Induktion erzeugen.

Wanderfeldröhren mit Helix werden im Bereich $f < 4$ GHz eingesetzt. Ihre Impulsleistung beträgt bis 1 MW, die Dauerstrichleistung bis 3 kW, der Gewinn $G = 30$ bis 50 dB, die elektronische Bandbreite 50 bis 100 % und der Wirkungsgrad 15 bis 20 % (mit Kollektordepression: 30 bis 40 %). Im Bereich $f > 4$ GHz benutzt man Röhren mit Kammerleitung. Ihre typischen Daten sind: maximale Impulsleistung 1 MW, maximale Dauerstrichleistung 10 kW, $G = 30$ bis 50 dB, elektronische Bandbreite 10 bis 15 %, Wirkungsgrad 20 bis 30 % (mit Kollektordepression: 35 bis 45 %).

Das Einsatzgebiet der Wanderfeldröhren sind: Nachrichtensender, Richtfunksender (4–6 GHz), Bodenstationssender für Satelliten (bis 6 GHz/6 kW im Mehrkanalbetrieb), Satelliten-Mehrkanalsender (bis 12 GHz/100 W), breitbandige Rauschverstärker und Störsender sowie Verstärker für Radaranlagen.

6.4.1.2 Die Rückwärtswellenröhre (Carcinotron)

Die Rückwärtswellenröhre (auch Backward wave oscillator, BWO, genannt) wurde von der Firma Thomson CSF 1951 entwickelt. Die Röhre enthält eine Verzögerungsleitung, bei der die Phasen- und Gruppengeschwindigkeit der elektromagnetischen Welle entgegengesetzt gerichtet sind. Ein Beispiel für einen solchen Leitungstyp ist die *Interdigitalleitung* nach Abb. 6.33, die aus zwei kammartig ineinandergreifenden Schlitzreihen besteht. Die Abb. 6.34 zeigt den Verlauf der Amplituden der Raumladungswelle im Elektronenstrahl und der elektromagnetischen Welle längs der Leitung.

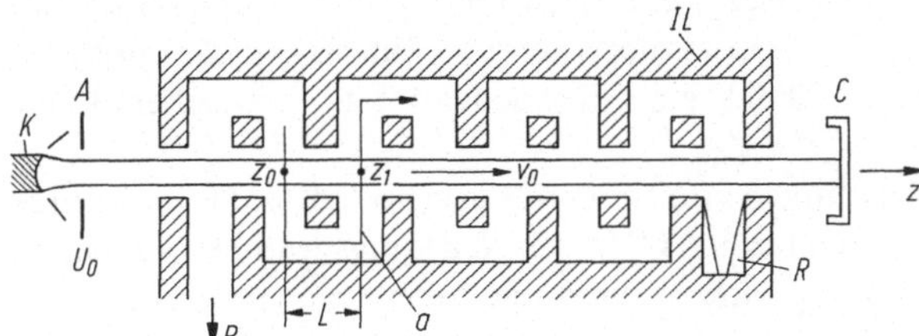

Abb. 6.33. Aufbau eines Carcinotrons mit Interdigitalleitung (IL).
K = Kathode, A = Beschleunigungselektrode (Spannung U_0), C = Kollektor, R = reflexionsfreier Abschluß, a = Umweg der Welle zwischen z_0 und z_1, P_a = Ausgangsleistung

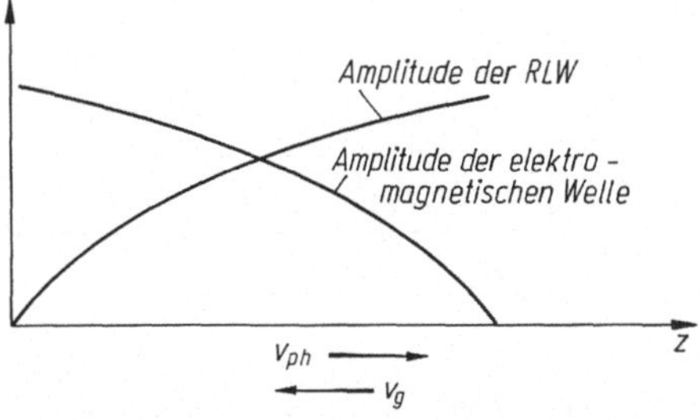

Abb. 6.34. Amplitudenänderung der Raumladungswelle und der elektromagnetischen Welle längs der Interdigitalleitung eines Carcinotrons. Die Phasengeschwindigkeit v_{ph} und Gruppengeschwindigkeit v_g der Welle sind entgegengerichtet

Die Energieabgabe der Elektronen an die elektromagnetische Welle erfolgt hier stufenweise im elektrischen Längsfeld an den Kreuzungspunkten z_0, z_1 usw. von Elektronenstrahl und Welle (vgl. Abb. 6.33). Die axiale elektrische Feldstärke E_z der Welle ist an der Stelle des Elektronenstrahleintritts am größten (dort wird daher die

HF-Energie ausgekoppelt) und nimmt zum Röhrenende hin auf Null ab. Damit die Elektronen an den Kreuzungsstellen mit der Welle immer abgebremst werden, muß die Phasenbedingung erfüllt sein, daß die Richtung des Feldstärkevektors E_z der Welle bei z_1 umgekehrt sein muß wie bei z_0. Die Welle durchläuft zwischen z_0 und z_1 die Strecke a. Daraus folgt für die Laufzeit τ einer äquivalenten Welle entlang der z-Achse nach Abb. 6.35:

$$\tau = \frac{T}{2} - \frac{a}{c} \tag{6.129}$$

(T = Periodendauer der Welle, c = Lichtgeschwindigkeit). Für die Phasengeschwindigkeit dieser äquivalenten Welle gilt:

$$v_{ph} = \frac{L}{\tau}. \tag{6.130}$$

Damit wird:

$$\frac{c}{v_{ph}} = \frac{\tau c}{L} = \frac{Tc}{2L} - \frac{a}{L} = \frac{\lambda_0}{2L} - \frac{a}{L} \tag{6.131}$$

(L = Abstand $z_1 - z_0$, λ_0 = räumliche Wellenlänge der erzeugten elektromagnetischen Welle). Die Beziehung (6.131) ist in Abb. 6.36 dargestellt. Sie besagt, daß die Wellenlänge λ_0 bzw. die Frequenz f der erzeugten HF-Welle durch die Phasengeschwindigkeit v_{ph} der Welle bestimmt wird. Da $v_{ph} \approx v_0$ ist (v_0 = Elektronenstrahlgeschwindigkeit), kann die Frequenz durch Verändern von v_0 (d. h. durch Variation der Strahlspannung U_0) in weiten Grenzen variiert werden. Zum Beispiel ergibt eine Änderung von U_0 zwischen 200 und 2000 V eine Frequenzänderung zwischen 3 und 6 GHz.

Carcinotrons haben Ausgangsleistungen von einigen Watt (bis 100 GHz) und einige mW bis einige 100 mW bei Frequenzen bis 600 GHz. Ihr Wirkungsgrad beträgt einige %. Sie werden in Meßsendern und zur Mikrowellen-Spektrometrie eingesetzt.

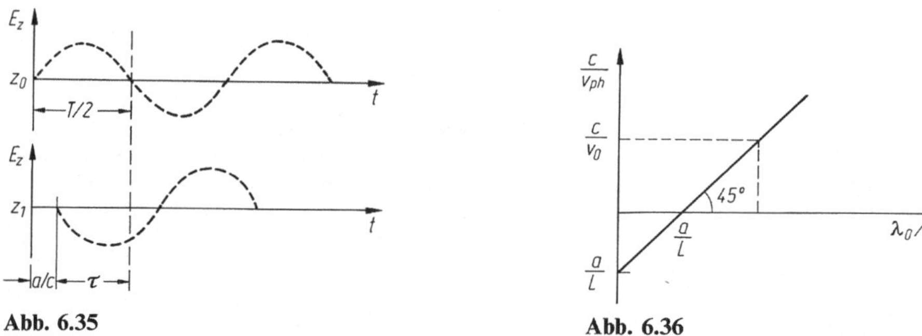

Abb. 6.35. Bestimmung der Laufzeit τ der äquivalenten Welle längs der Interdigitalleitung zwischen z_0 und z_1. T = Periodendauer

Abb. 6.36. Graphische Darstellung von Gl. (6.131). Einstellung des gewünschten λ_0 durch Variation von v_0

6.4.2 Lauffeldröhren mit magnetischem Querfeld (M-Typ-Röhren)

6.4.2.1 Das Magnetron

Den grundsätzlichen Aufbau des von Randall und Boot 1940 erfundenen Magnetrons zeigt Abb. 6.37. Die Röhre besteht aus einer zylinderförmigen konzentrischen Kathode und Anode. An der Innenseite des Anodenzylinders ist eine Reihe von schlitzförmigen

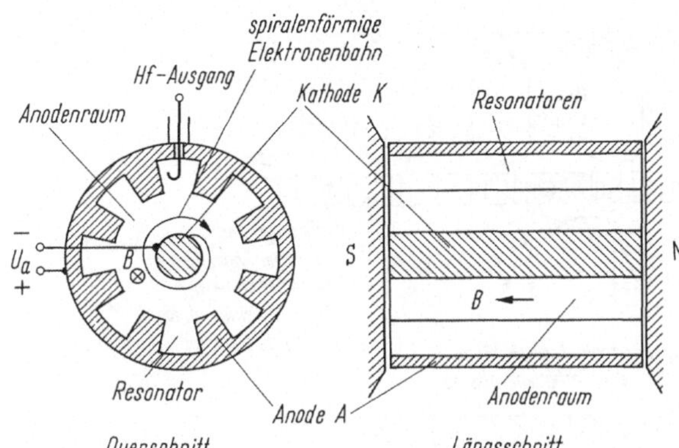

Abb. 6.37. Aufbau eines Magnetrons. U_a = Anodenspannung, B = magnetische Induktion

Hohlraumresonatoren angebracht. Mittels eines Permanentmagneten wird in der Röhre in axialer Richtung ein homogenes Magnetfeld der Induktion B erzeugt. Im Betrieb wird zusätzlich an die Anode eine positive Gleichspannung U_a angelegt. In diesem gekreuzten elektrischen und magnetischen Feld bewegen sich die Elektronen auf zykloidenförmigen Bahnen in Richtung zur Anode. Durch Schwankungen des Elektronenstroms beim Einschalten der Röhre wird in den Resonatoren durch Influenz eine zunächst schwache HF-Schwingung angeregt. Sie bewirkt in der an den Resonatoröffnungen vorbeigehenden Elektronenströmung eine Phasenfokussierung der Elektronen. Die entstehenden Elektronenbündel verstärken beim Vorbeilaufen an den Resonatoröffnungen die dort bestehende HF-Schwingung. Im geschlossenen Kreis der Resonatoren bildet sich dabei eine stehende elektromagnetische Welle aus. Die *Phasenverschiebung der Schwingungszustände* zweier benachbarter Resonatoren beträgt:

$$\boxed{\alpha = 2\pi \frac{n}{N},} \tag{6.132}$$

wobei N die Anzahl der Resonatoren (= 8 bis 20) und n die Anzahl der Wellenlängen ist, die auf dem inneren Umfang der Anode Platz haben. Für $n = N/2$ wird $\alpha = \pi$. Man bezeichnet diesen am häufigsten benutzten Schwingungszustand als *π-Mode*.

Die Abb. 6.38 veranschaulicht diesen Schwingungszustand für einen bestimmten Augenblick in einem zur Vereinfachung als *eben* angenommenen Magnetron. Durch die Überlagerung des elektrischen Gleichfelds mit dem Wechselfeld der Resonatoren ergeben sich unterhalb der Resonatoreingänge die in Abb. 6.38 gezeichneten resultierenden Vektoren E_r des elektrischen Feldes, deren Lage sich fortwährend periodisch im Rhythmus der Resonatorschwingungen ändert.

Es sei angenommen, daß zwei Elektronen 1 und 2 auf den skizzierten Bahnen in Abb. 6.38 unter zwei benachbarte Resonatoren I und II gelangen, wenn dort die resultierenden elektrischen Feldvektoren E_r die gezeichneten Richtungen haben. Auf das Elektron 1 wirkt dann die elektrische Wechselfeldkomponente des Resonatorspalts 1 bremsend; das Elektron gibt also Energie an das elektrische Feld ab.

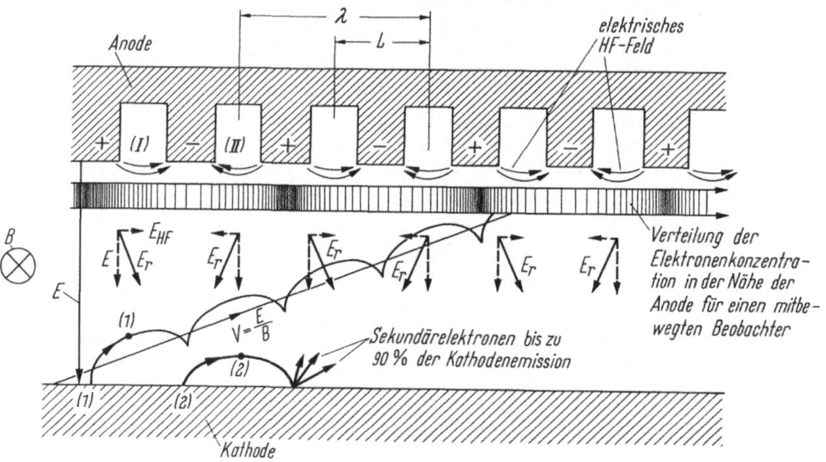

Abb. 6.38. Elektronenbahnen, Elektronenbündelung in Resonatornähe und momentaner Schwingungszustand (π-Mode) in einem ebenen Magnetron

Gleichzeitig bewegt es sich näher zur Anode hin, da seine translatorische Bewegungsrichtung stets senkrecht zum (in diesem Fall nach rechts unten weisenden) resultierenden elektrischen Feldvektor verläuft. Zur gleichen Zeit erfährt das Elektron 2 unterhalb des Resonatorspalts II eine Beschleunigung; es entzieht also dem elektrischen Feld Energie. Gleichzeitig bewegt es sich jedoch auf die Kathode zu, da der resultierende elektrische Feldvektor hier nach links unten weist. Das Elektron 2 kann dem elektrischen Feld nur wenig Energie entziehen, da es schon nach kurzer Zeit durch Aufprall auf die Kathode aus dem Feld verschwindet. (Aus der Kathode werden dabei Sekundärelektronen ausgelöst, die in Magnetrons bis zu 90% der Kathodenemission ausmachen).

Gelangt das Elektron 1 unter den Resonatorspalt II gerade dann, wenn sich dort inzwischen die Richtung des HF-Feldes umgekehrt hat, so gibt es wieder Energie an das HF-Feld ab und bewegt sich weiter auf die Anode zu. Aus der Tatsache, daß die energieliefernden Elektronen der Sorte 1 sehr viel länger im elektrischen Feld bleiben als die energieverbrauchenden Elektronen der Sorte 2, resultiert die Schwingungserzeugung im Magnetron. Elektronen, die in nächster Umgebung des Elektrons 1 bzw. etwas früher oder später als dieses von der Kathode emittiert werden und daher nicht ganz im Takt mit dem pulsierenden Wechselfeld umlaufen, werden durch dieses phasenfokussiert. Der unmittelbar an den Resonatoröffnungen vorbeifließende Teil des Kathodenstroms ist daher in ähnlicher Weise dichtemoduliert wie der Elektronenstrom im Ausgangsresonator eines Klystrons.

Beim π-Mode ist die räumliche Wellenlänge λ der Magnetronschwingung gleich dem doppelten Resonatorabstand 2L. Daraus ergibt sich die zur Anregung einer

Schwingung der Frequenz $f = 1/T$ erforderliche mittlere Elektronengeschwindigkeit v:

$$v = \frac{\lambda}{T} = 2\,L\,f. \tag{6.133}$$

Da die Elektronen Zykloidenbahnen beschreiben, ist ihre mittlere Translationsgeschwindigkeit (deren Richtung nahezu parallel zur Kathodenoberfläche verläuft):

$$v = \frac{E}{B} = \frac{U_a}{B\,d}. \tag{6.134}$$

Die Geschwindigkeit v kann also durch Wahl von U_a und B eingestellt werden. Im Scheitel der Zykloidenbahn ist die maximale Translationsgeschwindigkeit

$$v_{max} = \frac{2\,E}{B} \tag{6.135}$$

und die kinetische Energie:

$$E_{k_{max}} = \frac{1}{2}\,m\,v_{max}^2 = 2\,m\left(\frac{E}{B}\right)^2. \tag{6.136}$$

Diese Energie wird an der Anode in Wärme umgesetzt. Der übrige Teil der von einem Elektron zwischen K und A aufgenommenen Gesamtenergie $e\,U_a$ wird in HF-Energie umgewandelt. Daraus folgt für den *Wirkungsgrad* η_0 *des ebenen Magnetrons:*

$$\boxed{\eta_0 = \frac{e\,U_a - 2\,m\,(E/B)^2}{e\,U_a} = 1 - \frac{2\,m}{e\,d^2}\,\frac{U_a}{B^2}.} \tag{6.137}$$

Der Wirkungsgrad ist also um so größer, je kleiner das Verhältnis E/B gemacht wird. Praktisch werden Werte von 60 bis 80 % erreicht. Andererseits wird der Wirkungsgrad gleich Null, wenn die Anodenspannung U_a gleich der *Cut-off-Spannung*

$$\boxed{U_c = \frac{1}{2}\,\eta\,B^2\,d^2} \tag{6.138}$$

wird. Die Gln. (6.137) und (6.138) ergeben:

$$\eta_0 = 1 - \frac{U_a}{U_c}. \tag{6.139}$$

Für die übliche *zylindrische* Bauform des Magnetrons (vgl. Abb. 6.39) erhält man die Cut-off-Spannung (auch *Hull-Spannung* genannt) aus der Bewegungsgleichung (1.41):

$$r\,\ddot{\varphi} + 2\,\dot{r}\,\dot{\varphi} = -\,\eta\,(E_\varphi - B_z\,\dot{r} + B_r\,\dot{z}) \tag{1.41}$$

oder

$$\frac{d}{dt}\,(r^2\,\dot{\varphi}) = -\,\eta\,r\,(E_\varphi - B_z\,\dot{r} + B_r\,\dot{z}). \tag{1.41a}$$

Mit $E_\varphi = 0$, $B_r = 0$ und $B_z = B$ wird:

$$\frac{d}{dt}(r^2 \dot{\varphi}) = \eta\, r\, \dot{r}\, B. \tag{6.140}$$

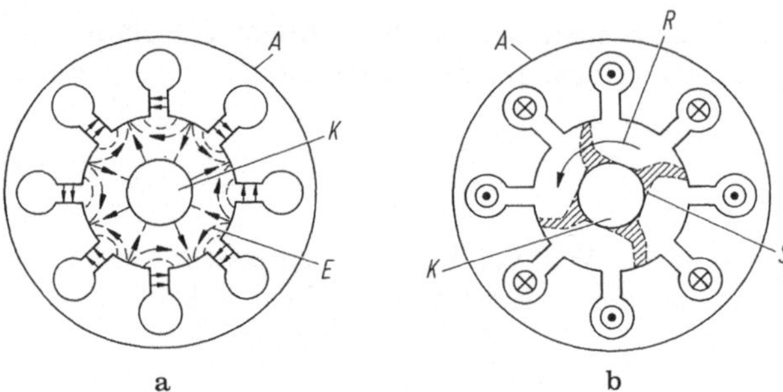

Abb. 6.39a, b. Augenblickliche Feldverteilung (π-Mode) (**a**) und Elektronenbewegung (**b**) in einem zylindrischen Magnetron.
K = Kathode, A = Anode, E = Feldverteilung, S = durch Elektronenbündelung erzeugtes „Elektronenspeichenrad", das sich in Richtung R dreht

Die Integration von Gl. (6.140) liefert:

$$r^2 \dot{\varphi} = \frac{1}{2}\eta\, r^2 B + C. \tag{6.141}$$

Wenn die Elektronen die Kathode mit der Geschwindigkeit Null verlassen, wird $r\dot{\varphi} = 0$ für $r = r_k$ (r_k = Kathodenradius); daraus folgt:

$$C = -\frac{1}{2}\eta\, r_k^2 B \tag{6.142}$$

und

$$\dot{\varphi} = \frac{1}{2}\eta\, B\left[1 - \left(\frac{r_k}{r}\right)^2\right]. \tag{6.143}$$

Nach Gl. (6.143) wird $\dot{\varphi}$ mit wachsendem r größer; d.h. äußere Schichten der Elektronenströmung bewegen sich schneller um die Kathode als innere Schichten. Diese Gleitbewegung verursacht das starke Rauschen von Magnetrons.

Nach dem Energieerhaltungssatz ist:

$$\frac{1}{2} m\, \dot{r}^2 + \frac{1}{2} m\, (r\dot{\varphi})^2 - e\,U = 0. \tag{6.144}$$

Eliminiert man aus Gl. (6.143 u. 144) $\dot{\varphi}$, so erhält man:

$$\dot{r}^2 = 2\eta\, U - \left(\frac{1}{2}\eta\, B\right)^2 r_k^2 \left(\frac{r}{r_k} - \frac{r_k}{r}\right)^2. \tag{6.145}$$

Für $\dot{r} = 0$ bei $r = r_a$ und $U = U_a = U_c$ wird:

$$\boxed{U_a = U_c = \frac{1}{8}\eta\, B^2 r_k^2 \left(\frac{r_a}{r_k} - \frac{r_k}{r_a}\right)^2;} \tag{6.146}$$

U_c = maximale Anodenspannung (*Cut-off-Spannung*), bei der das Magnetron zu schwingen aufhört.

Damit ein Magnetron bei $U_a < U_c$ schwingen kann, muß $v_z \approx v_{ph}$ sein (v_z = Elektronengeschwindigkeit parallel zu den Resonatoröffnungen, v_{ph} = Phasengeschwindigkeit der elektromagnetischen Welle längs der Resonatoröffnungen). Dazu muß neben $U_a < U_c$ eine weitere Beziehung zwischen U_a und B erfüllt sein, nämlich die *Hartree-Bedingung*.

Zur Herleitung dieser Beziehung betrachten wir noch einmal ein ebenes Magnetronmodell nach Abb. 6.40. Vor der Kathode K bestehe eine Elektronenströmung mit der

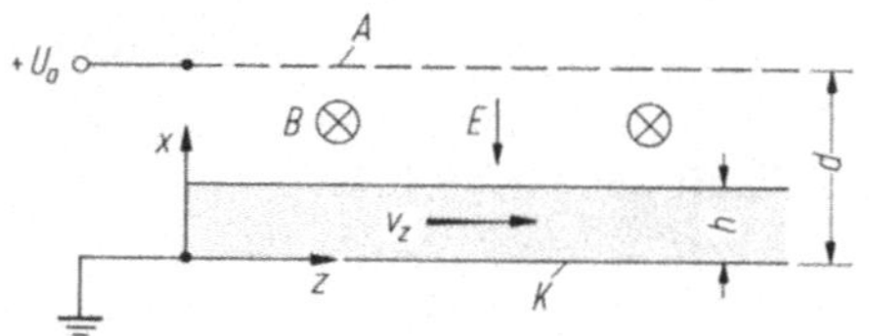

Abb. 6.40. Elektronenströmung der Höhe h und Geschwindigkeit v_z in einem ebenen Magnetron.
K = Kathode, A = Anode, E = elektrisches Feld, B = magnetische Induktion

vom Ort x abhängigen Geschwindigkeit v_z in z-Richtung. Die Höhe h dieser Strömung entspricht der Breite der Nabe (Nabendicke) des Elektronenspeichenrads S im zylindrischen Magnetron nach Abb. 6.39b. Mit $v_x = v_y = 0$ gilt für $v_z(x)$:

$$v_z(x) = \frac{E(x)}{B} = \frac{1}{B}\left|\frac{dU}{dx}\right|. \tag{6.147}$$

Darin bedeutet E(x) die durch die Elektronenraumladung bedingte Feldverteilung in der Elektronenströmung. Mit

$$\frac{1}{2} m v_z^2 = e U \tag{6.148}$$

wird aus Gl. (6.147):

$$\left(\frac{dU}{dx}\right)^2 = 2\eta B^2 U \tag{6.149}$$

oder

$$\frac{dU}{\sqrt{2\eta} B \sqrt{U}} = dx. \tag{6.150}$$

Daraus folgt für den Potentialverlauf im Elektronenstrahl:

$$U = \frac{1}{2}\eta B^2 x^2. \tag{6.151}$$

Für die Feldstärke am oberen Rand der Elektronenströmung (bei x = h) gilt:

$$E_x(h) = -\left(\frac{dU}{dx}\right)_h = -\eta B^2 h. \tag{6.152}$$

Aus Gründen der Stetigkeit gilt Gl. (6.152) auch für $h \leqslant x \leqslant d$. Daraus ergibt sich für U_a:

$$U_a = -\int_0^d E_x\,dx = -\int_0^h E_x\,dx - \int_h^d E_x\,dx = U(h) + \eta B^2 h(d-h) =$$

$$= \eta B^2 h\left(d - \frac{h}{2}\right). \qquad (6.153)$$

Setzt man in Gl. (6.153) $d = h$, so erhält man die Gl. (6.138). Aus Gl. (6.147) und (6.151) ergibt sich für $v_z(h)$:

$$v_z(h) = \frac{1}{B}\left|\frac{dU}{dx}\right| = \eta B h. \qquad (6.154)$$

Mit $v_{ph} = v_z(h) = \omega/\beta$ wird $\omega/\beta = \eta B h$ und damit aus Gl. (6.153):

$$\boxed{U_a = \frac{\omega}{\beta}\left(B d - \frac{1}{2\eta}\frac{\omega}{\beta}\right).} \qquad (6.155)$$

Die Gl. (6.155) heißt *Hartree-Bedingung*. Die graphische Darstellung von Gl. (6.138) und (6.155) in der Form $U_a = f(B)$ ergibt das in Abb. 6.41 schraffiert gezeichnete Arbeitsgebiet eines Magnetrons.

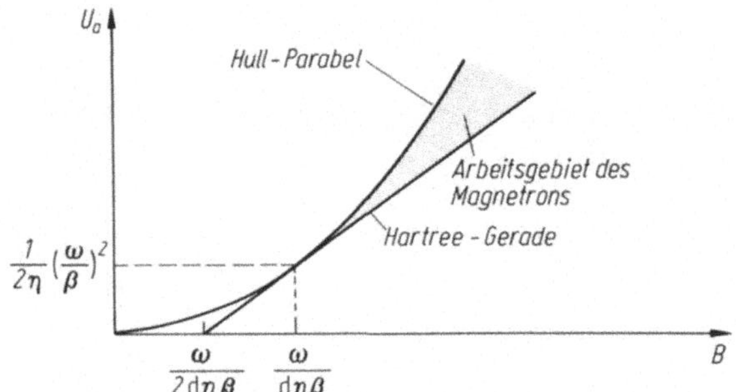

Abb. 6.41. Arbeitsgebiet eines Magnetrons im U_a-B-Diagramm

In Abb. 6.42 sind die Phasenwinkel α und Kreisfrequenzen ω für verschiedene mögliche Schwingungsmoden eines Magnetrons angeben. Um die Frequenz der π-Mode-Schwingung von den anderen möglichen Schwingungen zu trennen, sind zwei

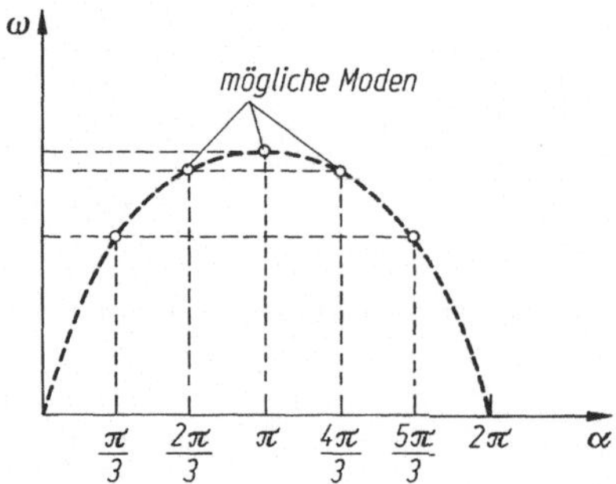

Abb. 6.42. Phasenwinkel α und Kreisfrequenz ω verschiedener Schwingungsmoden eines Magnetrons

Methoden gebräuchlich: Man verwendet entweder sogenannte *Straps*, das sind metallische Verbindungsleitungen gleichphasiger Resonatorwände (vgl. Abb. 6.43a). Die Straps wirken wie Parallelkapazitäten und erniedrigen die Betriebsfrequenz (π-Mode-Frequenz) des Magnetrons. Für alle anderen Moden wirken die Straps wegen Stromaufnahme wie Parallelinduktivitäten, welche die Frequenzen dieser Moden erhöhen. Die zweite Möglichkeit ist die Verwendung von *Zwei-Resonator-Systemen* (Rising-Sun-Systemen) nach Abb. 6.43b. Die verschiedene Größe benachbarter Resonatoren ergibt hier ebenfalls eine Frequenztrennung zwischen dem π-Mode und anderen Moden.

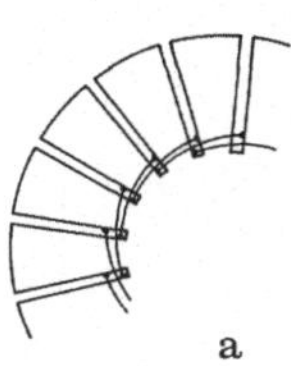

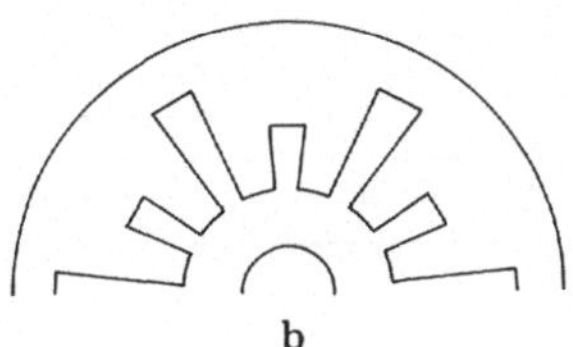

Abb. 6.43. a Verbindung gleichphasiger Resonatorwände durch Straps zur Trennung des π-Modes von anderen unerwünschten Moden, **b** Zwei-Resonator-System (Rising-Sun-System) zur Trennung des π-Modes von anderen Moden

Die Abb. 6.44 zeigt das typische *Arbeitsdiagramm* eines Magnetrons. Es enthält neben dem I_a-U_a-Kennlinienfeld (für B = const.) die Kurven konstanter Leistung und konstanten Wirkungsgrads.

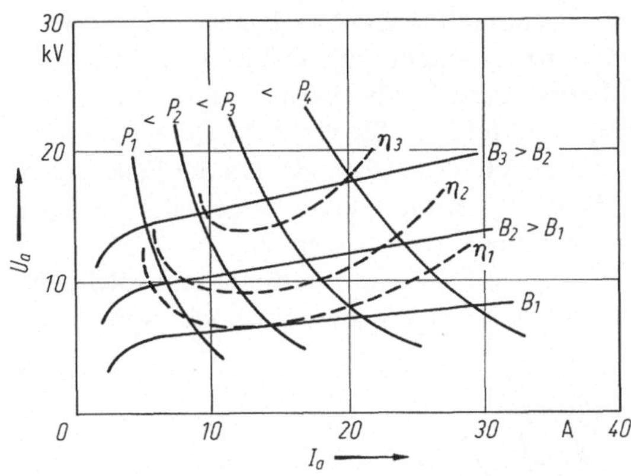

Abb. 6.44. Arbeitsdiagramm (I_a-U_a-Kennlinienfeld) eines Magnetrons. B = magnetische Induktion, P = Ausgangsleistung, η = Wirkungsgrad

Durch den Raumladungseinfluß der Elektronenströmung auf die Spaltkapazitäten der Resonatoren existiert eine Rückwirkung der Elektronenströmung auf die Betriebsfrequenz. Diese ist daher nur in begrenztem Umfang stabil. Die Frequenz ist mechanisch um einige Prozent durchstimmbar. Auch eine Modulation durch motorgetriebene Abstimmsysteme oder elektronische Verfahren (angekoppelte Hilfskreise, Raumladungsverstimmung durch modulierte Hilfselektronenstrahlen) ist möglich. Von Nachteil ist das relativ starke Amplituden- und Frequenzrauschen des Magnetrons.

Hinsichtlich der Anwendung existieren im wesentlichen drei Röhrengruppen: Dauerstrich-Magnetrons für Mikrowellenerwärmung (f = 2425–2475 MHz, P_a = 100–5000 W, η_0 = 60 %); Dauerstrich-Magnetrons für die Meßtechnik (f = 1–90 GHz, P_a = bis einige 100 W, η_0 = 50–70 %); Impulsmagnetrons für die Radartechnik (f = 1–90 GHz, P_a = bis einige MW).

6.4.2.2 Wanderfeldmagnetrons

Diese Röhren gehören zur Gruppe der *Kreuzfeld-Verstärker* (*c*rossed-*f*ield *a*mplifier, CFA). Bei ihnen tritt – wie Abb. 6.45 zeigt – ein Elektronenstrahl in einem gekreuzten elektrischen und magnetischen Feld mit dem Wanderfeld einer Verzögerungsleitung (V) in Wechselwirkung.

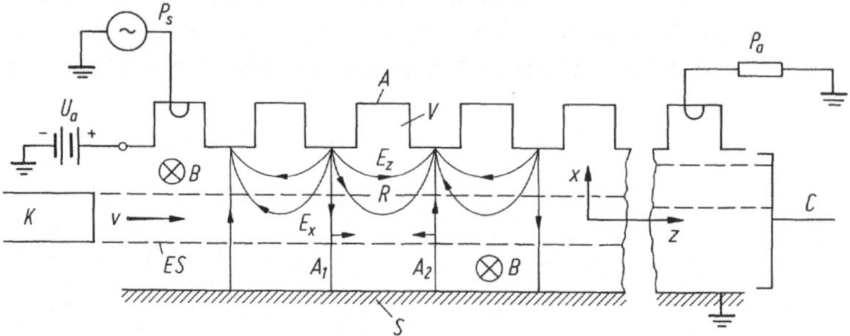

Abb. 6.45. Aufbau eines linearen Injektions-Kreuzfeld-Verstärkers.
K = Injektionskathode, ES = Elektronenstrahl der Geschwindigkeit v, B = magnetische Induktion, A = Anode = Verzögerungsleitung (V), S = Gegenelektrode, $P_{s,a}$ = Steuer- bzw. Ausgangsleistung, C = Kollektor

Der örtliche Verlauf von $\tilde{E}_x$ und $\tilde{E}_z$ bewirkt bei A_1 ein v_x, das mit der Induktion B ein zusätzliches v_z ergibt, und bei A_2 ein $-v_x$, das mit B ein zusätzliches $-v_z$ liefert (v_x, v_z = Geschwindigkeitskomponenten in x- bzw. z-Richtung). Daher entstehen bei R Elektronenbündel, die durch das dort herrschende $\tilde{E}_z$ abgebremst werden. Dadurch bewegen sich die Elektronen in Richtung zur Anode A. Sie verlieren dabei einen Teil ihrer potentiellen Energie an die $\tilde{E}_z$-Komponente des HF-Felds. Da die Elektronenbündelung nicht durch $\tilde{E}_z$, sondern durch $\tilde{E}_x$ erfolgt, kann wegen des geringen Raumladungseinflusses eine hohe Signalleistung verstärkt werden.

Nach Abb. 6.46 unterscheidet man Röhren mit Injektionskathode und solche mit kontinuierlicher Kathode. Verstärker mit kontinuierlicher Kathode werden als

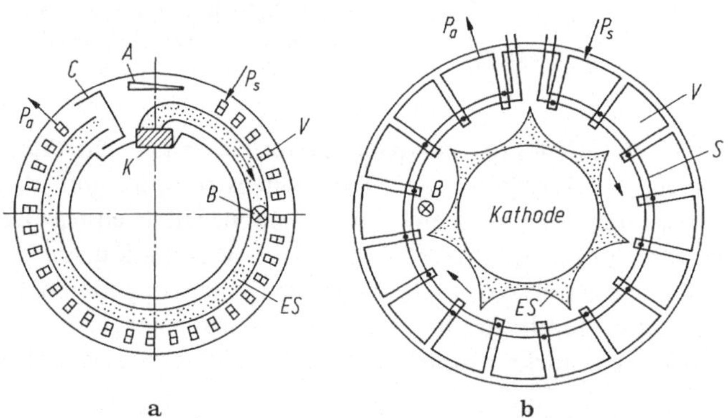

Abb. 6.46. a Zirkularer Injektions-Kreuzfeld-Verstärker. K = Kathode, V = Verzögerungsleitung, ES = Elektronenstrahl, C = Kollektor, A = Ablenkelektrode, B = magnetische Induktion, $P_{s,a}$ = Steuer- bzw. Ausgangsleistung, **b** Zirkularer Kreuzfeld-Verstärker mit kontinuierlicher Kathode (Amplitron). V = Verzögerungsleitung, ES = Elektronenspeichenrad, S = Straps, B = magnetische Induktion, $P_{s,a}$ = Steuer- bzw. Ausgangsleistung

Amplitrons bezeichnet. In solchen Röhren erzeugt das HF-Feld der Resonatoren am Umfang der Kathode ähnlich wie beim Magnetron ein Elektronenspeichenrad, das in Abb. 6.46b im Uhrzeigersinn rotiert. Die Steuerleistung P_s wird dabei so groß gewählt, daß bereits am Röhreneingang eine volle „Stromspeiche" vorhanden ist. Solche voll ausgebildeten Stromspeichen sind über den ganzen Umfang der Verzögerungsleitung verteilt. Jede Stromspeiche induziert in der Leitung zwei gegeneinander laufende Wellen. Die Rückwärtswellen löschen sich gegenseitig aus, während sich die Vorwärtswellen phasenrichtig addieren. Da jede Stromspeiche die gleiche Leistung in der Leitung induziert, wächst die Leistung linear mit der Leitungslänge. Ein Faktor zehn in der Leitungslänge bedeutet daher nur eine Verdopplung des Leistungsgewinns in dB. Dies ist einer der Gründe, warum Kreuzfeldverstärker einen relativ niedrigen Leistungsgewinn haben.

Amplitrons haben eine Ausgangsleistung bis zu einigen MW bei einer Eingangsleistung von einigen 100 kW. Ihr Wirkungsgrad beträgt bis zu 90% und ihr Leistungsgewinn 10 bis 15 dB. Sie sind besonders als Endverstärker für hohe HF-Leistungen geeignet.

6.4.3 Das Gyrotron

In den letzten Jahren ist eine neuartige Hochleistungs-Mikrowellenröhre für den mm-Wellenbereich, das sogenannte Gyrotron, entwickelt worden. Die Wirkungsweise des Gyrotrons (von gyrating electrons) beruht auf der energetischen Wechselwirkung zwischen einer schnellen elektromagnetischen Hohlleiterwelle und einem Elektronenhohlstrahl mit relativistischer Elektronengeschwindigkeit. Die Frequenz der erzeugten oder verstärkten HF-Schwingung wird im wesentlichen durch die Stärke eines axialen magnetischen Gleichfelds bestimmt und nicht durch die Größe des Resonators. Der Resonator kann daher überdimensioniert werden, so daß für den Elektronenstrahl eine um ein bis zwei Größenordnungen größere Querschnittsfläche zur Verfügung steht. Dadurch können im cm- und mm-Wellenbereich sehr hohe Impuls- und Dauerstrichleistungen erreicht werden, wie sie mit einem Klystron oder einer Wanderfeldröhre wegen der zu kleinen erforderlichen Strahlquerschnittsfläche nicht möglich sind.

Die Abb. 6.47 zeigt den Aufbau eines sogenannten Gyromonotrons, das als HF-Oszillator wirkt. Von einem Teil (2) des Mantels einer kegelstumpfförmigen Kathode

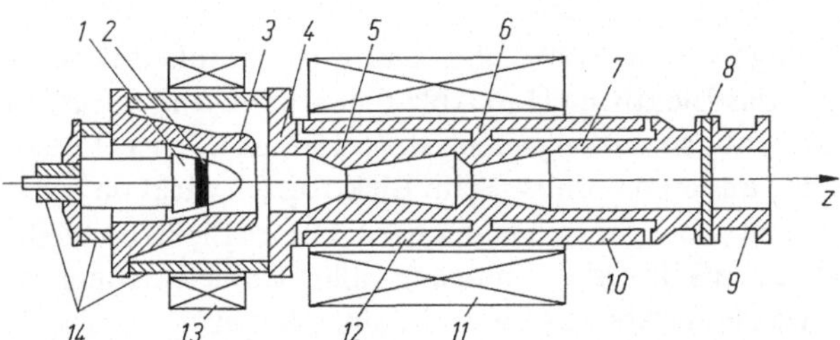

Abb. 6.47. Aufbau eines Gyromonotrons (Erklärung s. Text)

(1) wird ein Elektronenhohlstrahl erzeugt und durch die Elektroden (3) und (4) beschleunigt. Der Strahl tritt dann in einen Resonator (5) ein, der durch die Spule (11) von einem axialen homogenen Magnetfeld erfüllt ist. Die Strahlelektronen bewegen

sich dort auf Schraubenbahnen (vgl. Abb. 6.48), wobei die Zyklotronfrequenz ω_c wegen der relativistischen Elektronengeschwindigkeit

$$\omega_c = \frac{e}{\gamma m_0} B \tag{6.156}$$

mit

$$\gamma = \frac{1}{\sqrt{1-(v/c)^2}} \tag{6.156a}$$

beträgt. Im kreiszylindrischen Resonator (5) treten die Elektronen mit einer angeregten HF-Schwingung in Wechselwirkung und geben bei richtiger Phasenlage Energie an diese ab. Die anschließende Auskoppelleitung (7) ist durch ein HF-Fenster (8) verschlossen.

Am Ende des Magnetfelds (bei 7) spreizt der Elektronenstrahl auf. Die Elektronen treffen dort auf die gekühlte Wand (10) der Auskoppelleitung, die gleichzeitig als Kollektor wirkt. Die erzeugte HF-Leistung wird durch einen Hohlleiter ausgekoppelt.

Die Wechselwirkung zwischen HF-Welle und Elektronenstrahl veranschaulicht die Abb. 6.48. Beim Eintritt in den Resonator (5) bewegen sich die Elektronen im Hohlstrahl mit der Zyklotronfrequenz ω_c auf Schraubenbahnen mit statistisch verteilter Phasenlage (Abb. 6.48a). Durch die Wechselwirkung mit der tangentialen Komponente E_θ des HF-Felds werden die Elektronen phasenfokussiert (Abb. 6.48b) und

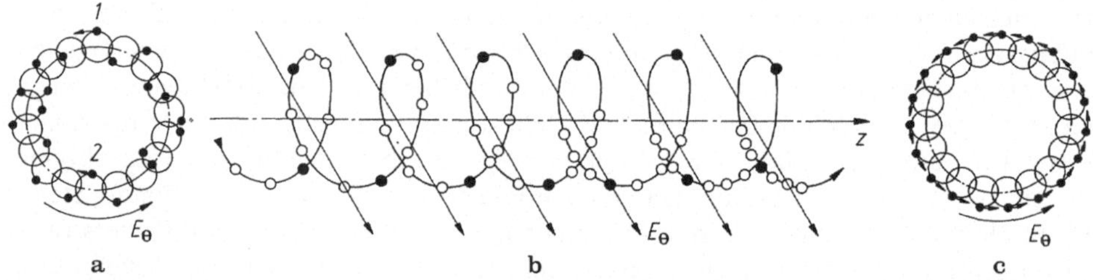

Abb. 6.48a–c. Vorgang der Phasenwinkelfokussierung der Elektronen im Hohlstrahl eines Gyrotrons. **a** Statistische Verteilung der Phasenlagen der Elektronen auf ihren Schraubenbahnen, **b** Phasenfokussierung der Elektronen durch die E_θ-Komponente des HF-Felds, **c** Abbremsung der phasenfokussierten Elektronen durch die E_θ-Komponente des HF-Felds.

erreichen schließlich eine Phasenlage wie in Abb. 6.48c. Die Phasenwinkelfokussierung entsteht dadurch, daß E_θ auf das Elektron (1) in Abb. 6.48a bremsend wirkt. In Gl. (6.156a) nehmen daher v und γ ab, so daß ω_c nach Gl. (6.156) anwächst. Dieses Elektron eilt daher in der Phase den anderen voraus. Beim Elektron (2) wirkt dagegen E_θ beschleunigend, v und γ nehmen zu, wodurch ω_c kleiner wird. Dieses Elektron bleibt daher in der Phase zurück. Das Ergebnis dieses Vorgangs für alle Strahlelektronen ist die Phasenwinkelfokussierung, wie sie in Abb. 6.48b und c angedeutet ist.

Wählt man den Hohlraumresonator so, daß die darin erzeugte HF-Schwingung eine Kreisfrequenz ω hat, die etwas größer als ein ganzzahliges Vielfaches der Zyklotronfrequenz ω_c ist:

$$n\,\omega_c = n \frac{e}{\gamma m_0} B \tag{6.157}$$

(n = ganze Zahl, normalerweise n = 1), so werden die phasenfokussierten Elektronen nach Abb. 6.48c durch das HF-Feld dauernd abgebremst und geben Energie an das Feld ab. Dadurch wird die HF-Schwingung angefacht und man kann dem Resonator HF-Leistung entziehen. Die erzeugte Frequenz ist nur wenig größer als die Grenzfrequenz des dem Resonator entsprechenden Hohlleiters.

Wesentlich für den Gyrotron-Mechanismus ist, daß die Beschleunigungsspannung der Elektronen und damit die Elektronengeschwindigkeit so gewählt werden, daß im Resonatorfeld relativistische Massenänderungen auftreten können. Entsprechend hoch muß nach Gl. (6.157) auch die magnetische Induktion B gemacht werden. Beispiele für die Betriebsdaten eines Gyromonotrons sind: (1) Wellenlänge $\lambda = 8{,}9$ mm, Dauerstrichleistung 10 kW, Wirkungsgrad 40 %, $U_0 = 19$ kV, $I_0 = 1{,}3$ A; (2) $\lambda = 10{,}7$ mm, Impulsbetrieb, Impulsleistung 248 kW, $U_0 = 80$ kV, $I_0 = 8$ A.

Neben dem Gyromonotron lassen sich nach ähnlichem Prinzip auch Gyroklystron- und Gyrowanderfeldröhren-Verstärker aufbauen (vgl. Abb. 6.49). Solche Röhren befinden sich in Entwicklung. Man bezeichnet sie auch als Elektronen-Zyklotron-Maser, weil sie die Eigenschaften von Molekül-Masern und klassischen Mikrowellenröhren verknüpfen. Ihr Einsatz ist unter anderem in Kernfusions-, Hochleistungs-Nachrichten- und -Radaranlagen vorgesehen.

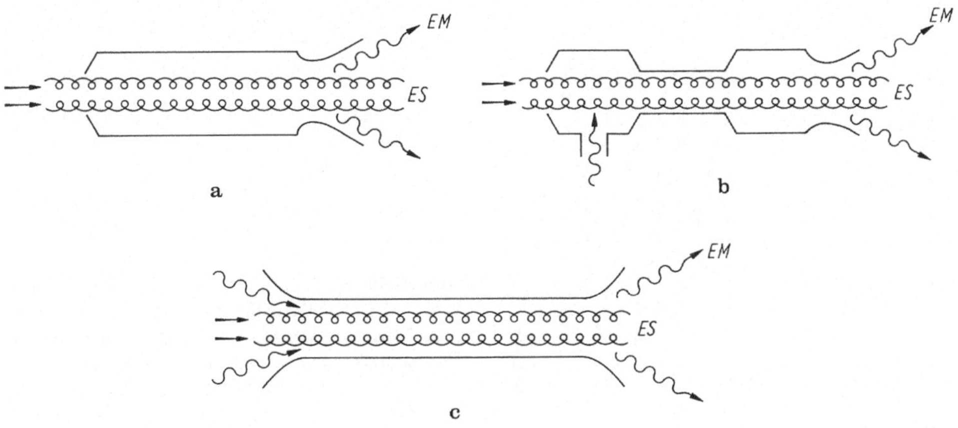

Abb. 6.49a–c. Verschiedene Arten von Gyrotrons. **a** Gyromonotron-Oszillator, **b** Gyroklystron-Verstärker, **c** Gyrowanderfeldröhren-Verstärker

6.5 Vergleich zwischen Mikrowellenröhren und Mikrowellen-Halbleiterbauelementen

In den letzten Jahren ist die maximal erzeugbare HF-Leistung von Mikrowellen-Halbleiterbauelementen stark angewachsen. Die Leistungsgrenze liegt ungefähr dort, wo die abzuführende Verlustwärme zu hoch wird und einen stabilen Betrieb des Bauelements unmöglich macht. Wie Abb. 6.50 zeigt, liegt diese Grenze für Halbleiter weit unter derjenigen für Mehrgitter- und Mikrowellenröhren. Es ist zu erwarten, daß auch in Zukunft Hochleistungs-Mikrowellenröhren nicht durch äquivalente Halbleiterbauelemente verdrängt werden.

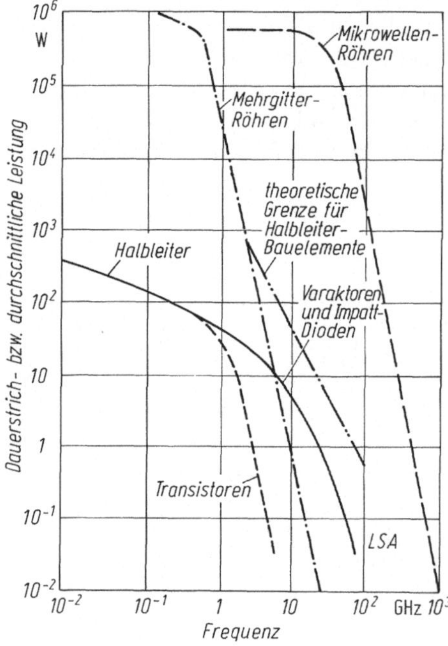

Abb. 6.50. Vergleich der Leistungsgrenzen von Mikrowellenröhren, Mehrgitterröhren und Mikrowellen-Halbleiterbauelementen im Frequenzbereich von 0,01 bis 1000 GHz

7 Teilchenbeschleuniger

Für kernphysikalische Untersuchungen, Materialanalysen und therapeutische Anwendungen in der Medizin sind Elementarteilchen- und Ionenstrahlen sehr hoher Energie erforderlich. Anlagen, mit denen sich Teilchenenergien von etwa 100 keV bis einigen 100 GeV erzielen lassen, bezeichnet man als Teilchenbeschleuniger.

7.1 Linearbeschleuniger

Bei diesen Geräten durchlaufen die Teilchen während der Beschleunigung eine geradlinige Flugbahn. Die Beschleunigung erfolgt durch elektrische Gleich- oder Hochfrequenzfelder.

7.1.1 Gleichspannungs-Linearbeschleuniger

Den Aufbau eines solchen Beschleunigers, der erstmals 1932 von Cockroft und Walton verwendet wurde, zeigt Abb. 7.1. Die auf etwa 10^{-6} mbar evakuierte Beschleunigungsröhre enthält eine Anzahl von Scheibenelektroden, die durch Isolierringe voneinander

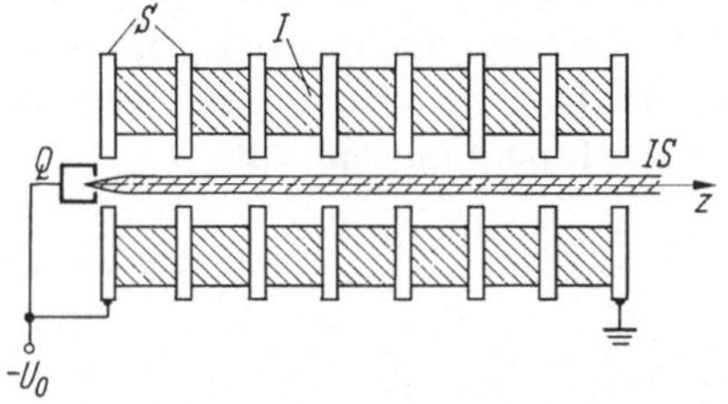

Abb. 7.1. Mehrstufiger Gleichspannungs-Linearbeschleuniger.
Q = Ionenquelle, S = Scheibenelektroden, I = Isolatoren, die gleichzeitig zur Spannungsteilung dienen, IS = Ionenstrahl, U_0 = Beschleunigungsspannung

getrennt sind. Das jeweilige Scheibenpotential wird durch einen äußeren Spannungsteiler oder (bei modernen Geräten) durch den Spannungsabfall des Coronastroms zwischen den Scheibenelektroden festgelegt. Die Scheiben wirken gleichzeitig als Elektronenlinsen, die den Teilchenstrahl periodisch fokussieren (vgl. Abb. 4.52).

Zwischen der Teilchenquelle und der letzten Beschleunigungselektrode wird eine Gleichspannung U_0 angelegt, die maximal etwa 5 MV betragen kann. Die *erreichbare Endenergie* der Teilchen (mit der Ladung q) beträgt:

$$\boxed{E_{k_{max}} = q\,U_0\,.} \tag{7.1}$$

Die erforderliche Hochspannung wird mit Van de Graaff-Generatoren oder Kaskaden-Generatoren (Spannungsvervielfacher-Systemen) erzeugt. Um Hochspannungsüberschläge zu vermeiden, ist die Beschleunigungsröhre in einem Hochdrucktank untergebracht (Füllgas z.B. $N_2 + CO_2$ bei 10 bis 25 bar).

Eine Weiterentwicklung der Gleichspannungs-Linearbeschleuniger sind die *Tandem-Beschleuniger*, bei denen die Hochspannung zweimal ausgenutzt wird. Ihr Prinzip besteht darin, daß von einer Ionenquelle erzeugte negative Ladungsträger nach Durchlaufen der vollen Beschleunigungsspannung U_0 in der Mitte des Beschleunigungsrohrs ohne Energieverlust umgeladen und die jetzt positiv gewordenen Ionen bis zum Ende des Rohrs auf eine Energie entsprechend der Spannung $2U_0$ weiter beschleunigt werden (vgl. Abb. 7.2). Die Umladung von negativen in positive Ionen

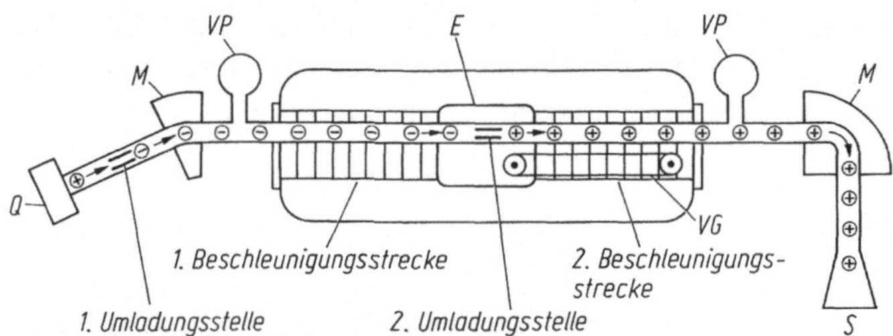

Abb. 7.2. Tandem-Linearbeschleuniger.
Q = Ionenquelle, E = Hochspannungselektrode, M = Ablenkmagnet, VP = Vakuumpumpe, VG = Van de Graaff-Generator, S = Experimentierplatz

erfolgt beim Durchtritt der Ionen durch eine Gasschicht mit erhöhtem Druck (Umladestrecke) oder beim Durchtritt durch eine dünne Folie. Im ersten Fall besteht die Umladestrecke aus einem dünnen Rohr, in dessen Mitte Gas (meistens O_2) eingelassen wird. Das Gas wird fortlaufend aus der Beschleunigungsröhre abgepumpt. Unerwünschte Elektronen lassen sich aus der Beschleunigungsröhre entfernen, wenn man die lochscheibenförmigen Beschleunigungselektroden nicht exakt parallel, sondern geringfügig gegeneinander geneigt anordnet. Die entstehenden Feldverzerrungen beseitigen nur die Elektronen, lassen aber die Ionen unbeeinflußt.

7.1.2 Hochfrequenz-Linearbeschleuniger

7.1.2.1 Linearbeschleuniger mit Rohrlinsensystem

Durch Anlegen einer hochfrequenten Wechselspannung an zwei Gruppen parallel geschalteter, hintereinander liegender Rohrstücke (Rohrlinsen) wird ein stehendes Wellenfeld erzeugt, mit dem Teilchen stufenweise beschleunigt werden können. Damit die Teilchen auf ihrer Flugbahn zwischen je zwei benachbarten Rohrelementen nach Abb. 7.3 immer ein Beschleunigungsfeld vorfinden, muß die Länge l eines Rohrelements gleich der Strecke v T/2 sein, die ein Teilchen mit der Geschwindigkeit v während der halben Periodendauer T/2 der Wechselspannung zurücklegt:

$$l = \frac{T\,v}{2} = \frac{v}{2f}. \tag{7.2}$$

Bei konstanter Frequenz muß nach Gl. (7.2) die Länge l der Rohrelemente proportional mit v ansteigen. Im n-ten von insgesamt N Rohrabschnitten ist die

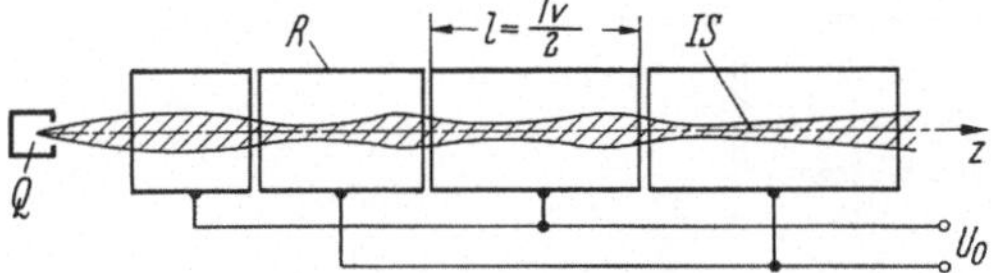

Abb. 7.3. Linearbeschleuniger mit Rohrlinsensystem.
Q = Ionenquelle, R = Rohrelemente, IS = Ionenstrahl, U_0 = Beschleunigungsspannung, l = Länge eines Rohrelements

Teilchenenergie bei einer Teilchenmasse M und einer Teilchengeschwindigkeit v_n:

$$E_k = \frac{1}{2} M v_n^2 = \frac{1}{2} M 4 f^2 l_n^2 = 2 M f^2 l_n^2 \tag{7.3}$$

(l_n = Länge des n-ten Rohrabschnitts). Bei einer Anfangsenergie $q U_0$ und einem Energiezuwachs $q U_0$ je Stufe ist nach n Stufen:

$$E_k = n q U_0 . \tag{7.4}$$

Aus den Gln. (7.3) und (7.4) folgt:

$$l_n = \sqrt{\frac{n q U_0}{2 M f^2}} . \tag{7.5}$$

Die Gesamtlänge des Beschleunigers beträgt:

$$L = \sum_{n=0}^{N} l_n \approx \sqrt{\frac{q U_0}{2 M f^2}} \int_0^N n^{1/2} dn = \frac{2}{3} N^{3/2} \sqrt{\frac{q U_0}{2 M f^2}} , \tag{7.6}$$

wobei anstelle der Summe über l_n das Integral von Null bis N eingesetzt wurde. Die *erreichbare Endenergie* der beschleunigten Teilchen erhalten wir, wenn wir für n in Gl. (7.4) den Wert von N aus Gl. (7.6) verwenden:

$$\boxed{E_{k_{max}} = N q U_0 = \left(\frac{3}{\sqrt{2}} L q U_0 f \sqrt{M} \right)^{2/3} .} \tag{7.7}$$

Die Endenergie steigt also mit der Länge (L) des Beschleunigers, mit der Frequenz (f) und Amplitude (U_0) der Wechselspannung und mit der Teilchenladung (q) und -masse (M) an.

Zur optimalen Ausnutzung der zugeführten Beschleunigerleistung wird die Beschleunigungsstrecke so aufgebaut, daß sie Bestandteil von Hohlraumresonatoren ist. Die Abb. 7.4a zeigt eine Anordnung mit getrennten Resonatoren und die Abb. 7.4b ein System, das aus einem einzigen Resonator besteht. Die Resonanzfrequenz dieser Resonatoren ist gleich der Frequenz der Beschleunigungsspannung. Damit die

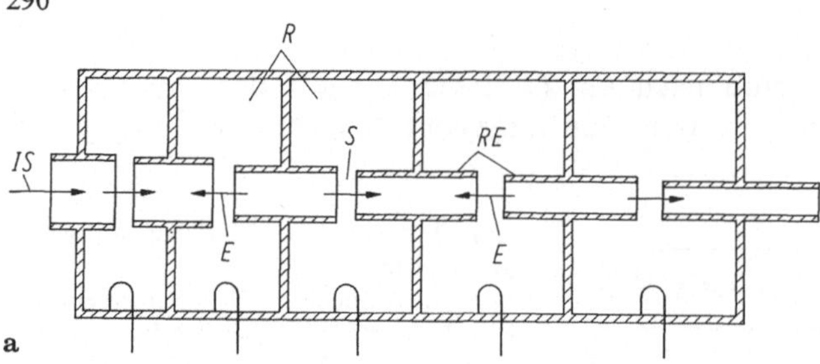

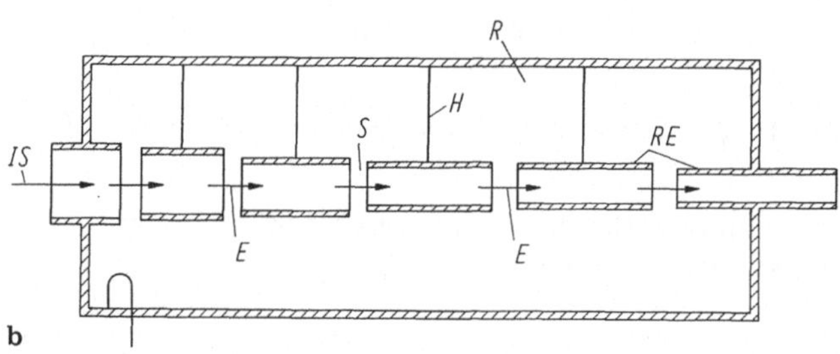

Abb. 7.4a, b. Hochfrequenz-Linearbeschleuniger mit mehreren getrennten Resonatoren (**a**) und einem einzigen Resonator (Alvarez-Typ (**b**). R = Resonatoren, RE = Rohrelemente, H = stabförmige Halterungen der Rohrelemente, S = Beschleunigungsspalte, E = augenblickliche Richtung des elektrischen Beschleunigungsfeldes bei gegenphasigem Schwingen (**a**) und bei gleichphasigem Schwingen (**b**), IS = Ionenstrahl

Resonanzfrequenz jedes Resonators in Abb. 7.4a trotz zunehmender Resonatorlänge (bzw. Länge der Rohrelemente) konstant bleibt, wird der Durchmesser der Rohrelemente und damit die Kapazität C der einzelnen Resonatoren längs der Beschleunigungsstrecke kleiner. Beim System der Abb. 7.4a können je zwei benachbarte Beschleunigungsspalte entweder gegenphasig oder gleichphasig schwingen, im Fall der Abb. 7.4b können dagegen alle Beschleunigungsspalte nur gleichphasig schwingen. Im ersten Fall muß die Laufzeit der Teilchen in einem Rohrelement gleich der halben und im zweiten Fall gleich der vollen Periodendauer der HF-Schwingung sein, damit die Ionen in jedem Spalt beschleunigt werden.

Geräte dieser Art haben eine Einschußenergie der Ionen von der Größenordnung 1 MeV und eine Endenergie bis 100 MeV. Die Anzahl der Beschleunigungsspalte beträgt 30 bis mehr als 100, die Frequenz z.B. 200 MHz, die Impulsfolgefrequenz 1 bis 50 Hz, die Beschleunigerlänge 10 bis 40 m und die HF-Verlustleistung einige MW.

7.1.2.2 Linearbeschleuniger mit Verzögerungsleitung (Wanderfeld-Beschleuniger)

Dieser Beschleunigertyp wirkt wie eine Wanderfeldröhre mit umgekehrtem Energietransport. Bei der Wanderfeldröhre überträgt ein modulierter Elektronenstrahl Energie auf eine fortschreitende elektromagnetische Welle, die dadurch verstärkt wird (vgl. Abschnitt 6.4.1.1). Beim Wanderfeld-Beschleuniger wird dagegen der elektromagnetischen Welle dauernd Energie entzogen und den Elektronenbündeln in einem modulierten Strahl als Beschleunigungsenergie zugeführt. Damit dies möglich ist, muß die elektromagnetische Welle eine große axiale Komponente E_z der elektrischen Feldstärke sowie eine Phasengeschwindigkeit v_{ph} haben, die an allen Stellen der Beschleunigungsstrecke gleich der Teilchengeschwindigkeit v ist.

Eine Verzögerungsleitung, die diese Bedingungen erfüllt, ist die Kammerleitung mit gekoppelten Resonatoren (vgl. Abb. 6.24b u. c sowie Abb. 7.5). Bei ihr hängt die Phasengeschwindigkeit v_{ph} einer hindurchlaufenden Welle von der Resonatortiefe (b–a) und der Resonatorlänge L ab. Durch geeignete Variation dieser geometrischen Abmessungen längs der Leitung kann man erreichen, daß die Phasenlage der elektromagnetischen Welle in Bezug auf die zu beschleunigenden Teilchenbündel unverändert bleibt.

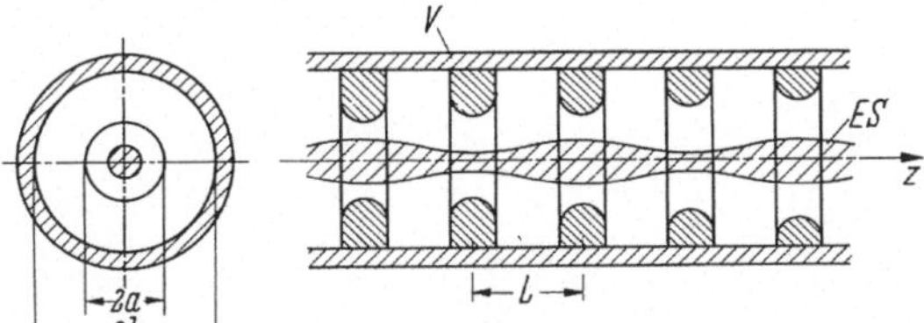

Abb. 7.5. Verzögerungsleitung für einen Linearbeschleuniger (Kammerleitung mit gekoppelten Resonatoren).
V = Verzögerungsleitung, ES = Elektronenstrahl

Die Bündelung der Elektronen erfolgt im Eingangsteil der Verzögerungsleitung, dem sogenannten *Buncher*. Dort werden die Elektronen von ihrer Eintrittsgeschwindigkeit auf nahezu Lichtgeschwindigkeit beschleunigt. Der Buncher ist so aufgebaut, daß sich die Phasengeschwindigkeit der Welle längs des Bunchers synchron mit der Teilchengeschwindigkeit ändert. Die Abb. 7.6 zeigt die sinusförmige Verteilung der

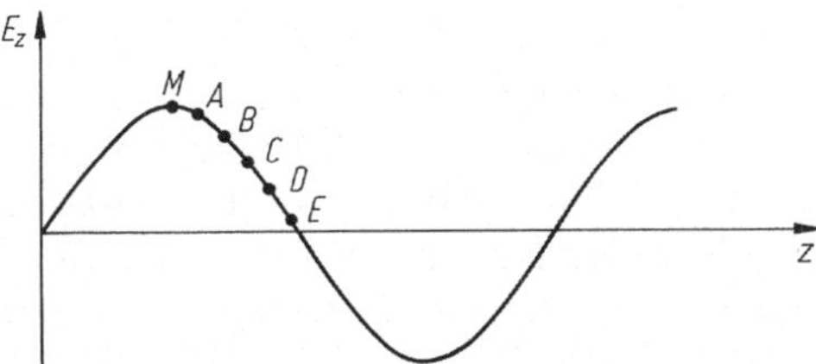

Abb. 7.6. Verschiedene Phasenlagen A bis E der beschleunigten Elektronen in Bezug auf die Feldstärkekomponente E_z der elektromagnetischen Wanderwelle. M = Maximum der Welle

Feldstärke E_z im Buncher, die mit der Phasengeschwindigkeit v_{ph} weiterwandert. Elektronen, die an den Stellen A bis E mit der Welle mitlaufen, werden beschleunigt. Die Beschleunigung ist für die Elektronen A und B (wegen der höheren Feldstärke) größer und für die Elektronen D und E kleiner als für die Elektronen C. Die Elektronen A, B, D und E werden daher in ihrer Phasenlage in Richtung zu den C-Elektronen verschoben (Phasenfokussierung). Um eine hohe Beschleunigung zu erzielen, wird am Ende des Bunchers die Phase der C-Elektronen in das Maximum M der Feldstärkeverteilung gelegt. Zu diesem Zweck ist das Buncherende so aufgebaut, daß dort die Phasengeschwindigkeit der Welle kurzzeitig größer als die Lichtgeschwindigkeit wird. Die Elektronen bleiben dann gegenüber der Welle zurück, bis sie sich im Maximum M der Feldstärkeverteilung befinden. Sie „reiten" dann auf dem Wellenkamm bis zum Ende der Beschleunigungsstrecke. Ihr Energiezuwachs entsteht ausschließlich durch die relativistische Massenzunahme. Bei einer Leitungslänge l beträgt die *erreichbare Endenergie:*

$$\boxed{E_{k_{max}} = e\,E_{max}\,l} \tag{7.8}$$

(e = Elementarladung, E_{max} = Maximum der beschleunigenden Feldstärke).

Die Abb. 7.7 zeigt den grundsätzlichen Aufbau eines Wanderfeld-Linearbeschleunigers für Elektronen. Zur Erzeugung der Wanderwelle dient ein Hochleistungsklystron mit einer Impulsleistung im MW-Bereich. Das Klystron liefert HF-Impulse von z. B.

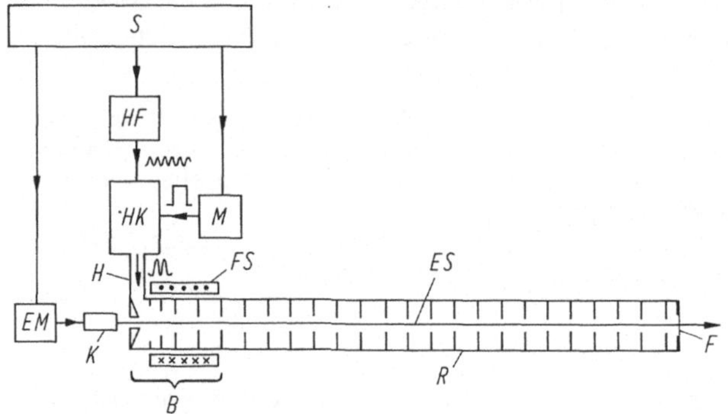

Abb. 7.7. Aufbau eines Wanderfeld-Linearbeschleunigers für Elektronen. R = Beschleunigungsrohr, ES = Elektronenstrahl, F = Austrittsfenster für die Elektronen, B = Buncher, FS = Fokussierspulen, K = Elektronenkanone, EM = Einspritz-Modulator für die Elektronenkanone, HK = Hochleistungsklystron, H = Hohlleiter, M = Modulator, HF = HF-Generator, S = Steuerung

1 μs Dauer und 1 ms Abstand synchron zu den Stromimpulsen der Elektronenkanone. Bei einer Frequenz der HF-Welle von z. B. 3 GHz enthält jeder HF-Impuls 3000 Einzelschwingungen. Da die Elektronen in Form kleiner Pakete mit den positiven Maxima der Einzelschwingungen mitlaufen, erhält man am Ausgang des Beschleunigers Elektronenimpulse von 1 μs Dauer, die aus je 3000 einzelnen Elektronenpaketen bestehen.

Je nach Beschleunigergröße beträgt die Länge der Beschleunigungsstrecke 1 bis 3200 m, die mittlere Strahlstromstärke 1 bis 500 μA, die Impulsleistung 0,5 bis 2000 MW und die Endenergie 1 bis 40000 MeV.

7.2 Das Zyklotron

Das Zyklotron (Lawrence, 1930), dessen Aufbau Abb. 7.8 zeigt, ist ein Ionen-Spiralbahn-Beschleuniger mit zwei HF-Elektroden in einem konstanten magnetischen Führungsfeld. Zwischen zwei Polschuhen eines Elektromagneten befindet sich eine Vakuumkammer, die (in ihrer Mitte) eine Ionenquelle sowie zwei große, an hochfrequenter Wechselspannung liegende halbdosenförmige Elektroden (Dees) enthält. Innerhalb dieser (hohlen) Elektroden durchläuft jedes Ion vom magnetischen Führungsfeld erzwungene halbkreisförmige Bahnen und durchquert dabei jedesmal den Spalt zwischen den HF-Elektroden. Geschieht dies phasenrichtig im Takt der Hochfrequenzschwingung, so finden die Ionen im Spalt ständig ein Beschleunigungsfeld vor. Die Geschwindigkeit der Ionen wird dadurch stufenweise erhöht. Da der Radius R der Halbkreis-Ionenbahnen in einem konstanten Magnetfeld der Induktion

B für Ionen der Ruhemasse M_0, Ladung q und Geschwindigkeit v in Analogie zu Gl. (2.111)

$$R = \frac{v}{\omega} = \frac{M_0 v}{q B} \tag{7.9}$$

beträgt, steigt bei konstanter Ionenmasse der Bahnradius R proportional mit der Ionengeschwindigkeit v an. Als Ionenbahn ergibt sich daher eine Spirale, die aus aneinandergefügten Halbkreisen mit wachsenden Radien besteht. Die Ionen bleiben

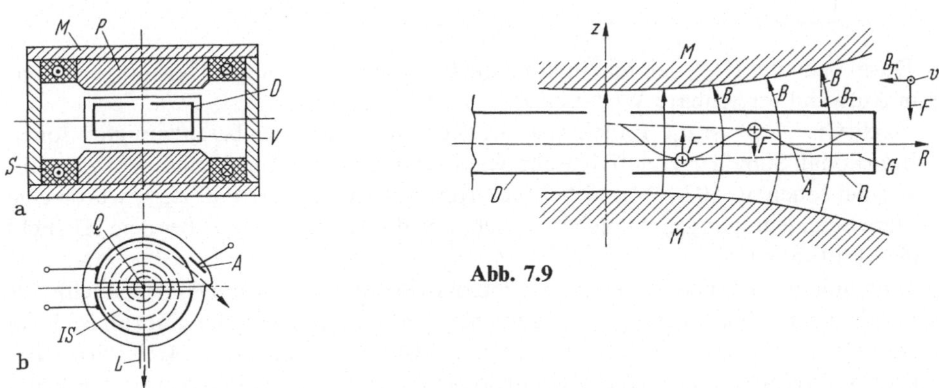

Abb. 7.8

Abb. 7.9

Abb. 7.8a, b. Aufbau des Zyklotrons. **a** Elektromagnet mit Vakuumkammer, **b** Vakuumkammer mit HF-Beschleunigungselektroden (Dees) und Ionenbahn.
M = Elektromagnet, S = Erregerspulen, P = Polschuhe, D = HF-Elektroden (Dees), V = Vakuumkammer, Q = Ionenquelle, A = Ablenkelektrode (zum Ausschleusen der Ionen), IS = Ionenstrahl, L = Saugleitung der Vakuumpumpe

Abb. 7.9. Zusätzliche axiale Richtungsfokussierung des Ionenstrahls im Zyklotron durch keilförmige Polschuhe (M).
D = HF-Elektroden (Dees), G = Begrenzung des Strahlquerschnitts in axialer Richtung, A = räumliche Schwingungen der Ionen infolge der rücktreibenden Kräfte F, B = magnetische Induktion, R = Radius

trotz ihrer zunehmenden Geschwindigkeit v stets im Takt mit der Hochfrequenzschwingung, da ihre Umlaufzeit τ im Magnetfeld entsprechend Gl. (4.66) von R und v unabhängig ist:

$$\tau = \frac{2\pi R}{v} = 2\pi \frac{M_0}{q B}. \tag{7.10}$$

Mit wachsendem Bahnradius gelangen die Ionen an den Rand der HF-Elektroden und werden dort durch eine Ablenkelektrode mit Hilfe eines Spannungsimpulses aus der Vakuumkammer ausgeschleust.

Damit für die umlaufenden Ionen im Spalt zwischen den Dees stets ein Beschleunigungsfeld besteht, muß die Winkelgeschwindigkeit

$$\omega = \frac{v}{R} = \frac{q}{M_0} B \tag{7.11}$$

der Ionen im homogenen Magnetfeld gleich der Kreisfrequenz $\omega_0 = 2\pi f$ des HF-Feldes sein. Die erforderliche Frequenz ist daher:

$$f = \frac{1}{2\pi} \frac{q}{M_0} B. \tag{7.12}$$

Die *maximal erreichbare Teilchenenergie* beträgt mit Gl. (7.11):

$$\boxed{E_{k_{max}} = \frac{1}{2} M_0 v_{max}^2 = \frac{q^2}{2 M_0} (B_{max} R_{max})^2.} \tag{7.12}$$

Darin bedeutet R_{max} den maximal möglichen Ionenbahnradius. Der mit vertretbarem Aufwand erreichbare Wert von B_{max} liegt bei $2\,Vs/m^2$.

Nach Gl. (7.12) ist die Endenergie der Ruhemasse M_0 der beschleunigten Ionen proportional. Sobald die relativistische Massenzunahme der Teilchen ins Gewicht fällt – was bei Ionen ab 50 MeV und bei Elektronen ab 20 keV der Fall ist –, würde eine weitere Beschleunigung nicht mehr möglich, weil die Teilchen gegenüber dem HF-Feld außer Tritt fallen.

Eine höhere Endenergie (bis in den relativistischen Geschwindigkeitsbereich) läßt sich mit einem Zyklotrontyp erreichen, bei dem das magnetische Führungsfeld in mehrere Sektoren mit zwei verschiedenen Feldstärken aufgeteilt ist (relativistisches Isochron-Zyklotron oder AVF-Zyklotron genannt; AVF = azimutal veränderliches Magnetfeld).

Damit der Ionenstrahl das Zyklotron nach der Beschleunigung mit einem möglichst kleinen Querschnitt verläßt, muß der Strahl während der Beschleunigung richtungsfokussiert werden. In *radialer* Richtung geschieht dies durch das magnetische Führungsfeld. Denn im Fall, daß sich ein Ion mit der Geschwindigkeit v_0 auf seiner Gleichgewichtsbahn (Sollbahn) mit dem Radius R_0 bewegt, gilt die Gleichgewichtsbedingung (Zentrifugalkraft = Lorentz-Kraft):

$$\frac{M_0 v_0^2}{R_0} = q v_0 B. \tag{7.13}$$

Es existiert dann keine rücktreibende Kraft $F_r (F_r = 0)$. Bei einer Abweichung ΔR vom Sollkreis beträgt der Bahnradius $R = R_0 \pm \Delta R$ und es entsteht eine radial gerichtete rücktreibende Kraft

$$F_r = \frac{M_0 v_0^2}{R} - q v_0 B = \frac{M_0 v_0^2}{R_0 \left(1 \pm \frac{\Delta R}{R_0}\right)} - q v_0 B. \tag{7.14}$$

Wegen $\Delta R \ll R_0$ und Gl. (7.13) wird:

$$F_r \approx \frac{M_0 v_0^2}{R_0} \left(1 \mp \frac{\Delta R}{R_0}\right) - q v_0 B = \mp \frac{M_0 v_0^2}{R_0} \frac{\Delta R}{R_0}. \tag{7.15}$$

Diese Kraft treibt das Ion zur Gleichgewichtsbahn zurück.

In *axialer* Richtung (d. h. in der Richtung senkrecht zur Spiralbahnebene) wird der Ionenstrahl periodisch durch das elektrische Zylinderlinsenfeld zwischen den HF-

Elektroden fokussiert. Diese ionenoptische Fokussierung reicht aber nicht aus. Daher erzeugt man beim Zyklotron eine zusätzliche axiale Fokussierungswirkung, indem man die magnetischen Führungsfeldlinien durch keilförmige Polschuhe nach außen krümmt, wie es in Abb. 7.9 veranschaulicht ist. Dadurch entstehen oberhalb und unterhalb der mittleren Spiralbahnebene radiale Komponenten der magnetischen Feldstärke. Diese erzeugen Kräfte, welche die Ionen zur mittleren Spiralbahnebene zurücktreiben. Die Ionen führen dabei Schwingungen um diese Mittelebene aus, deren Amplitude mit wachsendem Bahnradius immer kleiner wird.

Die Keilform der Polschuhe bewirkt auch eine Abnahme der magnetischen Feldstärke mit wachsendem Radius (Abstand von der Zyklotronachse). Dies hat zur Folge, daß sich nach Gl. (7.12) die Umlauffrequenz der Ionen mit wachsendem Bahnradius verkleinert. Dadurch ändert sich die Phase zwischen den umlaufenden Ionen und der beschleunigenden Wechselspannung, bis für ein einzelnes Ionenpaket die Durchquerung des Spalts zwischen den HF-Elektroden mit dem Nulldurchgang der Wechselspannung zusammenfällt. Die Ionen werden dann nicht mehr weiter beschleunigt. Bevor diese kritische Phase erreicht ist, müssen die Ionen am Rand der HF-Elektroden angekommen sein und ausgeschleust werden.

Zyklotrons dienen zur Beschleunigung von leichten Ionen wie Protonen, Deuteronen und α-Teilchen bis zu einigen 10 MeV. Die Größenordnung ihrer Betriebsdaten ist: Frequenz 10–30 MHz, Dee-Spannung 100 kV, elektrische Leistung 100 kW, magnetische Induktion 1 Vs/m^2, Radius der Vakuumkammer 1 m.

7.3 Das Betatron

Das Betatron, dessen Prinzip von Slepian (1922) angegeben wurde, ist ein Kreisbahn-Induktionsbeschleuniger für Elektronen. In seinem Aufbau (vgl. Abb. 7.10) gleicht es

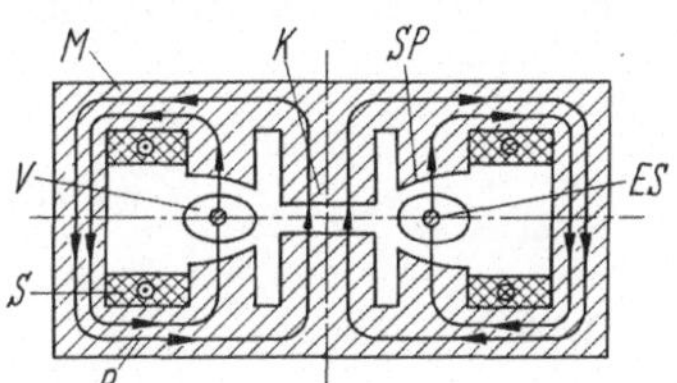

Abb. 7.10. Aufbau des Betatrons (Querschnitt durch den Elektromagneten (M) und die Vakuumkammer (V)). K = Eisenkern mit variablem Luftspalt zur Sollkreiseinstellung, SP = Steuerpolschuhe, S = Erregerspulen (Primärwicklung), ES = Elektronenstrahl („Sekundärwicklung"), B = magnetische Induktion

einem Transformator, dessen Sekundärwicklung durch einen ringförmigen Elektronenstrahl in einer ebenfalls ringförmigen Vakuumkammer ersetzt ist. Als Primärwicklung dienen zwei mit Netzwechselstrom (Frequenz $f = 1/T = \omega/2\pi = 50$ Hz) gespeiste Erregerspulen, die einen sinusförmigen magnetischen Wechselfluß

$$\Phi = \Phi_0 \sin \omega t \tag{7.16}$$

erzeugen. Dieser induziert in der Vakuumkammer eine elektrische Umlaufspannung, die nach dem Induktionsgesetz (Gl. (1.6a))

$$U_0 = -\frac{\partial \Phi}{\partial t} = -\omega \Phi_0 \cos \omega t \tag{7.17}$$

beträgt. Immer wenn die magnetische Induktion ansteigt (vgl. Abb. 7.11), werden im Augenblick ihres Nulldurchgangs, d.h. in den Zeitpunkten $(t_0 + nT)$ $(n = 0, 1, 2 \ldots)$, Elektronen während 1 μs aus einer Glühkathode tangential in die Vakuumkammer injiziert, im elektrischen Wirbelfeld während der Zeit T/4 durch die Umlaufspannung U_0 beschleunigt und in den Zeitpunkten $(t_1 + nT)$ durch ein Ablenkfeld ausgeschleust.

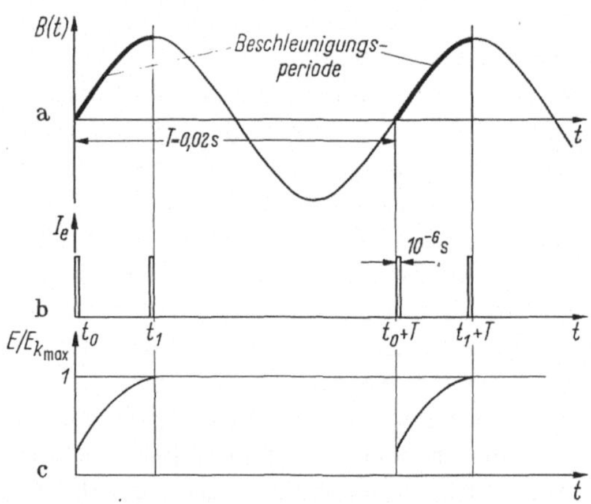

Abb. 7.11. a Zeitlicher Verlauf der magnetischen Induktion B im Kern und in den Steuerpolschuhen, **b** Injektionsstromimpulse (einige μA während 1 μs), **c** Relativer Energiegewinn eines Elektronenpakets während eines Beschleunigungszyklus

Dieser Vorgang wiederholt sich fünfzig mal in der Sekunde. Ein magnetisches Führungsfeld, das mit Hilfe von Steuerpolschuhen in der Vakuumkammer erzeugt wird, sorgt dafür, daß der Radius der Elektronenbahn während der Beschleunigungszeit konstant (gleich dem Sollkreisradius R_s) bleibt. Der Sollkreisradius läßt sich durch Variieren des Luftspalts im Eisenkern auf den gewünschten Wert einstellen.

Während der Beschleunigungszeit T/4 bleibt die Elektronengeschwindigkeit v praktisch konstant und gleich der Lichtgeschwindigkeit c. Der Energiegewinn beruht folglich auf der relativistischen Massenzunahme der Elektronen. Daher ist die Umlaufzeit

$$\tau = \frac{2\pi R_s}{c} = \text{const} \tag{7.18}$$

und die Anzahl N der Umläufe während der Zeit $T/4 = 1/(4f)$:

$$N = \frac{T}{4}\frac{1}{\tau} = \frac{c}{4\omega R_s}. \tag{7.19}$$

Der Energiegewinn je Umlauf beträgt $e\,U_0(t)$, wobei sich $U_0(t)$ entsprechend Gl. (7.17) nach einer Cosinus-Funktion ändert (vgl. Abb. 7.12). Das Maximum

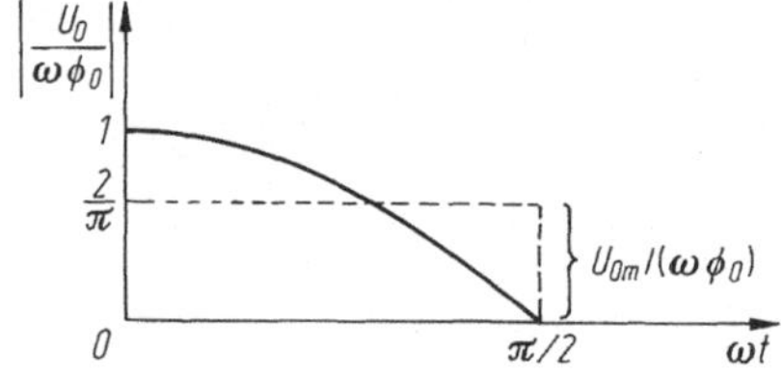

Abb. 7.12. Verlauf der normierten Beschleunigungsspannung $|U_0/(\omega\,\Phi_0)|$ je Umlauf in Abhängigkeit von ωt

der Cosinus-Funktion in Abb. 7.12 beträgt eins; der Mittelwert ist demnach $U_{0m}/(\omega\,\Phi_0) = 2/\pi$. Daher ist der mittlere Energiegewinn je Umlauf:

$$\Delta E_k = e\,U_{0m} = \frac{2}{\pi}\,e\,\omega\,\Phi_0 \tag{7.20}$$

oder wegen $\Phi_0 = R_s^2\,\pi\,B_{m_0}$ (B_{m_0} = Scheitelwert der mittleren magnetischen Induktion B_m innerhalb der Fläche $R_s^2\,\pi$, die vom Sollkreis umschlossen wird):

$$\Delta E_k = 2\,e\,\omega\,B_{m_0} R_s^2\,. \tag{7.21}$$

Aus Gl. (7.19) und (7.21) folgt für die *Endenergie der Elektronen:*

$$\boxed{E_{k_{max}} = N\,\Delta E_k = \frac{1}{2}\,e\,c\,R_s\,B_{m_0}.} \tag{7.22}$$

Die erreichbare Endenergie ist also dem Sollkreisradius R_s und dem Scheitelwert B_{m0} der mittleren magnetischen Induktion B_m proportional. Die Endenergie wird dadurch begrenzt, daß die Elektronen beim Umlauf auf ihrer Kreisbahn wie ein schwingender Dipol dauernd Strahlung emittieren und dadurch Energie verlieren. Diese Strahlungsdämpfung steigt mit zunehmender Elektronenenergie rasch an und wird im Grenzfall gleich dem mittleren Energiegewinn je Umlauf.

Für die Beschleunigung von Ionen ist das Betatron nicht geeignet. Denn Ionen haben bei gleicher Energie eine sehr viel kleinere Geschwindigkeit als die Elektronen und können daher während der Beschleunigungszeit nicht oft genug umlaufen, um höhere Energiewerte zu erreichen.

Für den stabilen Betrieb eines Betatrons müssen zwei Bedingungen erfüllt sein:

a) Die Wideröe-Bedingung

Sie folgt aus der Tatsache, daß sich am Sollkreis die auf ein Elektron wirkende Zentrifugalkraft F_z und die Lorentz-Kraft F_m das Gleichgewicht halten müssen. Es ist also

$$F_z = F_m \tag{7.23}$$

oder

$$\frac{m\,v^2}{R_s} = e\,v\,B(R_s). \tag{7.24}$$

Durch Differenzieren von Gl. (7.24) nach der Zeit erhalten wir:

$$m\,\dot{v} = e\,R_s\,\dot{B}(R_s). \tag{7.25}$$

Das Produkt $m\,\dot{v}$ ist gleich der am Sollkreis wirkenden elektrischen Feldkraft:

$$m\,\dot{v} = e\,E\,(R_s). \tag{7.26}$$

Die Gln. (7.25) und (7.26) ergeben:

$$E\,(R_s) = R_s\,\dot{B}\,(R_s). \tag{7.27}$$

Daraus folgt für den Betrag der elektrischen Umlaufspannung U_0:

$$|U_0| = 2\pi R_s E(R_s) = 2\pi R_s^2 \dot{B}(R_s). \tag{7.28}$$

Der gesamte magnetische Fluß Φ innerhalb des Sollkreises ist

$$\Phi = \int_0^{R_s} 2\pi R B(R)\, dR. \tag{7.29}$$

Setzt man in Gl. (7.29)

$$\int_0^{R_s} R B(R)\, dR = B_m \int_0^{R_s} R\, dR = B_m \frac{R_s^2}{2}, \tag{7.30}$$

so wird mit Gl. (7.17), (7.29) und (7.30):

$$|U_0| = \frac{\partial \Phi}{\partial t} = \frac{\partial}{\partial t}\left(2\pi B_m \frac{R_s^2}{2}\right). \tag{7.31}$$

Die Gln. (7.28) und (7.31) ergeben zusammen nach der Integration:

$$2\pi R_s^2 B(R_s) = 2\pi B_m \frac{R_s^2}{2}$$

oder

$$\boxed{B(R_s) = \frac{1}{2} B_m.} \tag{7.32}$$

Diese *Wideröe-Bedingung* besagt, daß die magnetische Induktion $B(R_s)$ *am* Sollkreis immer gerade halb so groß sein muß wie die mittlere Induktion B_m *innerhalb* des Sollkreises. Diese Bedingung ist für jeden gewünschten Sollkreisradius R_s durch Wahl eines bestimmten Verhältnisses der Luftspaltbreite im Eisenkern (welche das B_m bestimmt) zur Luftspaltbreite zwischen den Steuerpolschuhen (welche das $B(R_s)$ festlegt) erfüllbar.

b) Die Stabilitätsbedingung nach Steenbeck

Die Stabilitätsbedingung für die Sollkreisbahn verlangt, daß – ähnlich wie beim Zyklotron – kleine Abweichungen eines Elektrons vom Sollkreis rücktreibende Kräfte erzeugen, also eine Richtungsfokussierung bewirken. In *radialer* Richtung sind solche Kräfte dann vorhanden, wenn die magnetische Induktion $B(R)$ des Führungsfeldes in der Umgebung des Sollkreises langsamer als mit $1/R$ abnimmt, wie es Abb. 7.13 veranschaulicht. In diesem Fall herrscht nur auf dem Sollkreis das Kräftegleichgewicht $F_m = F_z$ nach Gl. (7.23). An einer Stelle $(R_s + \Delta R)$ ist dagegen $F_m > F_z$ und es entsteht eine rücktreibende Kraft nach innen, während an der Stelle $(R_s - \Delta R)$ wegen $F_m < F_z$ eine rücktreibende Kraft nach außen wirksam wird.

Um den Elektronenstrahl auch in *axialer* Richtung zu fokussieren, sind die Steuerpolschuhe so geformt, daß die Kraftlinien des magnetischen Führungsfeldes ähnlich wie beim Zyklotron nach außen gekrümmt werden. Die radialen Komponenten der magnetischen Feldstärke bewirken dann die Fokussierung.

Da die Kathode des Betatrons etwas seitlich vom Sollkreis liegt und der injizierte Elektronenstrahl einen gewissen Öffnungswinkel aufweist, treten die meisten Elektronen nicht genau tangential in die Sollkreisbahn ein. Sie vollführen daher Sinusschwingungen (Kerst-Schwingungen) um den Sollkreis, die während der Beschleunigungszeit allmählich abklingen. Wenn die Anfangsamplitude dieser Schwingungen zu groß ist (vgl. Abb. 7.14), werden die Elektronen nicht mehr auf dem Sollkreis eingefangen und gehen für die Beschleunigung verloren. Um diesen Verlust zu verringern, wird die Injektionszeit der Elektronen auf etwa 1 µs begrenzt.

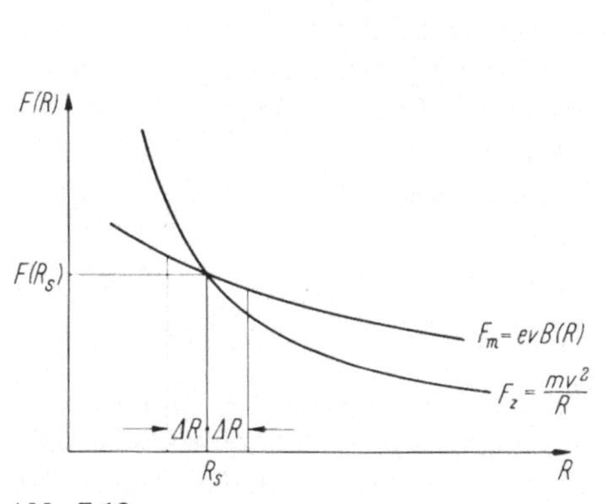

Abb. 7.13

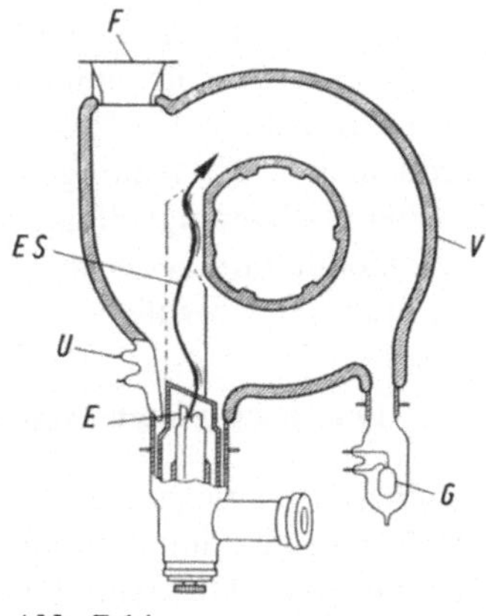

Abb. 7.14

Abb. 7.13. Für den stabilen Betatronbetrieb erforderlicher Verlauf der auf ein Elektron wirkenden Lorentz-Kraft F_m und Zentrifugalkraft F_z in Abhängigkeit vom Elektronenbahnradius R (R_s = Sollkreisradius)

Abb. 7.14. Vakuumkammer V eines Betatrons.
E = Elektronenkanone, U = Spannungszuführung, ES = pendelnder Elektronenstrahl, F = Austrittsfenster, G = Getter zur Aufrechterhaltung des Vakuums

Die Daten für Betatrons haben folgende Größenordnung: Sollkreisradius 0,2 bis 1,5 m, Induktion des Führungsfelds 1 Vs/m^2, Frequenz 50 Hz, Verlustleistung 100 kW, Startenergie der Elektronen 100 keV, mittlerer Energiegewinn je Umlauf einige 100 bis einige 1000 eV, Umlaufzahl je Beschleunigungszyklus $2 \cdot 10^5$, Endenergie einige 10 bis einige 100 MeV.

Betatrons werden in der Medizin zur Bestrahlung von malignem Gewebe und zur Erzeugung von Röntgenstrahlung eingesetzt. Ein weiteres Anwendungsgebiet ist die zerstörungsfreie Werkstoffuntersuchung.

7.4 Synchrotrons

Durch Kombination des magnetischen Führungsfelds vom Betatron und der HF-Beschleunigungselektroden des Zyklotrons erhält man einen neuen Beschleunigertyp, das Synchrotron (McMillan und Veksler, 1945). Es handelt sich dabei um einen Kreisbahn-Beschleuniger mit magnetischem Führungsfeld und zwei oder mehr HF-

Elektroden, dessen wesentliches Merkmal die *Phasenstabilität* zwischen dem Beschleunigungsfeld und den umlaufenden Teilchen ist. Je nachdem, ob sich dabei die magnetische Induktion B des Führungsfelds, die Winkelgeschwindigkeit ω der Teilchen oder beide periodisch mit der Zeit t ändern, bezeichnet man den Beschleuniger als Elektronen-Synchrotron [$\omega = \text{const}$, $B = f(t)$], Synchrozyklotron [$\omega = f(t)$, $B = \text{const}$] bzw. Protonen-Synchrotron [$\omega = f(t)$, $B = f(t)$].

Das Synchrozyklotron und das Protonen-Synchrotron arbeiten also mit einer frequenzmodulierten Beschleunigungsspannung. Im Synchrozyklotron wird die Umlauffrequenz der Ionen wegen der relativistischen Massenzunahme mit steigendem Umlaufradius kleiner; die Frequenz der Beschleunigungsspannung muß daher während der Beschleunigungszeit im gleichen Maß geringer werden. Im Protonen-Synchrotron laufen die Ionen auf einer Bahn mit konstantem Radius um. Hier muß die Frequenz der Beschleunigungsspannung während der Beschleunigungszeit mit der Teilchengeschwindigkeit anwachsen. Das Elektronen-Synchrotron hat keine Frequenzmodulation ($\omega = \text{const}$), weil die Elektronen dauernd mit nahezu Lichtgeschwindigkeit umlaufen.

7.4.1 Das Elektronen-Synchrotron

Dieser Beschleuniger, dessen Aufbau in Abb. 7.15 dargestellt ist, enthält eine ringförmige Vakuumkammer (V) mit einer Reihe von schlauchförmigen HF-Elektroden (E). Diese sind Bestandteile von Hohlraumresonatoren, deren Länge meist ein Viertel der Wellenlänge der erzeugten HF-Schwingung ist. Das magnetische Führungsfeld für die auf einer Kreisbahn mit konstantem Radius R_s umlaufenden Elektronen wird mit C-förmigen Elektromagneten (M) erzeugt, die am ganzen

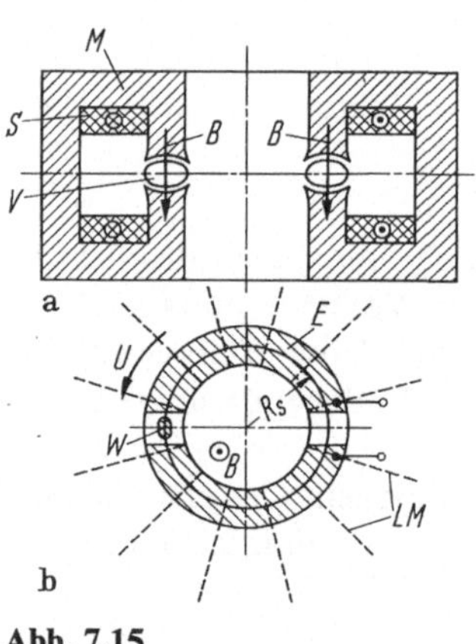

Abb. 7.15

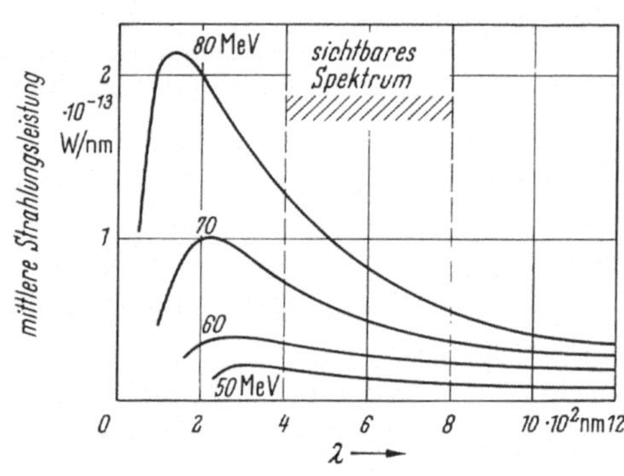

Abb. 7.16

Abb. 7.15a, b. Aufbau eines Elektronen-Synchrotrons. **a** Querschnitt durch den Elektromagneten (M) und die Vakuumkammer (V). S = Spulen für das magnetische Führungsfeld der Induktion B, **b** Vakuumkammer (V) und Lage (LM) der Elektromagnete am Umfang der Kammer. E = HF-Elektroden, W = Elektronenwolke, U = Umlaufrichtung der Elektronen bei der angegebenen Richtung der magnetischen Induktion B, R_s = Sollkreisradius

Abb. 7.16. Leistungsspektrum der elektromagnetischen Strahlung, die je Wellenlängenintervall von 1 nm von Elektronen verschiedener Energie im Elektronen-Synchrotron emittiert wird

Umfang der Vakuumröhre ringförmig angeordnet sind. Die Polschuhe dieser Magnete umschließen ähnlich wie beim Betatron die Vakuumröhre und sind zur Elektronenstrahlfokussierung so geformt, daß die magnetische Induktion des Führungsfelds radial nach außen abnimmt.

Damit die Elektronen bei jeder Spaltdurchquerung zwischen zwei benachbarten HF-Elektroden beschleunigt werden, muß ihre Winkelgeschwindigkeit $\omega = v/R_s$ wie beim Zyklotron gleich der Kreisfrequenz $\omega_0 = 2\pi f$ des HF-Felds sein. Wenn ω konstant gehalten wird, muß wegen $\omega = \omega_0 = v/R_s = \text{const}$ während der Beschleunigung die Bahngeschwindigkeit $v = \text{const}$, d.h. ungefähr gleich der Lichtgeschwindigkeit c sein:

$$\omega = \omega_0 = 2\pi f = \frac{c}{R_s} = \text{const}. \tag{7.33}$$

Um diese Bedingung zu erfüllen, müssen die Elektronen angenähert mit Lichtgeschwindigkeit (entsprechend einer Energie von etwa 2 MeV) aus einem Vorbeschleuniger (Linearbeschleuniger oder Zyklotron) in die Vakuumkammer injiziert werden. Statt dessen genügt auch eine Startenergie von etwa 100 keV, wenn man das Synchrotron (älterer Bauart) durch Einbringen eines kleinen Kerns in der Nähe der Polschuhe so lange als Betatron betreibt, bis die Elektronen angenähert Lichtgeschwindigkeit erreicht haben. Eine dritte Möglichkeit ist der frequenzmodulierte Start, bei dem die Elektronen mit einer Geschwindigkeit $v < c$ injiziert und bis $v \approx c$ beschleunigt werden, wobei der Synchronismus ($\omega = \omega_0$) durch Erhöhen der Kreisfrequenz ω proportional zum Anstieg von v aufrechterhalten wird.

Die augenblickliche Energie der umlaufenden Elektronen ergibt sich aus Gl. (7.33) und den Beziehungen:

$$E_k = m c^2 \tag{7.34}$$

und

$$\frac{m c^2}{R_s} = e c B. \tag{7.35}$$

Daraus folgt:

$$E_k = m c^2 = e c B R_s = \frac{e c^2 B}{2\pi f}. \tag{7.36}$$

Die magnetische Induktion B(t) des Führungsfelds und die Teilchenenergie $E_k(t)$ sind also einander direkt proportional. Beide steigen während eines Beschleunigungszyklus mit der Zeit t an. Dem Zuwachs ΔB an magnetischer Induktion entspricht dabei ein Zuwachs

$$\Delta E_k = \frac{e c^2 \Delta B}{2\pi f} \tag{7.36a}$$

an kinetischer Energie je Umlauf. Für $B = B_{max}$ wird die *theoretisch erreichbare Endenergie:*

$$\boxed{E_{k_{max}} = \frac{e c^2 B_{max}}{2\pi f}.} \tag{7.37}$$

Die tatsächliche Endenergie ist niedriger als nach Gl. (7.37), weil die umlaufenden Elektronen wie ein schwingender Dipol ständig Energie in Form von elektromagnetischer Strahlung (*Synchrotron-Strahlung*) abgeben. Der Strahlungsenergieverlust je Umlauf eines Elektrons beträgt

$$\Delta E_v = C \frac{E_k^4}{R_s}, \tag{7.38}$$

wobei C eine Konstante, E_k die Elektronenenergie und R_s der Elektronenbahnradius sind. Die Strahlung wird in einer Richtung tangential zur Elektronenbahn emittiert. In Abb. 7.16 ist das Energiespektrum der Synchrotron-Strahlung dargestellt. Das Diagramm zeigt die mittlere Strahlungsenergie, die von einem Elektron je Sekunde und je Wellenlängenintervall von 1 nm abgegeben wird. Das Maximum des Spektrums wird durch die maximale Elektronenenergie bestimmt. Die Breite des Spektrums entsteht dadurch, daß die Elektronen während des Beschleunigungszyklus den ganzen verfügbaren Energiebereich durchlaufen. Bei einer Elektronenenergie ab etwa 30 MeV liegt ein Teil des Spektrums im sichtbaren Bereich. Das zugehörige (enggebündelte) Licht kann mit bloßem Auge als Fleck von rötlicher bis bläulichweißer Farbe beobachtet werden, wenn die Blickrichtung den Elektronenkreis tangiert und die Elektronen der Blickrichtung entgegenlaufen. Dabei tritt eine Doppler-Verschiebung der beobachteten Strahlung auf.

Das Elektronen-Synchrotron hat gegenüber den bisher behandelten Kreisbahn-Beschleunigern folgende Vorteile:

a) Die Phasenstabilität im HF-Feld (vgl. Abb. 7.17)

Ein phasenrichtig bei A_1 im Beschleunigungsspalt ankommendes Elektron (Sollelektron auf dem Sollkreis mit dem Radius R_s) ändert während des ganzen Beschleunigungsvorgangs seine Phasenlage (A_1, A_2, A_3...) nicht. Ein zu früh (z.B. bei B_1) in den Beschleunigungsspalt eindringendes Elektron nimmt mehr Energie auf. Dadurch erhält es eine etwas zu große relativistische Masse. Daher wird sein Bahnradius $R > R_s$. Auf seiner größeren Bahn läuft das Elektron mit der gleichen Geschwindigkeit um wie das Sollelektron, nämlich nahezu mit Lichtgeschwindigkeit. Daher ist seine Umlaufzeit relativ zum Sollelektron größer. Das Elektron kommt deshalb mit jedem Umlauf immer später (d.h. bei B_2, B_3...) im Spalt an; die Phasendifferenz gegenüber dem (phasenrichtigen) Sollelektron verkleinert sich also. Entsprechendes gilt für ein zu spät (z.B. bei C_1) im Spalt eintreffendes Elektron, das wegen seines kleineren Energiezuwachses (seiner geringeren Massenzunahme) einen kleineren Bahnradius und damit eine kleinere Umlaufzeit hat. Nach mehreren Umläufen werden so alle

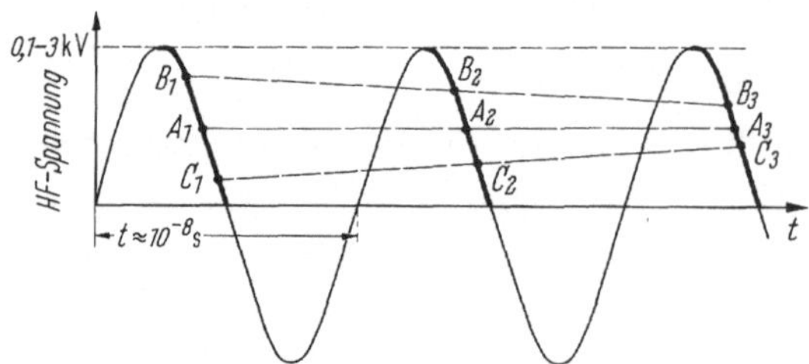

Abb. 7.17. Auf die Beschleunigungsspannung bezogene Phasenlage eines phasenrichtig (A_1, A_2, A_3), zu spät (B_1, B_2, B_3) oder zu früh (C_1, C_2, C_3) in den Beschleunigungsspalt eines Elektronen-Synchrotrons eintretenden Elektrons. Die Elektronen der Phasenlagen B und C werden allmählich auf die stabile Lage A phasenfokussiert

Elektronen um das phasenrichtige Sollelektron herum fokussiert. Bis die Elektronen ihre Sollage erreichen, führen sie um diese Lage „*Synchrotronschwingungen*" mit abklingender Amplitude aus. Mit der Phasenstabilität ist gleichzeitig eine

b) automatische Kompensation der Strahlungsdämpfung

verbunden. Jedes Elektron stellt nämlich während der Beschleunigung seine stabile Phasenlage automatisch so ein, daß es je Umlauf neben der Beschleunigungsenergie ΔE_k (entsprechend der Zunahme ΔB der magnetischen Induktion) noch so viel zusätzliche Energie aufnimmt wie es gleichzeitig durch Strahlung verliert. Der phasenstabile Punkt ($A_1, A_2, A_3 \ldots$) wandert daher während der Beschleunigungszeit am Abhang der Wechselspannungskurve hinauf. Deren Amplitude soll daher möglichst groß sein.

c) Das Fehlen der Wideröe-Bedingung

erlaubt im Vergleich zum Betatron eine höhere magnetische Induktion des Führungsfeldes. Daher ist auch die erreichbare Endenergie von Elektronen-Synchrotrons wesentlich größer als beim Betatron.

Typische Daten für Elektronen-Synchrotrons sind: Sollkreisradius 1 bis 50 m, maximale Induktion des Führungsfeldes 0,5 bis 1,5 Vs/m^2, maximale Leistung für den Elektromagneten 1 bis 10 GW, Anzahl der Resonatoren 1 bis 30, Frequenz der Beschleunigungsspannung 40 bis 500 MHz, HF-Leistung 2 bis 400 kW, Teilchenimpulsrate 1 bis 60 s^{-1}, Startenergie 1 bis 100 MeV, Endenergie 0,5 bis 7,5 GeV.

Elektronen-Synchrotrons dienen zur Erforschung der Entstehungsprozesse, Struktur und Eigenschaften von Elementarteilchen. Eine der größten Anlagen dieser Art ist das *D*eutsche *E*lektronen-*S*ynchrotron Desy in Hamburg (vgl. Abb. 7.18). Es hat einen Sollkreisradius von 50 m und eine Endenergie von 7,5 GeV. Zur Erhöhung der

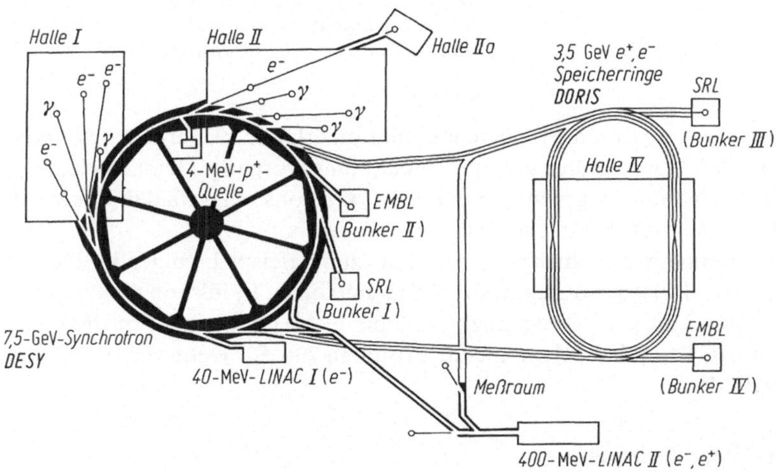

Abb. 7.18. Anordnung des 7,5 GeV-Elektronen-Synchrotrons DESY und des 3,5 GeV-Doppelringspeichers DORIS bei Hamburg.
e^-, γ = Experimentierplätze für Elektronen- bzw. γ-Strahlen, EMBL = Europäisches Laboratorium für Molekularbiologie, SRL = Labor für physikalisch-chemische Untersuchungen, Linac = Linearbeschleuniger

Stoßenergie der Elektronen ist das Synchrotron seit 1974 mit einem Speicherring Doris (= *Do*ppel*r*ing-*S*peicher) von 280 m Umfang verbunden. Darin laufen Elektronen und Positronen gegensinnig um und treffen an zwei Stellen aufeinander. Geplant ist ein weiterer Speicherring Petra (= *P*ositronen-*E*lektronen-*T*andem-*R*ing*a*nlage). Darin werden Positronen und Elektronen von maximal 19 GeV Energie gegensinnig umlaufen und in maximal acht Wechselwirkungspunkten aufeinander treffen.

7.4.2 Das Synchrozyklotron

Dieser Beschleuniger gleicht in seinem Aufbau weitgehend dem Zyklotron (vgl. Abb. 7.8), jedoch wird bei ihm durch sinusförmige Frequenzmodulation der HF-Beschleunigungsspannung während des Umlaufs eines Teilchens auf seiner spiralähnlichen Bahn dafür gesorgt, daß trotz der relativistischen Massenzunahme der Teilchen Phasenstabilität besteht. Während eines Beschleunigungszyklus nimmt dabei die Frequenz der HF-Spannung gerade so schnell ab (vgl. Abb. 7.19), daß die Teilchen (z.B. Protonen, Deuteronen oder α-Teilchen) trotz ihrer Massenzunahme stets rechtzeitig das Beschleunigungsfeld zwischen den HF-Elektroden passieren. Anfang und Ende eines Beschleunigungszyklus sind durch je einen – der Ionenquelle bzw. dem Ablenksystem zugeführten – Impuls festgelegt. Die Frequenzmodulation wird durch mechanische periodische Veränderung eines sehr großen Kondensators erzeugt, der die Resonanzfrequenz des HF-Systems bestimmt.

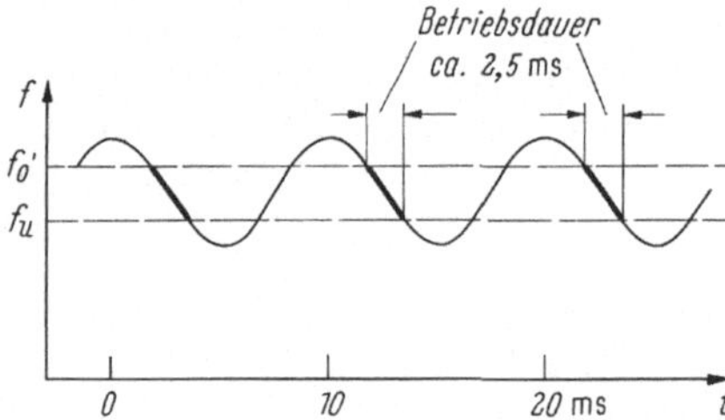

Abb. 7.19. Frequenzmodulation der HF-Beschleunigungsspannung und Beschleunigungszeit in einem Synchrozyklotron

Die Phasenstabilisierung durch Frequenzmodulation erlaubt im Vergleich mit dem Zyklotron mehr Teilchenumläufe pro Beschleunigungsvorgang. Die erreichbare Endenergie erhöht sich dadurch gegenüber der des Zyklotrons um etwa den Faktor 10 (auf 500 bis 1000 MeV je nach Teilchenart).

Das bekannte Berkeley-Synchrozyklotron hat zum Beispiel folgende Daten: Gesamtgewicht 3400 t, Polschuhdurchmesser 4,8 m, maximale Induktion des magnetischen Führungsfeldes 2,3 Vs/m^2, Frequenzhub 36 bis 13 MHz, Modulationsfrequenz 64 Hz, Strahlstromstärke 1 µA, Endenergie für Protonen 730, für Deuteronen 460 und für α-Teilchen 910 MeV.

7.4.3 Protonen-Synchrotrons

Während die (leichten) Elektronen in einem Synchrotron praktisch schon bei Beginn der Beschleunigung mit nahezu Lichtgeschwindigkeit umlaufen, steigt die Geschwindigkeit von schwereren Teilchen (z.B. Protonen) nur langsam an. Während deshalb beim Elektronen-Synchrotron die Kreisfrequenz ω_0 der Beschleunigungsspannung nach Gl. (7.33) konstant bleiben kann, muß sie beim Protonen-Synchrotron proportional mit der Teilchengeschwindigkeit v(t) zeitlich ansteigen, damit der Bahnradius R_s konstant bleibt. Mit dem Anstieg von $\omega_0(t)$ muß der Anstieg der magnetischen Induktion B(t) bis auf wenige $^0/_{00}$ abgestimmt sein. Obwohl diese Forderung nur mit hohem technischem Aufwand erfüllt werden kann, ist das Protonen-Synchrotron ab etwa 1000 MeV dem Synchrozyklotron überlegen, da sein Magnetsystem bei den erforderlichen größeren Bahnradien wesentlich billiger ist als der große Magnet des Synchrozyklotrons.

Im Aufbau gleicht das Protonen- dem Elektronen-Synchrotron. Wie dieses enthält es eine zwischen Magnetpolschuhen eingebettete Vakuumkammer mit schlauchförmigen HF-Elektroden. Die Beschleunigungsstrecke kann Kreis- oder Rennbahnform haben (vgl. Abb. 7.20). Im zweiten Fall ist die Strecke aus gekrümmten Bahnstücken mit Führungsfeld und aus geraden feldfreien Stücken zusammengesetzt. Da eine

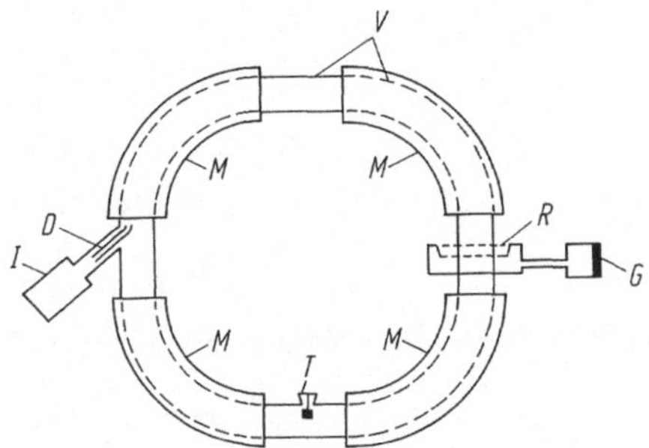

Abb. 7.20. Aufbau eines Protonen-Synchrotrons mit Rennbahnform. M = Elektromagnete, V = Vakuumkammer, R = Resonator zur Beschleunigung, G = HF-Generator, I = Injektor, D = Deflektor, T = Target

Erregung der Elektromagnete mit 50 Hz-Wechselstrom wegen des großen Leistungsaufwands zu teuer wäre, läßt man die Induktion des Führungsfelds im Protonen-Synchrotron nur langsam (etwa innerhalb einer Sekunde) auf ihren Höchstwert anwachsen. Entsprechend lange dauert die Beschleunigungszeit. Nach dem Ausschleusen der Teilchen geht die Induktion innerhalb von 4 bis 8 s wieder auf ihren Ausgangswert zurück. Während der Beschleunigungszeit erreichen die Teilchen in 10^6 bis 10^7 Umläufen praktisch Lichtgeschwindigkeit und verlassen die Maschine als Stromimpuls von etwa 0,1 µs Dauer und 1 bis 20 mA Amplitude.

Die *Phasenfokussierung* der Teilchen während der Beschleunigung geschieht ähnlich wie beim Elektronen-Synchrotron. Für die *Richtungsfokussierung* reicht bei großen Maschinen der Abfall der magnetischen Induktion mit wachsendem Bahnradius nicht aus. Nimmt nämlich das Magnetfeld mit zunehmendem Radius ab (negativer Gradient; vgl. Abb. 7.21 a), so wird der Teilchenstrahl radial fokussiert, aber axial stark defokussiert. Eine Zunahme des Magnetfelds mit wachsendem Radius (positiver Gradient; vgl. Abb. 7.21 b) bewirkt eine axiale Fokussierung, verbunden mit einer starken Defokussierung in radialer Richtung. Bei großen Maschinen ist daher das Führungsfeld in einzelne Feldsektoren mit abwechselnd positivem und negativem Gradienten aufgeteilt. Derartige „*a*lternating *g*radient"- oder *AG-Beschleuniger* ergeben eine ausreichende axiale und radiale Fokussierung des Teilchenstrahls („strong focusing").

Eine zweite Möglichkeit der Richtungsfokussierung besteht darin, den magnetischen Feldgradienten Null zu machen und dafür die Feldsektoren so zu begrenzen, daß ein Teilchen während eines Umlaufs auf einer Bahn a im Mittel länger im Feld bleibt als auf einer weiter außen liegenden Bahn b (vgl. Abb. 7.22). Dies wirkt wie eine Magnetfeldabnahme von a nach b. Derartige „zero gradient"- oder *ZG-Beschleuniger* haben eine ausreichende axiale Fokussierung. Man kann erreichen, daß die damit verbundene radiale Defokussierung an den Sektorenkanten kleiner ist als der fokussierende Effekt innerhalb der Feldsektoren.

Große Protonen-Synchrotrons haben einen Bahnradius von einigen Metern bis etwa 180 m und eine maximale Induktion des Führungsfeldes von 1 bis 2 Vs/m^2; das HF-System besteht aus 1 bis 16 Resonatoren mit einer Betriebsfrequenz im Bereich von 0,3 bis 10 MHz und einer HF-Leistung von 3 kW bis 3 MW. Die Einschußenergie der Teilchen beträgt 0,5 bis 850 MeV, die Impulsrate 60 s^{-1} bis 5 min^{-1} und die Endenergie 1 bis 50 GeV.

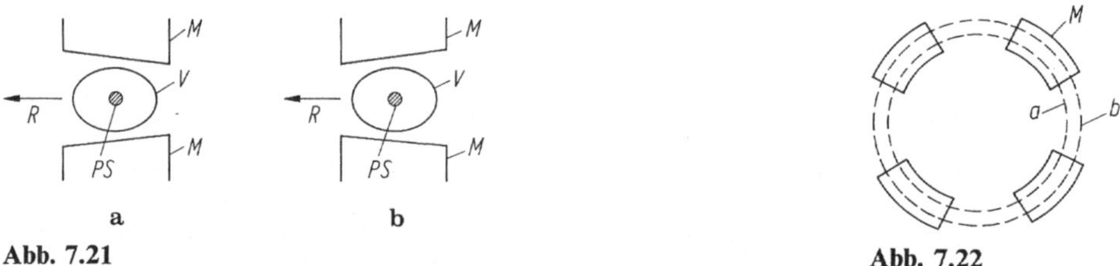

Abb. 7.21 Abb. 7.22

Abb. 7.21 a, b. Magnetpolschuhe mit negativem (**a**) und positivem (**b**) Feldgradienten in einem AG-Protonen-Synchrotron.
V = Vakuumkammer, M = Polschuhe, PS = Protonenstrahl, R = Richtung für wachsenden Bahnradius

Abb. 7.22. Anordnung der Magnetfeldsektoren (M) für einen Beschleuniger mit Feldgradienten null („zero gradient"- oder ZG-Protonen-Synchrotron). Auf der Bahn a ist der Weg im Magnetfeld größer als auf der Bahn b

7.5 Hauptdaten der Cern-Beschleuniger

Die Tabellen 23 und 24 geben einen Überblick über die im europäischen Kernforschungszentrum Cern vorhandenen Beschleuniger und deren wichtigste Daten. Dazu gehört der zweitgrößte Beschleuniger der Welt, nämlich das Super-Protonen-Synchrotron mit einem Bahnradius von 1,1 km und einer Endenergie von 400 GeV. Sein Ringtunnel befindet sich 36 m unter der Erde. Die Anlage hat eine Beschleunigungszeit von 3,6 s und eine Zykluszeit von 6 s.

Tabelle 23. Daten der Cern-Beschleuniger (Siemens-Z. 51, 1977, S. 947)

Bezeichnung	Typ	Inbetriebnahme	Länge bzw. Durchmesser	Teilchenart	Einschußenergie	Endenergie	Höchste Anzahl der Teilchen	Bemerkungen
Gleichspannungs-Vorbeschleuniger	Kaskadenbeschleuniger nach Cockcroft und Walton in Greinacherschaltung	1959[1)] 1977[2)]	12 cm[3)]	Protonen (Deuteronen)	0	530 keV[1)] 750 keV[2)]	$3 \cdot 10^{14}$ P/I	Einschußanlage für Linac
Linearbeschleuniger (Linac)	Linearbeschleuniger nach Alvarez	1959[1)] (1978)[2)]	30 m	Protonen (Deuteronen)[1)] Protonen[2)]	530 keV[1)] 750 keV[2)]	50 MeV	$5 \cdot 10^{13}$ P/I[1)] $1 \cdot 10^{14}$ P/I[2)]	Einschußanlage für PS, PSB
Protonen-Zwischensynchrotron (Vorbeschleuniger) (PSB)	Synchrotron mit alternierendem Feldgradienten vier Ringe übereinander angeordnet	1972	4 × 50 m ⌀	Protonen	50 MeV	800 MeV	$1{,}4 \cdot 10^{13}$ P/I	Einschußanlage für PS
Protonensynchrotron (PS)	Synchrotron mit alternierendem Feldgradienten	1959[5)] 1973[6)]	200 m ⌀	Protonen (Deuteronen)	50 MeV 800 MeV	28 GeV	$2 \cdot 10^{12}$ P/I $1{,}2 \cdot 10^{13}$ P/I	Einschußanlage für ISR und SPS
Speicherringe (ISR)	Zwei sich kreuzende Speicherringe mit alternierendem Feldgradienten	1971	300 m ⌀	Protonen (Deuteronen)	2 bis 26 GeV	31 GeV	$6 \cdot 10^{14}$ P je Ring	Einzige Anlage ihrer Art für Protonen
Super-Protonensynchrotron (SPS)	Synchrotron mit alternierendem Feldgradienten	1976	2200 m ⌀	Protonen	9 bis 13 GeV	400 GeV	$1 \cdot 10^{13}$ P/I	Bisher größte Anlage ihrer Art
Synchrozyklotron (SC)	Frequenzmoduliertes Zyklotron	1957[5)] 1974[6)]	5 m ⌀[4)]	Protonen (Helium^{++})	0	600 MeV	$6 \cdot 10^{12}$ P/s[5)] $2{,}5 \cdot 10^{13}$ P/s[6)]	Erste CERN-Anlage

1) In Betrieb befindliche Anlage
2) Neubau
3) Beschleunigungsstrecke
4) Polschuhdurchmesser
5) Vor Umbau
6) Nach Umbau

P/I Protonen je Impuls der im Stoßbetrieb arbeitenden Anlagen
P Protonen
P/s Protonen je Sekunde

Tabelle 24. Daten der Cern-Beschleuniger (Siemens-Z. 51, 1977, S. 948)

Beschleuniger	Resonatortyp	Frequenzbereich	Anzahl der Beschleunigungsstrecken und Hochfrequenz-Spitzenspannung einer Strecke	Gesamte verfügbare Hochfrequenz-Spitzenleistung	Mittlerer Energiegewinn
Linac	3 Topfkreisanordnungen (nach Alvarez), gespeist von Trioden-Leistungsverstärkern	200,2 MHz	110 × 230 bis 850 kV[1] 128 × 200 bis 640 kV[2]	10 MW[1] (3 Resonatoren) 11 MW[2] (3 Resonatoren)	1,8 MeV/m (maximal)[1] 1,6 MeV/m (Länge, gemittelt über Beschleunigungsstrecken und Driftröhren)[2]
PSB	2 gekoppelte abstimmbare λ/4-Resonatoren, gespeist von Tetrodenstufe (1 Station je Ring)	2,7 bis 8,3 MHz	1 × 12 kV (je Ring)	4 × 15 kW	1 keV je Umlauf (1 Umlauf = 157 m)
PS	10 abstimmbare λ/4-Doppelresonatoren, gespeist von Tetrodenendstufen	2,7 bis 9,5 MHz	20 × 10 kV	1 MW	80 keV je Umlauf (1 Umlauf = 628 m)
ISR	7 für die jeweilige Energie festeingestellte λ/4-Resonatoren (Drehkondensator) je Ring	9,24 +0,3 MHz	7 × 3,3 kV	11,5 kW je Ring, Anoden-Verlustleistung: 250 kW je Ring[3]	11,75 keV je Umlauf (1 Umlauf = 942 m)
SPS	2 Wanderwellen-Kavitäten (4 im Endausbau)	200 MHz	2 × 1,8 MV (4 × 1,8 MV)	1 MW (+0,5 MW Reserve)	2,5 MeV je Umlauf (1 Umlauf = 6912 m)
SC	Frequenzmodulierter λ/2-Koaxialresonator (Stimmgabelkondensator 55 Hz)[4]	30,6 bis 16,7 MHz[4]	1 × 5 bis 25 kV	50 kW[4]	3,5 keV je Umlauf[4]
	Frequenzmodulierter λ/2-Koaxialresonator (Drehkondensator, 450 Hz)[5]	30,6 bis 16,7 MHz[5]	1 × 20 bis 30 kV[5]	150 kW[5]	20 keV je Umlauf[5]
	System mit C-Elektrode für langsame Strahlauslenkung[5]	17,5 bis 16,7 MHz[5]	2 × 20 kV[5]	150 kW[5]	1,5 keV je Umlauf[5]

[1] In Betrieb befindliche Anlage
[2] Neubau
[3] Einschließlich zusätzlicher Leistungsverstärkung zur Kompensation der Strahlbelastung
[4] Vor Umbau
[5] Nach Umbau

8 Gasentladungsröhren

8.1 Eigenschaften von Gasen und Dämpfen

Das Verhalten eines einzelnen Teilchens in Gasen oder Dämpfen und das daraus resultierende Verhalten des ganzen Teilchenkollektivs wird durch die *Kinetische Gastheorie* beschrieben. Sie besagt, daß die Gasteilchen sich zwischen zwei Zusammenstößen geradlinig in beliebige Richtungen bewegen (vgl. Abb. 3.13 b) und eine Maxwellsche Geschwindigkeitsverteilung nach Gl. (3.57) haben. Ihre wahrscheinlichste (v_w), mittlere (v_m) und effektive Geschwindigkeit (v_e) folgen aus den Gln. (3.58) bis (3.60), wenn darin an Stelle der Elektronenmasse m die Molekülmasse M eingesetzt wird (vgl. Tabelle 25). Die Teilchen stoßen elastisch miteinander zusammen, d. h. sie tauschen Energie und Impuls aus, es findet aber keine Anregung oder Ionisierung statt. Die Gasmoleküle können dabei in guter Näherung als vollkommen elastische Kugeln aufgefaßt werden, die keine Kräfte aufeinander ausüben, solange sie sich nicht berühren.

Tabelle 25. Werte von v_w, v_m und v_e für verschiedene Gase bei T = 293 K

Gasart	A	v_w	v_m	v_e
H_2	2,016	1,55	1,75	1,90
Luft	29	0,41	0,46	0,50
Ar	40	0,34	0,39	0,42
Hg	200,6	0,16	0,18	0,19
Elektronengas	—	94,7	107	116

8.1.1 Konzentration und mittlerer Abstand von Gasmolekülen

Befinden sich in einem Behälter mit dem Volumen V insgesamt N Gasmoleküle, so ist die *Gaskonzentration*

$$\boxed{n = \frac{N}{V}}. \tag{8.1}$$

Kennt man an Stelle von N die Gesamtmasse M_0 und damit auch die Dichte $\varrho = M_0/V$ des Gases, so ergibt sich die Gaskonzentration n in Analogie zu Gl. (3.47) aus der Beziehung:

$$\boxed{n = \frac{N_A}{A}\varrho\,.} \tag{8.2}$$

Darin bedeuten N_A die Loschmidtsche Zahl nach Gl. (3.48) und A die Massenzahl der Gasmoleküle.

Für den *mittleren Abstand* d_m der Gasmoleküle gilt wegen $1/d_m^3 = n$:

$$\boxed{d_m = \frac{1}{\sqrt[3]{n}}\,.} \tag{8.3}$$

8.1.2 Flächenbezogene Stoßrate von Gasmolekülen

Ein in einem Behälter eingeschlossenes Gas verursacht statistisch verteilte Stöße der Gasmoleküle auf die Behälterwand. Die Anzahl der Gasmoleküle, die je Zeit- und Flächeneinheit auf die Behälterwand auftreffen, bezeichnet man als *flächenbezogene Stoßrate.*

Treffen alle Gasmoleküle, wie es in Abb. 8.1a angenommen wird, mit der gleichen Geschwindigkeit v_m senkrecht auf eine Behälterwandfläche von 1 cm², so tritt durch diese Fläche in 1 s eine Gassäule der Länge v_m. Bei einer Gaskonzentration n ist daher in diesem Fall die flächenbezogene Stoßrate:

$$\nu' = n\,v_m\,. \tag{8.4}$$

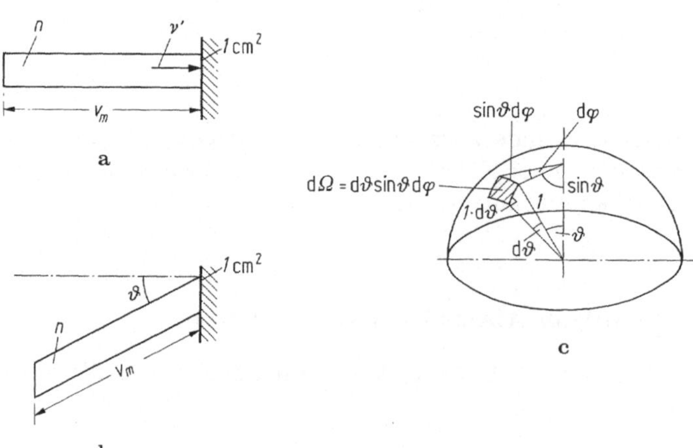

Abb. 8.1a–c. Ermittlung der flächenbezogenen Stoßrate, wenn die Gasmoleküle senkrecht (**a**), unter einem Winkel ϑ (**b**) und aus beliebigen Richtungen (**c**) auf eine Behälterwand auftreffen

Treffen die Gasmoleküle unter einem bestimmten Winkel ϑ mit der Geschwindigkeit v_m auf die Behälterwand, wie es Abb. 8.1 b veranschaulicht, so wird die Stoßrate:

$$\nu' = n\, v_m \cos\vartheta\,. \tag{8.5}$$

Wenn die Gasmoleküle – wie es tatsächlich der Fall ist – unter beliebigen Winkeln ϑ auf die Behälterwand treffen, so denkt man sich nach Abb. 8.1 c um die Auftreffstelle eine Halbkugel mit dem Einheitsradius und stellt fest, wie viele Gasteilchen aus einem beliebigen Raumwinkelelement zum Kugelmittelpunkt gelangen. Ein solches Raumwinkelelement wird durch das in Abb. 8.1 c schraffierte Flächenelement festgelegt. Das Flächenelement hat die Seitenlängen $d\vartheta$ und $\sin\vartheta\, d\varphi$ und ergibt daher einen Raumwinkel

$$d\Omega = d\vartheta\, \sin\vartheta\, d\varphi\,. \tag{8.6}$$

Da der ganze Raumwinkel einer Kugel 4π beträgt, gilt für die Stoßrate der Teilchen, die aus dem Raumwinkelelement $d\Omega$ stammen:

$$\nu' = \frac{d\Omega}{4\pi}\, n\, v_m \cos\vartheta = \frac{1}{4\pi}\, n\, v_m \cos\vartheta\, \sin\vartheta\, d\vartheta\, d\varphi\,. \tag{8.7}$$

Durch Integration von Gl. (8.7) über die ganze Halbkugel erhält man die gesamte *flächenbezogene Stoßrate* ν:

$$\nu = \frac{n\, v_m}{4\pi} \int\limits_{\varphi=0}^{2\pi} \int\limits_{\vartheta=0}^{\pi/2} \cos\vartheta\, \sin\vartheta\, d\vartheta\, d\varphi = \frac{n\, v_m}{2} \int\limits_{\vartheta=0}^{\pi/2} \frac{\sin 2\vartheta}{4\pi}\, d(2\vartheta)$$

oder

$$\boxed{\nu = \frac{1}{4}\, n\, v_m\,.} \tag{8.8}$$

Darin bedeuten

$$v_m = \sqrt{\frac{8\,kT}{\pi M}} \tag{8.9}$$

die mittlere thermische Molekülgeschwindigkeit der Maxwellschen Geschwindigkeitsverteilung und n die Gaskonzentration.

8.1.3 Grundgleichung der Kinetischen Gastheorie

Jedes Gasmolekül, das mit einem Impuls Mv unter einem Winkel ϑ auf die Behälterwand trifft und von dieser elastisch reflektiert wird, erfährt eine Impulsänderung $2\,Mv\cos\vartheta$. Die Impulsänderung pro Zeit- und Flächeneinheit für alle Moleküle, die aus einem Raumwinkelelement $d\Omega$ stammen, ist mit Gl. (8.7):

$$dp = 2\,M\,v\cos\vartheta \cdot \nu'\,. \tag{8.10}$$

Diese Impulsänderung ergibt, über alle auftreffenden Teilchen summiert, den Gasdruck p. Ersetzt man in Gl. (8.7) v_m durch eine beliebige Geschwindigkeit v, so erhält man aus den Gln. (8.7) und (8.10) durch Integration:

$$p = \int_{\varphi=0}^{2\pi} \int_{\vartheta=0}^{\pi/2} 2\,M\,v\cos\vartheta\,\frac{n\,v}{4\pi}\cos\vartheta\,\sin\vartheta\,d\vartheta\,d\varphi =$$

$$= M\,n\,v^2 \int_0^{\pi/2} \cos^2\vartheta\,\sin\vartheta\,d\vartheta =$$

$$= M\,n\,v^2 \left(-\frac{1}{3}\cos^3\vartheta\right)_0^{\pi/2} = \frac{1}{3}\,n\,M\,v^2. \qquad (8.11)$$

Wegen der Maxwellschen Geschwindigkeitsverteilung ist anstelle von v^2 der Mittelwert der Geschwindigkeitsquadrate (v_e^2) einzusetzen:

$$\boxed{p = \frac{1}{3}\,n\,M\,v_e^2.} \qquad (8.12)$$

In dieser *Grundgleichung der Kinetischen Gastheorie* bedeutet

$$v_e = \sqrt{\frac{3\,k\,T}{M}} \qquad (8.13)$$

die effektive Geschwindigkeit der Gasmoleküle. Durch Einsetzen von Gl. (8.13) in (8.12) erhält man:

$$p = n\,k\,T. \qquad (8.14)$$

Der Gasdruck p ist also der Gaskonzentration n und der absoluten Temperatur T proportional. Aus Gl. (8.14) folgt:

$$\boxed{\frac{n}{\mathrm{cm}^{-3}} = 7{,}25 \cdot 10^{18}\,\frac{p/\mathrm{mbar}}{T/\mathrm{K}}.} \qquad (8.15)$$

Für Dämpfe ist in Gl. (8.15) anstelle des Gasdrucks p der Sättigungsdampfdruck p_s einzusetzen, der sich stark mit der Temperatur ändert (vgl. Abb. 8.2).

Der Gasdruck p wurde früher in Torr gemessen (1 Torr = 1 mmHg = der Bodendruck einer Quecksilbersäule von 1 mm Höhe). Die Druckeinheit des Internationalen Einheitensystems ist 1 Pascal bzw. 1 bar:

$$1\,\mathrm{Pa} = 1\,\frac{\mathrm{N}}{\mathrm{m}^2} = 10^{-5}\,\mathrm{bar}\,(= 0{,}0075\,\mathrm{Torr}) \qquad (8.16)$$

$$\boxed{1\,\mathrm{mbar} = 0{,}75\,\mathrm{Torr}.} \qquad (8.17)$$

Für Gemische von idealen Gasen gilt das Gesetz von Dalton, wonach der *Totaldruck* p_t gleich der Summe der *Partialdrucke* p_n ist:

$$\boxed{p_t = \sum p_n .} \tag{8.18}$$

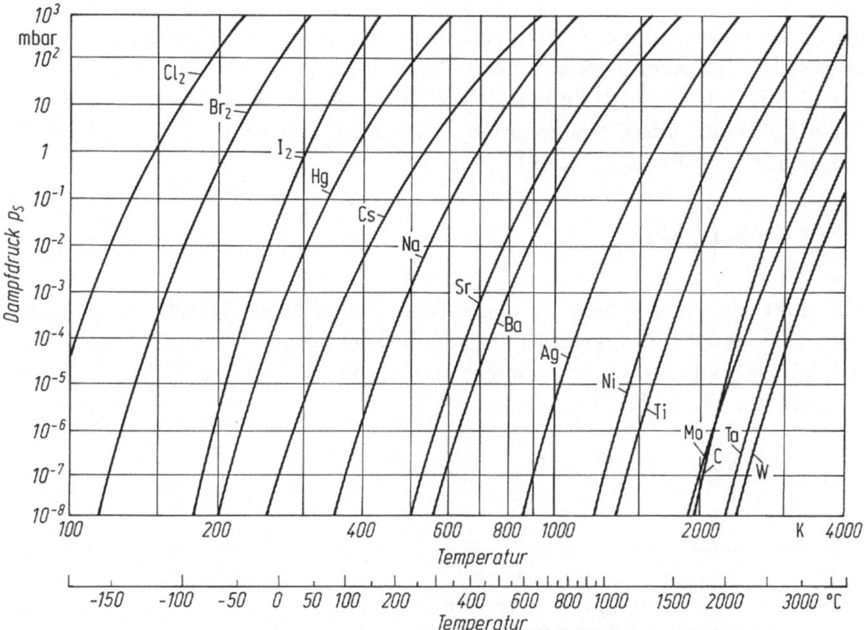

Abb. 8.2. Sättigungsdrucke p_s verschiedener Dämpfe in Abhängigkeit von der Temperatur T

8.1.4 Zustandsgleichung für ideale Gase

Aus Gl. (8.14) folgt durch Multiplikation mit dem Gasvolumen V:

$$p V = n V k T = N k T. \tag{8.19}$$

Für 1 mol eines Gases ist $N = N_A = 6{,}023 \cdot 10^{23}\,\mathrm{mol}^{-1}$ und $V = V_0 =$ Molvolumen. Für 1 mol eines Gases gilt daher:

$$p V_0 = N_A k T = R T \tag{8.20}$$

und für z_0 Mole:

$$\boxed{p V = z_0 R T.} \tag{8.21}$$

Diese *Zustandsgleichung für ideale Gase* besagt, daß das Produkt p V eines Gases der absoluten Temperatur T proportional ist. Alle realen Gase zeigen Abweichungen von diesem Verhalten, die um so geringer sind, je kleiner ihr Druck und je höher ihre Temperatur ist. Die Konstante

$$\boxed{R = N_A\, k = 8{,}314 \frac{\mathrm{Ws}}{\mathrm{K\,mol}}} \tag{8.22}$$

heißt *Allgemeine Gaskonstante*. Sie ist gleich dem Zuwachs an kinetischer Energie, den 1 mol eines Gases bei einer Temperaturerhöhung um 1 K erfährt.

Bei $T = 273\,\mathrm{K}$ und $p = 1013\,\mathrm{mbar}$ ($= 760\,\mathrm{Torr}$) beträgt das Molvolumen eines Gases $V_0 = 22431\,\mathrm{cm}^3$ und die zugehörige Gaskonzentration $n_0 = 2{,}71 \cdot 10^{19}\,\mathrm{cm}^{-3}$.

Aus Gl. (8.12) folgt für das Produkt pV:

$$pV = \frac{2}{3} N \left(\frac{1}{2} M v_e^2\right). \tag{8.23}$$

Das Produkt pV eines Gases ist demzufolge gleich zwei Drittel der gesamten kinetischen Energie aller N Gasmoleküle, die in dem Volumen V vorhanden sind.

Aus Gl. (8.21) ergibt sich das Volumen V eines Gases der Masse $M_0 = z_0 A$ (A = Massenzahl der Gasmoleküle):

$$V = \frac{M_0\, k\, T}{p A} \tag{8.24}$$

oder

$$\boxed{\frac{V}{\mathrm{m}^3} = 8{,}314 \frac{(M_0/\mathrm{g}) \cdot (T/\mathrm{K})}{(A/\mathrm{g\,mol}^{-1}) \cdot (p/\mathrm{Nm}^{-2})}.} \tag{8.25}$$

Die Gl. (8.21) beschreibt auch drei von den vier möglichen *Zustandsänderungen* eines Gases: Bei einer *isothermen* Änderung ist T = const und damit:

$$p\,V = \text{const.} \tag{8.26}$$

Dies ist das Boyle-Mariottesche Gesetz. Bei einer *isobaren* Änderung ist p = const und damit:

$$V \sim T. \tag{8.27}$$

Dies ist das 1. Gay-Lussacsche Gesetz. Bei einer *isochoren* Änderung ist V = const und deshalb:

$$p \sim T. \tag{8.28}$$

Dies ist das 2. Gay-Lussacsche Gesetz. Die vierte Möglichkeit ist eine *adiabatische* Zustandsänderung des Gases, bei der keinerlei Wärmeaustausch mit der Umgebung stattfindet

Nach Gl. (8.28) steigt der Druck p eines Gases proportional mit der Temperatur T an. Dieser Anstieg erfolgt – wie Abb. 8.3 veranschaulicht – für Gase sehr viel langsamer als der Anstieg des Sättigungsdruckes p_s der Dämpfe (vgl. auch Abb. 8.2). Bei Gasentladungssystemen, die ein Gas-Dampf-Gemisch enthalten, übernimmt daher im kalten Zustand zunächst die Gasfüllung den Stromtransport. Bei Erreichen der Betriebstemperatur ist der Dampfdruck so weit angestiegen, daß auch Dampfmoleküle in erheblichem Umfang am Stromtransport beteiligt werden.

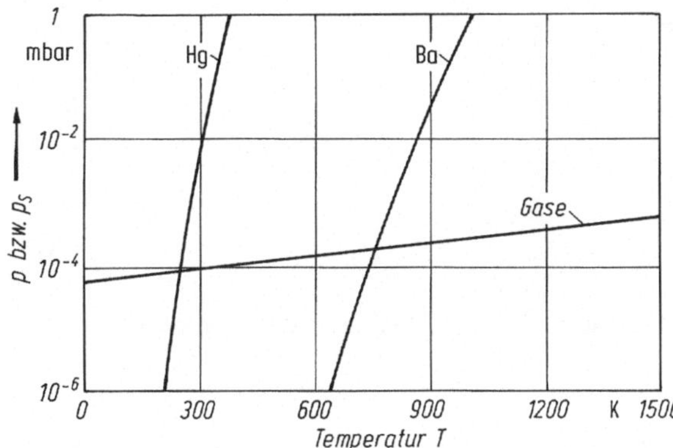

Abb. 8.3. Anstieg des Druckes von Gasen und Dämpfen in einem Behälter mit wachsender Temperatur. Der Fülldruck des Gases bei 300 K beträgt 10^{-4} mbar

8.1.5 Mittlere freie Weglänge

Die mittlere freie Weglänge ist die im Mittel von einem Gasteilchen, Elektron oder Ion zwischen zwei Zusammenstößen zurückgelegte Wegstrecke. Ihr Zusammenhang mit der Gaskonzentration ergibt sich durch folgende Überlegung: Wird eine Gasschicht (Dicke dx, Fläche A, Gaskonzentration n), deren Moleküle (Gesamtzahl z, Molekülradius r_2) zunächst als ruhend angesehen werden, von einem Molekularstrahl (Querschnitt A, Molekülradius r_1) durchsetzt (vgl. Abb. 8.4), so können Zusammenstöße zwischen zwei Molekülen immer nur dann stattfinden, wenn deren Begegnung innerhalb der (zur Molekularstrahlrichtung senkrecht liegenden) Fläche

$$\boxed{\sigma = (r_1 + r_2)^2 \pi} \tag{8.29}$$

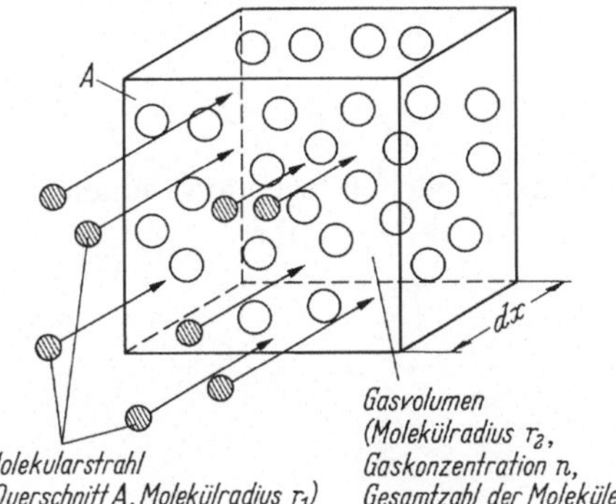

Abb. 8.4. Ausschnitt aus einer Gasschicht der Dicke dx, die von einem Molekularstrahl durchsetzt wird

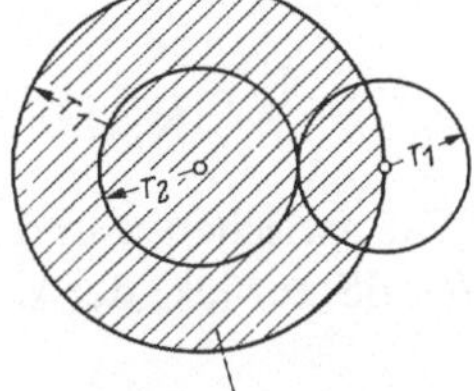

Abb. 8.5. Definition des gaskinetischen Wirkungsquerschnitts σ eines Gasmoleküls

erfolgt (vgl. Abb. 8.5). Die Fläche σ heißt *Stoß-* oder *Wirkungsquerschnitt* der Gasmoleküle. Wegen der ungeordneten thermischen Bewegung der gestoßenen Moleküle hängt σ nicht nur von den Molekülradien r_1 und r_2, sondern auch von der Geschwindigkeit der Stoßpartner ab. Dies wird bei dieser Betrachtung vernachlässigt.

Die Wahrscheinlichkeit w für das Aufeinandertreffen zweier Moleküle innerhalb des Stoßquerschnitts σ ist gleich der Summe aller Stoßquerschnitte $z\sigma$ in der Gasschicht, dividiert durch die Gesamtfläche A:

$$w = \frac{z\sigma}{A}. \tag{8.30}$$

Dabei ist

$$z = n A\, dx \tag{8.31}$$

die Anzahl der Moleküle in der Gasschicht. Von N Teilchen des Molekularstrahls werden daher

$$dN = -\frac{z\sigma}{A} N = -n N \sigma\, dx \tag{8.32}$$

Teilchen mit Molekülen der Gasschicht zusammenstoßen. Daraus folgt:

$$\boxed{N = N_0\, e^{-n\sigma x} = N_0\, e^{-\mu x},} \tag{8.33}$$

wobei

$$\mu = n\sigma \tag{8.34}$$

der *Absorptionskoeffizient* ist. Nach Gl. (8.33) nimmt die Anzahl N_0 der ein Gas durchdringenden Teilchen exponentiell mit der zurückgelegten Wegstrecke x ab. Dieses *Absorptionsgesetz* gilt allgemein für beliebige Strahlung (z. B. auch für Licht-, Röntgen- oder Elektronenstrahlen) in Gasen, Flüssigkeiten und Festkörpern, wenn an Stelle von N und N_0 die jeweiligen Strahlungsintensitäten eingesetzt werden.

Die mittlere freie Weglänge $\bar{l}_g$ der Moleküle des Molekularstrahls ist nun gleich der Summe S der von allen N_0 Molekülen durchlaufenen Wegstrecken, geteilt durch N_0:

$$\bar{l}_g = \frac{S}{N_0}. \tag{8.35}$$

Die zwischen x und $(x + dx)$ zusammenstoßenden Teilchen legen zusammen den Weg dS zurück, der sich durch Differenzieren von Gl. (8.33) ergibt:

$$dS = x\,|dN| = \mu N_0\, x\, e^{-\mu x}\, dx. \tag{8.36}$$

Damit wird:

$$S = \mu N_0 \int_0^\infty x\, e^{-\mu x}\, dx = \frac{N_0}{\mu} \tag{8.37}$$

und mit Gl. (8.35):

$$\bar{l}_g = \frac{S}{N_0} = \frac{1}{\mu} = \frac{1}{n\sigma}. \tag{8.38}$$

Die Gl. (8.33) lautet demnach:

$$\boxed{N = N_0 e^{-x/\bar{l}_g}.} \tag{8.39}$$

Dieses *Gesetz der Weglängenverteilung* nach Clausius gibt den Bruchteil N/N_0 von N_0 gleichzeitig gestarteten Teilchen an, die in einem Gas der Konzentration $n = 1/(\bar{l}_g \sigma)$ eine Strecke x ohne Kollision durchlaufen können (vgl. Abb. 8.6). Die mittlere freie Weglänge ist folglich diejenige Wegstrecke, längs der die Anzahl der Teilchen von N_0 auf N_0/e abnimmt. Die Verteilungskurve in Abb. 8.6 zeigt, daß 40% aller Moleküle eine Strecke $x > \bar{l}_g$ und 5% eine Strecke $x > 3\bar{l}_g$ durchlaufen können.

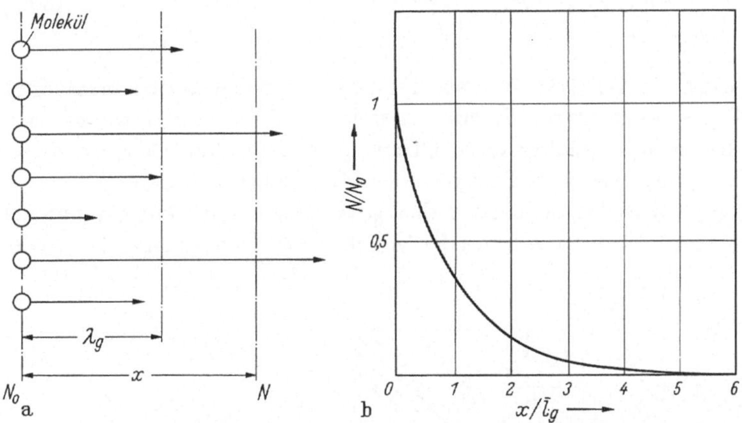

Abb. 8.6a, b. Verteilung der freien Weglängen x von Molekülen eines Molekularstrahls, der ein Gas durchdringt. **a** Freie Weglängen von Molekülen, die an der Stelle $x = 0$ starten, **b** Verteilungskurve für die freien Weglängen nach dem Gesetz von Clausius

Bei der Ableitung von Gl. (8.39) ist vorausgesetzt worden, daß die Moleküle der Gasschicht sich nicht bewegen. Wird jedoch die thermische Bewegung der Gasmoleküle mit Maxwellscher Geschwindigkeitsverteilung berücksichtigt, so wird $\bar{l}_g$ – wie eine genauere Rechnung zeigt – um den Faktor $\sqrt{2}$ verkleinert. Für *nicht ruhende Gasmoleküle* gilt daher mit Gl. (8.29) und (8.38):

$$\boxed{\bar{l}_g = \frac{1}{\sqrt{2}\pi n (r_1 + r_2)^2}.} \tag{8.40}$$

Ausgehend von dieser Gleichung lassen sich *drei Fälle* unterscheiden:
Für *Moleküle im eigenen Gas* ist $r_1 = r_2 = r$ und damit

$$\boxed{\bar{l}_g = \frac{1}{4\sqrt{2}\pi n r^2}.} \tag{8.41}$$

Für *Ionen im eigenen Gas* ist $r_1 = r_2 = r$. Ferner ist die Geschwindigkeit v_i (bzw. v_{el}) von Ionen (bzw. Elektronen) bei Vorhandensein elektrischer Felder sehr viel größer als die mittlere thermische Molekülgeschwindigkeit v_m. Die neutralen Gasmoleküle können daher in erster Näherung als ruhend angesehen werden, wodurch der Faktor $\sqrt{2}$ im Nenner von Gl. (8.40) entfällt. Daher wird die mittlere freie Weglänge der Ionen:

$$\bar{l}_i = \frac{1}{4\pi n r^2} = \sqrt{2} \cdot l_g . \tag{8.42}$$

Für *Elektronen in einem reinen Gas* ist $r_1 \ll r_2 = r$ und bei Vorhandensein elektrischer Felder $v_{el} \gg v_m$. Demnach ist die mittlere freie Weglänge der Elektronen:

$$\bar{l}_e = \frac{1}{\pi n r^2} = 4\sqrt{2} \cdot \bar{l}_g . \tag{8.43}$$

In den Gln. (8.38) und (8.40) bis (8.43) erscheint die Gaskonzentration n im Nenner. Da nach Gl. (8.14) $p \sim n$ ist, nimmt die mittlere freie Weglänge von Gasmolekülen, Elektronen und Ionen mit wachsendem Druck p ab. In Abb. 8.7 ist dieser Zusammenhang für einige Gase und Dämpfe sowie für Elektronen dargestellt.

In den Gln. (8.40) bis (8.43) bedeutet r den *gaskinetischen Wirkungsradius* der Moleküle. Er hängt von der Gasart und von der Molekülgeschwindigkeit (d. h. von der

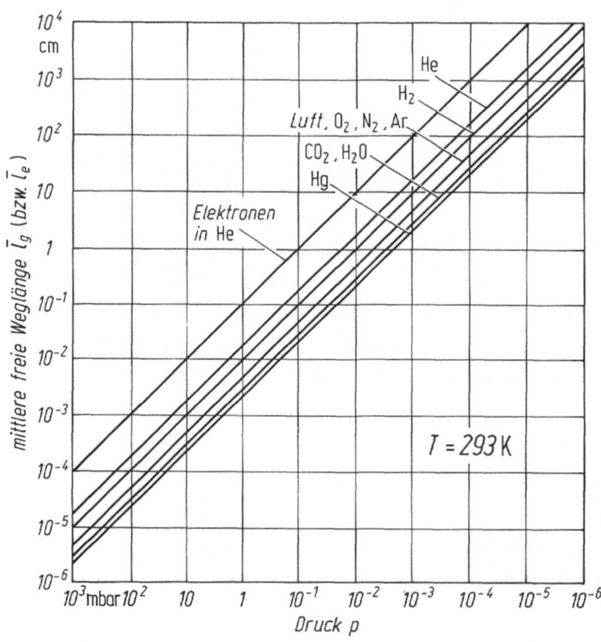

Abb. 8.7. Mittlere freie Weglänge von Elektronen ($\bar{l}_e$) und verschiedenen Gas- bzw. Dampfmolekülen ($\bar{l}_g$) in Abhängigkeit vom Druck p bei T = 293 K

Gastemperatur) ab und ist deshalb nicht mit dem Molekülradius identisch. Die Temperaturabhängigkeit von r bzw. σ wird durch die Sutherland-Formel beschrieben:

$$\sigma = \sigma_0 \left(1 + \frac{T_d}{T}\right), \tag{8.44}$$

wobei T_d als Verdopplungstemperatur bezeichnet wird.

Die Größen v_m und $\bar{l}_g$ bestimmen die *Stoßrate* z_s der Gasmoleküle:

$$\boxed{z_s = \frac{v_m}{\bar{l}_g}.} \tag{8.45}$$

In Tabelle 26 sind einige physikalische Daten verschiedener Gase und Dämpfe zusammengestellt.

Tabelle 26. Physikalische Daten verschiedener Gase und Dämpfe

	Edelgase					Metall-dämpfe	
	He	Ne	Ar	Kr	Xe	Hg	Cs
Massenzahl A in g/mol	4,00	20,2	39,94	83,8	131,3	200,6	132,9
Atommasse M in 10^{-24} g	6,64	33,5	66,31	139,1	218	333,0	220,6
Gaskinetischer Wirkungsradius r in nm	0,11	0,13	0,18	0,20	0,24	0,31	0,18
Mittlere freie Weglänge $\bar{l}_g$ in µm bei 273 K und 1 mbar	175	125	65,5	53,0	36,8	22,0	65,5
Ionisierungsspannung U_i in V	24,6	21,5	15,7	14,0	12,1	10,4	3,87
Niedrigste Anregungsspannung U_{an} in V	19,8	16,6	11,6	9,9	8,4	4,9	1,4

	Unedle Gase					Wasserdampf
	H_2	N_2	O_2	CO_2	Luft	H_2O
Massenzahl A in g/mol	2,016	28,016	32	44	29	18
Molekularmasse M in 10^{-24} g	3,35	46,51	53,12	73,0	48,15	29,9
Gaskinetischer Wirkungsradius in nm	0,14	0,19	0,18	0,23	0,19	
Mittlere freie Weglänge $\bar{l}_g$ in µm bei 273 K und 1 mbar	108	59	65,5	47,3	59	
Ionisierungsspannung U_i in V	13,6	15,5	12,5	14,4		12,6
Niedrigste Anregungsspannung U_{an} in V	10,2	6,1	7,9	10,0		7,6

8.2 Erzeugung von Ladungsträgern in Gasen

8.2.1 Entstehungsprozesse von Ladungsträgern

In Gasen können folgende Prozesse der Ladungsträgererzeugung stattfinden (vgl. Abb. 8.8):

a) Ionisierung von Gasmolekülen durch natürliche radioaktive und kosmische Strahlung;

b) Ionisierung von Gasmolekülen durch Stöße mit schnellen Elektronen oder Ionen;

c) Ionisierung von Gasmolekülen durch Photonen, die von angeregten Atomen emittiert werden;

d) Auslösung von Sekundärelektronen durch Ionenaufprall auf die Kathode und

e) Erzeugung von Ladungsträgern durch Feldemission und thermische Emission an der Kathode.

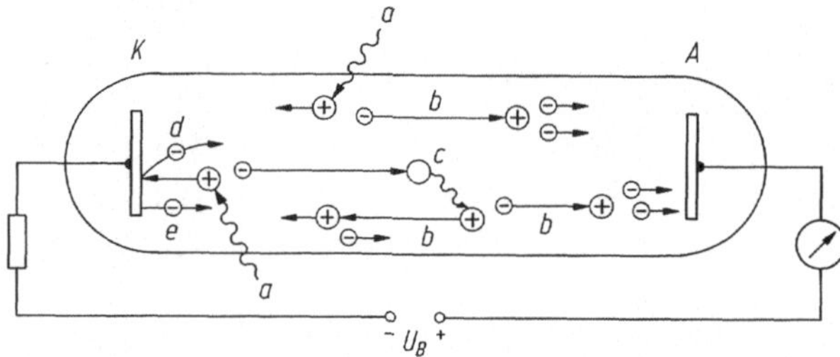

Abb. 8.8. Entstehungsprozesse von Ladungsträgern in einem Gas (Erläuterung s. Text)

Je nachdem, welche dieser Prozesse vorherrschen, unterscheidet man die in Tabelle 27 genannten drei Entladungstypen. Die *Vorstromentladung* ist als unselbständig bezeichnet, weil zu ihrer Aufrechterhaltung ein äußerer Ionisator notwendig ist. Die *Glimm-* und *Bogenentladung* sind dagegen selbständig, weil bei ihnen nach der Zündung der äußere Ionisator für den Fortbestand der Entladung nicht mehr notwendig ist. In einer selbständigen Entladung werden durch die Entladung selbst je Zeit- und Volumeneinheit so viele Ladungsträger neu erzeugt wie verlorengehen.

Tabelle 27. Gasentladungstypen und beteiligte Prozesse

Entladungstyp	beteiligte Prozesse	
Vorstromentladung	a + b	unselbständig
Glimmentladung	a bis d	selbständig
Bogenentladung	a bis e	selbständig

8.2.2 Ionisierung durch Elektronenstöße

Bewegt sich ein Elektron unter dem Einfluß eines elektrischen Feldes durch ein Gas, so stößt es auf seiner Bahn mit einer (durch die Gaskonzentration n bestimmten) Anzahl von Gasmolekülen bzw. Gasatomen zusammen. Wenn dabei die im Feld gewonnene

Stoßenergie des Elektrons gleich der Ionisierungsenergie

$$W_i = e\,U_i \tag{8.46}$$

oder größer ist, so können die gestoßenen Teilchen ionisiert werden. Ist die erreichte Elektronenenergie kleiner als W_i, so werden die Teilchen angeregt.

Die Anregungs- und Ionisierungsenergie ergibt sich aus dem *Termschema* des betreffenden Gases (vgl. Abb. 8.9). Es zeigt als waagrechte Striche längs einer vertikalen Energieskala die Energieniveaus der Elektronenhülle eines Atoms. Bezugsniveau (Nullniveau) ist das Energieniveau der Valenzschale. Die vertikalen Abstände der einzelnen Niveaus entsprechen den verschiedenen Anregungsenergiebeträgen des Atoms. Die obere Grenze des Termschemas ist gleich der Ionisierungsenergie W_i. Die schrägen Striche sind mögliche Übergänge zwischen den verschiedenen

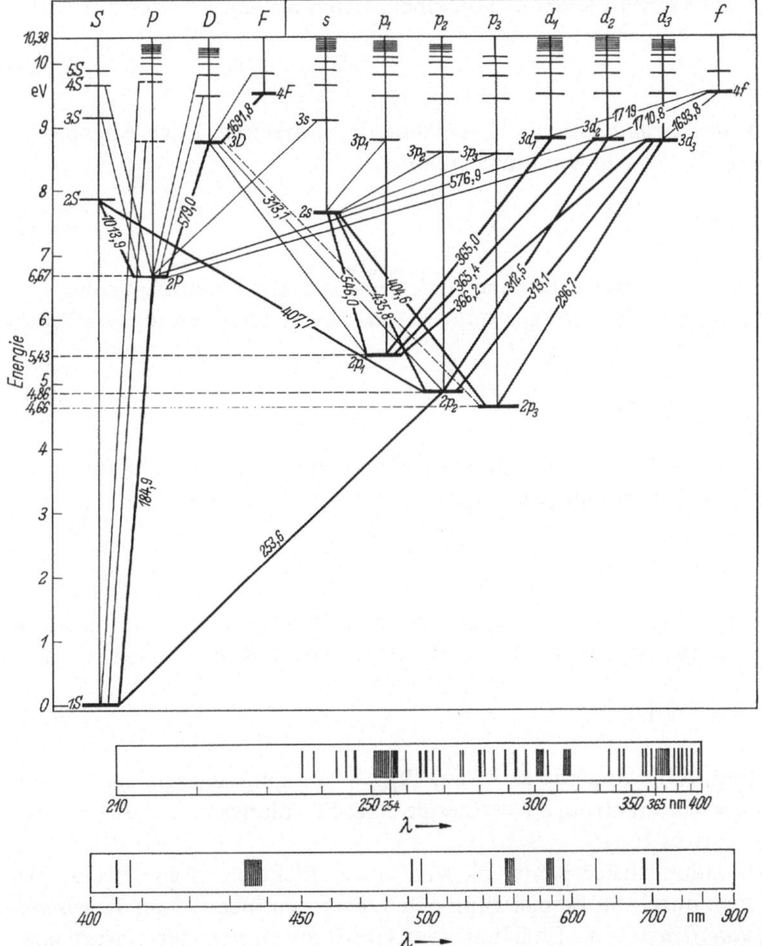

Abb. 8.9. Termschema und Linienspektrum des Quecksilberatoms. Die Zahlen an den Übergangslinien zwischen den einzelnen Niveaus bedeuten die Wellenlängen in nm

Niveaus. Die dicken Übergangslinien bezeichnen häufigere, die dünnen seltene Elektronenübergänge (Quantensprünge). Die Zahlen bedeuten die zugehörigen Wellenlängen.

Die Bezeichnungen s, p, d und f in Abb. 8.9 entsprechen den Nebenquantenzahlen $l = 0, 1, 2, 3$ und sind historisch bedingt. Es bedeuteten ursprünglich: s = *s*charfe Nebenserie, p = *P*rinzipalserie, d = *d*iffuse Nebenserie und f = *F*undamentalserie. Zu einer Hauptquantenzahl gehören maximal eine s-, drei p-, fünf d- und sieben f-Bahnen, von denen jede maximal 2 Elektronen aufnehmen kann. Die jeweilige Anzahl der Bahnen ist von der Hauptquantenzahl n abhängig. Die s-, p-, d- und f-Bahnen werden je nach Hauptquantenzahl als 1s-, 2s-, 3s-, ..., 2p-, 3p-...-Bahn usw. voneinander unterschieden. Die auf jedem Energieniveau vorhandene Elektronenzahl wird durch einen hoch oder tief gestellten Index zum Ausdruck gebracht (z.B. $1s^2$, $3p^3$ usw.).

Die fünf Grundvorgänge, die in der Elektronenhülle und damit im Termschema eines Atoms stattfinden können, sind:

– die *Anregung* (Heben eines Elektrons von einem tiefen auf ein höheres Niveau):

$$A + W_{an} \rightarrow A^* ; \tag{8.47}$$

– die *Rückkehr in den Grundzustand* als Umkehr der Anregung unter Abgabe der Anregungsenergie in Form von Strahlungsquanten:

$$A^* \rightarrow A + hf ; \tag{8.48}$$

– die *Ionisierung* (vollständiges Abtrennen mindestens eines Valenzelektrons vom Atom; Entstehung eines Ladungsträgerpaars, nämlich eines positiven Ions und eines Elektrons):

$$A + W_i \rightarrow A^+ + 1e ; \tag{8.49}$$

– die *Rekombination* als Umkehr der Ionisierung unter Abgabe der Ionisierungsenergie in Forms eines Strahlungsquants:

$$A^+ + 1e \rightarrow A + hf ; \tag{8.50}$$

– die *Anlagerung* eines Elektrons an ein neutrales Atom (Bildung eines negativen Ions unter Freigabe der Bindungsenergie, die als Elektronenaffinität bezeichnet wird):

$$A + 1e \rightarrow A^- + hf . \tag{8.51}$$

(A = neutrales Atom, A^* = angeregtes Atom, W_{an} = Anregungsenergie, W_i = Ionisierungsenergie, 1 e = ein Elektron, h f = Energie eines Strahlungsquants, A^+ = positives Ion, A^- = negatives Ion).

Die Anzahl der Ladungsträgerpaare, die von einem Elektron in einem Gas pro Zentimeter Weglänge durch Stoßionisierung erzeugt werden, nennt man *Townsendschen Ionisierungskoeffizienten* α. Er hängt vom Gasdruck p, von der Gasart bzw. Ionisierungsspannung U_i des Gases sowie von der Feldstärke E im Entladungsraum ab. Dieser Zusammenhang ergibt sich durch folgende Überlegung:

Ein Elektron, das nach seiner letzten Kollision mit einem neutralen Gasmolekül die Geschwindigkeit Null hat, kann erneut ionisieren, wenn es parallel zur Feldrichtung die Strecke x durchlaufen hat, wobei

$$e\,E\,x \geqslant W_i \tag{8.52}$$

oder

$$x \geqslant \frac{U_i}{E} \tag{8.53}$$

sein muß. Der Bruchteil der Elektronen, die diese Strecke ohne Kollision zurücklegen können, ist durch Gl. (8.39) gegeben, wenn dort anstelle von $\bar{l}_g$ die mittlere freie Elektronenweglänge $\bar{l}_e$ eingesetzt wird. Das Verhältnis

$$\frac{N}{N_0} = f(x) = e^{-x/\bar{l}_e} \tag{8.54}$$

gibt den von x abhängigen Bruchteil der freien Elektronenweglängen an, die mindestens gleich der Strecke x sind. Durch Differenzieren der Funktion f(x) erhält man die Änderung (Abnahme) der Anzahl der freien Weglängen, die größer als x sind, pro Längeneinheit. Diese Änderung entspricht der Anzahl von Zusammenstößen je Längeneinheit und beträgt:

$$\left|\frac{df(x)}{dx}\right| = \frac{1}{N_0}\,\frac{dN}{dx} = \frac{1}{\bar{l}_e}\,e^{-x/\bar{l}_e}. \tag{8.55}$$

Die Anzahl der Zusammenstöße pro Längeneinheit an der Stelle $x = U_i/E$ (wo die erreichte Elektronenenergie der Ionisierungsspannung U_i entspricht; vgl. Abb. 8.10) ist ein Maß für die Ionisierungsstärke und wird als Ionisierungskoeffizient α definiert. Mit Gl. (8.53) und (8.55) wird:

$$\alpha = \frac{1}{\bar{l}_e}\,e^{-U_i/E\bar{l}_e}. \tag{8.56}$$

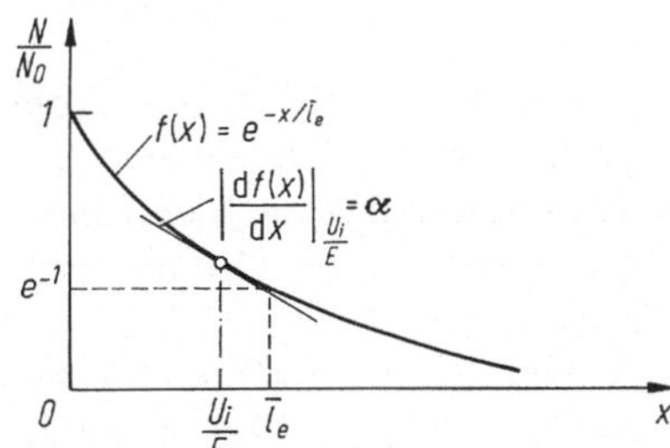

Abb. 8.10. Verteilung der freien Weglängen für Elektronen in einem Gas und Definition des Townsendschen Ionisierungskoeffizienten α

Nach Gl. (8.43) ist $\bar{l}_e$ proportional zu 1/n und nach Gl. (8.14) n proportional zu p. Daher ist $\bar{l}_e$ umgekehrt proportional zu p. Setzt man daher $\bar{l}_e = c_1/p$ (c_1 = Konstante), so wird

$$\alpha = \frac{p}{c_1}\,e^{-U_i p/c_1 E}. \tag{8.57}$$

Mit $1/c_1 = A$ und $U_i/c_1 = B$ ergibt sich schließlich:

$$\boxed{\alpha = A p e^{-Bp/E}.} \tag{8.58}$$

Diese *Townsendsche Ionisierungsformel* gibt für beliebige Elektrodenanordnungen den Ionisierungskoeffizienten α in Abhängigkeit vom Druck p und von der Feldstärke E in einer Gasentladung an, in der Ladungsträger ausschließlich durch Elektronenstoßionisierung erzeugt werden. Bei konstanter Feldstärke durchläuft α in Abhängigkeit vom Druck nach Abb. 8.11 ein Maximum bei $p_0 = E/B$ (Stoletow-Effekt); bei diesem Druck ist $\alpha = \alpha_{max} = A\,p_0/e$. In Abb. 8.12 ist die Gl. (8.58) in der Form $\alpha/p = f(E/p)$ dargestellt. Die resultierende Kurve ist vom Druck p unabhängig und hat ihren Wendepunkt bei $E/p = B/2$.

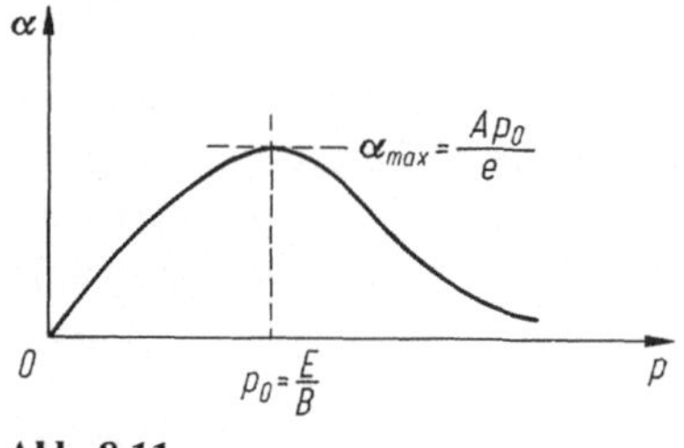

Abb. 8.11

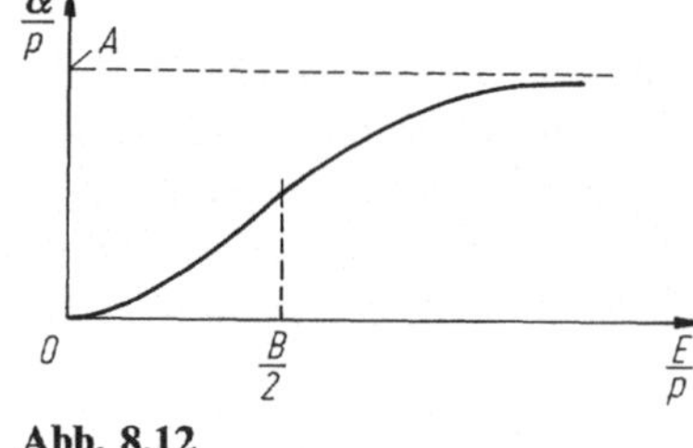

Abb. 8.12

Abb. 8.11. Verlauf des Townsend-Koeffizienten α in Abhängigkeit vom Druck p

Abb. 8.12. Verlauf der druckunabhängigen Funktion $\alpha/p = f(E/p)$

Die für jedes Gas charakteristischen Größen A und B heißen *Townsend-Konstanten.* Sie sind durch die Beziehung

$$B = U_i A \tag{8.59}$$

miteinander verknüpft. Dieser Zusammenhang läßt sich experimentell nur sehr grob bestätigen. Die Gründe dafür sind, daß die Ionisierungswahrscheinlichkeit und die mittlere freie Weglänge von der Elektronenenergie abhängen und daß die Elektronen sich nicht genau parallel zu den Feldlinien bewegen, sondern auf Grund ihrer thermischen Eigenenergie eine Driftbewegung ausführen.

Durch die Elektronenstoßionisierung werden in einem Gas fortwährend neue Elektronen erzeugt, die ihrerseits – falls sie durch ein elektrisches Feld beschleunigt werden – neutrale Gasmoleküle ionisieren können. Der Elektronenstrom wächst dadurch in Richtung der Elektronenbewegung lawinenartig an. Man bezeichnet diese Trägervermehrung durch Lawinenbildung als *Stromverstärkung.*

Zur Berechnung des Stromverstärkungsfaktors sei angenommen, daß in einer Gasentladungsstrecke mit ebenen Elektroden von der Kathode (bei $x = 0$) zum Beispiel durch den Photoeffekt z_0 Elektronen je Sekunde ausgelöst werden (vgl. Abb. 8.13). Ist nun z die Gesamtzahl der Elektronen, die pro Sekunde durch die Ebene bei x hindurchtreten, so werden durch die Stöße dieser Elektronen in der Gasschicht der Dicke dx pro Sekunde

$$dz = z\alpha\, dx \tag{8.60}$$

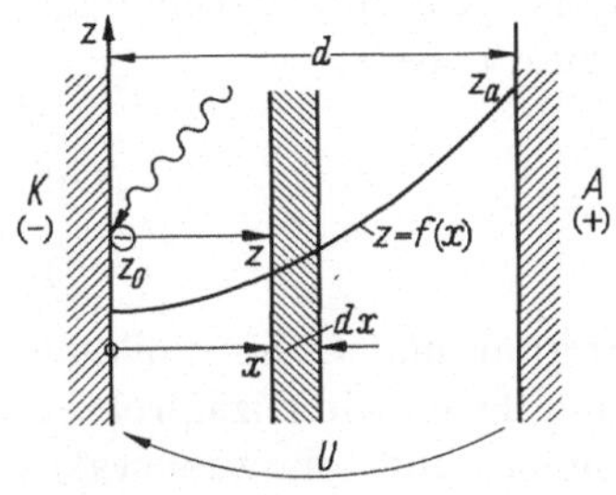

Abb. 8.13

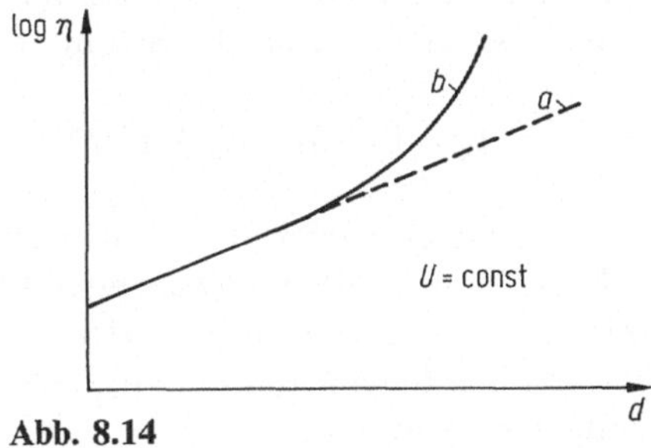

Abb. 8.14

Abb. 8.13. Anstieg der Elektronenzahl z mit wachsender Entfernung x von der Kathode durch Bildung von Townsend-Lawinen in einem Gas

Abb. 8.14a, b. Verlauf der Funktion $\log \eta = f(d)$ nach Gl. (8.63) für reine Elektronenstoßionisierung (**a**) und für zusätzliche (sekundäre) Ionisierungsprozesse (**b**)

neue Elektronen (bzw. Ionen) erzeugt. Durch Integration von Gl. (8.60) ergibt sich bei konstantem α:

$$z = z_0\, e^{\alpha x}. \tag{8.61}$$

An der Anode (bei $x = d$) treffen pro Sekunde

$$z_a = z_0\, e^{\alpha d} \tag{8.62}$$

Elektronen ein. Die Elektronenzahl steigt also exponentiell (lawinenartig) mit wachsender Entfernung von der Kathode an. Als *Stromverstärkungsfaktor* η_1 bezeichnet man das Verhältnis

$$\boxed{\eta_1 = \frac{z_a}{z_0} = \frac{I_a}{I_0} = e^{\alpha d}} \tag{8.63}$$

(I_a = Anodenstrom, I_0 = Emissionsstrom der Kathode). Ist der Ionisierungskoeffizient α ortsabhängig (z.B. in zylindrischen Elektrodensystemen), so wird:

$$\eta_1 = e^{\int_{r_1}^{r_2} \alpha\, dr}. \tag{8.64}$$

Die Gln. (8.62) und (8.63) gelten nur für den Fall, daß die Ionisierungsweglänge x nach Gl. (8.53) sehr viel kleiner als der Elektrodenabstand d ist. Praktische Werte von η_1 liegen im Bereich 3 bis 10^3.

Die bei der Bildung von Elektronenlawinen im Entladungsraum entstehenden Ionen wandern entgegen dem Elektronenstrom auf die Kathode zu und können – wenn sie genügend Energie haben – auf dem Weg dorthin ebenfalls Gasmoleküle ionisieren. Für jedes Elektron, das die Kathode verläßt, erreichen bei ausschließlicher Ionisierung durch Elektronenstoß nach Gl. (8.63) $e^{\alpha d}$ Elektronen die Anode und $(e^{\alpha d} - 1)$ Ionen die Kathode. Dabei ist im ganzen Entladungsraum die Kontinuitätsbedingung (I = const) erfüllt. Für den Strom an der Kathode gilt zum Beispiel:

$$I_k = I_e + I_i = I_0 + I_0 (e^{\alpha d} - 1) = I_0 e^{\alpha d} = I_a. \tag{8.65}$$

(I_e = Elektronenstrom, I_i = Ionenstrom).

Entladungen mit überwiegender Elektronenstoßionisierung und Lawinenbildung (mit $\eta_1 > 1$) im Gasraum finden in Gasphotozellen und Proportionalzählrohren, solche ohne Lawinenbildung ($\eta_1 = 1$) in Ionisationskammern und Ionisationsvakuummetern Anwendung.

Nach Gl. (8.63) stellt die Funktion $\log \eta_1 = f(d)$ eine Gerade dar (vgl. Abb. 8.14). Abweichungen davon deuten auf zusätzliche (sekundäre) Ionisierungsprozesse hin. Dazu gehören u.a. der Ionenstoß im Gasraum und der Ionenaufprall auf die Kathode.

8.2.3 Ionisierung durch Elektronen- und Ionenstöße

Für diesen Fall sei angenommen, daß die (ebene) Kathode pro Sekunde z_0 Elektronen emittiert und an der Anode z_a Elektronen ankommen (vgl. Abb. 8.15). Die Größe p bzw. q sei die Anzahl der pro Sekunde durch Stoßionisierung erzeugten Trägerpaare

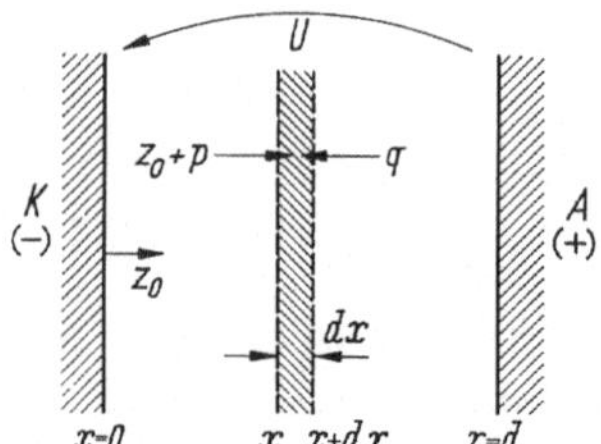

Abb. 8.15. Anordnung zur Berechnung des Stromverstärkungsfaktors bei zusätzlicher Erzeugung von Ladungsträgern durch Ionenstöße im Gasraum

auf der Kathoden- (p) bzw. Anodenseite (q) der im Entladungsraum an der Stelle x gelegenen Ebene. Demnach ist $z_0 + p$ die Zahl der Elektronen und q die Zahl der Ionen, die sich je Sekunde durch die Ebene bei x auf die Anode bzw. Kathode zubewegen. Die Summe dieser beiden Teilchenströme muß wegen der Kontinuitätsgleichung gleich dem Teilchenstrom z an einer beliebigen Stelle im Entladungsraum sein:

$$z = z_0 + p + q. \tag{8.66}$$

Beim Weitergehen um eine differentielle Strecke dx auf die Anode zu nehmen p um dp zu und q um dq ab, wobei

$$dp = -dq = (z_0 + p)\alpha\, dx + q\beta\, dx. \tag{8.67}$$

Das erste Glied auf der rechten Seite dieser Gleichung ist die Anzahl der Ladungsträgerpaare, die durch den Elektronenstrom auf der Strecke dx neu gebildet werden, das zweite Glied entspricht den durch Ionen neu gebildeten Ladungsträgern. Der Faktor β ist der *Ionisierungskoeffizient für Ionen.* Die Gln. (8.66) und (8.67) ergeben:

$$dp = (\alpha - \beta)\left[(z_0 + p) + \frac{z\beta}{\alpha - \beta}\right] dx. \tag{8.68}$$

Daraus folgt durch Integration:

$$\ln\left[z_0 + p + \frac{z\beta}{\alpha - \beta}\right] = (\alpha - \beta)x + \ln C$$

oder

$$z_0 + p + \frac{z\beta}{\alpha - \beta} = C\, e^{(\alpha - \beta)x}, \tag{8.69}$$

wobei C die Integrationskonstante bedeutet. Wegen $p = 0$ bei $x = 0$ wird mit Gl. (8.69):

$$C = z_0 + \frac{z\beta}{\alpha - \beta}. \tag{8.70}$$

Bei $x = d$ ist $q = 0$ und damit wegen Gl. (8.66) $z = z_a = z_0 + p$. Mit dieser Beziehung und Gl. (8.70) folgt aus (8.69):

$$z_a\left(1 + \frac{\beta}{\alpha - \beta}\right) = \left(z_0 + z_a \frac{\beta}{\alpha - \beta}\right) e^{(\alpha - \beta)d}$$

oder

$$z_a = z_0 \frac{(\alpha - \beta)\, e^{(\alpha - \beta)d}}{\alpha - \beta\, e^{(\alpha - \beta)d}}. \tag{8.71}$$

Wegen $\beta \ll \alpha$ wird schließlich der *Stromverstärkungsfaktor* η_2 für diesen Fall:

$$\boxed{\eta_2 = \frac{z_a}{z_0} = \frac{I_a}{I_0} \approx \frac{e^{\alpha d}}{1 - \frac{\beta}{\alpha} e^{\alpha d}} > \eta_1 .} \tag{8.72}$$

Die Stromverstärkung wird also größer als im Fall reiner Elektronenstoßionisierung.

8.2.4 Trägererzeugung durch Elektronenstöße und Ionenaufprall auf die Kathode

Erreichen die Ionen in einer Gasentladungsstrecke durch ein elektrisches Feld genügend Energie, so können sie beim Aufprall auf die Kathode pro Ion γ_i

Sekundärelektronen auslösen (vgl. Abb. 8.16). Die Austrittsarbeit wird dabei durch die potentielle und kinetische Energie des Ions aufgebracht. Die Energiegleichung für das Auslösen eines Elektrons durch ein Ion lautet daher:

$$\frac{M_i}{2} v_i^2 + e\,U_i = 2\,W_K \tag{8.73}$$

(M_i, v_i = Masse bzw. Geschwindigkeit eines Ions, U_i = Ionisierungsspannung, W_K = Austrittsarbeit der Kathode). Mit dem Faktor zwei auf der rechten Seite von Gl. (8.73) wird berücksichtigt, daß ein Sekundärelektron emittiert und ein weiteres Elektron zur Neutralisation des Ions gebraucht wird.

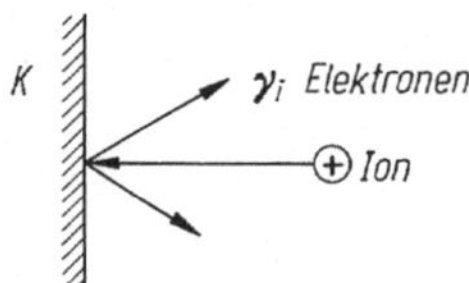

Abb. 8.16. Auslösung von γ_i Sekundärelektronen durch ein Ion an der Kathode

Durch das Auslösen von Sekundärelektronen an der Kathode kommt es in der Entladungsstrecke zu einer rapiden Trägervermehrung. Denn pro Elektron, das die Kathode verläßt, erreichen nach Gl. (8.63) $e^{\alpha d}$ Elektronen die Anode und $(e^{\alpha d} - 1)$ Ionen die Kathode. Dort lösen die Ionen $\gamma_i(e^{\alpha d} - 1) = K$ neue Elektronen aus. Diese zweite Elektronengeneration liefert $Ke^{\alpha d}$ Elektronen an der Anode und erzeugt gleichzeitig $K(e^{\alpha d} - 1)$ Ionen. Diese lösen wiederum an der Kathode $\gamma_i K(e^{\alpha d} - 1) = K^2$ neue Elektronen aus (dritte Elektronengeneration; vgl. Abb. 8.17). Pro Anfangselektron erreichen also

$$z_a = e^{\alpha d}(1 + K + K^2 + \ldots) \tag{8.74}$$

$e^{\alpha d}$ ⊖ → 1
⊖ → $(e^{\alpha d}-1)$ ← ⊕ → $\gamma_i(e^{\alpha d}-1) = K$ ⊖ → $Ke^{\alpha d}$ ⊖ → 2
$K(e^{\alpha d}-1)$ ← ⊕ → $\gamma_i K(e^{\alpha d}-1) = K^2$ ⊖ → $K^2 e^{\alpha d}$ ⊖ → 3
$K^2(e^{\alpha d}-1)$ ← ⊕ --------

Abb. 8.17. Schema der Trägerlawinenbildung durch Elektronenstöße im Gasraum und Ionenaufprall auf die Kathode. 1, 2, 3 = erste, zweite und dritte Elektronengeneration

Elektronen die Anode. Die Summe der geometrischen Reihe in Gl. (8.74) ist

$$1 + K + K^2 + \ldots + K^n = \frac{1 - K^n}{1 - K}. \tag{8.75}$$

Da K gewöhnlich kleiner als 1 ist, wird

$$\lim_{n\to\infty} \frac{1 - K^n}{1 - K} = \frac{1}{1 - K}. \tag{8.76}$$

Damit lautet die Beziehung für den *Stromverstärkungsfaktor:*

$$\boxed{\eta_3 = \frac{z_a}{1} = \frac{e^{\alpha d}}{1 - \gamma_i(e^{\alpha d} - 1)} > e^{\alpha d}.} \tag{8.77}$$

Dieser Ausdruck entspricht Gl. (8.72).

8.2.5 Trägererzeugung durch weitere Sekundäreffekte

Auch bei Berücksichtigung anderer trägerbildender Sekundäreffekte im Entladungsraum, wie Entstehung von Photonen und Röntgenstrahlen, Bildung von angeregten und metastabilen Atomen sowie Feldemission und thermische Ionisierung, erhält man für den Stromverstärkungsfaktor ähnliche Ausdrücke wie in den Gln. (8.72) und (8.77). Man kann daher für eine beliebige Gasentladungsstrecke (mit dem Elektrodenabstand d und konstantem Ionisierungskoeffizienten α):

$$\boxed{\eta_0 = \frac{e^{\alpha d}}{1 - \gamma\,(e^{\alpha d} - 1)}} \tag{8.78}$$

setzen, wobei γ der *sekundäre Ionisierungskoeffizient* ist, der alle genannten Sekundäreffekte zusammenfaßt. Der Faktor γ gibt demnach die Anzahl der Trägerpaare an, die durch sekundäre Ionisierungsprozesse erzeugt werden, wenn *ein* Elektron die Kathode verläßt. Der Wert von γ (10^{-6} bis etwa 0,5) hängt stark von der Gasart und vom Kathodenmaterial ab; er ist dagegen unabhängig von der Feldstärke im Entladungsraum.

Für $\gamma = 0$ geht Gl. (8.78) in (8.63) über. Für $\gamma > 0$ wird die Stromverstärkung gegenüber Gl. (8.63) erhöht. Die Stromverstärkung kann durch geeignete Wahl von Druck, Spannung, Kathodenmaterial und Elektrodenform so weit gesteigert werden, daß man die Emission eines einzelnen Elektrons aus der Kathode oder den Durchgang eines einzigen Elementarteilchens durch den Entladungsraum als Stromstoß registrieren kann. Darauf beruht die Wirkungsweise des Geiger-Müller-Zählrohrs.

8.2.6 Zündbedingung und Paschensches Gesetz

Wird der Nenner in Gl. (8.78) gleich Null, so wird der Stromverstärkungsfaktor η_0 und damit auch der durch den Entladungsraum fließende Strom zwar theoretisch unendlich groß, praktisch jedoch durch die Raumladung und einen äußeren Vorwiderstand begrenzt. Mit

$$1 - \gamma\,(e^{\alpha d} - 1) = 0 \tag{8.79}$$

ergibt sich als *Zündbedingung* einer Entladung:

$$\boxed{e^{\alpha d} = 1 + \frac{1}{\gamma}.} \tag{8.80}$$

Ist diese Bedingung erfüllt, so geht die durch kleine Ströme (Größenordnung 1 μA) gekennzeichnete (unselbständige) Townsend- oder Vorstromentladung in die (selbständige) Glimmentladung über, bei der Ströme von der Größenordnung mA bis A fließen und die Raumladung eine Rolle spielt. Dieser Übergang heißt *Zündung* der Gasentladung.

Nach Gl. (8.58) hängt der Ionisierungskoeffizient α von der Feldstärke E ab. Im Augenblick der Zündung ist die Feldstärke $E = E_z = U_z/d$, wobei U_z die *Zündspannung* bedeutet. Mit Gl. (8.58) erhält man daher aus Gl. (8.80):

$$\alpha d = A p d e^{-\frac{B p d}{U_z}} = \ln\left(1 + \frac{1}{\gamma}\right) = M = \text{const.} \tag{8.81}$$

Folglich ist die Zündspannung:

$$\boxed{U_z = \frac{B p d}{\ln(pd) - \ln(M/A)}.} \tag{8.82}$$

Gemäß dieser Gleichung hängt die Zündspannung U_z vom Elektrodenabstand d und vom Druck p nur in der Form $U_z = f(p d)$ ab (Paschensches Gesetz). Durch die Konstanten A, B und M dieser Gleichung wird zum Ausdruck gebracht, daß U_z auch von der Ionisierungsspannung, Masse und Elektronenaffinität der Gasmoleküle sowie von der Geometrie, Oberflächenbeschaffenheit, Temperatur und Austrittsarbeit der Elektroden abhängt.

Die Zündspannung U_z kann nach Gl. (8.82) in zwei Fällen unendlich groß werden: für $p d \to \infty$ und für $p d = M/A$. Dazwischen durchläuft die Funktion $U_z = f(p d)$ ein Minimum (vgl. Abb. 8.18), das physikalisch einfach zu erklären ist: Die Zündspannung nimmt zunächst mit wachsendem Druck p ab, weil die Zahl der ionisierenden Stöße mit der Teilchenzahl wächst. Bei höheren Drucken nimmt sie dagegen mit wachsendem Druck zu, weil die Elektronen infolge der hohen Teilchenkonzentration längs ihrer freien Weglängen nicht mehr genügend Energie für die Ionisierung aufnehmen können.

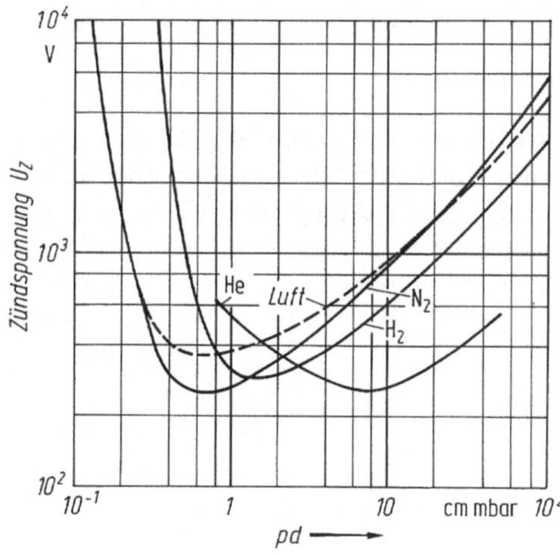

Abb. 8.18. Abhängigkeit der Zündspannung U_z einer Gasentladung vom Produkt p d (Druck mal Elektrodenabstand) für verschiedene Gase (Paschen-Kurven)

8.2.7 Allgemeine Gasentladungs-Charakteristik

Die Abb. 8.19 zeigt den prinzipiellen Verlauf der I_a-U_a-Kennlinie einer *Kaltkathoden-Gasentladungsröhre* (mit Vorwiderstand). Die Kennlinie umfaßt folgende Abschnitte: Im Bereich AB ist der Strom der äußeren Energiezufuhr proportional und von U_a nahezu unabhängig (Sättigungsgebiet). Der Bereich BC ist das Gebiet der Stromverstärkung durch Bildung von Townsend-Lawinen. Im Bereich CD geht die *Vorstrom-Entladung* durch den Vorgang der *Zündung* (bei C) in eine *Glimmentladung* (DE) über,

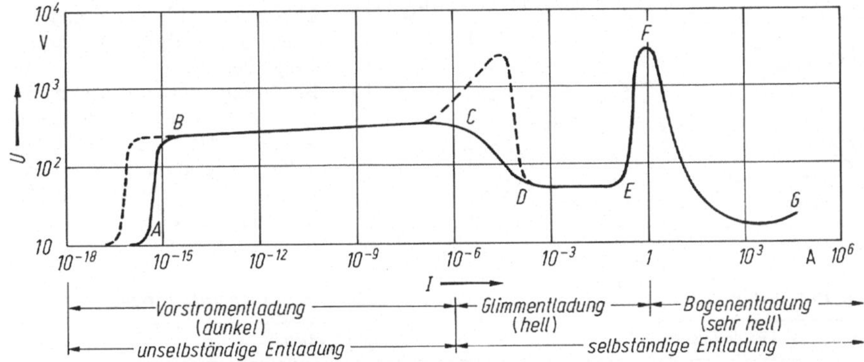

Abb. 8.19. Allgemeine Strom-Spannungs-Charakteristik einer Gasentladungsröhre mit kalter Kathode. Gestrichelter Kennlinienverlauf zwischen A und B bei niedrigerer Intensität des äußeres Ionisators; gestrichelter Verlauf zwischen C und D: Bereich des Geiger-Müller-Zählrohrs

in welcher die Brennspannung $U_a = U_b$ vom Strom unabhängig ist, da mit steigendem Strom der durch die Entladung bedeckte Teil der Kathodenoberfläche proportional zum Strom wächst. Bei E ist die ganze Kathodenoberfläche an der Entladung beteiligt. EF ist das Gebiet der *anormalen Glimmentladung*, an das sich der Bereich der *Bogenentladung* anschließt (FG). In diesem Bereich wird die Kathode durch Ionenaufprall so stark geheizt, daß sie thermisch Elektronen emittiert; gleichzeitig nimmt die Erzeugung von Photonen stark zu. In Tabelle 28 sind die verschiedenen Anwendungsmöglichkeiten der einzelnen Bereiche der Gasentladungs-Charakteristik von Abb. 8.19 angeben.

Tabelle 28. Anwendungen der verschiedenen Bereiche der Allgemeinen Gasentladungs-Charakteristik nach Abb. 8.19

Bereich	Anwendungen
A–B	Ionisationskammer
B–C	Gasphotozelle, Proportionalzähler
C–D	Geiger-Müller-Zähler, Corona-Stabilisator
D–E	Glimmlampe, Glimmstabilisator, Gas-Schaltdiode, Leuchtstoffröhre mit kalten Kathoden, Überspannungsableiter, Kaltkathoden-Thyratron, Relaisröhren, Zählröhren, Anzeigeröhren, Gasentladungs-Displays, Gaslaser und Gasmaser
E–F	Geräte für Kathodenzerstäubung und Ionenätzen
F–G	Lichtbogen-Schweißgeräte und -Schmelzöfen, Ignitrons

Bei einer *Glühkathoden-Gasentladungsröhre* wird der Verlauf der I_a-U_a-Kennlinie wesentlich durch die thermische Elektronenemission der Kathode bestimmt. Die Abb. 8.20 zeigt den prinzipiellen Verlauf der Kennlinie für vier verschiedene Werte des Gasdrucks p. Bei Hochvakuum (I) gehorcht der durch die Röhre fließende Strom dem $U^{3/2}$-Gesetz. Das Restgas hat in diesem Fall keinen Einfluß, weil die Zahl der

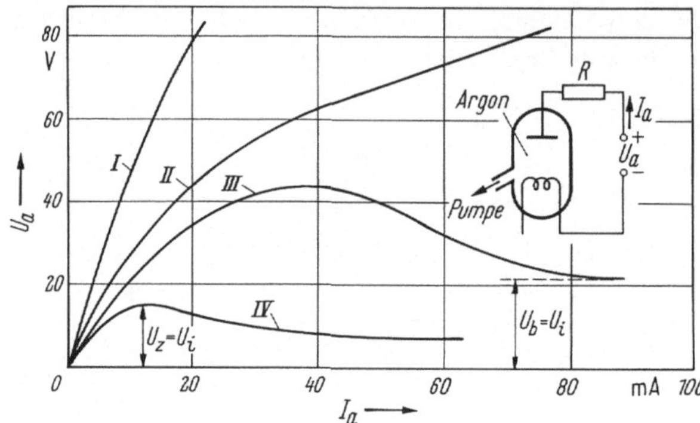

Abb. 8.20. I_a-U_a-Kennlinien einer Glühkathoden-Gasentladung bei einem Druck von: 10^{-6} mbar (Hochvakuum I), $2{,}5 \cdot 10^{-4}$ mbar (Vorstromentladung II), $5 \cdot 10^{-4}$ mbar (Glimmentladung III) und $6 \cdot 10^{-4}$ mbar (Niedervolt-Bogenentladung IV)

Tabelle 29. Potentialverlauf und I_a-U_a-Kennlinie der verschiedenen Gasentladungstypen

Entladungstyp	Potentialverlauf	U_a - I_a -Kennlinie
Vorstromentladung	K A U x	U_a I_a
Glimmentladung	U x	U_a U_z I_a
Bogenentladung	U x	U_a I_a
Niedervolt-Bogenentladung	U x	U_a $U_z = U_i$ I_a

ionisierenden Stöße zu gering ist. Bei einem Druck von etwa 10^{-4} mbar entstehen im Entladungsraum einzelne Elektronenlawinen, die den Strom erhöhen (II). Bei noch höherem Druck (III) wird eine Glimmentladung gezündet, vorausgesetzt, daß die Anodenspannung U_a mindestens gleich der Zündspannung U_z ist. Nach der Zündung liegt an der Gasentladungsstrecke die *Brennspannung* U_b, die ungefähr gleich der Ionisierungsspannung U_i des Füllgases ist ($U_b \approx U_i$). Bei weiterer Druckerhöhung (IV) sinkt die Zündspannung U_z bis zum Wert der Ionisierungsspannung U_i ($U_z \approx U_i$) und die Brennspannung wird kleiner als diese ($U_b < U_i$). Man bezeichnet diesen Entladungstyp als *Niedervolt-Bogenentladung*. Sie tritt unter anderem in Hg-Nieder- und -Hochdrucklampen sowie beim Glühkathoden-Thyratron auf.

In Tabelle 29 sind der Potentialverlauf und die U_a-I_a-Kennlinien der verschiedenen Entladungstypen zusammengefaßt. In Abb. 8.21 sind die Verteilungen der Lichtintensität, des Potentials, der Feldstärke, der Gesamtraumladung und der Stromdichten einer Glimmentladung dargestellt.

Charakteristisch für die Glimmentladung ist der starke Spannungsabfall vor der Kathode, der *Kathodenfall* U_k, der 70 bis 80% der Röhrenspannung U_a beträgt. Im Kathodenfallraum werden die von der Kathode durch Ionen- und Photonenaufprall ausgelösten Sekundärelektronen so stark beschleunigt, daß schon unmittelbar vor der Kathode Gasmoleküle angeregt und ionisiert werden. So entsteht der Kathodenglimmsaum (2) als erster Anregungs- und Ionisierungsbereich. Im anschließenden Hittorfschen (oder Crookes-) Dunkelraum (3) werden die von der Kathode kommenden Sekundärelektronen erneut beschleunigt, so daß ihre Energie im Bereich des Negativen Glimmlichts (4) zur abermaligen Anregung und Ionisierung ausreicht (zweiter Anregungs- und Ionisierungsbereich). Im Faradayschen Dunkelraum (5) haben die Elektronen unterschiedliche, zur Ionisierung nicht ausreichende Geschwindigkeiten. Am Rand der Positiven Säule (6) setzt die Anregung und Ionisierung erneut ein. Die Positive Säule ist wegen der stufenweisen Elektronenstoßanregung und -ionisierung geschichtet. Ihr Licht ist gewöhnlich langwelliger als das Negative Glimmlicht, weil die Weglängenspannung der Elektronen in Anodennähe kleiner als vor der Kathode ist.

Beim Übergang von der Glimm- zur Bogenentladung verschmelzen die Lichtgebilde der Glimmentladung unter Beibehaltung eines Kathoden- und Anodenfallraums zum *Lichtbogen*. Dieser ist ein hochgradig ionisierter hell leuchtender Entladungskanal, der neben neutralen Gasmolekülen einen hohen Anteil an Ionen und Elektronen enthält. Ein solches Teilchengemisch heißt *Plasma*. Beim Entstehen des Lichtbogenplasmas zieht sich die Ansatzfläche der Entladung auf der Kathode zu einem kleinen *Brennfleck* zusammen (stationärer oder nicht stationärer Brennfleckbogen, vgl. Abb. 8.22) oder der Lichtbogen löst sich ganz von den Elektroden ab (brennfleckloser Bogen).

Die Art des entstehenden Lichtbogens hängt im wesentlichen vom Entladungsmechanismus im Kathodenfallraum ab, d.h. von der Art, wie die für den Stromdurchgang in der Lichtbogen-Plasmasäule erforderlichen Ladungsträger erzeugt werden. Beim brennflecklosen Bogen entstehen die zur Stoßionisierung notwendigen Elektronen überwiegend durch thermische Emission von der durch die Entladung aufgeheizten Kathode und zu einem geringen Anteil durch Feldemission. Der stationäre Brennfleckbogen bildet sich, wenn der unmittelbar vor der Kathode liegende Teil der Lichtbogensäule durch Stoßprozesse so stark erhitzt wird, daß er infolge thermischer Ionisierung Ionen in Richtung zur Kathode und Elektronen in Richtung zur Anode

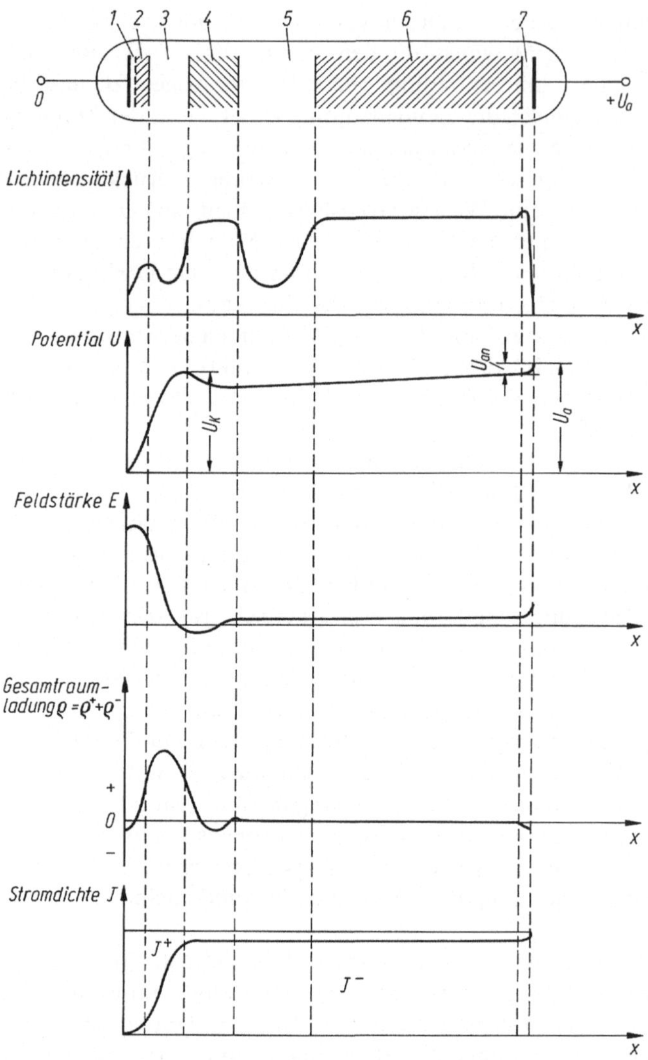

Abb. 8.21. Räumliche Struktur einer Glimmentladung und qualitativer örtlicher Verlauf der Lichtintensität, des Potentials, der Feldstärke, der Gesamtraumladung und der Teilstromdichten. 1 Astonscher Dunkelraum, 2 Kathodenglimmsaum, 3 Hittorfscher Dunkelraum (Crookesscher Dunkelraum), 4 Negative Glimmschicht, 5 Faradayscher Dunkelraum), 6 Positive Säule, 7 Anodenglimmschicht.
U_k = Kathodenfall, U_{an} = Anodenfall

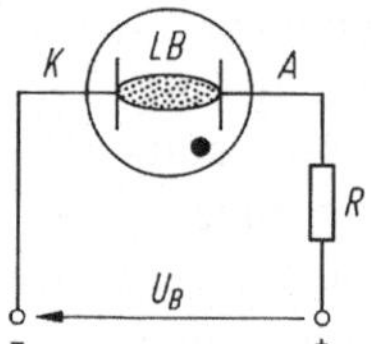

Abb. 8.22. Form der Plasmasäule in einer Lichtbogenentladung (LB).

emittiert. An der Kathode lösen die Ionen zusätzliche Sekundärelektronen aus. Im nichtstationären Brennfleckbogen werden die Elektronen vorwiegend durch Feldemission aus der Kathode ausgelöst. Das erforderliche hohe Feld wird durch die starke positive Ionenraumladung vor der Kathode erzeugt. In Tabelle 30 sind einige Daten

Tabelle 30. Typische Betriebsdaten der verschiedenen Lichtbogenarten

	Stationärer Bogen	Nichtstationärer Bogen	Brennfleckloser Bogen
Trägerbildung	thermische Emission aus dem Dampf vor der Kathode	Feldemission aus der Kathode	thermische Emission aus der Kathode
Kathodenfall	5–20 V	5–11 V	5–13 V
Stromdichte	10^4–10^6	bis 10^7 A/cm^2	10^3 A/cm^2
Druck	10^2–10^3	10^{-1}–10^{-4}	bis 10^5 mbar
Beispiel	Bogenlampe Schweißlichtbogen	Hg-Dampfgleichrichter	Hochdruck-Bogenlampe

der drei genannten Bogenentladungstypen angegeben. Die U_a-I_a-Charakteristik der Bogenentladungen ist fallend, d. h. die Brennspannung nimmt mit wachsender Stromstärke ab (vgl. Tab. 29), weil sowohl der Durchmesser als auch die Temperatur und damit die Leitfähigkeit der Plasmasäule zunehmen. Der Säulenwiderstand sinkt daher mit wachsendem Strom.

8.3 Bauformen von Gasentladungsröhren

8.3.1 Röhren mit Vorstromentladung

8.3.1.1 Ionisationskammer

Ionisationskammern sind Ionendosisleistungs-Meßgeräte, die aus einer luft- oder argongefüllten Kammer mit zwei ebenen oder zylinderförmigen Elektroden bestehen (vgl. Abb. 8.23a). Die *Ionendosisleistung* $\dot{J}$ ist durch die Ladung der Ionen eines

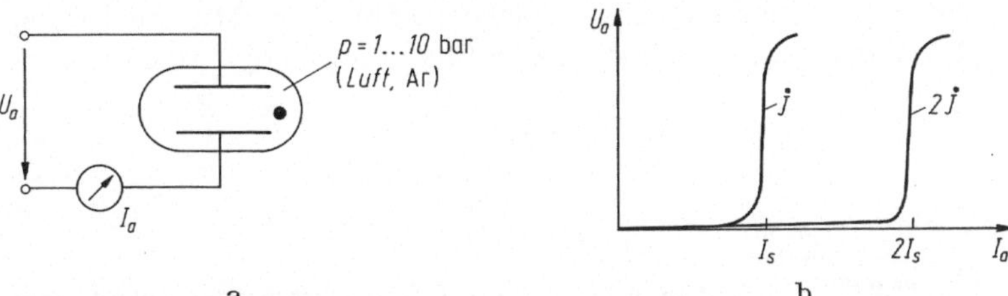

Abb. 8.23a, b. Aufbau (**a**) und U_a-I_a-Kennlinien (**b**) einer Ionisationskammer. Die Kennlinien entsprechen dem Bereich AB von Abb. 8–19 (vgl. auch Tab. 29)

Vorzeichens gegeben, die je Sekunde durch die einfallende Strahlung in Luft erzeugt werden. Der zu den Elektroden fließende Sättigungsstrom I_s ist der Dosisleistung $\dot{J}$ proportional (vgl. Abb. 8.23b). Für eine luftgefüllte Kammer gilt:

$$I_s = \dot{J}\, V\, \varrho_L \frac{p}{1013} \frac{273}{T} \tag{8.83}$$

oder

$$\frac{I_s}{A} = 0{,}348 \frac{\dot{J}}{A/kg} \frac{V}{m^3} \frac{p/mbar}{T/K}, \tag{8.84}$$

wobei V das Ionisationskammervolumen, p der Druck und ϱ_L die Luftdichte in der Kammer bei 0 °C und 1013 mbar bedeuten ($\varrho_L = 1{,}293\,kg/m^3$). Der Strom I_s ist von der Größenordnung 1 pA.

Die Abb. 8.24 zeigt den Aufbau eines Taschendosimeters für die Radiologie und Kerntechnik. Es enthält ein elektrisch aufgeladenes Quarzfadenelektrometer, das durch die einfallende Strahlung allmählich entladen wird. Es gibt Dosimeter für verschiedene Meßbereiche zwischen $5 \cdot 10^{-5}$ und 0,15 C/kg (0,2 bis 600 R; 1 R = 1 Röntgen = $2{,}58 \cdot 10^{-4}$ C/kg).

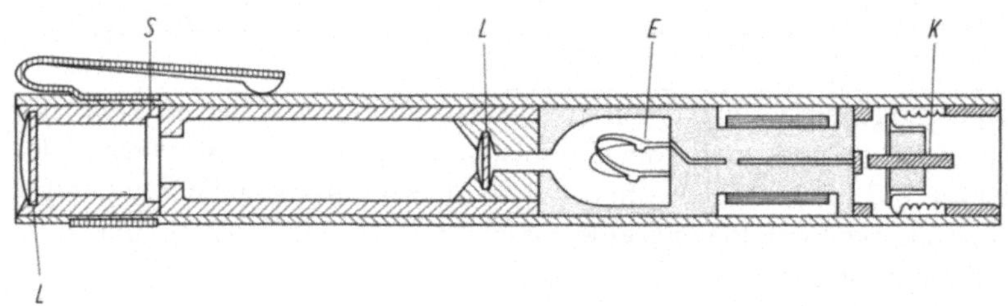

Abb. 8.24. Schnitt durch ein Taschendosimeter für die Radiologie und Kerntechnik. E = Quarzfaden-Elektrometer, L = Mikroskoplinsen, S = Skala, K = Kontaktstift zum Aufladen

8.3.1.2 Geiger-Müller-Zählrohr

Geiger-Müller-Zählrohre dienen zur Messung der Intensität radioaktiver Strahlung. Sie bestehen aus einem Glas- oder Metallrohr, das als Elektroden eine wendel- oder zylinderförmige Kathode und einen längs der Röhrenachse verlaufenden „Zähldraht" als Anode enthält (vgl. Abb. 8.25). Als Füllgase ($p \approx 100$ mbar) verwendet man Luft, Wasserstoff oder Edelgase und Zusätze von organischen oder Halogendämpfen. Die Abb. 8.26 zeigt die U_a-I_a-Kennlinie eines solchen Zählrohrs. Mit wachsender Anodenspannung U_a finden im Zählrohr folgende Entladungsvorgänge statt:

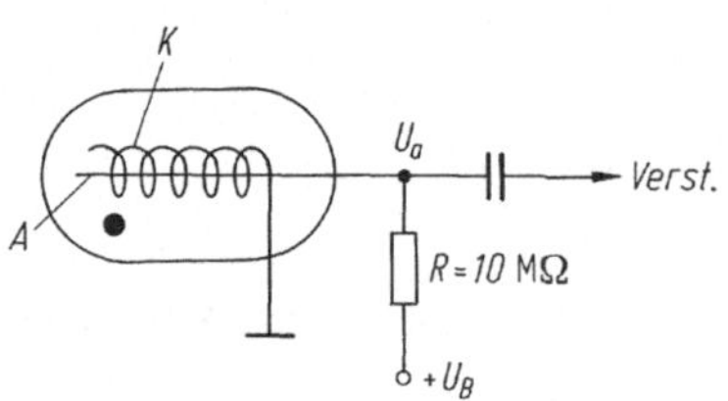

Abb. 8.25. Aufbau und Betriebsschaltung eines Geiger-Müller-Zählrohrs.
K = Kathode, A = Anode (Zähldraht)

Niedriges U_a (bis etwa 200 V): Keine Trägerlawinenbildung; *Ionisationskammerbereich.*

Mittleres U_a (bis etwa 400 V): Trägerlawinenbildung am Ort der primären Ionisation; der Entladungsstrom ist proportional zu U_a und zur Energie des auslösenden Teilchens (*Proportionalbereich*).

Hohes U_a (bis etwa 1000 V): Durch starke Photonenbildung löst jedes einfallende Teilchen eine „Querzündung" längs des ganzen Zähldrahts A aus. Der Entladungsstrom ist von der Teilchenenergie unabhängig (*Auslösebereich;* Bereich des Geiger-Müller-Zählrohrs).

Eine weitere Erhöhung von U_a führt zur Dauer-Glimmentladung.

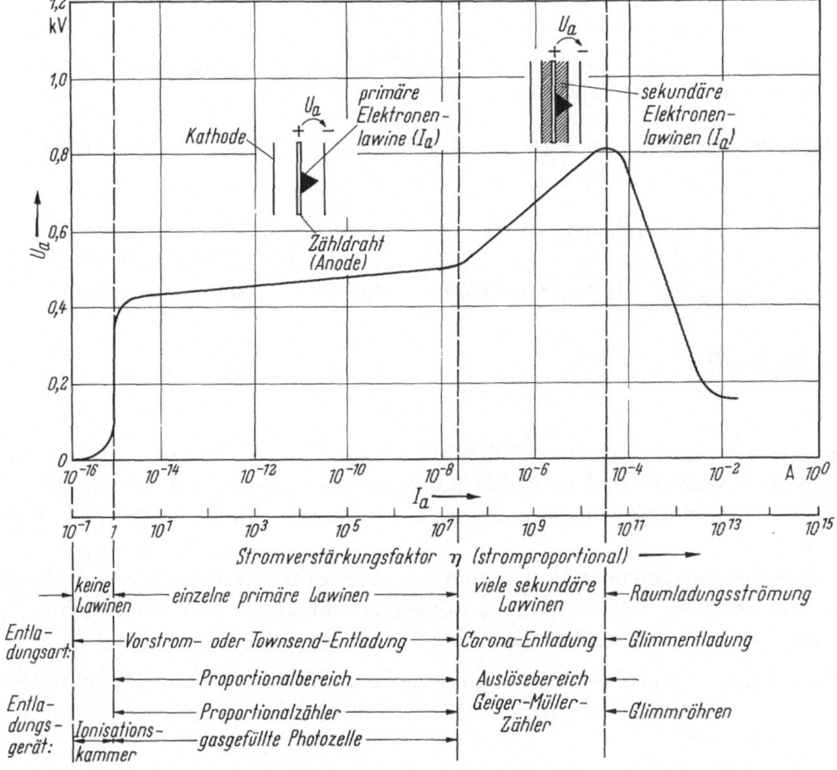

Abb. 8.26. U_a-I_a-Kennlinie eines Geiger-Müller-Zählrohrs mit Angabe der verschiedenen Betriebsbereiche. Die Kennlinie entspricht dem Bereich A–D der Charakteristik von Abb. 8.19

Ein rasches Erlöschen einer jeden Einzelentladung erreicht man durch eine RC-Schaltung (mit großem R und kleinem C; vgl. Abb. 8.25) und durch Dampfzusätze zum Füllgas, die eine hohe Photonenabsorption bewirken (selbstlöschendes Zählrohr). Der langsame Abbau der Ionenraumladung verursacht nach jeder Einzelentladung eine *Totzeit* (0,01–1 ms; kein Ansprechen) und eine nachfolgende *Erholungszeit* (0,1–1 ms; schwaches Ansprechen).

Das Betriebsverhalten eines Geiger-Müller-Zählrohrs wird durch die Impulszahl- und Dosisleistungs-Kennlinien beschrieben (vgl. Abb. 8.27 und 8.28). Sie geben die Anzahl n_i der Einzelentladungen je Sekunde in Abhängigkeit von der Anodenspannung U_a bzw. von der Ionendosisleistung $\dot{J}$ an. Der Bereich der Impulszahl-Kennlinie, in welchem n_i nur wenig ansteigt, wird als *Plateau*, der Beginn dieses Bereiches als *Startspannung* bezeichnet. Als *Plateau-Steilheit* definiert man den Ausdruck:

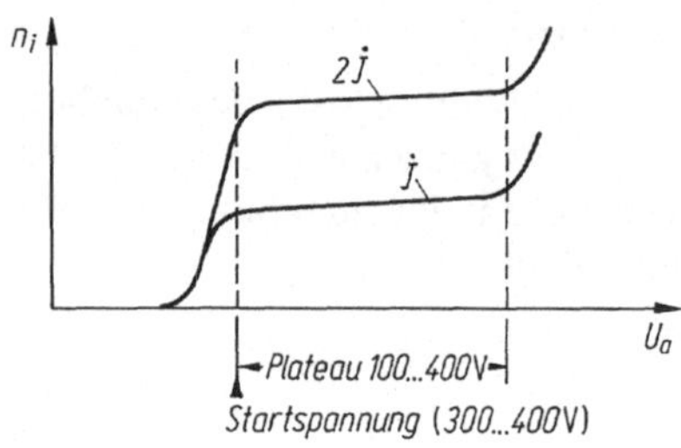

Abb. 8.27

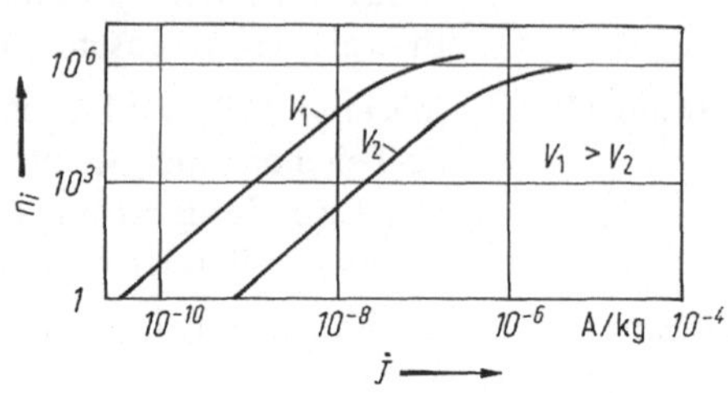

Abb. 8.28

Abb. 8.27. Impulszahl-Kennlinie eines Geiger-Müller-Zählrohrs. n_i = Anzahl der Entladungsimpulse je Sekunde, U_a = Anodenspannung, $\dot{J}$ = Ionendosisleistung

Abb. 8.28. Dosisleistungs-Kennlinie eines Geiger-Müller-Zählrohrs. $V_{1,2}$ = Zählrohrvolumen

$$S_p = \frac{1}{n_i} \frac{dn_i}{dU_a}. \tag{8.85}$$

Die Werte von S_p liegen zwischen 0,02 und 0,3 %/V. Die Dosisleistungs-Kennlinie erreicht bei hohen Werten von $\dot{J}$ einen Sättigungswert, weil die maximale Impulszahl durch das Auflösungsvermögen (Summe aus Tot- und Erholungszeit) begrenzt wird (vgl. Abb. 8.28).

In Abb. 8.29 sind verschiedene Bauformen von Zählrohren gezeigt. Bei Zählrohren mit Fenster richtet sich die Fensterdicke (angegeben in Masse pro Flächeneinheit) nach der Art der nachzuweisenden Strahlung:

α-, β-, γ-Strahlung: großes dünnes Glimmerfenster (300–600 mm², Wanddicke 1,5–2 mg/cm²);

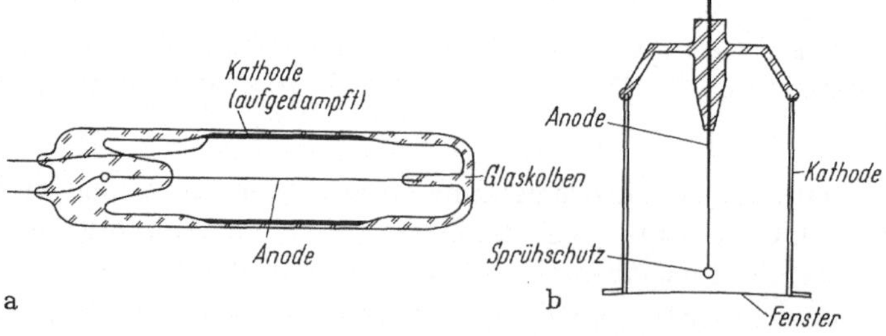

Abb. 8.29 a, b. Ausführungsformen von Geiger-Müller-Zählrohren. **a** β-Zählrohr mit dünner Seitenwand und aufgedampfter Kathode, **b** Fenster-Zählrohr für α-, β- und γ-Strahlung

β-, γ-Strahlung:	kleineres, dickeres Glimmerfenster (20–100 mm^2, Wanddicke 2–100 mg/cm^2);
nur γ-Strahlung:	Wanddicke 100–600 mg/cm^2.

8.3.1.3 Gasphotozelle

Gasgefüllte Photozellen enthalten meist Argon bei einem Druck von 10^{-2} bis einige mbar. Die Gasfüllung bewirkt, daß der von der Photokathode bei Lichteinfall emittierte Strom um einen Faktor 3 bis 10 verstärkt wird. Da die Stromverstärkung mit der Anodenspannung U_a wächst, steigt der Strom I_a überproportional mit U_a an (vgl. Abb. 8.30a). Dementsprechend höher ist die Lumen-Empfindlichkeit der Photozelle (s_K = 100 bis 150 μA/lm). In Abhängigkeit vom Füllgasdruck p durchläuft der Photozellenstrom I_a ein Maximum bei $p_0 = E/B$, wo auch der Townsend-Ionisierungskoeffizient α sein Maximum hat (E = Feldstärke, B = zweite Townsend-Konstante; vgl. Abb. 8.30b sowie Abb. 8.11). Wegen der Ionenraumladung haben Gasphotozellen eine niedrige Wechsellicht-Grenzfrequenz (von etwa 10 kHz).

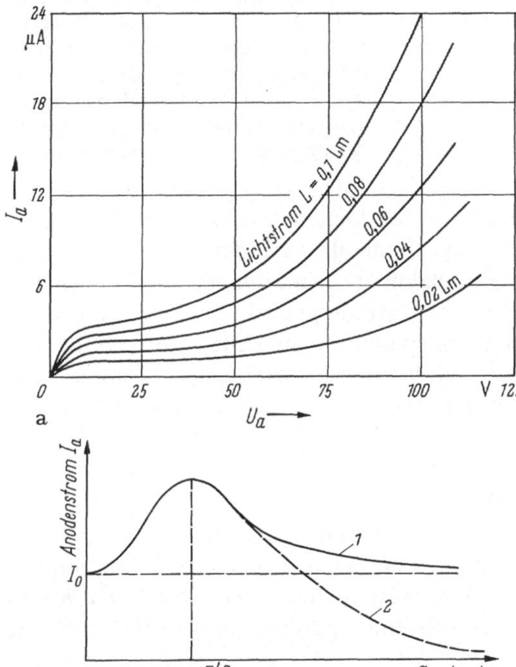

Abb. 8.30. a I_a-U_a-Kennlinienfeld einer Gasphotozelle, **b** Verlauf des Anodenstroms I_a in Abhängigkeit vom Druck p in einer Gasphotozelle. 1 Kurvenverlauf nach der Townsend-Formel; 2 Tatsächlicher Kurvenverlauf infolge der Rückstreuung von Elektronen durch Zusammenstöße mit Gasmolekülen

8.3.2 Röhren mit Glimmentladung

8.3.2.1 Leuchtstoffröhre mit kalten Kathoden

Bei diesen bis zu mehrere Meter langen Röhren wird die Lichtemission der positiven Säule ausgenutzt. Die Röhren enthalten zwei kalte Elektroden, sind mit einem Edelgas- oder Edelgas-Quecksilber-Gemisch gefüllt (Druck etwa 1 bis 10 mbar) und werden über einen Transformator mit Wechselspannung von 700 bis 10000 V betrieben. Die Lichtfarbe wird durch die Gasentladung selbst (z.B. Ne: orange-rot, He: gelb, Ne-Ar-Hg: blau) oder durch eine Leuchtstoffschicht an der Innenwand des Röhrenglaskolbens festgelegt.

Die Abb. 8.31 zeigt Aufbau und Betriebsschaltung einer Leuchtstofflampe mit Edelgas-Quecksilberdampf-Füllung. Die Röhre wird mit einem Glimmzünder G gezündet, zwischen dessen Bimetallelektroden bei Einschalten der Netzspannung eine Glimmentladung entsteht. Dadurch erwärmen sich die Bimetallelektroden, biegen sich durch und schließen die Entladungsstrecke kurz, wobei die Entladung erlischt. Der

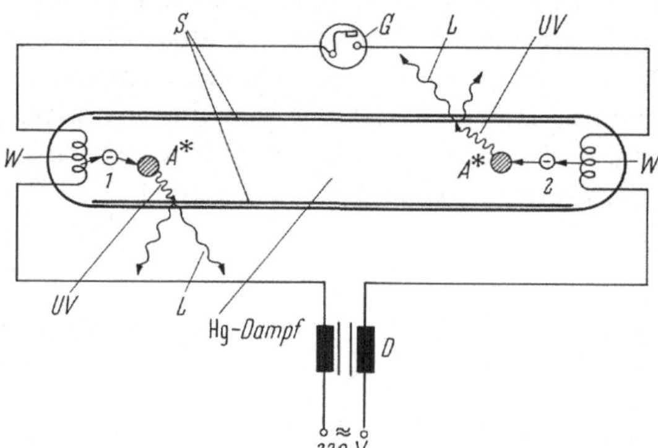

Abb. 8.31. Aufbau und Betriebsschaltung einer Leuchtstoffröhre. G = Glimmzünder, S = Leuchtstoffschicht zur Umwandlung der UV-Strahlung (UV) in sichtbares Licht (L), W = wendelförmige W-BaO-Sinterkathoden, D = Drosselspule, A* = angeregtes Hg-Atom, 1,2 Elektronenemission während der positiven (1) bzw. negativen (2) Halbwelle der angelegten Wechselspannung

nun fließende Strom heizt die Glühwendeln W der Leuchtstofflampe auf, so daß sie Elektronen emittieren. Nach Abkühlung der Bimetallelektroden öffnen diese den Heizstromkreis Drossel-Glühwendeln-Glimmzünder. Dadurch entsteht wegen des Magnetfelds der Drossel ein genügend hoher Spannungsstoß für die Zündung der Leuchtstoffröhre. Wegen der niedrigen Brennspannung der Leuchtstoffröhre bleibt jetzt der Glimmzünder und damit der Glühkathoden-Heizkreis stromlos. Die Elektronenemission an den Elektroden erfolgt dann ausschließlich durch Aufprall der in der Entladung gebildeten Ionen.

8.3.2.2 Gasschaltdioden für Radarsysteme

Bei Radarsystemen werden Gasschaltdioden als Antennen-Umschalter zum periodischen Trennen des Senders bzw. Empfängers von der gemeinsamen Radarantenne verwendet. Eine solche Antenne liefert Sendeimpulse von einigen kW bis 100 MW und 0,1 bis 10 µs Dauer. Die Empfangsimpulse haben eine Leistung von etwa 10^{-14} W. Die Zyklusfrequenz beträgt 100 bis 5000 Hz.

Die für das Antennenumschalten eingesetzten Plasmadioden bezeichnet man auch als Sperröhren, Radarduplexer oder TR- und ATR-Röhren (TR = Transmit-Receive, ATR = Anti-Transmit-Receive). Man unterscheidet Schmalband- und Breitbandröhren. Abb. 8.32 zeigt einige Ausführungsformen. In Abb. 8.33 ist das Schema eines Radarduplexers angegeben. Sind die Röhren TR und ATR gezündet, so entsteht ein Kurzschluß vor dem Empfänger E und ein Leerlauf bei A und B. Der Sender S gibt einen Radarimpuls an die Antenne An ab. Sind TR und ATR nicht gezündet, so erzeugt ATR einen Kurzschluß bei B und einen Leerlauf bei A. Der Empfänger E nimmt jetzt den Empfangsimpuls auf. TR bewirkt einen niedrigen Widerstand bei A.

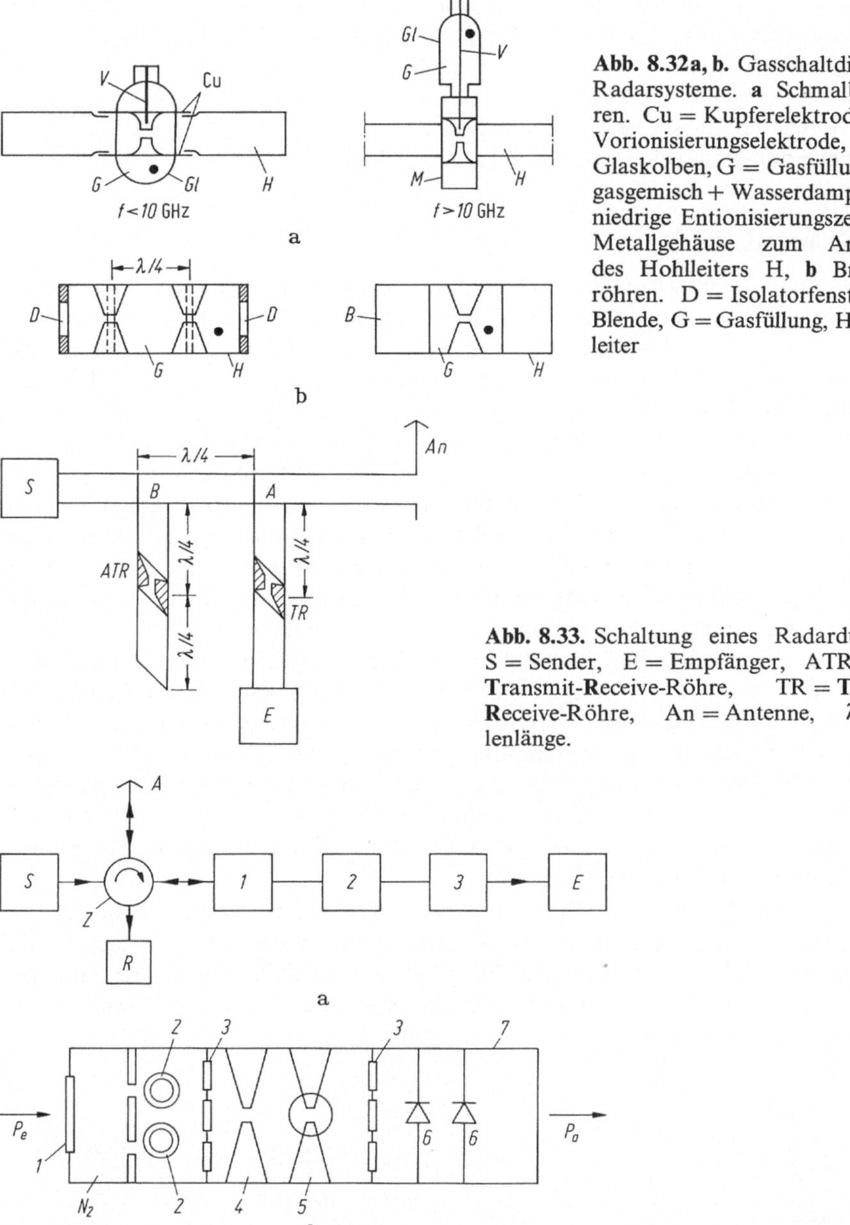

Abb. 8.32a, b. Gasschaltdioden für Radarsysteme. **a** Schmalbandröhren. Cu = Kupferelektroden, V = Vorionisierungselektrode, Gl = Glaskolben, G = Gasfüllung (Edelgasgemisch + Wasserdampf für niedrige Entionisierungszeit), M = Metallgehäuse zum Ankoppeln des Hohlleiters H, **b** Breitbandröhren. D = Isolatorfenster, B = Blende, G = Gasfüllung, H = Hohlleiter

Abb. 8.33. Schaltung eines Radarduplexers. S = Sender, E = Empfänger, ATR = **A**nti-**T**ransmit-**R**eceive-Röhre, TR = **T**ransmit-**R**eceive-Röhre, An = Antenne, λ = Wellenlänge.

Abb. 8.34a, b. Prinzip eines modernen passiven Empfänger-Schutzsystems in Radaranlagen. **a** Blockschaltbild mit Antennen-Umschalter (Z) und Empfänger-Protektor (1–3). S = Sender, A = Antenne, Z = Zirkulator, R = Absorber, 1 = Plasma-Schaltstufe hoher Leistung, 2 = Plasma-Schaltstufe niedriger Leistung, 3 = Diodenbegrenzer, E = Empfänger, **b** Aufbau eines mehrstufigen Empfänger-Protektors. 1 = Mica-Fenster, 2 = Plasma-Schaltstufe hoher Leistung, 3 = Breitband-Fenster, 4 = Plasma-Schaltstufe mittlerer Leistung, 5 = Gasdioden-Schaltstufe mit β-Emitter (Tritium) als Zündhilfe, 6 = Varaktoren als Begrenzer, 7 = Hohlleiter, N_2 = Stickstoffüllung, $P_{e,a}$ = Eingangs- und Ausgangsleistung

Moderne Antennenumschalter enthalten einen Zirkulator, der abwechselnd Sender und Empfänger mit der Antenne verbindet. Die Plasmadioden dienen nur noch als Empfängerschutz gegen hohe reflektierte HF-Leistung von der Antenne. Solche Schutzschaltungen sind mehrstufig aufgebaut (vgl. Abb. 8.34). Ihr Vorteil gegenüber reinen Halbleiter- oder Ferritschaltungen ist, daß sie eine hohe HF-Leistung aufnehmen können und eine ausreichend kleine Erholzeit (z. B. 200 ns bei 200 W im X-Band) haben.

8.3.2.3 Glimmlampen

Bei den Glimmlampen wird das Leuchten des Negativen Glimmlichts für Signal- und Beleuchtungszwecke ausgenutzt. Glimmlampen enthalten zwei Fe-, Ni- oder Al-Elektroden und sind mit einem Edelgasgemisch gefüllt (Druck: 1 bis 20 mbar). Ihre Betriebsspannung (Gleich- oder Wechselspannung) beträgt 50 bis 220 V, die Stromaufnahme einige mA.

Normale Glimmlampen eignen sich auch als empfindliche *Gasentladungs-Detektoren* für Mikrowellen- und Millimeterwellen. Einfallende Strahlung verursacht einen höheren Entladungsstrom. Eine der Ursachen ist das Anwachsen der Elektronenenergie im Bereich des Negativen Glimmlichts und des Faraday-Dunkelraums, wo Elektronen niedriger Energie in einer Raumladungs-Potentialmulde eingefangen sind. Durch Absorption von Mikrowellenenergie können mehr Elektronen aus dieser Potentialmulde herausdiffundieren und dadurch den Entladungsstrom erhöhen. Ein zweiter Effekt besteht darin, daß die Mikrowellenstrahlung die Häufigkeit der ionisierenden Stöße erhöht. Die Vorteile solcher Detektoren sind niedriger Preis, Robustheit, großer dynamischer Bereich, breiter Spektralbereich, Anwendbarkeit auch bei hohen Leistungen und keine Temperaturempfindlichkeit. Nachteile sind ihre relativ große Anstiegszeit (Größenordnung: µs im Vergleich zu ns bei Halbleiter-Detektoren) und ihre höhere Verlustleistung. Ihre Empfindlichkeit ist mit der von Halbleiter-Strahlungsdetektoren vergleichbar. Die Abb. 8.35 zeigt die Prinzipschaltung einer Glimmlampe als Mikrowellen-Detektor.

Eine spezielle Form von Glimmlampen sind die *Amplitudenröhren*, die als Spannungsindikatoren zur Anzeige von Gleichspannungsänderungen dienen. Sie enthalten eine stiftförmige Anode und eine lange Drahtkathode, die bei der Zündung teilweise mit Glimmlicht bedeckt wird (vgl. Abb. 8.36). Die Länge des Glimmlichts ist der äußeren Spannung angenähert proportional.

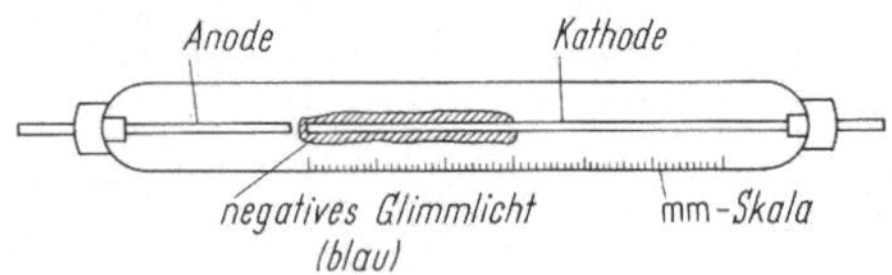

Abb. 8.36. Amplitudenröhre als Spannungsindikator

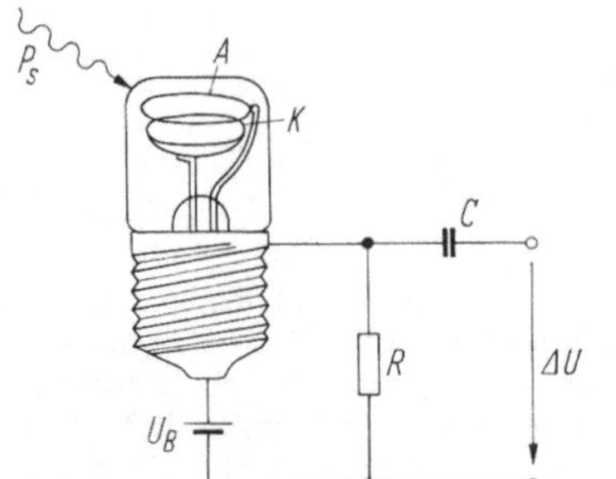

Abb. 8.35. Schaltung einer Glimmlampe als Mikrowellen-Strahlungsdetektor. P_s = Strahlungsleistung, A = Anode, K = Kathode, ΔU = Ausgangssignal

8.3.2.4 Glimmstabilisatoren

Sie dienen zur Konstanthaltung der Spannung an einem Verbraucherwiderstand bei Netzspannungs- oder Belastungsschwankungen. Ihre typischen Daten sind: Ne-Ar-Füllung mit 0,1 bis 10 mbar, Brennspannung $U_b = 70$ bis 160 V, Zündspannung $U_z = 110$ bis 180 V, Anodenstrom $I_a = 1$ bis 60 mA.

Die Abb. 8.37 zeigt eine Bauform, die grundsätzliche Betriebsschaltung und die Kennlinie einer solchen Röhre. Für eine Spannungsschwankung ΔU_1 am Eingang der

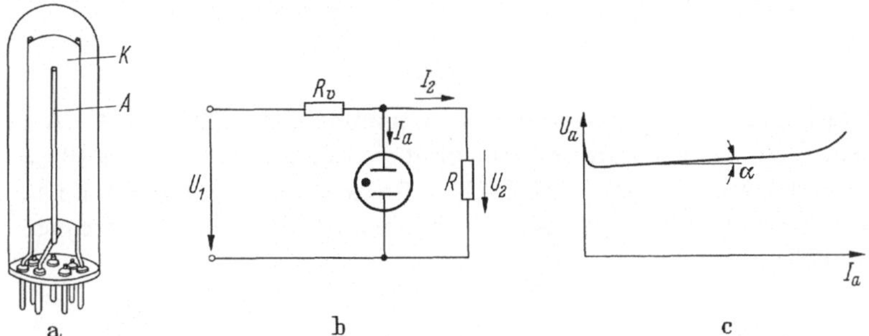

Abb. 8.37 a–c. Bauform (**a**), Betriebsschaltung (**b**) und U_a-I_a-Kennlinie (**c**) eines Glimmstabilisators

Schaltung entsteht eine Ausgangsspannungsschwankung ΔU_2, wobei nach Abb. 8.37b:

$$\Delta U_1 = R_v(\Delta I + \Delta I_a) + \Delta U_2 \tag{8.86}$$

ist. Damit wird:

$$\frac{\Delta U_1}{\Delta U_2} = R_v\left(\frac{\Delta I}{\Delta U_2} + \frac{\Delta I_a}{\Delta U_2}\right) + 1. \tag{8.87}$$

Mit $\Delta U_2/\Delta I = R$ und $\Delta U_2/\Delta I_a = \tan\alpha = R_w$ (vgl. Abb. 8.37c) und $R_w \ll R, R_v$ erhält man:

$$\Delta U_2 = \frac{R_w}{R_v}\Delta U_1. \tag{8.88}$$

Die Spannungsänderungen ΔU_2 am Verbraucherwiderstand sind also erheblich kleiner als die Schwankungen ΔU_1 der Eingangsspannung.

8.3.2.5 Relaisröhren

Diese edelgasgefüllten Schaltröhren enthalten neben einer kalten Kathode und der Anode eine Zündelektrode (Starter) in Form eines kurzen Drahtstücks vor der Kathode (vgl. Abb. 8.38a). Die Kathode kann als Reinmetall- (Mo) oder Schichtkathode (mit einem Ba- oder Sr-Belag) aufgebaut sein. Die Zündung erfolgt bei anliegender Anodenspannung U_a durch einen Spannungsimpuls U_z (= 80 bis 150 V) am Zündstift. Die Zündung ist grundsätzlich in allen vier Quadranten der U_a-U_z-Ebene möglich; normaler Betriebsbereich ist (bei präparierter Kathode) der erste

Quadrant (vgl. Abb. 8.38 b). Damit die Entladung im Augenblick des Zündens von der Zündelektrode auf die Hauptentladungsstrecke zwischen Kathode und Anode übergeht, muß der Zündstrom I_z einen gewissen Mindestwert überschreiten, der nach

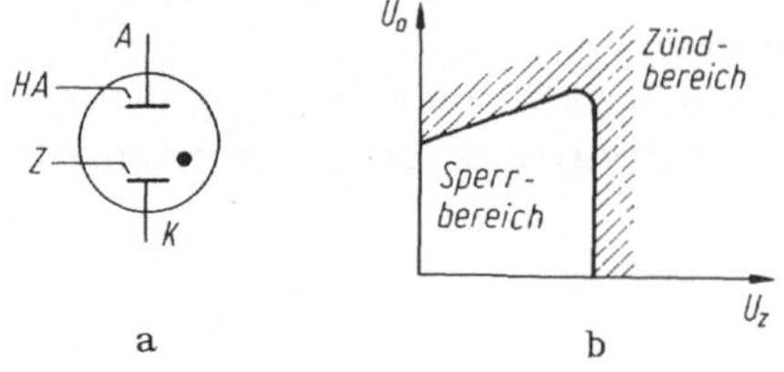

Abb. 8.38 a, b. Aufbau (**a**) und Zündkennlinie (**b**) einer Relaisröhre.
A = Anode, K = Kathode, Z = Starter (Zündstift), HA = Hilfsanode, U_z = Starterspannung, U_a = Anodenspannung

Abb. 8.39 mit wachsender Anodenspannung U_a abnimmt. Eine Hilfsanode HA in Anodenhöhe dient zur Vorionisierung und erniedrigt die Zündzeit t_z auf 10 bis 100 µs. Die Entladung erlischt, wenn $U_a < U_b$ wird (U_b = Brennspannung). Die Entionisierungszeit (Freiwerdezeit) beträgt $t_e < 2$ ms. Die maximale Schalt- und Zählfrequenz beträgt deshalb nur einige kHz.

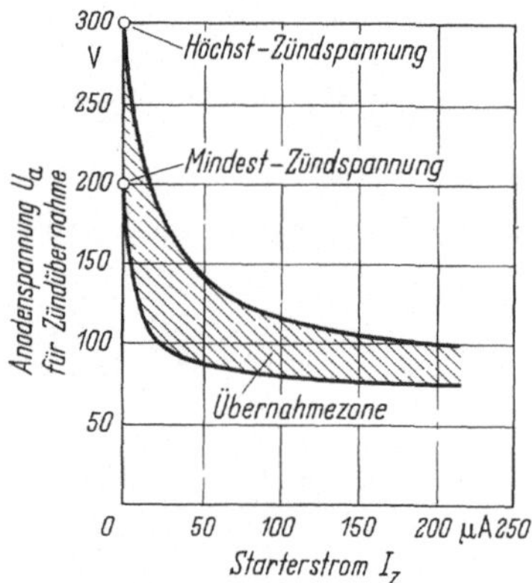

Abb. 8.39. Übernahmebereich im U_a-I_z-Diagramm einer Relaisröhre

8.3.2.6 Dekadische Zähl- und Ziffernanzeigeröhren

Die *dekadischen Zählröhren* enthalten zehn Elektrodengruppen, die kreisförmig um eine gemeinsame Anode A angeordnet sind (vgl. Abb. 8.40). Jede Elektrodengruppe besteht aus einer Kathode K und einer Hilfskathode HK (nur Vorwärtszählung; Abb. 8.40a) oder zwei Hilfskathoden HK_1/HK_2 (für Vor- und Rückwärtszählung; Abb.

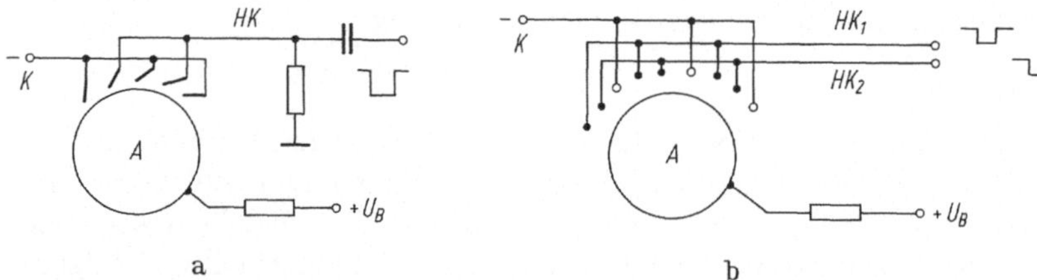

Abb. 8.40 a, b. Prinzip von dekadischen Zählröhren mit einer Zählrichtung (**a**) bzw. für Vor- und Rückwärtszählung (**b**).
A = Anode, K = Hauptkathode, HK, $HK_{1,2}$ = Hilfskathoden

8.40b). Die einzelnen Zählschritte werden durch Schaltimpulse bewirkt, welche die Glimmentladung von Kathode zu Kathode weiterschalten. Die augenblickliche Schaltstellung wird durch das Glimmlicht angezeigt. Typische Daten solcher Röhren sind: Zündspannung $U_{AK} \approx 170\,V$, Brennspannung $U_b \approx 140\,V$, Löschspannung $U'_{AK} \approx 120\,V$, Anodenstrom einige mA.

Bei den *Ziffernanzeigeröhren* liegen die Kathoden übereinander und haben die Form von Ziffern oder Buchstaben, von denen eine bei Ansteuerung mit Kathodenglimmlicht bedeckt wird. Vielfach-Anzeigeröhren dieser Art können maximal 14stellige Zahlen darstellen.

8.3.2.7 Gasentladungs-Displays

Eine Weiterentwicklung der Vielfach-Anzeigeröhren sind die Gasentladungs- oder Plasma-Displays. Darunter versteht man Multielektroden-Gasentladungssysteme zur Darstellung von alphanumerischen Zeichen oder Halbtonbildern mit Hilfe eines Leuchtpunktrasters. Sie enthalten eine ebene Reihe von stabförmigen Kathoden und – dazu senkrecht gerichtet – eine ebene Reihe von Anoden. Durch Anlegen von Spannungsimpulsen an bestimmte Kathoden und Anoden lassen sich an den jeweils gewünschten Überkreuzungsstellen punktförmige Gasentladungen zünden, deren Summe das darzustellende Zeichen oder Bild ergibt. Mit Hilfe von Impulsserien erhält man bewegte Bilder, die farbig erscheinen, wenn man die Lichtemission der Gasentladungen zur Anregung von Leuchtstoffpunkten ausnutzt.

In Abb. 8.41 ist eine *alphanumerische Anzeigeeinheit mit 5 × 7-Punktraster* gezeigt. Die stabförmigen Kathoden und dazu senkrechten Anzeige-Anoden sind durch eine Rasterblende voneinander getrennt. An jedem Überkreuzungspunkt der Kathoden und Anzeige-Anoden enthält die Rasterblende eine Bohrung, in der eine Glimmentladung gezündet werden kann. Zu jeder Anzeige-Anode gehört eine Abtastanode mit Vorionisationszelle. Für eine 16stellige Anzeigeeinheit sind zum Beispiel $7 \cdot 16 = 112$

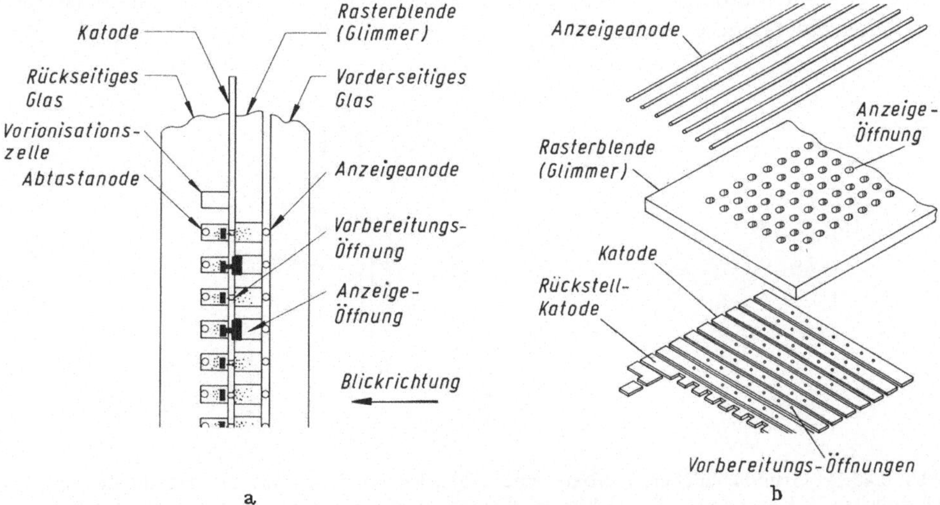

Abb. 8.41 a, b. Aufbau (**a**) und Explosionszeichnung von Teilen (**b**) einer alphanumerischen Anzeigeeinheit (eines Plasmadisplays) mit 5 × 7-Punktraster

Kathoden sowie 7 Abtast- und 7 Anzeige-Anoden erforderlich. Die Vorspannungen, die noch keine Entladungen zünden, betragen zum Beispiel für die Kathoden +100 V, für die Abtastanoden +250 V und für die Anzeige-Anoden +120 V.

Durch sequentielles Abtasten der Kathoden mit negativen 100 V-Impulsen von etwa 150 µs Dauer entsteht eine Wanderglimmentladung zwischen den Kathoden und den Abtastanoden. Von dort diffundieren Ladungsträger durch die Vorbereitungsöffnungen in die Anzeige-Öffnungen zwischen den Kathoden und den Anzeige-Anoden. Durch (synchron mit den Kathodenimpulsen) erzeugte und den Anzeige-Anoden zugeführte 250 V-Impulse entstehen an den betroffenen Kathoden-Anoden-Überkreuzungspunkten sichtbare punktförmige Glimmentladungen, deren Summe das darzustellende Zeichen bildet (vgl. Abb. 8.42).

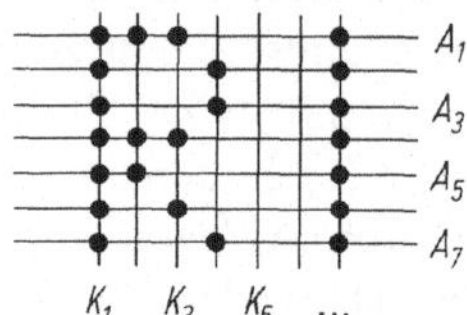

Abb. 8.42. Darstellung von Buchstaben mit Hilfe des 5×7-Punktrasters eines alphanumerischen Plasmadisplays

Das Ziel der Entwicklung von *Halbton-Plasmadisplays* ist der Ersatz der Fernsehbildröhre durch einen größeren flachen Gasentladungs-Rasterbildschirm. Man unterscheidet dabei zwischen gleichstrombetriebenen, nichtspeichernden und wechselstrombetriebenen, speichernden Displays.

Die *Gleichstrom-Displays* bestehen im Prinzip aus zwei Glasplatten mit aufgebrachten, senkrecht zueinander angeordneten Kathoden- und Anodenstreifen. Dazwischen befindet sich eine Rasterblende, deren Öffnungen genau an den Anoden-Kathoden-Überkreuzungspunkten liegen (vgl. Abb. 8.43a). Zwischen alle Kathoden und Anoden wird eine gemeinsame Gleichspannung angelegt, die zur Zündung nicht ausreicht. Durch überlagerte Zündimpulse werden dann an den gewünschten Überkreuzungsstellen Glimmentladungen erzeugt. Zur Strombegrenzung ist für jede Entladungsstelle ein Serienwiderstand erforderlich.

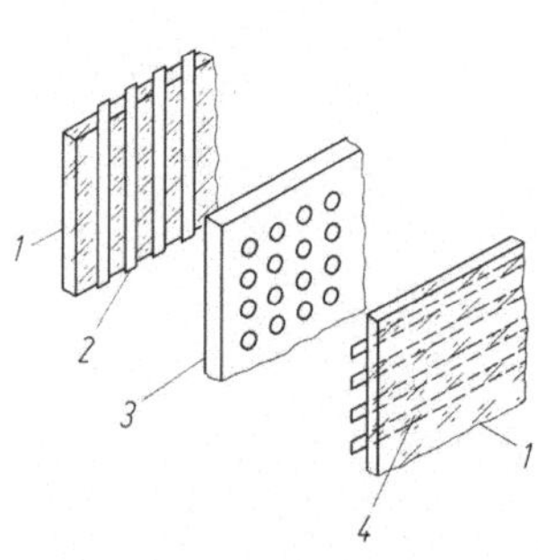

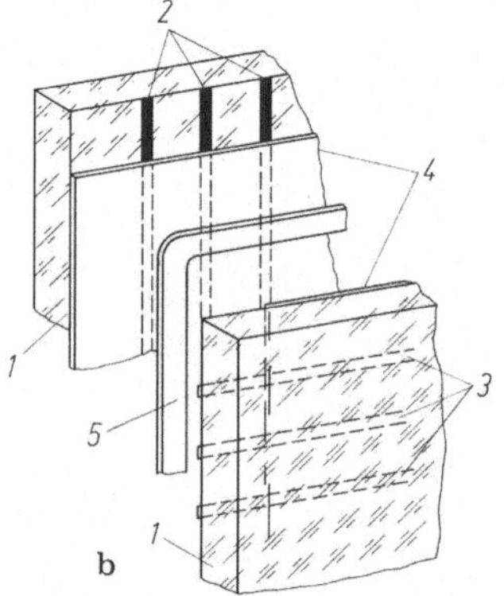

Abb. 8.43. a Grundsätzlicher Aufbau eines Gleichstrom-Displays zur Bilddarstellung. 1 Glasplatten, 2 Kathoden, 3 Rasterblende, 4 transparente Anoden, **b** Grundsätzlicher Aufbau eines Wechselstrom-Displays zur Bilddarstellung. 1 Glasplatten, 2 streifenförmige Kathoden, 3 streifenförmige Anoden, 4 Isolatorschicht, 5 Dichtungsring

Bei speichernden *Wechselstrom-Displays* sind die Kathoden- und Anodenleiterbahnen mit einer Isolatorschicht bedeckt (vgl. Abb. 8.43b). Diese wirkt für jeden Überkreuzungspunkt wie eine Serienkapazität, deren Ladung bzw. Spannung in jeder Halbwelle das Zünden einer Entladung unterstützt. Im Betrieb liegt zwischen allen Kathoden und Anoden eine gemeinsame Wechselspannung, die zum Zünden nicht ausreicht. Durch überlagerte Impulsserien werden dann die gewünschten Überkreuzungspunkte mehrfach hintereinander gezündet, wobei die Speicherladung der Isolatorschicht den Zündvorgang unterstützt. Das wiederholte Zünden wird beendet, wenn die Speicherladung durch einen Löschimpuls abgebaut wird. Derartige Displays emittieren während jeder Halbwelle nur kurzzeitig Licht und haben daher eine begrenzte Helligkeit. Zur Darstellung von Halbtonbildern wird durch Schaltmaßnahmen die Speicherzeit für jeden Überkreuzungspunkt individuell verkürzt. Eine andere Möglichkeit ist die Dichtemodulation der je Zeiteinheit gezündeten Überkreuzungspunkte.

In Abb. 8.44 ist ein Plasma-Display-Element gezeigt, bei dem die gekreuzten, gegeneinander isolierten Elektroden auf ein und demselben Substrat angeordnet sind. Ein Beispiel für ein Display zur Darstellung farbiger Bilder ist in Abb. 8.45 zu sehen. Jede Überkreuzungsstelle enthält einen Leuchtstoffpunkt, der durch die UV-Strahlung

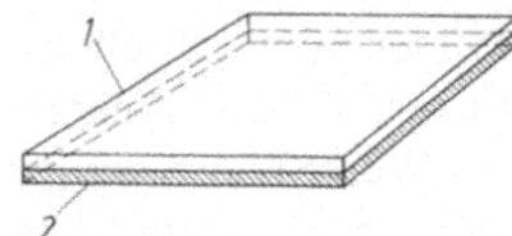

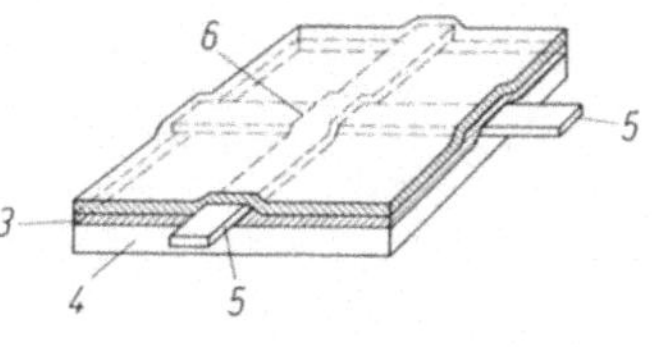

Abb. 8.44. Aufbau eines Wechselstrom-Plasmadisplays, bei dem die Elektroden auf ein und demselben Substrat angebracht sind. 1 Deckglas, 2 Dichtung, 3 Isolatorschicht, 4 Substrat, 5 Elektroden, 6 Zone der Glimmentladung

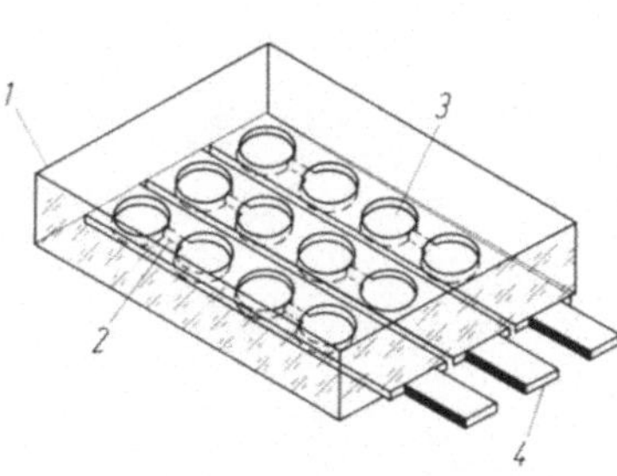

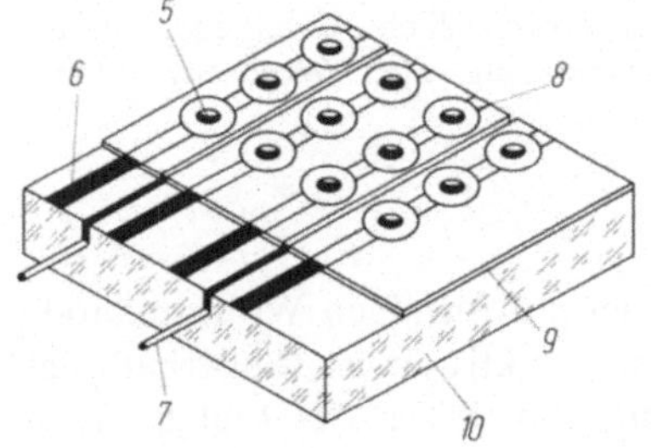

Abb. 8.45. Aufbau eines Plasmadisplays für farbige Bilder (Hitachi). 1 Deckglas, 2 Verbindungsgraben, 3 Entladungsraum, 4 Kathoden, 5 Anoden, 6 Anodenzuleitung, 7 Hilfsanoden, 8 Leuchtstoffpunkte, 9 Isolatorschicht, 10 Substrat (Glasplatte)

der Entladung zur Lichtemission in der gewünschten Farbe angeregt wird. Durch Zusammenwirken mehrerer benachbarter Farbpunkte unterschiedlicher Helligkeit und Farbe lassen sich verschiedene Farbtöne erzeugen.

Gasentladungs-Bildschirme werden gegenwärtig als 512 × 512- oder 1024 × 1024-Punktraster mit einer Auflösung von etwa 2 Punkten je mm hergestellt. Sie erzeugen im Gegensatz zu Bildröhren ein vollkommen verzerrungsfreies Bild konstanter Schärfe. Ihre Betriebsspannung und Bautiefe sind wesentlich geringer als bei den Bildröhren.

8.3.3 Röhren und Geräte mit Bogenentladung

8.3.3.1 Überspannungsableiter

Bei Überschreiten einer bestimmten Grenzspannung wird im edelgasgefüllten Überspannungsableiter (vgl. Abb. 8.46a) innerhalb von Nanosekunden ein Lichtbogen mit hoher Stromdichte und einer Brennspannung von 10 bis 25 V gezündet, die einen weiteren Spannungsanstieg verhindert. Um eine hohe Ansprechgeschwindigkeit zu erzielen, enthält der Ableiter eine Zündhilfe in Form eines radioaktiven Isotops (β-Strahlers) zur Vorionisierung oder in Form eines Feldverzerrers. Die Ansprechspannung (Zündspannung) wird durch den Gasdruck, den Elektrodenabstand und die Aktivierung der Elektrodenoberflächen bestimmt. Man unterscheidet zwischen der Ansprech-Gleichspannung für langsamen Spannungsanstieg und der Ansprech-Stoßspannung für einen Spannungsanstieg von 1 kV/μs. Diese Werte liegen zwischen 70 und 15000 V; der Ableitstrom beträgt bis zu 60 kA. Die Bogenentladung im Ableiter erlischt, wenn der Strom unter 0,6 A absinkt (vgl. Abb. 8.46b).

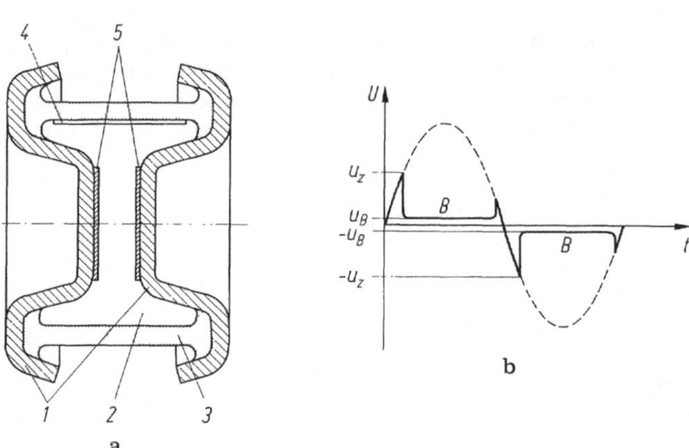

Abb. 8.46. **a** Aufbau eines edelgasgefüllten Überspannungsableiters. 1 Elektroden, 2 Entladungsraum, 3 Isolator (Glas oder Keramik), 4 Zündhilfe, 5 Aktivierungsschicht, **b** zeitlicher Verlauf der Spannung an einem Überspannungsableiter bei Begrenzung einer Wechselspannung. B = Brennbereich

8.3.3.2 Elektronenblitzröhren

Diese Röhren bestehen aus einem Hartglasrohr, einer stiftförmigen Wolframanode und einer imprägnierten Kathode, die mit Ba/Sr-Salzen aktiviert ist. Außerhalb des Glaskolbens befindet sich eine Zündelektrode (vgl. Abb. 8.47). Als Füllgas dient

Xenon, weil es ein dem Tageslicht ähnliches Spektrum und eine niedrige Ionisierungsenergie hat. Der erzeugte Lichtbogen hat eine Zündspannung bis 360 V, einen Spitzenstrom bis 400 A und eine Brennlänge von 10 bis 50 mm.

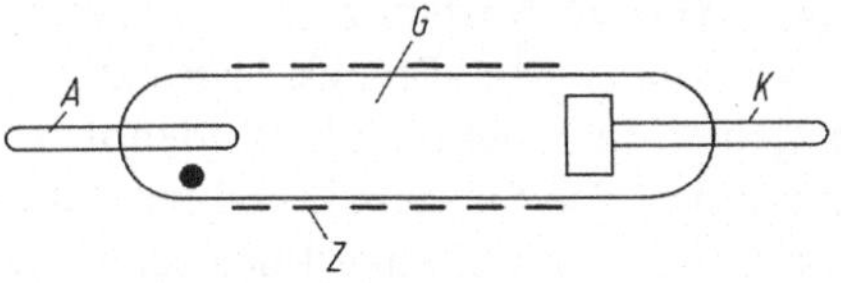

Abb. 8.47. Aufbau einer Elektronenblitzröhre. A = Wolframanode, K = mit Ba/Sr-Salzen imprägnierte Kathode, G = Füllgas (Xenon), Z = Zündelektrode

8.3.3.3 Ignitrons

Den Aufbau dieser Gastrioden mit Hg-Kathode und Zündstift zeigt Abb. 8.48a. Ein Zündstiftimpuls U_z nach Abb. 8.48b erzeugt (in einem breiten Anodenspannungsbereich) durch Feldemission aus der Kathode K eine nichtstationäre Bogenentladung zwischen K und A mit einer Brennspannung $U_b = 15$ bis 18 V. Das von der Kathode verdampfende Quecksilber wird an der wassergekühlten Gefäßwand kondensiert. Die Entladung erlischt, wenn $U_a < U_b$ wird. Bei Wechselstrombetrieb muß daher in jeder Halbwelle neu gezündet werden. Typische Daten solcher Röhren sind: Zündzeit 20–120 µs, $U_a = 600–2000$ V, $I_a = 20–400$ A, Schaltleistung 200–3000 kVA. Abb. 8.49 zeigt als Beispiel zwei Ignitrons in Antiparallelschaltung zur Wechselstromsteuerung in einer Schweißanlage.

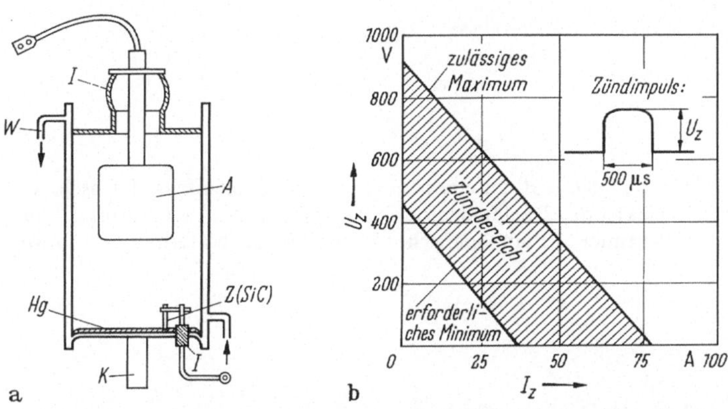

Abb. 8.48. a Aufbau eines wassergekühlten Ignitrons. A = Graphitanode, Z = Zündstift (SiC), K = Kathodenanschluß, I = Isolator, Hg = Quecksilberkathode, W = Wasserkühlung; **b** zum Zünden erforderliche Zündstiftspannung U_z als Funktion des Zündstiftstroms I_z in einem Ignitron (Übernahmekennlinie)

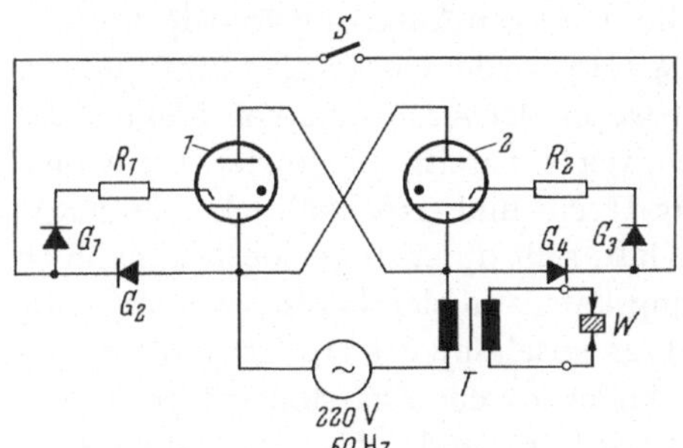

Abb. 8.49. Antiparallelschaltung zweier Ignitrons zur Steuerung des Schweißstroms in einer Widerstandsschweißanlage.
S = Schalter, T = Transformator, W = Werkstück, G_1 bis G_4 = Gleichrichter zum Schutz der Zündstifte

8.3.3.4 Lichtbogenöfen

In der Vakuummetallurgie werden zur Reinherstellung schwer schmelzbarer Metalle wie W, Mo, Ti, Nb, Zr und ihrer Legierungen sowie zur Gewinnung von Spezialstählen Vakuum-Lichtbogenöfen verwendet, deren grundsätzlichen Aufbau Abb. 8.50 zeigt. Zwischen der Abschmelzelektrode 1 und dem erschmolzenen Metallblock 2 wird durch Anlegen einer Spannung ein stromstarker Lichtbogen erzeugt, der die Elektrodenoberfläche verflüssigt. Das Lichtbogen-Schmelzen vermindert den Gasgehalt, reduziert die Anzahl von Strukturfehlern und verbessert dadurch die mechanischen Eigenschaften des betreffenden Metalls.

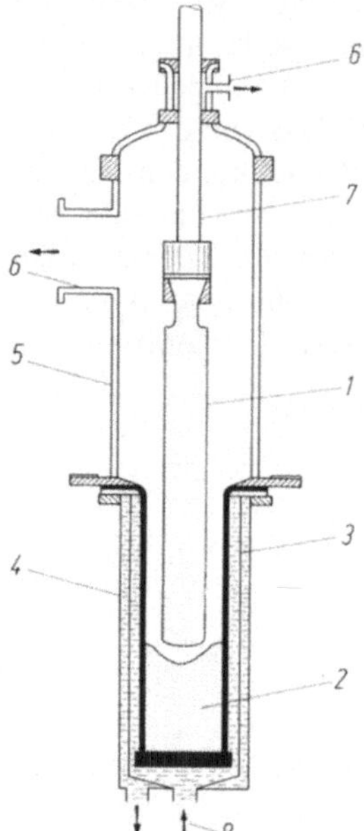

Abb.8.50. Aufbau eines Lichtbogen-Schmelzofens. 1 Abschmelzelektrode, 2 Schmelzblock, 3 Kupfertiegel, 4 Kühltopf, 5 Ofenkammer, 6 Pumpenanschluß, 7 Elektrodenhalterung, 8 Kühlwasser

8.3.4 Röhren mit Niedervolt-Bogenentladung

8.3.4.1 Hg-Niederdruck- und -Hochdrucklampen

Diese Lampen enthalten ein Quecksilberdampf-Edelgas-Gemisch, das bei einem Hg-Dampfdruck von 10^{-3} bis 10^{-1} mbar wegen der häufigen Anregung von Hg-Atomen im Grundzustand vorwiegend UV-Strahlung (Hg-Niederdruckentladung) und bei einem Hg-Dampfdruck von 10^3 bis 10^5 mbar wegen der Auslösung von Elektronenübergängen zwischen den höheren Energieniveaus bereits angeregter Hg-Atome hauptsächlich sichtbares Licht emittieren (Hg-Hoch- und -Höchstdruckentladung).

Die Lichtemission von Hg-Dampflampen läßt sich durch folgende Maßnahmen verbessern: 1. Umwandlung des UV-Strahlungsanteils in sichtbares Licht mit Hilfe einer Leuchtstoffschicht (Leuchtstofflampen). 2. Mischung des Hg-Dampflichts mit Glühlampenlicht (Mischlichtlampen) und 3. Änderung des Emissionsspektrums des Hg-Dampfs durch Zusatz von Metalljodiden (NaJ, TlJ und InJ_3) zur Hg-Füllung.

8.3.4.2 Gasgefüllte Hochspannungs-Gleichrichterröhren

Sie enthalten eine direkt oder indirekt geheizte, zum Schutz gegen Ionenaufprall teilweise abgeschirmte Oxidkathode und eine Graphitanode. Die Gasfüllung ist Hg-Dampf oder Xenon bei einem Druck von etwa 10^{-2} mbar (vgl. Abb. 8.51). Röhren mit Hg-Dampf benötigen zum Verdampfen des Quecksilbers eine gewisse Vorheizzeit. Bei negativer Anodenspannung U_a ist die Röhre gesperrt. Sie zündet erst, wenn die Anode positiv ist und die Zündspannung überschritten wird. Die Entladung erlischt, wenn U_a kleiner als die Brennspannung U_b wird. Bei solchen Röhren beträgt die Sperrspannung bis zu 25 kV, der Anodenstrom bis 30 A und die Anodenverlustleistung einige 100 kW.

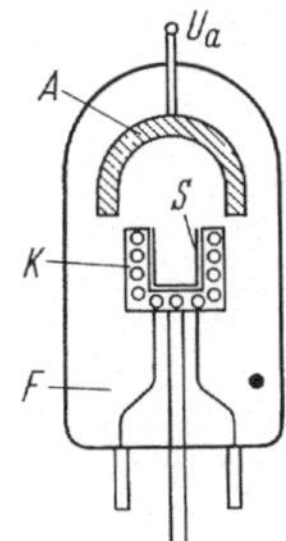

Abb. 8.51. Aufbau einer gasgefüllten Hochspannungs-Gleichrichterröhre. A = Graphitanode, K = indirekt geheizte Glühkathode, S = Oxidschicht, F = Füllung mit Hg-Dampf, Edelgasen oder H_2 ($p = 10^{-3}$ mbar)

8.3.4.3 Glühkathoden-Thyratrons

Das Thyratron (vgl. Abb. 8.52) ist eine Gasschaltröhre mit Steuerelektrode. Sein Festkörperanalogon ist der Thyristor. Wie bei diesem sind nur zwei Betriebszustände möglich, nämlich der Sperr- und Zündzustand. Im gesperrten Zustand schirmt das Gitter den Raum vor der Kathode gegen die positive Anode ab. Thyratrons mit einer

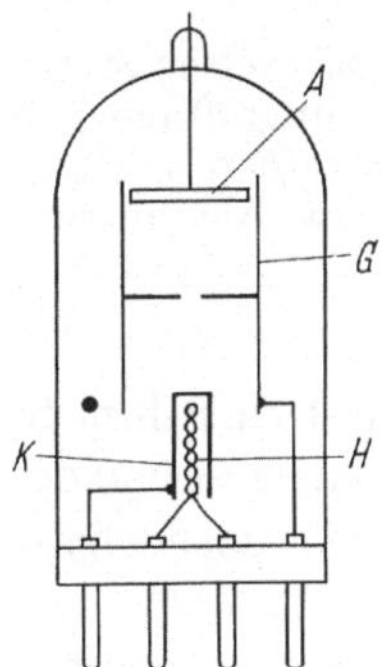

Abb. 8.52. Elektrodenanordnung in einem Thyratron. A = Anode, G = Gitter (Steuerelektrode), K = Kathode, H = Heizer

weiten Gitteröffnung, d.h. großem Anodendurchgriff, bleiben bei höherer Anodenspannung nur dann gesperrt, wenn die Gitterspanung negativ ist und einen bestimmten Mindestwert nicht überschreitet. Thyratrons mit kleiner Gitteröffnung und daher niedrigem Anodendurchgriff bleiben auch dann gesperrt, wenn das Gitter positiv ist und seine Spannung einen gewissen Höchstwert nicht überschreitet. Die Werte von Gitter- und Anodenspannung, bei denen gerade noch keine Zündung eintritt, ergeben die für jedes Thyratron charakteristischen *Zündkennlinien*. Abbildung 8.53 zeigt derartige U_a-U_g-Kennlinien für ein Thyratron mit negativem (a) und für eines mit positivem Gitter (b). Die Zündung tritt ein, sobald die Zündkennlinie überschritten wird. Dies kann durch Erhöhen der Gitterspannung, der Anodenspannung oder beider Spannungen geschehen.

Bei Thyratrons mit großer Gitteröffnung hängt die Gitter-Zündspannung wegen des großen Anodendurchgriffs stark von der Anodenspannung ab (vgl. die flach verlaufenden Kurven der Abb. 8.53a). Bei Thyratrons mit kleiner Gitteröffnung ist dagegen die Gitter-Zündspannung wegen des kleinen Anodendurchgriffs nahezu von der Anodenspannung unabhängig (vgl. die steilen Kurven der Abb. 8.53b). Das Verhältnis von Anoden- zu Gitterspannung bei Zündung bezeichnet man als *Gittersteuerverhältnis*.

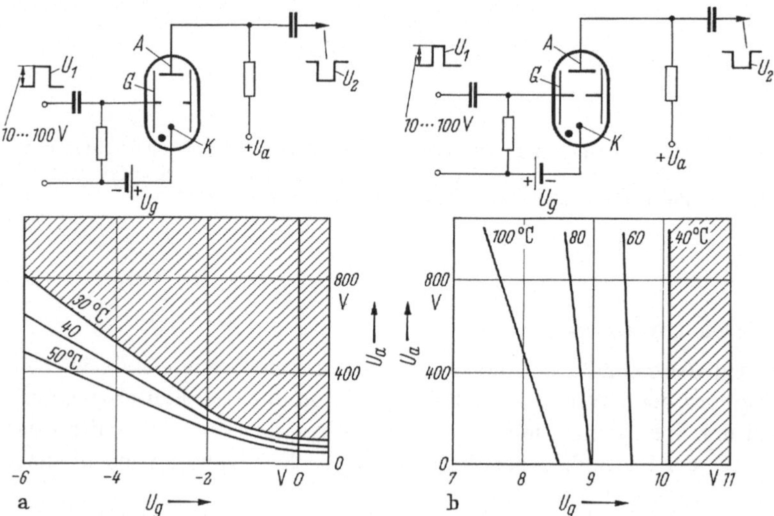

Abb. 8.53a, b. Zündkennlinien eines Thyratrons mit Hg-Dampffüllung bei verschiedener Temperatur. **a** Thyratron mit negativem Gitterspannungsbereich (großer Gitteröffnung), **b** Thyratron mit positivem Gitterspannungsbereich (kleiner Gitteröffnung). Schraffiertes Gebiet = Zündbereich, A = Anode, G = Gitter, K = Kathode, $U_{1,2}$ = Eingangs- bzw. Ausgangsimpuls

Die Zündkennlinien von quecksilberdampfgefüllten Thyratrons ändern sich nach Abb. 8.53 stark mit der Temperatur, weil die Zündspannung druckabhängig ist und der Dampfdruck rasch mit der Temperatur ansteigt (vgl. Abb. 8.2 und 8.18). Bei edelgas- und wasserstoffgefüllten Röhren ist diese Abhängigkeit gering.

Im gezündeten Zustand brennt in der Röhre eine Niedervolt-Bogenentladung mit einer Brennspannung U_b = 8 bis 12 V. Das Gitter ist im Entladungsplasma mit einer positiven Raumladungsschicht umgeben, deren Dicke sich mit der Gitterspannung ändert. Das Gitter verliert daher wie das Gate eines Thyristors nach der Zündung seine Steuerfähigkeit und gewinnt diese erst zurück, wenn die Entladung durch Erniedrigen der Anodenspannung unter die Brennspannung erlischt.

Thyratrons benötigen eine Zündzeit von 0,5 bis 10 µs und eine Erholungszeit von 30 bis 100 µs (Edelgase, H_2) bzw. 1000 µs (Hg-Dampf). Die maximale Schaltfrequenz beträgt daher nur einige kHz. Die erforderliche Heizzeit ist bei Edelgas-Röhren 10 bis 60 s und bei Hg-Dampf-Röhren bis zu 10 min.

8.4 Gasentladungssysteme für die Festkörpertechnologie

8.4.1 Kathodenzerstäubung

Läßt man im Vakuum bei einem Druck von 20 bis 100 mbar Edelgasionen mit einer Energie von einigen keV auf eine Festkörperoberfläche (Kathode) auftreffen, so lösen sie aus dem Festkörpergitter Einzelatome, Moleküle oder Molekültrauben (Cluster) heraus, die sich auf den umgebenden Wänden niederschlagen. Dieser Vorgang ist die Grundlage der Kathodenzerstäubung (des *Sputterns*) zur Herstellung dünner Metall- oder Isolatorfilme auf Festkörpern.

Die *Sputterausbeute* (definiert als Anzahl der ausgelösten Atome S je auftreffendes Ion) hängt von der Ionenenergie ab. Sie steigt bei Metallen ab einer (von der Sublimationswärme des Materials abhängigen) Schwellenenergie von 5 bis 25 eV steil an und erreicht bei Energiewerten von einigen keV ein Maximum (vgl. Abb. 8.54). Ihre

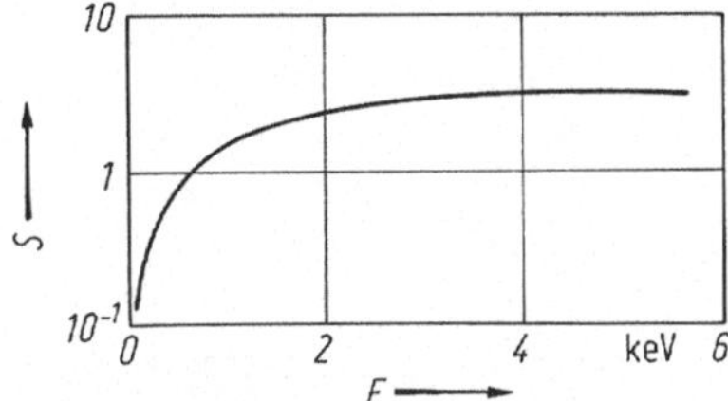

Abb. 8.54. Prinzipieller Verlauf der Sputterausbeute S (Anzahl der ausgelösten Atome pro auftreffendes Ion) bei der Kathodenzerstäubung in Abhängigkeit von der Ionenenergie E

Abhängigkeit vom Kathodenmaterial zeigt eine Periodizität (vgl. Abb. 8.55), die mit der Periodizität der Sublimationswärme zusammenhängt. Die Geschwindigkeit der zerstäubten Atome ist etwa fünfmal so groß wie bei verdampften Atomen.

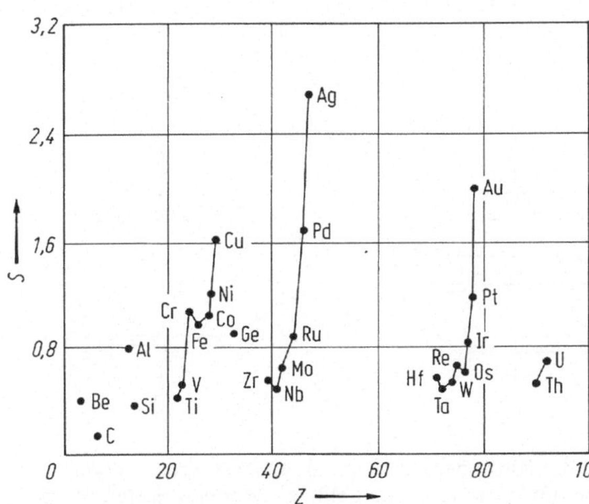

Abb. 8.55. Sputterausbeute S für verschiedene Kathodenmaterialien bei Sputterung mit 400 eV-Argonionen (Z = Ordnungszahl)

In technischen Sputteranlagen werden die zur Zerstäubung benötigten Ionen mit Hilfe einer anormalen Gleichspannungs- oder HF-Glimmentladung erzeugt. In Abb. 8.56 sind verschiedene gebräuchliche Zerstäubungsverfahren angegeben. Jede Anlage enthält einen Substrathalter (Anode A), an dem der zu beschichtende Festkörper (das Substrat S) haftet. Ihm gegenüber befindet sich eine Kathode K, von deren Oberfläche durch die Glimmentladung Material zerstäubt und auf dem Substrat niedergeschlagen wird. Die Anode ist immer geerdet, während an die Kathode entweder eine negative Gleichspannung U von einigen kV oder eine HF-Spannung $U_{\sim}$ angelegt wird. Die Kathodenrückseite ist mit einer Blende B umgeben, um dort eine Materialzerstäubung und dadurch eine Verunreinigung des zu erzeugenden Sputterfilms zu verhindern. Der Abstand zwischen B und K wird so gewählt, daß er geringer ist als die Länge des für eine Entladung nötigen Dunkelraums vor der Kathode.

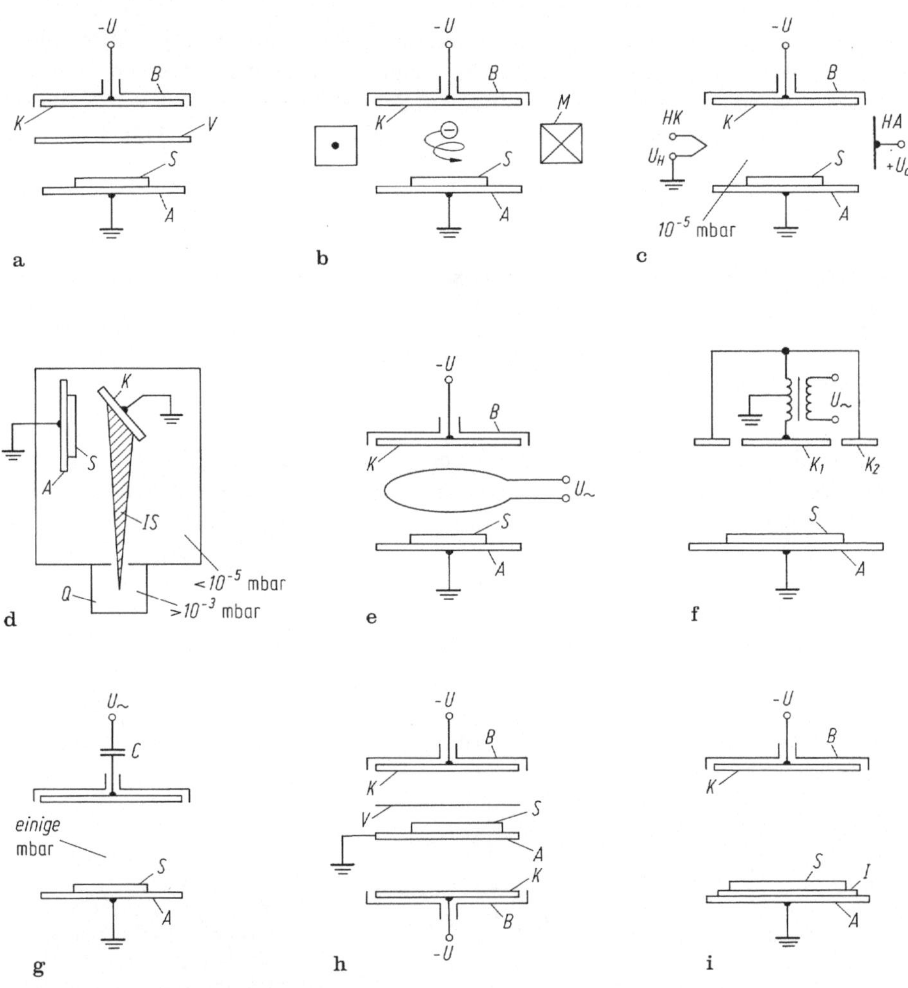

Abb. 8.56a–i. Gebräuchliche Verfahren der Kathodenzerstäubung. **a** Gleichstrom-Diodensputteranlage, **b** Gleichstrom-Diodensputteranlage mit Magnetfeld, **c** Trioden-Sputteranlage, **d** Ionenstrahl-Sputteranlage, **e** HF-Sputteranlage, **f** HF-Sputteranlage mit Doppelkathode, **g** HF-Sputtersystem mit Diodenschaltung, **h** Getter-Sputteranlage, **i** Bias-Sputtersystem. A = Anode (Substrathalter), S = Substrat, K, K_1, K_2 = Kathode, B = Blende, V = Verschluß, M = Magnetspule, HK = Hilfskathode, HA = Hilfsanode, IS = Ionenstrahl, Q = Ionenquelle, I = Isolator, C = Kondensator, $U_{\sim}$ = HF-Spannung, U = Gleichspannung

Die in Abb. 8.56 dargestellten Sputteranlagen weisen folgende Besonderheiten auf: In der Anordnung b) bewirkt das mit einer Spule M erzeugte Magnetfeld im Vergleich zur Anordnung a) eine höhere Sputterausbeute, weil die Elektronen auf ihren Spiralbahnen eine größere Ionisierungswahrscheinlichkeit haben. Beim System c) wird die Ionisationsrate in der Gasentladung durch Elektronen erhöht, die von einer Hilfskathode HK thermisch emittiert und zu einer Hilfsanode HA beschleunigt werden. Die zusätzlich gebildeten Ionen prallen auf die Hauptkathode K. Bei d) wird die Zerstäubung durch einen Ionenstrahl bewirkt. Die HF-Sputteranlagen e) bis g) unterscheiden sich im wesentlichen durch die Art, wie das ionisierende HF-Feld mit einer Frequenz von einigen MHz erzeugt wird: Bei e) dient dazu eine HF-Spule, bei f) wird die HF-Spannung zwischen zwei konzentrischen Kathoden K_1 und K_2 angelegt, von denen jede nur während einer Halbwelle am Zerstäubungsvorgang teilnimmt. In der Anordnung g) wird die HF-Spannung $U_\sim$ über einen Kondensator C der Kathode K zugeführt. In der positiven Halbwelle gelangen wegen ihrer größeren Beweglichkeit mehr Elektronen an die Kathode als Ionen in der negativen Halbwelle. Dadurch lädt sich die Kathode negativ auf, bis zwischen dem Ionen- und Elektronenstrom ein Gleichgewicht besteht. Folglich wird nur die Elektrode (nämlich die Kathode) zerstäubt, deren Zuleitung den Kondensator C enthält. Mit der Anlage g) kann man auch Isolatoren zerstäuben. Die Isolatorschicht wirkt dabei selbst als Kondensatordielektrikum. Die Isolatoroberfläche lädt sich durch die auftreffenden Elektronen negativ auf. Dadurch überlagert sich dem HF-Feld ein Gleichfeld, unter dessen Wirkung die Kathode K zerstäubt. Beim Gettersputtern h) wird die Anode A von beiden Seiten durch zwei Kathoden K bestäubt. Dadurch werden Verunreinigungen auf der Anode begraben (gegettert) und nicht in die Substratoberfläche miteingebaut. Beim Bias-Sputtern i) ist das Substrat S von der Anode A durch einen Isolator I getrennt. An das Substrat wird eine negative Vorspannung angelegt, die sein Potential gegenüber dem Plasmapotential erniedrigt. Dadurch prallen auf das Substrat Ionen mit höherer Energie und beseitigen dort adsorbierte Gasmoleküle. Man kann das Bias-Sputtern auch mit 50 Hz-Wechselstrom-Sputtern kombinieren. Durch das Wechselfeld wird dabei auch die Anode gesputtert, aber viel weniger als die Kathode. Daher wächst im Endeffekt an der Anode allmählich ein Film auf, der durch den Ionenbeschuß fortlaufend gereinigt wird.

Die Zusammensetzung des durch Sputtern gebildeten Films entspricht derjenigen des Kathodenmaterials, wenn die Kathode die richtige Temperatur hat und sich nicht zersetzt und wenn die Haftkoeffizienten (Stickingkoeffizienten) für die niedergeschlagenen Einzelkomponenten am Substrat gleich groß sind.

Beim *reaktiven Sputtern* wird die hohe chemische Reaktionsfähigkeit der Plasmateilchen benutzt, um dünne Filme von Nitriden, Oxiden, Sulfiden, Seleniden und Karbiden herzustellen. In diesen Fällen enthält das Sputtergas (meist Ar) noch Zusätze von N_2, O_2, H_2S, Selendampf bzw. CH_4. Die gewünschte, als Film niederzuschlagende Verbindung kann unmittelbar an der Kathode, im Gasraum oder erst auf dem Substrat selbst gebildet werden.

Durch Sputtern lassen sich auch Filme hochschmelzender Metalle wie W, Mo und Ta erzeugen. Durch den Einbau von Restgasmolekülen weisen solche Filme gegenüber dem kompakten Material teilweise veränderte physikalische Eigenschaften auf. Bei gezielter Fremdgasdotierung erreicht man unter anderem eine erhöhte mechanische Stabilität (verunreinigungsstabilisierte Filme).

Beim Besputtern von Kunststoffen muß die Substratoberfläche eine besonders niedrige Temperatur (z.B. 60 °C) haben, weil sich Kunststoffe bei höherer Temperatur leicht zersetzen. Da die Substraterwärmung hauptsächlich durch auftreffende Elektronen und negative Ionen verursacht wird, vermeidet man die Temperaturerhöhung durch ein geerdetes Netz zwischen Kathode und Substrat, das alle negativen Ladungsträger abfängt.

Es ist auch möglich, durch Sputtern bei erhöhter Substrattemperatur epitaktische Filme zu erzeugen. Die auftreffenden Atome haben dann eine höhere Beweglichkeit und können sich leichter auf der Substratoberfläche orientieren.

Bei allen Sputtervorgängen ist die Niederschlagsgeschwindigkeit materialabhängig. Sie liegt zwischen einigen nm/min (z.B. für Ta) und etwa 100 nm/min für Gold. Das Sputtern wird u.a. zur Herstellung von Filmen auf Gläsern, Dünnschicht-Bauelementen und integrierten Schaltungen eingesetzt.

8.4.2 Ionenätzen

Bei der eben beschriebenen Kathodenzerstäubung wird von der Kathode durch Ionenstöße Material in feinsten Schichten abgetragen und zur Anode transportiert. Wird dieser Vorgang an der Kathode gezielt gesteuert, so spricht man von Ionenätzen. Es dient zum Reinigen oder Polieren von Oberflächen und zur Erzeugung von Mikroschaltkreisen auf Festkörpern mit Hilfe von Ätzmasken. Man unterscheidet grundsätzlich zwei Verfahren: Das *Ionenstrahl-Ätzen*, bei dem ein gesondert erzeugter Ionenstrahl die Kathode (das Target) trifft (vgl. Abb. 8.57a) und das *Sputter-Ätzen*, bei dem die Ionen in einer Gasentladung entstehen, an der die Kathode beteiligt ist (vgl. Abb. 8.57b).

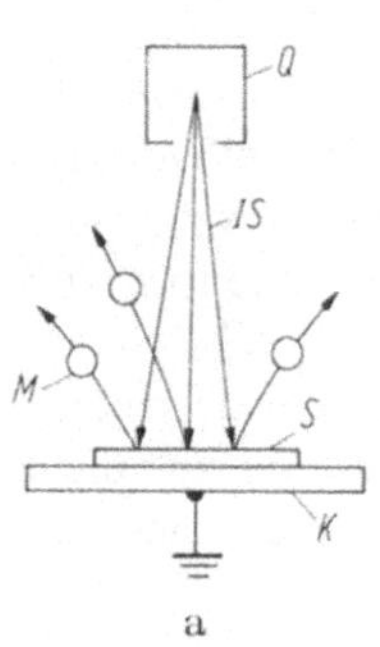

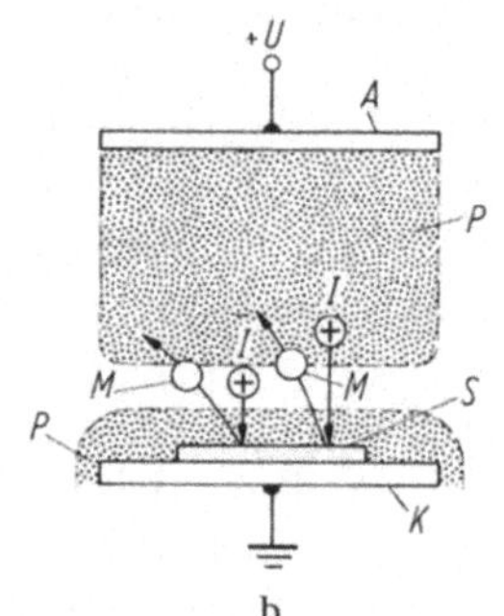

Abb. 8.57. a Prinzip des Ionenstrahl-Ätzens. Q = Ionenstrahlquelle, IS = Ionenstrahl, M = weggeätzte Atome, S = Substrat, K = Kathode, **b** Prinzip des Sputter-Ätzens. A = Anode, K = Kathode, S = Substrat, P = Gasentladungsplasma, I = Plasmaionen, M = weggeätzte Atome

Die *Ionenätzrate* Y ist definiert als abgetragene Schichtdicke Δd je Zeiteinheit Δt:

$$Y = \frac{\Delta d}{\Delta t}. \tag{8.89}$$

Bei einer Ionenstromdichte J_i treffen je Zeit- und Flächeneinheit J_i/e Ionen das Substrat. Jedes Ion löst S Atome vom Target ab (S = *Sputterausbeute*). Daher werden vom Target je Zeit- und Flächeneinheit

$$z = \frac{J_i S}{e} \tag{8.90}$$

Atome abgetragen. Die zugehörige Schichtdickenänderung beträgt also:

$$Y = \frac{\Delta d}{\Delta t} = \frac{z}{n} = \frac{J_i S}{e\, n}, \tag{8.91}$$

wobei

$$n = \frac{N_A}{A} \varrho \tag{8.92}$$

die Konzentration der Atome im Target ist ($N_A = 6{,}023 \cdot 10^{23}\,\mathrm{mol}^{-1}$ = Loschmidtsche Zahl, A = Massenzahl, ϱ = Dichte des Targets). Mit Gl. (8.92) folgt aus (8.91):

$$Y = \frac{S A J_i}{e N_A \varrho} \tag{8.93}$$

oder

$$\frac{Y}{\mathrm{nm/min}} = 6{,}2 \cdot S \cdot A \, \frac{J_i/(\mathrm{mA/cm^2})}{\varrho/(\mathrm{g/cm^3})}. \tag{8.94}$$

Die Ionenätzrate ist also dem Produkt aus Ionenstromdichte J_i und Sputterausbeute S proportional. Für die meisten Metalle beträgt S = 1 bis 5 und daher ist die Ionenätzrate Y_0 (bezogen auf $J_i = 1\,\mathrm{mA/cm^2}$) gleich 30 bis 500 nm/min.

In Abb. 8.58 ist das Schema einer Ionenstrahl-Ätzanlage dargestellt. Die den Ätzvorgang auslösenden Ionen werden in einer Glühkathoden-Gasentladung mit überlagertem Magnetfeld erzeugt, aus dem Plasma extrahiert, durch ein ionenoptisches System nachbeschleunigt und auf das Substrat fokussiert, das sich auf einem verstellbaren Targethalter in einem feld- und plasmafreien Behälter befindet. Um eine Strahlaufspreizung und auch die Aufladung von Isolatoren unter Ionenbeschuß zu vermeiden, ist im Targetraum ein Elektronen emittierender Glühfaden angebracht. Derartige Anlagen haben den Vorteil, daß Beschußwinkel, Ionenstromdichte und Ionenenergie in weiten Grenzen wählbar, der Druck im Targetraum niedrig

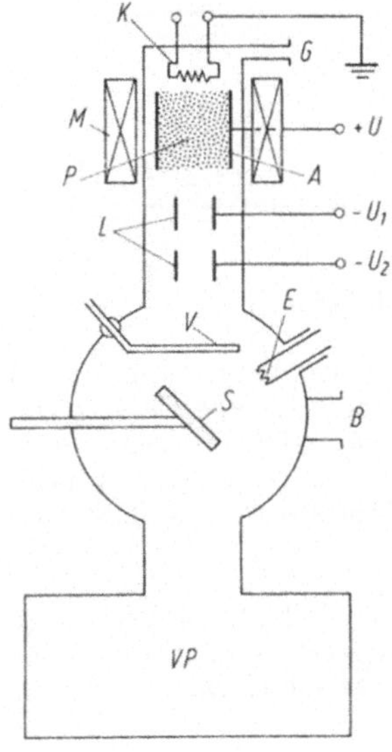

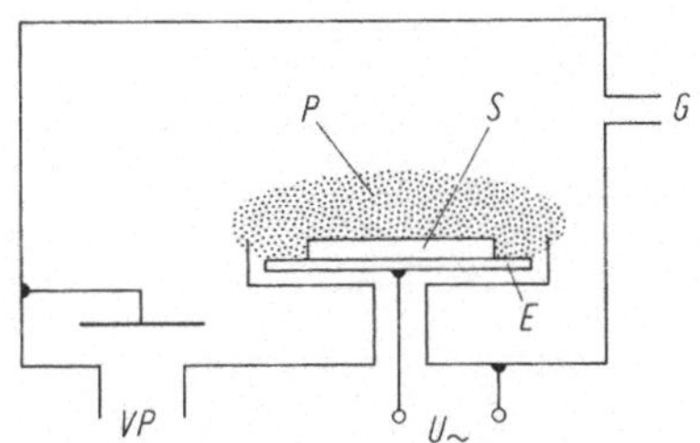

Abb. 8.59. Aufbau einer HF-Sputter-Ätzanlage. E = HF-Elektrode, S = Substrat, P = Plasma, G = Gaseinlaß, VP = Anschluß zur Vakuumpumpe

Abb. 8.58. Aufbau einer Ionenstrahl-Ätzanlage. K = Glühkathode, A = Anode, G = Gaseinlaßventil, P = Plasma, L = Ionenlinse, V = Verschluß, E = Elektronenemitter, S = Substrat, B = Beobachtungsfenster, VP = Vakuumpumpsystem, M = Magnetspule

($< 10^{-5}$ mbar) und die Umgebung des Targets plasmafrei (und damit röntgenstrahlungsfrei) sind; von Nachteil ist der begrenzte Ionenstrahldurchmesser (< 20 cm). In Verbindung mit einem Oberflächenanalysegerät eignet sich die Anlage auch zur tiefenabhängigen Strukturuntersuchung dünner Schichten (vgl. Abschnitt 4.4.3.2).

Die Abb. 8.59 zeigt den prinzipiellen Aufbau einer HF-Sputter-Ätzanlage. Die zu ätzende Materialprobe liegt auf einer HF-Elektrode und wird von Ionen aus der HF-Glimmentladung getroffen. Die Ätzrate hängt u.a. von der HF-Leistungsdichte, dem Gasdruck und der Ionendichte ab. Die Vorteile solcher Anlagen sind die große erreichbare Ätzfläche (bis zu mehrere m²) und die gleichmäßigen Ätzbedingungen.

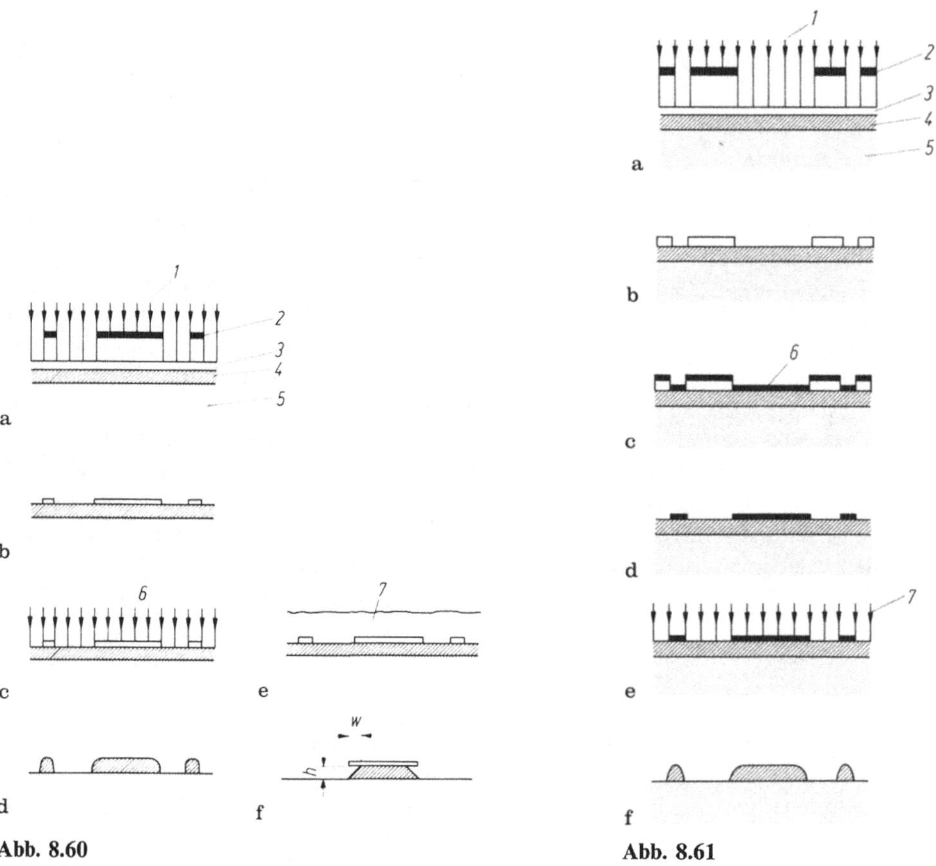

Abb. 8.60 a–f. Verfahren des Ionenätzens (**a–d**) und des naßchemischen Ätzens (**a, b, e, f**) in Verbindung mit der Photolithographie. **a** Belichtung, **b** Entwicklung der Photolackschicht, **c** Ionenätzen, **d** Ätzergebnis, **e** naßchemisches Ätzen, **f** Ergebnis des naßchemischen Ätzens. 1 Lichtbestrahlung, 2 Metallmaske, 3 positive Photoresistlackschicht, 4 zu ätzende Metallschicht, 5 Substrat, 6 Ionenbestrahlung, 7 chemisches Ätzmittel, h = Schichttiefe, w = Breite der Unterätzung

Abb. 8.61 a–f. Ionenätzverfahren nach der Abhebetechnik (Lift-off-Technik). **a** Belichtung, **b** Entwicklung, **c** Metallverdampfung, **d** Abheben, **e** Ionenätzen, **f** Ätzergebnis. 1 Lichtstrahlung, 2 Metallmaske, 3 positive Photoresistlackschicht, 4 zu ätzende Metallschicht, 5 Substrat, 6 Metallschicht, 7 Ionenstrahlung

Seine wichtigste technische Anwendung findet das Ionenätzen mit Hilfe von Masken bei der Herstellung feinster Strukturen für mikroelektronische und optische Bauelemente. Bei Strukturen von der Größenordnung einiger µm erreicht das konventionelle naßchemische Ätzverfahren wegen der Probleme der Unterätzung der Masken, der Haftung der Maske auf dem Substrat, der unterschiedlichen Ätzung entlang der Korngrenzen und der dadurch bedingten Ungenauigkeiten bei Mehrfachschichten die technologische Schranke seiner Anwendbarkeit. Im Vergleich dazu ist das Ionenätzen genauer und daher auch für kleinere Strukturen im Bereich von Zehntel µm geeignet.

In Abb. 8.60 ist der Vorgang des Ionenätzens mit dem naßchemischen Ätzen verglichen. In beiden Fällen wird auf dem Substrat photolithographisch eine Resistlackmaske der gewünschten Struktur erzeugt, welche die nicht wegzuätzenden Teile der Metallschicht 4 bedeckt. Die chemische Naßätzung (Abb. 8.60e, f) hat den grundsätzlichen Nachteil, daß das Ätzmittel nach allen Seiten gleich stark wirkt und daher die Lackmaske so weit (nämlich um ein Stück w) unterätzt, wie es der Dicke der wegzuätzenden Schicht entspricht (vgl. Abb. 8.60 f). Daher können durch naßchemisches Ätzen nur Strukturen bis zur etwa dreifachen Schichtdicke hergestellt werden. Beim Ionenätzen (Abb. 8.60c, d) werden die zu ätzende Schicht und die Maske gleichzeitig abgetragen. Die Maske muß daher so beschaffen sein, daß sie bis zum Ende des Ätzprozesses mit ausreichender Dicke erhalten bleibt. Da die Resistlackschicht empfindlich auf höhere Temperaturen reagiert, muß das Substrat beim Ionenätzen gekühlt werden.

Photolackmasken zeigen u.a. störende Fließeigenschaften und ergeben mit zunehmender Lackdicke eine geringe Auflösung. Sie sind daher zum Ionenätzen feiner Strukturen mit großen Ätztiefen ungeeignet. Für solche Fälle verwendet man Metallmasken geringer Dicke und kleiner Zerstäubungsrate, die mit Hilfe der Abhebetechnik nach Abb. 8.61 auf dem Substrat erzeugt werden. Dabei wird zunächst photolithographisch eine zur späteren Maske negative Resistlackstruktur hergestellt (Abb. 8.61a, b) und ganzflächig mit einer Metallschicht bedampft (c). Durch Ultraschallbehandlung in einem Acetonbad wird der die Lackschicht bedeckende Teil der Metallschicht entfernt (d), so daß die exakte Struktur der Ätzmaske für das nachfolgende Ionenätzen übrigbleibt (e). Als Maskenmaterial werden Ti, Cr und Mn bevorzugt, weil diese Metalle leicht aufgedampft oder aufgestäubt und durch schwache Säuren auch leicht wieder gelöst werden können.

8.4.3 Ionenimplantation

Läßt man im Vakuum einen Ionenstrahl mit einer Energie von mehreren keV bis einigen 100 keV auf einen Festkörper auftreffen, so dringen die Ionen in den Festkörper ein und werden an Gitteratomen unter Energieabgabe und gleichzeitig erzeugten Strahlenschäden gestreut (vgl. Abb. 8.62). Die Ionen durchlaufen dabei polygonartige Wege, bis sie schließlich statistisch nach einer Gauss-Kurve verteilt meist auf Zwischengitterplätzen zur Ruhe kommen. Durch nachfolgende Temperung werden die Strahlenschäden wieder ausgeheilt. Man bezeichnet diesen Vorgang als Ionenimplantation und benutzt ihn in zunehmendem Maße zur Dotierung von Halbleitern, d.h. zum gezielten Einbau von Fremdatomen in das Kristallgitter

(Substrat). Dafür ist jede Ionen/Substrat-Kombination geeignet. Die Implantationsparameter sind dabei so gut beherrschbar, daß auch extreme Produktionsforderungen erfüllt werden können.

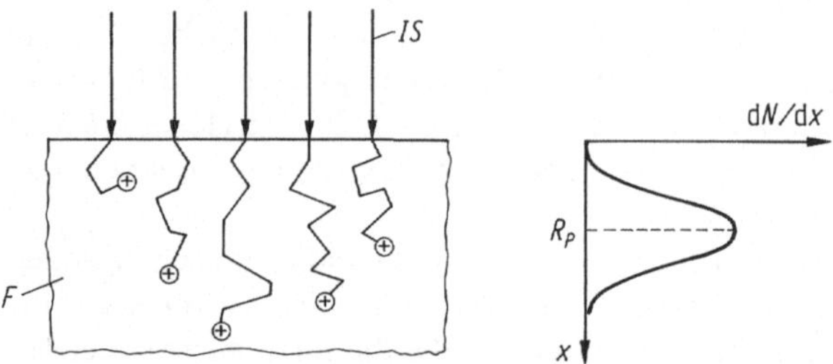

Abb. 8.62. Verfahren der Ionenimplantation zur Dotierung von Halbleitern.
IS = monoenergetischer Ionenstrahl, F = Festkörper, dN/dx = Anzahl der implantierten Ionen je Längeneinheit (Dotierungsprofil), R_p = Eindringtiefe

Die Eindringtiefe (Tiefe des Konzentrationsmaximums) der implantierten Ionen hängt von der Ionenenergie und -masse sowie von der Masse und Konzentration der Festkörperatome ab. Sie liegt zwischen einigen und etwa 2000 nm.

In Abb. 8.63 ist der grundsätzliche Aufbau einer Ionenimplantationsanlage dargestellt. Ihre wesentlichen Bestandteile sind eine Ionenquelle mit Beschleuniger, ein Massenfilter zur Abtrennung unerwünschter Ionen, ein Ablenksystem zum zeilenweisen Abtasten des Targets und die Targetkammer. Die Ionenquelle liefert einen Strahl

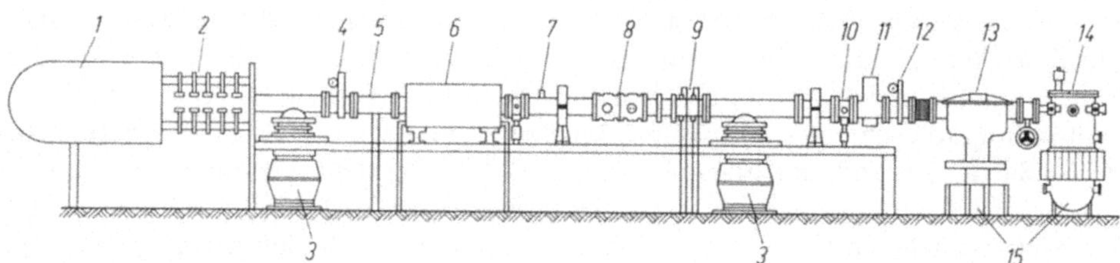

Abb. 8.63. Aufbau einer Ionenimplantationsanlage. 1 Ionenquelle mit Hochspannungsgenerator, 2 Ionenbeschleuniger, 3 Diffusionspumpe, 4 Ventil, 5 Quadrupolfilter, 6 weiteres Massenfilter, 7 Driftrohr 8 horizontaler und vertikaler Spalt, 9 Ablenksystem, 10 Sichtscheibe, 11 Monitor für das Ionenstrahlprofil, 12 Ventil, 13 Targetkammer mit Kassettensystem, 14 Targetkammer für Einzelimplantation, 15 Ionen-Getterpumpen

mit einer Stromstärke von einigen μA bis mehrere mA und einer Energieschärfe von weniger als 10 eV. Durch ein ionenoptisches System wird der Strahl auf das Target fokussiert. Die dort ausgelösten Sekundärelektronen werden durch eine negativ vorgespannte Elektrode (Suppressionselektrode) vor dem Probenhalter unterdrückt. Die Menge der eingebrachten Dotierungsatome ergibt sich auf einfache Weise aus dem Zeitintegral des Ionenstroms.

Die Dotierung mittels Ionenimplantation erfolgt schnell, homogen und reproduzierbar. Sie vermeidet die Nachteile hoher Prozeßtemperaturen. Ihre industrielle Anwendung findet sie insbesondere bei der Produktion von integrierten MOS-Schaltkreisen.

8.4.4 Ionenquellen

In der Massenspektrometrie, bei Teilchenbeschleunigern, in Ionenstrahl-Sputter- und -Ätzanlagen sowie für die Ionenimplantation benötigt man Ionenstrahlen definierter Intensität, Energie und Feinheit. Zu diesem Zweck wurden verschiedene Ionenquellen entwickelt, von denen die wichtigsten die Glühkathoden-, Hochfrequenz-, Penning-, Duoplasmatron- und Sputter-Quellen sind. In ihnen werden mit Hilfe einer Glüh- oder Kaltkathoden-Gasentladung energiereiche Elektronen erzeugt, welche die Gasmoleküle ionisieren. Durch eine Extraktionselektrode werden die Ionen aus dem Entladungsraum abgesaugt und anschließend auf die gewünschte Energie beschleunigt.

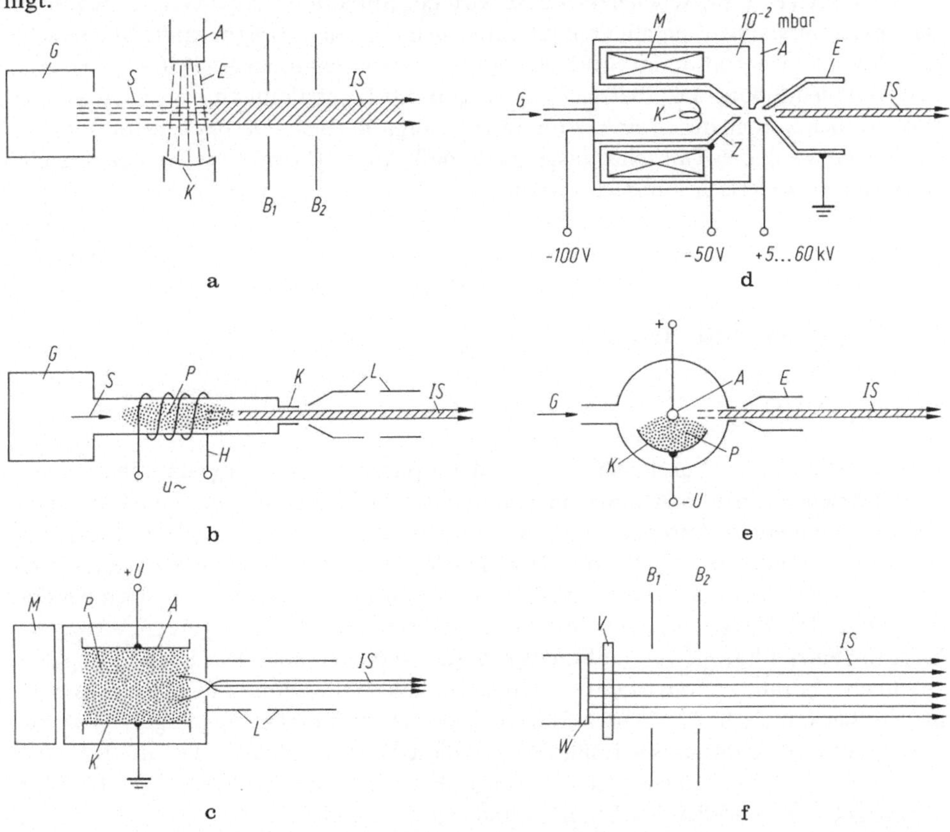

Abb. 8.64a–f. Bauformen von Ionenquellen. **a** Glühkathoden-Ionenquelle, G = Gasbehälter bzw. Dampferzeuger, S = Gas- bzw. Dampfstrom, K = Glühkathode, A = Anode, E = Elektronenstrom, IS = Ionenstrahl, $B_{1,2}$ = Beschleunigungselektroden, **b** Hochfrequenz-Ionenquelle. G = Gasbehälter, S = Gasstrom, H = Hochfrequenzspule zur Erzeugung einer Gasentladung, P = Entladungsplasma, K = Extraktionskanal für die Ionen, L = Ionenlinse, IS = Ionenstrahl, **c** Penning-Ionenquelle. M = Permanentmagnet, A = Anode, K = Kaltkathode, P = Entladungsplasma, L = Ionenlinse, IS = Ionenstrahl, **d** Duoplasmatron-Ionenquelle. G = Gaseinlaß, M = Magnetspule, K = Glühkathode, A = Anode, E = Extraktionselektrode, IS = Ionenstrahl, **e** Sputter-Ionenquelle. G = Gaseinlaß, K = Sputterkathode, A = Anode, P = Entladungsplasma, E = Extraktionselektrode, IS = Ionenstrahl, **f** Oberflächen-Ionisationsquelle. W = erhitztes Wolframband als Ionisator, V = Verdampfer zur Erzeugung von Atomen, die bei W ionisiert werden, $B_{1,2}$ = Beschleunigungselektroden, IS = Ionenstrahl

In Abb. 8.64 sind verschiedene Bauformen von Ionenquellen schematisch dargestellt. Bei den (am häufigsten verwendeten) Glühkathodenquellen (a) wird ein Gas- oder Dampfstrom durch einen dazu quer gerichteten Elektronenstrahl ionisiert. Bei den Hochfrequenz-Quellen (b) wird in einem Quarzrohr durch eine Spule oder zwei HF-Elektroden eine Gasentladung erzeugt, aus der die Ionen durch einen Kanal extrahiert werden. In einer Penning-Ionenquelle (c) brennt zwischen zwei kalten Elektroden eine Glimmentladung, in der die Elektronen durch ein Magnetfeld auf Schrauben- oder Zykloidenbahnen gezwungen werden, wodurch sich die Anzahl der ionisierenden Stöße wesentlich erhöht. Die Duoplasmatron-Quelle (d) ist eine Anordnung, in der zwischen einer Glühkathode K und Anode A eine Bogenentladung brennt. Durch eine Zwischenelektrode Z wird der Entladungskanal verengt, wodurch man im Zusammenwirken mit dem inhomogenen Feld einer Magnetspule M eine sehr hohe Ionenkonzentration im Strahl erzielt. In der Sputter-Ionenquelle (e) wird durch eine Glimmentladung die Oberfläche einer Kathode K zerstäubt und die entstehenden Sputterionen werden durch eine Öffnung abgesaugt. Bei den Oberflächen-Ionisationsquellen (f) wird die Tatsache ausgenutzt, daß Atome beim Auftreffen auf heiße Oberflächen thermisch ionisiert werden.

8.5 Gaslaser und -maser

8.5.1 Laserprinzip

Die Funktion eines Lasers beruht auf der optischen Anregung und induzierten Strahlungsemission von Atomen in Gasen oder Festkörpern. Die Rückkehr eines Elektrons von einem Anregungsniveau auf ein tiefer gelegenes Energieniveau erfolgt gewöhnlich spontan innerhalb von 10 ns nach der Anregung (*spontane Strahlungsemission*). Sie kann aber auch durch Einfall eines Photons von außen erzwungen werden (*induzierte Strahlungsemission*). Bei diesem Vorgang wird das angeregte Atom zur Emission eines Photons veranlaßt, das sich dem induzierenden Photon phasengleich anschließt. Voraussetzung ist dabei, daß das induzierende Photon die gleiche Energie hat wie das induzierte. Die beiden Photonen können nun weitere angeregte Atome zur Emission eines Lichtquants veranlassen. Auf diese Weise entsteht eine *Photonenlawine*, die aus lauter Wellenzügen gleicher Phase, Frequenz und Richtung besteht. Man bezeichnet solche Wellen als *kohärent* und *monochromatisch*.

Bei natürlichen und technischen Lichtquellen (wie Sonne, Flammen, Glühlampen oder Gasentladungslampen) beruht die Lichtemission stets auf spontanen, entsprechend dem Termschema statistisch verteilten Quantensprüngen angeregter Atome. Das Licht solcher Quellen besteht daher aus (inkohärenten) Wellenzügen, d.h. Wellen verschiedener Frequenz, Phasenlage, Länge und Richtung (vgl. Abb. 8.65a). Bei Lichtquellen, die monochromatisches Licht aussenden, beruht die Lichtemission auf der ständigen spontanen Wiederholung ein und desselben Quantensprungs im Termschema. Das erzeugte monochromatische Licht besteht daher aus (inkohärenten) Wellenzügen gleicher Frequenz, aber verschiedener Phasenlage und Richtung (Abb. 8.65b). Lichtquellen, die infolge induzierter Strahlungsemission kohärentes und monochromatisches Licht aussenden (Abb. 8.65c), bezeichnet man als *Laser*. Diese Bezeichnung ist eine Abkürzung von „*l*ight *a*mplification by *s*timulated *e*mission of *r*adiation“ (Lichtverstärkung durch induzierte Strahlungsemission).

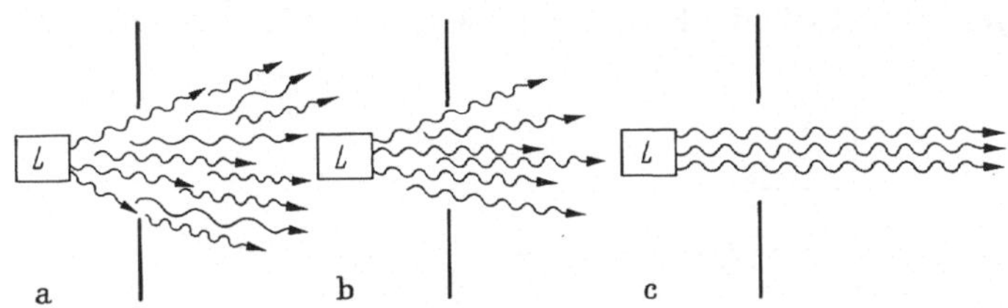

Abb. 8.65a–c. Licht verschiedener Zusammensetzung. **a** Inkohärentes weißes Licht (Lichtquellen: Sonne, Glüh- und Gasentladungslampen), **b** Inkohärentes, nahezu monochromatisches Licht (Lichtquelle: z. B. Natriumdampflampe), **c** Kohärentes monochromatisches Licht (Lichtquelle: Laser).
L = Lichtquelle, ⁓➝ Lichtquant entsprechend seiner Frequenz, Phase, Richtung und Länge des Wellenzugs.

Für die induzierte Strahlungsemission ist ein Medium erforderlich, das lichtdurchlässig ist und eine möglichst große Zahl angeregter, d. h. emissionsfähiger Atome enthält. Diese Bedingungen lassen sich bei einer Reihe von Gasen (und Festkörpern) erfüllen. Ohne äußere Energiezufuhr befinden sich alle Atome eines solchen Mediums im Grundzustand. Bei Zimmertemperatur ist bei einigen Atomen eines der höheren Energieniveaus im Termschema mit einem Elektron besetzt. Die Besetzungsdichte, d.h. die relative Anzahl der Atome, bei denen ein bestimmtes Niveau besetzt ist, folgt dem Boltzmannschen Verteilungsgesetz für thermisches Gleichgewicht:

$$\frac{N_2}{N_1} = e^{-(E_2 - E_1)/kT} \tag{8.95}$$

($N_{1,2}$ = Besetzungsdichte der Energieniveaus 1 und 2, die der auf das Grundniveau bezogenen Energie E_1 bzw. E_2 entsprechen; k = Boltzmannsche Konstante, T = absolute Temperatur).

Der durch Gl. (8.95) beschriebene Gleichgewichtszustand (vgl. Abb. 8.66a) läßt sich durch Energiezufuhr von außen ändern. Bestrahlt man z.B. das Medium mit (inkohärentem) Licht der Frequenz f_{12}, so wird in vielen seiner Atome ein Elektron von einem Niveau 1 auf ein Niveau 2 gehoben, während bei anderen (früher angeregten) Atomen das gehobene Elektron vom Niveau 2 zum Niveau 1 zurückkehrt. Die Wahrscheinlichkeiten für die Übergänge von 1 nach 2 und von 2 nach 1 sind gleich. Jedoch ist die Zahl der Übergänge pro Zeiteinheit der jeweiligen Besetzungsdichte des Ausgangsniveaus proportional. Daher verliert das Niveau 1 mit der größeren Besetzungsdichte bei Lichteinstrahlung mehr Elektronen als das weniger besetzte Niveau 2, bis schließlich beide Niveaus die gleiche Besetzungsdichte aufweisen (vgl. Abb. 8.66b). Diesen Vorgang des Anhebens von Elektronen auf ein bestimmtes höheres Niveau durch Lichteinstrahlung bezeichnet man als *optisches Pumpen*, das Endergebnis des Pumpens als *Sättigung*.

Enthält das Termschema der angeregten Atome neben den Niveaus 1 und 2 noch ein drittes Niveau mit der Besetzungsdichte N_3 (Abb. 8.66), so kann als Folge des

Pumpens $N_2 > N_3$ werden (*Inversion der Besetzungsdichten*). Bestrahlt man in diesem Fall die angeregten Atome zusätzlich mit Lichtquanten der Frequenz f_{23}, so werden von diesen Quanten mehr lichtemittierende Übergänge von 2 nach 3 als absorbierende Übergänge von 3 nach 2 angeregt. Im Endeffekt überwiegt also die Lichtemission die Absorption, d.h. das eingestrahlte Licht der Frequenz f_{23} wird verstärkt. Für Licht der

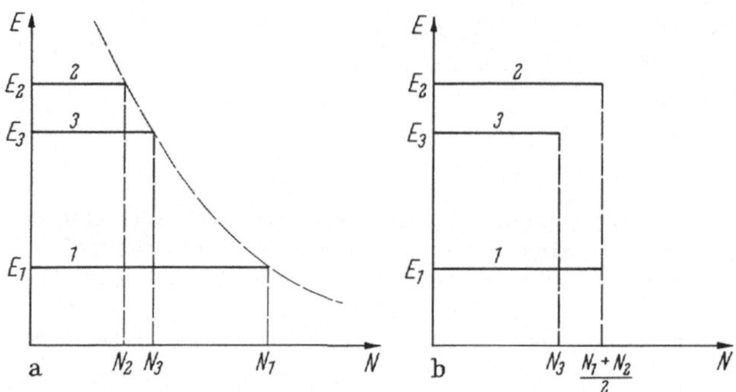

Abb. 8.66. a Besetzungsdichte verschiedener Energieniveaus von Atomen, die sich im thermischen Gleichgewicht befinden, **b** Besetzungsdichte der Niveaus nach Erreichen des Sättigungszustandes des Niveaus 2 infolge Energiezufuhr. Zwischen den Niveaus 2 und 3 besteht eine Inversion der Besetzungsdichten.

Frequenz f_{13} findet dagegen keine Verstärkung statt, weil zwischen den Niveaus 1 und 3 keine Inversion der Besetzungsdichten besteht. Auch zwischen den Niveaus 1 und 3 kann jedoch eine Inversion eintreten, nämlich dann, wenn die spontanen Übergänge von 3 nach 1 wesentlich seltener erfolgen als die spontanen Übergänge von 2 nach 3.

Systeme, bei denen drei atomare Energieniveaus zur induzierten Strahlungsemission verwendet werden, bezeichnet man als *Drei-Niveau-Laser*. Da bei solchen Lasern die Invertierung der Besetzungsdichten nur mit relativ großem Energieaufwand möglich ist, benutzt man häufiger sogenannte *Vier-Niveau-Laser*. Die Laser gehören – da ihr Prinzip der Lichtverstärkung auf Vorgängen in Atomen bzw. Molekülen beruht – zur Gruppe der *Molekularverstärker*.

Bei den Gaslasern, deren Anteil etwa 80% aller industriell eingesetzten Laser beträgt, unterscheidet man drei Gruppen: In der ersten Gruppe beruht die Laserfunktion auf Elektronenübergängen zwischen Energieniveaus in *neutralen* Atomen (He-Ne-Laser), in der zweiten auf Übergängen in *ionisierten* Atomen (He-Cd-, Ar- und Kr-Laser) und in der dritten auf Quantensprüngen zwischen Vibrations- und Rotations-Quantenzuständen (CO_2-Laser).

Die Anregung von Gasatomen zur Erzeugung einer Besetzungsinversion erfolgt entweder durch Stöße 1. Art:

$$A + \Delta E_1 \rightarrow A^* + \Delta E_2 \tag{8.96}$$

oder durch Stöße 2. Art:

$$A_1 + A_2^* \rightarrow A_1^* + A_2 \tag{8.97}$$

(A = Atom im Grundzustand, A^* = Atom im angeregten Zustand, $\Delta E_{1,2}$ = Elektronenenergie).

8.5.2 He-Ne-Laser

Den Aufbau und das vereinfachte Termschema dieses Lasers (Javan, 1960) zeigt Abb. 8.67. Er besteht aus einer etwa 1 m langen, gasgefüllten Hartglas- oder Quarzröhre, deren Stirnflächen zur Vermeidung von Reflexionsverlusten so geneigt sind, daß die Bedingung $\tan\alpha = n$ (α = Brewster-Winkel, n = Brechungsindex der Stirnwände) erfüllt ist. Zwei sphärisch gekrümmte Reflektoren S_1 und S_2, deren Krümmungsradius mit ihrem gegenseitigen Abstand übereinstimmt, bilden einen optischen Resonator (Perot-Fabry-Resonator, vgl. Abb. 8.67a), in welchem das Laserlicht of hin und her reflektiert und dabei verstärkt wird, ehe es bei genügender Intensität durch den halbdurchlässigen Reflektor S_2 den Laser verläßt.

Zum Betrieb wird in der Laserröhre zwischen zwei Elektroden eine Gleichstrom- oder HF-Gasentladung gezündet. Dabei werden die He- und Ne-Atome angeregt und ionisiert. Bei der Anregung der He-Atome werden hauptsächlich die 2^1S- und 2^3S-Niveaus mit Elektronen besetzt (vgl. Abb. 8.67b). Die Wahrscheinlichkeit für die Rückkehr dieser Elektronen zum Grundniveau ist gering. Statt dessen geben die

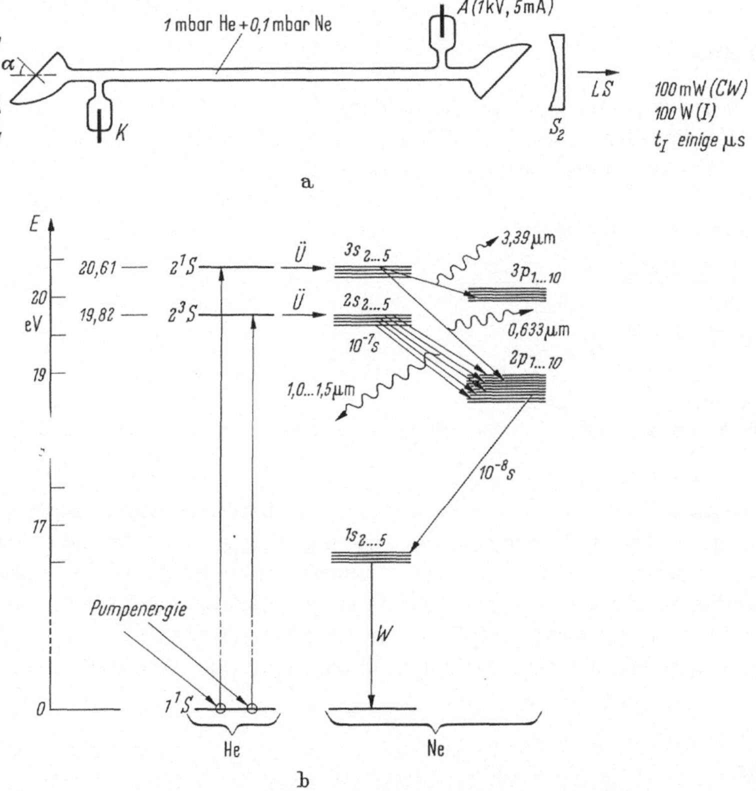

Abb. 8.67a, b. Aufbau (**a**) und vereinfachtes Termschema (**b**) eines He-Ne-Lasers. K = Kathode, A = Anode, $S_{1,2}$ = sphärisch gekrümmte Reflektoren (S_2 halbdurchlässig), α = Brewster-Winkel, LS = Laserstrahlung, CW = Dauerbetrieb, I = Impulsbetrieb, t_I = Impulsdauer, Ü = Energieübertragung von He- zu Ne-Atomen bei Kollisionen, W = Energieabgabe durch Kollisionen auf die Röhrenwand

meisten He-Atome ihre Anregungsenergie bei Zusammenstößen mit Ne-Atomen an diese ab. Eine solche Energieübertragung ist möglich, weil die 2S-Niveaus der He-Atome auf gleicher Höhe liegen wie die 2S- bzw. 3S-Niveaus der Ne-Atome. Dadurch kommt es zwischen den 2S- bzw. 3S-Niveaus und den 2p-Niveaus der Ne-Atome zu einer Inversion der Besetzungsdichten. Zwischen diesen Niveaus können daher Elektronenübergänge induziert werden, die zur Emission von Laserstrahlung im Infrarot- bzw. im sichtbaren Gebiet führen. Durch Einjustierung des optischen Resonators läßt sich dabei jede der ca. 20 möglichen Wellenlängen des He-Ne-Lasers erzeugen. Am stärksten werden die 0,63-, 1,15- und 3,39 µm-Linie angeregt. Die 3,39 µm-Linie läßt sich durch ein für diese Wellenlänge undurchlässiges Brewster-Fenster oder durch Anordnen von Magneten längs der Röhre (Verbreitern und Schwächen der 3,39 µm-Linie durch den Zeeman-Effekt) unterdrücken.

Die Inversion der Besetzungsdichten wird dadurch gefördert, daß die Entleerung der 2p-Niveaus der Ne-Atome rascher erfolgt (10^{-8} s) als die der 2S- bzw. 3S-Niveaus (10^{-7} s). Die Entleerung der 1S-Niveaus der Ne-Atome erfolgt durch Teilchenstöße an die Röhrenwand. Daher ist die Ausgangsleistung des He-Ne-Lasers umgekehrt proportional zum Durchmesser d des Röhrenkolbens.

8.5.3 He-Cd-Laser

Dieser, im Dauerstrichbetrieb arbeitende Metalldampf-Laser (vgl. Abb. 8.68) enthält einen Cadmium-Verdampfer, so daß in der Röhre zwischen Verdampfer und Kathode ein homogenes He-Cd-Gemisch existiert (aktiver Bereich des Lasers). In der

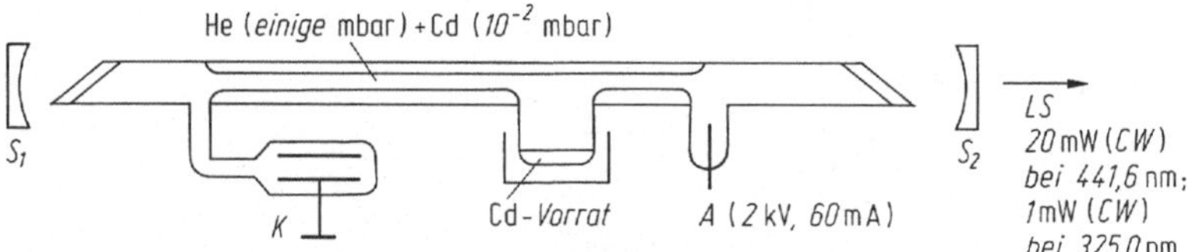

Abb. 8.68. Aufbau eines He-Cd-Lasers.
K = Kaltkathode, A = Anode, LS = Laserstrahlung, $S_{1,2}$ = Reflektoren (S_2 halbdurchlässig)

Gasentladung zwischen Kathode und Anode werden metastabile He-Atome angeregt. Diese ionisieren durch Stöße Cd-Atome und bewirken gleichzeitig eine Anregung der oberen Laserniveaus der erzeugten Cd^+-Ionen. Dadurch kommt es in den Cd^+-Ionen zwischen bestimmten Niveaus zur Inversion der Besetzungsdichten. Der Laser erzeugt blaues Licht bei 441,6 nm (20 mW) und UV-Licht bei 325,0 nm (1 mW).

Die Cd^+-Ionen wandern im elektrischen Feld zur Kathode und werden dort kondensiert.

8.5.4 Ar-Laser

Der Argon-Laser (Abb. 8.69a) besteht aus einer Quarz- oder BeO-Röhre mit etwa 30 cm Länge und einer Bohrung von 3 mm Durchmesser. Die Röhre enthält reines (durch einen Getter von Fremdgasen freigehaltenes) Argon bei einem Druck von 1 mbar. Durch eine stromstarke Gasentladung (hohe Leistungszufuhr, daher

Wasserkühlung) werden Ar-Atome ionisiert und die erzeugten Ar^+-Ionen zusätzlich angeregt:

$$Ar + \Delta E_1 \rightarrow (Ar^+)^* + \Delta E_2 . \tag{8.98}$$

Dadurch kommt es zur Inversion zwischen den 4p- und 4s-Niveaus (vgl. Abb. 8.69b). Der Laser erzeugt vorwiegend Licht der Wellenlängen 488 und 514,5 nm mit je 1 W Leistung.

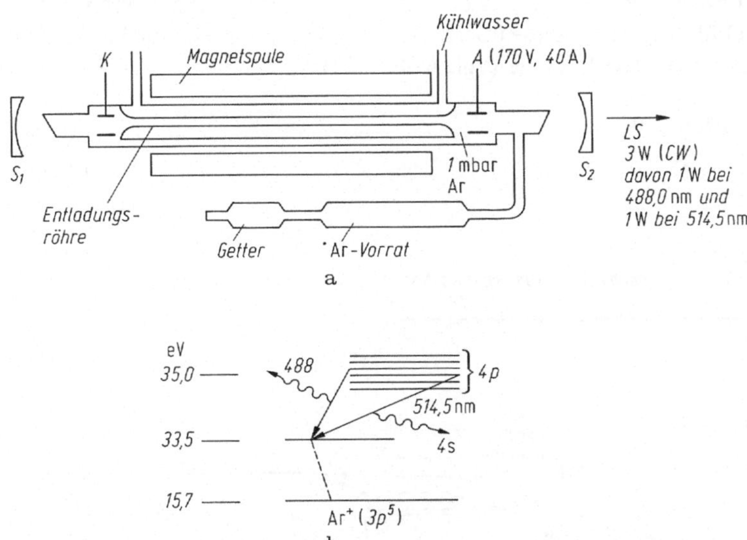

Abb. 8.69a, b. Aufbau (**a**) und vereinfachtes Termschema (**b**) eines Argon-Lasers. K = Kathode, A = Anode, $S_{1,2}$ = Reflektoren (S_2 halbdurchlässig), LS = Laserstrahlung. Die Magnetspule dient zur Erhöhung der Elektronenkonzentration im Plasma und der Getter zur Beseitigung von Fremdgasen

8.5.5 CO_2-Laser

Beim CO_2-Laser (vgl. Abb. 8.70) beruht der Laservorgang auf Übergängen zwischen drei verschiedenen Schwingungszuständen des CO_2-Moleküls, nämlich dem Biegemode, symmetrischen und asymmetrischen Mode (vgl. Abb. 8.71). Mit jedem Schwingungsmode ist ein Satz von Rotationszuständen gekoppelt.

Abb. 8.70. Aufbau eines CO_2-Lasers.
K = Kathode, A = Anode, LS = Laserstrahlung, $S_{1,2}$ = Reflektoren (S_2 halbdurchlässig)

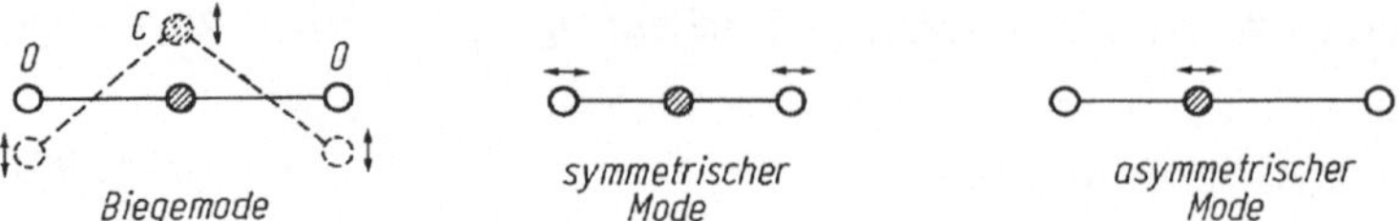

Abb. 8.71. Die drei möglichen Schwingungszustände eines CO_2-Moleküls. C = Kohlenstoffatom, O = Sauerstoffatome

Die Entladungsröhre enthält als Zusatzgas Stickstoff. In der Gasentladung werden primär die N_2-Moleküle angeregt. Diese übertragen ihre Anregungsenergie bei Stößen auf die 001-Niveaus der CO_2-Moleküle (vgl. Abb. 8.72):

$$N_2 + E_1 \rightarrow N_2^* + E_2 \tag{8.99}$$

$$N_2^* + CO_2 \rightarrow N_2 + CO_2^*(001). \tag{8.100}$$

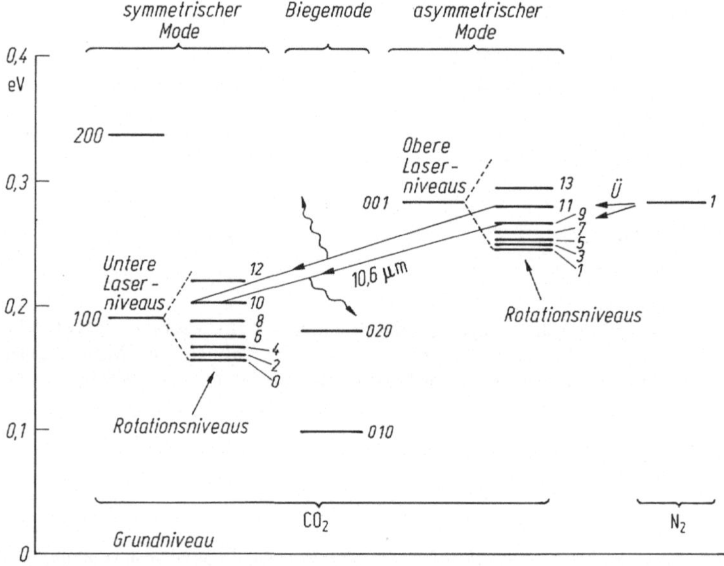

Abb. 8.72. Termschema der drei Schwingungszustände eines CO_2-Moleküls. Ü = Übertragung der Energie von angeregten N_2-Molekülen auf CO_2-Moleküle

Es entsteht eine Inversion zwischen den 001- (asymmetrischer Mode) und 100-Niveaus (symmetrischer Mode). Die am stärksten angeregten Laserlinien haben die Wellenlängen 10,57, 10,59 und 10,61 µm. Mit Helium als weiterem Zusatzgas erhöht sich die Wärmeleitfähigkeit des Plasmas. Dadurch wird die Besetzungsdichte der unteren 100-Niveaus geringer und die Laserlichtintensität entsprechend höher.

Der Wirkungsgrad des CO_2-Lasers beträgt etwa 20 %, während er bei den anderen Gaslasern unter oder um 1 % liegt. Die Ausgangsleistung beträgt einige kW (Dauerstrichbetrieb) bzw. einige 10 MW (Impulsbetrieb, Impulsdauer z. B. 0,1 µs).

8.5.6 NH_3-Maser

Das Prinzip des NH_3-Masers (Townes, 1951) beruht darauf, daß ein NH_3-Molekül zwei verschiedene Energiezustände E_1 und E_2 haben kann, je nachdem, ob sich das Stickstoffatom (N) oberhalb oder unterhalb der Ebene der drei H-Atome aufhält (vgl. Abb. 8.73). Die Energiedifferenz $\Delta E = E_1 - E_2$ der beiden Zustände entspricht einer Frequenz $f = 23{,}87\,\mathrm{GHz}$ oder einer Wellenlänge $\lambda = 1{,}25\,\mathrm{cm}$. Haben N_1 Moleküle

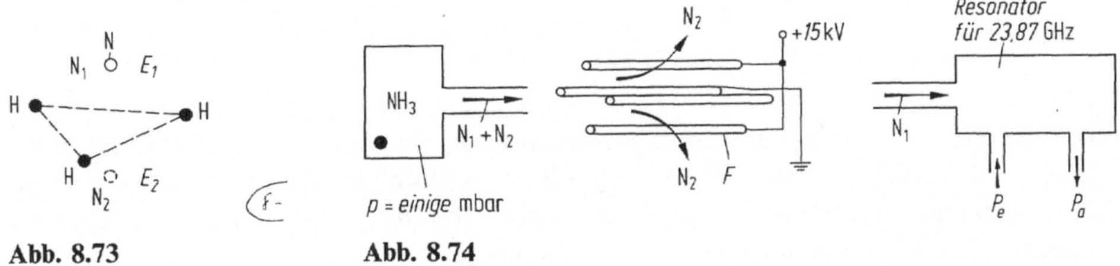

Abb. 8.73 **Abb. 8.74**

Abb. 8.73. Die zwei verschiedenen Energiezustände E_1 und E_2 eines NH_3-Moleküls, wenn sich das N-Atom oberhalb (E_1) bzw. unterhalb (E_2) der Ebene der drei H-Atome befindet. $N_{1,2}$ = Anzahl der Moleküle mit dem Zustand E_1 bzw. E_2

Abb. 8.74. Prinzip des NH_3-Masers. F = Quadrupolfilter zum Aussortieren der Teilchen N_2, $P_{e,a}$ = Eingangs- bzw. Ausgangsleistung des Resonators

den Energiezustand E_1 und N_2 Moleküle den Zustand E_2 und ist $N_1 > N_2$, so können Quanten der Energie ΔE mehr Übergänge $E_1 \rightarrow E_2$ als $E_2 \rightarrow E_1$ induzieren und so die Quantenzahl erhöhen (Verstärker). Bei $N_1 \gg N_2$ ruft ein spontaner Übergang $E_1 \rightarrow E_2$ durch Kettenreaktion eine lawinenartige Quantenvermehrung hervor (Oszillator).

In Abb. 8.74 ist der prinzipielle Aufbau eines NH_3-Masers angegeben. Aus einem Behälter strömen NH_3-Moleküle (Mischung $N_1 + N_2$) durch einen Separator F (Quadrupolfilter), in welchem die Moleküle N_2 aussortiert werden, weil das inhomogene elektrische Feld für die Teilchen N_1 und N_2 unterschiedliche elektrische Dipolmomente erzeugt. Die Teilchen N_1 gelangen anschließend in einen Resonator für 23,87 GHz und geben dort ihre Überschußenergie ΔE an die eingespeiste HF-Welle der Leistung P_e ab. Dem Resonator kann eine verstärkte Ausgangsleistung P_a (Größenordnung $10^{-10}\,\mathrm{W}$) entnommen werden. Die Linienbreite der HF-Schwingung beträgt nur einige Hz. Man verwendet daher den NH_3-Maser als Frequenznormal.

9 Vakuumtechnologie

Voraussetzung für die in den vorhergehenden Kapiteln behandelten Vakuumröhren, -geräte und -verfahren ist die Erzeugung, Überwachung und Aufrechterhaltung eines für die jeweilige Gerätefunktion ausreichenden Vakuums. Mit den dazu notwendigen Einrichtungen befaßt sich die Vakuumtechnologie.

Vakuum im Sinne der Vakuumtechnik ist der Zustand eines Gases, dessen Druck geringer als der Atmosphärendruck ist. Je nach dem Druckbereich, in dem ein Vakuumsystem betrieben wird, unterscheidet man zwischen Grob-, Fein-, Hoch- und Ultrahochvakuum (vgl. Tabelle 31). Ein ideales Vakuum (das technisch nicht erreichbar ist) wäre ein vollkommen materiefreier Raum. Der Vakuumdruck wird in N/m^2 oder mbar gemessen (s. Gl. (8.16) und (8.17)).

Tabelle 31. Vakuumbezeichnungen und zugehörige Druckbereiche

Bezeichnung		N/m^2	bar	(Torr)
Grobvakuum	(GV)	10^5–10^2	1–10^{-3}	(760–1)
Feinvakuum	(FV)	10^2–10^{-1}	10^{-3}–10^{-6}	(1–10^{-3})
Hochvakuum	(HV)	10^{-1}–10^{-5}	10^{-6}–10^{-10}	(10^{-3}–10^{-7})
Ultrahoch-vakuum	(UHV)	$<10^{-5}$	$<10^{-10}$	($<10^{-7}$)

Die Teilchenkonzentration ist auch im Ultrahochvakuumbereich noch relativ hoch. Sie beträgt zum Beispiel bei 10^{-7} mbar und 293 K nach Gl. (8.15) immerhin noch $n = 2{,}47 \cdot 10^9\,cm^{-3}$. Bei Atmosphärendruck (1013 mbar) und 293 K ist dagegen $n = 2{,}52 \cdot 10^{19}\,cm^{-3}$.

9.1 Erzeugung eines Vakuums

Eine Einrichtung zur Erzeugung eines Vakuums bezeichnet man als *Vakuumanlage* oder *Vakuumpumpstand*. Sie besteht im einfachsten Fall aus einem *Vakuumbehälter*, einer *Vakuumleitung* und einem daran angeschlossenen *Vakuumpumpensystem* (vgl. Abb. 9.1). Das Pumpsystem enthält im allgemeinen eine *Hochvakuum-* und eine *Vorvakuumpumpe*. Jede dieser Pumpen erzeugt an ihrem *Saugstutzen* (1) einen bestimmten *Ansaugdruck* und am *Druckstutzen* (2) einen bestimmten *Verdichtungsdruck*.

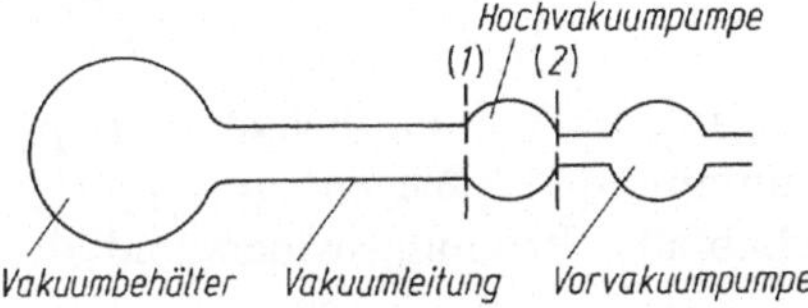

Abb. 9.1. Schema einer einfachen Vakuumanlage

Beim Pumpvorgang (Evakuierung) nimmt der Druck im Vakuumbehälter bis zu einem gewissen Enddruck ab. Der *Enddruck* (p_g) ist der niedrigste Totaldruck, der in einer Vakuumanlage mit einer gegebenen Vakuumpumpanordnung asymptotisch erreicht wird. Nach Abschalten des Pumpsystems besteht im evakuierten Raum ein *Resttotaldruck* (= Restgasdruck + Restdampfdruck).

9.1.1 Pumpvorgang bei vernachlässigbarem Strömungswiderstand der Vakuumleitung

Eine Vakuumpumpe erzeugt in der angeschlossenen Vakuumleitung einen *pV-Durchfluß* q_{pV}. Der pV-Durchfluß durch die Ansaugöffnung (1) der Vakuumpumpe heißt *Saugleistung*. Für sie gilt mit Gl. (8.19):

$$\boxed{q_{pV} = \frac{d(pV)}{dt} = kT\frac{dN}{dt}.} \tag{9.1}$$

Das Produkt pV heißt *pV-Wert*. Anstelle des pV-Durchflusses q_{pV} kann man auch mit dem *Volumendurchfluß* q_V rechnen. Der Volumendurchfluß an der Ansaugöffnung der Vakuumpumpe heißt *Saugvermögen* S der Pumpe.

$$\boxed{q_V = \frac{dV}{dt}.} \tag{9.2}$$

Für den *Massendurchfluß* q_m gilt mit Gl. (8.22):

$$\boxed{q_m = \frac{dM_0}{dt} = \frac{A}{N_A}\frac{dN}{dt} = \frac{A}{RT}q_{pV}} \tag{9.3}$$

(M_0 = Gasmasse, A/N_A = Massenzahl durch Loschmidtsche Zahl = Masse eines Gasmoleküls, N = Gesamtzahl aller Moleküle, R = Allgemeine Gaskonstante).

Aus Gl. (9.1) erhalten wir für einen Vakuumbehälter, in welchem beim Evakuieren der pV-Wert abnimmt (was durch das Minuszeichen berücksichtigt wird):

$$q_{pV} = -\frac{d(pV)}{dt} = -\frac{dp}{dt}V - \frac{dV}{dt}p. \tag{9.4}$$

Für $p = const$ wird aus Gl. (9.4):

$$q_{pV} = -\frac{dV}{dt} p = q_V p_2 = S p_1. \tag{9.5}$$

(q_V, p_2 = Volumendurchfluß bzw. Druck am Ausgang des Vakuumbehälters; S, p_1 = Saugvermögen und Ansaugdruck der Vakuumpumpe). Wegen $p_1 = p_2 = p$ = const längs der Vakuumleitung (kein Druckabfall; Strömungswiderstand der Vakuumleitung: R = 0) wird nach Gl. (9.5):

$$q_V = S. \tag{9.6}$$

Bei R = 0 ist also das Saugvermögen der Vakuumpumpe gleich dem Volumendurchfluß am Ausgang des Vakuumbehälters.

Für $V = const$ erhält man aus Gl. (9.4) und (9.5) bei Berücksichtigung des Enddrucks p_g der Vakuumpumpe:

$$q_{pV} = -\frac{dp}{dt} V = S(p - p_g) \tag{9.7}$$

oder

$$-\frac{dp}{dt} = \frac{S}{V}(p - p_g). \tag{9.8}$$

Bei einer *idealen Vakuumpumpe* ist $S = S_0$ = const (unabhängig vom Druck p). Damit folgt aus Gl. (9.8):

$$-\frac{dp}{p - p_g} = \frac{S_0}{V} dt \tag{9.9}$$

und daraus durch Integration:

$$\ln \frac{p_0 - p_g}{p - p_g} = \frac{S_0}{V} t. \tag{9.10}$$

Darin bedeutet p_0 der Anfangsdruck im Vakuumbehälter (zur Zeit t = 0). Wegen $p_g \ll p_0$ wird aus Gl. (9.10):

$$\boxed{p = p_g + p_0 e^{-(S_0/V)t}.} \tag{9.11}$$

Der Druck p im Vakuumbehälter sinkt also exponentiell mit der Pumpzeit t (*Auspump-Kennlinie*). Der Enddruck p_g wird asymptotisch bei $t \to \infty$ erreicht.

Die *Pumpzeit* t_1 für die Erreichung eines Drucks p_1 beträgt nach Gl. (9.11):

$$\boxed{t_1 = \frac{V}{S_0} \ln \frac{p_0}{p_1 - p_g}.} \tag{9.12}$$

Für alle *technischen Vakuumpumpen* ist das Saugvermögen S nicht konstant, sondern druckabhängig (vgl. Abb. 9.2a). Daher weicht auch die Auspump-Kennlinie von derjenigen der idealen Vakuumpumpe ab (vgl. Abb. 9.2b).

Aus der gemessenen Auspump-Kennlinie p(t) einer technischen Vakuumpumpe kann man für jeden Zeitpunkt den zeitlichen Druckabfall $-(dp/dt)$ entnehmen und mit Hilfe von Gl. (9.8) den Verlauf von $S = f(p)$ bestimmen:

$$S(p) = -\frac{V}{p - p_g}\left(\frac{dp}{dt}\right). \tag{9.13}$$

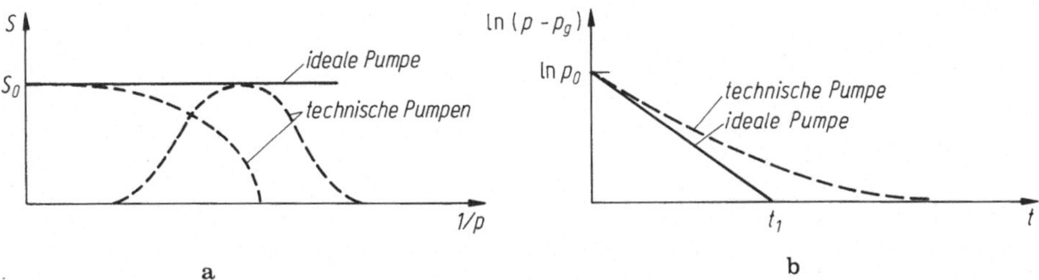

Abb. 9.2. a Verlauf des Saugvermögens S einer idealen Vakuumpumpe und von technischen Vakuumpumpen in Abhängigkeit vom Druck p, **b** grundsätzlicher Verlauf der Auspump-Kennlinie p(t) für eine ideale und für technische Vakuumpumpen. (p_0 = Anfangsdruck, p_g = Enddruck)

9.1.2 Pumpvorgang bei Berücksichtigung des Strömungswiderstands der Vakuumleitung

Der endliche Strömungswiderstand R verursacht zwischen zwei beliebigen Stellen einer Vakuumleitung nach Abb. 9.3 eine Druckdifferenz $(p_2 - p_1)$. Der Quotient aus beiden Größen ergibt den *pV-Durchfluß* q_{pV} *der Vakuumleitung:*

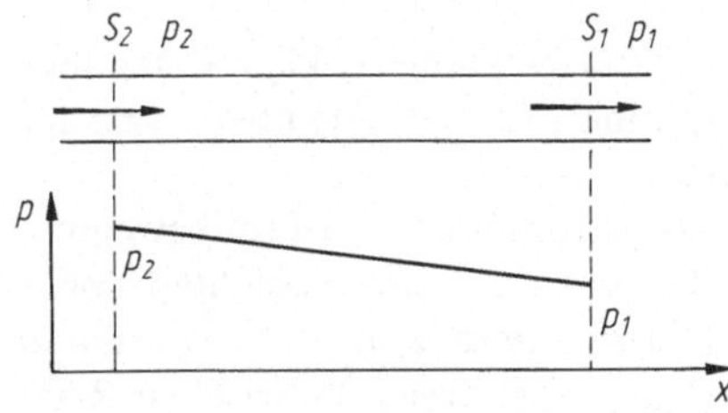

Abb. 9.3. Druckabfall längs einer Vakuumleitung mit Strömungswiderstand

$$q_{pV} = \frac{p_2 - p_1}{R} = G(p_2 - p_1). \tag{9.14}$$

In dieser Gleichung, die formal dem Ohmschen Gesetz ($I = U/R$) entspricht, ist G der *Strömungsleitwert* der Vakuumleitung. Dabei wird vorausgesetzt, daß die Gasmoleküle vor dem Eingang und nach dem Ausgang der Leitung annähernd Maxwellsche Geschwindigkeitsverteilung haben.

Für die *Serienschaltung* von zwei Vakuumleitungen gilt:

$$R = R_1 + R_2 \tag{9.15}$$

und für die *Parallelschaltung:*

$$G = G_1 + G_2 \tag{9.16}$$

Längs der Vakuumleitung gilt die *Kontinuitätsgleichung:*

$$q_{pV} = S_1 p_1 = S_2 p_2 = G(p_2 - p_1) \tag{9.16}$$

oder

$$S_2 p_2 = G\left(p_2 - \frac{S_2}{S_1} p_2\right). \tag{9.16a}$$

Daraus folgt:

$$\boxed{S_2 = \frac{S_1}{\frac{S_1}{G} + 1}.} \tag{9.17}$$

In Gl. (9.17) bedeutet S_2 das Saugvermögen am Ende einer Vakuumleitung mit dem Strömungsleitwert G, wenn am Anfang eine Vakuumpumpe mit dem Saugvermögen S_1 angeschlossen ist. Für $G \to \infty$ $(R = 0)$ wird $S_2 = S_1$.

9.1.3 Strömungsarten und Strömungsleitwerte von Vakuumleitungen

Man unterscheidet folgende Strömungsarten:

a) *Gasdynamische Strömung:* Strömung eines kompressiblen Mediums mit großen relativen Dichteänderungen und hoher Geschwindigkeit. Sie tritt in Vakuumsystemen nicht auf.

b) *Viskose Strömung:* Strömung, bei der die mittlere frei Weglänge $\bar{l}_g$ klein gegenüber dem Durchmesser D der Leitung ist $(\bar{l}_g \ll D)$; die innere Gasreibung überwiegt; der Strömungswiderstand ist vom Druck abhängig.
   Die viskose Strömung kann entweder *turbulent* (Strömung mit Mischbewegung oberhalb einer kritischen Reynolds-Zahl) oder *laminar* sein (Schichten- oder Fadenströmung ohne Mischbewegung bei kleiner Reynolds-Zahl). Ein Spezialfall der laminaren Strömung ist die Poiseuille-Strömung im kreiszylindrischen Rohr mit parabolischer Geschwindigkeitsverteilung.

c) *Molekularströmung:* Strömung, bei der die mittlere freie Weglänge $\bar{l}_g$ groß gegenüber dem Durchmesser D der Leitung ist $(\bar{l}_g \gg D)$. Die äußere Wandreibung überwiegt; der Strömungswiderstand ist vom Druck unabhängig.

d) *Knudsen-Strömung:* Gebiet zwischen viskoser und molekularer Strömung.

In Tabelle 32 sind Formeln für die Strömungsleitwerte G von Vakuumleitungen angegeben. Die Formel (a) folgt aus dem Hagen-Poiseuilleschen Gesetz für laminare Strömungen:

$$v = \frac{p_2 - p_1}{4\eta l}(R_0^2 - r^2) \tag{9.18}$$

Tabelle 32. Strömungsleitwerte von Vakuumleitungen

Anordnung	Strömungsart	Leitwert G
langes zylindrisches Rohr ($l \gg R$)	Poiseuille-Strömung (viskos) ($p > 10^{-1}\,N/m^2$)	$\frac{R_0^4 \pi}{8\eta l}\frac{p_1 + p_2}{2}$ (a)
	Molekularströmung ($p < 10^{-1}\,N/m^2$)	$\frac{R_0^3 \pi}{l}\sqrt{\frac{\pi k T}{8M}}$ (b)
Öffnung in dünner Wand (Fläche A)	Molekularströmung ($p < 10^{-1}\,N/m^2$)	$A\sqrt{\frac{kT}{2\pi M}}$ (c)

(v = Strömungsgeschwindigkeit des Gases, $p_{1,2}$ = Druck am Leitungsende bzw. -anfang, η = Koeffizient der inneren Gasreibung = 1,81. 10^{-5} kg/s m für Luft bei 293 K; R_0, l = Radius und Länge der Vakuumleitung, r = Entfernung von der Leitungsachse). Aus Gl. (9.18) ergibt sich durch Integration über den Leitungsquerschnitt A das Gasvolumen S, das je Sekunde durch die Vakuumleitung tritt:

$$S = \int_0^{R_0} v\, 2\pi r\, dr = \frac{R_0^4 \pi}{8\eta l}(p_2 - p_1). \tag{9.19}$$

Daraus folgt für die Saugleistung:

$$q_{pV} = S\,p = \frac{R_0^4 \pi}{8\eta l}\, p\,(p_2 - p_1). \tag{9.20}$$

Der Vergleich von Gl. (9.20) mit (9.14) ergibt, wenn man für p einen mittleren Druck $p = (p_1 + p_2)/2$ einsetzt:

$$G = \frac{R_0^4 \pi}{8\eta l}\frac{p_1 + p_2}{2}. \tag{9.21}$$

Die Formel (b) in Tabelle 32 resultiert aus folgender Überlegung: Bei der Druckdifferenz $(p_2 - p_1)$ längs der Vakuumleitung wird auf das durch die Leitung strömende Gas eine Kraft

$$F_1 = R_0^2 \pi (p_2 - p_1) \tag{9.22}$$

ausgeübt. Beim (senkrechten) Stoß auf die Leitungswand überträgt jedes Gasmolekül der Masse M und Geschwindigkeit v nach Gl. (8.10) einen Impuls 2 M v auf die Wand. Die flächenbezogene Stoßrate beträgt nach Gl. (8.8):

$$\nu = \frac{1}{4} n v_m.$$

Die Wandfläche ist $A = 2 R_0 \pi l$. Der auf die Wand übertragene Gesamtimpuls entspricht daher einer Reibungskraft

$$F_2 = A \nu (2 M v) = R_0 \pi l M n v_m v. \tag{9.23}$$

Aus der Gleichheit der beiden Kräfte F_1 und F_2 ergibt sich mit den Gln. (8.9) und (8.14) für die Strömungsgeschwindigkeit v:

$$v = \frac{R_0}{l} \sqrt{\frac{\pi k T}{8 M}} \frac{p_2 - p_1}{p} \tag{9.24}$$

und daraus durch Multiplikation mit dem Leitungsquerschnitt $A = R_0^2 \pi$ das je Sekunde hindurchtretende Luftvolumen S:

$$S = R_0^2 \pi v = \frac{R_0^3 \pi}{l} \sqrt{\frac{\pi k T}{8 M}} \frac{p_2 - p_1}{p}. \tag{9.25}$$

Mit Gl. (9.14) und wegen $S p = q_{pV}$ erhält man aus Gl. (9.25) für den Leitwert G:

$$G = \frac{R_0^3 \pi}{l} \sqrt{\frac{\pi k T}{8 M}}. \tag{9.26}$$

Bei der Ableitung der Formel (c) in Tabelle 32 kann angenommen werden, daß alle Gasmoleküle angenähert senkrecht zur Wand durch die Öffnung mit der Fläche A fliegen, ohne mit der Wand zusammenzustoßen. Die Anzahl z der Teilchen, die je Sekunde durch die Öffnung treten, ist daher nach Gl. (8.8):

$$z = \frac{1}{4} v_m A (n_2 - n_1), \tag{9.27}$$

wobei n_1 und n_2 die Gaskonzentrationen auf beiden Seiten der Öffnung bedeuten. Das Verhältnis $z/n = S$ ist gleich dem Gasvolumen, das je Sekunde durch die Öffnung strömt (n = Gaskonzentration an einer beliebigen Stelle in der Öffnung). Daher ist wegen $S p = q_{pV}$, $n = p/kT$, $n_{1,2} = p_{1,2}/kT$ und $v_m = \sqrt{8 kT/\pi M}$:

$$q_{pV} = S p = \frac{z}{n} p = z k T = \frac{1}{4} \sqrt{\frac{8 k T}{\pi M}} A k T \left(\frac{p_2}{kT} - \frac{p_1}{kT} \right) =$$

$$= A \sqrt{\frac{k T}{2 \pi M}} (p_2 - p_1). \tag{9.28}$$

Damit wird der Leitwert:

$$G = \frac{q_{pV}}{p_2 - p_1} = A \sqrt{\frac{k T}{2 \pi M}}. \tag{9.29}$$

Die Abb. 9.4 zeigt als Beispiel den Verlauf des Leitwerts G eines langen zylindrischen Rohrs ($l = 1$ m, $R_0 = 1$ cm) in Abhängigkeit vom mittleren Druck $(p_1 + p_2)/2$ für Luft von 20 °C. In Tabelle 33 sind die Einheiten der verschiedenen vakuumtechnischen Größen zusammengefaßt.

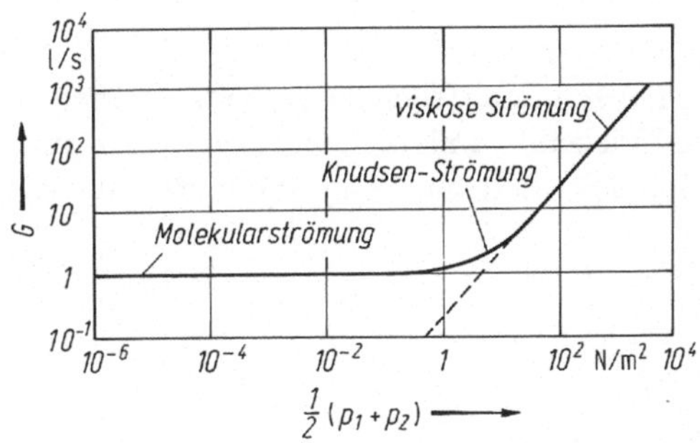

Abb. 9.4. Leitwert G eines langen Rohrs ($l = 1$ m, $R_0 = 1$ cm) in Abhängigkeit vom mittleren Druck $(p_1 + p_2)/2$ für Luft von 20 °C

Tabelle 33. Einheiten verschiedener vakuumtechnischer Größen

Größe	Einheit	Größe	Einheit	Größe	Einheit
pV-Wert q_{pV} q_V, S	Nm, Ws Nm/s, W m^3/s	q_m R G	kg/s s/m^3, s/l m^3/s, l/s	η	Ns/m^2

9.1.4 Aufbau und Eigenschaften von Vakuumpumpen

9.1.4.1 Verdrängervakuumpumpen

Das abzupumpende Gas wird mit Hilfe von Schiebern, Rotoren oder Kolben angesaugt, verdichtet und durch den Druckstutzen ausgestoßen. Zu diesen Pumpen gehören die verschiedenen Arten von *Drehkolbenpumpen* sowie die (kaum verwendete) *Hubkolbenvakuumpumpe*. Bei den Drehkolbenvakuumpumpen wird das Volumen des Pumpenarbeitsraums durch sich drehende Kolben periodisch verändert.

a) Drehschiebervakuumpumpe (Abb. 9.5)

Im Rotor R radial gleitende Schieber S unterteilen das Arbeitsvolumen V in umlaufende Kammern mit periodisch veränderlichem Volumen. Das durch den Ansaugstutzen AS einströmende Gas wird auf mehr als Atmosphärendruck komprimiert und durch den Druckstutzen DS ausgestoßen.

Zum Absaugen von Dämpfen dient der *Gasballastbetrieb:* Durch periodisches Einlassen von trockener Luft bei G wird der Austoßdruck schon bei geringerer Kompression erreicht. Die Folge ist, daß die Dämpfe in der Pumpe nicht schon vor dem Ausstoßen kondensieren.

b) Drehkolbenvakuumpumpe (Sperrschiebervakuumpumpe; Abb. 9.6)

Ein exzentrisch rotierender zylindrischer Verdrängerkolben VK unterteilt das sichelförmige Arbeitsvolumen V in zwei umlaufende Kammern, die sich periodisch vergrößern und verkleinern. Der Verdrängerkolben gleitet dabei in einem Drehkörper D. Durch eine Öffnung A in VK gelangt das Gas von AS in das Volumen V und wird bei DS ausgestoßen. Für einen Pumpenhub sind zwei Exzenterumdrehungen erforderlich.

c) Vielzellenvakuumpumpe (Abb. 9.7)

In einem Rotor R nahezu radial gleitende Schieber S unterteilen das Arbeitsvolumen V mit sichelförmigem Querschnitt in eine Vielzahl umlaufender Kammern mit periodisch variierendem Volumen. Es handelt sich um eine Sonderform der Drehschiebervakuumpumpe.

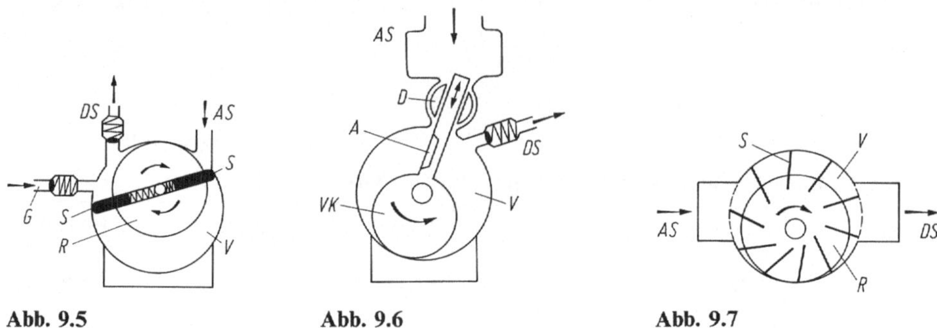

Abb. 9.5. Drehschiebervakuumpumpe (Erläuterungen zu den Abb. 9–5 bis 9–18 s. Text)

Abb. 9.6. Drehkolbenvakuumpumpe

Abb. 9.7. Vielzellenvakuumpumpe

d) Flüssigkeitsringvakuumpumpe (Abb. 9.8)

An einem exzentrischen Rotor R befestigte Flügel A tauchen in eine umlaufende Flüssigkeit F (Wasser) und bilden dadurch vakuumdichte umlaufende Kammern mit periodisch variierendem Volumen.

e) Roots-Pumpe (Wälzkolbenvakuumpumpe; Abb. 9.9)

Zwei gegensinnig umlaufende Wälzkolben W sind berührungslos so angeordnet, daß sehr kleine Luftspalte (ohne Öldichtung) entstehen. In diesen ist die Gasrückströmung sehr klein, weil der Strömungswiderstand groß ist und mit abnehmendem Druck stark ansteigt. Das Verdichtungsverhältnis beträgt bei Atmosphärendruck etwa 4:1 und im Feinvakuumbereich etwa 60:1. Der erreichbare Enddruck liegt um diesen Faktor niedriger als der Enddruck der Vorpumpe. Das Saugvermögen beträgt im Hauptarbeitsbereich ein Vielfaches des Saugvermögens der Vorpumpe.

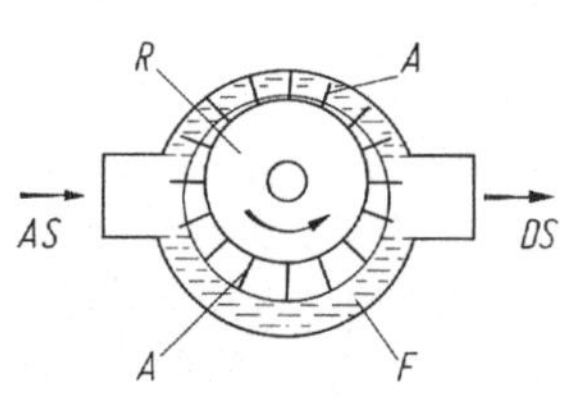

Abb. 9.8. Flüssigkeitsringvakuumpumpe

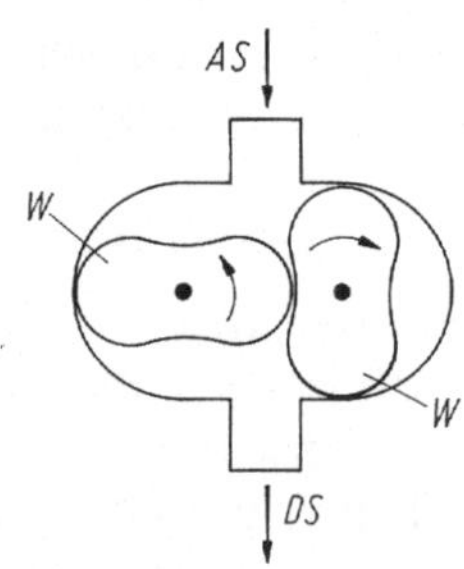

Abb. 9.9. Roots-Pumpe

9.1.4.2 Turbomolekularpumpen (Abb. 9.10)

Diese gehören zur Gruppe der Turbovakuumpumpen. Bei ihnen wird die Pumpwirkung durch schnell umlaufende Rotoren erzielt, die den Gasmolekülen Impulse in Förderrichtung erteilen. Die Turbomolekularpumpen arbeiten im Bereich der Molekularströmung. Sie enthalten einen Rotor, der aus einer Welle W mit schräg geschlitzten Rotorscheiben RS besteht. Zwischen den Rotorscheiben befinden sich Statorscheiben SS, deren Schlitze spiegelbildlich zu denen der Rotorscheiben verlaufen. Je eine Rotor- und eine Statorscheibe bilden eine Druckstufe. Der Ansaugstutzen AS befindet sich in der Gehäusemitte. Die angesaugten Gase werden von dort durch die beiden parallel geschalteten Druckstufensätze zu den zwei Enden der Pumpe und durch einen Kanal zum gemeinsamen Druckstutzen DS gefördert.

Die Turbomolekularpumpen sind die einzigen mechanischen Pumpen, die einen Enddruck von 10^{-10} mbar ohne Kühlfallen oder Ölfänger erreichen. Einer ihrer wesentlichsten Vorteile besteht darin, daß ihr Saugvermögen für alle Gase und Dämpfe nahezu gleich groß und das erzeugte Vakuum frei von Kohlenwasserstoffen ist. Sie benötigen zum Betrieb eine Vorvakuumpumpe.

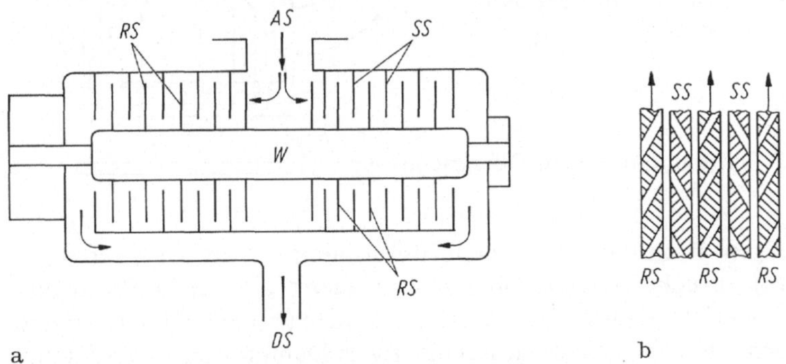

Abb. 9.10. a Turbomolekularpumpe, **b** Anordnung der Schlitze in den Rotor- (RS) und Statorscheiben (SS) einer Turbomolekularpumpe

9.1.4.3 Treibmittelvakuumpumpen (Abb. 9.11 bis 9.13)

Ein schnell strömendes flüssiges, gas- oder dampfförmiges Treibmittel führt das abzupumpende Gas mit sich. Dementsprechend gibt es *Flüssigkeitsstrahl-* (Wasserstrahl-), *Gasstrahl-* und *Dampfstrahlvakuumpumpen* sowie *Diffusionspumpen.* Die ersten beiden Pumpenarten arbeiten im Bereich der viskosen Strömung und die dritte im Bereich der viskosen und Knudsen-Strömung. Bei den Diffusionspumpen ist die Konzentration des abzupumpenden Gases im Treibdampfstrom so gering, daß die Gasmoleküle in diesen hineindiffundieren und Impulse in Förderrichtung erhalten (Bereich der Molekularströmung).

Die Abb. 9.11 zeigt das Prinzip einer Wasser-, Gas- oder Dampfstrahlvakuumpumpe. Der Strahl S tritt mit hoher Geschwindigkeit aus einer Düse D in einen Kanal und reißt die dort vorhandenen Gasmoleküle mit zum Druckstutzen DS.

Den Aufbau einer Diffusionspumpe zeigt Abb. 9.12. Durch die Heizung H verdampft im Siederaum S Öl aus dem Vorrat O. Der Dampfstrom tritt durch die Düsen D mit Überschallgeschwindigkeit aus und befördert die in ihn hineindiffundierten Gasmoleküle zum Kühlwassermantel K. Dort kondensiert das Öl und fließt zum Vorrat O zurück. Die gepumpten Gase werden dabei freigesetzt und bei DS von der Vorpumpe abgesaugt. Das kondensierte Diffusionspumpenöl durchläuft im Siederaum eine Zone erhöhter Temperatur (Purifikationszone), wo leichtflüchtige Ölbestandteile abgetrennt werden. Dadurch wird eine kontinuierliche Selbstreinigung des Öls erreicht.

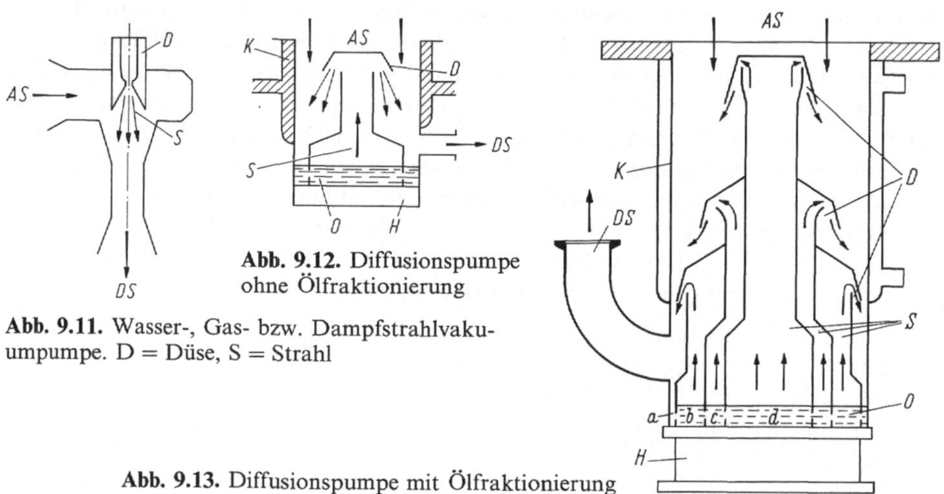

Abb. 9.11. Wasser-, Gas- bzw. Dampfstrahlvakuumpumpe. D = Düse, S = Strahl

Abb. 9.12. Diffusionspumpe ohne Ölfraktionierung

Abb. 9.13. Diffusionspumpe mit Ölfraktionierung

Bei der (mehrstufigen) fraktionierenden Öldiffusionspumpe (Abb. 9.13) verdampfen aus dem bei (a) zurücklaufenden Ölkondensat zuerst die (leicht flüchtigen) Ölbestandteile mit hohem Dampfdruck in den Siederäumen (b, c) der Vorstufen und dann die (schwer flüchtigen) Ölbestandteile mit niedrigem Dampfdruck im Siederaum (d) der Hochvakuumstufe. Der erreichbare Enddruck wird dadurch erniedrigt.

9.1.4.4 Sorptionspumpen (Abb. 9.14 bis 9.18)

Das abzusaugende Gas wird durch *Sorption* (s. Abschnitt 9.3) an gekühlte Festkörperoberflächen gebunden. Die Pumpwirkung durch Sorption ist gasartabhängig (gering für Edelgase).

a) Adsorptionspumpe (Abb. 9.14)

Ein in einem Dewar-Gefäß D mit flüssigem Stickstoff (LN_2) auf 77 K gekühltes Adsorptionsmittel A mit großer Oberfläche (z. B. Aluminiumsilikat) bindet die auftreffenden Gasmoleküle. Zum Beispiel evakuieren 500 g Adsorptionsmittel einen 15 l-Vakuumbehälter in 20 min von 10^5 auf 1 N/m^2.

b) Getterpumpen

Die Sorption des Gases erfolgt durch einen Getter, z. B. ein Metall mit stark sorbierender Wirkung wie Titan (vgl. Abschnitt 9.3). Das Titan wird aus einem Vorrat sublimiert, verdampft oder zerstäubt und an einer gekühlten Oberfläche niedergeschlagen. Der Niederschlag begräbt fortlaufend Gasmoleküle unter sich. Durch Ionisierung der Gasmoleküle wird das Saugvermögen der Getterpumpe erhöht.

Titan-Sublimationspumpe (Abb. 9.15)

Von einem direkt geheizten Ti-Mo-Draht D sublimiert Titan und bildet auf der gekühlten Oberfläche K eine Adsorptionsschicht, die chemisch aktive (getterbare) Gase bindet. Mit Gasen abgesättigte Schichten werden durch einen neuen Titanbelag überdeckt. Das Saugvermögen hängt von der Größe der aktiven Oberfläche, deren Temperatur und Bedeckungszustand ab.

Ionengetterpumpe (*Ionenverdampferpumpe;* Abb. 9.16)

Aus einem elektrisch geheizten Behälter T verdampft Titan und schlägt sich an den Wänden W als Getter nieder. Die Glühkathode K emittiert Elektronen. Diese werden zum positiven Gitter G beschleunigt und ionisieren dabei Gasmoleküle. Die positiven Ionen werden zu den Wänden W gezogen und dort vom Getter aufgenommen. Die Folge ist ein erhöhtes Saugvermögen der Pumpe.

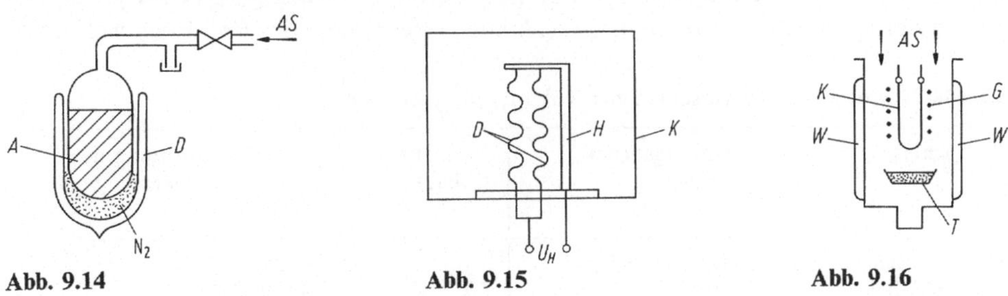

Abb. 9.14 **Abb. 9.15** **Abb. 9.16**

Abb. 9.14. Adsorptionspumpe

Abb. 9.15. Titan-Sublimationspumpe. D = Ti-Mo-Draht, H = Halterung, K = Kühlwand

Abb. 9.16. Ionenverdampferpumpe

Ionenzerstäuberpumpe (Abb. 9.17)

Zwischen zwei Kaltkathoden K aus Titan und einer wabenförmigen Anode A brennt eine 3 kV-Glimmentladung (wegen dem Magnetfeld B auch bei niedrigem Druck). Durch positive Ionen aus den Kathoden herausgeschlagene Titanatome (Kathodenzerstäubung) bilden auf der großflächigen Anode eine Getterschicht, die Gasmoleküle sorbiert.

9.1.4.5 Kryopumpen (Abb. 9.18)

Eine Kryopumpe ist eine im Vakuumsystem V angeordnete tiefgekühlte Fläche A, an der Gasmoleküle kondensieren. Die Fläche ist zur guten Wärmeleitung mit einer

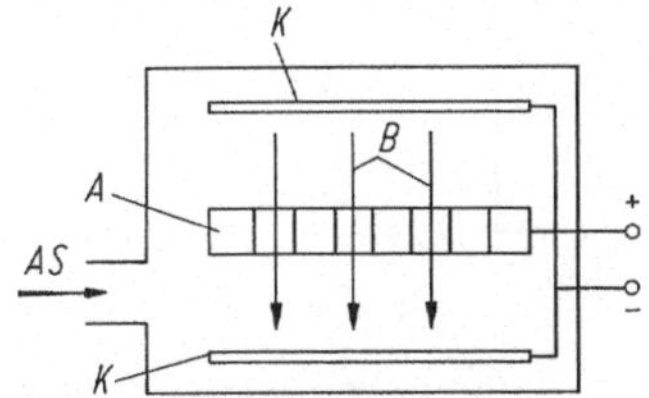

Abb. 9.17. Ionenzerstäuberpumpe

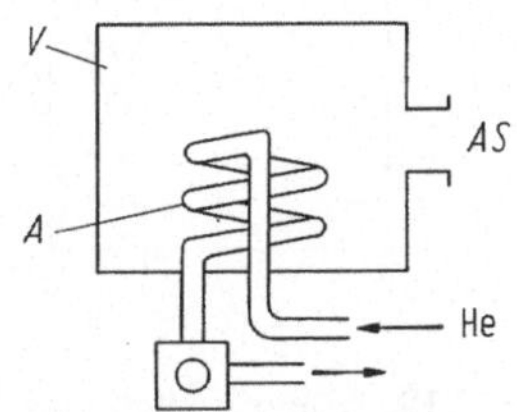

Abb. 9.18. Kryopumpe

Silberauflage bedeckt. Gekühlt wird mit flüssigem Helium (Siedetemperatur 4,2 K), das in einer Kühlmaschine entsteht. Wenn das im Kühler verdampfende Helium mit einer Vorpumpe bis auf einen Druck von 60 mbar abgesaugt wird, so erniedrigt sich die Temperatur auf 2,3 K. Bei dieser Temperatur werden alle Gase mit Ausnahme von He gepumpt. Dieses kann durch eine Diffusionspumpe abgesaugt werden.

Kryopumpen benötigen kein Treibmittel und erzeugen daher auch keine Verunreinigungen im Vakuum. Sie arbeiten ohne Kühlwasser und Strom. Eine Vorpumpe ist nur zum Start erforderlich. Sie erreichen das höchste Saugvermögen und das niedrigste Endvakuum im Vergleich zu allen anderen Pumpen.

9.1.4.5 Vergleich der Vakuumpumpen

In Tabelle 34 sind die Betriebsdaten der verschiedenen Vakuumpumpen zusammengefaßt. Die Abb. 9.19 zeigt den Verlauf des Saugvermögens S einiger Pumpen in Abhängigkeit vom Ansaugdruck p. Pumpen, deren Enddruck gleich oder größer als 10^{-3} mbar ist, bezeichnet man als *Vorvakuumpumpen;* liegt der Enddruck weit unter

Tabelle 34. Betriebsdaten verschiedener Vakuumpumpentypen

Pumpentyp	Anfangsdruck (mbar)	Enddruck (mbar)	Größenordnung des max. Saugvermögens S_m (in l/s)
Drehschieber-	10^3	10^{-3}	50
Sperrschieber-	10^3	10^{-2}	10^2
Vielzellen-	10^3	10^{-1}	10^3
Wasserring-	10^3	20	10^3
Wälzkolben- vakuumpumpe	10	10^{-3}	10^4
Turbomolekular-	10^{-2}	$5 \cdot 10^{-10}$	10^3
Wasserstrahl-	10^3	20	1
Gasstrahl-	5	10^{-4}	10^5
Diffusions-	10^{-1}	10^{-7}	10^5
Adsorptions-	10^3	10^{-3}	—
Ionengetter-	10^{-2}	10^{-10}	10^3
Ionenzerstäuber-	10^{-3}	10^{-10}	10^3
Kryopumpe	10^{-3}	10^{-12}	10^6

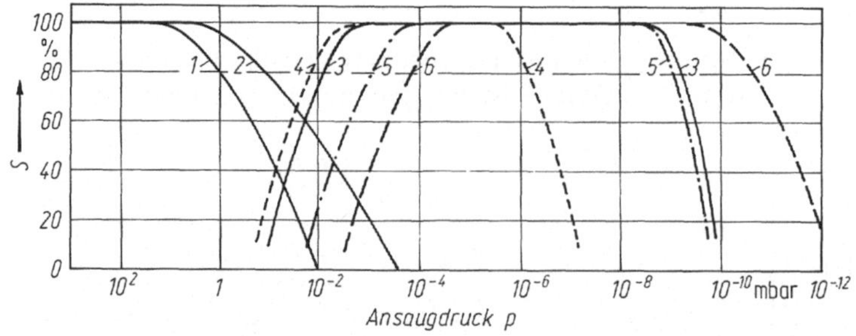

Abb. 9.19. Abhängigkeit des Saugvermögens S verschiedener Vakuumpumpen vom Ansaugdruck p. 1 einstufige Drehschieberpumpe bzw. Roots-Pumpe, 2 zweistufige Drehschieberpumpe, 3 Turbomolekularpumpe, 4 Öldiffusionspumpe, 5 Ionengetterpumpe, 6 Kryopumpe

10^{-3} mbar, so spricht man von *Hochvakuumpumpen*. Die Vorvakuumpumpen arbeiten gegen Atmosphärendruck; dieser ist gleich dem Anfangsdruck solcher Pumpen. Die Hochvakuumpumpen benötigen zum Betrieb eine Vorvakuumpumpe, die so dimensioniert sein muß, daß sie im ganzen Betriebsdruckbereich die anfallende Gasmenge abpumpen kann.

9.1.4.6 Vakuumpumpen-Zubehör

a) *Abscheider: Kondensatabscheider* in der Ansaug- und Auspuffleitung schützen die Pumpe vor Kondensaten, die sich beim Abpumpen von Dämpfen bilden können. *Ölnebelabscheider* am Druckstutzen verhindern bei Pumpen mit Öldichtung die Verschmutzung der Außenluft mit Ölnebel, der beim Pumpvorgang mitausgestoßen wird. Solche Abscheider bestehen aus porösem Kunstharz, von dem der Ölnebel aufgefangen wird. *Staubabscheider* am Ansaugstutzen verhindern ein Verschmutzen des Pumpenöls durch eindringenden Staub. Die Abscheider enthalten ein Papierfilter oder eine Kombination von Elektrofilter und ölbenetztem Füllkörper.

b) *Ölfilter:* Mechanische Ölfilter im Ansaugstutzen binden staubförmige Teilchen; chemische Ölfilter mit Bleicherdefüllung zum Binden von Peroxiden sowie Polykondensationsprodukten, Aktivkohlefüllung zum Adsorbieren von H_2S-, HCN-, Hg-, NH_3- und SO_2-Dämpfen sowie Natriumbikarbonat-Einsatz zum Neutralisieren von Chlorwasserstoffen schützen das Pumpenöl vor diesen schädlichen Substanzen.

c) *Baffles* (*Dampfsperren*): Baffles sind Kühlvorrichtungen mit Wasser- oder LN_2-Kühlung, die in der Vakuumleitung zwischen Vakuumbehälter und Treibmittelvakuumpumpe angeordnet sind und die Rückdiffusion von Teilchen des Treibmittels ins Vakuum verhindern. Sie enthalten (optisch dichte) Prallplatten oder sogenannte Chevrons (vgl. Abb. 9.20), an denen die Treibmittelteilchen kondensieren. Die Innenwand des Baffles ist mit Teflon belegt, das als Treibmittel-Kriechsperre wirkt.

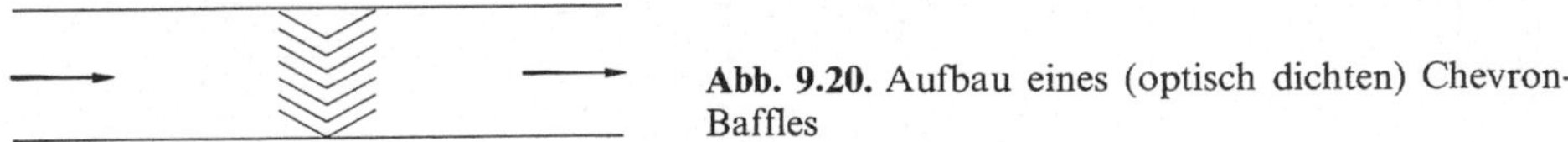

Abb. 9.20. Aufbau eines (optisch dichten) Chevron-Baffles

d) *Fallen* sind Vorrichtungen zur Bindung von Dämpfen im Vakuumbehälter durch Kondensation (Kühlfalle), Sorption (Sorptionsfalle), chemische Reaktion (Zersetzungsfalle) oder durch ein elektrisches bzw. kombiniertes elektrisches und magnetisches Feld (Ionisierungsfalle).

9.2 Überwachung eines Vakuums

Zur Vakuumkontrolle dienen *Vakuummeßgeräte* (*Vakuummeter*), bei denen die Durchbiegung einer Membran, die Verschiebung einer Flüssigkeitssäule, die Impulsdifferenz von Teilchen, die innere Gasreibung, die Wärmeleitung oder die Gasionisierung zur Druckmessung ausgenutzt werden.

Mit Ausnahme des Kompressionsvakuummeters messen solche Geräte den *Totaldruck* der Gase und Dämpfe. Bei Vakuummetern mit Gasionisierung können die erzeugten Ionen verschiedener Masse durch ein elektrisches oder magnetisches Feld getrennt werden (Massenspektrometer zur *Partialdruck*messung). Die Vakuummeter messen entweder die Differenz zweier Drucke (*Differenzvakuummeter*) oder den absoluten Druck (*absolute Vakuummeter*).

9.2.1 Aufbau und Eigenschaften von Vakuummetern

9.2.1.1 Differenzvakuummeter

a) Flüssigkeitsvakuummeter (*U-Rohrvakuummeter*, Abb. 9.21)

Der zu messende Druck p_x wird aus der Höhendifferenz h der beiden Flüssigkeitssäulen in einem U-Rohr bestimmt. Es ist:

$$p_x = \varrho g h \tag{9.30}$$

(ϱ = Dichte der Flüssigkeit, g = Fallbeschleunigung).

b) Membranvakuummeter (Abb. 9.22)

Der Druck p_x lenkt eine Membran (Plattenfeder bzw. Kapselfeder) und damit einen Stift A aus, der ein Anzeigesystem betätigt.

c) Bourdon-Rohr-Vakuummeter (Abb. 9.23)

Es besteht aus einem einseitig geschlossenen, gebogenen elastischen Rohr (einer Rohrfeder), das seine Krümmung mit dem Innendruck p_x ändert und dabei einen Zeiger bewegt.

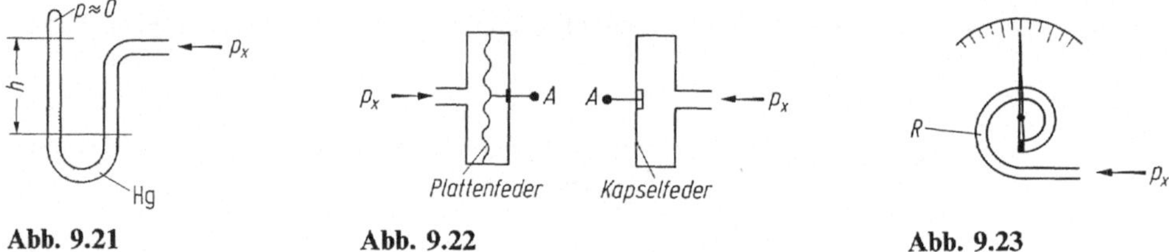

Abb. 9.21 **Abb. 9.22** **Abb. 9.23**

Abb. 9.21. U-Rohrvakuummeter. Hg = Quecksilberfüllung

Abb. 9.22a, b. Membranvakuummeter mit Plattenfeder (**a**) bzw. Kapselfeder (**b**). A = mechanischer Anschluß für das Meßsystem

Abb. 9.23. Bourdon-Rohr-Vakuummeter. R = Rohrfeder

9.2.1.2 Kompressionsvakuummeter (nach McLeod; Abb. 9.24)

Ein großes Volumen V mit dem zu messenden Druck p_x (vgl. Abb. 9.24a) wird durch Heben der mit Quecksilber gefüllten Hebekugel H (am Gummischlauch G) auf ein kleines Volumen v komprimiert (vgl. Abb. 9.24b). Der dabei in v entstehende höhere Druck p_v wird an der Ablesekapillare A bestimmt. Es gilt:

$$p_v = \varrho g h + p_x \approx \varrho g h; \tag{9.31}$$

nach dem Boyle-Mariotteschen Gesetz ist

$$V\,p_x = v\,p_v = v\,\varrho\,g\,h \tag{9.32}$$

und damit:

$$p_x = \frac{v}{V}\,\varrho\,g\,h. \tag{9.33}$$

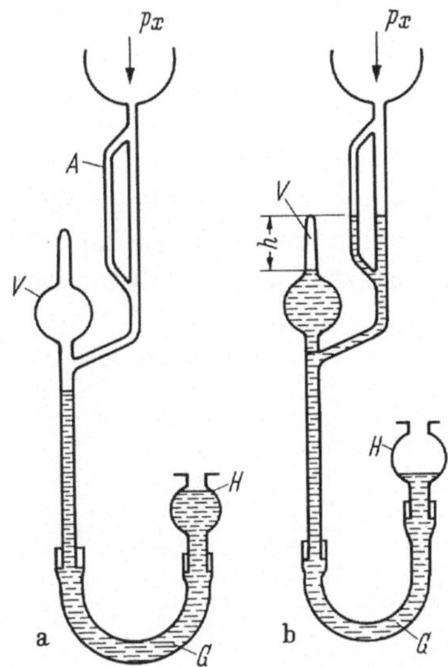

Abb. 9.24 a, b. McLeodsches Vakuummeter vor (**a**) und nach der Kompression (**b**). H = Hebekugel, G = Gummischlauch, V, v = Gasvolumen vor bzw. nach der Kompression, A = Ablesekapillare

(V/v = Empfindlichkeit des Kompressionsvakuummeters). Da bei der Kompression im Volumen V vorhandene Dämpfe kondensieren, mißt dieses Vakuummeter den (absoluten) Totaldruck von Gasen einschließlich dem Sättigungsdampfdruck, der nicht immer vernachlässigbar ist.

9.2.1.3 Molekularvakuummeter (Abb. 9.25)

Sein Prinzip beruht auf der Messung des Drucks p_x aus der Impulsdifferenz von Gasmolekülen, die von zwei Wänden A und C mit verschiedener Temperatur ($T_a < T_c$) kommen und an einem dazwischen liegenden Plättchen B ($T_b = T_c$) reflektiert werden. Das Plättchen B wird dadurch aus seiner Ruhelage gelenkt.

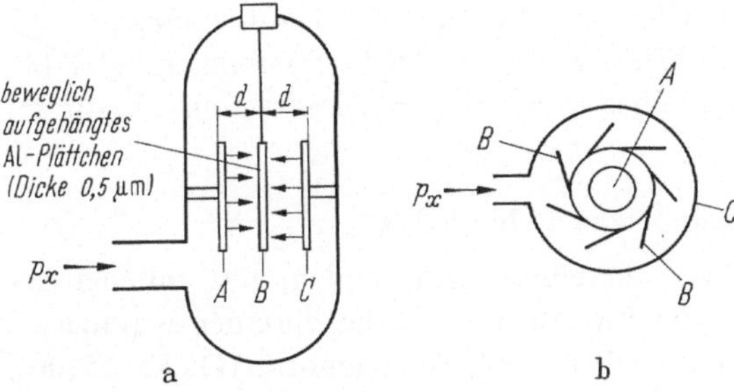

Abb. 9.25 a, b. Prinzip (**a**) und Bauform nach Klumb (**b**) eines Molekularvakuummeters. A = erhitzte ruhende Elektrode, C = kalte ruhende Elektrode, B = leicht bewegliche Plättchen

In einem gewissen Druckbereich (wenn die mittlere freie Weglänge $\bar{l}_g$ der Gasmoleküle groß gegenüber dem Plättchenabstand d ist) ist die Kraft F_b auf das Plättchen B dem Druck p_x proportional (Meßbereich). Im Bereich $\bar{l}_g \lessapprox d$ nimmt F_b mit wachsendem Druck ab. Um die Empfindlichkeit gegenüber Erschütterungen zu vermindern, ordnet man mehrere Plättchen B am Umfang eines leicht drehbaren Zylinders an (vgl. Abb. 9.25b).

Das Molekularvakuummeter mißt den absoluten Druck, wenn die Akkomodationswahrscheinlichkeiten $w_a = E_a/E_{a0}$ und $w_c = E_c/E_{c0}$ gleich eins sind (E_a, E_c = mittlere Energie, die von den Teilchen auf die Oberfläche von B übertragen wird; E_{a0}, E_{c0} = mittlere Energie, die von den Teilchen bei vollständigem Temperaturgleichgewicht auf B übertragen wird).

9.2.1.4 **Reibungsvakuummeter** (Abb. 9.26)

Ein mit Wechselstrom gespeistes Metallbändchen schwingt in einem Magnetfeld. Durch die vom Druck p_x abhängige innere Gasreibung wird die Schwingung gedämpft. Die zum Erhalten der Schwingung erforderliche Stromstärke ist ein Maß für den Druck p_x.

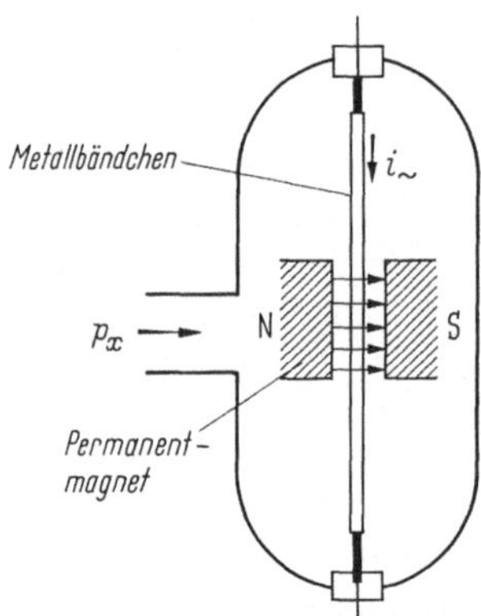

Abb. 9.26. Prinzipieller Aufbau eines Reibungsvakuummeters

9.2.1.5 **Wärmeleitungsvakuummeter** (Abb. 9.27)

Die Wärmeleitfähigkeit $\varkappa_g$ eines Gases ist in einem bestimmten Druckbereich (wo die mittlere freie Weglänge $\bar{l}_g$ der Gasmoleküle mit dem Durchmesser d des Heizdrahts vergleichbar ist) vom Druck p_x abhängig (vgl. Abb. 9.27a). Daher ist in diesem Bereich auch die Temperatur des Heizfadens oder geheizten Thermistors eine Funktion des Drucks. Die Temperatur und damit der Gasdruck p_x werden durch Widerstandsmessung des Heizfadens bzw. Thermistors (*Widerstands-* oder *Pirani-Vakuummeter*, vgl. Abb. 9.27b), durch ein Thermoelement (*Thermoelektrisches Vakuummeter*, vgl. Abb. 9.27c) oder aus der Formänderung eines geheizten Bimetallsystems bestimmt (*Bimetall-Vakuummeter*).

9.2.1.6 **Piezoresistives Halbleiter-Vakuummeter** (Abb. 9.28)

Der Druckmeßfühler besteht aus zwei übereinander liegenden, fest miteinander verbundenen Siliziumkristallplättchen von etwa 10 mm^2 Fläche, die einen evakuierten Hohlraum einschließen. Eines der Plättchen dient als Druckmembran (Dicke: 25 µm),

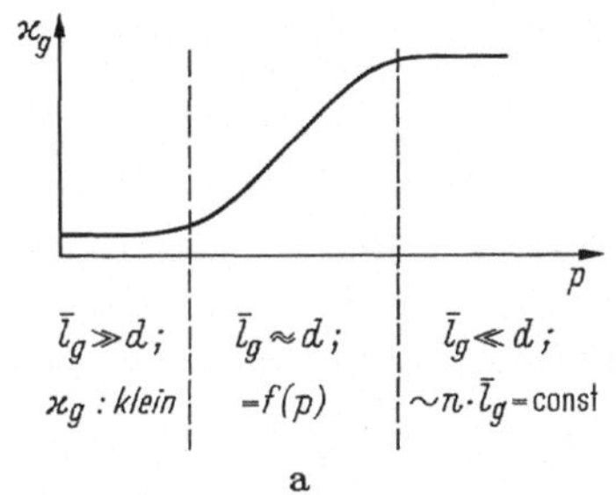

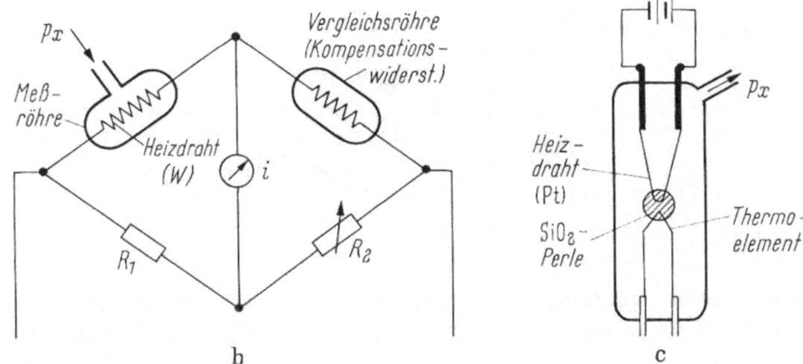

Abb. 9.27. a Verlauf der Wärmeleitfähigkeit $\varkappa_g$ eines Gases in Abhängigkeit vom Druck p, **b** Schaltung eines Widerstandsvakuummeters, **c** Aufbau eines thermoelektrischen Vakuummeters

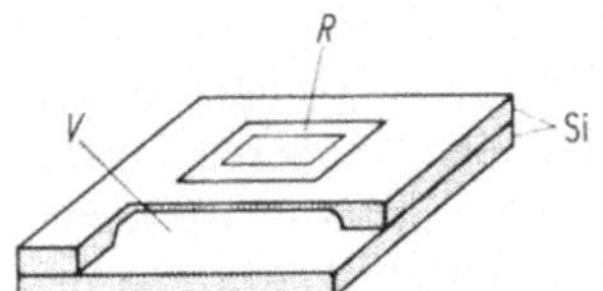

Abb. 9.28. Meßfühler eines piezoresistiven Halbleiter-Vakuummeters. Si = Siliziumplättchen, R = Piezowiderstände, V = evakuierter Hohlraum

in dessen Oberfläche vier Piezowiderstände in Brückenschaltung eindiffundiert sind. Bei Membrandurchbiegung ändert sich die Beweglichkeit der Ladungsträger in den Piezowiderständen. Die resultierende Brückenverstimmung ergibt ein druckabhängiges Meßsignal.

9.2.1.7 Ionisationsvakuummeter (Abb. 9.29 bis 9.31)

a) Prinzip

Ein Elektronenstrom erzeugt in einem verdünnten Gas durch Stoßionisierung positive Ionen. Der Ionenstrom ist in einem bestimmten Bereich ein Maß für den Gasdruck p_x. Er wird als Kollektorstrom (I_c) in einer Triode mit Glüh- oder Kaltkathode (*Glüh-* bzw. *Kaltkathoden-Ionisationsvakuummeter*) oder in einer Meßzelle mit radioaktiver Strahlungsquelle (*Alphatron*) gemessen.

b) Glühkathoden-Ionisationsvakuummeter (Abb. 9.29)

Die Elektronen werden hier von einer Glühkathode emittiert, deren Temperatur bzw. Emissionsstrom durch eine Regelschaltung konstant gehalten wird. Im Meßbereich ist der erzeugte Ionenstrom I_c dem Druck p_x proportional:

$$I_c = C\, I_e\, p_x \tag{9.34}$$

(I_e = Emissionsstrom der Kathode, C = Faktor = Empfindlichkeit des Vakuummeters). Bei Meßröhren mit positivem Gitter (Abb. 9.29a) werden die Ionen von der Anode, bei Röhren mit negativem Gitter (Abb. 9.29b) von diesem gesammelt.

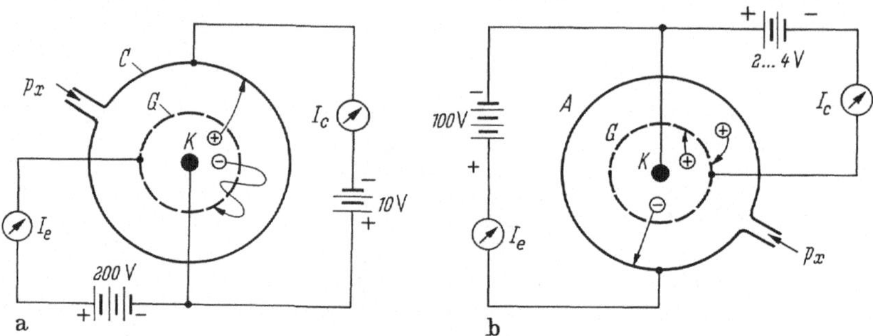

Abb. 9.29. Glühkathoden-Ionisationsvakuummeter mit positivem (**a**) und negativem Gitter (**b**). C = Ionenkollektor, G = Gitter, A = Anode, I_e = Emissionsstrom der Kathode, I_c = druckabhängiger Kollektorstrom

Bei einer speziellen Bauform, dem *Bayard-Alpert-Ionisationsvakuummeter*, sind Glühkathode und Ionenkollektor miteinander vertauscht (Ionenkollektor = Draht in der Achse des zylinderförmigen Anodengitters). Wegen der viel kleineren Kollektorfläche entsteht daher beim Aufprall von Elektronen auf den Kollektor nur wenig weiche Röntgenstrahlung, die durch Ionisierung von Gasmolekülen einen höheren Druck vortäuschen würde. Solche Meßröhren haben also eine besonders niedrige Röntgengrenze. Ihr Meßbereich erstreckt sich bis 10^{-13} mbar (UHV-Ionisationsvakuummeter).

c) *Kaltkathoden-* (*Penning-*) *Vakuummeter* (Abb. 9.30)

Der vom Druck abhängige Ionenstrom wird bei diesem Meßsystem durch eine Glimmentladung erzeugt. Das Penning-Vakuummeter enthält eine ring- oder rahmenförmige Elektrode zwischen zwei parallelen Platten gleicher Polarität in einem Magnetfeld (das die Elektronenbahnen verlängert und dadurch die Ionenausbeute erhöht).

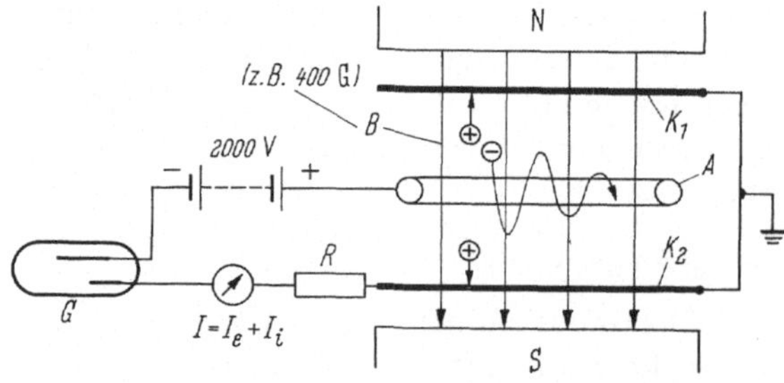

Abb. 9.30. Penning-Vakuummeter.
A = ringförmige Anode, $K_{1,2}$ = Kathoden, B = magnetische Induktion, $I_{e,i}$ = Elektronen- bzw. Ionenstrom, I = druckabhängiger Gesamtstrom, G = Glimmlampe

d) Ionisationsvakuummeter mit radioaktiver Strahlungsquelle
(Alphatron, Abb. 9.31)

Die Meßröhre enthält als Ionisator einen α-Strahler S (z.B. 0,1 mg Radium). Die α-Strahlen ionisieren die Gasmoleküle. Die erzeugten Ionen ergeben an den Kollektorstäben C_i den druckabhängigen Meßstrom I_c.

Ionisationsvakuummeter liefern Kollektorströme von 10^{-8} bis 10^{-13} A. Zu deren Messung verwendet man integrierte Operationsverstärker mit sehr hohem Eingangswiderstand, sogenannte Elektrometer-Verstärker.

e) Vakuumindikatoren

HF-Vakuumprüfer (Abb. 9.32): Er besteht aus einem batteriebetriebenen HF-Generator (Sinus-Gegentakt-Oszillator), der eine schleifenförmige Antenne speist. Die Antenne erzeugt in ihrer Umgebung ein HF-Wechselfeld, das beim Annähern an einen Vakuumbehälter aus Glas im Vakuum eine sichtbare Sprühentladung auslöst. Daraus kann im Bereich zwischen 100 und 10^{-3} mbar der Druck abgeschätzt werden.

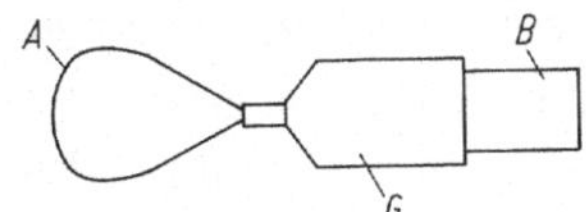

Abb. 9.32. HF-Vakuumprüfer. A = schleifenförmige Antenne, G = HF-Generator, B = Batterie

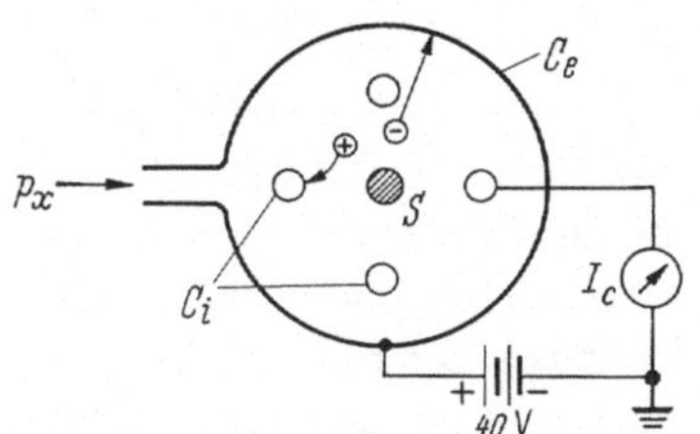

Abb. 9.31. Ionisationsvakuummeter mit radioaktiver Strahlenquelle (Alphatron). S = α-Strahler, C_i = Ionenkollektoren, C_e = Elektronenkollektor

Vakuum-Wächter: Dies ist ein druckabhängiger Schalter mit fest eingestelltem Schaltpunkt (z.B. im Druckbereich von 10 bis 400 mbar oder $5 \cdot 10^{-3}$ bis 10^{-5} mbar). Der Schalter kann automatisch eine Pumpe oder ein Ventil betätigen oder ein Alarmsignal auslösen.

9.2.2 Massenspektrographen zur Partialdruckmessung

a) Prinzip

Durch Stoßionisierung im Vakuum gebildete Ionen werden elektronenoptisch fokussiert und anschließend durch ein elektrisches oder magnetisches Feld entsprechend ihrer Masse spektral aufgeteilt (vgl. hierzu auch Abschnitt 4.2.7). Der von den Ionen einer bestimmten Masse gebildete und von einem Kollektor aufgenommene Ionenstrom I_c ist ein Maß für den Partialdruck des Restgases, von dem diese Ionen stammen. Das Massenspektrogramm eines Gasgemisches besteht demnach aus mehreren Strommaxima, deren Höhe dem jeweiligen Partialdruck entspricht.

b) Massenspektrograph mit magnetischem 180°-Sektorfeld und halbkreisförmiger Ionenbahn (Abb. 9.33)

In einer Ionenquelle Q werden die Restgasmoleküle ionisiert und durch eine Blende B_1 in das Magnetfeld eingeschleust. Bei einer bestimmten Beschleunigungsspannung U_a

und magnetischen Induktion B können nur Ionen einer bestimmten Masse das Magnetfeld durch eine Blendenöffnung B_2 wieder verlassen. Durch Variation von B und Konstanthalten von U_a erhält man das Massenspektrum der Restgasmoleküle.

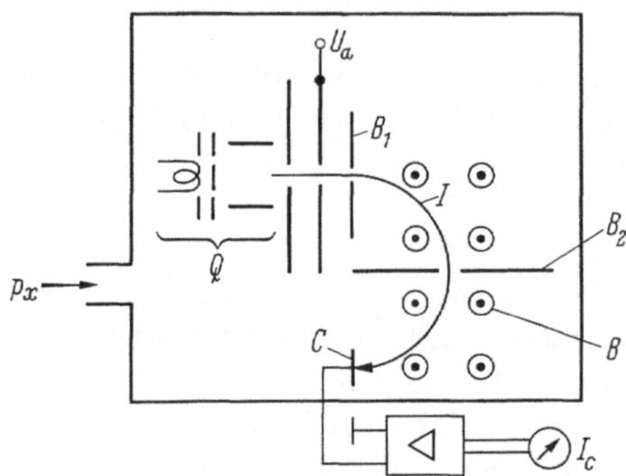

Abb. 9.33. Massenspektrograph mit magnetischem 180°-Sektorfeld und halbkreisförmiger Ionenbahn. Q = Ionenquelle, I = Ionenstrahl, C = Ionenkollektor, I_c = Kollektorstrom, $B_{1,2}$ = Blenden, B = magnetische Induktion

c) *HF-Laufzeit-Massenspektrograph mit geradliniger Ionenbahn* (Abb. 9.34)

Dieser Spektrograph enthält ein HF-Ionenfilter, bestehend aus den Gittern G_2 bis G_5, zwischen denen eine HF-Spannung variabler Frequenz liegt. Das Filter läßt nur diejenigen Ionen passieren, die das HF-Feld zwischen G_2 und G_3 sowie zwischen G_3 und G_4 gerade dann durchlaufen, wenn das Feld jeweils beschleunigend wirkt. Dies ist bei gegebener Frequenz nur für Ionen einer bestimmten Masse der Fall. Zu langsam gewordene Ionen werden am Gitter G_5 reflektiert. Durch Variation der Frequenz läßt sich das ganze Massenspektrogramm aufnehmen.

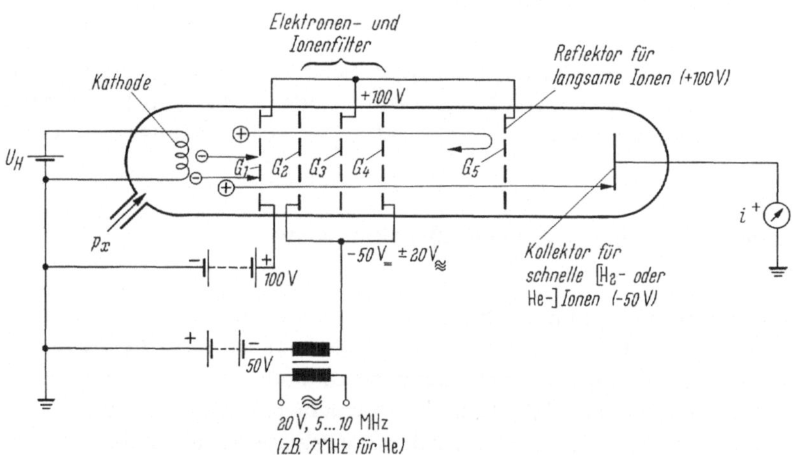

Abb. 9.34. HF-Laufzeit-Massenspektrograph mit geradliniger Ionenbahn

d) *HF-Massenspektrograph mit spiralförmiger Ionenbahn* (*Omegatron*, Abb. 9.35)

Durch Stoßionisierung erzeugte Ionen bewegen sich in einem konstanten Magnetfeld mit überlagertem HF-Feld auf Spiralbahnen (Zyklotronbahnen), wenn sie im Takt mit der zwischen zwei Elektroden P_1 und P_2 liegenden HF-Spannung umlaufen. Für die Frequenz der HF-Spannung gilt:

$$f = \frac{q\,B}{2\pi\,M_i} \tag{9.35}$$

(q, M_i = Ladung und Masse der Ionen, B = magnetische Induktion). Das Massenspektrogramm wird durch Variation der Frequenz aufgenommen.

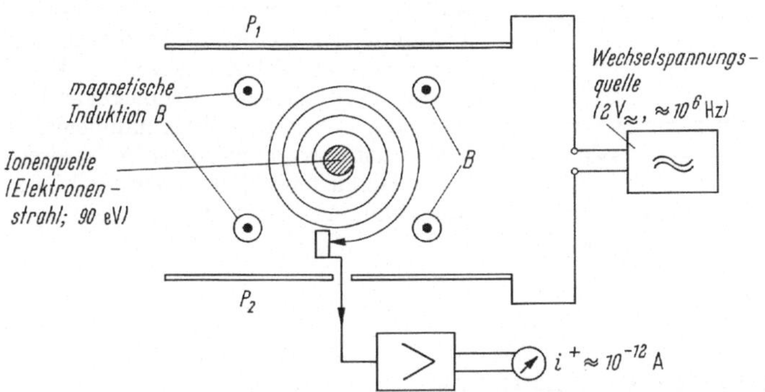

Abb. 9.35. HF-Massenspektrograph mit spiralförmiger Ionenbahn (Omegatron)

e) Quadrupol-Massenspektrograph mit Slalom-Ionenbahn (Abb. 9.36)

Das HF-Massenfilter besteht hier aus vier parallelen Stäben, an denen eine Spannung $u = U_0 + U_w \cos \omega t$ liegt. Im HF-Quadrupolfeld zwischen den Stäben vollführen die Ionen Schwingungen um die Systemachse. Je nach den gewählten Spannungen U_0 und U_w können nur Ionen eines bestimmten M_i/e-Werts (der proportional zu U_w ist) zum Auffänger gelangen. Das Massenspektrogramm wird durch Änderung von U_w aufgenommen, wobei U_0/U_w konstant gehalten wird.

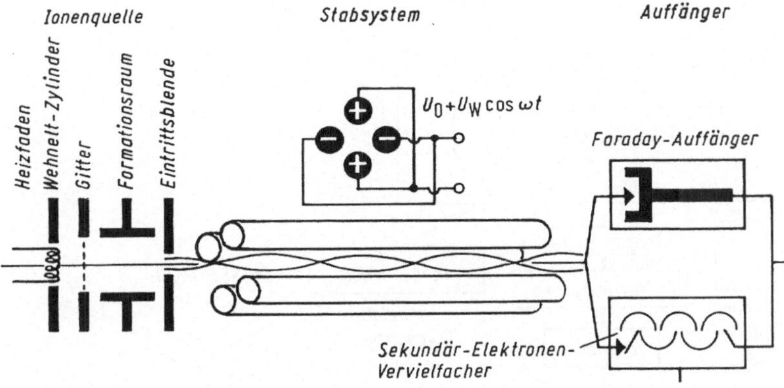

Abb. 9.36. Quadrupol-Massenspektrograph mit Slalom-Ionenbahn

9.2.3 Meßbereiche der verschiedenen Vakuummeter

Die Abb. 9.37 gibt einen Überblick über die Meßbereiche der Vakuummeter. Durch Kombination von zwei Vakuummetern mit aneinandergrenzendem oder überlappendem Druckbereich läßt sich der zeitliche Druckverlauf in einem Vakuumsystem über etwa 15 Zehnerpotenzen hinweg verfolgen.

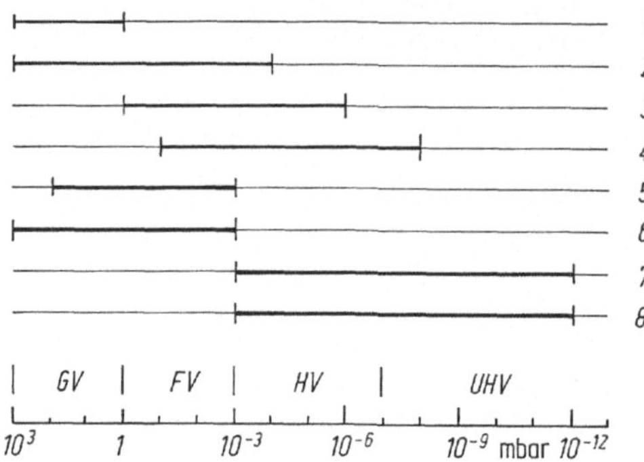

Abb. 9.37. Meßbereiche der verschiedenen Vakuummeter. 1 U-Rohr-, Membran- und Bourdon-Rohr-Vakuummeter. 2 Kompressionsvakuummeter, 3 Molekularvakuummeter, 4 Reibungsvakuummeter, 5 Wärmeleitungsvakuummeter, 6 Piezoresistives Halbleiter-Vakuummeter, 7 Ionisationsvakuummeter, 8 Massenspektrographen

9.3 Aufrechterhaltung eines Vakuums

9.3.1 Gasquellen und Gassenken einer Vakuumanlage

Eine Vakuumanlage besteht gewöhnlich aus folgenden Komponenten: Vakuumbehälter, Vakuumpumpensystem, Vakuummetern, Kühlfallen, Vakuumleitungen, -flanschen, -ventilen, -schleusen und -durchführungen. Die Oberflächen dieser Bauteile können entweder als *Gasquellen* wirken, d. h. gebundene Gasmoleküle an das Vakuum abgeben und dieses im Lauf der Zeit verschlechtern, oder als *Gassenken* Gasmoleküle binden. In Abb. 9.38 sind die verschiedenen Quellen und Senken für Gasmoleküle in

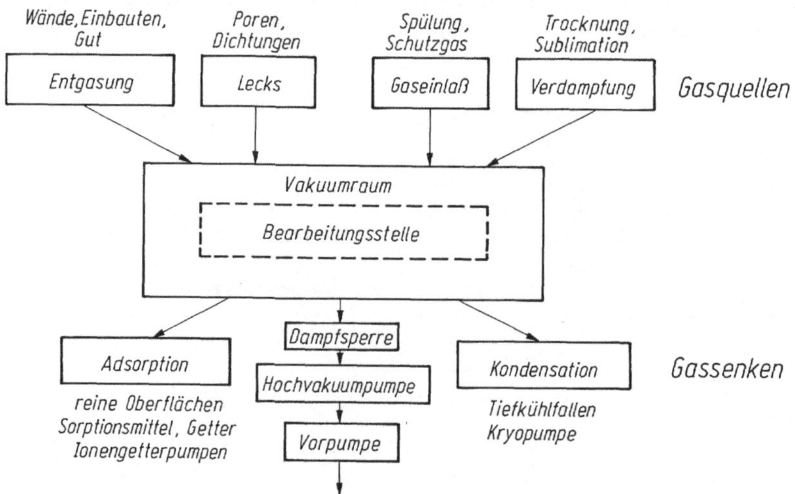

Abb. 9.38. Gasquellen und Gassenken in Vakuumanlagen

Vakuumsystemen angegeben. Zu den genannten Quellen kommen noch die Gasrückdiffusion von der Pumpe ins Hochvakuum und die Gaspermeation (Diffusion von Gasmolekülen durch die Behälterwand) hinzu.

In einer Vakuumanlage ist zur Aufrechterhaltung des Vakuums ein Gleichgewicht zwischen Gasquellen und Gassenken erforderlich. Grundsätzlich muß ein Vakuumsystem so aufgebaut sein, daß es dicht, sauber und trocken ist und einen hohen Leitwert der Vakuumleitung zwischen Pumpe und Vakuumbehälter hat.

9.3.2 Wechselwirkungen zwischen Festkörperoberflächen und Gasen (Sorption und Desorption)

An einer Festkörperoberfläche können Gasmoleküle durch *Sorption* (Adsorption und Absorption) oder Okklusion festgehalten werden:

Adsorption = Bindung von Gasen an Oberflächen von Festkörpern oder Flüssigkeiten. Man unterscheidet:
Physisorption (kleine Bindungsenergie; freiwerdende Adsorptionswärme ≈ Kondensationswärme);
Chemisorption (mittlere Bindungsenergie; freiwerdende Adsorptionswärme liegt zwischen Bildungs- und Kondensationswärme);
Feste chemische Verbindung (hohe Bindungsenergie; freiwerdende Adsorptionswärme = Bildungswärme der chemischen Verbindung).

Absorption = Bindung von eindiffundierenden Gasmolekülen im Inneren von Festkörpern oder Flüssigkeiten.

Okklusion = Einschluß von kleinen Gasmengen in makroskopischen Hohlräumen von Festkörpern oder Flüssigkeiten.

An der Wand eines Vakuumsystems können sehr viel mehr Gasmoleküle gebunden sein, als bei niedrigem Druck noch im Vakuumraum vorhanden sind. Zum Beispiel enthält die Wand eines würfelförmigen Vakuumbehälters ($V = 10\,l$, $p = 10^{-5}$ mbar, $T = 293$ K) $z_w = 3 \cdot 10^{18}$ Moleküle in monomolekularer Schicht und das Volumen $z_v = 2{,}5 \cdot 10^{15}$ Moleküle, d. h. $z_w/z_v = 120$.

Die Umkehrung der genannten Sorptionsvorgänge führt beim Evakuieren zur *Gasabgabe* (*Desorption*) von den Behälterwänden. Die Gasabgabe pro Zeiteinheit wird in bar · l/s angegeben. Sie beträgt zum Beispiel bei sauberen Metallflächen 10^{-7} bis 10^{-8} mbar · l/s cm^2 und sinkt mit zunehmender Pumpzeit. Sie ist im Druckbereich unter 10^{-2} mbar wesentlich mitbestimmend für den erreichbaren Enddruck und für die Auspumpzeit.

Zur Aufrechterhaltung des Vakuums nach Verschluß des Vakuumsystems sind deshalb folgende Maßnahmen notwendig:

Entgasen (Desorption) des Vakuumsystems bei angeschlossener Pumpe: Freisetzen von ad- und absorbierten Gasmolekülen durch Erhitzen aller Teile des Vakuumsystems („Ausheizen"). Dadurch wird eine spätere Gasabgabe von den Wänden im verschlossenen Vakuumsystem weitgehend vermieden.

Einsatz von Sorptionsmitteln (für die Gasbindung) im Vakuumsystem, nachdem es von der Pumpe getrennt wurde. Man unterscheidet:

a) *Gettern:* Geeignete Metalle (Getter, z. B. Ba, Sr, Mg) werden im Vakuumsystem verdampft und an einer kalten Stelle niedergeschlagen. Die frische Oberfläche des kondensierten Gettermaterials wirkt durch Ad- und Absorption gasaufzehrend (*Verdampfungsgetterung*).

Gut entgaste Metalle (z. B. Ta, W, Mo, Zr, Th) nehmen bei höheren Temperaturen (400–2000 °C) ein Vielfaches ihres eigenen Volumens an Gasen auf (*Kontaktgetterung*).

b) *Gasaufzehrung durch gekühlte Oberflächen* (mit flüssiger Luft oder Stickstoff gefüllte Gefäße: Kühlfallen, Dampffallen, Baffles) oder durch *gekühlte hochporöse Kohle.*

c) *Aufzehrung von Wasserdampf durch Trockenmittel* (P_2O_5, BaO, MgO, $CaCl_2$).

d) *Elektrische Gasaufzehrung* (Sorption unter Einfluß einer elektrischen Gasentladung).

9.3.3 Prüfung eines Vakuumsystems auf Undichtheit (Lecksuche)

Jede Undichtheit (jedes Leck) verursacht eine *Leckrate* q_L. Darunter versteht man die durch Löcher, Poren, Risse usw. von außen bei Atmosphärendruck in ein Vakuumsystem eindringende Luftmenge je Zeiteinheit. q_L wird in mbar · l/s gemessen:

$$\boxed{q_L = V\frac{dp}{dt}.} \tag{9.36}$$

(q_L = pV-Durchfluß durch die Lecks der Vakuumanlage mit dem Volumen V; $q_L = 1$ mbar · l/s, wenn in einem Vakuumbehälter mit dem Volumen V = 1 l der Druck in 1 s um 1 mbar ansteigt).

Dichtigkeitsanforderungen bei HV-Systemen: $q_L < 10^{-5}$ mbar · l/s und bei UHV-Systemen: $q_L < 10^{-8}$ mbar · l/s.

9.3.3.1 Bestimmung der Gesamtundichtheit eines Vakuumbehälters ohne Verwendung von Lecksuchgeräten mit der Druckanstiegsmethode

Durch Messung des zeitlichen Druckanstiegs im abgeschlossenen Vakuumsystem (vgl. Abb. 9.39) läßt sich feststellen, ob ein reelles Leck (Kurve a), ein scheinbares (virtuelles) Leck, vorgetäuscht durch Gasabgabe von den Wänden (erreichter Enddruck = Dampfdruck aller Verunreinigungen; Kurve b) oder ein reelles und scheinbares Leck vorhanden sind (Kurve c). Um die Kurven b und c unterscheiden zu können, soll der Anfangsdruck größer als 10^{-2} mbar sein, weil sonst die Gasabgabe von den Wänden eine Undichtheit vortäuschen könnte.

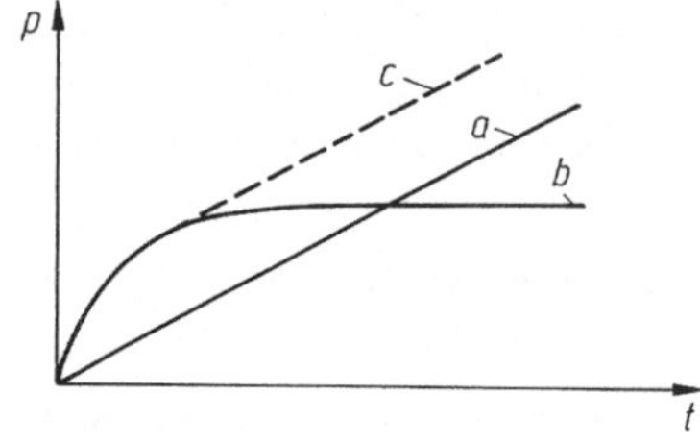

Abb. 9.39a–c. Druckanstieg in einem geschlossenen Vakuumsystem bei Vorhandensein eines reellen Lecks (**a**), virtuellen Lecks (**b**) oder eines reellen und virtuellen Lecks (**c**)

Die Größe eines Lecks bestimmt nach Gl. (9.36) das erreichbare Endvakuum. Zum Beispiel beträgt bei $V = 10\,l$ und $dp = 10^{-3}$ mbar in $dt = 100$ s die Leckrate $q_L = 10^{-4}$ mbar · l/s. Bei einem Saugvermögen S der Vakuumpumpe von 10 l/s wird das Endvakuum: $p = q_L/S = 10^{-5}$ mbar.

9.3.3.2 Bestimmung von Einzellecks ohne Lecksuchgerät

a) Überdruckverfahren

Darunter versteht man folgende Methoden:

Einpressen einer Flüssigkeit in das Vakuumsystem und Prüfen, ob ein Flüssigkeitsstrahl austritt oder Flüssigkeit die äußere Oberfläche benetzt ($q_L > 1$ mbar · l/s);

Einpressen von Druckluft und Prüfen, ob unter Wasser Luftblasen auftreten (Blasenmethode; $q_L > 5 \cdot 10^{-4}$ mbar · l/s);

Einpressen von Druckluft, Abpinseln der äußeren Oberfläche mit einer Flüssigkeit geringer Oberflächenspannung und Prüfen, ob sich an einzelnen Stellen Blasen bilden ($q_L > 10^{-5}$ mbar · l/s);

Einpressen von chemisch aktivem Gas (z. B. NH_3) und Einhüllen der Außenseite mit Ozalidpapier. Lecks ergeben schwarze Flecken auf dem Ozalidpapier ($q_L > 10^{-7}$ mbar · l/s).

b) Unterdruckverfahren

Bei diesen Verfahren wird der Prüfling evakuiert, dann mit einem Testgas besprüht und der Druckanstieg registriert. Als Testgase eignen sich Frigen (CF_2Cl_2), CO_2, H_2 oder Luft. Der Druckanstieg wird mit einem Wärmeleitungs- oder Ionisationsvakuummeter gemessen.

9.3.3.3 Bestimmung des Gesamtleckstromes und von Einzellecks mit Lecksuchgeräten

a) Palladium-Lecksucher

Zwischen dem zu prüfenden Vakuumsystem und einem Ionisationsvakuummeter wird eine Trennwand aus Palladium eingesetzt, die auf einige 100 °C erhitzt und dadurch für Wasserstoff selektiv durchlässig wird. Beim Besprühen eines Lecks mit H_2 wird das Leck angezeigt (Empfindlichkeit: 10^{-8} mbar · l/s).

b) Halogen-Lecksucher

An das Vakuumsystem wird eine Diode angeschlossen, die eine indirekt geheizte Platinanode (800 °C) und eine Kollektorelektrode enthält. Halogenhaltige Moleküle, die auf die glühende Platinoberfläche auftreffen, verstärken die Ionenemission. Der Ionenstrom ($\approx 10\,\mu A$) ist ein Maß für den Leckgasstrom (Frigen), der beim Besprühen mit einer Lecksuchpistole in das Vakuumsystem eindringt. Der Strom wird optisch oder akustisch angezeigt. Manchmal ist es zweckmäßig, im Vakuumbehälter weit entfernt von der Pumpe ein Spülleck von etwa 0,1 mbar · l/s anzubringen, durch das ein feiner Luftstrom zur Pumpe eingelassen wird. Dieser beschleunigt den Transport von eindringenden Frigen-Molekülen zur Lecksuchröhre hin (Empfindlichkeit: $5 \cdot 10^{-7}$ mbar · l/s).

c) Lecksuchgeräte nach dem Massenspektrometer-Prinzp

Der Prüfling wird mit Helium abgesprüht und der Druckanstieg mit einem auf

Helium abgestimmten Massenspektrometer (Auflösungsvermögen: $M/\Delta M = 10-20$) bestimmt. Das Testgas wird mit einer im Lecksucher eingebauten Diffusionspumpe angesaugt (*Vakuumverfahren*; Empfindlichkeit: 10^{-12} mbar · l/s).

Kleine Bauteile kann man zur Bestimmung der Gesamtleckrate mit Testgas füllen und in einen Vakuumbehälter bringen, an den ein Lecksucher angeschlossen wird (*Vakuumhüllenverfahren*).

Man kann den Prüfling auch mit einer Kunststoffhülle umgeben und die innerhalb der Hülle vorhandene Luft durch ein Testgas verdrängen. Der Prüfling selbst wird evakuiert und mit dem Lecksucher verbunden (*Testgas-Hüllenverfahren*).

Beim *Schnüffelverfahren* wird in das zu prüfende System das Testgas gepreßt und der Prüfling von außen mit einem Schnüffler abgesucht, der mit dem Lecksucher verbunden ist.

9.4 Werkstoffe und Bauteile der Vakuumtechnik

9.4.1 Werkstoffe

Für die Vakuumtechnik geeignete Werkstoffe müssen den besonderen Anforderungen gerecht werden, die im Hinblick auf die hohe Druckdifferenz (von maximal 15 Zehnerpotenzen) zwischen der Innen- und Außenseite des Vakuumbehälters und zur Erreichung konstanter Betriebsbedingungen erfüllt werden müssen. Je nach Anwendung unterscheidet man folgende Werkstoffgruppen: Werkstoffe für den Vakuumbehälter (Edelstahl, Glas, Oxidkeramik), für Zubehörteile wie Pumpen, Leitungen, Ventile, Hähne, Flansche und Fallen (Edelstahl), für Verbindungsstellen zwischen Vakuumsystemteilen (Fe-Co-Ni-Legierungen, silberhaltige Lote, Cu, Mo und Konstantan) sowie Werkstoffe für den inneren Systemaufbau (Edelstahl, W, Ta, Mo, Ni, Pt, Ag, Au, Pd, Al, Be, Zr und Ti).

Die Auswahl der Werkstoffe richtet sich nach Eigenschaften wie hohe mechanische Festigkeit, geringe Gasdurchlässigkeit bzw. Gasaufnahme, geringer Dampfdruck, gute Ausheizbarkeit und gute Anpassung der Wärmeausdehnungskoeffizienten verschiedener miteinander verbundener Systemteile.

9.4.1.1 Glas und Glaskeramik

Glas ist eine unterkühlte Flüssigkeit, d. h. beim Erstarren der Glasschmelze bilden sich keine Kristalle, weil die Glaszähigkeit mit sinkender Temperatur genügend rasch zunimmt. Bei einer Zähigkeit von mehr als 10^{12} Pa s (*Transformationspunkt*) geht das Glas vom plastischen spannungsfreien in den elastisch-spröden Zustand über. Die Kenntnis der Transformationstemperatur ist für die Bearbeitung von Glas wesentlich, weil sie die untere Temperaturgrenze für die Entspannung des Glases in angemessener Zeit darstellt.

Weitere, für die Vakuumtechnik wichtige Glaseigenschaften sind: hohe mechanische Dauerbelastbarkeit, aber geringe Stoßfestigkeit, chemische und thermische Widerstandsfähigkeit, geringe elektrische Leitfähigkeit und Lichtdurchlässigkeit.

Bei *Glaskeramik* handelt es sich um einen Werkstoff, der aus einer Mischung von Kristallen und einer Restglasphase besteht. Zu seiner Herstellung werden der Glasschmelze Keimbildner wie TiO_2 oder ZrO_2 zugesetzt, die nach Abkühlen der

Schmelze und erneuter Temperaturerhöhung zu größeren Kristallen heranwachsen. Glaskeramik hat eine höhere Dichte, Zähigkeit und Festigkeit als Glas. Ihre Wärmeausdehnung kann nahezu Null sein, weil sich die Wärmedehnungen der Kristalle und der Restglasphase weitgehend kompensieren. Glaskeramik findet u. a. in Form von kristallisierenden Glasloten beim Verbinden des Trichters mit dem Schirm von Fernsehbildröhren Verwendung.

9.4.1.2 Metalle

Tabelle 35 gibt einen Überblick über einige in der Vakuumtechnik häufig verwendete Metalle. Für die Vakuumtechnik wichtige Metalleigenschaften sind u.a. die Rekristallisationstemperatur, Weichglühtemperatur, Duktilität, Formbeständigkeit, Zugfestigkeit und Härte sowie der Dampfdruck, Elastizitätsmodul und Wärmeausdehnungskoeffizient.

Tabelle 35. Anwendungen verschiedener Metalle in der Vakuumtechnik

Metall	ϱ/g/cm^3	T_s/°C	Anwendungsbeispiele
Edelstahl	7,86	1530	Vakuumbehälter, Flansche, Ventile, Ringe, Pumpen
Fe-Co-Ni- u. Fe-Ni- Legierung	8,3 8,2	1450 1450	Einschmelzmaterial für Glas und Keramik
W (gezogen) Mo (gezogen)	19,3 10,3	3395 2630	Bauteile mit hoher Temperaturfestigkeit, Kathoden, Anoden, Lichtbogenelektroden
Ta	16,8	2996	Anoden, Gitter, Kathoden
Pt	21,4	1773	Einschmelzmaterial für Weichglas, Überzug für Glas oder Keramik, Gitter
Pd	12,0	1555	Wasserstoffilter, Lecksucher
Au	19,3	1063	Vakuumlot, Überzug für Gitter und Sockelstifte
Ag	10,5	960	Lotbestandteil, Überzug für elektrische Leitungen, Sockelstifte und Kupferelektroden
Ni	8,9	1453	Anoden, Gitter, Abschirmungen, Träger für Oxidkathoden
Cu	8,9	1083	Einschmelzmaterial für Glas, Kühlwände, Ringe, Töpfe, Leitungen
Al	2,7	659	Ablenkplatten, Elektronenfenster
Be	1,85	1280	Röntgenstrahlenfenster
Ti	4,52	1690	Anoden, Gitter, Gettermaterial
Zr	13,1	2130	Gettermaterial

Rekristallisationstemperatur = Temperatur, bei der sich aus den gestreckten Kristalliten des kaltverformten Metalls neue kleine Körner bilden; mit wachsender Korngröße nehmen die Bruchdehnung und die Zähigkeit zu; der Werkstoff wird weicher (Weichglühen);

Weichglühtemperatur = Temperatur, bei der die Bruchdehnung ihr Maximum erreicht;
Duktilität = Verformbarkeit eines Metalls; sie erhöht sich beim Weichglühen und wird durch Kaltwalzen oder Kaltziehen des Metalls erniedrigt;
Formbeständigkeit = Beibehaltung der Form auch bei längerer Erhitzung;
Zugfestigkeit = maximale, nicht zum Bruch führende Zugspannung.

Allgemein gilt, daß die Auswahl an Metallen um so kleiner wird, je niedriger der Druck im Vakuumsystem sein soll. Für Ultrahochvakuum eignen sich nur noch die Metalle Edelstahl, Gold und Kupfer.

9.4.1.3 Oxidkeramik und Zeolith

Moderne keramische Werkstoffe sind kristalline Sinterprodukte aus reinem Al_2O_3 oder BeO, die bei einer Temperatur weit unterhalb des Schmelzpunktes hergestellt werden. Sie zeichnen sich durch hohe Werte der mechanischen Temperaturfestigkeit, der chemischen Resistenz und des spezifischen elektrischen Widerstandes aus und sind auch ohne Glasierung für Gase weitgehend undurchlässig. Sie werden u.a. für Vakuumkammern von Teilchenbeschleunigern, für korrosionsfeste Dampfstrahler und für die Isolierung von Stromdurchführungen in Vakuumsystemen verwendet.

Beim Zeolith handelt es sich um ein poröses Aluminiumoxid-Silikat mit Alkalimetallen. Es dient in Zeolithfallen, die mit flüssigem Stickstoff gekühlt werden, zur Adsorption von Wasserdampf, Öldämpfen und einer Reihe von Gasen. Durch Erwärmen auf 300 °C kann die Substanz wieder regeneriert werden.

9.4.1.4 Organische Stoffe

Aus dieser Stoffgruppe werden in der Vakuumtechnik verschiedene *Elastomere* (z.B. Gummi, Perbunan C, Neopren, Viton, Teflon) und *Thermoplaste* (z.B. PVC weich) für flexible Verbindungen und Dichtungsringe verwendet. Ihr Einsatz sollte jedoch wegen der relativ hohen Gasabgabe und Gasdurchlässigkeit (vor allem für Helium) auf das notwendige Minimum beschränkt bleiben.

Vakuumfette (Apiezon- und Silikonfette) werden fast nur für Vakuumhähne und -schliffe aus Glas benötigt. Die Fette müssen einen niedrigen Dampfdruck und eine passende Viskosität haben.

Für das Abdichten und Zusammenkitten von Vakuumbauteilen (z.B. das Ankitten von Fenstern oder die Verbindung von PVC-Schläuchen mit Metallflanschen) eignen sich *Epoxidharze* oder *Araldite*, die gut an Glas, Metall oder Keramik haften und bis 100 °C erhitzt werden können. Die Dichtungsmasse besteht aus einer Harzlösung und einem Härter, die kurz vor der Anwendung vermischt werden.

Öle (Kohlenwasserstoff- und Silikonöle) dienen als Schmier- und Dichtungsmittel für Verdrängervakuumpumpen sowie als Treibmittel für Öldiffusionspumpen. Diffusionspumpenöle müssen bei Zimmertemperatur einen niedrigen Dampfdruck haben; sie müssen außerdem thermisch stabil und im heißen Zustand gegenüber dem Luftsauerstoff resistent sein.

9.4.1.5 Kühlmittel

Als Kühlmittel werden in der Vakuumtechnik Wasser (für Verdrängerpumpen, Diffusionspumpen und Ölfänger; Kühltemperatur etwa + 10 °C), flüssiger Stickstoff

($-196\,°C$) und flüssiges Helium ($4{,}2\,K$) verwendet. Flüssige Luft und flüssiger Wasserstoff werden aus Sicherheitsgründen kaum eingesetzt.

9.4.2 Vakuumbauteile und deren Verbindungen

9.4.2.1 Vakuumbauteile

Die wesentlichen Bestandteile eines Vakuumsystems sind: Vakuumbehälter, Vakuumpumpen, Zuleitungen, Vakuummeter, Ventile, Durchführungen, Dichtungen und Flansche. In Abb. 9.40 sind einige solche Bauteile dargestellt. Alle Teile müssen möglichst gasdicht sein und saubere Oberflächen sowie einen geringen Eigendampfdruck und Fremdgasgehalt aufweisen. Die Gasdichtheit und der Eigendampfdruck

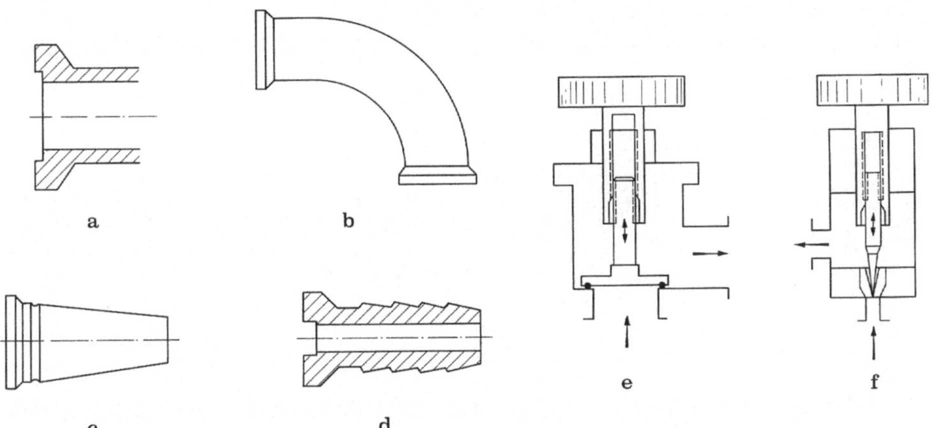

Abb. 9.40a–f. Verschiedene Vakuumbauteile. **a** Flansch (Al-Guß oder Normalstahl), **b** Rohrleitung, Krümmer (Edelstahl), **c** Kernschliff (Stahl), **d** Schlauchnippel (Al), **e** Eckventil, **f** Nadelventil

werden durch die Werkstoffauswahl festgelegt. Der Fremdgasgehalt kann durch Ausheizen auf ein Minimum reduziert werden. Saubere Oberflächen erzielt man durch Waschen (mit Tetrachlorkohlenstoff, Trichloräthylen, Äthyläther oder reinstem Benzin), mechanisches Abtragen der Oberfläche durch Abstrahlen (mit Sand, Stahlkies oder feinen Glaskügelchen), chemisches oder elektrolytisches Beizen (im Salpetersäure- oder Schwefelsäurebad) und elektrolytisches Polieren (= elektrolytisches Beizen mit höherer Spannung und Temperatur in einem Schwefelsäurebad). Die Oberflächenreinheit kann durch die Gasabgabe (z.B. mittels der Druckanstiegsmethode) bestimmt werden. Bei stark verschmutzter Oberfläche beträgt die Gasabgabe etwa 10^{-2} und bei sauberer Oberfläche etwa 10^{-5} mbar l/(s m²).

9.4.2.2 Verbindungen von Vakuumbauteilen

a) Lösbare Verbindungen

Verbindungen dieser Art werden bei Glasapparaturen durch Schliffe oder Flansche und bei Metall-Vakuumanlagen ausschließlich durch Flansche hergestellt. Dabei entsteht das Problem der Dichtung. Um eine einwandfreie Dichtung zu erhalten, muß das Dichtungsmittel durch elastische und plastische Verformung die Unebenheiten der aufeinandergepreßten Dichtflächen ausgleichen. Der Dichtungswerkstoff soll gasundurchlässig, wenig gashaltig, mehrfach verwendbar und temperaturbeständig sein.

Für zerlegbare Glasapparaturen werden zur Abdichtung *Fette* mit niedrigem Dampfdruck (Apiezon- oder Silikonfett) verwendet. Für Dichtungen, die selten gelöst werden müssen, eignen sich *Vakuumkitte* (z.B. Pizein oder Apiezonwachs), die bei 50 °C aufgebracht werden und nach dem Erkalten eine vakuumdichte Verbindung ergeben.

Ein wiederholt verwendbarer, weil sehr elastischer Dichtungswerkstoff ist *Gummi* (z.B. Perbunan und Neopren für Temperaturen bis 100 °C sowie Silikonkautschuk und Viton bis 200 °C). Das Dichtungsmittel wird als O-Ring in rechteck- oder trapezförmigen Nuten eingelegt (vgl. Abb. 9.41 a). Bei großen Vakuumsystemen und UHV-Anlagen werden oft Doppel-O-Ringdichtungen mit evakuiertem Zwischenraum nach Abb. 9.41 b verwendet. Der Zwischenraum vermeidet eine Gasdurchlässigkeit infolge Diffusion.

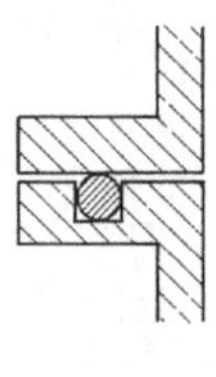

a

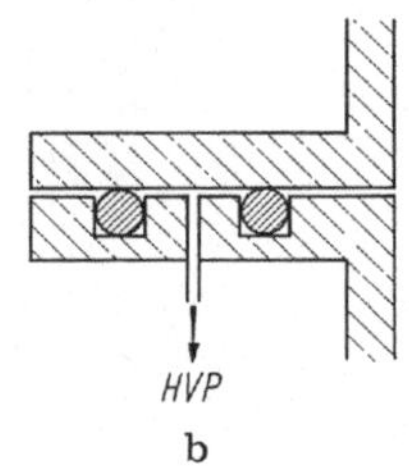

b

Abb. 9.41. **a** Flanschabdichtung durch einen O-Ring in Rechtecknut, **b** Doppel-O-Ring-Abdichtung mit evakuiertem Zwischenraum. HVP = Anschluß zur Hochvakuumpumpe

Bei UHV-Anlagen läßt sich eine Abdichtung auch dadurch erreichen, daß man den UHV-Behälter mit einem zweiten Vakuummantel umgibt und den Zwischenraum evakuiert. Die Flansche des UHV-Systems können dann als plane Flächen ohne zusätzliches Dichtungsmittel aufeinandergedrückt werden und sind dicht, weil wegen der geringen Druckdifferenz durch frei gebliebene Spalte nur sehr wenig Gas diffundieren kann (Diffusionsspalt- oder Kapillardichtung).

Wenn die erforderliche Ausheiztemperatur der Vakuumanlage über 200 °C liegt, sind *Metalldichtungen* zu verwenden. Dafür eignen sich weiche Metalle mit niedrigem Dampfdruck wie Cu, Ag, Au, In oder Al. Die Dichtung entsteht durch geringes plastisches Verformen des Metalls bei hohem Anpreßdruck und möglichst planparallelen Anpreßflächen (vgl. Abb. 9.42).

Flexible Verbindungen von Vakuumbauteilen werden mit Schlauchleitungen aus PVC oder Polyäthylen hergestellt. Für stabile Verbindungen benutzt man Rohrleitun-

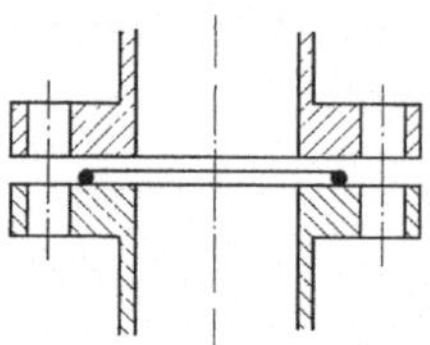

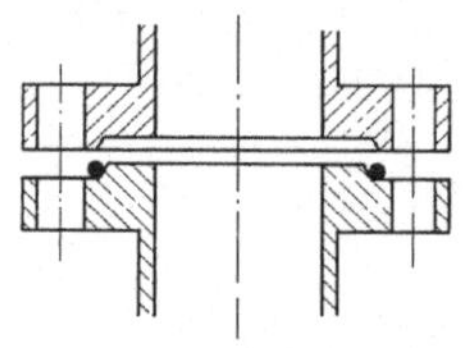

Eckendichtung (Golddraht)

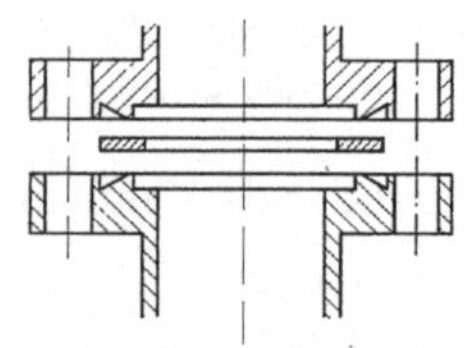

Schneidendichtung

Abb. 9.42. Verschiedene Arten von Metalldichtungen

gen aus Stahl, Edelstahl oder Aluminium. Die Flansche werden mit Hilfe einer Kleinflansch-Verbindung, eines Hebelschnellverschlusses, einer Klammerschraube oder Pratze fest und damit vakuumdicht aufeinandergepreßt (vgl. Abb. 9.43).

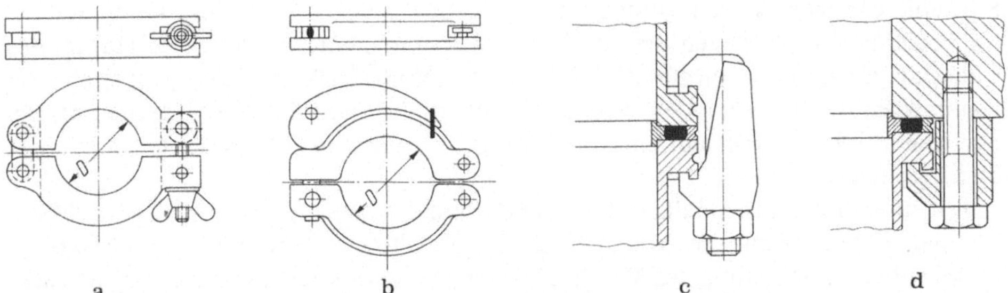

Abb. 9.43a–d. Lösbare Flanschverbindungen. **a** Kleinflansch-Verbindung mit Schraube, **b** Hebel-Schnellverschluß, **c** Klammerschraube, **d** Pratze

b) Permanente (feste) Verbindungen

Feste Vakuumverbindungen erhält man durch Löten, Schweißen, Verschmelzen oder mechanisches Zusammenpressen der zu verbindenden Teile. Stabile Verbindungen entstehen, wenn Werkstoffe mit angepaßtem Ausdehnungsverhalten sowie vergleichbarer Zug- und Druckfestigkeit, Wärmeleitfähigkeit und Wärmekapazität verwendet werden. Die Verbindungen bezeichnet man als vakuumdicht, wenn ihre Leckrate kleiner als 10^{-7} mbar l/s ist.

Unter *Löten* versteht man Verfahren zum Vereinigen metallischer oder metallisierter Werkstücke mit Hilfe eines geschmolzenen Zusatzmetalls, dessen Schmelztemperatur unterhalb derjenigen der Grundwerkstoffe liegt. Das Lot und die Grundwerkstoffe diffundieren an der Lötstelle ineinander. Es bildet sich eine Legierung, wobei die Grundwerkstoffe jedoch fest bleiben.

Ein Lötprozess, der unterhalb von etwa 600 °C abläuft, heißt *Weichlöten*, oberhalb dieser Temperatur spricht man von *Hartlöten*. Als Lote verwendet man Legierungen aus zwei oder drei Metallen, die beim Abkühlen langsamer erstarren als reine Metalle (vgl. Tabelle 36).

Durch Löten werden in der Vakuumtechnik Metall-Metall- und Metall-Keramik-Verbindungen hergestellt. Die Keramik wird vorher durch Aufbringen von Glanzmetallfarben (kolloidalen Lösungen von Verbindungen der Edelmetalle Pt, Au und Ag in ätherischen Ölen) mit einem lötbaren Überzug versehen. Beim Erhitzen in

Tabelle 36. Auswahl von Loten für die Vakuumtechnik

Zusammensetzung in Gewichtsprozent						Arbeitstemperatur in °C
Ag	Au	Cu	Pd	In	Ni	
60		27		13		720
68,4		26,6	5			815
	80	20				890
	82				18	950

sauerstoffhaltiger Atmosphäre verdampfen die Öle und lassen eine in die Oberfläche eingebrannte Metallschicht zurück. Die Schicht haftet fest und kann weichgelötet werden. Für Hartlöten ist sie nicht geeignet.

Bei einem anderen Verfahren enthält der Überzug eine Komponente, die mit der Keramik reagiert und so eine feste Bindung erzeugt. Beispiele dafür sind Ti-Ni- und Ti-Cu-Legierungen, bei denen die Ni- bzw. Cu-Komponente für das gute Haften des Titans an der Keramik sorgt (Aktivlötung). Auf ähnliche Weise lassen sich auch zwei Keramikteile verbinden, indem man zwischen die Teile eine Ti- und Ni-Folie legt. Bei Erhitzen auf 955 °C entsteht eine Flüssigkeit, die mit beiden Keramikteilen reagiert und sie bindet.

Reinstkeramik einschließlich BeO und Saphir können durch das Molybdän-Mangan-Verfahren mit einem vakuumdichten metallischen Überzug versehen werden. Dabei wird eine Mischung aus Mo- und Mn-Pulver zusammen mit einem organischen Binder auf die Keramik aufgebracht und bei 1600 °C in H_2-N_2-Atmosphäre eingesintert. An Stelle von Mn kann man dem Mo-Pulver auch ein aus Braunstein und SiO_2 erzeugtes Silikat zugeben, das bei der Sinterung (1300 °C) schmilzt und die Keramik mit dem Metall verbindet.

Tabelle 37. Übersicht über verschiedene Schweißverfahren

Bezeichnung	Verfahren	Bemerkungen
Autogen-Schweißen	Eine Acetylen-Sauerstoff-Gebläseflamme (3200 °C) erhitzt die Schweißnaht	Keine eng begrenzte Schweißzone; dicke Oxidschichten am Objekt.
elektrisches Widerstands-Schweißen	Die Kontaktstelle zwischen zwei Werkstücken stellt einen Widerstand (Engewiderstand) dar, der bei Stromdurchgang stark erhitzt wird und die Schweißverbindung ermöglicht.	Verschweißen von Wolfram mit Wolfram möglich; der erforderliche Anpreßdruck ergibt Lageverschiebungen der Schweißpartner.
Lichtbogen-Schweißen	Zwischen einer Wolframelektrode und dem Werkstück brennt ein Gleich- oder Wechselstrom-Lichtbogen (unter Edelgasatmosphäre), der die Schweißstelle erhitzt (Heliarc- oder Argonarc-Verfahren)	Saubere, zunderfreie Nähte für Vakuumanlagen; positiv gepoltes Werkstück: Schweißnaht schmal und tief; negativ gepoltes Werkstück: Schweißnaht breit und flach.
Elektronenstrahl-Schweißen	Elektronen treffen im Vakuum mit hoher Energie auf das Werkstück und bringen die Auftreffstelle zum Schmelzen.	Hohe Energiedichte; feinste Schweißnähte herstellbar; relativ teuer. (Vgl. auch Abschnitt 4.4.5.3)
Laser-Schweißen	Der Lichtstrahl eines CO_2-Lasers erhitzt die Schweißstelle.	Hohe Energiedichte (bis einige 10^6 W/cm^2).

Beim *Schweißen* läßt man zwei gleichartige Werkstoffe an der verflüssigten Schweißnaht ineinanderfließen und wieder erstarren. Je nach Art des Energielieferanten unterscheidet man zwischen dem Autogen-, Widerstands-, Lichtbogen-, Elektronenstrahl- und Laser-Schweißen (vgl. Tabelle 37). In der Vakuumtechnik handelt es sich in vielen Fällen um Werkstücke aus Cr-Ni-Stahl, die zu verschweißen sind. Dafür hat sich das Argonarc-Verfahren bewährt. Eine Abwandlung des Lichtbogen-Schweißens ist das Mikroplasma-Schweißen, bei dem zwischen einer Wolframelektrode und einer wassergekühlten Düse ein Gleichstrom-Lichtbogen brennt, dessen Plasma aus der Düse wie eine Stichflamme austritt und das Werkstück erhitzt.

Unter *Verschmelzen* versteht man die Herstellung einer vakuumdichten Verbindung zwischen Glas- und Metallbauteilen (vgl. Abb. 9.44a). Für eine gut haftende Verbindung müssen sich Glas und Metall benetzen. Dies wird bei einer Temperatur von über 800 °C erreicht. Die Bindung entsteht durch Einfließen des heißen Glases in die Unebenheiten der Metalloberfläche. Durch das Erhitzen des Einschmelzmetalls entstehen auch Oxide, die teilweise im Glas gelöst werden und einen kontinuierlichen Übergang vom Metall zum Glas bilden. Durch langsames Abkühlen läßt sich die Verbindung weitgehend spannungsfrei machen.

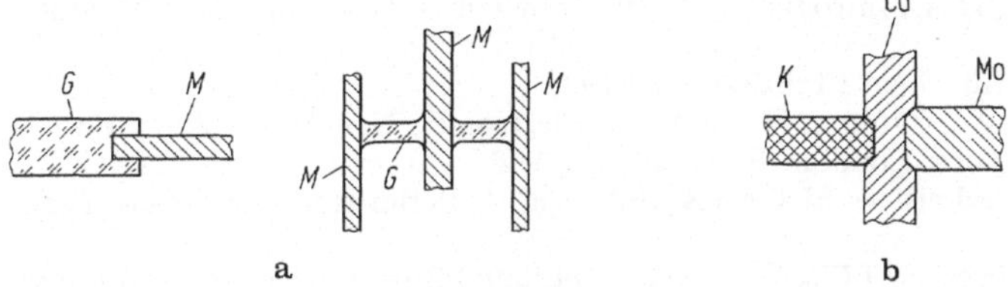

Abb. 9.44a, b. Beispiele von Metall-Glas- (**a**) und Metall-Keramik-Verbindungen (**b**). G Glas, M Metall, K Keramik

Vakuumdichte Verbindungen lassen sich auch durch *mechanisches Zusammenpressen* von nicht zu harten Bauteilen herstellen. Beispiele dafür sind das Abquetschen eines Kupferpumpstengels (Fließpressen oder Kaltverschweißung des Kupfers durch ausreichend hohen Druck) oder das Erzeugen einer Isolator-Metall-Druckverbindung nach Abb. 9–44b. Bei dieser Verbindung wird eine Kupferhülse durch eine Molybdän-Kompresse fest an einen Keramikkörper gedrückt.

10. Ergänzende und weiterführende Literatur

10.1 Bücher

10.1.1 Zusammenfassende Darstellungen über Elektrotechnik und Elektronik

Ardenne, M. von: Tabellen zur angewandten Physik. Bd. I u. II. Berlin: VEW Deutscher Verlag der Wissensch. 1962/64

Bitterlich, W.: Einführung in die Elektronik. Wien: Springer 1967

Gewartowski, J.W., Watson, H.A.: Introduction to Electron Tubes. New York: Van Nostrand 1969

Handbuch der Elektronik. München: Franzis-Verlag 1979

Hemenway, C.L., Henry, R.W., Caulton, M.: Physical Electronics. New York: Wiley 1967

Klemperer, O.: Electron Physics. London: Butterworths 1972

Knoll, M., Eichmeier, J.: Technische Elektronik, Bd. 1 u. 2. Berlin/Heidelberg/New York: Springer 1964/65

Knoll, M.: Materials and Processes of Electron Devices. Berlin/Göttingen/Heidelberg: Springer 1959

Küpfmüller, K.: Einführung in die theoretische Elektrotechnik, 10. Aufl., Berlin/Heidelberg/New York: Springer 1973

Lautz, G.: Elektromagnetische Felder. Stuttgart: Teubner 1969

Lorrain, P., Corson, D.: Electromagnetic fields and waves. San Francisco: Freeman 1970

Rothe, H., Kleen, W.: Hochvakuum-Elektronenröhren. Frankfurt: Akad. Verlagsges. 1955

10.1.2 Elektronenoptik

Eckart, F.: Elektronenoptische Bildwandler und Röntgenbildverstärker. Leipzig: Barth 1956

Glaser, W.: Grundlagen der Elektronenoptik. Wien: Springer 1952

Hawkes, P.W.: Electron Optics and Electron Microscopy. London: Taylor and Francis 1972

Rusterholz, A.: Elektronenoptik. Basel: Birkhäuser 1950

Schiller, S., Heisig, U., Panzer, S.: Elektronenstrahl-Technologie. Stuttgart: Wiss. Verlagsges. 1977

Seiler, H.: Abbildung von Oberflächen. Mannheim Bibliographisches Inst., 1968

Simon, H., Suhrmann, R.: Der lichtelektrische Effekt und seine Anwendungen. Berlin/Göttingen/Heidelberg: Springer 1958

Sommer, A.H.: Photoemissive Materials. New York: Wiley 1968

White, F.A.: Mass Spectrometry in Science and Technology. New York: Wiley 1968

10.1.3 Mikrowellenröhren

Chodorow, M., Susskind, Ch.: Fundamentals of Microwave Electronics. New York: McGraw-Hill 1964

Kleen, W.: Einführung in die Mikrowellenelektronik. Teil I: Grundlagen. Stuttgart: Hirzel 1952

Kleen, W., Pöschl, K.: Einführung in die Mikrowellenelektronik. Teil II: Lauffeldröhren. Stuttgart: Hirzel 1958
Louisell, W.H.: Coupled Mode and Parametric Electronics. New York: Wiley 1960

10.1.4 Gasentladungsröhren einschließlich Laser

Bergtold, F.: Glimm-Relaisröhren. München: Pflaum 1969
Hertz, G., Rompe, R.: Einführung in die Plasmaphysik und ihre technische Anwendung. Berlin: Akademie-Verl. 1965
Lengyel, B.A.: Lasers. New York: Wiley 1971
Mollwo, E., Kaule, W.: Maser und Laser. Mannheim: Bibliographisches Inst. 1968
Unger, H.-G.: Quantenelektronik. Braunschweig: Vieweg 1968
Wasserrab, T.: Gaselektronik I u. II. Mannheim: Bibliographisches Inst., 1971/72

10.1.5 Teilchenbeschleuniger

Daniel, H.: Beschleuniger. Stuttgart: Teubner 1974
Gouiran, R.: Particles and Accelerators. London: Weidenfeld, Nicolson, 1967
Kollath, R.: Teilchenbeschleuniger. Braunschweig: Vieweg, 1962
Lapostolle, P.M., Septier, A.L.: Linear Accelerators. Amsterdam: North-Holland Publ. Comp., 1970

10.1.6 Vakuumtechnologie

Beck, A.H. (Ed.): Handbook of Vacuum Physics, Vol. 1–3. Oxford: Pergamon Press 1964–66
Dushman, S., Lafferty, J.M.: Scientific Foundations of Vacuum Technique. New York: Wiley, 1962
Espe, W.: Werkstoffkunde der Hochvakuumtechnik, Bd. 1–3. Berlin: Deutsch. Verl. d. Wiss. 1959
Katz, H.: Technologische Grundprozesse der Vakuumelektronik. Heidelberg/New York: Springer 1974
Pupp, W.: Vakuumtechnik, Grundlagen und Anwendungen. 2. Aufl. München: Thiemig 1972
Redhead, P.A., Hobson, J.P., Kornelsen, E.V.: The Physical Basis of Ultrahigh Vacuum. London: Chapman 1968
Trendelenburg, E.A.: Ultrahochvakuum. Karlsruhe: Braun 1963

10.2 Zeitschriften, in denen häufiger Arbeiten über Vakuumelektronik erscheinen

IEEE Transactions on Electron Devices. Edited by the Institute of Electrical and Electronics Engineers, New York
Vakuum-Technik. Idstein Taunus: R.A. Lang Verlag
Optik, Zeitschrift für Licht- und Elektronenoptik. Stuttgart: Wiss. Verlagsges.
Siemens-Zeitschrift. Siemens AG, Berlin u. München.
Bauteile-Report. Siemens AG, Berlin u. München.

Sachverzeichnis